DICTIONNAIRE
DE
PHYSIQUE,
DÉDIÉ AU ROI.

NEUVIEME ÉDITION,

Dans laquelle on a mis à leur place les articles du *Supplément*, imprimé en l'année 1787.

Par M. AIMÉ-HENRI PAULIAN, Prêtre, de différentes Académies.

TOME CINQUIEME.

A NÎMES,
Chez GAUDE, Freres, Libraires.

M. DCC. LXXXIX.

AVEC APPROBATION ET PRIVILÈGE DU ROI.

AVERTISSEMENT.

SI les quatre Volumes précédens étoient de la nature de celui-ci, nous aurions pu donner à cet Ouvrage le titre de Dictionnaire *Physico-Mathématique*. En effet, outre les questions dont les unes sont purement physiques & les autres physico-mathématiques, ce dernier Volume contient les Traités des *Progressions* & *Proportions*, des *Sections coniques*, de la *Trigonométrie rectiligne* & *sphérique*, &c. La liaison essentielle qui se trouve entre les Mathématiques & la nouvelle Physique, nous a engagé à donner ces Traités avec beaucoup d'étendue ; l'amour du calcul que les Physiciens modernes ne font peut-être que trop paroître, nous a fait souvent employer la méthode analytique.

Pour le Supplément qui termine ce Volume, il contient des Tables qui sont mieux à leur place à la fin, que dans le corps de l'ouvrage.

DICTIONNAIRE DE *PHYSIQUE.*

P

PARÉLIES. Divers nuages épais & glacés ſont-ils tellement ſitués, qu'ils reçoivent les rayons du Soleil & les réfléchiſſent, comme autant de miroirs, juſqu'à nos yeux ? L'on voit alors ſur ces nuages différentes images de cet aſtre, l'on voit des Soleils nouveaux & multipliés. C'eſt-là ce que les Phyſiciens appellent *parélies*. La même choſe arrive par rapport à la Lune ; & c'eſt-là ce qu'on appelle *paraſélene*.

PARENT, (Antoine) *Maître de Mathématiques & Membre de l'Académie Royale des Sciences, naquit à Paris, en l'année* 1666. Il avoit un génie univerſel ; auſſi s'adonna-t-il à l'Anatomie, à la Botanique, à la Chimie, à la Mécanique, à la Phyſique, & ſurtout aux Mathématiques dont il apprit les élémens ſans maître. Il nous a laiſſé, outre un grand nombre de diſſertations inſérées dans les Mémoires de l'Académie, des *élémens de Mécanique & de Phyſique*, *une arithmétique théori-pratique*, & des *recherches de Mathématique & de Phyſique*. Ce dernier ouvrage eſt en 3 volumes *in*-12. Quoique rempli de remarques ingénieuſes & de ſages critiques, il n'a pas eu grand ſuccès ; on reproche avec raiſon à ſon auteur de manquer de cette clarté qui fait le prix des livres de Science. M. Parent mourut à Paris de la petite vérole, le 26 Septembre 1716, à l'âge de 50 ans.

PAROLE. La trachée artere, la glotte, la langue, les dents & les levres, tout cela sert à former le son articulé que nous appellons la *parole*. L'air qui sert de notre poitrine dans le tems de l'expiration, se rend d'abord dans la trachée-artere, & de-là dans la bouche en passant auparavant par la glotte. Dans ce passage d'un lieu plus large dans un lieu plus étroit, il acquiert une augmentation de vîtesse; il imprime aux deux levres de la glotte un mouvement de frémissement; il reçoit dans ses parties insensibles ce même mouvement, & il se trouve par-là modifié en son. C'est le palais, la langue, les dents & les levres qui le rendent *son articulé*. Voyez ce point de Physique, rapproché de ses principes dans l'article du *son* & surtout dans celui du *son articulé*.

PARTIE. Un *tout* a ses parties *aliquotes* & ses parties *aliquantes*. Les parties aliquotes sont celles qui étant répétées un certain nombre de fois, mesurent exactement le tout. Ainsi trois est une partie aliquote de douze. Les parties aliquantes sont celles qui étant répétées un certain nombre de fois, ne peuvent jamais mesurer exactement le tout. 5, *par exemple*, est une partie aliquante de douze.

PASCAL, (Blaise) *naquit à Clermont en Auvergne, le 19 Juin 1623.* Tout le monde souscrira aux éloges qu'on lui donnera, lorsqu'on se contentera de le faire passer pour un auteur de beaucoup d'esprit, pour un bon Physicien, & pour un homme qui, s'il eût vécu, auroit pu faire de grands progrès dans les mathématiques. Son traité sur l'*équilibre des liqueurs*, & plusieurs problemes qu'il a résolus sur la *cycloïde* en sont des preuves évidentes. Mais lorsqu'on viendra nous dire que, dès l'âge le plus tendre, M. Pascal, sans le secours d'aucun livre & par les seules forces de son génie, parvint à découvrir & à démontrer toutes les propositions du premier livre d'Euclide jusqu'à la 32e.; nous ferons remarquer qu'un homme de ce mérite n'a pas besoin de panégyriques fondés sur des fables inventées à plaisir. Lorsqu'on voudra faire regarder M. Pascal comme l'auteur du sentiment de la gravité de l'air, parce qu'il a fait faire à M. du Périer son beau frere, l'expérience du *Puy de Dome* ; nous dirons hardiment que cette expérience est de Descartes, qui, 2 ans auparavant, le pria de la vouloir faire ; comme il est marqué expressément dans la *lettre* 77e. *du tome* 3, de cet auteur. Lorsqu'enfin on nous racontera que M. Pascal, à l'âge de 16 ans, composa un traité des sections coniques qui fut admiré de tous les savans Géometres : nous répondrons avec Descartes *dans sa* 38e. *lettre au Pere Mersenne*, *tome* 2, que c'étoit le traité de M. Des-Argues. *J'ai aussi reçu*, dit Descartes dans cette lettre, *l'essai touchant les coniques du fils de M. Pascal ; & avant que d'en avoir lu la moitié, j'ai jugé qu'il l'avoit appris de M. Des-Argues ; ce qui m'a été confirmé incontinent après par la confession qu'il en fit lui-même.* M. Pascal mourut, à Paris, le 19 Août 1660, à l'âge de 39 ans.

PEAU. La peau est une grande membrane réticulaire qui se trouve sous l'épiderme. On la nomme réticulaire, parce qu'elle est parsemée d'une infinité de petits trous.

PECQUET, (Jean) *l'un des premiers membres de l'Académie Royale des Sciences de Paris, naquit à Dieppe.* Ç'a été sans contredit un des plus grands Anatomistes du XVIIe. siecle. Il nous a aussi-bien tracé le cours du chyle, qu'Harvey & Fabri nous ont tracé le cours du sang. Il a découvert le réservoir qui porte son nom, & le canal thorachique. Il a fait un grand nombre d'expériences anatomiques qu'il publia en 1651, & dont le recueil est très-estimé. Il mourut à Paris, au mois de Février de 1674.

PENDULE. Une bale de plomb ou quelque corps équivalent P, *fig.* 6, *pl.* 1, attaché par un fil NO à un point fixe M autour duquel il décrit un arc RPS, vous représente un pendule. Tout le jeu de cet instrument dépend des principes répandus dans les articles qui commencent par les mots *centre de gravité statique.* Ces principes supposés, l'on explique ainsi le mouvement du pendule P. Ce corps transporté au point R, est-il abandonné à lui-même ? La pesanteur fait descendre son centre de gravité dans la ligne de direction, c'est-à-dire, dans la ligne NO perpendiculaire à la surface de la terre. Est-il arrivé à cette ligne ? Les degrés d'accélération qu'il a acquis en descendant, le font remonter jusqu'au point S. L'arc OS, égal à l'arc OR, eſt-il décrit ? La peſanteur fait deſcendre le pendule P dans la ligne perpendiculaire NO, & les degrés d'accélération le font remonter au point R. Telle eſt la cauſe phyſique d'un mouvement que la réſiſtance de l'air fait bientôt finir. C'eſt pour le rendre durable, qu'on a adapté le pendule au *balancier* d'une horloge. Cette belle invention nous a donné des pendules à ſecondes, ou des pendules d'obſervation. L'uniformité du mouvement eſt ce qu'il y a de plus néceſſaire dans ces ſortes d'horloges. Mais comment ſe le promettre ? L'irrégularité de la matiere dont les roues ſont compoſées, & les frottemens d'une roue qui engrene un pignon, ne feront-ils pas que les roues ne pouſſeront pas à chaque inſtant avec une égale force ? Avec un pareil obſtacle les oſcillations du pendule pourront-elles être égales ? Et l'expérience n'apprend-elle pas que des oſcillations circulaires inégales ſe font dans des tems inégaux ? Il ne ſera donc pas poſſible que les mouvemens du pendule, mu circulairement, ſoient uniformes.

Le fameux Huyghens, pour ôter ces irrégularités, fit oſciller le pendule dans un arc de cycloïde. Avant que de décrire ſon horloge, conſultez l'article *cycloïde*, vous y trouverez la formation & les principales propriétés de cette courbe.

Mais comment le pendule peut-il ſe mouvoir dans une cycloïde ? Pour le concevoir, jettez les yeux ſur la figure 7e. de la planche 1. Suppoſez que le point A ſoit l'extrémité du balancier de l'horloge à laquelle le pendule C eſt attaché ; que ce même point A ſoit le point de ſuſpenſion de ce pendule, que la verge AST ſoit compoſée de deux parties, l'une inflexible ST, l'autre flexible AS, comme un fil, une petite chaîne, où une lame de métal : qu'enfin aux deux côtés du point A ſoient deux lames AR, AO courbées en arcs de cycloïde, dont l'axe OV, ou, AT ſoit la moitié de AM.

Lorſque le pendule C ſera porté de M en R, la partie flexible AS de la verge AT, rencontrant la lame cycloïdale AR, ſe pliera, ou s'enveloppera deſſus. Lorſqu'enſuite le pendule C deſcendra par ſon propre poids de R en M, & remontera, en vertu des degrés d'accélération qu'il a acquis, de M en O, la même partie flexible AS s'enveloppera ſur la lame cycloïdale AO ; &

par ce moyen le pendule P décrira la cycloïde renversée RMO.

La difficulté qu'il y a de plier exactement des lames en arcs cycloïdaux, & les variations que l'air apporte à la partie flexible de la verge du pendule, ont fait abandonner l'invention d'Huyghens. On est revenu au pendule circulaire; mais pour rendre ses oscillations *isochrones*, on ne lui fait décrire que des arcs circulaires de trois à quatre degrés: on sait que des vibrations faites dans de pareils arcs, se confondent sensiblement avec des vibrations faites dans des arcs de cycloïde.

PÉRICARDE. Le péricarde est une membrane qui enveloppe le cœur.

PÉRIGÉE. Un astre est *périgée*, lorsqu'il est dans sa plus grande proximité de la terre.

PÉRIHÉLIE. Un astre est *périhélie*, lorsqu'il est dans sa plus grande proximité du Soleil.

PÉRIODIQUE. On donne le nom de *périodique* au mouvement d'un astre autour d'un autre.

PÉRIOSTE. La membrane déliée qui couvre les os, s'appelle périoste.

PÉRIPATÉTICIENS. C'étoient des Philosophes qui disputoient dans le Lycée en se promenant. Ils eurent pour maître un des plus vastes & des plus beaux génies que la nature ait produit; c'est Aristote dont nous avons fait l'éloge dans le *tome* 1. Soit que les Péripatéticiens scholastiques n'aient pas compris les pensées de leur chef, soit qu'ils n'aient lu que les ouvrages d'Aristote commentés par les Arabes; il est sûr que leur systeme de Physique étoit ridicule. Leur *matiere premiere* & leur *forme substantielle* dont nous avons parlé en son lieu: Leur *privation* qu'ils regardoient comme un des principes de la génération: leur cinq élémens; savoir, le *feu*, l'*air*, l'*eau*, la *terre*, & la *quintessence* qu'ils faisoient sortir, je ne sais comment, de la matiere premiere: leur *horreur du vide*: leur *sympathie* & leur *antipathie*, & un nombre infini de *qualités occultes* qui faisoient l'ornement de la plupart de leurs réponses; tout cet étalage & cent autres idées creuses ne servoient qu'à dégoûter, pour le reste de leur vie, les jeunes gens de la science la plus propre à former & à embellir leur esprit.

PÉRIPATÉTISME. Systeme de Physique tout-à-fait

insoutenable, lorsque l'on adopte toutes les folies que les Arabes ont mises sur le compte d'Aristote. Cherchez *Péripatéticiens.*

PÉRISTALTIQUE. Le mouvement *péristaltique* ou *vermiculaire* est un mouvement de contraction & de production. Les intestins, le gosier & toutes les parties du corps auxquelles un pareil mouvement convient, ont des fibres droites ou *longitudinales*, & des fibres circulaires ou *annulaires.* L'introduction des esprits vitaux dans les fibres droites, les gonfle, les rend moins longues, & cause un mouvement de contraction. Il n'en est pas ainsi de l'introduction des esprits vitaux dans les fibres circulaires ; elle les gonfle à la vérité, mais en les gonflant elle les sépare les unes des autres, & cause un mouvement de production. Ce mouvement alternatif de contraction & de production, dans les intestins sert beaucoup à la digestion.

PÉRITOINE. La membrane qui tapisse l'*abdomen* se nomme *péritoine.*

PERPENDICULAIRE. Une ligne est perpendiculaire sur une autre, lorsqu'elle ne penche pas plus d'un côté que d'un autre.

PERRAULT, (Claude) *Docteur en Médecine & l'un des premiers Membres de l'Académie Royale des Sciences, où il fut admis dès l'année* 1666, *naquit à Paris, en l'année* 1613. Il mérita une place parmi les bons Physiciens de son siecle. Le recueil qu'il nous a laissé de plusieurs machines de son invention ; ses 4 volumes d'essais de Physique ; ses Mémoires pour servir à l'histoire naturelle des animaux ; plusieurs dissertations dont il a enrichi les Mémoires de l'Académie, en sont des preuves incontestables. M. Perrault étoit encore un Architecte du premier ordre. La façade du Louvre du côté de St. Germain l'Auxerrois, le grand modele de l'arc de triomphe au bout du Faubourg St. Antoine ; & l'Observatoire de l'Académie, rendront sa mémoire immortelle. Il mourut à Paris le 9 Octobre 1688, à l'âge de 75 ans.

PESANTEUR. Cherchez *Gravité.*

PÉTRIFICATION. Nous avons remarqué dans l'article des *fontaines*, qu'il y en a certaines dont les eaux sont chargées de grains de sable & de petites pierres insensibles. Ces grains de sable & ces petites pierres entrent avec l'eau dans certains corps garnis d'un grand nombre de pores. Des parties aqueuſes & pierreuſes que donnent ces fontaines, & des parties propres de ces corps, il ſe forme une eſpece de bouillie, ou pour mieux dire, de ciment, lequel durci, préſente une vraie pétrification. C'eſt ainſi ſans doute qu'ont été pétrifiés, à Aix, en Provence, ces hommes dont faiſoit mention le courrier du 15 Février 1760. Voici comment le fait y eſt raconté. Madame de Silvacanne a un enclos à 100 pas des murs de la ville, du côté des eaux de Sextius ; il s'élevoit dans cet enclos un bout de rocher qui empêchoit la culture d'une vigne & d'une terre qui y ſont attenantes. On fit ſauter ce rocher vers la fin du mois de Janvier 1760 ; & on y trouva, à la profondeur de 5 à 6 pieds, des corps d'hommes pétrifiés, qui faiſoient exactement corps avec le rocher. Ces corps étoient debout, à environ un pied & demi. On en a conſervé 6 têtes & beaucoup d'oſſemens ; il y en a ſurtout dont les traits du viſage ſont bien marqués ; les autres ne laiſſent appercevoir que le crâne ; le reſte de la tête eſt en pierre d'une dureté égale à celle du marbre le plus dur. Cette partie eſt brute comme celle d'une pierre ordinaire. Ces 6 têtes étoient tournées au couchant. On a retiré quantité d'os de jambes & de cuiſſes parfaitement pétrifiés. On apperçoit ſur quelques-uns de ces os une enveloppe rembrunie très-dure. Les parties oſſeuſes ont, dans pluſieurs endroits, conſervé leur blancheur ; en les grattant, on en enleve quelques particules, comme l'on feroit à du plâtre dur ; & la moelle de ces os eſt généralement criſtalliſée. On a auſſi trouvé des dents très-aiguës, & recourbées de la longueur de 2, 3, 4 & 5 pouces.

Nous pourrions apporter cent autres pétrifications, en preuve de la bonté du ſentiment que nous avons embraſſé. La riviere qui paſſe par la ville de Bakan au Royaume d'Ava, a en cet endroit dans l'eſpace de 10 lieues, la vertu de pétrifier le bois : l'on y voit de gros arbres pétrifiés juſqu'à fleur d'eau, dont le reſte eſt encore de bois ſec. Tous ces faits nous font conclure qu'on ne peut pas aſſurer, comme l'ont fait quelques Phyſiciens, que les corps que l'on croit avoir été pétrifiés, n'aient jamais été que des pierres & des cailloux qui, en se formant dans la terre, aient pris, par le hasard, la figure des choses qu'ils représentent.

PHARINX. Le pharinx est le commencement du gosier.

PHASE. Certains astres, la Lune, par exemple, Vénus & Mercure nous représentent tantôt tout un hémisphere, tantôt une partie de leur hémisphere éclairé. Les Astronomes appellent *phases* ces différentes apparences.

PHÉNOMENE. On donne ce nom en Physique aux événemens ou rares ou difficiles à expliquer.

PHLOGISTIQUE. Terme dont les Physiciens & les chimistes n'ont pas encore donné la définition exacte. Le célebre Macquer donne le nom de *Phlogistique* tantôt à la matiere inflammable, tantôt au soufre principal, tantôt enfin à une matiere invisible qui rend les corps solides auxquels elle se joint, plus disposés à entrer en fusion par l'action du feu ordinaire. Voyez ses élémens de chimie, *édition in-12, tome 3, page 12 & suivantes.* M. Baumé assure d'abord que le *Phlogistique* est un principe secondaire, composé de deux élémens primitifs, le feu & la terre vitrifiable. Il dit bientôt après que le *Phlogistique* est le résidu charbonneux, provenant de la décomposition de la matiere huileuse ; il ajoute même que ce résidu charbonneux perd le nom de phlogistique, lorsqu'il n'est pas absolument privé d'air & d'eau. Voyez sa chimie expérimentale & raisonnée, *tome 1, page 145, édition in-12.*

M. Sennebier prétend que le *Phlogistique* est un être qui s'échappe du foie de soufre ; qui subit une nouvelle combinaison dans les métaux calcinés & qui se trouve nécessairement dans les corps employés à la réduction des chaux métalliques. Il a consigné son systeme dans le Journal de Physique, *Février 1787, page 93 & suivantes.*

Il en est qui disent que le *Phlogistique* n'est pas distingué de la lumiere ; d'autres le confondent avec la matiere électrique ; d'autres enfin avec l'air inflammable. L'on peut dire en un mot que sur cette importante matiere, il y a parmi les Physiciens & les Chimistes *tot capita, tot sensus.*

Nous n'adhérons à aucun de ces sentimens ; & voici l'idée que nous nous formons du *Phlogistique.* Nous supposons que nos Lecteurs ont présent à l'esprit l'article de ce Dictionnaire qui commence par le mot *Feu*. Ils seront alors convaincus que le feu élémentaire est l'unique corps sur la terre qui soit essentiellement fluide. Les autres ne le sont que par accident, c'est-à-dire, par l'introduction du feu élémentaire dans leur sein. Cherchez *Fluidité*. Cela supposé, voici comment je raisonne.

Presque tous les corps dont la nature est composée, sont des corps mixtes, des corps par conséquent réductibles en leurs premiers élémens. L'un de ces élémens est le feu primitif, tel à-peu-près que je l'ai décrit dans mon article *Feu*; je l'ai appellé *Feu élémentaire*. Tout le tems que le feu primitif est élément d'un corps mixte, il est privé de son mouvement en tourbillon. Mais comme ce mouvement lui est essentiel, il le reprend nécessairement, lorsque le corps est suffisamment décomposé. A peine l'a-t-il repris, qu'il tend à se joindre aux parties inflammables dont le corps mixte étoit plus ou moins pourvu; & dès que cette jonction est faite, le feu élémentaire prend le nom de *Phlogistique*. J'entens donc par *Phlogistique* le feu primitif qui, après la décomposition des corps mixtes, reprend son mouvement de tourbillon, & se joint à des parties inflammables, de quelque nature qu'elles soient. Le *Phlogistique* est donc un corps mixte, composé de feu élémentaire, & d'une quantité plus ou moins grande de parties inflammables.

PHISIQUE. Cherchez *Physique*.

PHOSPHORE. Le phosphore est une matiere lumineuse & brûlante. La poudre ardente de M. Homberg, par exemple, est un vrai phosphore; elle est composée de miel commun & d'alun de roche cassé en petits morceaux. Pour avoir, *dit M. Homberg*, une idée vraisemblable de la maniere dont cette poudre s'enflamme, lorsqu'elle a pris l'air, il faut se souvenir que la matiere dont elle est faite, a été fortement calcinée par le feu. Elle a perdu dans cette calcination toute la partie aqueuse qu'elle contenoit, & la plus grande partie de son huile & de son sel volatil; de sorte que la poudre qui reste, ne consiste qu'en un tissu spongieux d'une matiere terreuse qui a retenu tout son sel fixe & un peu de son huile fétide, & dont les pores vides conservent pendant quelque tems une partie de la flamme qui les a pénétrés pendant la calcination.

Cela ſuppoſé, l'on ne doit pas être ſurpris que cette poudre s'échauffe un inſtant après qu'elle a pris l'air, & que chaque grain devienne un petit charbon ardent, à la ſuperficie duquel on apperçoit dans l'obſcurité une petite flamme violette. En effet le ſel fixe qui eſt en grande quantité dans la poudre ardente, abſorbe promptement l'humidité de l'air qui le touche; l'introduction ſubite de l'humidité de l'air dans les pores de la poudre, y produit un frottement capable d'exciter un peu de chaleur, laquelle étant jointe aux parties de la flamme conſervée dans ces mêmes pores, donne une chaleur aſſez forte pour embraſer le peu d'huile qui a échappé à la vigueur de la calcination, & qui fait partie de la poudre ardente.

Cet article ſeroit beaucoup plus long, ſi nous n'avions pas parlé de pluſieurs autres phoſphores dans cent endroits de ce Dictionnaire & ſurtout dans les articles qui commencent par les mots *Kunckel* & *Barometre Phoſphore.* A parler en général, l'on doit regarder les phoſphores comme des corps électriques par *frottement*, & la lumiere qu'ils donnent, comme une vraie matiere électrique ſortie de leur ſein. Cherchez *Electricité.*

PHYSIQUE. Cette ſcience a pour objet le corps dans ſon état naturel, c'eſt-à-dire, une ſubſtance longue, large & profonde, C'eſt vouloir arrêter les progrès de la Phyſique que d'examiner ſi le Tout-puiſſant peut ôter à un corps ſa longueur, ſa largeur & ſa profondeur. Nous croyons qu'il le peut; mais cependant, comme Phyſiciens, nous nous garderons bien de traiter une *pareille Queſtion.* Un corps dépouillé par miracle de ſes trois dimenſions, & ne conſervant que l'*exigence* de l'extenſion, ſeroit plutôt l'objet la Métaphyſique, que celui de la Phyſique. Si quelqu'un n'avoit entre les mains que ce Dictionnaire & qu'il voulût le lire avec fruit, je lui conſeillerois d'abord d'approfondir certains articles qui renferment des traités abſolument néceſſaires à tout homme qui veut faire quelques progrès dans la Phyſique moderne; ces articles commencent par les mots, *arithmétique*, *algebre*, *analyſe*, *proportions*, *progreſſions*, *géométrie*, *trigonométrie*, *ſections coniques*, *calcul infinitéſimal.* Tout le monde convient maintenant qu'une Phyſique d'où l'on banniroit tout ce qui peut avoir quelque rapport avec les mathématiques, pour ſe borner à un ſimple recueil d'obſervations & d'expériences; ne seroit qu'un amusement historique, plus propre à récréer un cercle de personnes oisives, qu'à occuper un esprit véritablement philosophique.

Ces connoissances préliminaires supposées, je voudrois qu'après s'être formé une idée de ce qu'on appelle *matiere*, *forme*, *élémens*, *corps* & *force*, il apprît les *regles du mouvement*, la *mécanique*, la *statique*, le *nivellement*, l'*hydrostatique*, l'*optique*, la *catoptrique*, la *dioptrique*, la *sphere* & la *gnomonique*. Tous ces traités physico-mathématiques accoutument l'esprit à ne faire aucun roman en Physique.

Après l'étude de ces traités fondamentaux, il pourra se former une idée des systemes de Descartes & de Newton. Il trouvera le premier dans l'article du *cartésianisme* & des *tourbillons*, & le second dans les articles de l'*attraction*, du *vide*, des *milieux*, de la *matiere subtile Newtonienne*, du *feu*, de la *lumiere* & des *couleurs*. C'est par le moyen du systeme qu'il aura embrassé, qu'il doit expliquer les qualités des corps, je veux dire, la *gravité*, la *dureté*, l'*élasticité*, la *mollesse*, le *froid*, le *chaud*, &c.

Après l'étude de la Physique générale, il pourra s'adonner à la Physique céleste. Pour y réussir, il doit d'abord apprendre les *Loix de Képler*, & le *centre de gravitation* des corps célestes. Ces premiers fondemens posés, il étudiera l'*astronomie* & surtout les hypotheses de *Copernic*, de *Tycho-Brahé* & de *Ptolomée*; de-là il passera à l'article des *étoiles*; à celui des *cometes*; il en viendra enfin à chaque *planete* en particulier.

La Physique terrestre, quoique plus facile que la céleste, demande cependant une étude assidue. L'intérieur de notre globe fournit d'abord le spectacle des *feux souterrains*, *les tremblemens de terre causés par l'électricité*, *les fossiles*, c'est-à-dire, les *métaux*, l'*aimant & son analogie avec les corps électriques*, le *magnétisme animal*, les *pierres ordinaires & les pierres précieuses*, &c.

La surface de notre globe présente une *figure sphéroïdale* dont il faut examiner la cause; des *eaux douces* dont il faut chercher l'origine, & des *eaux salées* sujettes à un *flux* & à un *reflux* qu'il faut expliquer d'une maniere physique. L'on voit encore sur la surface de la terre des *plantes* dont il faut étudier la naissance, examiner l'accroissement, guérir les maladies, & prévenir la mort; ce sera surtout l'article *Grains* qu'il faudra lire avec le plus de soin. L'on voit enfin sur cette surface des *animaux raisonnables & irraisonnables*, dont le corps offre un mécanisme digne de l'attention d'un Physicien.

L'atmosphere terrestre contient l'*air* dont il faut démontrer la *gravité* & l'*élasticité*; les *airs factices* qu'il ne faut pas confondre avec l'air atmosphérique; les *Aérostats* dont il faut examiner le mécanisme & déterminer l'utilité; le *son* qu'il faut conduire jusqu'à l'organe de l'ouïe; les *météores ignées*, *aériens & aqueux* dont il faut assigner la formation & l'*influence*; l'*aurore boréale*, & la *lumiere zodiacale* qu'il faut tirer du rang des météores ordinaires. Ce seront-là les articles les plus intéressans de ce Dictionnaire pour la Physique *didactique*.

Nous n'avons pas oublié dans cet ouvrage la Physique historique. La lecture que nous avons faite de tous les cours & de la plupart des ouvrages de Physique qui ont paru jusqu'à nous, nous a donné occasion de traiter cette partie d'une maniere critique. L'on trouvera dans ce Dictionnaire les principaux traits de la vie des Physiciens que la mort nous a enlevés; l'abrégé de leurs ouvrages, & le jugement que nous avons cru devoir en porter. Les citations que nous avons faites, seront cause qu'on ne sera pas tenté de nous accuser de n'avoir lu les auteurs que nous critiquons, que dans les abrégés qu'ont coutume de donner de leurs livres les journaux & les feuilles périodiques.

PICARD, (Jean) a été un bon Physicien, un grand Astronome & un excellent Géometre. Lorsqu'après la paix des Pyrénées, Louis le Grand voulut, pour embellir son Royaume, fonder une Académie des Sciences à Paris, M. Colbert lui proposa un certain nombre de savans pour en être les premiers Membres, parmi lesquels M. Picard ne manqua pas d'avoir une place distinguée. Ses traités intitulés, *experimenta circà aquas effluentes. De mensurâ liquidorum & aridorum*; & *ses fragmens de dioptrique* prouvent que nous n'avons pas exagéré, lorsque nous l'avons mis au rang des bons Physiciens. Les belles observations qu'il fit à Uranibourg, ancien Observatoire de Tycho-Brahé, où il se rendit par ordre de l'Académie en 1671, nous donnent une idée de ce qu'il savoit en fait d'Astronomie. Enfin son bel ouvrage sur la *mesure de la terre* nous prouve qu'il peut y avoir eu de son tems d'aussi grands, mais non pas de plus grands Géometres que lui. Graces aux opérations de M. Picard, nous pouvons assurer maintenant que la circonférence de la terre est de 9000 lieues, de 2282 toises de Paris chacune, & le diametre du même globe de 2864 lieues de la même espece. Ce grand homme mourut à Paris, en l'année 1682.

PIED *de roi.* Le pied de roi contient 12 pouces.

PIE-MERE. La pie-mere est une membrane déliée qui sert d'enveloppe à la moelle du cerveau.

PIERRE. La pierre commune est un mixte où la terre domine. M. de Tournefort conjecture que les pierres viennent, comme les plantes, d'une espece de semence. Leur structure organique & constante, leurs veines qui les rendent plus aisées à couper dans un certain sens, sont pour lui autant de preuves sensibles de son sentiment. Il conjecture aussi qu'elles se forment d'une matiere liquide. *J'ai trouvé, dit-il*, des pierres à fusil & des morceaux de craie, formés dans des coquillages dont l'ouverture a toujours été très-petite, & où par conséquent ces pierres n'ont pu absolument entrer qu'en forme de liqueur; après quoi elles se sont durcies. Ce dernier point n'est plus une conjecture en Physique. Tout ceci doit surtout se dire des pierres communes; pour les pierres précieuses, consultez l'article des *Diamans.*

PIERRE *de Bologne.* Dans le sein d'une montagne située près de Bologne en Italie, l'on trouve une pierre que l'on calcine en cette maniere. L'on prend 7 à 8 de ces pierres dont on racle la superficie avec un couteau, pour en séparer toutes les parties hétérogenes. L'on en pulvérise une ou deux dans un mortier de bronze. L'on met la poudre qu'elles donnent, dans un tamis fin. L'on mouille les pierres qui n'ont pas été brisées, dans une eau-de-vie très-claire. On tourne & on retourne ces pierres mouillées dans la poudre qu'a laissé passer le tamis. L'on allume quelques charbons vifs, qu'on laisse consumer à moitié. L'on jette sur ces charbons à demi consumés quelques lits de charbons éteints de boulanger, gros à-peu-près comme une noix. L'on range sur ces derniers les pierres saupoudrées. On les couvre de semblables charbons de boulanger, de telle ſorte qu'il y en ait à-peu-près autant par deſſus que par deſſous. Lorſque tous les charbons ſont conſumés, ſans qu'on ait excité le feu ; alors les pierres de Bologne ſont calcinées. On leur ôte la poudre dont elles étoient couvertes, & on les ferme dans une boîte avec du coton. Ces pierres tranſportées dans un lieu obſcur, paroiſſent très-lumineuſes. Tout le monde en voit la raiſon. L'air introduit ſubitement dans les pores de cette eſpece de phoſphore, excite le feu qu'ils contiennent ; & ce feu mis en mouvement, enflamme les parties combuſtibles qui ſe trouvent en quantité dans les pores de cette pierre.

Si la pierre de Bologne, après la calcination, donne beaucoup de lumiere, c'eſt évidemment un corps électrique par *frottement*, & une preuve que la matiere électrique n'eſt pas diſtinguée de la matiere ignée.

PIERRE PHILOSOPHALE. Chercher à décompoſer l'or & à le compoſer de nouveau, c'eſt chercher la pierre philoſophale. Quand il ſeroit vrai que l'or fût compoſé de mercure, d'un ſable fin & de quelques ſels fixes ; l'on n'en ſeroit gueres plus avancé pour cela, & l'on ſeroit bien loin de la découverte de la pierre philoſophale. Il faudroit encore connoître la proportion qui regne entre les élémens de l'or, & il faudroit ſurtout poſſéder le ſecret de les unir auſſi exactement que le font dans le ſein de la terre les agens naturels ; ce qu'on ne trouvera jamais. Il ſuffit que l'invention de la pierre philoſophale ſoit phyſiquement impoſſible, pour nous faire regarder comme dignes des petites maiſons, ceux qui s'occupent à la chercher.

PILORE. Cherchez *Pylore*.

PITCARNE, (*Archibald*) naquit à Edimbourg le 25 Décembre 1652. Il apprit la Médecine par principes, & il l'apprit avec d'autant plus de facilité, qu'il avoit de plus grandes avances dans la Phyſique & dans les Mathématiques. C'eſt un de ceux qui a le plus contribué à introduire les principes mécaniques dans la Médecine. On trouve dans ſes diſſertations un probleme ſurprenant, & qui donne une idée du mérite de Pitcarne, *une maladie étant donnée, trouver le remede*. Ce fut en 1712 qu'il réſolut ce fameux probleme. Il mourut un an après, c'eſt-à-dire, le 20 Octobre 1713, à l'âge de 61 ans. Les Médecins de ce mérite devroient être immortels. L'Université de Leyde se glorifie avec raison de l'avoir eu pendant quelque tems pour Professeur. La gloire de la France, & celle de M. Duverney est d'avoir formé un si grand sujet. Ce fut d'abord à Montpellier, & ensuite à Paris que Pitcarne prit du goût pour la Médecine.

PLAN. On donne ce nom à toute superficie qui nous paroît unie ; je dis *qui nous paroît* ; car nos plans les plus parfaits contiennent des éminences, des cavités, en un mot des irrégularités sans nombre.

PLAN INCLINÉ. Machine qui a été expliquée fort au long & d'une maniere très-géométrique dans l'article de la *Mécanique*. Nous avons démontré qu'à l'aide de cette machine la vîtesse de la puissance : à la vîtesse du poids que l'on fait monter par un plan incliné :: la longueur du plan : à sa hauteur. Cherchez *Mécanique*.

PLANETES. Les planetes sont des corps opaques qui reçoivent leur lumiere du Soleil. Il y en a du premier ordre, & il y en a du second. Celles-là tournent autour du Soleil, celles-ci tournent autour d'une planete du premier ordre. La Lune & les satellites de Saturne, de Jupiter & de Vénus ne sont que des planetes du second ordre. Saturne, Jupiter, Mars, Vénus, Mercure & la Terre dans l'hypothese de Copernic, sont des planetes du premier ordre. Dans la même hypothese les planetes plus éloignées du Soleil que la Terre, s'appellent planetes supérieures, & l'on nomme planetes inférieures celles qui se trouvent entre la Terre & le Soleil. Newton prétend que les planetes supérieures sont moins denses, & les planetes inférieures plus denses que la Terre ; voyez-en la raison dans l'article de *Mars*. Voyez encore dans l'article de *Copernic* combien de mouvemens ont les planetes du premier ordre, & quelle en est la cause physique. Voyez enfin dans les articles de la *Lune* & des *Satellites* ce qui regarde les planetes du second ordre.

PLANTE. Toute plante considérée en général, est une substance capable de végétation & non pas de sensation. Ses parties principales sont la racine, le tronc ou la tige, les branches, les feuilles, les fleurs & les fruits. L'on voit dans chacune de ces parties des filamens creux auxquels on a donné le nom de *fibres*, & des canaux tournés en forme de vis ou de ligne spirale, qui d'une part aboutissent à l'air extérieur par différens petits rameaux, & de l'autre s'étendent en s'élargissant jusqu'aux racines ; on les nomme *trachées*. Voyez cette matiere traitée avec beaucoup d'étendue dans l'article *Botanique*.

PLATON, dont tous les Saints Peres font les plus grands éloges, naquit à Athenes, environ l'an 426 avant Jesus-Christ. Son pere Ariston & sa mere Periclione descendoient de Codrus Roi d'Athenes. C'est celui de tous les anciens dont la doctrine approche le plus de celle de l'Evangile ; aussi croit-on que dans ses voyages il avoit eu connoissance de la Religion Judaïque & des Saintes Ecritures. Rien n'est plus propre à fermer la bouche aux prétendus esprits forts de ce siecle, que ce qu'il regarde dans sa philosophie comme autant de principes incontestables. En voici les principaux.

Il n'y a qu'un Dieu ; il faut l'aimer, le servir & travailler à lui ressembler par la sainteté & par la Justice.

La véritable félicité de l'homme, c'est d'être uni à Dieu, & son unique mal d'en être séparé.

Il vaut mieux mourir, que de pécher.

C'est un crime de faire du mal à ses ennemis, & de se venger des injures qu'on en a reçues.

On est plus heureux de souffrir l'injustice, que de la faire.

Le verbe a arrangé & rendu visible cet univers, & la connoissance de ce verbe fait mener ici bas une vie très-heureuse, & procure la félicité après la mort.

L'ame est immortelle ; les morts ressusciteront ; il y aura un dernier jugement des bons & des méchans où l'on ne paroîtra qu'avec ses vertus ou ses vices, qui seront la cause du bonheur ou du malheur éternel.

L'ame n'est que ténebres, si Dieu ne l'éclaire, &c. &c.

Platon connoissoit si parfaitement la corruption des hommes, qu'il osa assurer *dans le second livre de sa république*, que si un homme souverainement juste venoit sur la terre, il trouveroit tant d'opposition dans le monde qu'il seroit mis en prison, bafoué, fouetté & enfin crucifié par ceux qui étant pleins d'injustice, passeroient cependant

pendant pour justes : nouvelle preuve de la connoissance que Platon avoit eue des livres des Prophetes. Ce grand homme mourut à l'âge d'environ 81 ans. Ce n'est pas dans un ouvrage de cette espèce qu'on pourroit omettre la belle réponse que fit Platon aux habitans de Délos ; elle suppose dans lui la connoissance la plus profonde de la géométrie. Ceux-ci accablés de tous les maux que les gueres civiles ne manquent jamais de causer, consulterent l'oracle d'Apollon pour y trouver quelque soulagement. Vos maux ne finiront, *leur répondit l'oracle*, que lorsque vous aurez doublé l'autel cubique qui est dans mon temple. Ces bonnes gens avouerent à Platon qu'ils avoient fait en conséquence construire un autel cubique dont chaque dimension étoit double de celle de l'ancien autel. Vous avez fait, *leur dit Platon*, un autel octuple du premier.

Il leur enseigna ensuite le moyen de trouver la duplication du cube. Nous ne nous étendrons pas davantage sur cette matiere ; nous l'avons traitée assez au long à l'article *Cube*, & à l'article *Proportionnelle*.

PLEIN. Un espace absolument plein seroit un espace dans lequel le Tout-puissant même ne pourroit pas placer un nouveau corps, sans en chasser quelqu'un de ceux qui y sont, ou sans les compénétrer les uns avec les autres. Descartes tenoit non-seulement le *plein absolu*, mais il regardoit encore le vuide & la compénétration comme métaphysiquement impossibles. On va bien loin avec des principes aussi dangereux.

PLEVRE. La membrane qui tapisse l'intérieur de la poitrine a le nom de *plevre*.

PLINE *le naturaliste*, (C. Plinius Secundus) naquit à Véronne l'an 23 de Jesus-Christ. Il n'y a presque rien à ajouter au caractere qu'en fait M. de Buffon, au 1 tome de son histoire naturelle, *page* 69 & 70 de l'édition *in*-12. (Pline, *dit-il*, a travaillé sur un plan bien grand, & peut-être trop vaste ; il a voulu tout embrasser, & il semble avoir mesuré la nature & l'avoir trouvée trop petite pour l'étendue de son esprit. Son histoire naturelle comprend, indépendamment de l'histoire des animaux, des plantes & des minéraux, l'histoire du ciel & de la terre, la médecine, le commerce, la navigation, l'histoire des arts libéraux & mécaniques, l'origine des usages, enfin toutes les ſciences naturelles & tous les arts humains ; & ce qu'il y a d'étonnant, c'eſt que dans chaque partie Pline eſt également grand : l'élévation des idées, la nobleſſe du ſtyle relevent encore ſa profonde érudition. Non ſeulement il ſavoit tout ce qu'on pouvoit ſavoir de ſon tems, mais il avoit cette facilité de penſer en grand qui multiplie la ſcience ; il avoit cette fineſſe de réflexion, de laquelle dépendent l'élégance & le goût, & il communique à ſes lecteurs une certaine liberté d'eſprit, une hardieſſe de penſer qui eſt le germe de la philoſophie. Son ouvrage, tout auſſi varié que la nature, la peint toujours en beau ; c'eſt, ſi l'on veut, une compilation de tout ce qui avoit été écrit avant lui, une copie de tout ce qui avoit été fait d'excellent & d'utile à ſavoir ; mais cette copie a de ſi grands traits, cette compilation contient des choſes raſſemblées d'une maniere ſi neuve, qu'elle eſt préférable à la plupart des ouvrages originaux qui traitent des mêmes matieres.) Je finirois ici le caractere de Pline, ſi M. de Buffon eût ajouté que cet auteur eſt quelquefois bien crédule, & plus ſouvent encore difficile à être entendu. Auſſi ne doit-on le lire qu'avec les notes & les corrections du ſavant Pere Hardouin Jéſuite. Il en a donné deux éditions, l'une en 2 volumes *in-folio*, & l'autre en 5 volumes *in*-4°. ; toutes les deux *ad uſum Delphini.*

Pline mourut d'une maniere bien tragique, à l'âge de 56 ans, la 79e. année de Jeſus-Chriſt ; c'étoit l'année même que l'embraſement du Mont Véſuve ruina des villes entieres, & envoya des cendres, *dit-on*, juſques dans l'Afrique, la Syrie & l'Egypte. Frappé de ce terrible phénomene, & empreſſé d'en examiner toutes les circonſtances, il s'approcha d'aſſez près de la montagne, pour être, non pas brûlé par les flammes, mais étouffé par les vapeurs qu'elle vomiſſoit. On le trouva après ſa mort à-peu-près dans l'état d'un homme qui ſe livre au plus paiſible ſommeil, *habitus corporis quieſcenti, quàm defuncto, ſimilior.* Ce ſont-là les propres paroles de ſon neveu dans la lettre qu'il écrivit à Tacite ſur ce triſte événement ; il eſt d'autant plus croyable, que ſon oncle l'avoit invité d'être de la partie. Il dut ſon ſalut à l'amour qu'il avoit pour l'étude du cabinet : *mihi, ſi venire unà vellem facit copiam : reſpondi ſtudere me malle.* La lettre dont nous parlons eſt la 16e. du livre 6e. du recueil de lettres de Pline le jeune ou le neveu.

PLOMB. Les Chimiſtes aſſurent que le plomb eſt un métal composé de mercure, de ſel, de ſoufre & de terre. Il y a apparence que la terre en eſt l'élément prédominant.

PLUCHE, (Antoine) *naquit à Rheims, le 13 Septembre* 1688. C'eſt l'élégant, le ſage & l'incomparable auteur de l'ouvrage intitulé *le ſpectacle de la nature, ou entretiens ſur les particularités de l'hiſtoire naturelle, qui ont paru les plus propres à rendre les jeunes gens curieux, & à former leur eſprit.* Le premier volume de cet ouvrage, marqué au coin de l'immortalité, parut en l'année 1732. Pluche nous expoſe lui-même ſon deſſein dans la préface. Le deſir de ſavoir, *dit-il*, nous eſt auſſi naturel que la raiſon. Il eſt vif & agiſſant à tout âge : mais il ne l'eſt jamais plus que dans la jeuneſſe, où l'eſprit vide de connoiſſances, ſaiſit avec avidité ce qu'on lui préſente, ſe livre volontiers à l'attrait de la nouveauté, & contracte tout naturellement l'habitude de réfléchir & de s'occuper. C'eſt pour tirer de cette heureuſe diſpoſition tout le bien qu'elle peut produire, que le ſage Pluche préſente en particulier aux jeunes gens le livre de la nature, comme le plus ſavant & le plus parfait de tous les livres propres à cultiver notre raiſon. C'eſt de ce livre expoſé à tous les yeux, & cependant aſſez peu lu, qu'il entreprend de donner un extrait, dans le deſſein de nous faire connoître des richeſſes que nous poſſédons ſans en jouir, & de rapprocher ſous nos yeux ce que l'éloignement, la petiteſſe, & l'inattention leur dérobe. Il débute par les animaux, & les plantes ; parce que ce ſont les premiers objets qui ſe trouvent autour de nous, & qui ſont à tout moment ſous notre main. C'eſt ſurtout dans la maniere de préſenter les choſes qu'excelle M. Pluche. Perſonne n'a mieux entendu que lui l'art du dialogue. Il s'eſt ſurpaſſé dans cet ouvrage. Les interlocuteurs qu'il met ſur la ſcene ſont le jeune Chevalier du Breuil qu'il ſuppoſe paſſer le tems de l'automne dans le Château de M. le Comte de Jonval. Celui-ci trouvant beaucoup de pénétration & de vivacité dans le jeune Chevalier, eſſaie de jetter dans ſon eſprit les ſemences du bon goût & d'une philoſophie qui ſoit partout de ſervice & de miſe. Ils aſſocient à leurs entretiens le Prieur de Jonval ; qu'ils supposent un homme estimable par ses connoissances, & qu'un grand fond de politesse & de piété leur rend encore plus cher. Comme les matieres dont ils font leur amusement, sont les choses du monde les plus ordinaires, & qui demandent le moins de contention d'esprit ; Madame la Comtesse de Jonval veut bien grossir le nombre des acteurs. Peut-être le Lecteur apprendra-t-il avec plaisir que ces entretiens n'ont rien de fabuleux. Ils se tinrent dans une maison de campagne, aux environs de Rouen, chez Milord Stafford. C'est M. Pluche qui y joue le rôle de *Prieur*; le Milord & son épouse, ceux de *Comte* & de *Comtesse* ; & leur digne fils à qui M. Pluche donnoit alors des leçons de Physique, y est désigné sous le nom de *Chevalier*.

A peine ces premiers dialogues parurent-ils, que le public enchanté en demanda la continuation. Elle parut sur la fin de l'année 1734 en 2 volumes *in*-12. L'Auteur y examine les dehors & l'intérieur de la terre. Puisque l'habitant du monde en est aussi le souverain, il est juste, *dit-il*, qu'il reconnoisse une fois les dehors & les dedans de sa demeure ; qu'il aille faire le tour de son domaine ; & qu'il prenne connoissance de ce qui est soumis à son pouvoir & à son gouvernement. Dans cette vue Pluche fait promener son Lecteur dans tous les lieux qui rassemblent les biens dont l'homme est propriétaire. Il commence par les productions que la terre nous offre dans nos propres demeures, c'est-à-dire, par les fleurs &par la verdure de nos jardins. De-là il nous conduit dans nos potagers & nos jardins fruitiers. Ensuite dans nos terres labourables & dans nos vignobles. Enfin dans nos bois. Voilà pour le dehors de la terre. L'intérieur lui fournit des objets encore plus intéressans. Là il découvre l'origine de tant de fontaines & de rivieres dont notre globe est arrosé ; tant de sucs huileux, de sels féconds, de pierres, de métaux dont l'usage est absolument nécessaire. Voilà nos richesses. Pluche ne nous les met sous les yeux, que pour nous engager à témoigner notre reconnoissance à celui dont la main libérale nous les a données avec tant d'abondance.

La troisieme partie du spectacle de la nature ne parut que quatre ans après, c'est-à-dire, en 1738. C'est un traité physico-astronomique à la portée de tout le monde.

Elle contient dix-huit entretiens aussi élégans & aussi intéressans que ceux qui les ont précédés. Les sujets en sont la *nuit*, la *lune*, le *crépuscule*, l'*aurore*, le *lever du soleil*, la *lumiere*, la *vision*, les *couleurs*, l'*ombre*, la *nature* & les *services du feu*, le *zodiaque*, la *découverte de l'étoile polaire*, la *découverte de la rondeur de la terre*, l'*invention du globe*, la *boussole*, les *lunettes astronomiques*, le *microscope*, & les autres inventions de la Physique moderne.

Le spectacle de la nature demandoit une quatrieme partie. L'Auteur l'a donnée en 5 volumes, dont 3 parurent en 1745, & les deux derniers en 1749. Elle roule sur l'homme, le principal habitant de l'univers. Il y est considéré d'abord en lui-même, ensuite en société avec ses semblables, enfin en correspondance & en société avec Dieu. Pluche étoit trop sage, pour ne pas terminer son bel ouvrage par une excellente démonstration évangélique dans laquelle il inspire à son Lecteur les plus grands sentimens d'estime & d'amour pour la religion sainte que nous avons le bonheur de professer.

Pluche donna encore au public en 1738 un ouvrage en 2 volumes *in-12*, intitulé *histoire du Ciel, où l'on recherche l'origine de l'idolâtrie & les méprises de la philosophie sur la formation des corps célestes & de toute la nature*. Il est écrit avec la même délicatesse & la même élégance que le premier, & il est d'une grande utilité à ceux qui aiment mieux apprendre l'histoire des systemes, que la maniere de les réfuter. Heureux le siecle qui produit beaucoup d'auteurs du mérite de M. Pluche. Si nous n'avons cité ici aucun lambeau de ses ouvrages, c'est que nous avons comme fondu dans ce Dictionnaire le spectacle de la nature & l'histoire du Ciel. Il mourut à la Varenne St. Maur, d'un accident d'apoplexie, le 19 Novembre 1761, à l'âge de 73 ans accomplis. La ville de Rheims, sa patrie, a placé son portrait dans une des salles de l'Hôtel-de-Ville.

PLUIE. Les nuages tombent en pluie, lorsque le froid qui les condense, ou les vents qui rapprochent leurs parties les unes des autres, ne sont pas capables de les geler. Voyez cette question dans l'article des *Météores*.

PNEUMATIQUE. Otto de Guérike, Consul de Magdebourg, inventa en 1654, & quelques années après Boyle perfectionna la machine du vide, si connue sous le nom de machine *pneumatique*. Comme elle est devenue très-commune, je me dispenserai d'en faire ici une description détaillée. Ceux qui l'ont vuë, ont dû remarquer dans cette machine 1°. une pompe de cuivre avec son piston; 2°. une platine de cuivre couverte d'un cuir mouillé, sur laquelle on pose le récipient de verre fait en forme de voûte; 3°. un robinet placé dans un petit canal qui sépare la pompe d'avec la platine; ce robinet est tellement percé, que tantôt il ouvre une communication entre le récipient & le corps de la pompe, & tantôt entre le corps de la pompe & l'air extérieur. Lorsque l'on veut faire le vide, l'on ouvre la communication entre l'intérieur du récipient & l'intérieur de la pompe; l'on abaisse le piston, & alors une partie de l'air contenu dans le récipient descend dans le corps de la pompe, d'où il est aisé de le faire sortir en relevant le piston & en faisant communiquer l'intérieur de la pompe avec l'air extérieur. On recommence la même opération, jusqu'à ce qu'on ait fait le vide qui n'est jamais absolu, mais seulement relatif. C'est dans ce récipient ainsi purgé d'air, que l'on fait une infinité d'expériences de Physique; nous avons rapporté les principales dans l'article de l'*Air*.

POIDS. La quantité de matiere propre & le poids d'un corps signifient la même chose.

POITRINE. La poitrine est une cavité qui se trouve entre le col & le ventre. Elle est fermée en haut par 2 os que l'on nomme *clavicules*; en bas par le diaphragme; par devant par l'os *sternum*; par derriere par les 12 vertebres de l'épine du dos; à droite & à gauche par 24 côtes entre lesquelles se trouvent plusieurs muscles intercostaux. La poitrine a deux mouvemens, l'un d'*inspiration* & l'autre d'*expiration*; dans le mouvement d'*inspiration* elle se dilate, & elle reçoit l'air extérieur; dans le mouvement d'*expiration* elle se rétrécit & elle rend l'air extérieur qu'elle avoit reçu. Les muscles intercostaux en se gonflant, & le diaphragme en s'abaissant, agrandissent la capacité de la poitrine; les mêmes muscles intercostaux en s'alongeant, & le diaphragme en se relevant, rétrécissent cette même capacité. L'on trouvera dans l'article des *muscles* les causes physiques de ces mouvemens.

POLES. Nous nous imaginons que le Ciel tourne ſur une ligne que nous nommons pour cela l'axe du monde : ce ſont les deux extrémités de cette ligne que nous appellons *pôles de la ſphere :* ce ſont-là auſſi les deux *pôles* de l'équateur céleſte, parce qu'ils ſont éloignés de 90 degrés de chaque point de la circonférence de ce cercle, comme nous l'avons remarqué dans l'article de la *ſphere*. Le *pôle* que nous voyons, s'appelle *boréal*, & celui que nous ne voyons pas, s'appelle *méridional*. Pour trouver de combien de degrés le pôle eſt élevé ſur l'horizon; employez la méthode ſuivante.

1°. Choiſiſſez une nuit d'hiver pendant laquelle une de ces étoiles qui ne ſe couchent jamais, paſſe deux fois par votre méridien.

2°. Obſervez quelle eſt la hauteur méridienne de cette étoile, lorſqu'elle paſſe directement au-deſſus du pôle; ſuppoſons-la, par exemple, de 50 degrés.

3°. Obſervez quelle eſt la hauteur méridienne de la même étoile, lorſqu'elle paſſe au-deſſous du pôle; ſuppoſons-la de 40 degrés.

4°. Otez la plus petite hauteur de la plus grande.

5°. Ajoutez la moitié du reſtant à la plus petite hauteur; la ſomme vous donnera l'élévation du pôle ſur votre horizon; elle ſera dans le cas préſent de 45 degrés. La bonté de cette méthode eſt fondée ſur l'obſervation que l'on a faite du mouvement journalier que les étoiles paroiſſent avoir autour du pôle comme centre. En effet, ſi ces aſtres paroiſſent avoir un pareil mouvement, une étoile qui ne ſe couche jamais, ſera facilement obſervée tantôt plus élevée que le pôle d'une certaine quantité, tantôt moins élevée que le pôle de la même quantité. Donc, pour avoir l'élévation du pôle ſur l'horizon, il faut employer la méthode que nous venons de donner.

Ceux qui ne pourroient pas faire ces ſortes d'obſervations, & qui cependant voudroient ſavoir exactement l'élévation du pôle ſur leur horizon, la trouveront dans la table des latitudes que nous avons donnée à la fin du troiſieme volume de ce Dictionnaire; l'on ſait que la latitude d'un lieu quelconque eſt toujours égale à la hauteur du pôle ſur l'horizon de ce lieu, comme nous l'avons démontré dans l'article de la *Latitude*. Dans cette table dressée sur les observations les plus sûres, & plus étendue que la plupart de celles qu'on a donné jusqu'à présent, le chiffre ordinaire marque l'élévation du pôle boréal, & le chiffre romain l'élévation du pôle méridional.

POLI. Une surface polie est une surface qui a peu d'inégalités.

POLIGNAC, (Melchior de) *Cardinal Prêtre de l'église Romaine, du titre de Sainte Marie des Anges, Abbé de Corbie, d'Anchin, de Bonport, de Mouzon & de Bégard, Archevêque d'Auch, Primat de la Novempopulanie, Commandeur des ordres du Roi, Membre des Académies Françoise, des Sciences & des Belles-Lettres, naquit au Puy, le 11 Octobre* 1661. Ce grand homme que l'on doit regarder comme l'honneur du XVIIe. & du XVIIIe. siecles, se fit connoître dès la fin de son cours de philosophie par un trait singulier. Après avoir fait ses humanités au collége de Louis le Grand avec tout l'éclat imaginable, il fut mis en philosophie au Collége d'Arcourt. Là il trouva un Professeur entêté du péripatétisme qui lui dicta un jargon de philosophie de la solidité duquel il paroissoit intimement convaincu. Le jeune Polignac prit patience en Logique; mais en Physique il lui fallut toute sa politesse & toute sa douceur pour ne pas éclater. Pour se dédommager de l'ennui que lui causoient les explications vides qu'il se voyoit obligé d'écouter, il se procura les ouvrages de Descartes; il les lut avec passion; il crut y trouver la vérité, & il apprit à fond le systeme ingénieux de ce philosophe. A la fin de l'année, le Professeur qui souhaitoit ardemment qu'un éleve de ce rang & de ce mérite donnât du poids à ses leçons, l'invita à donner des preuves au public de son avancement dans les sciences, dans des theses solennelles. Celui-ci refusa cet honneur le plus poliment & le plus modestement qu'il lui fut possible. Pressé par son Professeur, je soutiendrai, *répondit-il*, mais à condition que ce sera sans Président, & qu'il me sera permis de défendre le systeme de Descartes. Quel coup de foudre pour un péripatéticien! L'affaire fut cependant mise en arbitrage; & il fut réglé que le jeune Polignac soutiendroit deux actes dans deux jours consécutifs: que d'abord il défendroit le systeme de Descartes, & que le lendemain il se déclareroit disciple d'Aristote. Cet arrangement eut lieu; & l'on prétend que si les Cartésiens furent enchantés du jeune soutenant, les autres ne parurent pas mécontens de la maniere dont il joua le rôle de *Péripatéticien malgré lui.* L'attachement de M. de Polignac pour le cartésianisme augmenta avec l'âge. Il le fit paroître surtout dans son *Anti-Lucrece*, ouvrage infiniment supérieur à tous les éloges qu'on peut lui donner, & qu'il n'a composé que pour réfuter ce tas d'impiétés que Bayle a fait passer de chez Lucrece dans ses infames productions. Nous laissons aux Panégyristes de M. de Polignac le soin de louer la sublimité de sa poësie, la vivacité de ses peintures, l'élégance de ses expressions, la variété de ses tours, le naturel de ses transitions, la justesse de ses comparaisons ; la plume d'un Physicien n'est pas assez légere pour peindre de si belles choses. Nous nous bornerons ici à donner l'abrégé de l'Anti-Lucrece, considéré précisément comme un ouvrage de Physique. Ce poëme, divisé en 9 livres, attaque l'impiété jusques dans ses derniers retranchemens, en présentant au lecteur tout ce que la physique a de plus remarquable, l'histoire naturelle de plus curieux, les arts mécaniques de plus utile, le spectacle de la nature de plus frappant. *C'est vous seule que j'invoque, Sagesse toute-puissante, Cause & Souveraine de l'univers, Raison éternelle, Lumiere de l'esprit, Loi du cœur. Inspirez-moi, soutenez mes pas dans cette longue & pénible carriere. Par vous l'immense assemblage des êtres forme un tout régulier : vous êtes le flambeau dont l'éclat peut seul dissiper les ténebres qui dérobent à nos yeux la nature. Née pour connoître & pour aimer le vrai, notre ame trouve en vous seule de quoi satisfaire des desirs que rien de faux, rien de fini ne peut épuiser. Donnez de la force à mes vers & vengez vos propres droits.*

Après ce début, M. de Polignac entre en matiere. Il expose la morale d'Epicure, & il prouve combien elle est fausse & pernicieuse. Il est surtout pressant dans les conséquences qu'il en tire. Il démontre qu'on ne peut pas suivre cette morale, sans regarder la *raison* comme une chimere ; la *vertu* & la *vérité* comme des êtres fabuleux ; le *Pyrrhonisme* comme nécessaire. L'auteur montre, comme en passant, la ressemblance qu'il y a entre la Doctrine d'Epicure, & celle de Hobbes. Il va encore plus loin : il démontre que l'homme ne peut trouver son bonheur sur la terre, que dans le sein de la religion.

C'eſt-là le précis du premier livre de l'*Anti-Lucrece.*

Dans les deux livres ſuivans M. de Polignac expoſe & attaque le ſyſteme phyſique d'Epicure, le vide & les atomes.

Le mouvement des atomes revient encore dans le quatrieme livre. L'auteur lui ſubſtitue celui d'une matiere infiniment déliée & agitée en tourbillon. Ce n'eſt pas-là le plus bel endroit de ſon poëme ; Newton y eſt combattu d'une maniere aſſez foible ; les argumens qu'on apporte contre lui ne convertiront aucun attractionnaire.

Le cinquieme livre eſt un chef-d'œuvre. Le matérialiſme y eſt attaqué dans toutes les formes, & la nature de l'ame y eſt expliquée avec toute la clarté poſſible.

Le ſixieme livre eſt beaucoup moins ſolide que le précédent. L'auteur y dépeint les animaux comme de pures machines & de purs automates. Il étoit trop attaché à Deſcartes pour penſer autrement ; & il avoit trop d'eſprit pour ne pas nous préſenter cet ingénieux ſyſteme d'une maniere ſéduiſante.

Le ſeptieme livre contient la diſcuſſion exacte d'une des plus grandes queſtions que l'on puiſſe agiter en Phyſique, ſavoir quel eſt le principe du renouvellement des différentes eſpeces. M. de Polignac prétend 1°. que les individus de chaque eſpece doivent l'être à des principes capables d'en reproduire ſans ceſſe de pareils. 2°. Que ces principes primitifs ſont des germes invariables renfermés originairement dans un ſeul. 3°. Que ce premier germe, dépoſitaire de tous ceux de ſon eſpece, a pour cauſe un être prévoyant, unique, tout-puiſſant, éternel. 4°. Que la tranſmiſſion de ces germes, auxquels eſt attachée la conſervation des différentes eſpeces, ſe fait dans chacun, de mâle en mâle. Il conclut de-là que toute l'eſpece humaine a été renfermée dans le premier homme.

Le huitieme livre eſt un traité d'aſtronomie. L'auteur y embraſſe le ſyſteme de Copernic dont il prouve la ſolidité par les argumens les plus démonſtratifs.

Le neuvieme livre contenoit l'examen des minéraux, des foſſiles, des plantes marines, & généralement de tout ce que renferment les entrailles de la terre & le ſein de la mer. Il n'eſt pas parvenu juſqu'à nous. Il ne nous reſte que la concluſion de tout l'ouvrage qui devoit naturellement terminer ce neuvieme Livre. L'auteur, après avoir fait une espece de récapitulation de tout ce qu'il a dit dans les 8 livres précédens, conclut qu'il faut être insensé pour révoquer en doute l'existence de l'Être Supreme. Telles sont les matieres discutées dans le plus beau poëme didactique qui ait paru jusqu'à présent. Nous sommes dispensés d'en rapporter ici des lambeaux ; nous l'avons fait dans différens endroits de ce Dictionnaire, & surtout dans les articles qui commencent par les mots *Dieu* & *Matérialisme*. M. le Cardinal de Polignac mourut à Paris, le 20 Novembre 1741, âgé de 80 ans, un mois & 9 jours, avec la douce consolation d'avoir composé un ouvrage capable de faire autant de prosélytes à la religion, que les écrits de Bayle, & ceux de tant d'autres impies, lui ont fait de déserteurs.

POLINIERE, (Pierre) *Docteur en Médecine, a eu les plus grands succès dans la physique expérimentale.* En l'année 1709, il donna au public un cours d'expériences, qui roulent toutes sur les sujets les plus intéressans de la Physique moderne. Il en a fait sur l'action des corps fluides & sur leur équilibre; sur la pesanteur & sur le ressort de l'air; sur le son; sur l'aimant; sur les fermentations, effervescences & inflammations qui naissent du mélange des liqueurs; sur les dissolutions des métaux; sur les coagulations; sur l'anatomie des plantes & des animaux; sur les odeurs & les saveurs; sur les couleurs & la lumiere, &c. L'on peut dire en général que ses 114 expériences sont annoncées pour l'ordinaire avec beaucoup de clarté, faites avec beaucoup de dextérité, & expliquées d'une maniere conforme aux loix de la saine Physique. Pour donner à nos lecteurs une idée de l'exactitude avec laquelle M. Poliniere avoit coutume de procéder dans ses expériences, & de la bonté de ses explications; nous allons rapporter la premiere de celles qu'il a faites sur les couleurs dans un tems où l'optique de Newton ne faisoit que de paroître.

Préparation. Prenez un prisme de verre, ou de cristal triangulaire, dont les surfaces soient planes & polies: placez-le dans une chambre bien fermée, où l'on n'ait laissé qu'un endroit libre par où entrent les rayons du Soleil.

Effet. 1°. Ayant exposé ce prisme de maniere que les rayons du Soleil rencontrent en même tems deux faces de ce corps triangulaire ; il paroîtra deux peintures, & dans chaque peinture cinq couleurs semblables à celles de l'Arc-en-Ciel ; ces couleurs seront fort belles & fort sensibles, si elles sont reçues sur une surface blanche.

2°. Si on regarde de près à travers un angle formé par les faces de ce prisme, tous les objets paroîtront ornés des mêmes couleurs, qui avoient déjà été représentées sur la surface blanche ; & si ces objets sont éclairés du Soleil, les couleurs seront encore plus sensibles.

Explication. Les rayons de lumiere peuvent être arrangés différemment par les corps diaphanes qui les laissent passer ; & ces rayons qui se brisent plus ou moins, excitent dans nos yeux des sensations particulieres, & nous font paroître différentes couleurs.

Le prisme de verre n'a aucune des couleurs que nous voyons sur la surface blanche. Les rayons de lumiere s'y font seulement brisés, en entrant & en sortant. La lumiere a donc été préparée en passant à travers ce prisme. La seule réfraction a donc rendu cette lumiere colorée, laquelle étant réfléchie en cet état vers nos yeux, nous fait appercevoir le *rouge*, le *jaune*, le *vert*, le *bleu* & le *violet*.

M. Poliniere, mécontent de cette premiere explication, continue de la sorte : un des savans d'Angleterre (M. Newton) a beaucoup médité sur cette expérience du prisme, & l'a fort étendue. Il en a fait beaucoup d'autres qui en dépendent ou qu'il y a jointes. De tout cela il semble qu'on peut tirer trois remarques principales.

1°. Que la lumiere est composée d'une multitude de rayons de différentes propriétés, c'est-à-dire, qu'il y en a qui excitent dans nos yeux, le sentiment de rougeur : d'autres le sentiment de jaune : d'autres le sentiment d'une autre couleur.

2°. Que parmi ces rayons il y en a qui se brisent plus, & d'autres moins, quand ils passent obliquement par différens corps transparens.

3°. Que ces différens rayons se réfléchissent différemment.

Pour en mieux juger, comparons les couleurs avec le son, & considérons ces deux qualités en trois états ou en trois endroits différens. Le son, considéré dans le corps ſonore ; eſt un mouvement de tremblement ; conſidéré dans l'air qui le porte, c'eſt un mouvement qui y eſt imprimé par le corps ſonore ; conſidéré dans l'oreille qui le reçoit, c'eſt une ſenſation excitée par le mouvement de l'air. De même la couleur conſidérée dans les corps, eſt un tiſſu, ou un arrangement particulier de leurs parties, tel qu'il peut réfléchir certains rayons de lumiere en plus grande abondance que d'autres ; conſidérée dans les rayons de lumiere, c'eſt une diſpoſition par laquelle ils peuvent communiquer à notre rétine tel ou tel mouvement : & conſidérée dans l'œil, c'eſt le ſentiment excité par ce tel ou tel mouvement que nous appellons *rouge*, *bleu*, &c. Afin de s'exprimer plus facilement, les rayons qui font que les corps paroiſſent rouges, ſeront appellés *rayons rouges* ; ceux qui font que les corps paroiſſent jaunes, verts, bleus, violets, ſeront appellés *rayons jaunes*, *verts*, *bleus*, *violets*.

Ainſi parle M. Poliniere. Peut-on le faire plus méthodiquement, plus clairement & plus ſolidement ? Ce Phyſicien ſe plaint dans la ſeconde édition qu'il donna en 1718 de ſon cours de Phyſique expérimentale, que ſon livre a été en proie à un grand nombre de plagiaires qui ne lui ont pas fait même l'honneur de dire dans leurs préfaces que ce cours leur avoit été de quelque utilité. Que n'auroit-il pas dit s'il eût vécu de nos jours ? Combien de ceux qui n'ont appris que dans ſon livre l'art de faire des expériences, ont voulu, en affectant de ne le citer jamais, enſevelir ce même livre dans l'oubli ! Ils ont beau faire ; Poliniere ſera toujours leur maître. Pour moi j'avoue avec reconnoiſſance qu'il a été très-ſouvent le mien.

POLYGONE. Un polygone eſt une figure compoſée de pluſieurs côtés & de pluſieurs angles.

POMPE. Les pompes aſpirantes ſont des machines où l'eau s'éleve à la hauteur de 32 pieds ; nous en avons expliqué le mécaniſme dans la troiſieme partie de l'hydroſtatique. Pour les pompes foulantes, la hauteur à laquelle l'eau s'éleve dépend de la force du bras qui fait jouer le piſton. La même pompe eſt communément aſpirante & foulante.

POMPE A FEU. Pompe dans laquelle le jeu du piſton dépend de l'action du feu, pour le faire monter &

de l'action de l'air pour le faire descendre. Les premiers Physiciens qui ont eu l'idée de cette majestueuse machine, sont M. *Papin* en Allemagne, M. *Savery* en Angleterre & M. *Amontons* en France, sur la fin du siecle dernier. La *pompe à feu* est exactement décrite dans bien des ouvrages de Mécanique, & nommément dans l'Architecture hidraulique de *Belidor*, *tome 2*, *entre les pages* 308 & 338. Bien des personnes trouvent un peu longue & un peu obscure la description qu'en fait cet Auteur. Je me disposois à l'abréger & à l'éclaircir, lorsque je reçus le Journal de Physique pour le mois d'Août 1785. Il commence par un excellent Mémoire dans lequel la description de la *pompe à feu* ne laisse plus rien à desirer. Comme il est impossible de faire mieux, & que ce Journal ne se trouve pas entre les mains de tout le monde, je vais en extraire ce qui a rapport au sujet que je traite.

« Jetons les yeux, *dit l'Auteur*, sur une machine à » feu : c'est une chaudiere couverte d'un chapiteau, » percé dans son milieu d'une ouverture à laquelle » s'adapte un cylindre creux dans lequel joue un pis» ton attaché à une chaîne suspendue à l'une des ex» trémités d'un balancier, retenu dans le milieu de sa » longueur par des colliers boulonnés, dans lesquels » jouent des tourillons qui lui permettent de se mouvoir » dans un plan vertical, & d'entretenir à son autre ex» trémité le jeu d'une pompe. La chaudiere est disposée » au-dessus d'une grille, à une distance telle que le » combustible y puisse être placé commodément, & que » la flamme embrassant sur le plus de points possibles sa » surface, il en résulte pour l'eau qu'elle contient, un » *maximum* de chaleur & d'ébullition. De cette eau s'é» leve une vapeur dont la force expansive poussant de » bas en haut le piston du cylindre, fait descendre ce» lui du corps de pompe ; l'action de cette vapeur ve» nant à être anéantie momentanément par la condensa» tion qu'opere une injection d'eau froide dans un tuyau » qui communique au cylindre, fait place à la force de » l'atmosphere qui, pesant sans obstacle sur la surface su» périeure du piston, l'oblige à descendre pour être éle» vé de nouveau par la force de la vapeur. L'injection » de l'eau froide s'opere également par l'action de l'atmos-

» phere sur la surface de cette eau, contenue dans une » bache, & par le moyen d'un robinet & d'une soupape » qui s'ouvrant & se fermant alternativement par le mou- » vement du balancier & le jeu d'un cliquetage, entre- » tiennent & empêchent alternativement sa communica- » tion avec la vapeur, par le conduit injecteur.

» On sait que cette vapeur occupe un espace quinze » à seize mille fois plus grand que le volume d'eau qui » l'a produite; d'où il suit que si celui dans lequel elle » se forme, n'est point suffisant pour son expansion, son » effort est d'autant plus grand, que cet espace est moin- » dre. Il est arrivé plus d'une fois que l'eau contenue » dans la chaudiere d'une machine à feu, laissant trop » peu de place pour la vapeur, ou que l'ouverture du » cylindre n'étant point assez grande pour son passage, » son effort a rompu la chaudiere, renversé & détruit » sa cage, & couvert les assistans de ses débris & de son » eau bouillante. Ces accidens ont donné lieu d'adapter » à la chaudiere, des tuyaux d'épreuve pour pouvoir » s'assurer, quand on veut, de la quantité d'eau actuelle, » pendant que la machine est en jeu, & un tuyau d'éva- » cuation dont l'orifice extérieur est couvert d'une sou- » pape à ressort qui ne s'ouvre qu'en cédant à la force » de la vapeur surabondante, ou bien lorsqu'on veut » faire cesser le jeu de la machine. La vapeur, à la » sortie de ce tuyau, choque l'air avec une telle force, » qu'il en résulte un mugissement effrayant.

» Quant à la force de la vapeur suffisante pour pous- » ser de bas en haut un piston d'un diametre donné, elle » est égale à la pesanteur d'une colonne d'eau de vingt- » deux pieds de hauteur & d'une base égale à celle du » piston, en sorte que le pied cube d'eau commune pe- » sant soixante-dix livres, & la base du piston étant » supposée d'un pied carré, la force de la vapeur suffi- » sante pour le pousser, sera de quinze cens quarante li- » vres, agent si puissant qu'aucun autre dans la nature » ne lui peut être comparé. »

L'Auteur de cette description se sert très-ingénieuse- ment de la pompe à feu, pour expliquer ces secousses ef- frayantes dont notre globe n'est que trop souvent agité. Cherchez *Tremblement de Terre*. Le Public qui ne trou- vera, au commencement de son Mémoire, que les lettres initiales de son nom, ne sera pas fâché de savoir que c'est M. *Chabaud de la Tour*, Lieutenant-Colonel au Corps Royal du Génie. Il est bien difficile d'avoir, en Mathématique & en Physique, des connoissances aussi rares & aussi profondes que lui. Aussi n'est-il rien de mieux mérité que l'estime universelle dont il jouit dans un corps où les grands hommes sont si communs.

Le lecteur qui n'auroit aucune idée de la pompe à feu, sera charmé de savoir ce qu'on entend par *Boulon* & *Tourillon*. Le boulon est une grosse cheville de fer qui a une tête ronde & qui est percée & arrêtée par l'autre bout avec une clavette. Le tourillon est un gros pivot de fer.

M. *Belidor* assure dans son Architecture hydraulique, *tome* 2, *page* 310, que M. *Amontons* proposa, en 1699, à l'Académie Royale des Sciences de Paris d'adapter la pompe à feu aux moulins à grains, & d'avoir par ce moyen des *moulins à feu*. M. l'Abbé *d'Arnal* dont le génie, dans la Mécanique, égale la science, a suivi & perfectionné cette idée. Il se trouve à la tête d'une compagnie de véritables patriotes qui ont employé des fonds considérables pour la construction de huit moulins à blé, qu'on pourra appeller *Moulins à eau* & *à feu*. L'eau d'un simple puits qui revient sur elle-même, mise en jeu par la pompe à feu, fera tourner ces huit moulins. L'épreuve qu'on en a déjà faite sur un, auroit parfaitement réussi, si la pompe eût été construite selon les idées de M. *d'Arnal*. Il a fait de l'excellente farine; mais le produit, à cause des dépenses immenses, a été jusqu'à présent nul pour les Actionnaires. Il faut espérer qu'on se procurera une meilleure pompe, & que, tôt ou tard, ce beau projet sera exécuté en entier. Nîmes a besoin d'un pareil établissement. Nos moulins à eau sérient, huit mois de l'année; & l'on est obligé de faire moudre le blé, à quatre lieues de la ville : ce qui occasionne des frais très-considérables.

PONANT. Le Ponant & l'Occident signifient la même chose.

PORE. Les pores sont de petites ouvertures qui se trouvent dans les corps. La sueur, par exemple, sort par les pores de notre corps.

POUCE. Mesure qui contient 12 lignes.

POUDRE.

POUDRE A CANON. A la fin du treizieme siecle, un Cordelier Anglois nommé *Roger Bacon*, fameux chimiste, broyoit dans un mortier du soufre, du salpêtre & du charbon. Il mit sur son mortier une pierre considérable; une étincelle tomba sur ce mélange, & *Bacon* vit tout-à-coup son mélange en feu, & la pierre lancée en l'air avec un fracas horrible. Telle est l'origine de la poudre à canon qui contient cinq à six parties de salpêtre raffiné, une partie de soufre & une partie de charbons pulvérisés. L'air renfermé dans chaque grain de poudre & dilaté par l'inflammation, me paroît être la cause physique des principaux effets de la poudre à canon.

POUDRE FULMINANTE. Si vous broyez ensemble trois gros de salpêtre fin, bien séché, deux gros de sel de tartre, & deux gros de fleur de soufre, & que vous mettiez le tout dans une cueillere de fer posée sur des charbons médiocrement allumés, vous aurez une poudre fulminante qui se dissipera avec un bruit effroyable. Il y a apparence, *dit M. Nollet*, que le sel de tartre qui entre dans la composition de cette poudre, étant plus fixe que les deux autres matieres auxquelles il se trouve uni, retarde leur dissipation, & donne le tems aux parties de feu qu'elles renferment, de se déployer toutes ensemble & avec toute leur force. C'est pour cela sans doute que l'effet de la poudre fulminante, allumée en plein air, est infiniment plus effrayant que celui de la poudre ordinaire qu'on allumeroit comme la poudre fulminante.

POULIE. Le mécanisme des poulies mobiles & immobiles est expliqué fort au long dans l'article de la *Mécanique*. Nous avons démontré que celles-ci n'augmentent en aucune maniere la vîtesse de la *puissance* sur celle du poids, & que dans les poulies mobiles la vîtesse de la puissance : à celle du poids :: 2 : 1. Nous avons encore calculé dans le même article la force des moufles, *machines* où l'on joint des poulies mobiles aux poulies immobiles.

POUMON. Le célebre Malpighi prétend que les poumons qui occupent une grande partie de la poitrine, sont un assemblage de *vésicules* renfermées dans la même membrane. Ces *vésicules* se remplissent d'air dans l'inspiration,

& dans l'expiration elles rendent l'air qu'elles avoient reçu. Le médiastin sépare les poumons en deux lobes, c'est-à-dire, en deux parties.

POURCHOT (Edme) *naquit au village de Poilly près d'Auxerre, d'une famille des plus obscures, en l'année* 1651. Son mérite lui procura une chaire de Philosophie à l'université de Paris; & la distinction avec laquelle il l'occupa pendant 26 ans, le fit nommer 7 fois Recteur de la même université. Il nous a laissé un cours de Philosophie où l'on trouve beaucoup de clarté, beaucoup de méthode, & un latin très-pur. On doit lui savoir gré d'avoir été un des premiers à traiter la Physique ancienne, comme elle le mérite. Le systeme général que suit M. Pourchot, est le pur cartésianisme, tel à-peu-près que nous l'avons exposé en son lieu.

On peut dire en général que M. Pourchot a donné un cours de Philosophie, aussi bon qu'il pouvoit l'être dans un pareil systeme. On ne lui pardonnera cependant jamais de n'avoir pas profité des corrections que Malebranche y avoit déjà faites. On lui pardonnera encore moins d'avoir imité de trop près, pour ne pas dire, pillé dans ce même cours le traité du *corps humain* du fameux Duhamel. Pourchot mourut à Paris le 22 Juin 1734.

POURFOUR ou PETIT (François) *naquit à Paris le* 24 *Juin* 1664. Ce ne fut qu'en Physique & à la lecture des ouvrages de Descartes, qu'il comprit qu'il n'étoit pas inepte aux sciences; jusqu'alors il s'étoit regardé, & on l'avoit regardé comme tel: si ingrate étoit sa mémoire. Ç'auroit été un vrai malheur qu'il se fût dégoûté de l'étude; le monde savant auroit perdu un grand Botaniste & un excellent Anatomiste. On lui trouva à sa mort un herbier de 30 gros volumes *in-folio*, qui ne contenoit aucune plante qu'il n'eût desséchée lui-même & dont il ne connût la vertu. La dissertation dans laquelle M. Pourfour établit quelques nouveaux genres de plantes, & dans laquelle il critique quelques endroits des élémens de botanique de M. de Tournefort, est une piece rare & très-estimée. M. Pourfour entendoit pour le moins aussi bien l'anatomie, que la botanique. Ce ne fut même qu'en qualité d'anatomiste, qu'il fut reçu en 1722 à l'Académie Royale des Sciences de Paris. Ce qui lui procura cet honneur, ce furent deux dissertations qu'il donna sur le cerveau. La premiere contient un nouveau systeme sur cette partie importante du corps humain. L'auteur démontre que les nerfs qui partent de la moelle alongée, s'entrelacent à leur origine, & se croisent, de maniere que ceux du côté droit passent au côté gauche, & ceux du côté gauche passent au côté droit. Il apporte un grand nombre d'observations en preuve de la nécessité de cette mécanique ; & il explique sans peine dans ce systeme pourquoi certaines blessures & certains coups reçus à un côté de la tête, sont presque toujours suivis de la paralysie du bras ou de la jambe du côté opposé. Dans sa seconde dissertation, M. Pourfour examine si l'on doit regarder le cerveau, comme le laboratoire des esprits vitaux. Ce ne sont pas là les seuls ouvrages qu'il ait donnés au public. Il a beaucoup & utilement composé sur le mécanisme de l'œil. On regardoit avant lui la cataracte comme une pellicule membraneuse qui se formoit dans l'œil. M. Pourfour a démontré qu'un cristallin cataracté est un cristallin altéré, épaissi, devenu opaque. Il a plus fait ; il a appris à l'abattre, & a donné par-là le moyen de guérir une maladie qui passoit pour incurable. Il mourut à Paris le 18 Juin 1741, à l'âge de 77 ans.

PRESBYTES. Les Presbytes sont ceux dont le cristallin n'est pas assez convexe. Les vieillards sont pour la plupart sujets à ce défaut ; cette espece d'applatissement dans le cristallin leur fait appercevoir confusément les objets qui sont près, & distinctement ceux qui sont loin. En voici la cause physique. Pour voir distinctement un objet, la rétine doit recevoir les rayons qu'il envoie, précisément à leur point de réunion ; si elle le reçoit avant ou après leur réunion, l'objet ne sera vu que confusément, comme nous l'avons remarqué, lorsque nous avons fait la description de l'œil. Ce principe une fois supposé, voici comment je raisonne : un objet éloigné envoie sur l'œil du spectateur des rayons de lumiere qui tendent à se réunir bientôt, c'est-à-dire, presque d'abord après avoir souffert les trois réfractions ordinaires, parce qu'ils sont sensiblement paralleles ; il faut, pour retarder cette réunion, un cristallin peu convexe ; celui des presbytes est de cette nature ; aussi réunira-t-il ces rayons précisément sur la rétine, & par-là même fera-t-il cause que les presbytes verront distinctement les objets éloignés. Par une raison contraire les presbytes doivent appercevoir confusément les objets qui ne sont pas éloignés, parce que les rayons envoyés par de pareils objets étant sensiblement divergens, demanderoient un cristallin très-convexe qui accélérât leur réunion. C'est sans doute pour corriger ce défaut que ces sortes de personnes ont coutume de se servir d'un verre convexe, lorsqu'elles veulent lire, ou voir distinctement un objet qui n'est qu'à quelques pas. Il n'est pas nécessaire de faire remarquer que pour bien comprendre tout ce qui est renfermé dans cet article, il faut avoir présent à l'esprit ce que nous avons dit dans les articles de la *Dioptrique* & de l'*Œil.*

PRINCIPE. Ce terme se prend en différens sens. Tantôt il signifie l'*Etre suprême* qu'on doit en effet regarder comme la cause, l'auteur & le principe de toutes choses. Tantôt il signifie toute vérité qu'on ne peut révoquer en doute, sans donner une marque évidente de folie ; telle qu'est-celle-ci *: deux choses égales à une troisieme, sont égales entr'elles.* Les Chimistes donnent encore le nom de *principes*, à tout ce qu'ils s'imaginent entrer dans la composition des *mixtes*, comme l'eau, le mercure, le soufre ou l'huile, le sel & la terre. C'est dans ce même sens que les Péripatéticiens regardent leur *matiere premiere* & leur *forme substantielle* comme les principes des corps.

PRINTEMS. Nous avons le printems, lorsque le Soleil paroît sous les signes du *Belier*, du *Taureau* & des *Gémeaux*, & lorsque par conséquent la terre parcourt les signes de la *Balance*, du *Scorpion* & du *Sagittaire.* Le printems dure trois mois. Il commence entre le 20 & le 22 Mars.

PRISME. C'est un corps solide compris sous 5 plans différens dont les deux opposés sont deux triangles égaux & paralleles, & les trois autres sont des parallélogrammes. Lorsque ce corps solide est de verre, l'on s'en sert pour démontrer que la lumiere est un corps hétérogene, composé de 7 rayons qui donnent le *rouge*, l'*orangé*, le *jaune*, le *vert*, le *bleu*, l'*indigo*, & le *violet.* Voyez l'article des *couleurs.*

PROBLEME. On donne ce nom en *géométrie* à toute proposition qui nous apprend à faire quelque opération. En algebre, résoudre un probleme, c'est arriver à la connoissance d'une ou de plusieurs *inconnues*, à cause du rapport qu'elles ont avec des *connues*. L'on demande, *par exemple*, de diviser 1000 en deux parties dont la différence soit 356. Dans ce probleme, il y a deux *connues* & deux *inconnues*. Les deux *connues* sont 1000 & 356 ; les deux *inconnues* sont les deux parties que l'on cherche, & qu'il est très-facile de trouver. Voyez l'article *arithmétique algébrique appliquée à l'analyse*, vous y trouverez un très-grand nombre de problemes résolus & à résoudre.

PROCLUS (Diadocus) natif de Lycie, florissoit dans la Grece environ l'an 500. Le P. Kircher prétend qu'il a été l'inventeur du fameux miroir ardent, composé de différens miroirs plans inclinés les uns aux autres. Il ajoute qu'il inventa cette machine, dont nous avons donné la description à la fin de l'article de la *Catoptrique*, pour mettre le feu aux vaisseaux de Vitalien qui assiégeoit Constantinople ; ce qu'il fit en effet. Ce seul trait doit nous donner une grande idée de Proclus, & des progrès qu'il avoit fait dans les mathématiques. L'Empereur Anastase faisoit grand cas de ce Physicien. On ignore le tems & le lieu de sa mort.

PRODUCTION. L'on voit dans la plupart des ouvrages où l'on traite de l'histoire naturelle, des descriptions & des figures de diverses productions extraordinaires du chêne, qui ont mérité l'attention des Physiciens. M. Marchant, Membre de l'Académie Royale des Sciences de Paris, nous raconte que passant au commencement du mois d'Octobre de l'année 1692, sur le bord de la forêt de Rougeau, entre Corbeil & Melun, il apperçut un jeune chêne aux extrémités des branches duquel étoient des grappes assez semblables à celles des Groseillers rouges, polies, luisantes, rougeâtres, d'une matiere spongieuse & fort tendre. Chaque grappe étoit composée de plusieurs grains un peu plus gros que les groseilles ordinaires. M. Marchant en ayant ouvert plusieurs, les trouva remplis d'une matiere mucilagineuse, visqueuse, rouge, assez liquide, entremêlée de quelques fibres, d'un goût fort âcre & d'une odeur désagréable qui approchoit de celle du bois pourri.

Au bout de quelques jours, M. Marchant étant revenu au lieu où étoit cet arbre pour en cueillir quelques grappes desséchées, s'informa de plusieurs personnes qui habitent aux environs de cette forêt, s'ils n'avoient jamais rien apperçu de pareil sur ce chêne ; ils lui répondirent que non. Ce Physicien conjecture que la racine de ce chêne s'étant trouvée trop grosse à proportion des branches qu'elle avoit à nourrir, & ayant tiré de la terre plus de suc qu'il n'en falloit pour leur nourriture ; la séve, qui étoit montée dans les jeunes branches & qui y circuloit avec impétuosité, ne pouvant plus être contenue dans les fibres du bois, s'est extravasée, & s'est mêlée avec quelques sucs plus préparés, & propres à nourrir d'autres parties de l'arbre, que des feuilles ; & que de ce mélange de sucs condensés nécessairement par la chaleur, se sont formées ces grappes & ces grains.

M. Marchant explique de la même maniere le phénomene qu'il trouva dans la forêt de Chambor au commencement de la même année 1692. Il y remarqua un chêne ordinaire haut d'environ deux toises, qui n'avoit point de gland ; mais dont les branches étoient garnies de quantité de petits filets grisâtres, d'environ trois pouces de longueur, d'une ligne & demie de grosseur, presque ronds & d'une matiere cotoneuse & flexible. A chacun de ces filets étoient attachés plusieurs petits grains ronds, chacun de la grosseur, de la figure & de la couleur d'une groseille rouge, demi-mûre, durs & remplis d'une espece de coton fort serré.

M. Marchant examina avec attention s'il n'y auroit pas dans ces filets ou dans ces grains des œufs ou de petits insectes ; il n'y trouva rien d'approchant : d'où il conclut que les Naturalistes se trompent, lorsqu'ils assurent que dans les productions extraordinaires du chêne l'on trouve communément des vers, des moucherons ou des œufs de quelque insecte.

PRODUIT. C'est ce qui résulte de la multiplication d'un nombre par un autre. Multipliez 12 par 10, le produit sera 120. Voyez l'article de l'*Arithmétique*.

PROEMPTOSE & METEMPTOSE. Ce sont deux termes appartenans au calendrier. Le premier signifie l'équation lunaire, ou l'anticipation de la nouvelle lune. Le second est l'équation solaire ou la suppression d'un jour. Consultez l'explication de la table *des lettres indices* à la fin du premier volume.

PROGRESSION *arithmétique*. Une suite de nombres

qui different d'une même quantité, forme une progression arithmétique. Des trois exemples suivans, les deux premiers donnent une progression arithmétique croissante, & le troisieme une progression arithmétique décroissante. Nous supposons que ceux qui entreprendront de lire cet article, ont lu auparavant ceux de ce Dictionnaire qui commencent par les mots *arithmétique*, *arithmétique algébrique*, *arithmétique algébrique appliquée à l'analyse*, & le cinquieme livre de l'article *Géométrie*.

PREMIE EXEMPLE.

0, 1, 2, 3, 4, 5,

SECOND EXEMPLE.

2, 4, 6, 8, 10, 12,

TROISIEME EXEMPLE.

50, 40, 30, 20, 10, 0.

PREMIERE REGLE.

Dans toute progression arithmétique croissante, chaque terme après le premier est composé du premier terme & de la différence prise autant de fois qu'il y a de termes, depuis le premier exclusivement jusqu'à celui dont on parle inclusivement. Dans le second exemple, le cinquieme terme 10 est composé du premier terme 2 & de la différence 2 prise quatre fois.

COROLLAIRE PREMIER.

Dans toute progression arithmétique décroissante, on aura un terme quelconque, après le premier, si l'on ôte du premier terme autant de fois la différence, qu'il y a de termes depuis le premier exclusivement jusqu'à celui dont on parle inclusivement. En effet dans le troisieme exemple, ôtez 3 fois la différence 10 du premier terme 50, & vous aurez 20, c'est-à-dire, vous aurez le quatrieme terme de votre progression décroissante.

COROLLAIRE SECOND.

Dans toute progression arithmétique croissante, l'on aura le premier terme, si l'on ôte du dernier autant de fois la différence, qu'il y a de termes depuis le premier exclusivement jusqu'au dernier inclusivement. Dans le premier exemple, ôtez cinq fois la différence 1 du dernier terme 5, & vous aurez le premier terme 0. Cette même opération faite sur le premier terme d'une progression arithmétique décroissante, vous donneroit le dernier terme de la progression.

COROLLAIRE TROISIEME.

Pour avoir la différence qui regne dans une progression arithmétique, l'on doit soustraire le plus petit terme du plus grand, & diviser le restant par le nombre des termes de la progression, le premier non compris. Dans le second exemple, ôtez 2 de 12; divisez le restant 10 par 5; le quotient 2 vous donnera la différence que vous cherchez. Dans le troisieme exemple, ôtez 0 de 50; divisez le restant 50 par 5; le quotient 10 sera la différence que vous demandez.

COROLLAIRE QUATRIEME.

Pour avoir le nombre des termes d'une progression arthmétique, l'on doit soustraire le plus petit terme du plus grand; diviser le restant par la différence, & ajouter 1 au quotient. Dans le second exemple, ôtez 2 de 12; divisez le restant 10 par 2; ajoutez 1 au quotient 5, & vous aurez le nombre des termes d'une progression arithmétique dont le premier terme est 2, le dernier 12, & la différence 2.

SECONDE REGLE.

Dans une progression arithmétique de quatre termes, la somme des extrêmes est égale à la somme des moyens. Dans la progression arithmétique suivante 3, 6, 9, 12; la somme de 3 & de 12 est égale à la somme de 6 & de 9.

COROLLAIRE PREMIER.

Dans toute progression arithmétique, la somme de deux termes pris à volonté est égale à la somme des deux entre lesquels ces deux termes se trouvent. Dans le premier des trois exemples qui se trouvent au commencement de cet article, la somme du troisieme terme 2 & du quatrieme terme 3 est égale à la somme du second terme 1 & du cinquieme terme 4. Dans le second exemple, la somme du quatrieme terme 8 & du cinquieme terme 10 est égale à la somme du troisieme terme 6 & du sixieme terme 12. Il en est de même dans le troisieme exemple.

COROLLAIRE SECOND.

Dans une progression arithmétique de quatre termes; l'on aura le quatrieme en ajoutant le second au troisieme, & en ôtant de cette somme le premier terme de la progression. Dans la progression arithmétique 3, 6, 9, 12; ajoutez 6 à 9; ôtez 3 de 15; le restant 12 vous donnera le quatrieme terme de votre progression.

COROLLAIRE TROISIEME.

Dans une progression arithmétique de quatre termes; l'on aura le premier en ajoutant le second au 3e., & en ôtant de cette somme le quatrieme terme de la progression.

COROLLAIRE QUATRIEME.

Dans toute progression arithmétique, un terme quelconque est la moitié de deux autres également éloignés de lui. Dans le premier des trois exemples du commencement de cet article, le quatrieme terme 3 est égal à la moitié de la somme du troisieme terme 2 & du cinquieme 4; il est aussi égal à la moitié de la somme du second terme 1 & du sixieme terme 5.

TROISIEME REGLE.

Dans toute progression arithmétique, l'on aura la somme de tous les termes, si l'on joint le premier au dernier terme; si l'on multiplie cette somme par le nombre des termes, & si l'on divise le produit par 2. Dans le premier exemple du commencement de cet article, ajoutez le premier terme 0 au dernier terme 5; multipliez leur somme 5 par le nombre des termes, c'est-à-dire, par 6; divisez le produit 30 par 2, & le quotient 15 vous donnera la somme de tous les termes de la progression. Dans le second exemple, ajoutez le premier terme 2 au dernier terme 12 ; multipliez leur ſomme 14 par 6 ; diviſez le produit 84 par 2 ; le quotient 42 vous donnera la ſomme de tous les termes de la ſeconde progreſſion. Enfin dans le troiſieme exemple, ajoutez le premier terme 50 au dernier terme 0 ; multipliez leur ſomme 50 par 6 ; diviſez le produit 300 par 2, & le quotient 150 vous donnera la ſomme de tous les termes de la troiſieme progreſſion.

COROLLAIRE PREMIER.

Dans toute progreſſion arithmétique, l'on aura le premier & le dernier termes en diviſant le double de la ſomme des termes par le nombre des termes. Dans le ſecond exemple, diviſez 84 par 6 ; le quotient 14 vous donnera la ſomme du premier & du dernier termes de cette progreſſion.

Dans le troiſieme exemple, diviſez 300 par 6 ; le quotient 50 vous donnera la ſomme du premier & du dernier termes de cette progreſſion décroiſſante.

COROLLAIRE SECOND.

Dans toute progreſſion arithmétique, l'on aura le nombre des termes, ſi l'on diviſe le double de la ſomme des termes par la ſomme du premier & du dernier termes. Dans le premier exemple, diviſez 30 par 5, le quotient 6 vous donnera le nombre des termes de cette progreſſion.

COROLLAIRE TROISIEME.

Dans toute progreſſion arithmétique, l'on aura le premier terme, ſi l'on diviſe le double de la ſomme des termes par leur nombre, & ſi l'on ôte du quotient la valeur du dernier terme. *Exemple.* 2. 4 : 6. 8. Si vous voulez avoir le premier terme de cette progreſſion ; diviſez 40 par 4 ; ôtez 8 du quotient 10 ; le reſtant 2 vous donnera le premier terme de cette progreſſion.

COROLLAIRE QUATRIEME.

Dans toute progreſſion arithmétique, l'on aura le dernier terme, ſi l'on diviſe le double de la ſomme des termes par leur nombre ; & si l'on ôte du quotient la valeur du premier terme. *Exemple.* 3. 6 : 9. 12. Si vous voulez avoir le dernier terme de cette progression, divisez 60 par 4, & ôtez 3 du quotient 15 ; le restant 12 vous donnera le dernier terme de cette progression.

QUATRIEME REGLE.

Dans toute progression arithmétique le dernier terme est égal à la racine carrée de la quantité composée 1°. de la somme des termes multipliée par 2 fois la différence de la progression + du carré du premier terme, — une fraction dont le numérateur est la somme des termes multipliée par 2 fois la différence de la progression, & le dénominateur le nombre des termes. *Exemple.* 2. 4. 6. 8. 10 sont 5 termes en progression arithmétique dont la différence est 2. Dans cette progression l'on peut dire

$$10 = \sqrt{30 \times 4 + 4 - \frac{30 \times 4.}{5}}$$ En effet $10 =$

$$\sqrt{124 - 24} = \sqrt{100.}$$

COROLLAIRE.

Dans toute progression arithmétique, multipliez 1°. la somme des termes par 8 fois leur différence ; 2°. prenez deux fois la valeur du premier terme ; 3°. comparez cette somme avec la différence de la progression ; 4°. ôtez le plus petit nombre du plus grand ; 5°. prenez le carré du restant ; 6°. ajoutez ce carré au produit que vous avez eu en multipliant la somme des termes par 8 fois leur différence ; 7°. tirez la racine carrée du nombre que vous donnera cette addition ; 8°. ôtez de cette racine carrée la différence de la progression ; 9°. prenez la moitié du restant, & vous aurez le dernier terme de la progression. Dans le premier des trois exemples supérieurs où la somme des termes est 15, leur différence 1 & le premier terme 0, je multiplie 15 par 8 ; j'ai pour produit 120. Je prends deux fois la valeur du premier terme, c'est-à-dire, je prends 0. Je compare 0 avec la différence 1. J'ôte 0 de 1. Je prends le carré du restant 1. J'ajoute ce carré au produit 120. Je tire la racine carrée de 121. Je soustrais la différence 1 de la racine carrée 11. Je prends la moitié du restant 10, & j'ai le dernier terme de la progression énoncée dans le premier des trois exemples supérieurs.

Dans le second exemple où la somme des termes est 42 ; leur différence 2 est le premier terme 2 ; je multiplie 42 par 16, & j'ai pour produit 672. Je prends deux fois la valeur du premier terme, c'est-à-dire, je prends 4. Je compare 4 avec la différence 2. J'ôte 2 de 4. Je prends le carré du restant 2. J'ajoute ce carré au produit 672. Je tire la racine carrée de 676. Je soustrais la différence 2 de la racine carrée 26. Je prends la moitié du restant 24, & j'ai le dernier terme de la progression représentée par le second des trois exemples supérieurs.

Dans le troisieme exemple qui contient une progression décroissante, je dois regarder 0 comme le premier terme, 50 comme le dernier, & opérer de la même maniere.

La vérité de ces quatre regles & des corollaires qui en dépendent, est fondée sur la définition même de la progression arithmétique. Aussi nous servirons-nous de ces regles & de ces corollaires comme d'autant de principes pour résoudre les problemes suivans.

PROBLEME PREMIER.

Connoissant le premier terme, la différence & le nombre des termes, trouver le dernier terme & la somme de tous les termes. *Exemple.* Il y a 12 ans que je mis un billet à la tontine. La premiere année il me porta 5 livres, la seconde 65 ; & chaque autre année 60 livres de plus que la précédente ; l'on demande combien ce billet m'a valu la 12e. année, & combien il m'a rapporté dans les 12 ans.

RÉSOLUTION.

1°. Pour trouver combien ce billet m'a valu la 12e. année, je me sers de la *premiere regle* qui m'apprend à trouver le dernier terme d'une progression arithmétique. Je prends donc la différence 60 ; je la multiplie par 11 ; j'ajoute au produit 660 le premier terme 5 ; la somme 665 me donne ce que mon billet m'a valu la 12e. année.

2°. Pour trouver ce que ce même billet m'a rapporté dans les 12 ans, je me sers de la *troisieme regle*, c'est-à-dire, j'ajoute le premier terme 5 au dernier terme 665; je multiplie leur somme 670 par le nombre des termes 12; je divise par 2 le produit 8040; & le quotient 4020 me donne ce que je cherche.

PROBLEME SECOND.

Connoissant le premier, le dernier & le nombre des termes, connoître la différence. *Exemple.* J'ai cueilli 10 pommes dans mon verger la premiere année; j'ai continué pendant 10 ans d'en recueillir chaque année une même quantité plus que la précédente, & la derniere j'en ai cueilli 1000; de quelle quantité ai-jé augmenté chaque année?

RÉSOLUTION.

Le *corollaire troisieme* de la *premiere regle* m'apprend à résoudre ce probleme. Je soustrais le premier terme 10 du dernier 1000; je divise le restant 990 par 9, & le quotient m'apprend que chaque année j'ai cueilli 110 pommes de plus que la précédente.

PROBLEME TROISIEME.

Connoissant le premier terme, le dernier & la différence, trouver le nombre des termes. *Exemple.* Un marchand a gagné la premiere année 10 louis, la derniere 510, & chaque année 50 de plus que la précédente; depuis combien de tems fait-il son commerce?

RÉSOLUTION.

Je trouve dans le *corollaire quatrieme* de la *premiere regle* les principes qui me sont nécessaires pour résoudre ce probleme. Je soustrais le premier terme 10 du dernier terme 510; je divise le restant 500 par la différence 50; j'ajoute 1 au quotient 10, & je conclus que le marchand dont on parle, fait son commerce depuis 11 ans.

PROBLEME QUATRIEME.

Connoissant les trois derniers termes d'une progression arithmétique de quatre termes, trouver le premier. *Exemple.* J'ai reçu quatre sommes en progression arithmétique.

La ſeconde étoit 30 louis, la troiſieme 50 & la quatrieme 70; l'on demande quelle a été la premiere ſomme ?

RÉSOLUTION.

Par le *corollaire troiſieme de la ſeconde regle*, ajoutez le ſecond terme 30 au 3e. 50. Otez de leur ſomme 80 le 4e. terme 70, & le reſtant 10 vous donnera la ſolution de vôtre probleme. En effet 10. 30. : 50. 70.

PROBLEME CINQUIEME.

Connoiſſant le nombre des termes, la différence & la ſomme, trouver le premier & le dernier termes. *Exemple.* J'ai fait pendant 12 ans 4020 lieues, & chaque année j'en ai fait 60 de plus que la précédente ; l'on demande combien j'en ai fait la premiere & la derniere année ?

RÉSOLUTION.

Je me ſers du *corollaire premier* de la *troiſieme regle* pour réſoudre ce probleme. Je double 4020 lieues ; je diviſe la ſomme 8040 par 12, & le quotient 670 me donne les lieues que j'ai faites la premiere & la derniere année.

Pour avoir les lieues que j'ai faites la premiere année, je multiplie 60 par 11, c'eſt-à-dire, la différence par le nombre des termes, le premier non compris ; je ſouſtrais le produit 660 du quotient 670 ; la moitié du reſtant 10 me donne les lieues que j'ai faites la premiere année. En effet 5. 65. 125. 185. 245. 305. 365. 425. 485. 545. 605. 665 ſont 12 nombres en progreſſion arithmétique dont la différence eſt 60.

PROBLEME SIXIEME.

Connoiſſant le premier terme, la différence & la ſomme, trouver le dernier terme & le nombre des termes. *Exemple.* J'ai voyagé pendant un certain nombre d'années. La premiere année j'ai fait 5 lieues, la ſeconde 65, & chaque année ſuivante j'ai fait 60 lieues de plus que l'année précédente. J'ai fait en tout 4020 lieues. Combien en ai-je fait la derniere année, & combien d'années ai-je mis à faire mon voyage ?

RÉSOLUTION.

Servez-vous du *corollaire* de la 4e. regle pour résoudre ce probleme ; c'est-à-dire, prenez 1°. 8 fois la différence 60, & vous aurez 480. 2°. Multipliez par 480 la somme des termes 4020 ; ce qui vous donnera pour produit 1929600. 3°. Prenez deux fois la valeur du premier terme 5. 4°. Comparez la somme 10 avec la différence 60. 5°. Otez 10 de 60. 6°. Prenez le carré du restant 50. 7°. Ajoutez le carré 2500 au produit 1929600. 8°. Tirez la racine carrée de la somme 1932100. 9°. Otez la différence de la progression de cette racine carrée, c'est-à-dire, ôtez 60 de 1390. 10°. Prenez la moitié du restant 1330, & cette moitié 665 vous donnera le dernier terme que vous cherchez.

Pour avoir le nombre d'années que l'on a mis à faire ce voyage, servez-vous du *corollaire quatrieme* de la *premiere regle* ; c'est-à-dire, ôtez le premier terme 5 du dernier 665. Divisez le restant 660 par la différence 60 ; ajoutez 1 au quotient 11, & la somme 12 vous marquera que ce voyage a duré 12 ans.

L'on comprend que par le moyen de ces quatre regles & de leurs corollaires, l'on pourra résoudre une infinité de problemes, tous plus agréables les uns que les autres. Ceux que nous avons rapportés, doivent suffire.

REMARQUE.

Il n'est rien de plus propre à faire retenir les regles que nous venons de donner, que de les exprimer par des formules algébriques. C'est-là ce que nous allons faire, en avertissant d'abord que *a* signifie le premier terme de la progression ; *m*, un terme quelconque, souvent le dernier ; *n*, le nombre des termes ; *f*, leur somme ; *d*, la différence de la progression. Nous ferons encore remarquer que des deux exemples suivans, le premier donne une progression arithmétique croissante, & le second une progression arithmétique décroissante.

$a.\ a + d.\ a + 2d.\ a + 3d.\ a + 4d.\ a + 5d.\ a + 6d$, &c.

$a.\ a - d.\ a - 2d.\ a - 3d.\ a - 4d.\ a - 5d.\ a - 6d$, &c.

PREMIERE REGLE.

$m = a \underline{+} d \times \overline{n - 1}$, c'est-à-dire, un terme quelconque d'une progression arithmétique est égal au premier terme, plus ou moins la différence multipliée par le nombere des termes, à compter depuis le premier jusqu'à celui que l'on cherche, inclusivement, moins 1.

On ne met $\underline{+}$, que parce que cette regle convient aux progressions arithmétiques decroissantes, comme aux progressions arithmétiques croissantes. S'agit-il de celles-ci? La regle sera $m = a + d \times \overline{n - 1}$, c'est-à-dire, dans une progression arithmétique croissante, un terme quelconque est égal au premier terme, + la différence multipliée par le nombre des termes, à compter depuis le premier jusqu'à celui que l'on cherche, inclusivement — 1. L'on demande, par exemple, le quatrieme terme d'une progression arithmétique croissante, dont le premier terme est 6 & la différence 2, l'on dira $m = 6 + 2 \times \overline{4 - 1} = 6 + 2 \times 3 = 6 + 6 = 12$. En effet 6. 8 : 10. 12.

S'agit-il au contraire d'une progression arithmétique décroissante, la regle sera $m = a - d \times \overline{n - 1}$, c'est-à-dire, dans une progression arithmétique décroissante, un terme quelconque est égal au premier terme, — la différence multipliée par le nombre des termes à compter depuis le premier jusqu'à celui que l'on cherche inclusivement, — 1. Pour avoir le huitieme terme, *par exemple*, d'une progression arithmétique décroissante, dont le premier terme est 50, & la différence 4; l'on dira $m = 50 - 4 \times \overline{8 - 1} = 50 - 4 \times 7 = 50 - 28 = 22$. En effet 50. 46. 42. 38. 34. 30. 26. 22, forment la progression arithmétique qu'on demande. Ces deux exemples pourroient nous dispenser d'apporter la démonstration de cette regle générale. Nous la donnerons cependant en 2 mots.

DÉMONSTRATION.

Une progression arithmétique est une suite de nombres qui different d'un même excès, ou d'un même défaut: d'un même excès, si la progression est croissante; d'un même

même défaut ; si elle est décroissante. Donc la premiere regle est vraie.

COROLLAIRE PREMIER.

$m = a + d \times \overline{n - 1}$. Donc $a = m - d \times \overline{n - 1}$; c'est-à-dire, le premier terme d'une progression arithmétique croissante est égal à un terme quelconque donné, — la différence multipliée par le nombre des termes, à compter depuis le premier jusqu'au terme donné, inclusivement, — 1. L'on avertit, par exemple, que 32 est le huitieme terme d'une progression arithmétique croissante dont la différence est 4, l'on demande le premier terme ; je dirai $a = 32 - 4 \times \overline{8 - 1} = 32 - 4 \times 7 = 32 - 28 = 4$. En effet 4. 8. 12. 16. 20. 24. 28. 32 sont en progression arithmétique croissante.

COROLLAIRE SECOND.

$m = a + d \times \overline{n - 1}$. Donc $m - a = d \times \overline{n - 1}$; c'est-à-dire, dans une progression arithmétique croissante, un terme quelconque, — le premier, est égal à la différence multipliée par le nombre des termes, à compter depuis le premier jusqu'au terme donné, inclusivement, — 1. Dans une progression arithmétique, *par exemple*, dont le premier terme est 10, le cinquieme 18, & la différence 2, l'on dira $18 - 10 = 2 \times \overline{5 - 1}$. En effet $18 - 10 = 8$; & $2 \times \overline{5 - 1} = 2 \times 4 = 8$.

COROLLAIRE TROISIEME.

$m = a + d \times \overline{n - 1}$. Donc $m - a = d \times \overline{n - 1}$. Donc $\frac{m - a}{n - 1} = d$, c'est-à-dire dans toute progression arithmétique croissante, la différence est égale à un terme quelconque donné, — le premier divisé par le nombre des termes de la progression, à compter depuis le premier jusqu'au terme donné, inclusivement, — 1. L'on me dit, *par exemple*, que le premier terme d'une progression arithmétique croissante est 10, & le cinquieme 30; l'on demande la différence. On la trouvera en disant $\frac{30 - 10}{5 - 1} = d$. Donc $d = \frac{20}{4} = 5$.

En effet 10. 15. 20. 25. 30 ſont en progreſſion arithmétique dont la différence eſt 5.

COROLLAIRE QUATRIEME.

$m = a + d \times \overline{n - 1}$. Donc $m - a = d \times \overline{n - 1}$. Donc $\frac{m - a}{d} = n - 1$. Donc $n = \frac{m - a}{d} + 1$; c'eſt-à-dire, dans toute progreſſion arithmétique croiſſante, le nombre des termes eſt égal au dernier, $-$ le premier, diviſé par la différence, $+$ 1 ajouté à ce quotient. Dans la progreſſion arithmétique 10. 20. 30. 40. 50, dont le premier terme eſt 10, le dernier 50 $n = \frac{50 - 10}{10} + 1 = \frac{40}{10} + 1 = 4 + 1 = 5$. En effet cette progreſſion n'a que cinq termes.

Voyons maintenant les corollaires que l'on peut tirer de la regle générale pour la progreſſion arithmétique décroiſſante.

COROLLAIRE CINQUIEME.

$m = a - d \times \overline{n - 1}$. Donc $a = m + d \times \overline{n - 1}$, c'eſt-à-dire, dans toute progreſſion arithmétique décroiſſante, le premier terme eſt égal à un terme quelconque, $+$ la différence multipliée par le nombre des termes de la progreſſion, à compter depuis le premier juſqu'au terme donné, incluſivement, $-$ 1. L'on demande, par exemple, le premier terme d'une progreſſion arithmétique décroiſſante, dont le ſixieme terme eſt 4 & la différence 2.

Pour le trouver, je forme l'équation ſuivante $a = 4 + 2 \times \overline{6 - 1} = 4 + 2 \times 5 = 4 + 10 = 14$. En effet les nombres ſuivans ſont en progreſſion arithmétique, 14. 12. 10. 8. 6. 4. Cette progreſſion a toutes les qualités qu'on demande. Elle eſt décroiſſante; la différence qui y regne, eſt 2, & le nombre 4 eſt le ſixieme terme d'une progreſſion dont le premier terme eſt 14.

COROLLAIRE SIXIEME.

$m = a - d \times \overline{n - 1}$. Donc $a = m + d \times \overline{n - 1}$. Donc $a - m = d \times \overline{n - 1}$, c'eſt-à-dire, dans une progression arithmétique décroissante le premier terme, — un terme quelconque, est égal à la différence qui regne dans cette progression, multipliée par le nombre des termes donnés, — 1. En effet dans une progression arithmétique décroissante dont le premier terme est 100, le quatrieme terme 70 & la différence 10, l'on pourra dire $100 - 70 = 10 \times 4 - 1$. La preuve en est sensible $100 - 70 = 30$; de plus $10 \times 4 - 1 = 10 \times 3 = 30$. Donc $100 - 70 = 10 \times 4 - 1$. Donc $a - m = d \times n - 1$.

COROLLAIRE SEPTIEME.

$m = a - d \times n - 1$. Donc $a = m + d \times n - 1$. Donc $a - m = d \times n - 1$. Donc $d = \frac{a - m}{n - 1}$. Donc dans une progression arithmétique décroissante la différence est égale à une fraction qui a pour numérateur le premier terme, — un terme quelconque, & pour dénominateur le nombre des termes donnés, — 1. L'on demande, par exemple, la différence d'une progression arithmétique décroissante, dont le premier terme est 30, & le quatrieme 15. Pour la trouver, je dis, $d = \frac{30 - 15}{4 - 1} = \frac{15}{3} = 5$. En effet 30. 25. 20. 15 sont 4 nombres en progression arithmétique décroissante dont la différence est 5.

COROLLAIRE HUITIEME.

$m = a - d \times n - 1$. Donc $a = m + d \times n - 1$. Donc $a - m = d \times n - 1$. Donc $\frac{a - m}{d} = n - 1$. Donc $n = \frac{a - m}{d} + 1$. Donc dans toute progression arithmétique décroissante le nombre des termes est égal au premier, — le dernier, divisé par la différence, + 1 ajouté à ce quotient. Pour savoir, *par exemple*, le nombre des termes d'une progression arithmétique décroissante, dont le premier est 20, le dernier 4, & la différence 4; je dis $n = \frac{20 - 4}{4} + 1 = \frac{16}{4} + 1 = 4 + 1 = 5$. En effet 20. 16. 12. 8. 4 ſont 5 nombres en progreſſion arithmétique décroiſſante dont la différence eſt 4. Par le moyen de ces formules, l'on réſoudra ſans peine un très-grand nombre de problemes. Contentons-nous d'en propoſer deux, l'un appartenant à une progreſſion arithmétique croiſſante, l'autre à une progreſſion arithmérique décroiſſante.

PROBLEME PREMIER.

Un vigneron a planté la premiere année 10 ſeps de vigne, la derniere 510, & chaque année 50 de plus que la précédente. L'on demande combien d'années il s'eſt occupé à planter des ſeps de vigne.

RÉSOLUTION.

$n = \frac{m - a}{d} + 1 = \frac{510 - 10}{50} + 1 = \frac{500}{50} + 1 = 10 + 1 = 11$; c'eſt-à-dire, ce vigneron s'eſt occupé 11 ans à planter les ſeps de vigne dans la progreſſion énoncée.

DÉMONSTRATION.

10. 60. 110. 160. 210. 260. 310. 360. 410. 460. 510 ſont 11 nombres en progreſſion arithmétique croiſſante, dont le premier terme eſt 10, le 11e. eſt 510, & la différence 50. Donc le probleme propoſé a été réſolu.

PROBLEME SECOND.

J'ai cueilli 1000 pommes dans mon verger la premiere année. J'ai continué pendant 10 ans d'en cueillir une quantité qui chaque année alloit en diminuant d'une maniere conſtante, & la derniere année je n'en ai cueilli que 10; de quelle quantité ai-je diminué chaque année.

RÉSOLUTION.

$$d = \frac{a - m}{n - 1} = \frac{1000 - 10}{10 - 1} = \frac{990}{9} = 110;$$

c'eſt-à-dire, chaque année mon verger a porté 110 pommes de moins.

DÉMONSTRATION.

1000. 890. 780. 670. 560. 450. 340. 230. 120. 10 ſont dix nombres en progreſſion arithmétique décroiſſante dont le premier terme eſt 1000, le dernier 10 & la différence 110. Donc le probleme propoſé a été réſolu. Les autres regles des progreſſions arithmétiques ſe réduiſent auſſi facilement en formules algébriques, que les précédentes. Rappellons-nous ſeulement que a. $a + d$. $a + 2d$. $a + 3d$ ſont des quantités algébriques en progreſſion arithmétique.

SECONDE REGLE.

$a + a + 3d = a + d + a + 2d$, c'eſt-à-dire, dans toute progreſſion arithmétique, la ſomme des termes extrêmes eſt égale à la ſomme des termes moyens, ou, pour parler encore plus clairement, ſi dans une progreſſion arithmétique l'on ajoute d'un côté le premier au quatrieme terme, & de l'autre le ſecond au troiſieme, l'on aura 2 ſommes égales.

DÉMONSTRATION.

$2a + 3d = 2a + 3d$. Donc $a + a + 3d = a + d + a + 2d$. Donc la ſeconde regle eſt vraie; car l'équation qui contient cette ſeconde regle ſe décompoſe en cette progreſſion arithmétique a. $a + d$: $a + 2d$. $a + 3d$.

COROLLAIRE PREMIER.

$a + d + a + 2d - a = a + 3d$, c'eſt-à-dire, dans toute progreſſion arithmétique le quatrieme terme eſt égal à la ſomme du ſecond & du troiſieme, — le premier.

COROLLAIRE SECOND.

$a + d + a + 2d - a - 3d = a$, c'eſt-à-dire, dans toute progreſſion arithmétique le premier terme eſt égal à la ſomme du ſecond & du troiſieme, — le quatrieme.

COROLLAIRE TROISIEME.

$a + a + 3d - a - d = a + 2d$, c'eſt-à-dire, dans toute progreſſion arithmétique, le troiſieme terme eſt égal à la ſomme du premier & du quatrieme, — le ſecond.

COROLLAIRE QUATRIEME.

$a + a + 3d - a - 2d = a + d$, c'eſt-à-dire, dans toute progreſſion arithmétique, le ſecond terme eſt égal à la ſomme du premier & du quatrieme, — le troiſieme. Appliquons le fond de cette ſeconde regle à un ſeul exemple.

PROBLEME.

J'ai donné 4 ſommes en progreſſion arithmétique dont la différence eſt $d = 6$. J'ai donné le premier jour 4 louis $= a$. Le ſecond jour 10 louis. Le quatrieme 22 louis. Je demande ce que j'ai donné le troiſieme jour. Je nomme x ce troiſieme terme inconnu.

RÉSOLUTION.

$a + a + 3d - a - d = x$. Donc $4 + 4 + 18 - 4 - 6 = x$. Donc $26 - 10 = x$. Donc $x = 16$ louis. Donc le troiſieme jour j'ai donné 16 louis.

DÉMONSTRATION.

4. 10 : 16. 22. Donc le probleme propoſé a été réſolu.

TROISIEME REGLE.

$S = \frac{\overline{m + a} \times n}{2}$. c'eſt-à-dire, la ſomme de tous les termes d'une progression arithmétique est égale à la moitié de la somme du premier & du dernier termes, multipliée par le nombre des termes. L'on demande, par exemple, la somme de 6 nombres en progression arithmétique, dont le premier terme est 4 & le dernier 24, l'on dira $s = \frac{\overline{24 + 4} \times 6}{2} = \frac{168}{2} = 84$. En effet 4. 8. 12. 16. 20. 24 sont 6 nombres en progression arithmétique, dont le premier est 4, le dernier 24, & la somme 84.

Cette même regle a lieu dans la progression arithmétique décroissante 20. 18. 16. 14. 12. 10. Dans cette progression, $s = \frac{\overline{10 + 20} \times 6}{2} = \frac{30 \times 6}{2} = \frac{180}{2} = 90$. Ces exemples pourroient servir de démonstration à cette regle ; d'autant mieux que cette démonstration se présente d'elle-même à quiconque examine la progression arithmétique $a.\ a \pm d.\ a \pm 2d.\ a \pm 3d$, &c. L'on a évidemment dans cette progression $S = 4a \pm 6d. = \frac{\overline{2a \pm 3d \times 4}}{2}$; mais c'est-là la moitié de la somme du premier & du dernier termes de la progression, multipliée par le nombre des termes ; donc la troisieme regle est incontestable.

COROLLAIRE PREMIER.

$s = \frac{\overline{m \pm a} \times n}{2}$. Donc $2s = \overline{m + a} \times n$. Donc $m + a = \frac{2s}{n}$. Donc dans une progression arithmétique, la somme du premier & du dernier termes est égale au double de la somme de tous les termes, divisée par leur nombre. Dans la progression arithmétique supérieure croissante $4 + 24 = \frac{168}{6}$. De même dans la progression arithmétique supérieure décroissante, $20 + 16 = \frac{180}{6}$.

COROLLAIRE SECOND.

$s = \frac{\overline{m + a} \times n}{2}$. Donc $2s = \overline{m + a} \times n$. Donc $\overline{m + a} = \frac{2s}{n}$. Donc $a = \frac{2s}{n} - m$. C'eſt-à-dire, dans toute progreſſion arithmétique, le premier terme eſt égal au double de la ſomme de tous les termes, diviſée par leur nombre, — le dernier terme. Dans la progreſſion arithmétique ſupérieure croiſſante $4 = \frac{168}{6} - 24 = 28 - 24$. De même dans la progreſſion arithmétique ſupérieure décroiſſante $20 = \frac{180}{6} - 10 = 30 - 10$.

COROLLAIRE TROISIEME.

$s = \frac{\overline{m + a} \times n}{2}$. Donc $2s = \overline{m + a} \times n$. Donc $\overline{m + a} = \frac{2s}{n}$. Donc $m = \frac{2s}{n} - a$, c'eſt-à-dire, dans toute progreſſion arithmétique, le dernier terme eſt égal au double de la ſomme de tous les termes, diviſée par leur nombre, — le premier terme. Reprenons les 2 progreſſions arithmétiques ſupérieures. $24 = \frac{168}{6} - 4 = 28 - 4$. De même $10 = \frac{180}{6} - 20 = 30 - 20$.

COROLLAIRE QUATRIEME.

$s = \frac{\overline{m + a} \times n}{2}$. Donc $2s = \overline{m + a} \times n$. Donc $n = \frac{2s}{\overline{m + a}}$, c'eſt-à-dire, dans une progreſſion arithmétique le nombre des termes eſt égal au double de la ſomme de tous les termes diviſée par la ſomme du premier & du ſecond. Dans les deux progreſſions qui nous ont ſervi juſqu'à préſent d'exemples, $6 = \frac{168}{28}$; voilà pour la progreſſion arithmétique croiſſante. Pour la décroiſſante

$6 = \frac{180}{10}$. Essayons maintenant d'appliquer cette troisieme regle & les corollaires qui en dépendent, à la solution de quelques problemes.

PROBLEME PREMIER.

J'ai reçu 300 louis d'or dans 10 jours; le premier jour j'en ai reçu 10, les autres jours j'en ai reçu un certain nombre en progression arithmétique croissante; l'on demande combien j'en ai reçu le 10e.

RÉSOLUTION.

Par le corollaire troisieme de la troisieme regle, $m = \frac{2s}{n} - a = \frac{600}{n} - 10 = 60 - 10 = 50$ louis que j'ai reçu le dixieme jour; ce qui prouve que le dernier terme de la progression arithmétique en question sera 50.

PROBLEME SECOND.

Connoissant le premier, le dernier termes, & la somme d'une progression arithmétique croissante, connoître le nombre des termes. *Exemple.* J'ai reçu 42 louis d'or en progression arithmétique croissante. Le premier jour on m'en a donné 2, & le dernier jour 12; l'on demande combien il a fallu de jours pour recevoir cette somme.

RÉSOLUTION.

Par le corollaire quatrieme de la troisieme regle $n = \frac{2s}{m+a} = \frac{84}{2+12} = \frac{84}{14} = 6$, c'est-à-dire, qu'il a fallu 6 jours pour recevoir la somme en question.

PROBLEME TROISIEME.

J'ai reçu 600 louis d'or dans 10 jours; le dernier jour j'en ai reçu 20; les autres jours j'en ai reçu un certain nombre en progression arithmétique décroissante; l'on demande, combien j'en ai reçu le premier jour.

RÉSOLUTION.

Par le corollaire second de la troisieme regle $a = \frac{2ſ}{n} - m = \frac{1200}{10} - 20 = 120 - 20 = 100$ louis d'or que j'ai réçus le premier jour, c'est-à-dire, que le premier terme de la progression en question sera 100.

QUATRIEME REGLE.

$m = \sqrt{2ſd + aa - \frac{2ſd}{n}}$, c'est-à-dire, dans toute progression arithmétique, pour avoir le dernier terme, il faut multiplier 1°. la somme des termes par 2 fois la différence; 2°. il faut ajouter à ce produit le carré du premier terme; 3°. il faut ôter de cette somme la valeur d'une fraction dont le numérateur est $2ſd$ & le dénominateur n; 4°. il faut extraire la racine carrée du restant; cette racine carrée sera la valeur du dernier terme de la progression.

Pour démontrer la bonté de cette équation, il faut se rappeller que *par le corollaire quatrieme de la regle premiere* $n = \frac{m - a}{d} + 1$; *par le corollaire quatrieme de la regle troisieme* $n = \frac{2ſ}{m + a}$; & *par le corollaire* 1 *de la même regle* $m + a = \frac{2ſ}{n}$. Cela supposé, voici comment on a opéré, pour arriver à l'équation qui représente la quatrieme regle.

OPÉRATIONS.

$$n = \frac{2ſ}{m + a}$$

$$n = \frac{m - a}{d} + 1 = \frac{m - a + d}{d}$$

$$\frac{2s}{m+a} = \frac{m-a+d}{d}$$

$$2sd = mm - aa + \frac{2sd}{n}.$$

$$mm = 2sd + aa - \frac{2sd}{n}$$

$$m = \sqrt{2sd + aa - \frac{2sd}{n}}$$

EXPLICATION

DES OPÉRATIONS PRÉCÉDENTES.

1°. Les deux valeurs de n m'ont donné la troisieme opération.

2°. Cette troisieme équation multipliée en croix, suivant la regle ordinaire, a donné $2sd = mm - aa + \frac{2sd}{n}$. Si quelqu'un ne comprend pas comment l'équation $\frac{2s}{m+a} = \frac{m-a+d}{d}$, multipliée en croix a pu donner $2sd = mm - aa + \frac{2sd}{n}$; il doit se rappeller que $m + a = \frac{2s}{n}$.

3°. La quatrieme équation maniée à la maniere ordinaire, a donné $m = \sqrt{2sd + aa - \frac{2sd}{n}}$.

4°. Pour prouver encore mieux la bonté de cette équation, appliquons-la au probleme suivant.

PROBLEME.

J'ai donné de l'argent pendant 12 jours. Le premier jour j'ai donné cinq écus; le second jour 65, & ainsi des autres en progression arithmétique dont la différenee soit 60; l'on demande combien j'en ai donné le douzieme jour. L'on suppose que j'en aie donné en tout 4020.

RÉSOLUTION.

Par la quatrieme regle $m = \sqrt{2sd + aa - \frac{2sd}{n}} =$

$\sqrt{482400 + 25 - \frac{482400}{12}} = \sqrt{482400 + 25 - 40200}$

$= \sqrt{442225} = 665$ écus que j'ai donnés le douzieme jour.

DÉMONSTRATION.

Les douze termes ſuivans forment une progreſſion arithmétique dont la différence eſt 60.

5. 65. 125. 185. 245. 305. 365. 425. 485. 545. 605. 665.

Mais dans cette progreſſion arithmétique le premier terme eſt 5 & le douzieme, 665. Donc le probleme propoſé a été réſolu.

PROGRESSION. Géométrique. Etre en *progreſſion géométrique*, c'eſt être en *proportion continue*. Or trois grandeurs ſont en *proportion continue*, lorſque la premiere eſt à la ſeconde, comme la ſeconde eſt à la troiſieme. 2, 4, 8, *par exemple*, ſont en *proportion continue*, parce que l'on peut dire 2 : 4 :: 4 : 8. Pour comprendre ſans peine tout ce que nous avons à dire dans cet important article, l'on fera bien de lire auparavant avec attention l'abrégé du cinquieme livre d'Euclide que nous avons donné dans l'article *Géométrie :* qu'on liſe encore ce que nous avons donné dans l'article qui commence par les mots *arithmétique algébrique appliquée à l'analyſe*. Que l'on ſe rappelle ſurtout que l'*expoſant* de la progreſſion eſt le chiffre qui marque combien de fois le premier terme contient le ſecond, ou eſt contenu dans le ſecond. Si le premier terme contient 2, 3 ou 4 fois le ſecond, l'*expoſant* de la progreſſion ſera 2, 3 ou 4. Si le premier terme eſt contenu 2, 3 ou 4 fois dans le ſecond, l'*expoſant* de la progreſſion ſera $\frac{1}{2}$, $\frac{1}{3}$, $\frac{1}{4}$. Il s'enſuit de-là qu'il y a des progreſſions géométriques croiſſantes & qu'il y en a de décroiſſantes. En voici différens exemples que nous verrons revenir ſouvent dans cet article.

PREMIER EXEMPLE.

1, 2, 4, 8, 16, 32.

SECOND EXEMPLE.

2, 6, 18, 54, 162, 486.

TROISIEME EXEMPLE.

27, 9, 3, 1, $\frac{1}{3}$, $\frac{1}{9}$.

Ces trois exemples donnent chacun une progreſſion géométrique, puiſque dans chacun d'eux le premier eſt au ſecond, comme le ſecond au troiſieme, comme le troiſieme au quatrieme, comme le quatrieme au cinquieme, & comme le cinquieme au ſixieme. La premiere progreſſion eſt croiſſante, & elle a pour *expoſant* $\frac{1}{2}$; la ſeconde l'eſt auſſi, & elle a pour *expoſant* $\frac{1}{3}$; la troiſieme progreſſion eſt décroiſſante, & elle a 3 pour *expoſant*.

PREMIERE REGLE.

En toute progreſſion géométrique le ſecond terme eſt égal au premier diviſé par l'*expoſant* de la progreſſion; le troiſieme eſt égal au premier diviſé par le carré de l'*expoſant*; le quatrieme eſt égal au premier diviſé par le cube de l'*expoſant*, &c. Dans le premier exemple, le ſecond terme 2 eſt égal au premier terme 1 diviſé par l'*expoſant* $\frac{1}{2}$, puiſque 1 diviſé par $\frac{1}{2}$ donne pour quotient 2, comme nous l'avons prouvé dans l'article des *fractions*. Dans le ſecond exemple, le ſecond terme 6 eſt égal au premier terme 2 diviſé par l'*expoſant* $\frac{1}{3}$. Dans le troiſieme exemple, le ſecond terme 9 eſt égal au premier terme 27 diviſé par l'*expoſant* 3. De même dans le premier exemple, le troiſieme terme 4 eſt égal au premier terme 1 diviſé par $\frac{1}{4}$, *carré de l'expoſant* $\frac{1}{2}$. Dans le ſecond exemple, le troiſieme terme 18 eſt égal au premier terme 2 diviſé par $\frac{1}{9}$, *carré* de l'*expoſant* $\frac{1}{3}$. Dans le troiſieme exemple, le troiſieme terme 3 eſt égal au premier terme 27, diviſé par 9, *carré* de l'*expoſant* 3. Enfin dans le premier exemple, le quatrieme terme 8 eſt égal au premier terme 1 divisé par $\frac{1}{8}$, *cube* de l'*exposant* $\frac{1}{2}$. Dans le second exemple, le quatrieme terme 54 est égal au premier terme 2 divisé par $\frac{1}{27}$ *cube* de l'*exposant* $\frac{1}{3}$. Dans le troisieme exemple le quatrieme terme 1 est égal au premier terme 27 divisé par 27, *cube* de l'*exposant* 3. Cette regle ne paroîtra obscure, qu'à ceux qui ne sauroient pas réduire un nombre entier en fraction, & opérer sur les nombres fractionnaires.

COROLLAIRE.

Un terme quelconque d'une progression géométrique est égal au premier divisé par l'*exposant* de la progression, élevé à une puissance moindre d'un degré, que le nombre qui marque la place qu'occupe dans la progression le terme que l'on cherche. Dans le premier exemple, le cinquieme terme 16 est égal au premier terme 1 divisé par l'*exposant* $\frac{1}{2}$ élevé à sa quatrieme puissance $\frac{1}{16}$. Dans le second exemple, le cinquieme terme 162 est égal au premier terme 2 divisé par l'*exposant* $\frac{1}{3}$, élevé à sa quatrieme puissance $\frac{1}{81}$. Dans le troisieme exemple, le cinquieme terme $\frac{1}{3}$ est égal au premier terme 27 divisé par l'*exposant* 3 élevé à sa quatrieme puissance 81.

SECONDE REGLE.

En toute progression géométrique, le premier terme est à un autre quelconque, *par exemple*, au quatrieme, comme le premier terme élevé à une puissance moindre d'un degré que le nombre qui marque la place qu'occupe dans la progression le terme dont il s'agit, c'est-à-dire, dans cette occasion, comme le premier terme élevé au cube, est au second terme élevé à cette même puissance. Dans le second exemple, 2 : 54 :: 8 : 216. Or 8 est le cube du premier terme 2, & 216 celui du second terme 6.

TROISIEME REGLE.

En toute progression géométrique, le produit d'un terme quelconque par lui-même, divisé par le premier, donne un terme une fois plus éloigné du premier, que ne l'est celui qu'on multiplie. Dans le second exemple, je multiplie le second terme 6 par lui-même ; je divise le carré 36 par le premier terme 2 ; le quotient me donne le troisieme terme 18 une fois plus éloigné du premier terme 2, que ne l'est le second terme 6.

COROLLAIRE PREMIER.

Si la progression commence par 1, il n'est pas nécessaire de faire aucune division.

COROLLAIRE SECOND.

En toute progression géométrique le produit d'un terme par un autre, divisé par le premier terme, si la progression ne commence pas par 1, donne un troisieme terme éloigné du premier d'autant de places, que le sont les deux ensemble que l'on a multipliés l'un par l'autre. Dans le second exemple, multipliez le troisieme terme 18 par le quatrieme terme 54 ; divisez le produit 972 par le premier terme 2 ; vous aurez pour quotient le sixieme terme 486, éloigné du premier de cinq places, c'est-à-dire, aussi éloigné du premier, que le sont le troisieme & le quatrieme termes pris ensemble. En effet le troisieme terme de la progression dont nous parlons, est éloigné de deux places du premier ; le quatrieme terme en est éloigné de trois places ; donc les deux ensemble sont éloignés de cinq places du premier terme ; mais le sixieme terme en est lui seul éloigné de cinq places ; donc la regle énoncée dans ce corollaire est exactement vraie.

Si la progression eût commencé par 1, comme dans le premier des trois exemples supérieurs, l'on n'auroit eu aucune division à faire. En effet multipliez le quatrieme terme 8 de cette progression par le troisieme terme 4 ; vous aurez pour produit le sixieme terme 32.

COROLLAIRE TROISIEME.

Pour avoir le onzieme terme d'une progression géométrique, je multiplie le sixieme par lui-même ; je divise le produit par le premier terme, si la progression ne commence pas par 1, & le quotient me donne un terme éloigné de dix places du premier, c'est-à-dire, le onzieme.

QUATRIEME REGLE.

Dans une progreſſion géométrique la ſomme des antécédens, c'eſt-à-dire, la ſomme de tous les termes, excepté le dernier, eſt à la ſomme des conſéquens, c'eſt-à-dire, à la ſomme de tous les termes, excepté le premier, comme un antécédent eſt à ſon conſéquent. Dans le premier exemple, 1, plus 2, plus 4, plus 8, plus 16, c'eſt-à-dire, 31 : 2, plus 4, plus 8, plus 16, plus 32, c'eſt-à-dire, 62 :: 1 : 2.

Dans le troiſieme exemple, 40 $\frac{1}{3}$ *ſomme des antécédens* : 13 $\frac{12}{27}$ *ſomme des conſéquens* :: 27 : 9.

COROLLAIRE PREMIER.

Dans une progreſſion géométrique croiſſante, vous aurez la ſomme des termes, en multipliant, 1°. le dernier par le ſecond; 2°. en ôtant du produit le carré du premier terme; 3°. en diviſant le reſtant par la différence qui ſe trouve entre le premier & le ſecond terme; ce ſera le *quotient* de cette diviſion qui vous donnera la ſomme des termes de votre progreſſion. Dans le ſecond exemple, multipliez le dernier terme 486 par le ſecond terme 6. Otez du produit 2916 le carré du premier terme 2. Diviſez le reſtant 2912 par la différence qui ſe trouve entre le premier & le ſecond terme, c'eſt-à-dire, par 4; & le quotient 728 vous donnera la ſomme de la progreſſion renfermée dans le ſecond des trois exemples ſupérieurs.

COROLLAIRE SECOND.

Dans une progreſſion géométrique décroiſſante, vous aurez la ſomme des termes en faiſant les opérations ſuivantes. 1°. Prenez le carré du premier terme. 2°. Otez de ce carré le produit du ſecond terme par le dernier. 3°. Diviſez le reſtant par la différence qui ſe trouve entre le premier & le ſecond termes; le quotient ſera la ſomme des termes de votre progreſſion décroiſſante. Dans le troiſieme exemple, prenez le carré du premier terme 27, qui eſt 729. Otez de ce carré le produit du ſecond terme 9 par le dernier $\frac{1}{9}$, c'eſt-à-dire, ôtez 1 du carré 729. Diviſez le reſtant 728 par 18, *différence*

rence du premier au second terme; & le quotient $40 \frac{8}{18}$ sera la somme que contient la progression décroissante du troisieme exemple supérieur.

COROLLAIRE TROISIEME.

Si la progression géométrique est décroissante à l'infini, c'est-à-dire, si le dernier terme est o, l'on aura la somme des termes en divisant le carré du premier terme par la différence qu'il y a entre le premier & le second terme.

CINQUIEME REGLE.

En toute progression géométrique croissante, le second terme moins le premier : au premier :: le dernier moins le premier : à la somme des termes qui précedent le dernier. Dans le second exemple du commencement de cet article, 4 : 2 :: 484 : 242.

COROLLAIRE PREMIER.

Si la progression géométrique est décroissante, l'on dira; le premier terme moins le second : au second :: le premier terme moins le dernier : à la somme de ceux qui suivent le premier. Dans le troisieme exemple, 18 : 9 :: $26 \frac{8}{9}$: $13 \frac{12}{17}$.

COROLLAIRE SECOND.

Si la progression géométrique est décroissante à l'infini, c'est-à-dire, si son dernier terme est o, l'on dira; le premier terme moins le second : au second :: le premier terme : à la somme de ceux qui le suivent.

PROBLEME PREMIER.

Connoissant le premier, le second & le nombre des termes d'une progression géométrique croissante, trouver le dernier terme, & la somme des termes. *Exemple.* On demande un denier du premier des 24 clous des 4 fers d'un cheval, 2 deniers du second, 4 du troisieme, 8 du quatrieme, 16 du cinquieme, 32 du sixieme, & ainsi de suite en progression géométrique jusqu'au vingt-quatrieme clou; l'on demande combien coûtera ce vingt-quatrieme clou, & combien les 24 clous ensemble.

RÉSOLUTION.

1°. *Par le corollaire premier de la troisieme regle*, 1024 deniers, *carré de* 32, me donnent le onzieme terme.

Par le même corollaire, 1048576 deniers, *carré du onzieme* terme, me donnent le vingt-unieme terme.

Par le corollaire second de la même regle, 8388608 deniers *produit* du vingt-unieme terme 1048576 par le quatrieme terme 8, me donnent la valeur du vingt-quatrieme clou. Je divise ce nombre par 240, pour le réduire en livres ; & le quotient me prouve que le vingt-quatrieme clou coûtera 34952 livres, 10 sols, 8 deniers.

3°. Pour avoir la somme des termes, je me sers du corollaire premier de la quatrieme regle. Je multiplie donc le vingt-quatrieme terme 8388608 par le second terme 2. Du produit 16777216 j'ôte 1, *carré* du premier terme, & le restant me marque que les 24 clous coûteront 16777215, ou 69905 livres, 1 sol, 3 deniers.

PROBLEME SECOND.

Connoissant le premier, le dernier termes & l'*exposant* d'une progression géométrique décroissante, trouver la somme des termes. *Exemple.* J'ai cueilli dans mon verger la premiere année 512 pommes, la derniere année 2, en diminuant chaque année en proportion géométrique quadruple ; l'on cherche la somme des pommes cueillies.

RÉSOLUTION.

1°. *Par la premiere regle*, j'ai le second terme en divisant par l'*exposant* 4 le premier terme 512, c'est-à-dire, que la seconde année j'ai cueilli dans mon verger 128 pommes.

2°. *Par le corollaire second de la quatrieme regle*, je multiplie le premier terme 512 par lui-même, pour avoir son carré 262144. J'ôte de ce carré le produit du second terme 128 par le dernier 2, c'est-à-dire, j'ôte 256. Je divise le restant 261888 par la différence qui se trouve entre le premier terme 512 & le second terme 128; cette différence est 384 ; le quotient 682 me donnera la somme despommes que j'ai cueillies dans mon verger.

PROBLEME TROISIEME.

Connoiſſant le premier & le ſecond termes d'une progreſſion géométrique décroiſſante à l'infini, trouver la ſomme des termes qui ſuivent le premier, & la ſomme de tous les termes de la progreſſion. *Exemple*, l'on ſuppoſe une progreſſion géométrique décroiſſante à l'infini dont le premier terme ſoit 30 & le ſecond 10; l'on demande la ſomme des termes qui ſuivent le premier, & la ſomme de tous les termes de cette progreſſion.

RÉSOLUTION.

1°. Pour avoir la ſomme des termes qui ſuivent le premier terme 30, je dis ; *par le corollaire ſecond de la cinquieme regle*, le premier terme moins le ſecond : au ſecond :: le premier terme : à la ſomme de ceux qui le ſuivent, c'eſt-à-dire, 20 : 10 :: 30 : 15 ; donc dans la progreſſion donnée la ſomme des termes qui ſuivent le premier, eſt 15.

2°. Pour avoir la ſomme de tous les termes de cette progreſſion, je joins 15 à 30 & j'ai 45.

PROBLEME QUATRIEME.

Connoiſſant le premier & le dernier termes d'une progreſſion géométrique, trouver les trois termes intermédiaires. *Exemple*. J'ai reçu le premier jour 2 louis l'or, le cinquieme jour 32 ; l'on demande combien j'en ai reçu le ſecond, le troiſieme & le quatrieme jour.

RÉSOLUTION.

1°. *Par la ſeconde regle*, l'on dira, pour avoir le ſecond terme ; le premier terme : au cinquieme :: le premier terme élevé à ſa quatrieme puiſſance : au ſecond terme élevé à la même puiſſance ; c'eſt-à-dire, 2 : 32 :: 16 *quatrieme puiſſance de* 2 : à un quatrieme terme 256 qui ſera la quatrieme puiſſance du ſecond terme de la progreſſion dont il s'agit. Or 256 conſidéré comme quatrieme puiſſance a pour racine 4 ; donc le ſecond terme de la progreſſion en queſtion eſt 4.

2°. *Par la premiere regle*, le premier terme 2 divisé par $\frac{1}{4}$, *carré de l'exposant de la progression dont il s'agit*, est égal au troisieme terme de la même progression. Donc ce troisieme terme est 8 ; car 2 divisé par $\frac{1}{4} = 8$.

3°. *Par la même regle*, le premier terme 2 divisé par $\frac{1}{8}$ *cube de l'exposant de la progression*, est égal au quatrieme terme de la même progression. Donc ce quatrieme terme est 16 ; car 2 divisé par $\frac{1}{8} = 16$. Donc la progression qu'on demande est composée des cinq nombres suivans 2, 4, 8, 16, 32. Donc les trois termes qu'on demande sont 4, 8, 16. Donc le probleme proposé a été résolu.

L'on pourra par les mêmes regles résoudre un grand nombre de problemes très-curieux. Pour donner encore plus de facilité à nos Lecteurs, nous allons examiner comment on peut donner algébriquement les regles des progressions géométriques.

REMARQUE.

Nous ferons pour cet article, ce que nous avons fait pour le précédent ; nous exprimerons les progressions géométriques en formules algébriques, en avertissant une fois pour toutes que a, b, c, d signifient les quatre premiers termes ; m, le dernier terme ; e l'exposant de la progression ; n, le nombre des termes ; f, leur somme. Nous avertissons encore que, quoique dans les progressions croissantes formées par les nombres 1, 2, 4, 8, l'*exposant* soit $\frac{1}{2}$; cependant nous nous servirons du nombre entier 2. Cela ne nous induira dans aucune erreur, parce que nous emploirons la multiplication, au lieu de la division. Nous ferons la même chose dans les autres progressions croissantes de quelque nature qu'elles soient.

PREMIERE REGLE.

$m = a e^{n-1}$, c'est-à-dire, dans toute progression géométrique croissante, le dernier terme est égal au premier multiplié par l'*exposant* élevé à une puissance moindre d'un degré que la quantité qui exprime le nombre des termes de la progression.

DÉMONSTRATION.

$a. ae^1. ae^2. ae^3$ sont quatre termes en progression géométrique croissante. Dans cette progression le quatrieme terme ae^3 est évidemment le même que ae^{n-1}; donc la premiere regle est incontestable.

Cette regle a lieu dans la progression géométrique décroissante, pourvu qu'on regarde ce dernier terme comme le premier, ou qu'on emploie la division, au lieu de la multiplication.

COROLLAIRE.

On peut dire d'un terme quelconque de la progression géométrique, le premier excepté, ce que l'on a dit du dernier, parce que ce terme quelconque peut être regardé comme le dernier par rapport à ceux qui le précedent. Ainsi $d = ae^{n-1} = ae^3$, c'est-à-dire, dans toute progression géométrique croissante le quatrieme terme est égal au premier multiplié par l'exposant élevé à la troisieme puissance.

PROBLEME.

On veut vendre ensemble un certain nombre de livres. On demande un sol du premier, deux sols du second, quatre sols du troisieme, & ainsi des autres en progression géométrique; on demande combien coûtera le onzieme.

RÉSOLUTION.

$m = ae^{n-1} = 1 \times 2$ élevé à sa dixieme puissance $= 1 \times 1024 = 1024$ sols $= 51$ livres, 4 sols.

DÉMONSTRATION.

1. 2. 4. 8. 16. 32. 64. 128. 256. 512. 1024 sont 11 nombres en proportion géométrique, dont le premier est 1, l'exposant 2, & le onzieme terme 1024. Donc la formule ae^{n-1} dont nous nous sommes servi pour résoudre ce probleme, est une formule infaillible, puisqu'elle donne pour onzieme terme 1024 sols.

SECONDE REGLE.

$a : m :: a^{n-1} : b^{n-1}$, c'eſt-à-dire, dans toute progreſſion géométrique, le premier terme ; au dernier :: le premier terme élevé à une puiſſance moindre d'un degré que la quantité qui exprime le nombre des termes de la progreſſion : au ſecond terme élevé à la même puiſſance.

Démonſtration. Dans les 4 termes qui forment la progreſſion géométrique $a.\ ae^1.\ ae^2.\ ae^3$, l'on a évidemment $a : ae^3 :: a^3 : a^3 e^3$, puiſque le produit des extrêmes eſt égal au produit des moyens; mais dans cette progreſſion $a = a$; $ae^3 = m$; $a^3 = a^{n-1}$; $a^3 e^3 = b^{n-1}$; donc $a : m :: a^{n-1} : b^{n-1}$; donc la ſeconde regle eſt vraie.

COROLLAIRE PREMIER.

Il en ſera de même d'un terme quelconque de la progreſſion, comparé au premier. L'on dira le premier : au quatrieme terme :: le premier terme élevé à ſa troiſieme puiſſance, ou, à ſon cube : au ſecond élevé à la même puiſſance. En effet dans la progreſſion géométrique 1. 2. 4. 8, l'on peut dire 1 : 8 :: le cube de 1 : au cube de 2.

COROLLAIRE SECOND.

$a : m :: a^{n-1} : b^{n-1}.$ Donc $ab^{n-1} = ma^{n-1}.$ *par la propriété de la proportion geométrique.* Donc $b^{n-1} = \frac{ma^{n-1}}{a}.$ Donc $b^{n-1} = ma^{n-2}$. Donc le ſecond terme élevé à la puiſſance $n-1$ = au premier terme élevé à la puiſſance $n-2$ multiplié par le dernier terme. *Exemple.* 2 : 4 :: 8 : 16. Donc $4^{n-1} = 2^{n-2} \times 16$. En Effet 4^{n-1} = 4 élevé au cube = 64. De même $2^{n-2} \times 16 = 2$ élevé au carré $\times 16 =$ 64. Donc $4^{n-1} = 2^{n-2} \times 16$.

COROLLAIRE TROISIEME.

$a : m :: a^{n-1} : b^{n-1}$. Donc $ab^{n-1} = ma^{n-1}$. Donc $m = \frac{ab^{n-1}}{a^{n-1}}$. Donc $m = \frac{b^{n-1}}{a^{n-2}}$. Donc le dernier terme = au second élevé à la puissance $n-1$, divisé par le premier élevé à la puissance $n-2$. *Exemple.* $2 : 4 :: 8 : 16$. Donc $16 = \frac{4^{n-1}}{2^{n-2}}$ = 4 élevé au cube, divisé par deux, élevé au carré. En effet $16 = \frac{64}{4}$.

COROLLAIRE QUATRIEME.

$a : m :: a^{n-1} : b^{n-1}$. Donc $ab^{n-1} = ma^{n-1}$. Donc $a^{n-1} = \frac{ab^{n-1}}{m}$. Donc le premier terme élevé à la puissance $n-1$ = au second terme élevé à la puissance $n-1$, multiplié par le premier terme, & divisé par le dernier. *Exemple.* $2 : 4 :: 8 : 16$. Donc $2^{n-1} = \frac{4^{n-1}}{16} \times 2$.

En effet l'on a d'un côté $2^{n-1} = 8$, & de l'autre $\frac{4^{n-1}}{16} \times 2 = \frac{64 \times 2}{16} = \frac{128.}{16}$

PROBLEME.

On m'a donné pendant 5 jours un certain nombre de louis d'or. Le premier jour on m'en a donné 6, le second jour 12, & ainsi des autres jours jusqu'au cinquieme, en suivant la progression géométrique : l'on demande combien on m'en a donné le dernier jour.

RÉSOLUTION.

Par le corollaire troisieme de la seconde regle, $m = \frac{b^{n-1}}{a^{n-2}} = \frac{20736}{216} = 96$ louis que l'on m'a donnés le cinquieme jour.

DÉMONSTRATION.

6. 12. 24. 48. 96 sont 5 nombres en progression géométrique dont le premier est 6, le second 12, & le dernier 96. Mais la formule du corollaire troisieme de la seconde regle me donne aussi 96. Donc cette seconde regle est vraie.

TROISIEME REGLE.

Dans toute progression géométrique le produit d'un terme quelconque par lui-même, divisé par le premier, donne un terme une fois plus éloigné du premier que ne l'est celui qu'on multiplie.

DÉMONSTRATION.

Dans la progression géométrique $a.\ ae^1.\ ae^2.\ ae^3$, l'on a évidemment $\frac{a^2 e^2}{a} = ae^2$; donc la troisieme regle est vraie.

PROBLEME.

J'ai perdu le premier jour 2 louis ; le ſecond 4 ; le troiſieme 8 ; le quatrieme 16 ; l'on demande combien j'en ai perdu le ſeptieme jour ; l'on ſuppoſe que la perte eſt en progreſſion géométrique.

RÉSOLUTION.

Par la troiſieme regle, le ſeptieme terme $= \frac{dd}{a} = \frac{256}{2} =$ 128 louis que j'ai perdu le ſeptieme jour.

DÉMONSTRATION.

2. 4. 8. 16. 32. 64. 128 ſont ſept termes en progreſſion géométrique dont le ſeptieme eſt 128. Mais la formule qui exprime la troiſieme regle donne auſſi 128 pour ſeptieme terme de la progreſſion. Donc cette formule eſt vraie.

QUATRIEME REGLE.

$a + b + c : b + c + d :: a : b$. C'eſt-à-dire, dans toute progreſſion géométrique la ſomme de tous les antécédens : à la ſomme de tous les conſéquens :: le premier antécédent : au premier conſéquent.

DÉMONSTRATION.

1°. Nous avons démontré dans le cinquieme livre de l'article *géométrie* que dans toute proportion géométrique le produit des extrêmes = au produit des moyennes.

2°. Nous avons démontré dans le même *livre* que toutes les fois que le produit des extrêmes = au produit des moyennes, les quantités qui forment ces produits, ſont en proportion géométrique.

3°. On ſuppoſe que $a. b. c. d$ ſont en progreſſion géométrique. Donc l'on peut dire $a : b :: b : c$. Donc $ac = bb$.

4°. $a. b. c. d$ ſont en progreſſion géométrique. Donc $a : b :: c : d$, Donc $ad = bc$.

5°. Pour démontrer que $a + b + c : b + c +$

$d :: a : b$; il faut démontrer que le produit des extrêmes est égal au produit des moyennes, c'est-à-dire, il faut démontrer que $ab + bb + bc = ab + ac + ad$. Pour en venir à bout ; à la valeur bb je substitue ac qui lui est égal *num.* 3, & à la valeur ad je substitue bc qui lui est égal *num.* 4 ; j'ai donc, au lieu de l'équation supérieure, l'équation suivante $ab + ac + bc = ab + ac + bc$. Mais cette équation contient évidemment deux produits égaux, puisqu'elle est composée des mêmes lettres. Donc l'équation $ab + bb + bc = ab + ac + ad$ contient aussi deux produits égaux. Donc, en la décomposant, l'on dira $a + b + c : b + c + d :: a : b$. Mais c'est-là précisément la formule qui exprime la 4e. regle ; donc cette formule est vraie.

COROLLAIRE PREMIER.

La somme des antécédens d'une progression géométrique est égale à la somme des termes — le dernier ; puisque dans une progression géométrique tous les termes, excepté le dernier, sont des antécédens. Donc la somme des antécédens d'une progression géométrique $= s - m$.

COROLLAIRE SECOND.

La somme des conséquens d'une progression géométrique est égale à la somme des termes — le premier, parce que dans une progression géométrique tous les termes, excepté le premier, sont des conséquens. Donc la somme des conséquens d'une progression géométrique $= s - a$.

COROLLAIRE TROISIEME.

Donc $s - m : s - a :: a : b$. Donc $as - aa = bs - bm$. Donc $bm - aa = bs - as$. Donc $s = \frac{bm - aa}{b - a}$, c'est-à-dire, dans toute progression géométrique croissante, l'on a la somme, si l'on multiplie le dernier terme par le second ; si l'on ôte du produit le carré du premier terme ; & si l'on divise le restant par la différence qu'il y a entre le second & le premier terme.

COROLLAIRE QUATRIEME.

$s - m : s - a :: a : b$. Donc $as - aa = bs - bm$. Donc $as - bs = aa - bm$. Donc $s = \frac{aa - bm}{a - b}$, c'est-à-dire, dans toute progression géométrique décroissante la somme des termes se trouve, lorsque, du carré du premier terme, on ôte le produit du second par le dernier terme, & que l'on divise le restant par la différence qui se trouve entre le premier & le second terme.

COROLLAIRE CINQUIEME.

$s = \frac{aa}{a - b}$, c'est-à-dire, dans toute progression géométrique décroissante à l'infini, ou, ce qui revient au même, dans toute progression géométrique décroissante dont le dernier terme est o, la somme des termes est égale au carré du premier terme divisé par la différence qui se trouve entre le premier & le second terme; parce que le dernier terme étant o, l'équation $s = \frac{aa - bm}{a - b}$ se réduit à $s = \frac{aa}{a - b}$.

PROBLEME PREMIER.

La première année j'ai cueilli dans mon verger 10 pommes; la seconde, 20; & la dixieme année, 5120; l'on demande combien j'en ai cueilli pendant ces 10 ans. L'on suppose que j'en ai cueilli en progression géométrique croissante.

RÉSOLUTION.

Par le corollaire troisieme de la quatrieme regle $s = \frac{bm - aa}{b - a} = \frac{102400 - 100}{10} = \frac{102300}{10} = 10230$ pommes que j'ai cueillies pendant 10 ans dans mon verger.

PROBLEME SECOND.

La premiere année j'ai cueilli dans mon jardin 1000 pommes ; la ſeconde année 100; la derniere année 1 ; l'on demande combien j'en ai cueilli ; l'on ſuppoſe que j'ai toujours diminué en progreſſion géométrique.

RÉSOLUTION:

Par le corollaire quatrieme de la quatrieme regle $ſ = \frac{aa - bm}{a - b} = \frac{1000000 - 100}{1000 - 100} = \frac{999900}{900} = 1111$ pommes que j'ai cueillies dans mon jardin.

CINQUIEME REGLE.

$b - a : a :: m - a : a + b + c + d$, c'eſt-à-dire, dans toute progreſſion géométrique croiſſante, le ſecond terme — le premier : au premier :: le dernier terme — le premier : à la ſomme des termes qui précedent le dernier.

DÉMONSTRATION.

Par la regle quatrieme $a + b + c + d : b + c + d + m :: a : b$. Donc, *invertendo* $b : a :: b + c + d + m : a + b + c + d$. Donc *dividendo* $b - a : a :: b + c + d + m - a - b - c - d : a + b + c + d$. Donc, *en ôtant les quantités qui ſe détruiſent*, $b - a : a :: m - a : a + b + c + d$.

COROLLAIRE PREMIER.

$a + b + c + d$ repréſente la ſomme des antécédens de la progreſſion géométrique compoſée de $a.\ b.\ c.\ d.\ m$. Donc $a + b + c + d = ſ - m$. Donc $b - a : a :: m - a : ſ - m$.

COROLLAIRE SECOND.

Lorſque la progreſſion géométrique eſt décroiſſante, l'on dit $a - b : b :: a - m : ſ - a$, c'eſt-à-dire, le premier terme — le second : au second :: le premier terme — le dernier : à la somme des termes — le premier.

COROLLAIRE TROISIEME.

Si la progression géométrique décroît jusqu'à o, l'on dira $a - b : b :: a : s - a$.

PROBLEME PREMIER.

Un Imprimeur compose le lundi 10 lignes ; le mardi 20, & ainsi de suite en progression géométrique jusqu'au samedi, jour auquel il est supposé composer 320 lignes ; l'on demande quelle est la somme des lignes qu'il a composées pendant la semaine.

RÉSOLUTION.

$$b - a : a :: m - a : s - m.$$
$$bs - as - bm + am = am - aa$$
$$bs - as = bm - aa.$$
$$s = \frac{bm - aa.}{b - a}$$
$$s = \frac{6400 - 100}{20 - 10}$$
$$s = \frac{6300}{10}$$
$$s = 630$$

EXPLICATION

DES OPÉRATIONS PRÉCÉDENTES.

1°. Le corollaire 1 de la cinquieme regle a donné la proportion qui forme la premiere opération.

2°. La nature de la proportion géométrique a donné l'équation qui forme la seconde opération.

3°. L'équation $bs - as - bm + am = am - aa$, maniée suivant les regles ordinaires, a été changée en celle-ci $s = \frac{bm - aa}{b - a} = 630$ lignes que l'Imprimeur dont il est question, a composées depuis le lundi jusqu'au samedi.

PROBLEME SECOND.

Un homme fait 640 pas le lundi, 320 le mardi, & ainsi de suite en progression géométrique jusqu'au dimanche, jour auquel il ne fait que 10 pas; l'on demande quelle est la somme des pas qu'il a fait pendant ces 7 jours consécutifs.

RÉSOLUTION.

$$a - b : b :: a - m : s - a.$$
$$as - bs - aa + ab = ab - bm.$$
$$as - bs = aa - bm$$
$$s = \frac{aa - bm}{a - b}$$
$$s = \frac{409600 - 3200}{640 - 320}$$
$$s = \frac{406400}{320}$$
$$s = 1270$$

EXPLICATION

DES OPÉRATIONS PRÉCÉDENTES.

Le Corollaire second de la cinquieme regle a donné la proportion qui forme la premiere opération. Des extrêmes & des moyennes de cette proportion a été formée la premiere équation, laquelle, maniée comme dans le probleme précédent, a donné pour somme des termes 1270, c'est-à-dire, que l'homme dont il s'agit aura fait dans 7 jours 1270 pas.

PROPORTION ARITHMÉTIQUE. Quatre grandeurs sont en proportion arithmétique, lorsque la quantité par laquelle la premiere differe de la seconde est égale à la quantité par laquelle la troisieme differe de la quatrieme. Ainſi les quatre grandeurs 2 ; 4 ; 100 ; 102, ſont en proportion arithmétique, parce que de même que le nombre 2 marque la différence qu'il y a entre la grandeur 2 & la grandeur 4, de même le nombre 2 marque la différence qu'il y a entre la grandeur 100 & la grandeur 102.

Concluez de-là que dans une proportion arithmétique la ſomme des *extrêmes* eſt égale à la ſomme des *moyennes*, c'eſt-à-dire, concluez de-là que ſi vous ajoutez d'un côté le premier terme de la proportion arithmétique au quatrieme, & de l'autre le ſecond terme au troiſieme, vous aurez deux ſommes égales. En effet ſervez-vous de l'exemple précédent, ajoutez d'un côté 2 à 102, & de l'autre 4 à 100, vous aurez deux ſommes, chacune de 104.

Concluez encore que l'addition eſt pour la proportion arithmétique, ce que la multiplication eſt pour la proportion géométrique dont nous dirons bientôt deux mots. Nous avons déjà traité cette matiere très-au long dans l'abrégé du cinquieme livre d'Euclide que l'on trouvera à l'article *Géométrie.*

Regle de proportion arithmétique. C'eſt une regle qui apprend à trouver le quatrieme nombre d'une proportion arithmétique dont on connoît les 3 premiers. L'on me donne, par exemple, les trois nombres 2, 4, 40 ; & l'on me dit de finir la proportion arithmétique. Pour en venir à bout, j'ajoute le ſecond terme 4 au troiſieme 40 ; je ſouſtrais le premier terme 2 de la ſomme 44 ; le reſtant 42, me donne ce que je demande. En effet 2. 4 : 40. 42.

PROPORTION GÉOMÉTRIQUE. Comme ce terme revient ſouvent dans ce Dictionnaire, l'on fera bien de lire avec attention cet article, après avoir jetté auparavant un coup d'œil ſur le mot *raiſon.* L'on nomme *proportion géométrique* le rapport qu'il y a entre deux raiſons géométriques égales. Ainſi il y a proportion géométrique entre ces quatre grandeurs 4, 2, 12, 6, parce que 4 eſt à 2, comme 12 eſt à 6 ; ou pour marquer les choſes à la façon des géometres, 4 : 2 : : 12 : 6. Ces quatre grandeurs ſont appellées *proportionnelles* ; la premiere & la derniere ſe nomment les deux *extrêmes*, la ſeconde & la troiſieme ſe nomment les deux *moyennes.*

Dans toute proportion géométrique le produit des extrêmes est toujours égal au produit des moyennes. En effet dans la proportion géométrique que nous venons de citer, multipliez 4 par 6 d'un côté, & 12 par 2 de l'autre; vous aurez de part & d'autre pour produit 24. Voyez la démonstration de cette espece d'axiome dans le cinquieme livre de l'article *Géométrie*.

Regle de proportion géométrique. Lorsque l'on a les trois premiers nombres d'une proportion géométrique & que l'on veut trouver le quatrieme, l'on doit multiplier le troisieme par le second; diviser le produit par le premier nombre, & le quotient vous donne le quatrieme nombre que vous cherchez. L'on vous donne, *par exemple*, les trois nombres 2, 4, 10, & l'on vous dit de finir la proportion géométrique. Pour en venir à bout, vous multiplierez 10 par 4; vous diviserez le produit 40 par 2, & le quotient 20 vous donnera le quatrieme nombre que vous cherchez. En effet 2 : 4 :: 10 : 20. C'est-là ce qu'on appelle *regle* de *proportion* ou *regle* de *trois*; c'est, comme vous venez de le voir, *une opération dans laquelle à trois nombres donnés l'on cherche un quatrieme proportionnel géométrique.* Cette regle se divise en *directe* & *inverse*, en *simple* & *composée*. Voyez l'article *arithmétique*; vous y trouverez ces sortes de regles expliquées fort au long, avec des exemples de chacune.

PROPORTIONNELLE. C'est-là l'épithete que l'on donne à une ou à plusieurs quantités inconnues, destinées à former une proportion avec d'autres quantités déjà connues. Les principaux problemes que l'on puisse proposer sur cette matiere, sont les suivans.

A trois quantités données, trouver une quatrieme proportionnelle?

A deux quantités données, trouver une moyenne proportionnelle?

A deux quantités données, trouver deux moyennes proportionnelles?

A deux quantités données, trouver tel nombre qu'on voudra de moyennes proportionnelles? Le premier de ces problemes n'est pas distingué de la regle de proportion dont nous avons déjà parlé fort au long. La résolution des trois autres fera la matiere de cet important article; l'on y suppose le lecteur au fait de l'arithmétique, de l'algebre & des proportions.

PROBLEME I.

PROBLEME I.

A deux quantités données, trouver une moyenne proportionnelle ?

Explication. L'on demande la valeur d'une quantité quelconque x, qui soit moyenne proportionnelle entre les deux quantités données 4 & 25, c'est-à-dire, l'on demande une quantité quelconque x qui soit telle que l'on puisse dire, $4 : x :: x : 25$. Pour la trouver, je fais $a = 4$, & $b = 25$.

Résolution. $x = \sqrt{ab} = 10$.

Demonstration. L'on a par hypothese la proportion suivante $a : x :: x : b$; donc $xx = ab$; donc $x = \sqrt{ab}$; donc $x = \sqrt{4 \times 25}$; donc $x = \sqrt{100}$; donc $x = 10$. En effet $4 : 10 :: 10 : 25$, puisque $4 \times 25 = 10 \times 10$.

COROLLAIRE. La moyenne proportionnelle est toujours la racine carrée du produit de deux quantités données.

PROBLEME II.

A deux quantités données, trouver deux moyennes proportionnelles ?

Explication. L'on me donne deux lignes; l'une de 54 & l'autre de 16 pouces, & l'on me demande de trouver deux autres lignes x & y qui soient moyennes proportionnelles entre les deux données, c'est-à-dire, qui soient telles que l'on puisse dire, $54 : x :: x : y$ & $x : y :: y : 16$. Pour les trouver, je fais $a = 54$, & $b = 16$.

Résolution. 1°. $x = \sqrt[3]{aab} = 36$.

2°. $y = \sqrt[3]{abb} = 24$.

Démonstration. 1°. Lorsque quatre quantités sont en proportion continue, la premiere : à la quatrieme :: le cube de la premiere : au cube de la seconde.

2°. Par hypothese les quantités $a. x. y. b$ sont en proportion continue; donc $a : b :: a^3 : x^3$; donc $ax^3 = a^3b$; donc $x^3 = \frac{a^3b}{a}$; donc $x^3 = aab$; donc $x =$

$\sqrt[3]{aab} = \sqrt[3]{54 \times 54 \times 16} = \sqrt[3]{2916 \times 16} = \sqrt[3]{46656} = 36.$

3°. Par hypothese $a. x. y. b$ ſont en proportion continue, donc $a. \sqrt[3]{aab}. y. b$ garderont la même proportion, parce que $x = \sqrt[3]{aab}$, *num.* 2.

4°. $a. \sqrt[3]{aab}. y. b$ ſont en proportion continue ; donc les cubes de ces 4 quantités y ſeront auſſi ; donc $a^3 : aab :: y^3 : b^3$; donc $y^3 \times aab = a^3b^3$; donc $y^3 = \frac{a^3b^3}{aab}$; donc $y^3 = abb$; donc $y = \sqrt[3]{abb} = \sqrt[3]{54 \times 16 \times 16} = \sqrt[3]{54 \times 256} = \sqrt[3]{13824} = 24.$

COROLLAIRE I. La premiere des deux moyennes proportionnelles eſt toujours égale à la racine cubique du produit du carré de la premiere connue multiplié par la ſeconde connue ; auſſi a-t-on $x = \sqrt[3]{aab}.$

COROLLAIRE II. La ſeconde des deux moyennes proportionnelles eſt toujours égale à la racine cubique du produit du carré de la ſeconde connue multiplié par la premiere connue ; auſſi a-t-on $y = \sqrt[3]{abb}.$

REMARQUE.

Le probleme des deux moyennes proportionnelles ſe réſout très-facilement par le compas de proportion. Conſultez ce qui regarde la ligne des ſolides dans l'article qui commence par les mots *compas de proportion.*

PROBLEME III.

A deux quantités données, trouver tel nombre qu'on voudra de moyennes proportionnelles ?

Explication. L'on me donne les deux quantités connues a & b, & l'on me demande d'inférer entre ces deux quantités tel nombre n qu'on voudra de moyennes proportionnelles. La lettre n vaudra donc 3, & $n + 1$ vaudra 4, ſi l'on ne demande que les trois moyens proportionnels u, x, y.

Résolution. 1°. $u = \sqrt[n+1]{a^n b}$.

2°. $x = \sqrt[n+1]{a^{n-1} b^2}$.

3°. $y = \sqrt[n+1]{a^{n-2} b^3}$.

Démonstration. 1°. Puisque a, u, x, y, b sont supposés en proportion continue, l'on aura $a : b :: a^4 : u^4$. La raison est la même que celle que nous avons apportée pour le cube dans la démonstration du probleme précédent, *num.* 1.

2°. $a : b :: a^4 : u^4$; donc $au^4 = a^4 b$; donc $u^4 = \frac{a^4 b}{a}$; donc $u^4 = a^3 b$; donc $u = \sqrt[4]{a^3 b}$; donc $u = \sqrt[n+1]{a^n b}$.

3°. Par hypothese a, $\sqrt[4]{a^3 b}$, x sont en proportion continue; donc $a : \sqrt[4]{a^3 b} :: \sqrt[4]{a^3 b} : x$; donc $a^4 : a^3 b :: a^3 b : x^4$; parce que la quatrieme puissance du radical $\sqrt[4]{a^3 b}$ est $a^3 b$; donc $a^4 x^4 = a^6 b^2$; donc $x^4 = \frac{a^6 b^2}{a^4}$; donc $x^4 = a^2 b^2$; donc $x = \sqrt[4]{a^2 b^2}$; donc $x = \sqrt[n+1]{a^{n-1} b^2}$, parce que n étant par hypothese $= 3$, l'on aura $n + 1 = 4$, & $n - 1 = 2$.

4°. Par hypothese a, $\sqrt[4]{a^3 b}$, $\sqrt[4]{a^2 b^2}$, y sont en proportion; donc leur quatrieme puissance y sera aussi; donc $a^4 : a^3 b :: a^2 b^2 : y^4$; donc $a^4 y^4 = a^5 b^3$; donc $y^4 = \frac{a^5 b^3}{a^4}$; donc $y^4 = a^1 b^3$; donc $y = \sqrt[4]{a^1 b^3}$; donc $y = \sqrt[n+1]{a^{n-2} b^3}$, parce que n étant par hypothese $= 3$, l'on aura $n - 2 = 1$.

PRUNELLE. L'uvée, opaque de sa nature, a au milieu une petite ouverture circulaire nommée la *prunelle*. Voyez-en l'usage dans l'article de l'*œil*.

PRUSSE. (Bleu de) C'eſt une matiere qui a dans la peinture tous les avantages que l'on peut deſirer, & qui coûte beaucoup moins que l'azur ou l'outremer. Le ſecret en a été trouvé en Pruſſe ; mais ce n'eſt plus un ſecret : & on le ſait très-bien maintenant en Angleterre & en France. M. Geoffroy de l'Académie Royale des Sciences de Paris nous aſſure qu'il y a trois liqueurs néceſſaires pour le bleu de Pruſſe, une leſſive de ſang de bœuf calciné avec le ſel alkali, une diſſolution de vitriol, & une diſſolution d'alun. Ces trois liqueurs miſes en œuvre, donnent une *fécule* ou petite *lie*. Cette fécule eſt d'un vert de montagne ; mais détrempée dans l'eſprit de ſel, elle devient dans l'inſtant d'une belle couleur bleue foncée, & c'eſt-là le bleu de Pruſſe.

PTOLOMÉE, (Claude) natif de Péluſe, & non pas d'Alexandrie où il a habité une grande partie de ſa vie, propoſa ſon ſyſteme du Ciel, environ l'an 130 depuis la naiſſance de Jeſus-Chriſt. Il plaça d'abord au centre du monde la terre immobile. Autour de la terre il fit tourner d'Occident en Orient la Lune en un mois, Mercure en trois, Vénus en huit, le Soleil en un an, Mars en deux, Jupiter en douze, Saturne en trente, & les Etoiles en environ vingt-cinq mille ans. Outre ce mouvement périodique, Ptolomée donne à tous les aſtres un mouvement diurne autour de la terre d'Orient en Occident.

Ce ſyſteme eſt tout-à-fait contraire aux loix de la Phyſique & aux obſervations aſtronomiques. En voici la preuve.

1°. Dans ce ſyſteme la Lune & le Soleil tournent autour de la terre comme centre de leur mouvement, l'une dans l'eſpace d'environ un mois, & l'autre dans douze. Donc, ſuivant la ſeconde de Képler, le Soleil ne feroit qu'environ 5 fois plus éloigné de la terre que la Lune, comme nous l'avons démontré dans toutes les formes dans l'article de *Copernic.* Mais il eſt démontré par la parallaxe du Soleil, que cet aſtre eſt environ trois cent fois plus éloigné de la terre, que n'en eſt la Lune. Donc le ſyſteme de Ptolomée eſt inſoutenable.

2°. Il eſt démontré par les obſervations que Mercure & Vénus tournent périodiquement autour du Soleil. Mais dans le ſyſteme de Ptolomée ces deux planetes ſont ſuppoſées tourner autour de la terre comme autour de leur centre commun. Donc le systeme de Ptolomée est insoutenable.

3°. Les observations nous donnent les planetes tantôt plus près, tantôt plus éloignées de la terre. Mais cela est impossible dans le systeme de Ptolomée, puisque ces astres sont supposés parcourir des cercles autour de la terre. Donc le systeme de Ptolomée est insoutenable.

4°. Les planetes paroissent tantôt aller périodiquement d'Occident en Orient : tantôt d'Orient en Occident : tantôt n'avoir aucun mouvement périodique. Mais cela est impossible dans le systeme de Ptolomée ; puisque les planetes sont supposées parcourir des cercles autour de la terre immobile. Donc le systeme de Ptolomée est insoutenable.

5°. Le systeme de Ptolomée donne à tous les astres un mouvement réel périodique d'Occident en Orient, & un mouvement réel diurne d'Orient en Occident ; mais cela est impossible. Donc le systeme de Ptolomée est insoutenable. Combien plus insoutenable ne nous paroîtroit-il pas, si nous voulions parler de ses deux cieux de crystal & de son premier mobile ! Tel est le systeme qui a été adopté par tous les Philosophes jusqu'en l'année 1530. Ptolomée cependant a été un très-grand Mathématicien. Nous lui devons l'arrangement de 48 constellations, un planisphere, & un almageste : c'est ainsi qu'il a intitulé un ouvrage qui contient un grand nombre d'observations & de problemes des anciens sur l'astronomie & la géométrie. On ne sait ni en quel tems, ni en quel lieu, ni à quel âge Ptolomée mourut.

PUISSANCE. Tout ce qui peut imprimer du mouvement, porte en mécanique le nom de *puissance*.

Les Mathématiciens & les Physiciens donnent le nom de premiere puissance à un nombre quelconque ; de seconde puissance à son carré ; de troisieme puissance à son cube ; de quatieme puissance à son carré carré, &c. 2, 4, 8, 16 sont les quatre premieres puissances de 2.

PULVÉRISATION. Opération de chimie par laquelle on réduit un métal en poudre. Pour réduire l'or en poudre, il faut prendre un amalgame composé d'or & de mercure ; il faut le mettre dans un creuset qu'on placera sur un petit feu ; le mercure s'évaporera en l'air, & laisfera l'or en poudre impalpable au fond. On appelle cette poudre *chaux d'or*.

Lorſqu'on veut pulvériſer l'étain, on en fait fondre une certaine quantité dans un creuſet qu'on place ſur le feu. On la jette dans une boîte de bois ronde que l'on a auparavant frottée en dedans de tous côtés, d'un morceau de craie. On couvre cette boîte, & on l'agite juſqu'à ce que l'étain ſoit refroidi. Ce mouvement réduit l'étain en poudre.

Le plomb ſe pulvériſe de la même maniere.

PURIFICATION. C'eſt l'opération par laquelle on ſépare un corps de ſes parties hétérogenes. Voici quelques pratiques qu'un Phyſicien ne doit pas ignorer; elles ſont tirées de la Chimie de Lémery. La premiere regarde la purification de l'or.

1°. Pour ſéparer de l'or les autres métaux qui ſont mélangés, on en fait rougir dans un creuſet, à grand feu, la quantité que l'on veut; & lorſqu'il commence à être en fuſion, l'on y jette quatre fois autant peſant d'antimoine en poudre. On continue un grand feu juſqu'à ce que la matiere jette des étincelles. On retire alors le creuſet de deſſus le feu; on le ſecoue, & on renverſe la matiere fondue qu'il contient, dans un mortier de fer fait en culot, lequel on a auparavant un peu chauffé & graiſſé de ſuif. On frappe enſuite avec des pincettes autour du mortier, juſqu'à ce que la matiere ſoit en maſſe. On laiſſe refroidir cette maſſe. Lorſqu'elle eſt froide, on la renverſe; & on ſépare avec le marteau l'or d'avec les ſcories. On le fait fondre à grand feu dans un creuſet; & lorſqu'il eſt en fuſion, on jette dedans peu-à-peu trois fois autant peſant de ſalpêtre. On continue un feu très-violent, afin que la matiere demeure en fuſion; & lorſqu'elle paroît claire & nette, on retire le creuſet de deſſus le feu. On le ſecoue pendant le tems que la matiere fondue ſe refroidit; & ce mouvement fait que les ſcories occupent la ſurface, & que l'or tombe très-pur au fond du creuſet. L'or ſe purifie encore à la *coupelle*. Nous en avons donné la méthode à l'article *coupelle*.

2°. La purification de l'argent ſe fait à la coupelle: nous en avons donné la méthode dans l'article que nous venons de citer. Par cette méthode, il eſt vrai, l'on ne peut pas ſéparer l'argent d'avec l'or; mais l'on ſe ſert de l'eau forte pour faire une pareille séparation. Cette eau dissout l'argent ; mais ne pouvant pénétrer l'or, elle le laisse au fond en poudre.

3°. Lorsqu'on veut purifier le mercure, on le réduit d'abord en *éthiops minéral*, c'est-à-dire, on met en fusion sur le feu dans un pot de terre, non vernissé, une certaine quantité de soufre : on y mêle peu-à-peu avec une spatule de fer un poids égal de mercure : on met le feu à ce mélange : quand le soufre est brûlé, il reste une masse noire, friable, pesante, à laquelle on a donné le nom d'*éthiops minéral*. Cette premiere opération une fois faite, on mêle l'*éthiops minéral* avec deux fois autant de chaux vive pulvérisée. On met ce mélange dans une cornue ; le mercure qu'on en tirera par la voie de la distillation, sera un mercure très-pur.

4°. Pour purifier le sel marin, on le fait fondre dans l'eau ; on filtre la dissolution à travers un papier gris ; on en fait évaporer toute l'humidité daus une terrine ; le sel qui reste au fond, est un sel très-blanc & très-pur.

5°. Pour purifier le sucre, on le fait fondre dans l'eau de chaux ; on le fait bouillir, & on l'écume. Lorsqu'il est cuit, on le jette dans des moules faits en forme pyramidale, & percés au fond pour laisser passer la partie la plus glutineuse qui s'en sépare.

6°. On purifie le salpêtre, en le dépouillant d'une partie de son sel fixe, & d'un peu de terre bitumineuse qu'il contient. Pour en venir à bout, on fait fondre 10 à 12 livres de salpêtre dans une quantité suffisante d'eau. On laisse reposer la dissolution. On la filtre, & on la fait évaporer dans un vaisseau de verre ou de terre jusqu'à la diminution de la moitié, ou jusqu'à ce qu'il commence à paroître une petite pellicule dessus. Alors on transporte le vaisseau dans un lieu frais, l'agitant le moins qu'on peut. On l'y laisse reposer jusqu'au lendemain. Ce tems écoulé, on trouve des crystaux qu'on sépare de la liqueur. On fait encore évaporer cette liqueur jusqu'à pellicule. On remet le vaisseau dans un lieu frais. Il se fait de nouveaux crystaux que l'on a soin de ramasser. En un mot on réitere les évaporations & les crystallisations, jusqu'à ce qu'on ait retiré tout le salpêtre. C'est-là ce qu'on appellé *salpêtre purifié*. Les premiers crystaux vous dontient du salpêtre raffiné. Toutes ces opérations sont tirées de la chimie de Lémery.

PYLORE. L'ouverture par laquelle les alimens passent de l'estomac dans le *duodenum*, se nomme le *pylore*. Cette ouverture est à droite.

PYRAMIDE. C'est un solide compris sous divers plans qui aboutissent à un point commun, & qui se terminent à un autre plan qui en est la base. La plus belle pyramide d'Egypte a 208 pierres de base, & chaque pierre a environ 3 pieds d'épaisseur ; elle est d'une hauteur extraordinaire. M. de Chazelles dont nous avons fait l'éloge en son lieu, s'apperçut que les quatre côtés de cette pyramide étoient précisément exposés aux 4 régions du monde. Nous avons démontré dans l'article de la *Géométrie pratique*, que l'on trouve la matiere que contient une pyramide, en multipliant sa base par le tiers de sa hauteur perpendiculaire. Une pyramide, *par exemple*, a-t-elle 40 pieds carrés de base, & 30 pieds de hauteur ; elle aura 400 pieds cubes de matiere, parce que 40 multiplié par 10 donne pour produit 400.

PYTHAGORE, *natif de Samos, & l'un des plus beaux génies que le monde ait encore eu, florissoit l'an* 530 *avant Jesus-Christ*. Ce grand Philosophe a enseigné qu'il n'y a qu'un Dieu, Auteur de toutes choses : que Dieu est un entendement, un esprit infini, & que de son action sont sortis les élémens, les figures, les nombres, le monde visible, & tout ce qu'il renferme : que Dieu est une nature impassible qui ne tombe point sous les sens, qui ne peut être représenté par aucune image & qui n'est apperçu que par l'entendement. Pythagore étoit aussi grand astronome, que Philosophe sublime. Nous lui devons non-seulement la division de l'année en 365 jours & quelques heures, mais encore le fameux systeme du Ciel, connu sous le nom d'hypothese de Copernic. Il comprit le premier, que le Soleil devoit être au centre du monde ; que la terre & toutes les planetes devoient tourner périodiquement autour de lui d'Occident en Orient ; & que ces mêmes astres devoient avoir un mouvement diurne de rotation dans le même sens que leur mouvement périodique. Pythagore a encore été un très-profond Géometre. C'est à lui que nous devons la belle démonstration du carré fait sous l'hypothenuse d'un triangle rectangle. L'on assure qu'il fut si content de cette découverte, & qu'il en sentit si bien l'utilité, que par reconnoissance il immola à Dieu une hécatombe de cent bœufs. Comment après cela s'imaginer que ce beau génie ait tenu la métempsycose, & qu'il ait assuré qu'il avoit d'abord été Céthalide, fils putatif de Mercure ; puis Euphorbe qui fut blessé par Ménelas au siége de Troyes ; ensuite Hermotine : puis un pêcheur de Delos nommé Pyrrhus ; & enfin Pythagore. Bien des gens croient qu'il n'a jamais débité de pareilles folies à ses Disciples. S'il l'eût fait, il auroit été cru sur sa parole. On ne peut pas s'imaginer la vénération qu'ils avoient pour lui. Le *maître l'a dit ;* voilà toutes les preuves qu'apportoient les Pythagoriciens de leurs sentimens. C'est ce respect qui les engageoit à porter leurs biens aux pieds de Pythagore, & à garder avec la derniere exactitude le silence qu'il leur imposoit, aux uns pendant 2 ans, aux autres pendant 5, suivant qu'ils étoient plus ou moins portés à parler. Il est probable que Pythagore mourut à Métaponte dans un âge fort avancé. Sa maison fut changée en un temple où ce Philosophe fut honoré comme un Dieu.

PYTHÉAS, *grand Astronome & grand Géographe de l'antiquité, vivoit à Marseille plus de* 300 *ans avant l'Incarnation.* C'est l'auteur de la fameuse observation qui se fit pour déterminer le parallele de Marseille. Il éleva au tems du solstice une aiguille fort haute, connue sous le nom de *gnomon ;* il en observa l'ombre ; & il trouva que la hauteur du gnomon étoit à la longueur de son ombre comme 120 est à 41 $\frac{4}{5}$. Il est glorieux pour la France, *dit M. Cassini*, d'avoir eu en ce tems-là un Astronome capable d'avoir porté ses spéculations à un point de subtilité où les Grecs qui veulent passer pour les inventeurs de toutes les sciences, n'avoient encore pu atteindre. Et cependant les Gaulois n'ont laissé à la postérité aucun monument de cette observation ; & elle seroit ensevelie dans l'oubli, si les Grecs qui en ont profité, n'en avoient conservé la mémoire. Eratosthene qui tenta le premier de mesurer la terre par le moyen de l'astronomie, faisoit tant de cas de l'observation de Pythéas, qu'il en fit un des fondemens de sa géographie. Hipparque, à l'imitation de Pythéas, détermina le parallele de Byzance par l'ombre d'un *gnomon.* Ptolomée a supposé l'observation de Pythéas ; comme tous les autres Géographes qui l'avoient précédé ; & il n'a pas manqué de s'y conformer dans ses tables géographiques. Enfin en l'année 1672, le grand Astronome Jean Dominique Cassini ; alla exprès à Marseille pour y prendre la hauteur du pôle qu'il trouva de 43 degrés, 17 minutes, 33 secondes. Il ôta de cette quantité l'obliquité de l'écliptique qu'il supposa de 23 degrés, 29 minutes ; il en ôta encore 20 secondes pour la différence de la parallaxe & de la réfraction ; & il conclut que la distance solsticiale du soleil au Zenith de Marseille étoit de 19 degrés, 48 minutes, 13 secondes. Le même Cassini examina l'observation de Pythéas, & il trouva qu'au tems de cet Astronome, la distance solsticiale du Soleil au Zenith de Marseille ne devoit être que de 19 degrés, 6 minutes, 46 secondes ; ce qui prouve qu'il y a du changement ou dans la hauteur du pôle, ou de la variation dans l'obliquité de l'écliptique, ou peut-être dans toutes les deux ; puisque la distance solsticiale étoit plus grande à Marseille en 1672, qu'elle ne l'étoit du tems de Pythéas, de 41 minutes, 47 secondes. La passion qu'avoit Pythéas pour l'astronomie & pour la géographie, lui fit entreprendre les voyages les plus périlleux. Il alla fort avant vers le pôle arctique par l'Océan occidental ; & s'appercevant que plus il avançoit, plus les jours s'alongeoient au solstice d'été, il pénétra jusqu'à l'isle de Thulé où le Soleil se levoit presque aussitôt qu'il s'étoit couché. De retour de ses courses, il fit part au public de ses découvertes, & il fut regardé comme un visionnaire. Les relations des navigateurs modernes ont pleinement justifié Pythéas : aussi le regardons-nous comme celui qui le premier s'est avancé vers le pôle jusques dans des pays qui passoient pour inhabitables, & comme le premier Astronome qui ait distingué les climats par la différente longueur des jours & des nuits. On ne sait ni en quel tems, ni en quel lieu, ni à quel âge mourut Pythéas.

Q

QUADRANGULAIRE. On donne cette épithete à toute figure qui a 4 angles. Toute figure de 4 côtés est donc *quadrangulaire.*

QUADRATIQUE. On appelle ainsi *en algebre* toute équation où l'inconnue est élevée au carré. Voyez-en bien des exemples dans l'article de l'*arithmétique algébrique appliquée à l'analyse.*

QUADRATURE. Chercher la quadrature d'une courbe, c'est chercher l'espace que renferme sa circonférence. Examinons d'abord s'il est possible de trouver celle du cercle. Ce probleme est trop fameux, pour ne pas en donner une idée à nos Lecteurs. Chercher la quadrature du cercle, c'est chercher le rapport qu'il y a entre le diametre d'un cercle & sa circonférence. En effet chercher la quadrature du cercle, c'est chercher l'espace que renferme sa circonférence. Or nous avons démontré dans l'article de la *géometrie pratique*, que l'on trouve l'espace contenu dans un cercle, en multipliant sa circonférence par le quart de son diametre. Donc chercher la quadrature du cercle, c'est chercher le produit que donnera la multiplication de la circonférence par le quart du diametre. Mais comment faire une pareille opération, si l'on ne sait pas le rapport du diametre à la circonférence? Donc chercher la quadrature du cercle, c'est chercher le rapport qu'il y a entre le diametre d'un cercle & sa circonférence.

Archimede, Ludolphe de Cologne, Métius, Huyghens & plusieurs autres grands Mathématiciens ont tenté de résoudre ce probleme; & ils ont tous convenu qu'il le falloit mettre au rang des problemes impossibles. Leurs travaux cependant n'ont pas été inutiles; ils ont trouvé, non pas le rapport réel & géométrique, mais le rapport physique & sensible du diametre d'un cercle à sa circonférence.

1°. Archimede a démontré que le rapport de la circonférence au diametre d'un cercle est un peu plus grand que celui de 3 à 1. Sa démonstration est des plus simples.

Pour la comprendre, que l'on ſe rappelle ſeulement que nous avons démontré dans l'article *Géométrie*, que chaque côté d'un exagone eſt égal au rayon du cercle dans lequel il eſt inſcrit. Cela ſuppoſé, voici comment raiſonne Archimede : le côté d'un exagone régulier, inſcrit dans un cercle, ne peut pas être égal au rayon du cercle, ſans que le Périmetre de ce poligone ſoit ſix fois plus grand que le rayon. Donc le Périmetre de l'exagone en queſtion : au diametre du cercle dans lequel l'exagone eſt inſcrit : : 3 : 1. Mais la circonférence du cercle dans lequel l'exagone eſt inſcrit, eſt plus grande que le Périmetre de cet exagone ; donc cette circonférence eſt plus de trois fois plus grande que ſon diametre.

Archimede a encore démontré que le rapport de la circonférence au diametre eſt plus grand que celui de 21 $\frac{10}{71}$ à 7, ou de 3 $\frac{10}{71}$ à 1.

Archimede a enfin démontré que le rapport de la circonférence au diametre eſt moindre que celui de 22 à 7, ou de 3 $\frac{1}{7}$ à 1, c'eſt-à-dire, que la circonférence d'un cercle ne contient pas trois fois ſon diametre, + la ſeptieme partie de ce même diametre. C'eſt-là cependant le rapport dont on ſe ſert dans la pratique ; & tous les Géometres avouent qu'en ſuppoſant que la circonférence d'un cercle : à ſon diametre : : 22 : 7, l'on ne s'expoſe pas à une erreur ſenſible.

2°. Métius a plus approché de la vérité qu'Archimede, en diſant que la circonférence d'un cercle : à ſon diametre : : 355 : 113. Ce grand Géometre a prouvé que 355 n'excede pas de ſa onze millionieme partie la circonférence d'un cercle qui a pour diametre 113. Auſſi lorſqu'on veut faire des calculs très-exacts, on ſe ſert du rapport trouvé par Métius.

Concluons de tout ce que nous avons dit juſqu'à préſent que la quadrature du cercle eſt un probleme dont on ne trouvera peut-être jamais la ſolution. Mais comme il ſe trouve encore des perſonnes qui s'occupent, à pure perte, à réſoudre ce fameux probleme, nous ſommes charmés de leur faire connoître notre maniere de penſer ſur cette matiere. Peut-être les avis que nous allons leur donner, les engageront-ils à conſacrer leurs talens à des recherches plus utiles ; ils auront du moins l'effet que nous en attendons, ce ſera de ne recevoir dans la ſuite aucun

Mémoire sur ce point délicat de la plus haute Géométrie.

1°. Je conviens que la *quadrature du cercle* est un probleme *possible en lui même.* En effet il y a un rapport réel & déterminé entre le diametre du cercle & sa circonférence. De ce rapport dépend uniquement la solution du probleme qui a pour objet la *quadrature du cercle*, puisque le cercle étant un poligone très-régulier, l'on auroit exactement la mesure de son *aire*, en multipliant la somme de ses côtés, c'est-à-dire, sa circonférence par le quart de son diametre, c'est-à-dire, par la moitié de sa hauteur; donc le rapport du diametre à la circonférence du cercle ne supposant en lui-même aucune espece de contradiction, *la quadrature du cercle* est une question qu'il faut nécessairement ranger dans la classe des problemes *possibles en eux-memes.*

Mais faut-il la ranger dans la classe des problemes *possibles par rapport à nous.* Je ne le pense pas, & tout véritable Géometre, s'il est au fait du calcul, tiendra le même langage. C'est à quiconque cherche la quadrature du cercle que j'adresse la parole; c'est eux seuls que je prie d'examiner ma réponse, & de me faire connoître les défauts de mon raisonnement; j'ai droit de les supposer au fait non seulement de la Géométrie & du calcul algébrique ordinaire; mais encore des calculs différentiel & intégral; de la réduction d'un radical quelconque en suite infinie, de la sommation de ces sortes de suites, &c.

N'est-il pas vrai que toutes les fois que la valeur d'une quantité quelconque est exprimée par une *suite infinie*, il est impossible d'avoir la valeur exacte de cette quantité?

N'est-il pas encore vrai qu'en nommant a le diametre quelconque d'un cercle, sa quadrature est exprimée par la suite infinie $aa - \frac{1}{6}aa, - \frac{1}{40}aa - \frac{1}{112}aa$, &c? Vous en trouverez la démonstration dans cet article, *corollaire* 2 du *probleme* 2; donc l'on ne peut trouver la quadrature du cercle que par approximation; donc c'est-là une question qu'il faut ranger dans la classe des problemes *possibles en eux mêmes*, & *impossibles par rapport à nous.* Aussi ne sont-ce que les jeunes Mathématiciens qui s'occupent sérieusement à chercher la quadrature du cercle.

Le premier avis que je crois donc devoir leur donner, c'est de se mettre en état de bien comprendre la démonſtration dont je viens de parler, & d'examiner ſi elle contient quelque défaut eſſentiel. Si elle en contient quelqu'un, qu'ils le mettent en évidence, au commencement de leurs Mémoires; on lira enſuite le reſte avec intérêt; s'eſt-on jamais aviſé de vouloir dépoſſéder un homme de ſon bien, ſans lui prouver auparavant la nullité du titre en vertu duquel il le poſſede? Que ſi cette démonſtration ne contient aucun défaut, qu'ils demeurent tranquilles; il n'eſt jamais venu en penſée à une tête bien organiſée de travailler ſur un probleme dont la ſolution exacte eſt démontrée *impoſſible par rapport à nous.*

2°. En ſuppoſant pour un moment qu'on pût trouver exactement la quadrature du cercle, faudroit-il ranger cette queſtion dans la claſſe des problemes utiles aux Géometres? Je ne le penſe pas; & voici ſur quel raiſonnement j'appuye ma maniere de penſer. Si quelqu'un, plus ſavant qu'*Archimede*, *Métius*, *Grégoire de Saint-Vincent* & tant d'autres Géometres qui ont travaillé avec ſuccès ſur cette matiere, étoit aſſez heureux pour trouver le rapport exact du diametre du cercle à ſa circonférence, il ne nous preſenteroit bien ſurement cette découverte que ſous un rapport bien long & bien compliqué, & par conſéquent ſous un rapport dont on ne feroit aucun uſage dans la pratique. N'eſt-il pas vrai que le rapport de 113 à 355, trouvé par *Métius*, eſt beaucoup plus exact que celui de 7 à 22, trouvé par *Archimede*, puiſque le premier a prouvé, que 355 n'excede pas de ſa onze millionieme partie la circonférence d'un cercle qui a pour diametre 113? Cependant lorſque nous voulons meſurer l'aire d'un cercle, nous continuons à ſuppoſer que 7 : 22 :: le diametre : à la circonférence, parce que ce calcul eſt facile & que nous ſommes aſſurés qu'il ne peut nous induire en aucune erreur ſenſible; nous diſons même, dans les calculs qui ne demandent pas une exactitude ſcrupuleuſe, que le diametre : à la circonférence :: 1 : 3. Il en ſeroit de même du rapport exact que l'on auroit trouvé; nous admirerions la patience de ce nouveau Géometre; nous lui donnerions les plus grands éloges, & dans la pratique nous ne ferions aucun uſage de ſa nouvelle découverte; donc, en ſuppoſant pour un moment qu'on pût trouver exactement la quadrature du cercle, il ne faudroit pas ranger cette question dans la classe des problemes utiles aux Géometres.

Le second avis que je crois donc devoir donner à ceux qui s'occupent à chercher la quadrature du cercle, c'est de renoncer au plutôt à leurs pénibles recherches, & de s'occuper à un travail qui puisse être utile aux Géometres, & servir aux progrès des Mathématiques. Le nombre des problemes *possibles* & *utiles* qui n'ont pas encore été résolus, est presque infini; pourquoi ne travaillent-ils pas à en trouver la solution? Je les invite surtout à examiner si je ne me serois pas trompé dans les calculs immenses qu'il m'a fallu faire pour déterminer les poids absolu des montagnes qui se trouvent sur la surface de la terre.

Voyons maintenant si les Géometres ont été plus heureux dans la recherche qu'ils ont faite de la quadrature de plusieurs autres courbes, la parabole, l'ellipse & *l'hyperbole*. Les problemes suivans présentent ce qu'il y a sur cette matiere de plus intéressant à savoir. Le lecteur qui voudra nous suivre dans cette savante & pénible recherche, ne doit pas seulement avoir lu; il doit avoir étudié les articles de ce Dictionnaire qui ont pour objet les calculs *différentiel* & *intégral*.

PROBLEME I.

Trouver la quadrature d'un espace quelconque renfermé entre une ordonnée, une partie de l'axe & un arc d'une parabole quelconque TSM; trouver, *par exemple*, la quadrature de l'espace parabolique CSE, *fig.* 10, *pl.* 1.

Résolution. En nommant y une ordonnée quelconque CE, & en nommant x son abscisse correspondante SC, je dis que l'espace CSE sera $\frac{2}{3}\,x\,y$, c'est-à-dire, sera égal aux deux tiers de l'espace contenu dans un rectangle qui auroit pour base l'ordonnée CE, & pour hauteur l'abscisse SC. Pour le démontrer, je tire ce infiniment près de CE; je tire encore EO parallele à Cc, & dans le trapeze infiniment petit Cc Ee je néglige le triangle infiniment petit EOe, afin d'avoir le rectangle infiniment petit Cc EO dans lequel cO $=$ CE $= y$, & Cc $=$ dx, parce que c'est une partie infiniment petite de l'abscisse SC $= x$.

Démonstration. 1°. L'aire du rectangle C*c* EO est une partie infiniment petite de l'espace CSE qu'il faut carrer.

2°. L'aire du rectangle C*c* EO $= cO \times Cc = y \times dx = ydx$; donc ydx est une partie infiniment petite de l'espace CSE : donc intégrer ydx, c'est carrer l'espace CSE.

3°. L'équation à la parabole est $px = yy$.

4°. La différence de cette équation dans laquelle p est une quantité constante, est $pdx = 2ydy$; donc $dx = \frac{2ydy}{p}$; donc $ydx = \frac{2yydy}{p}$; donc intégrer $\frac{2y^2dy}{p}$ c'est intégrer ydx.

5°. L'intégrale de $\frac{2y^2dy}{p}$ est $\frac{2y^{2+1}}{2+1p} = \frac{2y^3}{3p}$.

6°. $yy = px$, *num.* 3 ; donc $\frac{2y^3}{3p} = \frac{2ypx}{3p} = \frac{2yx}{3} = \frac{2}{3}xy$; donc le probleme a été résolu.

PROBLEME II.

Trouver la quadrature d'un espace renfermé entre deux ordonnées, une partie de l'axe, & un arc d'une ellipse quelconque SLC*sl*, *fig.* 11, *pl.* 1 ; trouver, *par exemple*, la quadrature de l'espace elliptique I*el*C, renfermé entre les deux ordonnées I*e* & *l*C, la partie CI de l'axe S*s*, & l'arc elliptique *le*.

Résolution. La quadrature de l'espace I*el*C est $bx - \frac{bx^3}{6a^2} - \frac{bx^5}{40a^4} - \frac{bx^7}{112a^6}$; &c. Pour le démontrer, faisons $Ss = 2a$, $SC = sC = a$, $Ll = 2b$, $CL = Cl = b$, $Ie = y$, $CI = x$; nous aurons $SI = a + x$ & $sI = a - x$. Tirons *i*E infiniment près de I*e*, & EO = I*i*, nous aurons $EO = Ii = dx$, & $iE = y$, parce que *i*E ne differe de I*e* que par *e*O, l'un des côtés du triangle infiniment petit EO*e* que l'on peut négliger sans conséquence.

Démonstration. 1°. Il est démontré dans le traité des sections coniques que le carré de I*e* est au rectangle sous les abscisses correspondantes SI & I*s* comme le carré

carré de lC est au carré de SC; ou $yy : aa - xx ::$ $bb : aa$; donc $aayy = aabb - bbxx$; donc $yy = \frac{aabb - bbxx}{aa}$; donc $yy = \frac{bb}{aa} \times (aa - xx;)$ donc $y = \frac{b}{a} \times \sqrt{aa - xx}$.

2°. Nous avons démontré dans l'article qui commence par le mot *suite*, que le radical $\sqrt{aa - xx}$ se réduit en la suite infinie $a - \frac{xx}{2a} - \frac{x^4}{8a^3} - \frac{x^6}{16a^5}$, &c. donc $y = \frac{b}{a} \times \left(a - \frac{xx}{2a} - \frac{x^4}{8a^3} - \frac{x^6}{16a^5}, \text{\&c.}\right)$ donc $y = \frac{ab}{a} - \frac{bxx}{2aa} - \frac{bx^4}{8a^4} - \frac{bx^6}{16a^6}$, &c. donc $y = b - \frac{bxx}{2aa} - \frac{bx^4}{8a^4} - \frac{bx^6}{16a^6}$, &c.

3°. L'aire du rectangle $OEIi$ est une partie infiniment petite de l'espace $IelC$ qu'il faut carrer.

4°. L'aire du rectangle $OEIi = Ei \times Ii = y \times dx = ydx$; donc intégrer ydx, c'est carrer l'espace $IelC$.

5°. $y = b - \frac{bxx}{2aa} - \frac{bx^4}{8a^4} - \frac{bx^6}{16a^6}$, &c. donc $ydx = bdx - \frac{bx^2dx}{2aa} - \frac{bx^4dx}{8a^4} - \frac{bx^6dx}{16a^6}$, &c.

6°. Intégrons le second membre de cette derniere équation, nous aurons $bx - \frac{bx^3}{6aa} - \frac{bx^5}{40a^4} - \frac{bx^7}{112a^6}$, &c. & comme cette *suite* est infinie, il est démontré que la quadrature parfaite de l'ellipse, & de tout espace elliptique, est impossible, & que tout ce qu'on peut faire, c'est d'en approcher infiniment près. En effet vous aurez sensiblement l'espace $lCeI$, si vous multipliez lC par CI, & si vous ôtez de ce produit la valeur des fractions $\frac{bx^3}{6aa}$, $\frac{bx^5}{40a^4}$, $\frac{bx^7}{112a^6}$ qui sont les seules fractions de quelque valeur.

COROLLAIRE I. Le demi petit axe lC est une véritable ordonnée qui a pour abscisse correspondante le demi-grand axe SC; il y a donc des cas où x devient $= a$, & dans ce cas la quadrature que l'on vient de trouver sera $ba - \frac{ba^3}{6aa} - \frac{ba^5}{40a^4} - \frac{ba^7}{112a^6}$, &c. $= ab - \frac{1}{6}ab - \frac{1}{40}ab - \frac{1}{112}ab$, &c.; ce qui prouve que la quadrature du quart de l'ellipse n'est pas plus possible que celle de tout autre espace elliptique; car cette derniere *suite* infinie donne la quadrature approchée de l'espace elliptique compris entre $lC = b$, $SC = a$ & l'arc Sl.

COROL. II. Comme dans le cercle tous les diametres sont égaux, & que cette courbe peut être considérée comme une ellipse à axes égaux, l'on a pour le cercle $b = a$, & l'on aura par conséquent pour la quadrature approchée de tout quart de cercle dont le rayon s'appellera a, la *suite* infinie $aa - \frac{1}{6}aa - \frac{1}{40}aa - \frac{1}{112}aa$, &c.; ce qui prouve l'impossibilité de trouver la quadrature parfaite du cercle. On suppose dans la pratique que dans tout cercle la circonférence est au diametre, comme 22 est à 7.

COROL. III. L'aire d'une ellipse est à celle d'un cercle décrit sur son grand axe, comme la *suite* $ab - \frac{1}{6}ab - \frac{1}{40}ab - \frac{1}{112}ab$, &c. est à la *suite* $aa - \frac{1}{6}aa - \frac{1}{40}aa - \frac{1}{112}aa$, ou $:: ab : aa$, ou enfin $:: b : a$; ce qui prouve que l'aire d'une ellipse est à l'aire d'un cercle décrit sur son grand axe comme le petit axe est au grand axe; & si le cercle avoit pour diametre le petit axe de l'ellipse, son aire seroit à celle de l'ellipse, comme le petit axe est au grand axe.

COROL. IV. L'aire d'une ellipse est égale à celle d'un cercle dont le diametre est moyen proportionnel entre les axes de l'ellipse. Pour le démontrer, je nomme d le diametre de ce cercle; a le grand axe, & b le petit axe de cette ellipse. Cela supposé, voici comment je raisonne.

1°. *Par hypothese*, $a : d :: d : b$, donc $ab = dd$.

2°. *Par le corol. II*, l'aire du cercle qui a pour diametre d est $dd - \frac{1}{6}dd - \frac{1}{40}dd - \frac{1}{112}dd$, &c. & *par le cor. I.* l'aire de l'ellipse dont il s'agit est $ab - \frac{1}{6}ab - \frac{1}{40}ab - \frac{1}{112}ab$, &c.; mais $ab = dd$, *num.* 1; donc $dd - \frac{1}{6}dd - \frac{1}{40}dd - \frac{1}{112}dd = ab - \frac{1}{6}ab - \frac{1}{40}ab - \frac{1}{112}ab$; donc l'aire d'une ellipse est égale à celle d'un cercle dont le diametre est moyen proportionnel entre les axes de l'ellipse.

COROL. V. Les surfaces de deux ellipses quelconques sont entr'elles comme les produits de leurs axes. Car soient a, b les axes de l'une ; c, d, les axes de l'autre ; leurs aires seront $ab - \frac{1}{6} ab - \frac{1}{40} ab$, &c. & $cd - \frac{1}{6} cd - \frac{1}{40} cd$, &c. lesquelles suites sont évidemment comme ab à cd.

PROBLEME III.

Trouver par le calcul infinitésimal la quadrature d'un espace quelconque SCEM, *fig.* 12, *pl.* 1, renfermé entre le demi-grand axe SC, la ligne EM ordonnée au petit axe lL, l'abscisse correspondante CE, & l'arc hyperbolique SM.

Résolution. La quadrature de l'espace hyperbolique SCEM est $bx + \frac{bx^3}{6aa} - \frac{bx^5}{40a^4} + \frac{bx^7}{112a^6}$, &c. Pour le démontrer, nommons b le demi-grand axe SC, a le demi-petit axe CL, y la ligne ME ordonnée au petit axe, x l'abscisse correspondante CE ; nous aurons PM $= x$, CP $= y$, SP $=$ CP $-$ CS $= y - b$, sP $=$ CP $+$ Cs $= y + b$; nous aurons encore le radical $\sqrt{aa + xx} = a + \frac{xx}{2a} - \frac{x^4}{8a^3} + \frac{x^6}{16a^5}$, &c. Cherchez *suite*.

Démonstration. 1°. Il est démontré dans le traité des sections coniques que $PM^2 : SP \times sP :: CL^2 : SC^2$; donc $xx : yy - bb :: aa : bb$; donc $bbxx = aayy - aabb$; donc $aayy = aabb + bbxx$; donc $yy = \frac{aabb + bbxx}{aa}$; donc $yy = \frac{bb}{aa} \times (aa + xx)$; donc $y = \frac{b}{a} \times \sqrt{aa + xx}$. Le reste du calcul est inutile ; c'est à quelques signes près, le même que celui de l'ellipse ; vous trouverez au bout, par le moyen du calcul intégral, que l'espace hyperbolique SCEM est $= bx + \frac{bx^3}{6aa} - \frac{bx^5}{40a^4} + \frac{bx^7}{112a^6}$, &c. ; ce qui prouve que la quadrature parfaite de l'hyperbole est aussi impossible que celle du cercle & de l'ellipse.

Le mot *Quadrature* est encore un terme d'astronomie. Un astre est en *quadrature*, lorsqu'il est aussi éloigné du point de *conjonction*, que du point d'*opposition*. Cherchez *Lune*.

QUADRILATERE. Toute figure à quatre côtés, & quatre angles est un quadrilatere. Voyez *parallélogramme*.

QUAISSE *du tambour*. C'est la cavité qui se trouve derriere le tympan. Elle a, suivant Dionis qui en à pris exactement la mesure, trois ou quatre lignes de profondeur, & cinq ou six de largeur. Elle est remplie de l'air qui entre par la trompe d'Eustache. Elle est tapissée en dedans d'une membrane adhérente à l'os; cette membrane est transparente, à-peu-près comme le tympan. L'on trouve dans cette cavité le *marteau*, l'*enclume* & l'*étrier*. Cherchez *oreille* & *son*.

QUALITÉS. La gravité, la dureté, la fluidité, l'élasticité, la mollesse, &c. sont autant de qualités des corps sensibles. Consultez les articles où ces sortes de matieres sont traitées.

QUANTITÉ. On peut donner ce nom à tout ce qui est susceptible de mesure. En algebre l'on distingue les quantités en positives & en négatives. Celles-là sont affectées du signe +, & valent quelque chose; celles-ci sont affectées du signe —, & valent moins que rien. Cherchez *Arithmétique*.

QUARRÉ. C'est une figure qui a ses quatre côtés égaux, & ses quatre angles droits. Cherchez *Géométrie*.

QUARRÉ ARITHMÉTIQUE. Un nombre se multipliant lui-même produit son carré. Ainsi le carré de 10 est 100, parce que 10 multipliant 10 donne 100. Cherchez *Arithmétique*.

QUARTIER. C'est le changement qui se fait dans la Lune au bout de 7 à 8 jours. Les commencemens des 4 quartiers de la Lune sont la *conjonction*, la *premiere quadrature*, l'*opposition* & la *seconde quadrature*. Cherchez *Lune*.

QUARTZ. Pierre composée de fragmens à angles aigus, luisans, de la nature des pierres vitreuses. Telle est la définition qu'en donne, en assez mauvais latin, le savant Linné. *Quartzum constat fragmentis angulatis, acutis*, *pellucidis, ex lapidibus vitrescentibus.* Comme nous avons eu quelquefois occasion dans ce Volume de nommer le mot *Quartz*, il est nécessaire de dire ici ; pour la commodité de nos Lecteurs, ce qu'en pensent les Philosophes naturalistes ; nous le ferons en assez peu de mots ; parce que, dans un Dictionnaire de Physique, l'on ne doit pas traiter au long les matieres qui appartiennent directement à l'Histoire Naturelle.

1°. Le Quartz est une pierre fort dure qui prendroit fort bien le poli, sans les gerçures dont elle est remplie.

2°. C'est une pierre très-pesante ; sa pesanteur spécifique est à celle de l'eau dans la proportion d'environ 22 à 1. On assure même que l'on trouve des Quartz dont la pesanteur spécifique est à celle de l'eau dans la proportion de 44 à 1 ; ce cas cependant est assez rare.

3°. Le Quartz, frappé avec l'acier, donne des étincelles très-brillantes ; c'est-là un fait attesté par tous ceux qui travaillent dans les mines.

4°. Il n'est pas décidé, quoi qu'en disent quelques Naturalistes, que le Quartz soit la matrice des métaux, puisque plus il s'en trouve dans une mine & plus elle est pauvre. Ce qui est sûr, c'est que les filons des mines sont souvent placés entre deux bandes de Quartz qui les tiennent enfermés ; mais cela ne suffit pas pour être convaincu qu'il est la matrice des métaux qu'elles renferment.

5°. Quelques Naturalistes ont confondu le Quartz avec le spath. Ils ont tort. Celui-ci est une pierre calcaire & celui-là une pierre vitrifiable. Le premier est beaucoup plus dur que le second. Il y a encore bien d'autres différences entre ces deux pierres. Les deux que nous avons assignées, nous suffisent, pour avoir droit d'admettre entre elles une différence spécifique.

6°. *Wallerius* compte jusqu'à sept especes de Quartz ; nous n'en ferons pas ici l'énumération, nous ne composons pas un Dictionnaire d'Histoire Naturelle. Nous nous contenterons de faire remarquer que le Quartz qu'il nomme *carie* est criblé de petits trous ; on en fait des meules de moulin ; aussi l'appelle-t-on en latin *lapis molaris.* On trouve des carrieres considérables de cette pierre en différens endroits du royaume, & surtout en Champagne, en Poitou & dans les environs de Paris.

7°. Parmi les Naturalistes, les uns regardent le crystal

de Madagafcar comme un Quartz tranfparent ; & les autres affurent précifément le contraire. Voilà tout ce que doit favoir un Phyficien fur la nature de ce minéral. Des connoiffances plus profondes ne conviennent qu'au Philofophe Naturalifte.

QUATRINOME *ou* QUADRINOME. On donne ce nom en Algebre à toute grandeur compofée de 4 termes. $ab + ac - ad + m$ eft un quatrinome. Cherchez *Arithmétique Algébrique*.

QUERCETAN. (Jofeph) L'un des Médecins ordinaires du Roi *Henri IV*, naquit aux environs d'Auch, dans la Comté d'Armagnac dans le feizieme fiecle, à-peu-près entre les années 1520 & 1530. Son véritable nom étoit *Duchefne* ; mais comme dans ce tems-là on n'écrivoit qu'en latin, & qu'on étoit dans l'ufage de latinifer tous les noms françois, on le nomma *Quercetanus*, parce que le mot latin *Quercus*, répond au mot françois *Chefne*. Voilà d'où lui vient le nom de *Quercetan*. Il a été fans contredit un des plus grands Médecins de fon fiecle. On ne conçoit pas comment, auffi occupé qu'il l'étoit auprès des malades, il a pu donner au public un fi grand nombre d'ouvrages. Les gens du métier nous ont affuré qu'ils contenoient d'excellentes chofes, des découvertes même très-précieufes. En voici la lifte, telle qu'elle a été inférée dans le Dictionnaire de Médecine.

De prifcorum Philofophorum veræ Medicinæ materia. 1. *vol.* in-8°.

Tetras graviffimorum totius capitis affectuum. 1. *vol.* in-8°.

Peftis Alexiacus feu luis peftiferæ fuga. 1. *vol.* in-8°.

Sclopetarius, feu de curandis vulneribus quæ fclopetorum & fimilium tormentorum ictibus acciderunt. 1. *vol.* in-8°.

Pharmacopœa dogmaticorum reftituta. 1. *vol.* in-4°.

Diæteticon Polyhiftoricon. 1. *vol.* in-8°.

Ad Jofephi Auberti Vindonis, de ortu & caufis metallorum explicationem brevis refponfio. 1. *vol.* in-8°.

Ad veritatem hermeticæ Medicinæ ex Hypocratis, veterumque decretis, adversùs cujufdam Anonymi phantafmata refponfio. 1. *vol.* in-8°.

Ad brevem Riolani excurfum brevis incurfio. 1. *vol.* in-8°.

Opera medica. 1. *vol.* in-8°.

Quercetan mourut à Paris, dans un âge fort avancé,

en l'année 1609. Nous avons eu occasion de parler de cet Auteur à l'article *Palingénésie*.

Il ne faut pas le confondre avec un autre *Quercetan*, natif de Marseille, dont le véritable nom étoit *Nicolas Chesneau*. Nous avons de ce dernier un ouvrage très-estimé, intitulé *Observationum medicinalium libri quinque*. Il a eu différentes éditions. La derniere fut faite à Leyde, en 1719.

QUEUE *de comete*. La comete doit nous paroître avec une queue, lorsqu'elle suit le Soleil. Voyez-en la raison physique dans l'article des *Cometes*.

QUINDECAGONE. Figure qui a 15 angles & 15 côtés.

QUINQUINA. C'est un arbre qu'on cultive au Pérou, & surtout à Loxa, dont l'écorce est un excellent fébrifuge. M. de la Condamine, dans son Mémoire du 29 Mai 1737, nous apprend les particularités suivantes. On distingue, *dit-il*, trois especes de quinquina, le blanc, le jaune & le rouge. Les deux dernieres sont infiniment supérieures à la premiere. Cet arbre ne se trouve jamais dans les plaines. L'endroit où il vient le mieux est la montagne de *Cajunama* située à environ deux lieues & demi au Sud de Loxa. Le tronc du quinquina a 8 à 9 pouces de diametre; & il deviendroit plus gros que le corps d'un homme, si on ne le dépouilloit pas de son écorce. On se sert pour cette opération d'un couteau ordinaire, dont on tient la lame à deux mains : l'ouvrier entame l'écorce à la plus grande hauteur où il peut atteindre, & pesant dessus, il le conduit le plus bas qu'il peut. L'écorce, après avoir été ôtée, doit être exposée au Soleil plusieurs jours, & ne doit être emballée pour se bien conserver, que lorsqu'elle a perdu toute son humidité. C'est cette écorce que l'on doit regarder comme le plus assuré remede qu'on ait trouvé jusqu'à présent pour suspendre le ferment des fievres intermittentes. M. Lemery nous assure, dans son cours de chimie, que le quinquina arrête & suspend l'humeur de la fievre, à-peu-près comme un alkali arrête le mouvement d'un sel acide, c'est-à-dire, qu'il la tient liée, & qu'il en fait une espece de *coagulum*. Son commentateur M. Baron est d'un sentiment tout opposé : & il en apporte deux bonnes raisons. La premiere est que ce n'est pas un acide qui eſt la cauſe de la fievre, puiſqu'on remarque au contraire que dans toutes les fievres le ſang & les humeurs ont une vergence à l'alkali, & que les fébricitans ſont très-ſouvent ſoulagés par l'uſage des boiſſons acides & aigrelettes, au lieu que les alkalis ne font qu'augmenter la fievre, bien loin de la calmer. En ſecond lieu, le quinquina non-ſeulement n'eſt point un alkali, mais il fournit dans ſon analyſe beaucoup d'acides, & preſque point de ſel alkali fixe. Il ne faut pas cependant conclure de-là, *continue M. Baron*, que le quinquina agiſſe comme un acide : car l'acide qu'il contient n'eſt pas un acide développé, mais il eſt combiné avec d'autres principes ; & c'eſt de la réunion de ces différens principes que réſultent l'amertume & l'aſtriction particuliere du quinquina, deſquelles dépend la vertu fébrifuge de cette écorce. Tout le monde ſait que le quinquina n'eſt appellé *poudre des Jéſuites*, que parce que ces peres ont été les premiers à l'envoyer de l'Amérique en Europe. L'on aſſure même que le Procureur-général de la Province du Pérou, paſſant par la France pour aller à Rome, eut le bonheur de guérir de la fievre avec le quinquina le Roi Louis le Grand, alors Dauphin.

QUINTAL. Un quintal peſe 100 livres.

QUINTESSENCE. Les Péripatéticiens donnoient ce nom à la matiere dont le Ciel eſt composé. Les Chimiſtes le donnent à ce qu'il y a de plus ſubtil & de plus pur dans les corps naturels.

QUINTINIE, (Jean de la) naquit près de Poitiers en l'année 1626. Il eſt dans l'art du jardinage ce que Newton eſt dans la Phyſique ; auſſi Jacques ſecond, Roi d'Angleterre, lui offrit-il une penſion conſidérable, pour l'attacher à la culture de ſes jardins. Louis le Grand, pour récompenſer ſes talens & ſon attachement à ſa patrie, créa en ſa faveur la charge de Directeur-général des jardins fruitiers & potagers de ſes Maiſons Royales. Nous devons à M. de la Quintinie les expériences de la derniere importance. Il nous a appris qu'un arbre tranſplanté ne prend de la nourriture que par les racines qu'il a pouſſées depuis qu'il eſt replanté ; & qu'ainſi lorſqu'on tranſplante un arbre, il faut couper toutes ſes petites racines, & non pas les laiſſer, comme on faiſoit anciennement. Nous lui devons encore la méthode de bien tailler les arbres. M.

de la Quintinie mourut à Paris. Son grand ouvrage en deux volumes *in-folio* intitulé le *parfait Jardinier*, ou *instructions pour les jardins fruitiers & potagers*, *avec un traité des orangers*, *suivi de réflexions sur l'agriculture*, est un chef d'œuvre. M. de la Quintinie y paroît consommé dans son art. Les vues qu'il donne, les méthodes qu'il propose, les expériences qu'il apporte, les découvertes dont il fait part au public, tout cela dénote un homme qu'on doit regarder comme le restaurateur de l'agriculture : ce que nous allons citer, nous donnera une idee de son bon sens & de sa maniere de procéder. Le premier morceau est contre ceux qui s'imaginent que la Lune influe sur les semailles, les greffes, &c. Le second n'est pas à beaucoup près de la force du premier.

Je proteste de bonne foi, *dit-il*, que pendant plus de 30 ans j'ai eu des applications infinies pour remarquer au vrai, si toutes les lunaisons devoient être de quelque considération en jardinage, afin de suivre exactement un usage que je trouvois établi, s'il me paroissoit bon : mais qu'au bout du compte, tout ce que j'en ai appris par mes observations longues & fréquentes, exactes & sinceres, a été simplement que ces décours ne sont que de vieux dires de jardiniers mal-habiles. Ils ont cru par-là non-seulement mettre à couvert leur ignorance à l'égard des points principaux du jardinage : mais en même-tems ils ont espéré de s'acquérir par ce jargon quelque croyance auprès des honnêtes gens qui n'entendent rien en agriculture.... En effet greffez en quelque tems de la Lune que ce soit, pourvu que vous le fassiez adroitement, dans les saisons propres pour chaque greffe & sur des sujets convenables à chaque sorte de fruits, & qu'enfin le pied soit bon & bien disposé, en sorte qu'il n'y ait ni trop de séve, ni trop peu, & qu'il ne soit ni trop fort, ni trop foible ; vous réussirez certainement, tout au moins à la plus grande partie. Et tout de même, semez ou plantez toutes sortes de graines, ou de plants en quelque quartier de la Lune que ce soit ; je vous réponds d'un succès égal de vos semences & de vos plants, pourvu que votre terre soit bonne, bien préparée ; que vos plants & vos semences ne soient point défectueuses, & que la saison ne s'y oppose pas ; le premier jour de la Lune comme le dernier, sont entierement favorables à cet égard ;

chacun le peut éprouver par lui-même, & me condamner ensuite comme un imposteur, si j'avance ici une doctrine fausse. *Tome 2, page* 66 & 67 *des réflexions sur l'agriculture.* Nous ne dissimulerons pas ici que M. de la Quintinie dans le *chapitre* 18e. *des mêmes réflexions*, se déclare contre la circulation de la séve dans les plantes. Les principales raisons qu'il apporte sont celles-ci : premierement, *dit-il*, je ne puis pas m'imaginer quand commence cette circulation, ni en quel endroit elle commence. En second lieu je ne vois ni sa nécessité ni son utilité. En troisieme lieu, supposé qu'il y en eût, je ne sais s'il faut dire qu'il n'y en a qu'une générale dans chaque arbre, ou qu'il y en a autant qu'il y a de branches. Ces argumens ne nous paroissent pas assez forts, pour nous faire abandonner un sentiment que nous croyons avoir prouvé dans l'article de la botanique, par les expériences les plus décisives.

M. de la Quintinie cependant ne regarde pas la séve comme immobile. Voici le chemin qu'il lui fait faire. Pour bien entendre, *dit-il*, *dans le chapitre* 10e. *des réflexions sur l'agriculture*, de quelle maniere cette nourriture qui commence d'entrer au printems dans chaque racine, se sépare au même instant dans la tige & dans toutes les branches, feuilles & fruits de l'arbre, afin de nourrir, grossir, fortifier & alonger chaque piece en particulier ; je ne crois pas me pouvoir servir d'une comparaison plus juste & plus instruisante, que celle d'un flambeau qui étant allumé au milieu d'une caverne obscure, éclaire en un moment & tout d'un coup dans toute sa circonférence tous les endroits de la caverne où sa lumiere peut pénétrer.

La séve dans les arbres étant une chose liquide, légere & subtile, laquelle aussi bien que les vapeurs & les exhalaisons, paroît tenir de la nature de l'air & avoir par conséquent son centre dans les parties hautes, plutôt que dans les parties basses : cette séve, *dis-je*, me donne lieu d'espérer, que le rapport de subtilité de matiere qui paroît se trouver entr'elle & la lumiere, pourra faire souffrir la comparaison dont je me sers. Mais cependant toute juste qu'elle est en certain sens, j'y remarque d'ailleurs cette grande différence que les principaux effets de la lumiere se faisant dans les parties de l'air les plus voisines du corps lumineux, qui en est la source & la cause, ses autres effets diminuent notablement à proportion que les autres parties de l'air se trouvent plus ou moins éloignées de cette source, & cela est fondé sur l'ordre de la nature, qui veut que chaque agent ait la sphere de son activité réglée, & agisse d'ordinaire plus efficacement sur ce qui est raisonnablement proche, que sur ce qui en étant beaucoup plus loin, se trouve en quelque façon hors de sa portée.

Au lieu que les plus considérables effets de la séve se font dans les parties les plus éloignées des racines qui en sont la véritable source; cette séve voulant, pour ainsi dire, se porter vers les extrémités de l'arbre où est son centre, ne fait que passer brusquement & légerement par toutes les autres parties qui la conduisent à ce centre.

Ces extrémités de branches sont donc les premieres parties de l'arbre qui reçoivent abondamment la séve que les racines préparent dans la terre; & les autres parties de ces branches, quoique plus voisines de la tige, ne profitent de cette séve, qu'à proportion qu'elles sont plus ou moins éloignées de la source qui l'a produite. Le plus grand avantage que le bas de ces branches en reçoive, lui vient seulement du séjour que cette séve qui monte incessamment vers ces extrémités, est contrainte quelquefois de faire dans le voisinage de ces parties basses: ce séjour arrive, quand ce qui étoit déjà monté de premiere séve ne pouvant pas assez-tôt sortir dehors, pour être employé à faire des branches, des feuilles & des fruits, sert d'obstacle à l'effort de celle qui est montée la derniere; & par conséquent l'arrêtant en chemin pour quelque tems, fait qu'elle demeure un peu loin de ces extrémités, en attendant que le passage s'y rende libre, pour la laisser sortir comme la précédente.

Tout ce discours nous prouve que M. de la Quintinie entendoit mieux l'agriculture que la Physique spéculative. Un bon Physicien n'a jamais regardé la séve & l'air comme deux fluides légers, comme deux corps qui tendent en haut, & non pas en bas. Cela n'empêche pas cependant qu'il ne soit dans son genre un des plus grands hommes qu'ait produit le siecle dernier.

QUOTIENT. C'est un chiffre qui marque combien de fois un nombre est contenu dans un autre. Si vous divisez 12 par 3, vous aurez pour quotient 4, parce que 3 est contenu 4 fois dans 12. Cherchez *Arithmétique*.

R

RABOTEUX. Une surface est raboteuse, lorsqu'elle a beaucoup d'inégalités.

RAGE. Maladie affreuse dont le nom seul fait frissonner & répand la terreur dans les ames les plus courageuses ; c'est l'*hydrophobie* dont nous avons parlé assez au long en son lieu. Si nous reprenons ici cette matiere, ce n'est pas que nous soyons mécontens de la maniere dont nous l'avons traitée à l'article *Hydrophobie* ; mais c'est pour faire part au public d'une nouvelle méthode curative qui a eu les plus grands succès entre les mains de M. *le Roux*, Chirurgien Major de l'Hôpital-Général de Dijon & Associé de l'Académie Royale des Sciences, Arts & Belles-Lettres de cette Ville. Elle fait la matiere de la troisieme partie de sa dissertation sur la rage qui a remporté le premier prix de la Société Royale de Médecine de Paris, le 11 Mars 1783. Cette Compagnie, toujours occupée du bien public, vient de la faire paroître dans la seconde partie de ses Mémoires, pour l'année 1783.

M. *le Roux* divise, comme tout le monde, la rage en deux especes, en rage spontanée ou de cause interne, & en rage communiquée ou de cause externe. Il remarque d'abord que la rage spontanée naît de préférence dans les saisons rigoureuses, comme dans les grandes chaleurs de l'été & dans les grands froids de l'hiver, & il croit que les causes les plus ordinaires qui ont coutume de l'occasionner, sont des alimens âcres, des coleres violentes, des excès de fatigue, &c. Il se fait alors, *dit-il*, une altération extraordinaire des sucs digestifs, & cette altération produit une très-grande irritation sur les houpes nerveuses des voies alimentaires ; car la rage est une maladie véritablement nerveuse, & elle a été reconnue pour telle dès la plus haute antiquité.

Comme l'on ne s'apperçoit de la rage spontanée, que lorsqu'il n'est plus tems d'y remédier, M. *le Roux* la range dans la classe des maladies incurables. Il conseille de traiter ces sortes de malades, comme on traiteroit un homme qui auroit avalé un poison dont on ne connoîtroit pas la nature. En conséquence il ordonne d'abord des boissons très-abondantes, d'abord mucilagineuses, ensuite aiguisées avec l'émétique, pour exciter une légere contraction dans le canal alimentaire. A ces sortes de boissons il fait succéder le lait & les huiles douces pour envelopper l'âcre qui pourroit être resté, & pour diminuer en même tems l'irritation des entrailles. Il finit par nourrir le malade de farineux & de toutes les substances qui résistent à la pourriture & qui la contractent difficilement.

Il joint aux moyens précédens les antiputrides volatils, tels que le camphre, le musc & les assoupissans à grandes doses, comme l'opium & ses préparations ; mais il déclare qu'il ne fait pas grand fond sur les remedes qu'il vient d'indiquer.

Pour la rage de cause externe, c'est-à-dire, pour la rage communiquée par la morsure d'un animal enragé, M. *le Roux* convient qu'on peut y apporter remede. Le tems, *dit-il*, qu'il faut au venin pour acquérir son développement, nous donne celui de l'attaquer efficacement & avec avantage dans le lieu où il est en réserve. Ce n'est point par des remedes internes qu'il faut chercher à le combattre. C'est à des médicamens appropriés, appliqués immédiatement dans les plaies, après les avoir rendues saignantes, qu'on doit accorder sa confiance.

Dès qu'un homme a été mordu par un animal enragé, il faut examiner avec attention ses blessures, sonder les plaies, parce qu'elles sont toujours plus profondes, qu'elles ne le paroissent.

Lorsqu'on a découvert les dimensions de la plaie dans dans tous les sens, il faut la dilater avec le bistouri dans toute sa circonférence, & en étoile, afin que l'entrée soit plus large que le fond.

Il faut laisser saigner la plaie, la bien laver avec l'eau de savon, ou la tremper dans un bain de même nature. On tamponne ensuite la plaie de charpie seche, on la couvre de compreſſes & de bandes juſqu'au lendemain; &, voilà l'opération de la premiere journée.

Le lendemain, à la levée du premier appareil, on voit juſqu'au fond de la plaie, on découvre les vaiſſeaux, les nerſs, les tendons, s'il s'en trouve dans ſon trajet. Une fiole de beurre d'antimoine, tombé en déliqueſcence, eſt enſuite le médicament le plus néceſſaire & le plus efficace. On y trempe une ſonde de bois, & on porte le cauſtique dans le fonds de la plaie; mais ſpécialement ſur les bords, en l'étendant même ſur la peau environnante. Toutes les parties qui ont été touchées de ce médicament, deviennent blanches preſque ſur le champ, & ſont brûlées quelquefois à pluſieurs lignes de profondeur. On met par-deſſus une large emplâtre véſicatoire qui s'étende au-delà de la plaie, & le ſecond panſement eſt fait.

M. *le Roux* n'emploie pas le fer ardent pour cautériſer les plaies, parce qu'il effraye trop les malades, & qu'il ne brûle pas avec la même préciſion & auſſi profondément que le beurre d'antimoine. D'ailleurs il brûle avec moins de douleur que le fer ardent.

Au troiſieme panſement, on enleve les veſſies que le véſicatoire a produites, & on applique en place un linge garni d'onguent de la mere, recouvert de beurre frais. On continue ce panſement juſqu'à ce que l'eſcarre ſoit détachée, ce qui arrive le ſix ou le ſept au plus tard.

Lorſque l'eſcarre eſt tombée, on met dans l'ulcere, ſuivant ſa grandeur, un ou pluſieurs pois de racine de gentiane, ou d'iris de Florence, d'une forme & d'une groſſeur proportionnée, pour entretenir la ſuppuration, comme celle d'un cautere.

Si la plaie eſt fort large, & s'il y a des lambeaux d'emportés, il faut la remplir avec des bourdonnets garnis de ſuppuratif.

A meſure que les chairs reviennent, il faut les brûler de nouveau avec le beurre d'antimoine; il faut auſſi appliquer les véſicatoires à différentes repriſes; il faut enfin ne permettre à la plaie de ſe cicatriſer, qu'après quarante jours révolus.

Le régime que M. *le Roux* preſcrit à ſes malades pendant le traitement, conſiſte en des alimens doux & de facile digeſtion. Il veut auſſi qu'ils ſe promenent, qu'ils ſe diſſipent, & qu'ils ne penſent qu'à des choſes qui puiſſent les réjouir.

Par cette méthode, M. *le Roux* a préſervé de la rage ſept perſonnes en 1780, & deux en 1782. Le 14 & 15 Mars 1780, une louve enragée mordit onze perſonnes dans les environs de Châtillon-ſur-Seine. Neuf furent envoyés ſucceſſivement à l'Hôpital de Dijon, & deux reſterent dans le pays où ils furent traités par les gens de l'art. Ceux-ci moururent hydrophobes. Des neuf malades dont M. *le Roux* prit ſoin, ſept obtinrent une parfaite guériſon, & deux ſuccomberent à la force du mal. Le premier n'étoit âgé que de cinq ans, & il avoit été cruellement maltraité par la louve; le ſecond voulut abſolument ſortir de l'Hôpital, avant la fin du traitement.

En 1782, M. *le Roux* entreprit, par ſa méthode, la cure de deux malades qui avoient été mordus par un chien enragé. L'un étoit âgé de 16 & l'autre de 60 ans; il les préſerva de la rage & ils jouiſſent actuellement d'une parfaite ſanté. Auſſi la Société Royale de Médecine de Paris, dont il eſt correſpondant, a-t-elle regardé ſon Mémoire comme ſupérieur à tous ceux qu'on lui avoit adreſſé ſur la guériſon de cette cruelle maladie, quoiqu'ils fuſſent en grand nombre, & que leurs Auteurs aient mérité ſes éloges.

Remarque. Quelque étroite, quelque néceſſaire même que ſoit la liaiſon qu'il y a entre la Phyſique & la Médecine, ce Dictionnaire cependant tombera plutôt entre les mains des Phyſiciens, qu'entre celles des Médecins. Auſſi allons-nous donner aux premiers l'explication de quelques termes dont ils n'auroient pas compris le ſens, en liſant cet article.

1°. *Eſcarre* déſigne, en langage de Chirurgie, une croute occaſionnée ſur la chair par l'application d'un fer ardent, ou d'un médicament cauſtique, ou par quelque humeur interne fort âcre.

2°. Tout ce qui eſt corroſif, tout ce qui a la vertu de brûler, s'appelle *cauſtique*.

3°. Pour ſe former une idée nette du *beurre d'Antimoine*, il faut ſavoir que l'antimoine, que les Latins appelloient *Stibium*, eſt un minéral compoſé d'un ſoufre, ſemblable au ſoufre commun, & d'une ſubſtance métallique. Séparez, par une préparation chimique, ce minéral de ses soufres les plus grossiers, vous aurez ce qu'on appelle le *Régule d'Antimoine*. Mêlez six onces de ce régule avec seize onces de sublimé corrosif, & opérez à la maniere des Chimistes ; vous aurez ce qu'on appelle en Médecine *Beurre d'Antimoine*. C'est le sublimé corrosif qui le rend un remede caustique.

4°. L'*onguent de la Mere* est un onguent suppuratif. Pour le faire, on prend

Huit onces de graisse de cochon,
Huit onces de beurre frais,
Huit onces de cire jaune,
Huit onces de suif de belier.
On fait fondre le tout dans une bassine sur le feu, & on y ajoute ensuite
Huit onces de litharge d'or en poudre
Et une livre d'huile d'olive.

On remue le tout avec une spatule de bois, jusqu'à ce que l'onguent passe du gris au noir. C'est ce changement qui prouve que l'onguent est cuit.

5°. La litharge d'or est l'écume qu'on retire, lorsqu'on purifie l'or par le moyen du plomb ; elle prend son nom du métal supérieur.

6°. La *Gentiane* & l'*Iris de Florence* sont deux plantes médicinales dont on prétend que les racines sont bonnes contre la peste & les poisons. On croit que la premiere tire son nom de *Gentius*, Roi d'Illirie, qui le premier en fit usage. Pour la seconde, on ne la nomme *iris*, que parce que les couleurs de ses fleurs ont quelque ressemblance avec les couleurs de l'Arc-en-Ciel.

Je ne crois pas qu'il y ait dans l'article *Rage* d'autre terme dont un homme, n'eût-il aucune teinture de Médecine, puisse demander l'explication.

RAISON. Comme ce terme est très-commun dans la Physique Newtonienne, le Lecteur ne sera pas fâché que nous entrions dans un grand détail. La *raison* d'une grandeur à une autre, c'est le rapport qu'il y a entre deux grandeurs de même espece. Il y a, par exemple, une vraie *raison* entre 12 & 6, parce qu'il y a un vrai rapport de 12 à 6. Toute *raison* dit deux grandeurs dont la premiere se nomme *antécédent* & la seconde *conséquent*.

séquent. Ainsi dans la raison de 12 à 6, 12 est l'antécédent & 6 le conséquent.

Raison multiple & sous-multiple. Lorsque l'antécédent contient plusieurs fois son conséquent, la *raison* se nomme *multiple.* Lorsqu'au contraire l'antécédent est plusieurs fois contenu dans son conséquent, la *raison* se nomme *sous-multiple.* Il y a *raison* multiple de 20 à 10, & *raison* sous-multiple de 3 à 6.

Raison double, triple, &c. Lorsque l'antécédent contient deux fois son conséquent, la *raison* est double, telle est la *raison* de 20 à 10; lorsque l'antécédent contient trois fois son conséquent, la *raison* est triple; aussi y a-t il *raison* triple de 12 à 4.

Raison sous-double, sous-triple, &c. Dans la *raison* sous-double l'antécédent est contenu deux fois, & dans la *raison* sous-triple l'antécédent est contenu trois fois dans son conséquent. Il y a *raison* sous-double de 2 à 4, & *raison* sous-triple de 2 à 6.

Remarquez que le chiffre qui marque combien de fois l'antécédent contient son conséquent, ou est contenu dans son conséquent, se nomme *exposant* de la *raison.* Le chiffre 2, par exemple, est l'*exposant* de la *raison* double; la fraction $\frac{1}{2}$ est l'*exposant* de la *raison* sous-double. La *raison* triple a 3 pour *exposant* & l'exposant de la raison sous-triple est $\frac{1}{3}$.

Raisons égales. Deux *raisons* sont égales entr'elles, lorsque l'antécédent de la premiere contient autant de fois son conséquent, que l'antécédent de la seconde contient le sien; ou bien, lorsque l'antécédent de la premiere, est autant de fois contenu dans son conséquent, que l'antécédent de la seconde est contenu dans le sien. Ainsi la *raison* de 12 à 6 est égale à la *raison* de 48 à 24, & la *raison* de 3 à 6 est égale à la *raison* de 50 à 100.

Remarquez que deux raisons égales forment une proportion géometrique dont nous avons parlé en son lieu. Ainsi il y a proportion géométrique entre ces quatre termes 12, 6, 48, 24, parce que l'on peut dire 12, est à 6 comme 48, est à 24, ou, pour me servir de l'expression géométrique, 12 : 6 :: 48 : 24. De même 3 : 6 :: 50 : 100.

Raison directe. Des grandeurs sont en *raison directe*; lorsque le premier & le troisieme termes d'une proportion géométrique appartiennent à une grandeur, & le second avec le quatrieme termes de la même proportion appartiennent à une autre grandeur. Supposons, par exemple, que Pierre ait 100 de science & 100 de travail, & que Paul n'ait que 50 de science & 50 de travail; Pierre & Paul auront leur science en *raison* directe de leur travail. En effet je pourrai dire que la science de Pierre, est à la science de Paul, comme le travail de Pierre, est au travail de Paul. Tout le monde voit que le premier & le troisieme termes de la proportion précédente appartiennent à Pierre, & que le second avec le quatrieme termes de la même proportion appartiennent à Paul.

Raison inverse. Des grandeurs sont en *raison inverse ou réciproque*, lorsque le premier & le quatrieme termes d'une proportion géométrique appartiennent à une grandeur, & le second avec le troisieme termes de la même proportion appartiennent à une autre grandeur. Si Pierre, par exemple, a 100 de science & 50 de travail, & que Paul ait 50 de science & 100 de travail, Pierre & Paul auront leur science en *raison inverse* de leur travail. En effet je pourrai dire que la science de Pierre, est à la science de Paul; comme le travail de Paul, est au travail de Pierre. Il n'est pas difficile de s'appercevoir que le premier & le quatrieme termes de la proportion précédente appartiennent à Pierre, & que le second avec le troisieme termes de la même proportion appartiennent à Paul.

Raison directe des carrés, des cubes, &c. Supposons que l'objet A haut de 9 pieds, soit éloigné de 3 lieues, & l'objet B haut d'un pied ne soit éloigné que d'une lieue; je ne pourrai pas dire que les objets A & B ont leurs grandeurs réelles en raison directe de leurs distances; car l'objet A ne seroit que 3 fois plus haut, que l'objet B; mais je devrai dire que les objets A & B ont leurs grandeurs réelles en raison directe des carrés de leurs distances, parce que le carré de 3 est 9, & le carré de 1 est 1.

Par la même raison si l'objet A étoit 27 fois plus haut que l'objet B, je devrois dire que les objets A & B ont leurs grandeurs réelles en raison directe des cubes de leurs distances, parce que le cube de 3 est 27, & le cube de 1 est 1.

Raiſon inverſe des carrés, des cubes, &c. Suppoſons que l'objet A, haut de 9 pieds, ſoit éloigné d'une lieue, & l'objet B haut d'un pied, ſoit éloigné de 3 lieues ; les objets A, B, auront leurs grandeurs réelles en raiſon inverſe des carrés de leurs diſtances, parce que je pourrai dire que la grandeur réelle de l'objet A eſt à la grandeur réelle de l'objet B, comme le carré de la diſtance de l'objet B eſt au carré de la diſtance de l'objet A.

Par la même raiſon ſi l'objet A avoit eu 27 pieds, & l'objet B 1 pied de hauteur, ces deux objets auroient eu leurs grandeurs réelles en raiſon inverſe des cubes de leurs diſtances.

Remarquez que la *raiſon doublée* & la *raiſon des carrés* ſignifient la même choſe ; il en eſt de même de la *raiſon triplée* & de la *raiſon des cubes*.

RAME. Les rames des bateliers ſont des léviers de la ſeconde eſpece dont nous avons parlé dans le corollaire ſixieme de la mécanique.

RARE. Un corps eſt rare, lorſque ſous un grand volume il contient peu de matiere propre. Plus on s'éloigne de la terre, plus l'air eſt rare ; parce que la denſité de l'air que nous reſpirons, dépend ſurtout de la preſſion que les couches ſupérieures de l'atmoſphere exercent ſur les couches inférieures. Newton ſoupçonne dans ſa 28e. queſtion d'optique, qu'à la diſtance de 7 *milles* d'Angleterre, c'eſt-à-dire, à la diſtance de 7 fois 5454 pieds, l'air eſt 4 fois plus rare que près de la ſurface de la terre ; à la diſtance de 14 *milles*, 16 fois plus rare ; à la diſtance de 21, 28 & 35 *milles*, il veut qu'il ſoit 64, 256 & 1024 fois plus rare ; enfin à la diſtance de 70, 140, 210 *milles*, il avance que l'air doit y être 1, 000, 000. 1, 000, 000, 000, 000. 1, 000, 000, 000, 000, 000, 000 de fois plus rare que l'air où nous vivons.

RARÉFACTION. Action par laquelle un corps acquiert un plus grand volume, ſans augmenter ou diminuer en matiere propre. La chaleur eſt la grande cauſe de la raréfaction. Cherchez *Dilatation*.

RATE. C'eſt une partie du corps ſituée dans l'hypocondre gauche, à l'oppoſite du foie, ſous le diaphragme, entre les côtes & le ventricule. Sa longueur eſt ordinairement d'un demi pied, ſa largeur de 3 travers de doigt, ſon épaiſſeur d'un pouce. La rate eſt faite comme une langue de bœuf ; elle est un peu convexe du côté des côtes, & concave du côté du ventricule. Sa couleur est différente suivant les âges. Elle est rouge dans les enfans, dans ceux surtout qui sont encore dans le sein de la mere ; noirâtre dans les adultes ; & de couleur livide dans les vieillards. Il n'est pas encore décidé quel est l'usage de la rate dans le corps humain. Plusieurs Anatomistes prétendent qu'elle sert à séparer du sang une bile plus déliée que celle du foie.

RAY, (Jean) *Membre de la Société Royale de Londres, naquit dans le Comté d'Essex en Angleterre, en l'année 1628.* Quoiqu'il n'ait pas ignoré la Physique systématique, il n'y a pas cependant fait de grands progrès. Son goût le porta à l'étude de l'histoire naturelle, à laquelle il s'adonna avec une espece de fureur. Les plus grands voyages ne lui coûtoient rien, lorsqu'il espéroit, en les entreprenant, faire quelque découverte. Ce fut dans cette vue qu'il parcourut l'Ecosse, l'Angleterre, la Hollande, l'Allemagne, l'Italie, la France, l'Europe entiere. Il mourut à Blak Notley en l'année 1706, à l'âge de 78 ans. Il nous a laissé un nombre prodigieux d'ouvrages dont la plupart ont rapport à l'histoire naturelle. Les principaux sont,

1°. Histoire des plantes en trois volumes *in-folio.*

2°. Nouvelle méthode des plantes.

3°. Catalogue des plantes d'Angleterre & des Isles adjacentes.

4°. Trois dissertations sur le chaos & la création du Monde, le Déluge & l'embrasement futur du Monde.

5°. Un recueil de lettres philosophiques.

6°. *Synopsis methodica animalium quadrupedum & serpentini generis.*

7°. *Synopsis methodica avium.*

8°. *Historia insectorum.*

9°. *Methodus insectorum.*

RAYON, Le rayon du cercle est une ligne droite tirée du centre à la circonférence. Le rayon vecteur est une ligne imaginaire tirée du centre du Soleil au centre d'une planete qui se meut périodiquement autour de cet astre. De même le rayon vecteur d'un satellite de Jupiter est une ligne imaginaire tirée du centre de ce satellite au centre de sa planete principale.

RÉACTION. Action par laquelle un corps résiste à un autre. Newton a exprimé en ces termes la troisieme Loi générale du mouvement : *la réaction est toujours égale & contraire à l'action.* Voyez dans quel sens il faut prendre cette loi dans l'article du *mouvement.*

RÉCIPIENT. Un vaisseau de verre fait en forme de voûte & appliqué sur la platine de la machine pneumatique, s'appelle *récipient.*

RÉCIPROQUE. *Raison inverse* & *raison réciproque* signifient la même chose.

RECTANGLE. Toute figure qui a un, ou plusieurs angles droits, est une figure rectangle.

RECTIFICATION. Opération de chimie par laquelle on délivre une substance de ses parties hétérogenes. C'est encore une opération de mathématique par laquelle on tente de trouver une ligne droite égale à une ligne courbe donnée. Ceux qui cherchent la quadrature du cercle, cherchent la rectification de la circonférence du cercle ; parce qu'ils cherchent le rapport qu'il y a du diametre à la circonférence.

RECTILIGNE. Toute figure composée de lignes droites est une figure rectiligne.

RECTUM. C'est le troisieme & le dernier des intestins gros. Il est long d'un pied, & large de trois doigts.

RÉDUCTION. C'est une opération d'arithmétique par laquelle on change tantôt une espece supérieure en une espece inférieure ; & tantôt une espece inférieure en une espece supérieure, sans rien changer à la valeur équivalente de la somme sur laquelle on opere. 1 sol réduit en deniers, vaut 12 deniers. 40 sols réduits en livres, valent 2 livres. Voyez les regles de la réduction dans l'article de l'*Arithmétique.*

La réduction est encore une opération d'algebre par laquelle on exprime les quantités numériques le plus clairement & le plus briévement qu'il est possible. Voyez-en les regles dans l'article de l'*Arithmétique algébrique.*

RÉFLEXIBILITÉ. Qualité qu'ont les corps élastiques de revenir en arriere, lorsqu'étant en mouvement, ils trouvent quelque corps qui les empêche d'aller en avant. Voyez-en la cause physique dans l'article suivant. Les 7 rayons de lumiere n'ont pas tous le même degré de réflexibilité. Le rayon violet est le plus réflexible & le rayon rouge est le moins réflexible de tous les rayons. Les autres sont plus ou moins réflexibles, suivant qu'ils sont plus ou moins près du rayon violet. Voyez-en la cause physique dans l'article des *couleurs.* Voyez aussi dans le même article l'expérience qui prouve cette vérité.

RÉFLEXION. C'est l'action par laquelle un corps se détourne de sa premiere direction, lorsqu'il rencontre sur sa route un corps qui lui refusant le passage, le force à rebrousser chemin. Rien ne nous paroît plus simple, que l'explication d'un effet dont plusieurs Physiciens assurent qu'il est très-difficile de rendre raison. C'est le *ressort*, & le ressort seul que nous regardons comme la cause de la réflexion. Aussi avançons-nous sans crainte les trois propositions suivantes. Nous supposons qu'on a déjà lu les articles de ce Dictionnaire qui commencent par les mots *Dureté* & *Elasticité.*

Premiere proposition. Un corps élastique qui tombe sur un plan non élastique, est réfléchi en vertu de son élasticité.

Explication. Je suppose qu'un corps élastique, la boule d'ivoire A, *par exemple*, soit jettée contre une muraille dure non élastique. Qu'arrivera-t-il? La boule A s'applatira; & d'abord après, la cause de l'élasticité (quelle qu'elle soit) lui fera reprendre sa premiere figure. Or je le demande; la boule A peut-elle reprendre sa premiere figure, sans recevoir du mouvement de la part de la cause de l'élasticité, & sans s'appuyer contre la muraille, comme contre un point fixe? La boule A, s'appuyant ainsi contre la muraille, peut-elle recevoir du mouvement de la part de la cause de l'élasticité, sans aller en avant, ou sans revenir sur elle-même? Mais par *supposition* la boule A ne peut pas aller en avant; donc elle doit revenir sur elle-même; & cela en vertu de son élasticité. Donc un corps élastique qui tombe sur un plan non élastique dur, est réfléchi en vertu de son élasticité.

Seconde proposition. Un corps dur non élastique qui tombe sur un plan élastique, est réfléchi en vertu de l'élasticité du plan.

Explication. Supposons maintenant que la boule B faite d'un bois non élastique, tombe sur un plan d'ivoire; il arrivera nécessairement que le plan s'applatira au point de contact, & que d'abord après, la cause de l'élasticité lui rendra sa premiere figure. Mais le plan peut-il la reprendre cette premiere figure, sans pousser la boule en arriere? Donc un corps dur non élastique qui tombe sur un plan élastique, est réfléchi en vertu de l'élasticité du plan.

Troisieme proposition. Un corps élastique qui tombe sur un plan élastique, est réfléchi en vertu de sa propre élasticité, & en vertu de celle du plan.

Explication. Supposons enfin que la boule d'ivoire C tombe sur un plan de la même matiere; il est évident que la cause de l'élasticité rendra à la boule & au plan la premiere figure que ces deux corps avoient perdue par le choc. Donc la surface d'ivoire redeviendra plane, de concave qu'elle étoit, & la boule C redeviendra sphérique, après avoir été applatie pendant un instant. Mais la surface d'ivoire ne peut pas redevenir plane, sans pousser en arriere la boule C; & celle-ci ne peut pas redevenir sphérique, sans s'appuyer contre le plan, comme contre un point fixe, & sans mettre en œuvre, en revenant sur ses pas, la vîtesse que la cause de l'élasticité lui a communiquée, en lui redonnant sa sphéricité. Donc un corps élastique qui tombe sur un plan élastique, est réfléchi, en vertu de sa propre élasticité & en vertu de celle du plan. Quelles regles observe-t-il dans ces circonstances? Nous l'avons examiné dans l'article de l'*Elasticité.* Si cette explication ne paroît pas physique à quelqu'un, il pourra adopter celui des deux sentimens suivans qui lui conviendra le mieux.

SENTIMENT

De Newton sur la cause physique de la réflexion des corps.

Newton attribue la réflexion des corps, & surtout la réflexion de la lumiere à des loix que le créateur a établies, & dont il ne prouve pas aussi bien l'existence qu'il l'a fait pour les loix de l'attraction. Ce Physicien ne veut pas par conséquent que les corps soient réfléchis par les parties propres des surfaces sur lesquelles ils tombent. Voyez comment il s'exprime, d'abord dans la proposition huitieme de la partie troisieme du livre second de son optique ; & ensuite dans la question trente-unieme du même ouvrage.

SENTIMENT

De M. l'Abbé Nollet sur la réflexion des corps.

M. l'Abbé Nollet, quelque éloigné qu'il soit du sentiment de Newton, n'attribue pas la réflexion des corps, & surtout la réflexion de la lumiere, aux parties propres de la surface qu'elle rencontre. Après avoir établi que le fluide qui nous fait voir les objets, est universellement répandu dans l'univers ; qu'il existe au dedans comme au dehors des corps ; qu'il remplit tous les espaces qui ne sont point occupés par une matiere ; & qu'il n'y a rien dans la nature qui n'en soit intimement pénétré jusques dans ses moindres molécules, de même & bien plus encore, que n'est imbibée d'eau une éponge mouillée : conséquemment à cette premiere idée, il conçoit que la contiguité des parties propres d'un corps quelconque est perpétuellement interrompue par les globules de la lumiere qui remplissent ses pores ; & il considere toute surface comme une espece de tissu dont les mailles sont remplies par ces mêmes globules.

M. l'Abbé Nollet faisant ensuite attention à la grande porosité des corps, dont les plus compacts ont plus de vide que de plein ; à la prodigieuse divisibilité de leurs parties qui nous laisse à peine conjecturer des atomes ; à l'inexprimable subtilité de la lumiere, dont les rayons sans nombre passent avec la plus grande facilité par une ouverture aussi petite, que l'est celle de la prunelle ; se représente les globules de la lumiere comme enchassés & fixés dans les pores des corps réfléchissans, à-peu-près comme dans autant de chatons, & il veut que la surface la plus dense ait encore plus de particules lumineuses qu'elle n'a de particules de matiere propre.

C'est principalement, *dit-il*, sur ces globules encadrés que tombent les rayons ; & comme ces filets de lumiere ne sont eux-mêmes que des globules de la même nature alignés dans une même direction, & animés d'un mouvement de vibration ; je conçois que les parties sur lesquelles ils agissent, ayant un degré de ressort semblable au leur, les répercutent & les renvoient mieux, que ne pourroit jamais faire la matiere propre de la surface à laquelle elles appartiennent : car quand on supposeroit que celle-ci fût très-élastique, est-il vraisemblable qu'elle le soit au point de s'agiter, de trembler avec la même fréquence, de rendre en un mot vibration par vibration ? Ce qui paroît être cependant indispensablement nécessaire pour conserver aux rayons réfléchis le mouvement ou l'action des rayons incidens.

La lumiere n'est donc réfléchie, suivant ce Physicien, que quand elle tombe sur des globules de son espece, rangés & arrêtés dans une surface, de maniere que l'action qui leur est communiquée ne puisse ni être amortie, ni passer plus loin. Elle est amortie dans les corps noirs ; elle passe plus loin dans les corps transparens dont les pores remplis de lumiere, sont dirigés en ligne droite.

Si l'on entend ainsi, *continue M. Nollet*, la cause du mouvement réfléchi de la lumiere, ce pouvoir réflectif qu'on attribue aux surfaces, comme un être distingué d'elles-mêmes, cesse d'être un mystere : c'est la lumiere éteinte, & fixée à l'embouchure des pores, qui s'anime par l'action même des rayons qui la touchent & dont la réaction se fait remarquer, quand le mouvement qu'elle reçoit ne peut passer plus loin.

J'avoue qu'en embrassant cette opinion, on se met dans la nécessité de renoncer aux idées les plus communes, & de se roidir contre des préjugés bien accrédités & bien difficiles à vaincre. Se persuadera-t-on, par exemple, que les corps ne soient pas visibles par eux-mêmes, mais seulement par les points de lumiere dont leurs surfaces sont parsemées ; qu'à proprement parler, nous n'avons jamais rien vu de tout ce que nous avons touché ? Cependant quel moyen de penser autrement, si nous ne pouvons rien voir que ce qui nous renvoie la lumiere, & si les rayons qui tracent les images des objets, ne peuvent être renvoyés vers nos yeux que par les globules de cette matiere impalpable qui se trouve dans la même superficie avec les parties propres du corps. Aidons-nous de quelques comparaisons pour adoucir un peu la dureté de ces conséquences, & pour disposer les esprits en leur faveur.

Quand vous jettez la vue sur un morceau de drap

teint en écarlate, votre premiere penſée n'eſt-elle pas que vous voyez un tiſſu de laine, & ne vous révolteriez-vous pas d'abord contre quiconque vous aſſureroit que vous voyez toute autre choſe que cela ? Cependant ſi vous y faites bien attention & que vous raiſonniez avec ordre, vous ſerez forcé de convenir que vous n'appercevez qu'un enduit de cochenille adhérent à la matiere propre de l'étoffe, des particules colorantes incruſtées dans les pores de la laine ; en un mot une ſubſtance étrangere à l'objet que vous avez en penſée, & qui ne vous laiſſe voir de lui que ſa grandeur, ſa ſituation, ſa figure, & nullement ſa matiere propre.

Lorſque vous regardez un morceau de papier mouillé, & qu'il vous paroît plus bis qu'il n'a coutume de l'être étant ſec, vous n'ignorez pas que la cauſe de ce changement ne ſoit l'eau dont il eſt imbibé ; mais pourriez-vous avec la pointe de l'aiguille la plus fine toucher un endroit de la ſurface qui ne participât pas à cet effet ? Que dis-je, le meilleur microſcope ſeroit-il capable de vous faire diſtinguer les endroits où l'eau s'eſt logée d'avec les parties ſolides qui n'ont pu en être pénétrées ?

Voilà donc des cas où les corps ne ſont pas viſibles par leur propre matiere, mais ſeulement par une ſubſtance étrangere qui s'eſt logée dans leurs pores. Si l'art peut produire ces effets avec des teintures ou des liqueurs qui n'approchent point à beaucoup près de la ſubtilité de la lumiere ; pourquoi ne penſerez-vous pas que tous les corps naturellement imbibés de ce fluide, dans lequel ils ſe ſont formés, & où ils ſont perpétuellement plongés, en ont toujours à leurs ſurfaces une quantité égale à celle de leurs pores, qu'on ſait être prodigieuſe, & que c'eſt-là, non-ſeulement la principale, mais même la vraie & la ſeule cauſe de leur apparence ou viſibilité.

RÉFRACTION ASTRONOMIQUE. Les rayons de lumiere qui entrent dans l'atmoſphere terreſtre ſe rompent, ou, ſe plient ſouvent, c'eſt-à-dire, quittent ſouvent la ligne qu'ils décrivoient pour en parcourir une autre ; cette action ſe nomme *réfraction* ; en voici les loix avouées de tous les Phyſiciens.

Premiere Loi. Un rayon de lumiere paſſant perpendiculairement d'un milieu dans un autre, par exemple, de l'air dans l'eau, ne ſouffre aucune réfraction. Auſſi le rayon de lumiere A C, *fig.* 5, *pl.* 1, tombant perpendiculairement dans le baſſin rempli d'eau L V S R, va-t-il aboutir au point B.

Seconde Loi. Un rayon de lumiere paſſant obliquement d'un milieu plus rare dans un milieu plus denſe, par exemple, du vuide Newtonien dans l'atmoſphere terreſtre, ou bien, de l'air dans l'eau, ſe réfracte en s'approchant de la perpendiculaire CB; auſſi le rayon de lumiere DC ne parcourra-t-il pas dans l'eau la ligne CK, mais la ligne C J.

Troiſieme Loi. Un rayon de lumiere paſſant obliquement d'un milieu plus denſe dans un milieu plus rare, c'eſt-à-dire, du verre dans l'air, ou bien, de l'eau dans l'air, ſe réfracte en s'éloignant de la perpendiculaire C A; auſſi ſi vous ſuppoſez un écu au point J, cet écu enverra-t-il un rayon de lumiere qui ne parcourra pas dans l'air la ligne C T, mais la ligne C D.

Ne ſoyons donc pas ſurpris qu'un homme placé au point D s'imagine que l'écu J eſt placé au point K, & non pas au point J; nous tranſportons toujours l'objet à l'extrémité du rayon droit qui frappe notre rétine. C'eſt pour cela ſans doute que les Aſtronomes nous avertiſſent que les rayons de lumiere, en entrant dans l'atmoſphere terreſtre, ſe plient vers la terre, & nous font voir les aſtres plus élevés ſur l'horizon, que nous ne les verrions par des rayons directs. Ils ont conſtruit des tables pour corriger cette illuſion optique. Suivant ces tables, lorſque le Soleil eſt à l'horizon, la réfraction le fait paroître plus élevé qu'il n'eſt réellement, de 33 minutes 45 ſecondes; lorſqu'il eſt élevé ſur l'horizon de 45 degrés, la réfraction ne l'éleve que d'une minute, 6 ſecondes, 30 tierces; enfin lorſqu'il eſt au Zenith, la réfraction eſt zéro. Newton a trouvé dans l'attraction mutuelle des corps la cauſe phyſique de la réfraction de la lumiere. Voici à-peu-près comment il explique ſa penſée. Les corps s'attirent en raiſon directe des maſſes, comme nous l'avons expliqué dans l'article de l'*attraction*; donc un rayon de lumiere paſſant de l'air dans le verre eſt plus attiré par le verre que par l'air; & ce même rayon de lumiere paſſant du verre dans l'air, eſt moins attiré par l'air, que par le verre, parce que le verre eſt plus denſe que l'air; donc un rayon de lumiere reçoit en paſſant de l'air dans le verre une augmentation de mouvement perpendiculaire; & ce même rayon de lumiere reçoit une diminution de mouvement perpendiculaire, lorsqu'il passe du verre dans l'air. Pourquoi? Parce que le mouvement d'attraction est un mouvement centripete, & que le mouvement centripete se fait toujours suivant la perpendiculaire; donc un rayon de lumiere qui passe obliquement de l'air dans le verre doit se réfracter en s'approchant de la perpendiculaire; & ce même rayon de lumiere doit se réfracter en s'éloignant de la perpendiculaire, lorsqu'il passe obliquement du verre dans l'air; donc rien n'est plus conforme au systeme de Newton, que les loix que suivent les rayons obliques, lorsqu'ils changent de milieu.

Pour le rayon de lumiere qui passe perpendiculairement d'un milieu dans un autre, il ne doit souffrir aucune réfraction, quoique ces milieux soient d'une densité différente; mais il doit se mouvoir plus vite, lorsqu'il passe d'un milieu plus rare dans un plus dense, que lorsqu'il passe d'un milieu plus dense dans un plan rare; aussi tout cela arrive-t-il dans la pratique.

Ce systeme n'est pas exempt de difficultés. Voici les principales.

1°. L'alun & le vitriol sont d'égale densité; pourquoi cependant un rayon de lumiere, passant obliquement de l'alun dans le vitriol, se réfracte-t-il en s'approchant de la perpendiculaire?

2°. L'huile d'olive est beaucoup moins dense que le borax, puisque la densité de l'huile d'olive : à la densité du borax :: 6 : 17; pourquoi cependant un rayon de lumiere, passant obliquement de l'huile d'olive dans le borax, ne souffre-t-il aucune réfraction?

L'eau est un fluide plus dense que l'esprit de térébenthine: un rayon de lumiere néanmoins, passant obliquement de l'eau dans l'esprit de térébenthine, se réfracte en s'approchant de la perpendiculaire.

Newton, pour répondre à ces difficultés, attribue la force réfractive aux parties sulfureuses dont un corps est composé. Cela supposé, il dit que, quoique l'alun & le vitriol soient d'égale densité, la réfraction du rayon de lumiere doit se faire, de l'alun dans le vitriol, vers la perpendiculaire, parce que celui-ci contient plus de soufre que celui-là.

Par la même raison, l'huile d'olive contenant autant de soufre que le borax; le rayon de lumiere ne doit souffrir aucune réfraction, lorsqu'il passe obliquement de l'un dans l'autre.

Enfin puisqu'il est sûr qu'il y a plus de parties sulfureuses dans l'esprit de térébenthine que dans l'eau, le rayon de lumiere, passant obliquement de l'eau dans l'esprit de térébenthine, doit se réfracter, en s'approchant de la perpendiculaire. Voici les propres paroles de Newton; elles sont tirées de la proposition dixieme de la partie troisieme du livre second de son optique. *Videntur corpora omnia vires habere refractivas eâdem aut ferè eâdem proportione inter se, ac ipsas densitates suas; excepto quatenùs particularum sulphurearum oleosarumque abundantiâ vel defectu, vis ea adaucta sit vel imminuta. Atque hinc quidem rationi videtur consentaneum, ut corporum omnium vis refractivæ causam, particulis suis sulphureis maximâ sanè ex parte, si non etiam in totum attribuamus. Veri enim simillimum est, inesse in omnibus corporibus partes sulphureas; in aliis quidem majori portione, in aliis minori. Ut autem lumen vitro ustorio coactum, agit fortissimè in corpora sulphurosa, quo ea in ignem & flammam convertantur; sic, quando omnis quidem actio est reciproca, sulphura agere debent fortissimè itidem in radios luminis. Nam actionem quidem, quæ est inter lumen & corpora, reciprocam esse, etiam vel hinc apparere poterit, quòd, ut quodque corpus densissimum est, radiosque fortissimè refringit & reflectit; ità ipsum in sole æstivo, actione luminis refracti vel reflexi itidem maximè calefiat.*

Quelque respect que nous ayons pour Newton, nous avouerons cependant que sa réponse n'est pas conforme aux loix qu'il admet lui-même dans la Physique; parce que l'attraction se faisant, suivant lui, en raison directe des masses, & la réfraction ayant pour cause l'attraction, l'on est obligé d'avouer, si l'on veut être conséquent, que la force réfractive suit la densité des corps, & non pas le nombre des particules sulfureuses qu'ils contiennent.

Il ne me paroît pas cependant impossible de répondre aux difficultés proposées, d'une maniere satisfaisante. J'admets, il est vrai, l'attraction comme la cause de la réfraction; mais les pores des corps plus ou moins droits, leurs parties plus ou moins lisses, tout cela ne doit-il pas être compté pour quelque chose, & s'il n'entre pas dans la production de cet effet comme *cause*, du moins doit-on l'y faire entrer comme *condition.* Je conviens donc que la lumiere passant obliquement de l'alun dans le vitriol, ne reçoit pas de la part de celui-ci, une augmentation de mouvement perpendiculaire; mais j'ajoute que ce rayon trouvant dans le vitriol peut-être des pores plus droits, peut-être des parties plus polies, perd moins de son mouvement perpendiculaire, en traversant le vitriol, qu'en traversant l'alun.

Pour ce qui regarde l'huile d'olive & le borax, l'on peut dire que le rayon de lumiere passant obliquement de l'un dans l'autre, reçoit de la part du plus dense une augmentation de mouvement perpendiculaire; mais il faut ajouter qu'il la perd bientôt par les empêchemens qu'il rencontre dans le borax, beaucoup plus difficile à traverser que l'huile d'olive.

Enfin l'esprit de térébenthine étant beaucoup plus perméable que l'eau; l'on peut assurer que la lumiere, qui perd toujours quelque chose de son mouvement perpendiculaire par les obstacles qu'elle trouve en traversant les corps, en perd une partie moins considérable en traversant l'esprit de térébenthine, qu'en traversant l'eau, même la plus limpide.

Corollaire. L'explication que nous venons de donner des Phénomenes que nous présente la réfraction de la lumiere, est donc fondée sur une cause physique, & sur des conditions qui nous donnent lieu, tantôt d'appercevoir, tantôt de ne pas appercevoir les effets que produit cette cause physique. L'attraction *en raison directe des masses*, est la cause dont nous parlons. Oui, toutes les fois qu'un rayon de lumiere passe d'un milieu plus rare dans un milieu plus dense, il reçoit de la part de ce dernier milieu considéré comme plus dense, une augmentation de mouvement perpendiculaire; & toutes les fois qu'il passe d'un milieu plus dense dans un milieu plus rare, il perd quelque chose de son mouvement perpendiculaire. Mais quand est-ce que cette augmentation de mouvement perpendiculaire, ne sera pas sensible par rapport à nous? Ce sera, lorsque la lumiere trouvera plus d'obstacles, en traversant le corps plus dense, qu'il n'en a trouvé en traversant le corps plus rare; ces obstacles, qui seront des pores moins droits ; des parties plus rameuſes ; moins polies, &c. enleveront, ſi je puis ainſi parler, à la lumiere, l'augmentation de mouvement perpendiculaire que la denſité du milieu lui avoit communiquée.

Par la même raiſon nous ne devons pas nous appercevoir de ce qu'un rayon de lumiere a perdu de mouvement perpendiculaire, en paſſant d'un milieu plus denſe dans un milieu plus rare, lorſqu'il trouve dans ce milieu plus rare des pores plus droits, des parties plus liſſes, en un mot moins d'obſtacles, que dans le milieu plus denſe. Tel eſt notre ſyſteme qui n'eſt dans le fond, comme on le verra bientôt, qu'un heureux aſſemblage du newtonianiſme & du cartéſianiſme. Celui-là fournit la cauſe ; celui-ci les conditions ſans leſquelles la cauſe phyſique ne peut avoir aucun effet ſenſible.

SENTIMENT

De Deſcartes ſur la cauſe phyſique de la réfraction de la lumiere.

M. l'Abbé Nollet a beaucoup mieux expliqué, dans le tome cinquieme de ſes leçons phyſiques, le ſentiment de Deſcartes ſur la cauſe de la réfraction de la lumiere, que ne l'a fait Deſcartes lui-même dans le chapitre ſecond de ſa dioptrique. Ce Philoſophe, *dit-il*, conſidérant que la réfraction de la lumiere ſe fait en ſens contraire de celle des autres corps, & ſachant, à n'en pas douter, qu'une balle de mouſquet lancée obliquement de l'air dans l'eau, ne fait ſon angle de réfraction plus grand que celui de ſon incidence, que parce qu'à la ſuperficie du milieu le plus denſe, ſon mouvement de haut en bas eſt plus retardé, que celui qu'elle a pour s'avancer parallelement à cette même ſurface, fit ce raiſonnement : puiſqu'une balle de métal, ou tout autre corps ſemblable, paſſant obliquement de l'air dans l'eau, ſe réfracte en s'éloignant de la perpendiculaire, parce que l'eau dans laquelle elle entre, réſiſte plus que l'air d'où elle ſort, au mouvement qu'a la balle pour deſcendre ; un rayon de lumiere qui dans les mêmes circonſtances ſe réfracte en s'approchant de la perpendiculaire, doit nous porter à croire que l'eau lui fait moins de réſiſtance que l'air. De même, puiſque le rayon de lumiere s'approche plus de la perpendiculaire, en passant obliquement de l'air dans le verre, qu'en passant obliquement de l'air dans l'eau, l'on doit conclure que plus la densité des corps transparens est grande, plus la lumiere y exerce ses mouvemens avec liberté. En un mot Descartes pour expliquer les phénomenes de la réfraction de la lumiere, assure que plus un corps diaphane est dense, plus il offre de passages libres au fluide lumineux.

Lui demande-t-on pourquoi l'eau plus dense que l'air est plus perméable à la lumiere? Il répond qu'une masse d'air est composée de parties rameuses, moins propres à laisser entr'elles des passages en droite ligne, que celles de l'eau qui ont des surfaces lisses, & une figure avec laquelle elles s'arrangent de telle sorte, qu'il en résulte une porosité convenable à la propagation de la lumiere.

Cette réponse, *remarque M. Nollet*, ne peut être reçue que comme une conjecture; encore n'est-elle pas des plus heureuses. Descartes ne l'auroit peut-être pas hasardée, s'il avoit su que la plupart des huiles, moins denses que l'eau réfractent cependant plus fortement qu'elle la lumiere qui sort de l'air. Car, suivant ses propres idées, nous devons croire que toutes les matieres grasses ont des parties branchues. Donc ce n'est pas parce que les parties de l'air sont plus rameuses que celles de l'eau, que la lumiere, en passant obliquement de l'air dans l'eau, se réfracte en s'approchant de la perpendiculaire; puisqu'elle se réfracte de la même maniere en passant obliquement de l'eau dans la plupart des huiles, dont les parties sont évidemment plus rameuses que celles de l'eau.

C'est à cette occasion que M. l'Abbé Nollet, qu'on n'accusera jamais d'être Newtonien, fait un aveu bien avantageux au systeme que nous avons embrassé. Après avoir présenté, avec toute la fidélité & toute la netteté possible le sentiment de Newton sur la cause physique de la réfraction de la lumiere, il continue de la sorte *tom.* 5, *pag.* 261. (Si quelqu'un a pris son parti sur cette maniere de philosopher, & qu'il ait une fois pour toutes admis des vertus attractives & répulsives dans la matiere, je ne lui conseillerai pas de changer d'avis dans cette occasion: j'avoue que les Newtoniens se tirent assez adroitement

ment d'affaire, lorsqu'il s'agit de rendre raison des différens effets qu'on remarque dans la réfraction de la lumiere.) Je ne vois pas qu'il soit nécessaire d'admettre dans la matiere des qualités *répulsives*, pour expliquer les phénomenes que nous présente la réfraction de la lumiére. Je ne vois pas aussi qu'aucun vrai Newtonien ait jamais admis dans la matiere des *qualités attractives*. Nous reconnoissons, il est vrai, avec Newton des loix d'*attraction*; mais en même tems nous les regardons comme des loix générales de la nature. En un mot nous ne reconnoissons dans les corps attirans aucune *qualité attractive* qui leur soit intrinséque. Cherchez le mot *Attraction*.

SENTIMENT

De M. le Monnier sur la cause physique de la réfraction de la lumiere.

M. le Monnier, après avoir assigné dans le tome quatrieme de son cours de Philosophie, *pag.* 392 *& suivantes*, les loix que gardent les rayons de lumiere en se réfractant, attribue, comme Newton, cette réfraction à la densité & à la rareté des milieux où ils entrent; mais il explique cet effet d'une maniere beaucoup moins physique, que ne l'a fait le Philosophe Anglois. Voici ses propres paroles. *Ideò lumen obliquè permeans, è medio rariori in densius refrangitur, accedendo ad perpendicularem: quia primæ particulæ medii densioris, in quarum superficies laterales obliquè cadunt radii, ipsos versùs perpendicularem detorquent: & ideò lumen obliquè cadens è medio densiori in rarius refrangitur, recedendo à perpendiculari; quia removetur causa, radios detorquens.*

Primò quidem partes medii densioris, in quarum superficies laterales obliquè cadunt radii, hos detorquere debent versùs perpendicularem. Partes enim, quæ disparatè tantùm obsistunt determinationi radiorum luminis; quæ magis eis obsistunt, quàm partes medii rarioris; & quæ plenam procurare non possunt reflexionem, debent radios illos versùs perpendicularem detorquere, &c.

Je ne doute pas que M. le Monnier n'ait parfaitement bien compris sa pensée; mais j'ajoute qu'il n'a pas eu le talent de se faire comprendre. En effet quelle idée correspond à ces mots-ci ? *Partes fluidi densioris disparatè tantùm obsistunt determinationi radiorum luminis.* J'avoue que je ne le sais pas. Je conçois encore moins la preuve qu'il en apporte. C'est, *dit-il*, parce que les rayons de lumiere sont supposés tomber obliquement sur les surfaces latérales des premieres molécules dont le milieu dense est composé. Mais ces mêmes rayons de lumiere ne sont-ils pas supposés tomber obliquement sur les surfaces latérales des premieres molécules dont le milieu rare est composé, lorsqu'ils se réfractent en s'éloignant de la perpendiculaire ? Donc les molécules du milieu rare devroient, comme les molécules du milieu dense, *disparatè obsistere determinationi radiorum luminis.* Donc le sentiment de M. le Monnier sur la réfraction de la lumiere, est au moins un sentiment dans lequel on ne dit que le fait, sans apporter aucune cause physique de ce phénomene.

REMARQUE.

Quelque systeme que l'on embrasse sur la cause physique de la réfraction de la lumiere, il faut avouer que les astres ne sont pas toujours au point du ciel où ils paroissent ; pourquoi ? Parce que les rayons de lumiere qu'ils nous envoient obliquement, souffrent, en entrant dans l'atmosphere terrestre, une réfraction qui les approche de la ligne perpendiculaire, & qui nous les fait paroître plus élevés sur l'horizon, qu'ils ne le sont réellement. Consultez les tables de la réfraction de la lumiere ; vous les trouverez à la fin de ce volume.

RÉFRACTION *des corps solides.* Les corps solides, en passant obliquement d'un milieu dans un autre, se réfractent ; mais ils suivent des loix opposées à celles de la lumiere. Les voici.

Premiere Loi. Un corps solide passant obliquement d'un milieu plus rare dans un milieu plus dense, se réfracte en s'éloignant de la perpendiculaire. Une balle de mousquet, *par exemple*, parcourant dans l'air la ligne oblique TC, *fig.* 5, *pl.* 1, & entrant au point C dans l'eau contenue dans le vase SRLV, ne parcourra pas la ligne CJ, mais il décrira la ligne CK, plus éloignée de la perpendiculaire CB, que ne l'est la ligne CJ.

Seconde Loi. Un corps solide passant obliquement d'un

milieu plus dense dans un milieu plus rare, se réfracte en s'approchant de la perpendiculaire. Une balle de mousquet, *par exemple*, après avoir parcouru dans l'eau la ligne KC, *fig.* 5, *pl.* 1, ne décrira pas dans l'air la ligne CD, mais la ligne CT, moins éloignée de la perpendiculaire CA, que ne l'est la ligne CD.

Troisieme Loi. Un corps solide passant perpendiculairement d'un milieu dans un autre, ne souffre aucune réfraction, quoique les milieux soient de différente densité. L'unique différence qu'il y aura entre le corps solide & la lumiere, c'est que celui-là se meut moins vîte, & celle-ci se meut plus vîte dans un milieu dense, que dans un milieu rare. Ainsi une balle de mousquet, après avoir parcouru dans l'air la ligne AC, *fig.* 5, *pl.* 1, parcourra dans l'eau la ligne CB; ou bien, cette balle, après avoir parcouru dans l'eau la ligne BC, parcourra dans l'air la ligne CA.

Ici se présente une grande difficulté qu'il est absolument nécessaire de faire évanouir. La voici. La balle A, *dit-on*, passant obliquement de l'air dans l'eau, est plus attirée par l'eau que par l'air. Donc dans ce passage elle reçoit une augmentation de mouvement perpendiculaire. Donc elle devroit se réfracter en s'approchant, & non pas en s'éloignant de la perpendiculaire. Donc elle devroit suivre la même loi que le rayon de lumiere, lorsqu'il passe obliquement de l'air dans l'eau.

Mais qu'on prenne garde à la maniere dont les corps solides d'un côté, & les rayons de lumiere de l'autre, entrent dans les fluides; & l'on verra que cette difficulté n'est pas aussi considérable qu'on pourroit d'abord se l'imaginer. Les corps solides traversent les fluides, en séparant leurs molécules les unes d'avec les autres; la lumiere au contraire traverse les fluides en passant par leurs pores. Donc, quand même la balle A auroit reçu de la part de l'eau une augmentation de mouvement perpendiculaire, elle doit perdre une très-grande partie de son mouvement, en faisant changer de place aux molécules d'eau; ce qui n'arrive pas aux rayons de lumiere qui n'ont que des pores à traverser, & non pas des parties à déplacer. Donc la balle A, en passant obliquement de l'air dans l'eau, ne doit pas se réfracter comme la lumiere, mais elle doit se réfracter en s'éloignant de la perpendiculaire. Donc en général les corps solides doivent dans leurs réfractions suivre des loix opposées à celles de la lumiere.

J'ai dit, *quand même la balle A auroit reçu de la part de l'eau une augmentation de mouvement perpendiculaire*; parce que, aucune de ces deux masses n'étant incomparablement plus grande l'une que l'autre, les attractions particulieres doivent être comptées pour rien, à cause de l'attraction de la terre; ce qu'on ne peut pas dire d'un rayon de lumiere, dont la masse est comme infiniment plus petite que celle de la couche d'eau qu'il traverse: nouvelle preuve que la lumiere ne doit pas, en se réfractant, garder les regles que gardent les corps solides.

RÉFRANGIBILITÉ. Qualité qu'ont les corps de quitter leur premiere direction, en passant obliquement d'un milieu dans un autre, de différente densité. L'expérience du prisme nous apprend que les 7 rayons de lumiere n'ont pas le même degré de réfrangibilité : que le rayon rouge est le moins, & le rayon violet le plus réfrangible de tous : que les autres 5 rayons sont plus ou moins réfrangibles, suivant qu'ils sont plus ou moins éloignés du rayon rouge, &c. C'est la différence qui se trouve entre les molécules qui composent les 7 rayons de lumiere, que nous devons regarder comme la cause de leur différente réfrangibilité. Voyez cette matiere traitée à fond dans l'article des *Couleurs*.

REGIOMONTAN. Cherchez Muller.

REGIS, (Pierre Sylvain) *l'un des plus zélés défenseurs du systeme de Descartes, naquit à la Salvetat de Blanquefort dans le Comté d'Agenois, en l'année* 1632. Le fameux Rohault lui donna du goût pour ce qu'on appelloit alors en France la *nouvelle Physique*, & l'envoya à Toulouse pour y faire des prosélytes au cartésianisme. Les conférences qu'il commença à tenir à cette intention, dans cette Ville, en l'année 1665, eurent un succès prodigieux. Ecclésiastiques, laïques, séculiers, réguliers, magistrats, gens d'épée, personnes de l'un & de l'autre sexe, Dames de la premiere distinction devinrent les Disciples de notre nouveau Philosophe. Les Magistrats de Toulouse, pour témoigner à M. Regis leur estime, lui firent une pension sur leur Hôtel-de-Ville, qu'ils lui payerent exactement jusqu'à sa mort. Il fit la même sensation à Montpellier & à Paris, où il vint tenir de pareilles conférences. Ces succès étoient trop brillans & trop bien mérités, pour ne pas exciter la jalousie des Docteurs péripatéticiens, dont la Capitale du Royaume étoit inondée. Ils crierent tant *à la nouveauté*, que M. Regis eut ordre de suspendre ses conférences. Ils firent plus; ils arrêterent pendant dix ans l'impression de son livre. Il parut enfin en 3 volumes *in*-4°. en 1690 avec ce titre *Cours entier de Philosophie, ou systeme général suivant les principes de M. Descartes.* Cet ouvrage, dont nous avons souvent cité des lambeaux dans le cours de ce Dictionnaire, contient la Logique, la Métaphysique, la Morale & la Physique, en très-beau & très-bon François; nouveau grief des Péripatéticiens contre M. Regis. Sa Physique est divisée en huit livres. Le premier est sur les qualités des corps, & la nature du mouvement local. Le second sur les regles du mouvement, & surtout sur le mouvement de la matiere agitée en tourbillon. Le troisieme contient l'explication des phénomenes astronomiques, d'abord dans le systeme de Tychon, & ensuite dans celui de Copernic, pour lequel l'Auteur ne manque pas de se déclarer. Le quatrieme livre est une Physique terrestre. Le cinquieme traite des météores. Le sixieme, des plantes. Le septieme, des animaux. Le huitieme qu'on doit regarder comme le plus curieux, le plus physique & le plus complet, est sur l'homme. Cette Physique ne contient de faussetés, que celles qui sont inséparables du systeme de Descartes, que l'Auteur embrassa, sans y faire aucun changement. M. Regis mourut à Paris, le 11 Janvier 1707, à l'âge de 74 ans. Il avoit été reçu à l'Académie Royale des Sciences de Paris en l'année 1699.

REGNAULT, *de la Compagnie de Jesus, Professeur de Mathématique au Collége de Louis-le-Grand*, est l'Auteur de deux ouvrages de Physique assez bons & assez bien écrits. Le premier parut pour la premiere fois en 1729 sous le titre d'*Entretiens Physiques d'Ariste & d'Eudoxe.* Les principaux points de Physique y sont expliqués avec toute la clarté possible dans le systeme de Descartes. Si l'Auteur n'avertissoit pas dans sa Préface qu'il veut donner un ouvrage à la portée de tout le monde, on trouveroit que son livre n'est pas assez savant. Le second ouvrage du P. Regnaut, intitulé, *l'Origine ancienne de la Physique nouvelle*, fut donné au public en l'année 1734.

Il vaut pour le moins le premier ; quoiqu'il n'ait pas eu de si grands succès. L'on y voit dans des entretiens par lettres 1°. Ce que la Physique nouvelle a de commun avec l'ancienne : 2°. Le degré de perfection de la Physique nouvelle & de l'ancienne : 3°. Les moyens qui ont amené la Physique au point de perfection où nous la voyons aujourd'hui. Nous avons encore du P. Regnault des élémens de géométrie & d'algebre, excellens pour les commençans. Nous avons souvent dans ce Dictionnaire cité des lambeaux des ouvrages de ce Physicien, & surtout de ses entretiens d'Ariste & d'Eudoxe.

REGNES. Collection curieuse de tous les êtres qui se trouvent dans l'intérieur de la terre, sur sa surface & dans son atmosphere. Comme cette collection est immense & que l'esprit de l'homme est très-borné, les Philosophes naturalistes ont rangé ces différens êtres sous différentes classes qu'ils ont appellées *Regnes* ; & l'on ne mérite le nom de *parfait Naturaliste*, que lorsqu'on est en état de ranger chaque être sous son *regne*, & d'en expliquer les principales propriétés, les usages les plus utiles à la société. Ce n'est donc que dans un excellent traité d'Histoire Naturelle, & non dans un Dictionnaire de Physique, que l'on doit s'attendre à trouver une pareille matiere traitée comme elle le mérite. Comme cependant un Physicien ne doit pas être tout-à-fait étranger dans l'Histoire Naturelle, & qu'il est même dans cette science certains points qu'il doit posséder pour le moins aussi parfaitement que le Philosophe Naturaliste, nous nous sommes déterminés à donner, dans l'article suivant une idée générale des *Trois Regnes de la Nature*. Dans cet article, comme dans tous ceux qui lui sont analogues, nous nous sommes faits un devoir de tout ramener à la Physique *proprement dite* : & par-là nous croyons nous être mis à l'abri du reproche qu'on fait à ceux qui jettent leur faux dans la moisson d'autrui.

REGNES DE LA NATURE. Les Naturalistes divisent les différens êtres qui se trouvent sur la terre en trois classes qu'ils appellent *Regnes*, le regne *animal*, le regne *végétal* & le regne *minéral*. Les différens corps des animaux, sans excepter celui de l'homme, après avoir été développés dans la matrice qui leur convient, s'accroissent, se fortifient, acquierent de nouvelles propriétés, une nouvelle énergie , de nouvelles facultés, soit en se nourrissant de plantes analogues à leur être, soit en dévorant d'autres animaux, dont la substance se trouve propre à les conserver, c'est-à-dire, à réparer la déperdition continuelle de quelques portions de leur propre substance qui s'en dégagent à chaque instant. Ces mêmes animaux se nourrissent, se conservent, s'accroissent & se fortifient à l'aide de l'air , de l'eau , de la terre & du feu. Privés de l'air, ou de ce fluide qui les environne, qui les presse, qui les pénetre, qui leur donne du ressort, ils cesseroient bientôt de vivre. L'eau, combinée avec cet air, entre dans tout leur mécanisme dont elle facilite le jeu. La terre leur sert de base en donnant la solidité à leur tissu ; elle est chariée par l'air & l'eau qui la portent aux parties du corps avec lesquelles elle peut se combiner. Enfin le feu lui-même, déguisé sous une infinité de formes & d'enveloppes, est continuellement reçu dans l'animal, lui procure la chaleur & la vie & le rend propre à exercer ses fonctions. Les alimens chargés de tous ces divers principes, en entrant dans l'estomac, rétablissent le mouvement dans le systeme des nerfs, & remontent, en raison de leur propre activité, la machine qui commençoit à languir, & à s'affaisser par les pertes qu'elle avoit souffertes. Aussitôt tout change dans l'animal ; il a plus d'énergie & d'activité ; il prend de la vigueur & montre plus de gaieté ; il agit, il se meut, il pense d'une façon différente ; toutes ses facultés s'exercent avec plus d'aisance. D'où l'on voit que ce qu'on appelle les *Elémens* ou les parties primitives de la matiere, diversement combinés, sont, à l'aide du mouvement, continuellement unis & assimilés à la substance du corps des animaux, modifient visiblement leur être, influent sur leurs actions, sur les mouvemens soit sensibles, soit cachés qui s'operent en eux.

Les mêmes élémens qui servent à nourrir, à fortifier, à conserver l'animal, deviennent dans de certaines circonstances les principes & les instrumens de son affoiblissement, de sa mort : ils operent sa destruction, dès qu'ils ne sont point dans cette juste proportion qui les rend propres à conserver son être. C'est ainsi que l'eau, devenue trop abondante dans le corps de l'animal, l'énerve, relâche ses fibres, & empêche l'action nécessaire des autres élémens. C'est ainsi que le feu, admis en trop quande quantité, excite en lui des mouvemens désordonnés & déstructifs pour sa machine. C'est ainsi que l'air, chargé de principes peu analogues à son mécanisme, lui apporte des contagions & des maladies dangereuses. Enfin les alimens modifiés de certaines façons, au lieu de le nourrir, le détruisent & le conduisent à sa perte. Toutes ces substances ne conservent l'animal, qu'autant qu'elles lui sont analogues ; elle le ruinent, lorsqu'elles ne sont plus dans le juste équilibre qui les rendoit propres à maintenir son existence.

Les plantes qui servent à nourrir & à réparer les animaux, se nourrissent elles-mêmes de la terre, se développent dans son sein, s'accroissent & se fortifient à ses dépens, reçoivent continuellement dans leur tissu par les racines & les pores l'eau, l'air & la matiere ignée. L'eau les ranime visiblement toutes les fois que leur végétation languit ; elle leur porte les principes analogues qui peuvent les perfectionner ; l'air leur est nécessaire pour s'étendre, & leur fournir de l'eau, de la terre & du feu avec lesquels il est lui-même combiné. Enfin elles reçoivent plus ou moins de matieres inflammables, & les différentes proportions de ces principes constituent les différentes *familles* ou *classes* dans lesquelles les Botanistes ont divisé les plantes. C'est ainsi que croissent le cedre & l'hyssope dont l'un s'éleve jusqu'aux nues, tandis que l'autre rampe humblement sur la terre. C'est ainsi que d'un gland sort peu-à-peu le chêne qui nous couvre de son feuillage. C'est ainsi qu'un grain de blé, après s'être nourri des sucs de la terre, sert à la nourriture de l'homme, en qui il va porter les élémens ou principes dont il s'est accru lui-même.

Nous retrouvons les mêmes élémens ou principes dans la formation des minéraux ; ainsi que dans leur décomposition soit naturelle, soit artificielle. Nous voyons que des terres diversement élaborées, modifiées & combinées servent à les accroître, à leur donner plus ou moins de poids ou de densité. Nous voyons l'air & l'eau contribuer à lier leurs parties ; la matiere ignée ou le principe inflammable leur donner leurs couleurs, & se montrer quelquefois à nu par les étincelles brillantes que le mouvement en fait sortir. Ces corps si solides, ces pierres, ces métaux se détruisent & se dissolvent à l'aide de l'air, de l'eau & du feu, comme le prouvent l'analyse la plus ordinaire, ainsi qu'une foule d'expériences dont nos yeux sont témoins tous les jours.

Les animaux, les plantes & les minéraux rendent au bout d'un certain tems à la nature, les élémens qu'ils en ont empruntés. La terre reprend alors la portion du corps dont elle faisoit la base & la solidité; l'air se charge des parties analogues à lui-même, & de celles qui sont les plus subtiles & les plus légeres; l'eau entraîne celles qu'elle est propre à dissoudre; le feu rompant ses liens, se dégage pour aller se combiner avec d'autres corps. Telle est la marche constante de la nature; tel est le cercle que sont obligés de décrire tous les corps qui existent dans ce vaste univers.

Ainsi parle l'Auteur de *Systeme de la Nature*. Nous avouons avec plaisir qu'il feroit bien difficile de dire autant de belles choses, autant de choses vraies aussi élégamment & en aussi peu de mots. Si nous nous sommes déterminés à le copier presque littéralement, c'est pour prouver à nos Lecteurs que nous avons eu droit de le réfuter dans plusieurs articles de ce *Supplément*. Nous lui aurions toujours rendu la même justice, s'il ne s'étoit jamais écarté du chemin qui-conduit à la vérité. Cherchez *Systeme de la Nature*.

Prenez garde, *dit M. Valmont de Bomare, en parlant des trois regnes de la nature, dans son excellent Dictionnaire, à l'article Histoire naturelle;* si vous voulez être au fait de ces trois regnes, visitez souvent le cabinet d'un Naturaliste éclairé; vous apprendrez plus dans quelques mois à cette école, que dans tous les ouvrages qui ont traité de ces matieres. Il a raison; *Horace* avoit dit longtems auparavant: *Segniùs irritant animos demissa per aurem, quàm quæ sunt oculis subjecta fidelibus.* Il n'est en effet aucun cabinet d'Histoire Naturelle, lorsqu'il est en ordre, où l'on n'assigne une place, souvent une piece particuliere à chacun de ces trois regnes que l'on distribue par classes, par genres, par especes & par variétés. Sous le regne animal, *continue le même Auteur*, vous trouverez

1°. Les plantes marines douteuses ; c'est-à-dire, les productions que certains Naturalistes regardent comme de vraies plantes marines, & certains autres comme les cellules de petits animaux. Le corail, par exemple, doit être mis dans cette classe. *Tournefort* le regarde comme une vraie, & M. *Valmont de Bomare*, d'après *Peissonel*, comme une fausse plante marine. Aussi le premier le range-t-il sous le regne végétal, & le second sous le regne animal. Il en est de même des madrepores, des lithophytes, des zoophytes, &c.

2°. Les testacées, c'est-à-dire, les poissons, qui se renferment & qui vivent dans des coquilles dures & solides.

3°. Les crustacées, c'est-à-dire, les animaux couverts d'une enveloppe beaucoup moins dure que les coquilles; tels sont le cancre, l'écrevisse, la langouste, le crabe, &c.

4°. Les insectes terrestres.

5°. Les poissons.

6°. Les amphibies, c'est-à-dire, les animaux qui vivent alternativement dans l'air & dans l'eau.

7°. Les oiseaux avec leurs nids & leurs œufs.

8°. Les quadrupedes.

9°. Le corps de l'homme sous la forme de squelette ; les monstres par *excès*, par *défaut*, par *conjonction* & par *transposition*.

Dans ces mêmes cabinets vous trouverez sous le regne végétal

1°. Les plantes *indigenes*, *exotiques* & *parasites*, c'est-à-dire, les plantes du pays, les plantes étrangeres & les plantes qui tirent leur nourriture des autres plantes.

2°. Leurs racines, leurs écorces, leurs bois, leurs feuilles, leurs fleurs, leurs fruits & leurs semences.

3°. Les herbes & les plantes tubereuses.

4°. Les tumeurs & les agarics, especes de champignons qui croissent sur les sapins, les chênes, les noyers, &c.

5°. Les baumes & les résines solides.

6°. Les gommes résines & les sucs gommeux.

7°. Les sucs extraits, sucres & fécules.

8°. Les plantes marines & maritimes.

Comme la collection des végétaux seroit immense, on ne conserve dans des bocaux que les plantes les plus rares ; on forme des autres un *herbier* ; c'est-à-dire, un amas de plantes collées dans des livres, & rangées d'après le systeme de quelque grand Botaniste.

Dans les cabinets d'Histoire Naturelle on trouve enfin sous le regne minéral

1°. Les eaux, les terres, les sables, les pierres & les sels.

2°. Les pyrites ; c'est une combinaison des métaux avec un acide quelconque réduit dans l'état de soufre.

3°. Les métaux.

4°. Les demi-métaux.

5°. Les bitumes & les productions des volcans.

6°. Les pétrifications.

Tel est à-peu-près l'arrangement que propose M. *Valmont de Bomare.* Les explications que nous avons ajoutées, nous paroissent nécessaires ; un Dictionnaire de Physique n'est pas un Dictionnaire d'Histoire Naturelle ; on peut être très-bon Physicien, sans être un grand Philosophe naturaliste. Quelque talent qu'on ait reçu de l'Auteur de la nature, la vie est trop courte, pour pouvoir posséder à fond toutes les branches de la Physique. *Pluribus intentus minor est ad singula sensus.*

Pour les petites additions & les légers changemens que nous avons cru devoir faire à l'arrangement proposé par M. *Valmont*, nous n'y sommes pas attachés ; nous nous ferons toujours un devoir de soumettre nos lumieres qui en cette matiere sont très-bornées, aux rares connoissances d'un Naturaliste qui mérite la haute réputation dont il jouit dans la République des sciences.

REJAILLIR. Action par laquelle un corps en mouvement revient, ou directement sur ses pas, ou se rend au côté opposé, en faisant un angle de réflexion égal à celui d'incidence. Nous avons prouvé dans l'article qui commence par le mot *réflexion* que *l'élasticité* étoit la cause physique de cet effet.

REPOS. C'est un état dans lequel ni le corps pris totalement, ni aucune de ses parties, ne passe d'un lieu à un autre. Comme le repos est un état directement opposé à celui d'un corps qui se meut ; l'on doit se former d'abord une idée nette du mouvement, si l'on veut comprendre ce que c'est que le repos. Nous avons traité cette matiere très-au long en son lieu.

RÉPULSION. Le Docteur Désaguliers est un des Newtoniens qui ait parlé de la *répulsion* d'une maniere plus décidée. Il rapporte d'abord dans sa premiere leçon plusieurs expériences pour prouver que la répulsion des corps, à certaines distances & dans certaines occasions, n'est pas moins que leur attraction, à d'autres distances & dans d'autres occasions, un principe de la nature, une loi générale que le Créateur a établie, en tirant ce monde du néant. Ces expériences sont :

1°. La pierre d'aimant dont un des pôles attire une extrémité d'une aiguille aimantée, & l'autre pôle repousse la même extrémité.

2°. Les particules d'air & de vapeurs que la chaleur & la fermentation forcent à sortir des corps. Ces particules sorties de la sphere d'activité des corps où elles étoient comme emprisonnées, se séparent les unes des autres avec une telle force, qu'elles occupent quelquefois un espace un million de fois plus grand que celui qu'elles occupoient auparavant.

3°. Les corps devenus électriques par frottement ou par communication. Ces corps repoussent à certaine distance les fils, les plumes, le tabac, les feuilles d'or, & tous les corps légers qu'on leur présente. De ces expériences le Docteur Désaguliers conclut, dans la note seconde de sa sixieme leçon, que le Créateur a fait des loix de répulsion auxquelles les corps sont soumis, & qu'on doit les regarder comme des loix générales de la nature. C'est par ces loix qu'il explique le ressort des corps & surtout le ressort de l'air.

J'avoue que si les loix de l'attraction n'étoient pas mieux démontrées que celles de la répulsion, je n'aurois jamais embrassé le Newtonianisme. Il faut de tems en tems en Physique, je le sais, en venir aux loix de la nature ; mais il faut pour cela que l'on vous donne à expliquer une qualité commune à tous les corps, extrinséque à ces mêmes corps, & il faut qu'il soit prouvé que cette qualité n'est pas l'effet d'une cause seconde, immédiate & mécanique. Telle est la gravité, ou pour mieux dire, la gravitation mutuelle des corps. Que l'on nous apporte, non pas une cause imaginaire & romanesque, mais une cause seconde, immédiate & mécanique de ce grand phénomene, & l'on verra avec quelle ardeur nous en prendrons la défense.

L'unique changement que nous aurons à faire à notre Physique appuyée très-souvent sur l'expérience & sur les démonstrations les plus lumineuses, ce sera de substituer la cause qu'on nous apportera, à la loi du Créateur, à laquelle cette nouvelle cause sera sans doute elle-même soumise immédiatement. Mais de long-tems nous ne ferons pas un pareil changement.

Pour ce qui regarde le magnétisme, l'électricité & le ressort, ce sont des effets que nous croyons avoir expliqué, sans avoir recours aux loix de la répulsion, comme à leur cause immédiate. Nous sommes fâchés que le grand Newton ait insinué cette maniere de procéder en Physique dans plusieurs endroits de son optique, & surtout dans la proposition huitieme de la troisieme partie du livre second, où il parle fort au long de la réflexion de la lumiere.

Il ne l'a encore que trop établie dans la question 31e. de ce même ouvrage.

Les preuves qu'apporte Newton de l'existence des loix de *répulsion*, sont aussi peu concluantes que celles du Docteur Désaguliers, & tout ce qu'on peut dire pour l'excuser, c'est qu'il n'a donné ses questions d'optique, que comme des doutes, & non pas comme des assertions. En effet, je le demande ; ces conséquences sont-elles bien directes. Il y a dans l'algebre des quantités affirmatives & des quantités négatives ; donc il y a dans la nature des loix d'*attraction* & des loix de *répulsion*.

Les corps solides attirent quelquefois la lumiere ; donc ils doivent quelquefois la repousser.

La lumiere sort du sein des corps lumineux ; donc elle en sort en vertu des loix de *répulsion*.

Les particules de l'air dilaté se séparent, jusqu'à occuper un espace un million de fois plus grand que celui qu'elles occupoient auparavant ; donc il existe dans la nature des loix de *répulsion*.

Les mouches se promenent sur la surface des eaux, sans se mouiller ; donc il y a une force *répulsive*. Ces raisonnemens paroissent sans doute très-peu concluans ; ils sont cependant tirés mot à mot de l'endroit de l'optique de Newton, que nous venons de citer. Je le répete ; si les loix d'*attraction* étoient fondées sur de pareilles preuves, je regarderois le Newtonianisme comme un systeme insoutenable.

RESPIRATION. La respiration renferme deux mouvemens, celui d'*inspiration*, & celui d'*expiration*. Le premier se fait lorsque nous recevons de l'air dans la poitrine; le second a lieu, lorsque nous le rendons par la même voie par laquelle il est entré. Nous avons expliqué ce double mouvement dans l'article de la *poitrine*.

RESSORT. Qualité qu'ont certains corps de reprendre leur premiere figure, lorsque la compression qui la leur a fait perdre, vient à cesser. Cherchez *Élasticité*.

RÉTINE. Membrane faite en forme de filet qui occupe le fond de l'œil. C'est une expansion du nerf optique. Nous avons démontré dans l'article de l'*œil*, que c'est dans la rétine que l'on doit placer l'organe de la vue.

RÉTROGRADE. On dit qu'une planete est rétrograde, lorsqu'elle paroît avoir un mouvement périodique d'Orient en Occident, quoiqu'elle l'ait réellement d'Occident en Orient. Consultez l'article de *Copernic*, & vous trouverez la cause optique de ce phénomene.

REYNEAU, (Charles) *Prêtre de la Congrégation de l'Oratoire, & Académicien honoraire de l'Académie Royale des Sciences de Paris, naquit à Brissac, diocese d'Angers, en l'année* 1656. On doit le mettre au rang des plus grands Mathématiciens. La liaison étroite qu'il y a entre les mathématiques & la physique, nous donne droit de faire ici l'éloge de ce grand homme. Le P. Reyneau, après avoir enseigné avec distinction la Philosophie à Toulon & à Pezenas dans les Colléges de sa Congrégation, fut envoyé par ses supérieurs à Angers, pour y enseigner les mathématiques. Il occupa cette chaire pendant 22 ans avec tout l'éclat possible. Ce fut pendant ce tems-là qu'il prépara ses deux fameux ouvrages qui lui ont fait donner le nom de l'*Euclide de la haute géométrie*. Le premier intitulé, l'*analyse démontrée*, fut publié en l'année 1708; le second qui a pour titre, la *science du calcul*, ne parut qu'en 1714. Comme ces ouvrages n'appartiennent qu'indirectement à la Physique, il ne nous est pas permis d'en faire ici l'abrégé; nous en sommes fâchés; tout ce qu'a fait le P. Reyneau est marqué au bon coin. Il mourut à Paris le 24 Février 1728.

RHOMBE. C'est une figure dont les quatre côtés sont égaux, & dont aucun des quatre angles n'est droit. Cherchez *Géométrie*.

RHOMBOIDE. C'est une figure dont aucun des quatre angles n'est droit, & dont les côtés opposés seulement sont égaux. Voyez le même endroit de l'article *Géométrie*.

RICCIOLI, (Jean-Baptiste) *de la Compagnie de Jesus, naquit à Ferrare en l'année* 1598. Les Astronomes ne parlent de lui qu'avec une espece de vénération. Il a augmenté de 305 étoiles le catalogue de Képler. Il a observé avec beaucoup d'exactitude tous les phénomenes astronomiques qui ont paru de son tems. Il a donné des noms aux taches de la Lune. Il a publié un *nouvel almageste*, une *sénélographie*, une *chronologie*, une *astronomie réformée* & plusieurs autres grands ouvrages qui doivent nous le faire regarder comme un des plus savans hommes, & surtout comme un des plus habiles Astronomes de son tems. Il mourut à Bologne le 27 Juin 1671.

RICHER. *L'un des premiers Membres de l'Académie Royale des Sciences de Paris, se distingua parmi les Astronomes du siecle passé.* Il fut en 1672 à l'Isle de Cayenne, pour y faire des observations astronomiques; & ce fut-là qu'il s'apperçut que les corps étoient moins graves sous l'équateur, que dans les autres endroits de la terre. Nous avons rendu compte de cette observation, article *Gravité*. C'est cette importante découverte qui a fait soupçonner que la terre étoit un sphéroïde applati vers les pôles & élevé vers l'équateur; ce qu'elle est en effet. M. Richer mourut en l'année 1696.

RIRE. C'est un son inarticulé, causé par l'air qui sort de la poitrine avec trop d'impétuosité & comme par sauts. Le Diaphragme, en se relevant & en s'abaissant plus vîte & plus fort qu'il n'a coutume de le faire dans la simple respiration, doit être regardé comme la cause principale, & peut-être la cause unique de la sortie irréguliere de l'air par l'ouverture de la trachée artere, à laquelle on a donné le nom de *glotte*. Mais quelle est la cause physique qui fait relever & abaisser le diaphragme avec plus de vîtesse que dans la respiration? Il est probable que ce sont les esprits vitaux qu'un sentiment de joie détermine à aller, comme sans ordre, dans les muscles dont le diaphragme est composé. Car enfin, s'il est vrai, comme nous l'avons expliqué en son lieu, & surtout dans l'article des *muscles*, que le jeu ordinaire du diaphragme ait pour cause l'entrée & la sortie réglée des esprits vitaux; n'est-il pas naturel de soupçonner que ce qui fait abaisser & relever le diaphragme presque sans ordre, ce sont les esprits vitaux qui se rendent avec trop d'abondance & d'une maniere très-irréguliere dans les muscles du diaphragme, & qui en sortent avec aussi peu d'ordre.

Ce n'est pas-là le sentiment de Descartes. Ce Physicien trouve la cause du rire, dans le sang qui va, en plus grande abondance, du ventricule droit du cœur dans les poumons par l'artere pulmonaire. Il prétend que ce sang, enflant subitement & à différentes reprises les poumons, fait sortir l'air par la trachée artere en forme de son inarticulé. Il soupçonne ensuite que deux causes concourent à enfler ainsi les poumons. La premiere est un sentiment de joie qui ouvre assez les orifices du cœur, pour qu'une grande quantité de sang se rende de la veine cave dans le ventricule droit, & de-là dans le poumon. La seconde est un sang très-fluide qui se rend de la rate au cœur, & qui fait raréfier le sang que donne la veine cave.

Descartes remarque ensuite qu'on ne rit jamais dans les grandes joies. La raison qu'il en apporte, c'est que pendant tout ce tems-là le poumon est tellement plein de sang, qu'il ne peut pas s'enfler & se désenfler alternativement, & chasser par la trachée artere, comme par sauts & par bonds, une partie de l'air que contient la poitrine.

Enfin Descartes assure, que, si la tristesse suit pour l'ordinaire la joie, c'est que la rate, après avoir envoyé pendant quelque tems au cœur un sang très-fluide & très-délié, ne lui envoie ensuite qu'un sang très-crasse & très-épais. Voyez comment il s'exprime dans son traité des passions, *partie seconde*, *article* CXXIV, CXXV, CXXVI.

ROEMER, (Olaüs) *naquit à Arhus dans le Danemark, le* 25 *Septembre* 1644. Il s'adonna avec succès à l'Astronomie. Newton nous apprend dans la proposition onzieme de la partie troisieme du livre second de son optique, que Roemer s'apperçut le premier que la lumiere avoit un mouvement progressif, & qu'elle parcouroit chaque minute, environ quatre millions de lieues. Nous avons rendu

rendu compte de cette découverte dans l'article de la lumiere. Il mourut en l'année 1710. Il avoit été reçu à l'Académie Royale des Sciences de Paris en 1672.

ROHAULT, (Jacques) *naquit à Amiens en l'année* 1620. Il s'adonna à la physique & aux mathématiques, qu'il regardoit comme deux sciences inséparables ; & il eut dans l'une & dans l'autre les succès les plus brillans. Son traité de physique, quoique fondé sur le pur cartésianisme, sera toujours regardé, même par les Newtoniens, comme un très-bon ouvrage ; l'Auteur a eu soin d'y faire entrer une foule de questions physico-mathématiques, & physico-anatomiques, dont l'explication est indépendante de tout systeme. Ce traité est divisé en quatre parties. La premiere est une vraie physique générale. La seconde contient de très-bons élémens d'astronomie. La troisieme présente les questions les plus curieuses de la physique terrestre. La quatrieme apprend ce qu'un Physicien ne doit pas ignorer de physiologie. Comme ce livre est entre les mains de plusieurs personnes, nous nous contenterons d'en citer ici un seul lambeau. Voici comment il parle des cometes, à la *page* 103 de la seconde partie de sa physique, dans un tems où la plupart des Physiciens les regardoient comme des exhalaisons fortuites élevées du sein de la terre dans l'atmosphere terrestre. (Ce que nous appellons des cometes, sont certains corps lumineux que l'on voit paroître quelquefois entre les astres sous différente grandeur, & qui approche de celle sous laquelle nous voyons les planetes de Mars, de Jupiter ou de Saturne. Leur lumiere est grandement foible, en sorte que dans le tems le plus serein, on ne les voit guere autrement, que comme on voit Mars, Jupiter & Saturne au travers d'un peu de brouillard. Le corps de la comete est ordinairement accompagné de certains rayons de lumiere qui s'éloignent en s'affoiblissant, & qui dans la maniere de se répandre, ne manquent jamais de suivre une certaine regle qu'il est très-important de remarquer ; savoir, que si le Soleil est à-peu-près en opposition avec la comete, ces rayons se répandent également à la ronde, & font comme une chevelure à l'entour d'elle ; au lieu que si le Soleil est dans tout autre aspect, ils se portent seulement vers la partie du Ciel qui est opposée à celle où il est. Ainsi si cet astre eſt oriental par rapport à la comete ; elle paroît darder ſes rayons du côté de l'Occident ; & s'il eſt occidental, elle les jette vers l'Orient ; & lorſqu'ils ſe jettent ainſi vers un ſeul côté, ils ſe font voir fort longs, juſqu'à paroître quelquefois occuper environ la douzieme partie du circuit du Ciel....

Lorſqu'une comete eſt vue darder ſes rayons vers l'endroit du Ciel où ſon mouvement propre ſemble la porter, ces rayons s'appellent une *barbe* : au contraire lorſqu'ils s'étendent vers la partie du Ciel d'où ſon mouvement propre ſemble l'éloigner, ils ſe nomment une *queue* ; & lorſqu'ils ſe répandent également à la ronde, on les appelle une *chevelure*.... Les aſtronomes qui n'ont pas trouvé de parallaxe dans les cometes, ce qui marque leur grand éloignement, ſe ſont contentés de faire voir la fauſſeté de l'opinion d'Ariſtote qui les place dans l'air.... Si quelque raiſon convaincante pouvoit prouver que ce ſont des aſtres au-delà de Saturne, on ne devroit faire aucune difficulté de les y placer.) En voilà aſſez pour prouver avec quelle clarté & quel bon ſens parloit M. Rohault ſur les matieres les plus difficiles. Son traité de phyſique n'eſt pas le ſeul ouvrage qu'il ait donné au public. Ses élémens de Mathématique, ſa Mécanique, & ſes entretiens ſur la philoſophie ſeront mis en tout tems dans la claſſe des ouvrages excellens. Il avoit formé d'autres projets de livres, qu'une mort prématurée l'empêcha d'exécuter. Il mourut à Paris en l'année 1675 à l'âge de 55 ans.

ROMAINE. C'eſt un lévier de la premiere eſpece, compoſé de deux bras très-inégaux, qui ſert à mettre en équilibre deux quantités inégales de matiere. Nous en avons expliqué le mécaniſme dans le corollaire ſecond de la Mécanique.

ROSÉE. Une vapeur très-ſubtile élevée du ſein de la terre par la chaleur qui regne dans l'atmoſphere quelque tems avant le lever du Soleil, & qui va ſe raſſembler en forme de gouttes ſur les herbes & ſur les plantes, nous donne la roſée. On peut encore regarder la chaleur qui regne dans le ſein de notre globe, comme concourant à produire ce météore. Lorſque nous devons la roſée à cette derniere cauſe, & que le froid commence à ſe faire ſentir, alors on apperçoit ſur la ſurface de la terre une couche de glaçons fort menus auxquels on a donné le nom de *gelée blanche*. Lisez l'article des *Météores*.

ROTATION. Mouvement d'un corps solide qui tourne sur son axe, sans changer de place. Le Soleil & les planetes ont un mouvement de rotation d'Occident en Orient qui s'acheve en différens tems. Consultez l'article *Copernic*.

ROUE. Une *roue* est un corps rond, ordinairement plat & mobile sur son centre. Il y a des roues immobiles & des roues mobiles. Les premieres qui tournent sur leur axe, ne changent jamais de lieu, telle est la roue d'un moulin à eau ; les secondes ont deux mouvemens, l'un de leur centre qui s'avance en ligne droite, & l'autre de leurs parties qui tournent autour du centre, telles sont les roues des voitures ordinaires. Ceux qui auront lu l'article de la *Mécanique*, n'auront pas beaucoup de peine à comprendre que les roues immobiles sont des léviers de la premiere, & les roues mobiles des léviers de la seconde espece. Ce qu'il y a de plus intéressant en cette matiere, ce sont les roues dentées, si propres à augmenter la vîtesse de la puissance sur celle du poids. Ce n'est dans le fond qu'un assemblage de léviers de la premiere espece. Nous avons expliqué très-au long cette machine dans le corollaire dixieme de la Mécanique.

ROUGE. C'est la premiere des sept couleurs primitives. Elle est causée par celui des sept rayons de lumiere qui a le moins de réfrangibilité & le moins de réflexibilité. Voyez cette matiere rapprochée de ses principes, dans l'article des *Couleurs*.

RUISCH, (Frédéric) *Membre de l'Académie des Sciences de Paris, de la Société Royale de Londres, & de l'Acamie des curieux de la nature, naquit à la Haye, le* 23 *Mars* 1638. L'anatomie lui doit les découvertes les plus intéressantes. Il nous a appris qu'il y a un très-grand nombre de valvules dans les vaisseaux lymphatiques ; & il en fit compter plus de deux mille à un Anatomiste nommé Bilsius, qui en nioit l'existence avec une espece de mépris. C'est encore à lui que nous devons l'art de préparer & de conserver les cadavres. Il faisoit entrer sa liqueur colorée jusques dans des ramifications d'arteres & de veines, qu'on pouvoit à peine appercevoir avec le microscope. Toutes les parties injectées par cet habile Anatomiste conservoient leur consistance, leur mollesse, leur flexibilité, & même s'embellissoient avec le tems. Les cadavres, quoiqu'avec leurs visceres, n'avoient point de mauvaise odeur : ils en prenoient même une agréable, lorsqu'ils sentoient mauvais avant l'opération. Le chef-d'œuvre de M. Ruisch fut la préparation qu'il fit en 1666 du cadavre déjà gâté de Guillaume Bercley, Vice-Amiral Anglois, tué à la bataille, donnée le 11 Juin entre les flottes d'Angleterre & de Hollande. Il le renvoya en Angleterre avec l'apparence d'un corps vivant. Lorsque le Czar Pierre le Grand alla visiter les curiosités anatomiques que rassembloit le cabinet de M. Ruisch, il fut si frappé, à la vue du corps d'un petit enfant qui paroissoit lui sourire, que le prenant pour vivant, il l'embrassa avec tendresse. Ce Prince acheta ce cabinet en 1717 & il l'envoya à Pétersbourg, comme le plus beau présent qu'il pût faire à sa capitale. M. Ruisch, alors âgé de 79 ans, eut le courage d'en recommencer un nouveau ; & il eut le bonheur de vivre assez pour en préparer un, plus parfait que celui dont il avoit été obligé de se défaire. Il préparoit les plantes avec le même succès que les cadavres. Il mourut à Amsterdam à l'âge de 93 ans, le 22 Février 1731. Ses principaux ouvrages sont :

1°. *Dilucidatio valvularum in vasis lymphaticis & lacteis.*
2°. *Observationum anatomico-chirurgicarum centuria.*
3°. *Epistolæ problematicæ sexdecim.*
4°. *Thesaurus animalium primus.*
5°. *Thesauri anatomici decem.*
6°. *Curæ posteriores.*
7°. *Curæ renovatæ post curas posteriores.*
8°. *Musæum anatomicum.*

S

SALIVE. Le fameux Boerrhaave dans sa physiologie imprimée à Venise, *page* 8, *parag.* 65, nous apprend qu'à la racine de l'oreille se trouve une glande conglomérée, appellée *parotide.* Cette glande, après avoir séparé par sa structure la salive du sang artériel, la verse dans un conduit commun, lequel, pour la décharger dans la bouche vers la troisieme dent molaire supérieure, perce le muscle *buccinateur*, c'est-à-dire, le muscle qui s'enfle & fait la joue grosse, lorsqu'on souffle, ou lorsqu'on sonne de la trompette. Au dedans de la machoire est la glande maxillaire interne, fort grande, presque aussi étendue par son origine, que la machoire. Cette glande sépare la salive du même sang artériel; la verse dans un canal excréteur, qui vient de sa partie postérieure; s'avance antérieurement jusqu'aux dents incisives antérieures; au milieu de son trajet reçoit encore la salive par des branches latérales des autres portions de cette même glande, & la décharge par deux émonctoires, & quelquefois par un plus grand nombre, placés vers la fin de la racine antérieure du frein de la langue. Les glandes sublinguales font le même office. La langue, le palais, les gencives, les levres sont percées de petits émissaires qui distillent une humeur plus ténue, mais de même nature que la salive. Les glandes de la partie antérieure du palais, & quelques-unes de celles qui sont situées vers la racine de la langue auxquelles on a donné le nom d'amygdales, parce qu'elles ont la figure d'une amende, filtrent une espece de salive qui se décharge dans la bouche, & se mêle avec les alimens. Ces sources, & leurs orifices sont tellement situés, que c'est principalement par le mouvement de la mastication, ou de la parole, que la bouche se remplit de leurs humeurs.

Boerrhaave, après avoir ainsi décrit les réservoirs & les conduits salivaires, dit que la salive est une humeur claire, transparente, qui ne s'épaissit point au feu, qui n'a presque ni goût, ni odeur, qui dévient fort écumeuse, quand elle est battue ou fouettée, séparée par des glandes d'un ſang pur artériel. Elle eſt abondante, fluide; âcre, quand on a faim; fort âcre, pénétrante, déterſive, réſolutive, quand on a long-tems jeûné. Elle eſt compoſée d'eau, d'une aſſez grande quantité d'eſprits, d'un peu d'huile & de ſel, qui mêlés enſemble, forment une matiere ſavonneuſe. Les remarques ſuivantes ſont du même auteur traduit & commenté par la *Metrie.*

Premiere remarque. Puiſque la ſalive ſe ſépare d'un ſang artériel très-pur; & puiſqu'après y avoir été élaborée par par un artifice merveilleux, elle ſe décharge dans la bouche, & ſe mêle aux alimens; on a tort de la rejetter. On fait bien de l'avaler; elle paſſe encore dans la maſſe du ſang, s'y perfectionne toujours davantage & devient meilleure.

Seconde remarque. Les alimens étant atténués par le mouvement de la maſtication, la ſalive qui s'exprime par cette même action, & ſe mêle exactement avec eux, 1°. contribue à les aſſimiler à la nature du corps dont ils doivent être la nourriture; 2°. marie les huiles avec les matieres aqueuſes; 3°. produit la diſſolution des matieres ſalines; 4°. elle produit encore la fermentation, un changement de goût & d'odeur, un mouvement inteſtinal & une réfection momentanée; 5°. c'eſt par la ſalive que s'appliquent à l'organe du goût les corps qui en ont.

SANCTORIUS profeſſa la médecine avec éclat dans l'Univerſité de Padoue, au commencement du XVIIe. ſiecle. Nous lui devons un très-grand nombre d'expériences; la plupart ſur le rapport qu'il y a entre les alimens que nous prenons & la tranſpiration inſenſible qui ſe fait par les pores de notre corps. Il a trouvé qu'un homme qui mange & qui boit la quantité de 8 livres, en perd 5 par la tranſpiration inſenſible. Il nous a laiſſé deux bons ouvrages, l'un intitulé *de medicinâ ſtaticâ*; l'autre, *methodus vitandorum errorum qui in arte medicâ contingunt.*

SANG. Le célebre Lewenhoeck a démontré qu'un globule de ſang eſt compoſé de 6 globules de chyle unis enſemble d'une façon très-réguliere; de-là les Phyſiciens ont conclu que le changement du chyle en ſang, que les Médecins appellent *hématoſe*, ſe fait par la réunion de ſix globes de chyle en un ſeul. Tout le monde convient maintenant que le ſang a un mouvement de circulation, c'eſt-à-dire, qu'il va du cœur aux extrémités du corps par les arteres, & que des extrémités du corps il retourne au cœur par les veines; c'est pour cela sans doute que le Chirurgien qui vous saigne, vous lie le bras au-dessus de l'endroit où doit se faire la saignée; il sait que le sang qui revient au cœur par les veines *axillaires*, sera arrêté par la ligature & jaillira par le trou qu'il a fait avec sa lancette. L'on doit donc regarder comme une chose démontrée que le sang va du ventricule gauche dans l'aorte ascendante & descendante; de l'aorte ascendante dans les arteres placées au-dessus du cœur, & de l'aorte descendante dans les arteres placées au-dessous du cœur; des arteres placées au-dessus du cœur aux extrémités supérieures du corps, & des arteres placées au-dessous du cœur aux extrémités inférieures du corps; des extrémités supérieures du corps dans les veines placées au-dessus du cœur, & des extrémités inférieures du corps dans les veines placées au-dessous du cœur; des veines placées au-dessus du cœur dans la veine cave supérieure ou descendante, & des veines placées au-dessous du cœur dans la veine cave inférieure ou ascendante; de la veine cave descendante & ascendante dans le ventricule droit du cœur; du ventricule droit dans l'artere pulmonaire; de l'artere pulmonaire dans la veine pulmonaire; & de la veine pulmonaire dans le ventricule gauche d'où il étoit d'abord sorti. Il n'est pas nécessaire de faire remarquer que l'aorte a des *soupapes* qui s'ouvrant toujours à propos, laissent sortir le sang du ventricule gauche, & s'opposent à son retour; & que la veine cave a aussi ses *soupapes* qui s'ouvrant de même à propos, favorisent le retour du sang dans le ventricule droit du cœur. Il n'est pas aussi nécessaire de faire remarquer que l'on doit regarder les mouvemens de *diastole* & de *sistole* du cœur comme la cause physique de la circulation du sang. Les solutions des questions suivantes jetteront un grand jour sur cet article.

Premiere Question. Par quel mécanisme le sang porté du ventricule droit du cœur dans les poumons par l'artere pulmonaire, va-t-il des poumons dans le ventricule gauche par la veine pulmonaire?

Résolution. Au mouvement d'*inspiration* succede celui d'*expiration*. Dans le mouvement d'*expiration* les poumons se compriment, & rendent par la veine pulmonaire le ſang qu'ils avoient reçu dans l'*inſpiration* par l'artere pulmonaire. Il arrive à-peu-près aux poumons ce qui arriveroit à une éponge que l'on comprimeroit, après l'avoir auparavant jettée dans l'eau. Auſſi les Anatomiſtes aſſurent-ils qu'un des principaux effets de la reſpiration, eſt de contribuer à la circulation du ſang.

Seconde Queſtion. Le ſang circule-t-il dans ceux qui vivent, ſans avoir l'uſage de la reſpiration ; tels que ſont les enfans renfermés dans le ſein de leur mere ?

Réſolution. Il circule, mais cette circulation eſt un peu différente de la nôtre. Chez nous le ſang va du ventricule droit dans les poumons par l'artere pulmonaire ; des poumons dans le ventricule gauche par la veine pulmonaire ; & du ventricule gauche dans l'aorte. Dans les enfans qui ſont encore renfermés dans le ſein de leur mere, le ſang va du ventricule droit dans le ventricule gauche par le *trou ovale* ou *botal*, ſans paſſer par les poumons.

Troiſieme Queſtion. Combien de fois chaque heure toute la maſſe du ſang paſſe-t-elle par le cœur de l'homme ?

Réſolution. Elle y paſſe 18 fois. Pour en comprendre la démonſtration, faites attention à ce qui ſuit.

1°. Le ventricule gauche du cœur contient 2 onces de ſang.

2°. A chaque pulſation du cœur il ſort 2 onces de ſang du ventricule gauche.

3°. Le cœur bat une fois chaque ſeconde.

4°. Une heure contient 3600 ſecondes.

5°. Une livre contient 16 onces.

6°. Le commun des hommes a 25 livres de ſang. Cela ſuppoſé, voici comment je raiſonne.

Chaque heure le cœur bat 3600 fois : à chaque pulſation il ſort deux onces de ſang du ventricule gauche : donc il paſſe chaque heure 7200 onces de ſang par le cœur. Mais 7200 onces contiennent 450 livres de ſang, puiſque 450 multiplié par 16 donne pour produit 7200. De plus 450 contient 18 fois 25 ; donc il paſſe chaque heure par le cœur 18 fois 25 livres de ſang, c'eſt-à-dire, 18 fois toute la maſſe du ſang.

Corollaire premier. Toute la maſſe du ſang paſſe 432 fois chaque jour par le cœur de l'homme, parce qu'un jour contient 24 heures, & que 24 multiplié par 18 donne 432 pour produit.

Corollaire second. Toute la masse du sang passe 157788 fois chaque année par le cœur de l'homme, parce qu'une année contient 365 jours 6 heures, & que 365 jours 6 heures multipliés par 432 donnent pout produit 157788.

Il n'est pas nécessaire de faire remarquer que nous ne parlons dans tout ce calcul que d'un homme sain, & non pas d'un homme tourmenté par la fievre.

SANGUIFICATION. Action par laquelle le chyle se change en sang. Les anciens soutenoient que ce changement se faisoit dans le foie. Mais on a démontré que le chyle ne va pas dans cette partie du corps. J'ai fait, *dit M. Dionis, page* 193, l'ouverture de plusieurs chiens en vie, 4 heures après les avoir fait manger : j'ai aussitôt decouvert le foie, que j'ai séparé du corps du chien ; & ayant en même-tems imbibé tout le sang épanché dans la place qu'occupoit le foie, je n'ai point vu qu'il y eût eu une goutte de chyle répandu dans cet endroit, ni dans aucune partie du foie ; quoique les veines lactées, le réservoir de Pecquet, & le canal thorachique en fussent remplis ; ce qui fait voir que le chyle va droit au cœur, & non pas au foie.

M. le Monnier, Professeur de Philosophie au Collége d'Harcourt, a enseigné de nos jours que le sang devoit sa couleur rouge aux particules nitreuses & sulfureuses que nous recevons avec l'air dans le tems de l'*inspiration*, & qui s'insinuent dans la substance même des poumons. Voyez comment il parle *tome cinquieme, page* 313.

On enseigne maintenant, & ce sentiment nous paroît l'unique vrai, que le changement du chyle en sang se fait par la réunion de 6 globules de chyle en un globule de sang. Nous devons cette découverte à Lewenhoek, comme nous l'avons dit au commencement de l'article précédent.

SATELLITES. Les satellites sont des planetes du second ordre qui font leur révolution périodique autour d'une planete du premier ordre, c'est-à-dire, autour d'une planete qui tourne autour du Soleil. La terre a pour satellite la Lune dont nous avons parlé fort au long en son lieu. Jupiter, Saturne & Vénus ont aussi leurs satellites dont nous allons parler dans les trois articles suivans.

SATELLITES DE JUPITER. En l'année 1610 Galilée découvrit 4 aſtres, à-peu-près gros comme la terre; qui tournent périodiquement autour de Jupiter, le premier en 1 jour, 18 heures, 29 minutes; le ſecond en 3 jours, 13 heures, 18 minutes; le troiſieme en 7 jours, 4 heures; & le quatrieme en 16 jours, 18 heures, 5 minutes. L'orbite qu'ils parcourent d'Occident en Orient eſt elliptique; elle forme avec celle de Jupiter un angle d'environ 2 degrés 55 minutes: ils ne ſont pas tous à égale diſtance de leur planete principale; le premier ſatellite en eſt éloigné d'environ quatre-vingt, cinq mille lieues; le ſecond, d'environ cent trente-cinq mille lieues; le troiſieme, d'environ deux cent quinze mille lieues; & le quatrieme, d'environ trois cent quatre-vingt mille lieues. Lorſque Jupiter ſe trouve entre la terre & quelqu'un de ſes ſatellites, alors ce ſatellite s'éclipſe par rapport à nous; nous avons vu dans l'article de la *lumiere* combien ces ſortes d'éclipſes ont ſervi à perfectionner la Phyſique; ils n'ont pas moins ſervi à déterminer la vraie longitude des villes, & à corriger une infinité d'erreurs qui s'étoient gliſſées dans la Géographie.

SATELLITES DE SATURNE. Saturne eſt environné de 5 aſtres à-peu-près de la groſſeur de la terre qui tournent périodiquement autour de lui d'Occident en Orient en différens tems. Le premier qui fait ſa révolution en 1 jour, 21 heures, 18 minutes, eſt éloigné de Saturne d'environ quatre-vingt-dix mille lieues: le ſecond dont la révolution eſt de 2 jours, 17 heures, 41 minutes, en eſt éloigné d'environ cent vingt-mille lieues; le troiſieme dont la période eſt de 4 jours, 12 heures, 25 minutes, en eſt éloigné d'environ cinquante-cinq mille lieues; le quatrieme qui demeure 15 jours, 22 heures, 41 minutes à parcourir ſon orbite, en eſt éloigné d'environ trois cent quatre vingt-mille lieues; enfin le cinquieme qui n'acheve ſon cours périodique qu'après 79 jours, 7 heures, 43 minutes, ſe trouve éloigné de Saturne de près d'un million cent mille lieues. L'orbite elliptique qu'ils décrivent, n'eſt pas dans le plan de celle de Saturne; celle que parcourt le cinquieme ſatellite lui eſt inclinée de 15 degrés ſeulement, c'eſt-à-dire, la moitié moins que les 4 autres. Ces 5 aſtres n'ont pas été découverts en même tems. M. Huyghens découvrit le quatrieme en 1655; les 4 autres ont été découverts par M. Caſſini, le troiſieme en 1671 ; le cinquieme en 1672, & les deux premiers en 1684.

SATELLITE *de Vénus*. L'année 1761 sera célebre dans l'astronomie par la découverte que l'on fit, le 3 de Mai, d'un satellite autour de Vénus. Nous la devons à M. Montagne, Membre de la Société de Limoges, qui observa encore ce satellite, le 4, & le 7 du même mois. M. Baudouin, Conseiller au grand Conseil, lut à cette occasion à l'Académie Royale des Sciences de Paris un mémoire très-intéressant, dans lequel il détermina la révolution & la distance du Satellite de Vénus. Il résulte des calculs de cet habile astronome que ce nouvel astre a environ le $\frac{1}{4}$ du diametre de Vénus ; qu'il en est éloigné à-peu-près autant que la Lune l'est de la terre ; que sa révolution périodique est de 9 jours & 7 heures ; que son nœud ascendant est au 22e. degré de la vierge, &c.

Pour trouver le rapport entre la masse du Soleil & celle de Vénus, voici comment je m'y prends.

1°. Je considere le Soleil comme un corps central autour duquel tourne Vénus, & je regarde Vénus comme un corps central autour duquel tourne son satellite.

2°. Je sais que Vénus met environ 5394 heures à tourner autour du Soleil, & que le nouveau satellite en met environ 223 à tourner autour de sa planete principale.

3°. Le carré de 5394 est 29095236. Donc le carré du tems périodique de Vénus sera ce dernier nombre.

4°. Le carré de 223 est 49729. Donc le carré du tems périodique du satellite de Vénus, est représenté par 49729 heures.

5°. Quoique l'éloignement réel de la Terre au Soleil soit d'environ trente millions de lieues : cependant, pour abréger les opérations, je fais cette distance de 1000 parties égales. Dans cette hypothese la distance de Vénus au Soleil sera de 723, & la distance du satellite de Vénus au centre de sa planete, sera de 3 de ces parties égales.

6°. La distance de Vénus au Soleil étant représentée par 723, le cube de cette distance sera 377933067.

7°. Le cube de la distance du satellite de Vénus sera 27.

8°. Par tous les principes que nous avons établis dans l'article du *centre de gravitation*, j'ai la proportion suivante ; la masse du Soleil : à la masse de Vénus : : le cube de la distance de Vénus divisé par le carré de son tems périodique : au cube de la distance du satellite de Vénus divisé par le carré de son tems périodique. Donc la masse du Soleil : à la masse de Vénus :: $\frac{1770331067}{2909052136}$: $\frac{27}{49729}$.

9°. $\frac{1770331067}{2909052136}$: $\frac{27}{49729}$ :: 13 : $\frac{1}{1842}$.

10°. 13 : $\frac{1}{1842}$ :: $\frac{13}{1}$: $\frac{1}{1842}$.

11°. $\frac{13}{1}$: $\frac{1}{1842}$ :: $\frac{23946}{1842}$: $\frac{1}{1842}$ :: 23946 : 1.

Donc la masse du Soleil : à la masse de Vénus :: 23946 : 1 ; donc la masse de Vénus est environ 8 fois plus grande, que celle de la terre, parce que nous avons démontré dans l'article du *centre de gravitation*, que la masse du Soleil : à la masse de la terre :: 207194 : 1.

Tout le monde doit sentir la bonté de cette conséquence. En effet le Soleil ne contient que 23946 fois la masse de Vénus, & il contient 207194 fois la masse de la terre ; donc la masse de Vénus est $\frac{1}{23946}$ par rapport au Soleil, & la masse de la terre $\frac{1}{207194}$ par rapport au même astre ; donc la masse de Vénus : à la masse de la terre :: 207194 : 23946 :: environ 8 : 1 ; donc la masse de Vénus est environ 8 fois plus grosse que la masse de la terre.

SATURNE. C'est la troisieme des planetes supérieures. Son globe, sensiblement sphérique, est environ 7 fois moins dense, & environ 980 fois plus gros que celui de la terre. Son mouvement périodique qui se fait autour du Soleil d'Occident en Orient, ne s'acheve que dans l'espace d'environ 30 années, c'est-à-dire, dans l'espace de 29 années, 155 jours. Nous soupçonnons qu'il a, comme les autres planetes, un mouvement de rotation sur son axe ; mais comme dans sa plus petite distance il se trouve à environ trois cent millions de lieues du Soleil, l'on n'a pas encore pu découvrir en combien d'heures il se fait. Saturne parcourt une orbite elliptique inclinée à l'écliptique de 2 degrés, 30 minutes, 40 secondes ; les nœuds de cette orbite ont un mouvement fort lent d'Occident en Orient ; ils ne parcourent chaque année que 29 secondes & 24 tierces. Cette planete paroît engagée dans un corps lumineux LMNO, *fig.* 8, *pl.* 1, de forme elliptique, dont le grand axe LM est constant, & incliné sur le plan de l'orbite de Saturne d'environ 30 degrés ; cet axe est au diametre du globe de Saturne environ comme 9 à 4. Le corps lumineux LMNO ne paroît pas toujours le même ; quelquefois il ne présente que deux anses L,

M ; quelquefois il disparoît entierement ; ce qui prouve, *dit M. l'Abbé de la Caille*, que Saturne est au centre d'un corps circulaire très-mince, ou qui n'a pas d'épaisseur assez sensible pour être vue, lorsque son plan est dirigé à notre rayon visuel. Ce plan environne Saturne sans le toucher, & même laisse un espace assez considérable entre sa circonférence intérieure & le corps de la planete. M. Cassini conjecture dans ses élémens d'astronomie que l'*anneau* de Saturne pourroit être un amas de satellites disposés à-peu-près sur un même plan ; lesquels font leurs révolutions autour de cette planete : que leur grandeur est si petite, qu'on ne peut les appercevoir chacun séparément ; mais qu'ils sont en même tems assez près l'un de l'autre, pour qu'on ne puisse point distinguer les intervalles qui sont entr'eux, en sorte qu'ils paroissent former un corps continu. Il nous resteroit encore bien d'autres choses à dire sur Saturne, mais nous les avons expliquées dans l'article de *Copernic* auquel nous renvoyons le Lecteur. Nous l'avertirons cependant ici que lorsque, d'après M. Sygorgne, nous avons fait, dans l'explication du 14e. phénomene, l'aphélie de Saturne rétrograde, nous n'avons parlé que du cas où Jupiter passe sous Saturne aphélie ; c'est alors en effet que Jupiter augmente la force centripete de Saturne vers le Soleil. Nous savons d'ailleurs que cet aphélie est tantôt direct, tantôt stationnaire, & tantôt rétrograde. Consultez l'astronomie de M. de Lalande.

Nous avons déterminé dans l'article qui commence par les mots *centre de gravitation*, 1°. que la masse du Soleil : à la masse de Saturne : : 1 : $\frac{1}{1091}$.

2°. Que le poids d'un corps quelconque placé sur la surface du Soleil : au poids de ce même corps placé sur la surface de Saturne : : 11 : 1.

3°. Que la densité du Soleil : à la densité de Saturne : : 1 + $\frac{1}{10}$: 1.

4°. Que la densité de la terre : à la densité de Saturne : : 7 : 1. Nous renvoyons encore le Lecteur à cet article.

SAVERY. Cherchez Papin.

SAUVAGES, (François Boissier de) Conseiller Médecin du Roi, & l'un des plus célebres Professeurs en Médecine qu'ait jamais eu l'Université de Montpellier, naquit à Alais le 12 Mai 1706. Son mérite étoit si généralement reconnu, qu'après avoir été couronné dans plusieurs Académies de l'Europe, presque toutes lui ouvrirent leur sein. Il tenoit en effet, comme associé ou comme Membre, aux Académies de Paris, de Montpellier, de Londres, d'Upsal, de Berlin, de Florence, de Bologne, de Stockhlom, de Suede & à celle des curieux de la nature. On ne s'attend pas sans doute que nous rendions ici compte des ouvrages qu'il a donnés au public, en qualité de Médecin ; notre profession nous en dispense ; à peine nous est-il permis de faire remarquer que, dans sa *nosologie*, il a divisé les maladies en dix classes qui comprennent 295 genres, sous lesquels viennent se ranger comme naturellement deux à trois mille especes de maladies jusqu'ici observées. Nous ferons encore remarquer qu'il regne dans tous les ouvrages de cet auteur un ordre, & une méthode véritablement géométrique. Aussi paroît-il faire peu de cas des Médecins qui n'ont aucune teinture des mathématiques ; & après leur avoir démontré dans sa nosologie (*page* 11 & 12 *du volume* 1 *de l'édit. in*-8°.) qu'il est dans cette science une foule de traités dont il leur est impossible de se passer, il les exhorte à ne pas se déchaîner contre les Médecins Géometres, de peur, *leur dit il*, que le public éclairé ne vous applique la fable du renard qui, honteux de s'être coupé la queue, auroit voulu engager ses compagnons à faire la même folie que lui. M. de Sauvages paroît surtout grand Physicien & grand Mathématicien dans la traduction françoise qu'il donna, en 1744, de l'*hémastatique* composée en anglois par M. Etienne Halle. Cet ouvrage avoit besoin des belles notes & des savans calculs dont le traducteur l'a enrichi ; & c'est bien à cette occasion qu'on pourroit assurer que l'accessoire vaut mieux que le principal. Il est encore un opuscule où M. de Sauvages étala toutes les richesses de la Physique ; c'est sa dissertation couronnée où il recherche *comment l'air, suivant ses différentes qualités, agit sur le corps humain*. Il considere d'abord comment l'air en masse, ou sans avoir égard aux molécules qui le composent, agit sur nous par sa totalité : il examine ensuite les changemens que peuvent faire sur nous les molécules qui entrent dans sa composition. On ne sauroit trop exhorter les jeunes étudians en médecine à lire avec attention cette belle dissertation. Ils se garderont bien cependant d'en croire M. de Sauvages, lorsqu'il fixe (*art.* 16) la hauteur de l'atmosphere terrestre à 20 lieues ; & lorsqu'il assure (*art.* 53 & 97) que les forces vives sont en raison composée des masses & des carrés des vîtesses. Nous avons démontré dans ce Dictionnaire, aux articles *atmosphere terrestre* & *force*, que la hauteur de notre atmosphere est au moins de 266 lieues, & que les forces vives sont en raison composée des masses & des simples vîtesses.

Ce seroit ici naturellement le lieu de rendre compte des travaux électriques de M. de Sauvages ; mais nous ne voulons pas répéter ce que nous avons déjà dit dans notre article *électricité médicale* ; nous y renvoyons donc le Lecteur. Ce grand homme mourut à Montpellier le 19 Février 1767, âgé de 60 ans & 9 mois, dans les sentimens les plus chrétiens & les plus édifians. Il avoit fait une étude particuliere des preuves du christianisme ; & il avoit coutume de dire qu'elles sont dans leur genre aussi concluantes, que les démonstrations géométriques les plus rigoureuses.

SAVEUR. L'on peut réduire les saveurs à 7 principales, le doux, l'amer, l'âcre, l'âpre, l'aigre, le gras & le salé. Ce sont les sels que tous les Physiciens regardent comme la cause principale des saveurs, & leur différence spécifique ne peut venir que de la figure & de la quantité de ces particules salines. Un corps doux, par exemple, doit être composé de molécules oblongues, polies, bien préparées & bien cuites ; un corps amer au contraire doit avoir des molécules irrégulieres, couvertes d'inégalités, mal cuites. La saveur âcre annonce des molécules très-aiguës & très-subtiles. Un fruit est âpre, lorsqu'il n'est pas encore mûr. L'aigre contient beaucoup de sels acides. Le gras est composé de parties molles & sphériques. Enfin un corps a une saveur que l'on nomme *salée*, lorsqu'il ne contient presque que des particules de sel. Ces différentes saveurs primitives jointes ensemble, de deux en deux, de trois en trois, &c. nous donnent une infinité de saveurs que je serois fort tenté d'appeller *subalternes*.

SAUNDERSON, (Nicolas) célebre Mathématicien du 18e. siecle, naquit dans la Province d'Yorck en l'année 1683. Il n'avoit encore qu'un an, lorsque la petite vérole le priva pour toute sa vie de l'usage de la lumiere. Dès-lors ses parens craignirent qu'il ne fût incapable de se faire un nom parmi les savans. Mais peut-il y avoir pour le génie un obstacle réellement insurmontable ? Malgré ce fâcheux accident qui auroit fait croupir dans l'ignorance tout homme qui n'auroit eu que de l'esprit, Saunderson fit les progrès les plus surprenans dans les sciences qui paroissent avoir le plus besoin de l'usage de la vue, je veux dire la géométrie & l'algebre. Aussi la Société Royale de Londres s'empressa-t-elle de donner une place à celui qu'elle regardoit comme le prodige de son siecle, & l'université de Cambridge lui conféra-t-elle, comme par acclamation, une chaire de Professeur. Elle fit plus. D'abord après sa mort, qui arriva le 29 Mars 1739, elle eut soin de faire recueillir ses écrits, & elle les fit donner au public en 1741 en 2 volumes *in*-4°., sous le titre d'élémens d'algebre. L'on convient assez unanimement que nous n'avons rien de meilleur & de plus complet en genre de traités élémentaires d'analyse. Ce n'est même que dans cet ouvrage qu'il faut apprendre à manier la fameuse équation du troisieme degré que les algébristes appellent le *cas irréductible :* ce cas a lieu, toutes les fois que l'équation cubique a trois racines qui sont en même tems réelles, inégales & incommensurables ; & par malheur pour les calculateurs, c'est-là un cas qui n'est rien moins que métaphysique. Saunderson trouve presque à l'instant, par les tables ordinaires des sinus, les trois racines approchées de cette équation embrouillée ; c'est dans son dixieme & dernier livre qu'il donne cette admirable méthode. Il seroit à souhaiter qu'une bonne plume entreprît la traduction françoise des élémens dont nous venons de faire l'éloge ; celle qu'on publia en Hollande en 1756, mérite de ne faire qu'un saut de la boutique du libraire dans celle de l'épicier.

SAURIN (Joseph) *naquit à Courteson dans la principauté d'Orange en l'année* 1659. Il avoit l'esprit très-subtil, capable de trouver la vérité ; & lorsqu'une fois il l'avoit trouvée, il avoit le courage de l'embrasser, quelque grands que fussent les obstacles qu'il lui fallût surmonter. Elevé dans le sein de la religion prétendue réformée par son pere, ministre de la même secte : reçu lui-même dans le ministere avant le tems ordinaire, il voulut avoir

avoir des conférences avec le fameux Boffuet, & il fit abjuration entre les mains de cet illuftre Prélat, le 21 Septembre 1690 à l'âge de 31 ans. Le même amour de la vérité lui fit préférer le fyfteme de Defcartes à celui des Péripatéticiens, & l'engagea dans la fuite à abandonner le premier lorfqu'il eut vu les objections de Newton fur la réfiftance que doit oppofer aux cometes la matiere fubtile cartéfienne. Ce fut enfin l'amour de la vérité qui lui fit prendre la défenfe de la haute géométrie & du calcul fublime; il fit dans ces deux branches de mathématiques des progrès infinis qui lui mériterent l'eftime de M. le Marquis de l'Hôpital, & une place à l'Académie Royale des Sciences de Paris en l'année 1707. Qu'on life les mémoires de cette illuftre compagnie, l'on verra que cet éloge ne contient rien d'exagéré. M. Saurin mourut à Paris, le 29 Décembre 1737, à l'âge de 78 ans. Ses grands amis furent M. Boffuet, M. le Marquis de l'Hôpital, le Pere Malebranche & M. de la Motte.

SAUVEUR, (Jofeph) *naquit à la Fleche le 24 Mars* 1653. Ennuyé de la Philofophie péripatéticienne qu'on lui dictoit avec une efpece d'emphafe, il s'adonna aux mathématiques, & dans l'efpace d'un mois il apprit fans maître les 6 premiers livres des élémens d'Euclide. Dans la fuite, il ne lui fallut que 8 jours pour apprendre le traité de la géométrie de Defcartes. La réputation qu'il fe fit à Paris en enfeignant les mathématiques, lui procura l'honneur d'avoir pour éleves, d'abord le Prince Eugene, & enfuite les enfans de France. Nous devons à M. Sauveur des méthodes abrégées pour les grands calculs; des tables pour la dépenfe des jets d'eau; les cartes des côtes de la France qui compofent le premier volume du Neptune François; une maniere de jauger toute forte de tonneaux; plufieurs inventions dans la mufique, &c. Il entendoit fi bien la fcience des fortifications, que lorfque M. de Vauban fut fait Maréchal de France, il propofa M. Sauveur pour lui fuccéder dans la charge d'examinateur des ingénieurs. Il mourut à Paris le 9 Juillet 1716 dans fa 64e. année. Il occupoit depuis 1686 une chaire de mathematique au Collége Royal, & une place à l'Académie Royale des Sciences depuis 1696.

SCHEINER, (Chriftophe) naquit à Chwaben dans les Pays de Lendelhein en l'année 1573. Ce favant Jéfuite a donné au public plusieurs ouvrages de Physique & de mathématique. Les deux plus estimés sans contredit sont ceux qui ont pour titres *rosa ursina* & *oculus*. Il parle dans le premier des taches du Soleil dont il fit la découverte en l'année 1611 (cherchez *Taches.*) Wolf regarde cet ouvrage comme un chef-d'œuvre, *opus de maculis solaribus absolutissimum* (tom. 5, cap. 9, pag. 91.) Il regarde aussi son traité de l'*œil* comme un très-bon traité d'optique, & il en conseille la lecture à ceux qui veulent apprendre tout ce qui a rapport à la vision directe. *Ab iis potissimùm legendus, qui rationes phœnomenorum visionis directæ cognoscere gestiunt.* (Tom. 5, cap. 8, pag. 75.) le P. Scheiner mourut à Nice le 18 Juillet 1650, à l'âge de 77 ans.

SCHOTT, (Gaspard) Physicien & Mathématicien Allemand, naquit en l'année 1610. Nous ne pouvons guere qu'indiquer la plupart des ouvrages qu'il a donnés au public ; le nombre en est trop considérable, pour que nous en fassions ici l'analyse ; on la trouve d'ailleurs exactement dans le cinquieme volume du cours de mathématique de Wolf. Nous ne saurions cependant nous dispenser d'en faire connoître un que nos faiseurs d'expériences n'ont sans doute pas manqué de lire ; il a pour titre *technica curiosa.* Ce précieux recueil parut pour la premiere fois en l'année 1664 en un volume *in*-4°, de 1044 pages. Ce recueil contient des milliers d'expériences sur la gravité & l'élasticité de l'air, l'hydraulique, l'hydrostatique, la mécanique, l'acoustique, &c. Il est très-propre à inspirer de la modestie à ceux de nos contemporains qui veulent passer pour des génies créateurs dans la Physique expérimentale ; on fait peu d'expériences maintenant, dont on ne trouve la marche, le résultat & l'explication physique dans cet ouvrage ; l'on peut même dire que nous n'avons pas encore eu l'adresse d'exécuter toutes celles qui y sont décrites. Le P. Schott a la bonne foi de ne pas confondre les expériences qu'il a trouvées, avec celles que lui ont fourni Otto de Guericke, Boyle, Mersenne, Descartes avec qui il étoit en relation. On ne lui a pas rendu la même justice dans ce siecle ; je n'ai jamais vu le P. Schott cité dans aucun livre d'expériences. Le célebre Boyle en a agi bien différemment au commencement de sa Physique expérimentale ; il le nomme *industrius Jesuita*, & il avoue que ce Phyficien lui a donné les premieres idées de sa machine pneumatique. Le P. Schott mourut à Wirtzbourg dans la Franconie le 22 Mai 1666 à l'âge de 58 ans. Les autres ouvrages qu'il a composés, ont pour titres.

Mechanica hydraulico-pneumatica. Anno 1657. *in*-4°. Ce fut là le premier ouvrage que le P. Schott donna au public. Les savans le lurent avec plaisir, & la conséquence qu'ils en tirerent, ce fut que l'auteur n'en démeureroit pas là. Ils eurent raison. La même année le P. Schott fit paroître un ouvrage en 2 volumes *in*-4°. qui a pour titre : *magiæ universalis naturæ & artis, pars prima Optica. Pars secunda. Acustica.*

L'année suivante le P. Schott donna la troisieme partie de son ouvrage ; elle a pour titre : *magiæ ejusdem pars tertia. Mathematica.* La quatrieme partie parut un an après avec le titre de *magiæ universalis pars quarta. Physica.* Ces deux dernieres parties sont *in-quarto*, comme les deux premieres.

Au commencement de l'année 1660, il donna en un volume *in-quarto* son *Pantometrum Kirkerianum, sive instrumentum geometricum novum*, & sur la fin de la même année son *itinerarium staticum kirkerianum.* Dans ces deux ouvrages Schott paroît avoir autant de génie, que Kircher.

En l'année 1661 le P. Schott fit imprimer son cours de mathématique, auquel il donne le nom d'*encyclopédie.* C'est presque le premier ouvrage qui ait paru en ce genre; de Chales & Wolf sont venus long-tems après.

Ses deux ouvrages intitulés *physica curiosa* & *mathesis cæsarea* sont de l'année 1662 ; ils sont tous les deux *in-quarto.*

L'année suivante il fit paroître 2 volumes *in-octavo* dont l'un a pour titre : *anatomia physico-hydrostatica fontium & fluminum*, & l'autre *arithmetica practica generalis & speculativa.*

Enfin les deux ouvrages intitulés, l'un *technica curiosa*, & l'autre *schola steganographica* sont de l'année 1664. Ils sont tous les deux *in-quarto.* Nous avons déjà rendu un compte assez ample du premier ; il nous suffira de dire, pour faire connoître le second, qu'on y apprend le secret de lire & d'écrire des lettres en chiffres. Ce n'est-là ni le meilleur, ni le plus utile de ses ouvrages.

Ce laborieux écrivain venoit de composer son *organum mathematicum*, lorsque la mort nous l'enleva dans un âge où il auroit pu enrichir encore les sciences d'un très-grand nombre de découvertes. Cet ouvrage ne vit le jour qu'en l'année 1668, deux ans après la mort de l'auteur; il est *in-quarto* comme la plupart des autres. Nous espérons que le public équitable nous saura gré d'avoir tiré le P. Schott de l'espece d'obscurité dans laquelle nos Physiciens François, sans doute par oubli, ont affecté de le plonger.

SCLÉROTIQUE. C'est la continuation de la *cornée*, comme nous l'avons expliqué dans l'article de l'*Œil*.

SÉCANTE. Une ligne quelconque qui part du centre, qui coupe la circonférence du cercle, & qui concourt avec la tangente, est appellée par les Géometres la *sécante*.

SECTEUR. C'est un triangle mixte, composé de deux lignes droites & d'une ligne courbe. Les deux lignes droites sont deux rayons qui forment les deux côtés du triangle; la ligne courbe est un arc de cercle qui peut être plus ou moins grand.

SECTIONS *coniques*. C'est un traité de mathématique absolument nécessaire en Physique, dans lequel on démontre les propriétés des figures produites par les différentes manieres de couper le cône. Imaginez-vous donc une ligne droite *B x* élevée perpendiculairement au centre *x* du cercle AIKC, *fig.* 9, *pl.* 1. Imaginez-vous encore qu'une autre ligne B C fixée en B, tourne autour du cercle A I K C, de telle sorte que le point C de la ligne B C soit successivement appliqué à tous les points de la circonférence A I K C, cette ligne décrira par son mouvement circulaire un cône droit dont *B x* sera l'axe; A I K C, la base circulaire; *x* C, le rayon de la base; A C, son diametre; P Q, une ordonnée quelconque au diametre A C; A Q & Q C, les abscisses qui correspondent à l'ordonnée P Q. Ce cône peut être coupé en cinq manieres différentes. 1°. Par sa pointe B, perpendiculairement à sa base AIKC; & l'on a un triangle ABC. 2°. Parallelement à sa base A I K C, & plus bas ou plus haut à volonté; & l'on a un cercle L T H. 3°. Obliquement à sa base, & parallelement à un des côtés A B du cône; & l'on a une parabole IGK. 4°. Obliquement à la base & aux deux côtés, de maniere que la section coupe les deux côtés du cône; & l'on a une ellipse DMN. 5°. Oliquement à sa base & aux deux côtés du cône, de maniere que la section prolongée en haut, aille couper un des côtés A B, aussi prolongé; & l'on aura l'hyperbole FHE, dont le grand axe sera HR, à l'extrémité duquel on pourra former une seconde hyperbole égale à celle dont nous venons de parler, afin d'avoir deux hyperboles opposées sur un même axe H R. Ce n'est gueres qu'à la parabole, à l'ellipse, & à l'hyperbole qu'on donne le nom de *sections coniques*; aussi nous attacherons-nous seulement dans cet article à en démontrer les propriétés les plus générales. Nous remarquerons, avant que d'entrer en matiere, que le cône AIKCB a pour base un cercle du premier genre AIKC, c'est-à-dire, un cercle dans lequel le carré de l'ordonnée PQ est égal au rectangle sous les abscisses AQ & QC; l'équation à ce cercle est donc $PQ^2 = AQ \times QC$. Nous remarquerons encore que ceux qui voudront nous suivre dans cet abrégé des *sections coniques*, devront avoir présens à l'esprit les articles de ce Dictionnaire qui commencent par les mots *arithmétique*, *arithmétique algébrique*, *arithmétique algébrique appliquée à l'analyse*, *géométrie*, *trigonométrie*.

Notions communes aux trois sections coniques.

1°. Une *section conique*, (*fig.* 10, 11, 12, *pl.* 1,) est une ligne courbe dans laquelle les deux distances de chacun de ses points, l'une MG à la *directrice* AG, l'autre MF au foyer F de la *section*, sont toujours en même raison; c'est-à-dire, que laquelle que l'on prenne de ces trois sections, l'on dira toujours MF : MG :: *m*F : *mg*.

2°. Dans la parabole, MG est égale à MF. Dans l'ellipse, MG est plus grande que MF. Dans l'hyperbole, MG est plus petite que MF.

3°. Le grand axe de la *section* est une ligne droite qui passe par le foyer F, & qui, étant prolongée s'il est nécessaire, coupe perpendiculairement la *directrice* AG.

4°. Le sommet S de la section, est un point tellement placé entre A & F, que SA : SF :: MG : MF. Dans la parabole le sommet est autant éloigné du foyer F, que de la directrice AG. Dans l'ellipse le sommet est plus près, & dans l'hyperbole il est plus loin du foyer que de la *directrice*.

5°. Toutes les lignes P M, *p m* perpendiculaires au grand axe de la *section*, s'appellent *ordonnées*; & elles ont pour *abcisses* correspondantes les lignes S P, S *p*.

6°. Le parametre est toujours égal à la double *ordonnée* N F *n* qui passe par le foyer de la *section*.

Notions propres à chacune des trois sections coniques prises en particulier.

1°. Sur une ligne droite quelconque H A G, (*fig.* 10, *pl.* 1,) élevez une perpendiculaire A P qu'on pourra, si l'on veut, prolonger à l'infini. Sur la perpendiculaire A P prenez un point S aussi éloigné de A que de F. Tirez à la perpendiculaire AP tel nombre que vous voudrez de paralleles *g b*, G B. Sur la parallele *g b* prenez un point *m*, de telle sorte que *m* F soit égal à *m g*; de même sur la parallele G B, prenez un point M, de telle sorte que M F soit égal à M G; la courbe qui passera par les points S, *m*, M sera un arc parabolique. Faites-en autant de l'autre côté par le moyen de la ligne A H, vous aurez la parabole T S M qui aura pour *directrice* la ligne H A G; pour sommet, le point S; pour foyer, le point F; pour grand axe, S P; pour ordonnées au grand axe P M, *p m*; pour abscisses correspondantes, S P, S *p*; pour parametre, *n* F N.

2°. Pour décrire une ellipse sur le terrain, vous planterez deux piquets F, *f*, (*fig.* 11, *pl*, 1) à l'endroit où doivent être les deux foyers. Vous attacherez à ces deux piquets les deux bouts d'une corde F M *f* dont la longueur est supposée plus grande que la distance F *f*. Vous vous servirez d'un style M pour tenir cette corde toujours tendue. Vous conduirez ce style autour de deux piquets; & lorsqu'il sera revenu au point d'où il étoit d'abord parti, il aura décrit une ellipse S L *s l* qu'on définira très-bien, en disant que c'est une courbe dont la somme des deux distances de chacun de ses points à ses deux foyers est toujours égale à l'axe principal. Cette ellipse aura donc pour grand axe $Ss = FM + fM$; pour petit axe, L *l*; pour foyers F, *f*; pour centre de figure C; pour ordonnée P M, à laquelle correspondent les abscisses SP, sP ; pour parametre du grand axe, nFN.

3°. Sur une droite quelconque Ss prolongée de part & d'autre, (*fig.* 12, *pl.* 1,) prenez deux points F, f également éloignés du milieu C. Prenez ensuite dans le plan sur lequel la ligne Ss est posée, une infinité de points M, m, tels que la différence de leurs distances FM, fM aux points F, f soit toujours égale à la ligne Ss; la courbe qui passera par tous ces points M, m sera une hyperbole qui aura pour axe principal, Ss, $= f$M $-$ FM ; pour petit axe, ou pour axe conjugué, Ll ; pour foyers F, f; pour centre commun aux deux hyperboles opposées, C ; pour ordonnée, PM, à laquelle correspondent les abscisses SP, sP ; pour parametre du grand axe, nFN ; pour assymptotes, les lignes Vu & Rr dont la premiere est parallele à SL & sa seconde à Sl.

PROBLEME GÉNÉRAL.

Trouver une équation commune aux trois sections coniques ?

Résolution. L'équation demandée est $yy = px \mp \frac{pxx}{2a}$, ou $2ayy = 2apx \mp pxx$, laquelle se réduit en la proportion suivante $yy : 2ax \mp xx :: p : 2a$, c'est-à-dire, dans toute section conique le carré d'une ordonnée quelconque à l'axe principal : au produit des abscisses correspondantes :: le parametre : à l'axe principal. Comme presque toutes les propriétés des sections coniques se tirent de cette équation, nous allons en démontrer la nécessité dans chacune des sections coniques prises en particulier.

Application de la formule précédente à l'ellipse.

Préparation. Soit l'ellipse SLsl, (*fig.* 11, *pl.* 1,) Nommons Ss, $2a$; SC ou sC $= a$; Ll, $2b$; CL ou C$l = b$; SF ou sf, c; SP, x, PM, y; l'on aura Ps = Ss — SP $= 2a - x$; PC = SC — SP $= a - x$; PF = SP — SF $= x - c$; CF = SC — SF $= a - c$; Ff = Ss — SF — sf $= 2a - 2c$; Pf = Ss — SP — sf $= 2a - x - c$; FM + fM = Ss $= 2a$; Fl = SC $= a$.

Démonstration. 1°. Dans le triangle rectangle F C l; l'on a $Fl^2 = FC^2 + Cl^2$, ou $aa = aa - 2ac + cc + bb$; donc $-2ac + cc + bb = o$; donc $cc = 2ac - bb$.

2°. Dans le triangle F M f on a *par la trigonométrie* l'analogie suivante; la somme des deux côtés fM + F M : au plus grand côté Ff : : fP — PF, différence des segmens faits par la perpendiculaire M P : fM — MF, différence des deux côtés fM & MF; donc $2a : 2a - 2c :: 2a - 2x : \frac{4aa - 4ac - 4ax + 4cx}{2a} = 2a - 2c - 2x + \frac{2cx}{a}$; donc la différence entre fM & MF sera $2a - 2c - 2x + \frac{2cx}{a}$; donc la moitié de cette différence sera $a - c - x + \frac{cx}{a}$.

3°. Pour avoir la valeur du petit côté M F, ôtez de la moitié de la somme fM + M F la moitié de la différence trouvée; donc $MF = a - a + c + x - \frac{cx}{a} = c + x - \frac{cx}{a}$.

4°. Dans le triangle rectangle F P M, l'on a $PM^2 = MF^2 - PF^2$, ou $yy = xx + 2cx + cc - \frac{2cxx - 2ccx}{a} + \frac{ccxx}{aa} - xx + 2cx - cc$; donc en ôtant les quantités qui se détruisent, l'on aura $yy = 4cx - \frac{2cxx - 2ccx}{a} + \frac{ccxx}{aa}$.

5°. $cc = 2ac - bb$ (num. 1;) donc l'équation précédente se changera en celle-ci, $yy = 4cx - \frac{2cxx}{a} - \frac{4acx}{a} + \frac{2bbx}{a} + \frac{2acxx}{aa} - \frac{bbxx}{aa} = 4cx - \frac{2cxx}{a} - 4cx + \frac{2bbx}{a} + \frac{2cxx}{a} - \frac{bbxx}{aa}$; donc en ôtant les quantités qui se détruisent, l'on aura $yy = \frac{2bbx}{a} - \frac{bbxx}{aa}$.

6°. $yy = 4cx - \frac{2cxx}{a} - \frac{2ccx}{a} + \frac{ccxx}{aa}$ (*num.* 4;) donc en faisant $x = c$, comme il arrive lorsque l'abscisse est SF, l'on aura $yy = 4cc - \frac{2c^3}{a} - \frac{2c^3}{a} + \frac{c^4}{aa}$; donc $yy = 4cc - \frac{4c^3}{a} + \frac{c^4}{aa}$; donc $y = 2c - \frac{cc}{a}$; donc l'ordonnée qui a pour abscisse c, c'est-à-dire, l'ordonnée qui passe par le foyer vaut $2c - \frac{cc}{a}$.

7°. L'ordonnée qui passe par le foyer est précisément la moitié du parametre; donc le parametre d'une ellipse quelconque vaut $4c - \frac{2cc}{a}$; donc, en nommant ce parametre p, l'on aura $p = 4c - \frac{2cc}{a}$.

8°. $cc = 2ac - bb$ (num. 1,) donc $p = 4c - \frac{4ac}{a} + \frac{2bb}{a}$; donc $p = 4c - 4c + \frac{2bb}{a}$; donc $p = \frac{2bb}{a}$ ou $\frac{4bb}{2a}$.

9°. $p = \frac{4bb}{2a}$; donc $2ap = 4bb$; donc $2a : 2b :: 2b : p$; donc dans l'ellipse l'on a cette proportion, le grand axe : au petit axe :: le petit axe : au parametre.

10°. $p = \frac{2bb}{a}$; donc $ap = 2bb$; donc $\frac{ap}{2} = bb$; donc $\frac{1}{2} ap = bb$.

11°. $yy = \frac{2bbx}{a} - \frac{bbxx}{aa}$ (num. 5;) mais $bb = \frac{ap}{2}$; donc $yy = \frac{2apx}{2a} - \frac{apxx}{2aa}$; donc $yy = px - \frac{pxx}{2a}$; donc $2ayy = 2apx - pxx$; donc $yy : 2ax$

$- xx :: p : 2a$; donc $PM^2 : SP \times Ps ::$ le parametre ; Ss ; donc dans une ellipse quelconque le carré d'une ordonnée ; au produit des abscisses correspondantes :: le parametre : à l'axe principal.

COROLLAIRE I. $yy = \frac{2bbx}{a} - \frac{bbxx}{aa}$ (num. 5 ;) donc $yy : 2ax - xx :: bb : aa$; donc, dans l'ellipse le carré d'une ordonnée quelconque : au produit des abscisses correspondantes :: le carré du demi petit axe : au carré du demi-axe principal.

COROLLAIRE II. En comptant les abscisses depuis le centre C, c'est-à-dire, en nommant CP, x ; l'on aura $SP = a - x$, & $Ps - a + x$. Dans cette hypothese le produit des abscisses correspondantes sera $aa - xx$; & la proportion du corollaire précédent se changera en celle-ci, $yy : aa - xx :: bb : aa$; donc $aayy = aabb - bbxx$; donc $yy = \frac{aabb - bbxx}{aa}$; donc $yy = bb - \frac{bbxx}{aa}$; & c'est-là l'équation aux actes de l'ellipse, en comptant les abscisses, non pas depuis le sommet S, comme nous avons fait jusqu'à présent, mais depuis le centre C.

COROLLAIRE III. En continuant de compter les abscisses depuis le centre C, la proportion de *num.* 11 se changera en celle-ci, $yy : aa - xx :: p : 2a$; donc $2ayy = aap - pxx$; donc $yy = \frac{aap - pxx}{2a}$; donc $yy = \frac{1}{2} ap - \frac{pxx}{2a}$; & c'est-là l'équation au parametre, en comptant les abscisses depuis le centre C.

COROL. IV. $2ayy = aap - pxx$; donc $\frac{2ayy}{p} = aa - xx$; & c'est-là l'équation au point P. En faisant $pm = y'$, & $Cp = x'$, l'on aura au point p l'équation $\frac{2ay'y'}{p} = aa - x'x'$; donc $\frac{2ayy}{p} : \frac{2ay'y'}{p} :: aa - xx : aa - x'x'$; & en retranchant $2a$ & p qui sont 2 grandeurs communes & constantes, l'on aura yy :

$y'y' :: aa - xx : aa - x'x'$; donc $PM^2 : pm^2 ::$ $SP \times Ps : Sp \times ps$; donc dans une ellipſe quelconque les carrés des ordonnées ſont entr'eux comme les produits des abſciſſes correſpondantes.

Corol. V. L'équation à l'ellipſe, en comptant les abſciſſes depuis le centre C, eſt $\frac{2ayy}{p} = aa - xx$; (*cor.* 4 ;) donc x augmentant, le ſecond membre $aa - xx$ doit diminuer. Le ſecond membre ne peut pas diminuer, ſans que le premier membre $\frac{2ayy}{p}$ diminue. Mais dans ce premier membre, il n'y a que y qui puiſſe diminuer, parce que le grand axe $2a$ & le parametre p ſont des quantités conſtantes ; donc dans l'ellipſe x augmentant, y doit diminuer.

Corol. VI. Lorſqu'il n'y a point d'ordonnée, x eſt égal à la moitié du grand axe Ss. En effet lorſqu'il n'y a point d'ordonnée, l'on a $y = 0$; lorſque $y = 0$ l'équation $\frac{2ayy}{p} = aa - xx$ devient $aa - xx = 0$, parce que o ne produit que o, ſoit qu'il ſoit multiplicande, ſoit qu'il ſoit multiplicateur. Si $aa - xx = 0$, donc $aa = xx$; donc $a = x$. Mais a repréſente la moitié du grand axe Ss; donc, lorſqu'il n'y a point d'ordonnée, x eſt égal à la moitié du grand axe Ss.

Corol. VII. Aux points S & s de l'ellipſe $SLsl$ il n'y a point d'ordonnée, parce que dans ces deux points $x = a$, lorſque l'on compte les abſciſſes depuis le centre C.

Corol. VIII. L'ellipſe ſe ferme aux points S & s, parce qu'à ces deux points il ne peut y avoir aucune ordonnée au grand axe Ss.

Corol. IX. Les plus grandes ordonnées au grand axe Ss ſont les lignes CL, Cl ; parce que les x, priſes du point C, vont toujours en augmentant, & que par conſéquent les y ou les ordonnées vont toujours en diminuant, depuis le centre C juſqu'aux ſommets S & s (*Coroll.* 5.)

Corol. X. Le petit axe Ll marque la plus grande largeur de l'ellipſe $SLsl$.

Remarque. Pour tirer un diametre à l'ellipſe S*s*L*l*, (*fig.* 11, *pl.* 1.) voici comment vous vous y prendrez. D'un point quelconque R diſtingué des points S, *l*, *s*, L, vous tirerez une tangente R*r*, laquelle prolongée ira concourir avec l'axe prolongé S*s*: par le point R & par le centre C, vous tirerez la ligne RV; ce ſera là un diametre de l'ellipſe.

Ce diametre aura pour diametre conjugué une ligne inſcrite dans l'ellipſe S*sLl* qui paſſera par le centre C, qui ira aboutir à 2 points oppoſés de la circonférence, & qui ſera parallele à la tangente R*r*; il aura pour double ordonnée toute ligne inſcrite dans l'ellipſe, qui ſera parallele à la tangente R*r*, & qu'il diviſera en 2 parties égales, comme, par exemple, la ligne *xy* diviſée en 2 parties égales au point *q*; il aura pour abſciſſes correſpondantes à chaque ordonnée *xq*, *yq* les lignes R*q* & *q*V; il aura enfin pour parametre une troiſieme proportionnelle à *Rr* & à ſon diametre conjugué.

Vous appliquerez au diametre R*r* & à ſon conjugué les propriétés des axes qui ne dépendent pas néceſſairement de celles des foyers; en vous reſſouvenant de ne confondre jamais un diametre quelconque de l'ellipſe avec ſon grand axe. En effet le grand axe joint les 2 ſommets de l'ellipſe, & aucun diametre ne les joint: les deux foyers de l'ellipſe ſont dans le grand axe, & ils ne ſont dans aucun diametre: le grand axe fait avec ſes ordonnées des angles droits; ce qui n'arrive pas au diametre: enfin il ne peut y avoir dans l'ellipſe qu'un grand axe, & il peut y avoir une infinité de diametres.

Application de la formule du probleme général à l'hyperbole.

Préparation. Soit l'hyperbole TSM, (*fig.* 12, *pl.* 1,) Faiſons S*s* $= 2a$, SC ou *s*C $= a$, L*l* $= 2b$, CL ou C*l* $= b$, SF ou *sf* $= c$, SP $= x$, PM $= y$; l'on aura P*s* $=$ *s*S $+$ SP $= 2a + x$, PC $=$ CS $+$ SP $= a + x$, PF $=$ SP $-$ SF $= x - c$, P*f* $=$ SP $+$ S*s* $+$ *sf* $= x + 2a + c$, SL ou S*l* $= a + c$, parce que SL $=$ CS $+$ SF. En effet pour prendre ſur la ligne indéfinie E*e* la longueur du petit axe L*l*, il faut du point S porter ſur la ligne E*e* une ligne

SL ou Sl égale à la moitié de Ff; mais FC est précisément la moitié de Ff; donc SL ou $Sl = FC = CS + SF = a + c$. Prenez ensuite $PH = PF$, & tirez $HM = FM$; vous aurez $PH = x - c$, $fH = Ss + sf + SP + PH = 2a + c + x + x - c = 2a + 2x$; $fM - FM$, ou $fM - HM = 2a$ *par construction.*

Démonstration. 1°. L'on a *par la trigonométrie* la proportion suivante pour le triangle fMH; $fM - HM$, différence des deux côtés fM & HM : fH, le plus grand des trois côtés du triangle donné :: $Pf - PH$, différence des deux segmens faits par la perpendiculaire PM : $fM + HM$, ou $fM + FM$, somme des deux côtés fM & HM; donc $2a : 2a + 2x :: 2a + 2c : \frac{4aa + 4ac + 4ax + 4cx}{2a} = 2a + 2c + 2x + \frac{2cx}{a}$; donc $fM + FM = 2a + 2c + 2x + \frac{2cx}{a}$; donc $a + c + x + \frac{cx}{a}$ est la moitié de la somme de $fM + FM$.

2°. Pour avoir le petit côté FM, ôtez la moitié de la différence qui se trouve entre fM & FM de la moitié de la somme de ces deux côtés; vous trouverez $FM = c + x + \frac{cx}{a}$.

3°. Calculez le triangle FPM de la *figure* 12 de la même maniere qu'a été calculé le triangle FPM de la *figure* 11; vous trouverez d'abord $yy = \frac{2bbx}{a} + \frac{bbxx}{aa}$ pour *l'équation aux axes de l'hyperbole*, parce que dans cette courbe on ne peut pas avoir $Sl^2 = SC^2 + Cl^2$ sans avoir $cc = bb - 2ac$.

4°. Continuez le calcul comme dans la démonstration de l'ellipse; vous trouverez $y = 2c + \frac{cc}{a}$ pour la valeur de l'ordonnée qui passe par le foyer de l'hyperbole, & $4c + \frac{2cc}{a}$ pour la valeur du parametre de cette courbe.

5°. En mettant pour cc sa valeur $bb - 2ac$, vous trouverez que le parametre de l'hyperbole est $\frac{2bb}{a}$; donc $p = \frac{2bb}{a} = \frac{4bb}{2a}$; donc $2ap = 4bb$; donc $2a : 2b :: 2b : p$; donc dans l'hyperbole, comme dans l'ellipse, le parametre est une troisieme proportionnelle au grand & au petit axe.

6°. $p = \frac{2bb}{a}$; donc $ap = 2bb$; donc $\frac{ap}{2} = bb$.

7°. $yy = \frac{2bbx}{a} + \frac{bbxx}{aa}$ (*num.* 3;) donc en mettant, au lieu de bb, sa valeur $\frac{ab}{2}$, l'on aura $yy = \frac{2apx}{2a} + \frac{apxx}{2aa}$; donc $yy = px + \frac{pxx}{2a}$; donc $2ayy = 2apx + pxx$; donc $yy : 2ax + xx :: p : 2a$; donc $PM^2 : SP \times Ps ::$ le parametre : Ss; donc dans l'hyperbole, comme dans l'ellipse, l'on peut dire; le carré de l'ordonnée : au produit des abscisses correspondantes :: le parametre : à l'axe principal.

COROLLAIRE I. Le calcul, à quelques signes près, est le même pour l'ellipse & pour l'hyperbole, & l'équation commune à ces deux courbes est $yy = px \mp \frac{pxx}{2a}$, en faisant remarquer que dans les doubles signes, le supérieur est pour l'ellipse & l'inférieur pour l'hyperbole.

COROL. II. En comptant les abscisses depuis le centre C, c'est-à-dire, en nommant CP, x; l'on aura $SP = x - a$, & $sP = x + a$. Dans cette hypothese le produit des abscisses correspondantes sera $xx - aa$, & la proportion du *num.* 7 se changera en celle-ci, $yy : xx - aa :: p : 2a$; donc $2ayy = pxx - aap$; donc $\frac{2ayy}{p} = xx - aa$.

COROL. III. A cause des quantités constantes $2a$ & p, les carrés des ordonnées sont entr'eux, comme les produits des abscisses correspondantes. Le calcul est le même que celui que nous avons fait pour l'ellipse, *cor.* 4.

CoROL. IV. L'hyperbole va toujours en s'élargissant, & elle ne doit jamais se fermer. En effet dans l'équation $\frac{2ayy}{p} = xx - aa$, x augmentant, y doit aussi augmenter, parce que les quantités représentées par $2a$ & par p sont des quantités invariables. Mais x peut augmenter à l'infini, parce qu'on peut prolonger SP à l'infini; donc y peut augmenter à l'infini; donc les ordonnées à l'hyperbole représentées par y, vont toujours en augmentant à mesure qu'elles s'éloignent du sommet S; donc l'hyperbole va toujours en s'élargissant; donc elle ne doit jamais se fermer.

CoROL. V. Lorsque $y = 0$, l'équation $\frac{2ayy}{p} = xx - aa$, se réduit à celle-ci, $0 = xx - aa$; donc $aa = xx$; donc $a = x$; donc toutes les fois que $x = a$; il n'y a point d'ordonnée. Mais au sommet S de l'hyperbole TSM $x = a$, en comptant les abscisses depuis le centre C; donc au sommet S de l'hyperbole il ne peut y avoir aucune ordonnée; donc toute ligne tirée du sommet de l'hyperbole perpendiculairement à l'axe principal, sera une tangente de cette courbe.

CoROL. VI. Dans l'hyperbole équilatere $2a = p$; donc l'équation générale $\frac{2ayy}{p} = xx - aa$ se réduit pour l'hyperbole équilatere à $yy = xx - aa$; ce qui donne $x - a : y :: y : x + a$; donc dans cette espece de courbe l'ordonnée est moyenne proportionnelle entre les abscisses correspondantes.

CoROL. VII. $2a : 2b :: 2b : p$ (*num.* 5. *de la démonstration précédente*;) donc $2a : p :: 4aa : 4bb :: aa : bb$.

CoROL. VIII. $PM^2 : SP \times Ps :: p : 2a$ (*num.* 7. *de la dém. précéd.*) donc $SP \times Ps : PM^2 :: 2a : p$. Mais (*cor.* 7.) $2a : p :: aa : bb$; donc $SP \times Ps : PM^2 :: aa : bb$; donc $PM^2 : SP \times Ps :: bb : aa :: CL^2 : CS^2$.

Remarque. Pour tirer un diametre commun aux deux hyperboles opposées de la *figure* 12 de la *planche* 1, vous opérerez suivant la méthode suivante.

1°. Vous tirerez une tangente Qq.

2°. Vous inscrirez dans l'hyperbole S q une ligne parallele à la tangente Q q.

3°. Par le milieu de cette ligne, par le point de contact q & par le centre C, vous tirerez une ligne qui ira aboutir au point O de l'hyperbole N S n ; vous aurez la ligne q O pour diametre commun aux hyperboles opposées de la figure 12.

4°. Vous aurez le parametre de ce diametre, en multipliant ce diametre par le carré d'une de ses ordonnées, & en divisant ce produit par le rectangle formé sur les deux abscisses correspondantes.

5° Vous trouverez le diametre conjugué de q O, en tirant par le centre C une parallele à Q q qui soit moyenne proportionnelle entre le diametre q O & son parametre.

6°. Vous appliquerez au diametre q O & à son conjugué les propriétés des axes qui ne dépendent pas nécessairement de celles des foyers, en vous ressouvenant de ne confondre jamais un diametre quelconque de deux hyperboles opposées avec leur grand axe. En effet dans le grand axe prolongé se trouvent les foyers de deux hyperboles opposées, ce qui n'arrive jamais à aucun diametre prolongé même à l'infini : le grand axe passe par les 2 sommets de deux hyperboles opposées, & non pas le diametre : le grand axe fait des angles droits avec ses ordonnées, & le diametre fait des angles obliques avec les siennes. Enfin il ne peut y avoir qu'un grand axe, & il peut y avoir une infinité de diametres dans l'hyperbole.

Application de la formule du probleme général à la parabole.

Puisque la parabole est regardée par tous les Géometres comme une ellipse dont l'axe principal est infini, appliquons à la parabole les équations qui conviennent à l'ellipse, en supposant $a = \infty$, & voyons ce qui s'ensuivra. Faisons une ordonnée quelconque P M $= y$, une abcisse quelconque S P $= x$, le parametre n N $= p$, la distance du sommet S au foyer F $= c$.

1°. L'équation à l'ellipse est $yy = px - \frac{pxx}{2a}$; donc l'équation à la parabole sera $yy = px - \frac{pxx}{2\infty}$; donc elle

elle sera $yy = px$; parce que $\frac{pxx}{2\infty}$ est un terme infiniment petit, qu'on peut & qu'on doit négliger dans la pratique; donc dans une parabole quelconque le carré de l'ordonnée est égal au produit du parametre & de l'abscisse correspondante; donc dans la parabole TSM, (*fig.* 10, *pl.* 3,) l'on aura $PM^2 = SP \times nN$; l'on aura encore $pm^2 = Sp \times nN$; donc $PM^2 : pm^2 :: SP \times nN : Sp \times nN$; donc $PM^2 : pm^2 :: SP : Sp$, parce que nN est une quantité constante; donc dans une parabole quelconque les carrés des ordonnées sont entr'eux comme leurs abscisses correspondantes.

2°. $yy = px$; donc $x : y :: x : p$; donc dans une parabole quelconque l'ordonnée est moyenne proportionnelle entre le parametre & l'abscisse correspondante; donc le parametre est troisieme proportionnelle à l'abscisse & à l'ordonnée.

3°. $yy = px$; donc x croissant, y doit croître aussi; parce que p est une quantité invariable; mais les x peuvent croître à l'infini; donc les y peuvent croître à l'infini; donc la parabole ira toujours en augmentant & ne se fermera jamais.

4°. $yy = px$; donc si $x = 0$, l'on aura $yy = 0$; $y = 0$; mais au sommet S de la parabole TSM, l'on a $x = 0$; donc l'on aura aussi $y = 0$; donc au sommet d'une parabole quelconque il n'y a point d'ordonnée.

5°. L'équation de l'ordonnée qui passe par le foyer de l'ellipse est $y = 2c - \frac{cc}{a}$; donc elle sera pour la parabole $y = 2c - \frac{cc}{\infty}$; donc elle sera pour la parabole $y = 2c$, parce que $\frac{cc}{\infty}$ est un terme infiniment petit qu'on peut négliger sans conséquence; donc dans la parabole $nF = 2SF$; donc dans la parabole l'ordonnée qui passe par le foyer est égale au double de la distance du sommet de la courbe au même foyer.

6°. L'équation du parametre de l'ellipse est $p = 4c - \frac{2cc}{a}$; donc elle sera pour la parabole $y = 4c -$

$\frac{2cc}{\infty}$; donc elle ſera pour la parabole $p = 4c$, à cauſe du terme infiniment petit $\frac{2cc}{\infty}$; donc dans la parabole $p = 4\,SF$; donc dans la parabole le parametre eſt égal au quadruple de la diſtance du ſommet de la courbe au foyer.

7°. La plupart des choſes que nous avons dites de l'axe, de ſon parametre, des ordonnées & des abſciſſes, doivent s'appliquer à un diametre quelconque CI de la parabole CSN, (*fig.* 21, *pl.* 1,) à ſon parametre, à ſes ordonnées, à ſes abſciſſes, &c.

8°. La ligne CI, parallele à l'axe SP, eſt un diametre de la parabole CSN. Le point C eſt le ſommet de ce diametre ; la ligne HM, parallele à la tangente CA, eſt une ordonnée ; la ligne CH eſt l'abſciſſe correſpondante à l'ordonnée HM ; & une ligne quadruple de la ligne CF tirée du ſommet C au foyer F, en ſera le parametre ; l'on aura donc l'équation $HM^2 = CH \times 4\,CF$.

9°. Un diametre ne forme pas des angles droits avec ſes ordonnées correſpondantes ; comme on peut s'en appercevoir, en jettant les yeux ſur l'angle CHM.

10°. Chaque point de la courbe parabolique peut avoir une tangente ; donc de chaque point de la parabole il peut partir un diametre ; donc il peut y avoir dans la parabole une infinité de diametres.

11°. Ne confondons pas dans la parabole *axe* & *diametre*. 1°. Le foyer de la parabole ſe trouve toujours dans l'axe & jamais dans les diametres. 2°. L'axe forme toujours un angle droit avec ſes ordonnées, & non pas le diametre. 3°. L'axe paſſe toujours par le ſommet de la parabole, & non pas le diametre. 4°. Une parabole ne peut avoir qu'un axe, & elle peut avoir une infinité de diametres.

REMARQUE.

Si un Dictionnaire portatif eût été ſuſceptible d'un traité complet des ſections coniques, nous aurions cherché par les voies ordinaires l'équation de l'hyperbole rapportée à ſes aſſymptotes. Mais comme cette démonſtration nous meneroit trop loin, nous nous contenterons d'avertir que le rectangle sous l'ordonnée hn & l'abscisse Ch. (*fig.* 12, *pl.* 1,) est égal au carré de Sy. Ainsi en faisant $hn = y$, $Ch. = x$; & $Sy = a$; l'on aura $xy = aa$. Voyez-en la démonstration dans le traité des sections coniques de l'Abbé de la Caille, *art.* 870 & 871.

Nous croyons encore devoir avertir que nous n'avons parlé dans cet article que des sections coniques ordinaires, c'est-à-dire, des sections tirées d'un cône qui a pour base un cercle ordinaire. Il faut entendre par cercle ordinaire celui dans lequel le carré d'une ordonnée quelconque est égal au produit des abscisses correspondantes. Si le cône ABC, (*fig.* 9, *pl.* 1,) avoit pour base une courbe ou un cercle d'un genre supérieur dans lequel l'ordonnée PQ & les abscisses correspondantes AQ, QC ne fournissent pas l'équation dont nous venons de parler; si, *par exemple*, la courbe AP CK étoit telle que l'on pût dire, le cube de PQ est égal au produit du carré de AQ multiplié par QC; elle seroit base d'un cône d'un genre supérieur dont les sections donneroient des paraboles, des ellipses & des hyperboles d'un genre supérieur. L'équation générale à ces sections sera $y^3 = px^2 \mp \frac{px^3}{2a}$, laquelle deviendroit pour la parabole $y^3 = px^2$, à cause de la valeur infinie de l'axe principal de cette courbe. Si $y^3 = px^2 \mp \frac{px^3}{2a}$; donc $2ay^3 = 2apx^2 \mp px^3$; donc $y^3 : x^2 \times (2a \mp x^1) :: p : 2a$; donc en général $y^{m+n} : x^m (2a \mp x)^n :: p : 2a$; donc $2ay^{m+n} = px^m \times (2a \mp x)^n$; donc $2ay^{m+n} = 2apx^m + px^{m \mp n}$; donc $y^{m+n} = px^m \mp \frac{px^{m+n}}{2a}$; donc lorsqu'il s'agira de la parabole, l'on aura, à cause de la valeur infinie de l'axe principale, $y^{m+n} = px^m$. Il faut donc que dans l'équation générale, applicable aux trois sections coniques d'un genre supérieur, l'exposant de y soit égal à la somme des exposans des deux abscisses correspondantes à l'ordonnée y. Cherchez *quadrature*; vous trouverez dans cet article des problemes analogues au traité des sections coniques.

SÉGUIER (Jean-François). De presque toutes les

Académies de l'Europe, d'abord Membre, ensuite Secrétaire perpétuel, enfin Protecteur de l'Académie Royale de Nîmes, naquit dans cette ville, le 25 Novembre 1703, & y est mort le premier Septembre 1784. Pour donner une idée de ce génie universel dont la République des lettres déplorera long-tems la perte irréparable, il faudroit pouvoir parler de ses immenses connoissances dans les langues savantes, les Médailles, les Antiquités, la Botanique, l'Histoire Naturelle, & même la Jurisprudence. Nous ne pouvons, dans un Dictionnaire de Physique, considérer *Séguier* que comme Botaniste & Physicien naturaliste. Les autres sciences qu'il a cultivées avec tant d'éclat, nous sont parfaitement étrangeres. A peine m'est-il permis d'indiquer les grands succès qu'il eut, à Montpellier, dans la science du droit qu'il n'étudioit cependant que malgré lui & pour obéir à un pere respectable qui le destinoit à le remplacer dans sa charge de Conseiller au Présidial de Nîmes. Je l'ai entendu réciter, à l'âge de près de quatre-vingt ans, les plus beaux endroits des *Institutes de Justinien* qu'il avoit appris par cœur dans sa premiere jeunesse. Il n'avoit pas encore atteint sa vingtieme année, & déjà il avoit rassemblé assez de Médailles, pour se procurer, en échange, un assez grand nombre de livres choisis que la médiocrité de sa fortune ne lui permettoit pas d'acheter. Cette collection, faite dans la premiere enfance, se trouve à la bibliothéque du Roi, où elle a passé avec ce qu'il y avoit de plus précieux dans le riche cabinet que *M. le Bret*, Intendant de Provence, avoit formé à Aix. Nous avons, dans le précieux médailler qu'il a laissé à l'Académie Royale de Nîmes, la médaille d'*Agrippa* qu'il gagna, à l'âge de huit à neuf ans, à des jeux d'écoliers. Il ne voulut jamais s'en défaire, & il lui assigna dans son médailler une place distinguée. Le goût, je dirois presque la passion des Médailles, conduisit naturellement *Séguier* à l'étude des Antiquités, science qu'il posséda dans le degré le plus éminent. Qu'il est fâcheux pour moi de ne pouvoir qu'indiquer sa savante dissertation sur la *Maison carrée de* Nîmes. L'on y voit avec étonnement que ce grand Antiquaire, en observant la position des trous destinés à recevoir les crampons avec lesquels chaque lettre étoit attachée, parvint à restituer en entier l'inscription, de laquelle il ne restoit pas une seule lettre, & à prouver que cet édifice étoit un temple, érigé par la colonie de Nîmes à *Caius* & à *Lucius*, fils de M. *Agrippa* & enfans adoptifs d'*Auguste*, leur grand-pere maternel. En appliquant sa méthode à d'autres inscriptions, pareillement détruites, il parvint à fixer la destination & l'origine de deux autres édifices, situés à Arles & à Vienne en Dauphiné. Par un procédé encore plus savant, il trouva l'explication d'une suite de caracteres inintelligibles & absolument différens de tous les alphabets connus, qui étoient tracés sur une plaque de bronze, découverte près de Lyon. *Séguier* prouva, d'une maniere évidente, que c'étoit un congé militaire, accordé à un Soldat par l'Empereur Adrien, composé en langue latine & donné en *écriture cursive*. Mais ce qui étonnera l'univers, ce sera lorsque l'Académie de Nîmes fera paroître le Manuscrit de *Séguier* dont elle est propriétaire. C'est un répertoire universel & complet de toutes les inscriptions existantes avec l'indication du livre & de la page où chacune d'elles est rapportée. On y trouve en entier toutes celles qui n'ont pas été publiées, & le nombre en est immense.

En 1730, arriva à Nîmes le célebre *Scipion Maffei*. Ce savant, venu dans cette ville pour visiter nos monumens antiques, restes précieux de sa grandeur passée & de la magnificence du peuple Roi, fut adressé au jeune *Séguier* qu'on appelloit dès-lors le *jeune Antiquaire*. *Maffei*, enchanté de ses talens & de ses connoissances, lui proposa de l'accompagner dans ses voyages. Ils partirent pour Paris où ils démeurerent deux à trois ans. Invité par M. l'Abbé *Bignon* à mettre bien des choses en ordre dans la bibliothéque du Roi, il reçut du Gouvernement, content de son travail, une collection complete d'estampes, présent qu'on ne fait gueres qu'aux ambassadeurs étrangers qui ont rendu quelque service important à l'Etat. De Paris les deux illustres amis passerent en Hollande, de Hollande en Allemagne, de l'Allemagne en Angleterre, & de l'Angleterre en Italie & sur-tout à Rome où ils demeurerent pendant quelques années. Après tous ces voyages, ils se fixerent à Vérone, patrie du Marquis *de Maffei*. *Séguier* n'en partit, pour retourner à Nîmes, qu'en l'année 1755, époque de la mort de son illustre Ami.

Ce fut dans le cours de ses voyages qu'il forma son fameux cabinet d'Histoire Naturelle. L'on y admire surtout deux suites uniques & très-nombreuses, l'une de *poissons pétrifiés*, témoins irréprochables de la vérité du déluge universel ; l'autre d'*Ardoises herborisées*, dont les analogues ne se trouvent que dans les Indes. Celle-ci a été recueillie dans les montagnes des Cevennes ; celle-là dans le sein d'une montagne, située à quelques lieues de Vérone. Le Marquis *de Maffei* en acheta une partie, pour que son ami ne fût pas troublé dans le cours de ses savantes opérations. Les autres trésors que renferme le cabinet de *Séguier* ont été recueillis par lui-même dans différens endroits de l'Europe, souvent au risque de sa vie ; témoin le danger qu'il courut sur les montagnes du Vicentin où il ramassoit des pierres & des plantes dont les habitans ignoroient l'usage. Ils le prirent pour un sorcier, & ils le regarderent comme l'Auteur des orages qui, par malheur dans ces tems-là, vinrent ravager leurs vallées. *Séguier* ne racontoit ce fait qu'avec frayeur, & il avouoit qu'il n'avoit jamais couru un danger aussi prochain de perdre la vie.

Une imprudence qu'il fit à Volterre eût eu, pour tout autre, des suites fâcheuses. Il apperçut dans les fortifications de cette ville une pétrification intéressante. Il se détermina à l'enlever pendant la nuit. Les sentinelles voyant un homme inconnu, armé d'instrumens, le prirent pour l'Auteur ou le complice de quelque grave conspiration. Il fut arrêté & mis en prison. Le lendemain matin, le Gouverneur de la ville informé que le prisonnier étoit le savant *Séguier*, l'ami de *Maffei*, le fit mettre en liberté & lui permit d'emporter la pétrification qu'il desiroit ; elle est dans le cabinet de l'Académie.

Il n'est aucun savant qui, dans ses voyages, n'ait eu pour objet de visiter ce cabinet. *Monsieur* daigna l'examiner, lors de son passage à Nîmes, & parla à *Séguier* avec cette bonté qui entraîne tous les cœurs. L'Archiduc *Ferdinand* se rendit chez notre savant, eut avec lui une longue conversation, & refusa de visiter son cabinet. *Laissez-moi profiter*, lui dit-il, *du peu d'instans dont je puis disposer ; il y a mille cabinets dans le monde, mais on ne trouve qu'un Séguier.*

Notre savant aimoit trop sa patrie, pour la priver de cette rare collection. Il avoit toujours eu le dessein d'en rendre propriétaire, après sa mort, l'Académie dont il étoit l'ornement & la gloire, & comme le second fondateur. Il avoit refusé les offres avantageuses qu'on lui faisoit d'Angleterre & de la part de l'Impératrice de Russie. L'acte de donation étoit dressé, lorsqu'il reçut une lettre des bureaux du Ministre dans le département duquel se trouvent les Académies. Trop prévoyant pour ne pas craindre qu'on ne lui fît quelque demande capable d'empêcher, ou du moins de retarder l'exécution de son projet, il signa l'acte, & il décacheta ensuite sa lettre. En effet un Ministre éclairé, protecteur des Arts & des Sciences, lui témoignoit le desir qu'il avoit d'acquérir sa collection de pétrifications, pour en enrichir le cabinet du Roi. Il lui offroit, avec une somme considérable, la jouissance, pendant sa vie, de tous les objets que le Roi vouloit acquérir. L'acte contient, outre la donation pure & simple à l'Académie de tous ses cabinets, celle de sa bibliothéque, de son médailler, & de son fameux herbier.

Ce dernier objet me conduit naturellement à considérer *Séguier*, comme Botaniste. Ses succès dans cette science ont été tels, qu'ils lui ont mérité l'estime de l'immortel *Linné*, qui n'a pas craint de le nommer son Maître, & qui a souvent profité de ses remarques, pour corriger quelques erreurs qui s'étoient glissées dans ses écrits. Les ouvrages de *Séguier* en ce genre sont trop connus, pour que j'en fasse ici l'analyse. Ils ont pour titres, *Bibliotheca botanica* qu'il composa & qu'il donna au Public dans le cours de ses voyages, & *Plantæ Veronenses* qu'il divisa en vingt classes. Ce dernier ouvrage est le fruit de ses recherches, pendant les premieres années de son séjour à Vérone. Il les continua avec la même ardeur, & il en forma un *Supplément* qu'il fit paroître l'année avant son départ de cette ville. Les plantes du Véronois qu'il connoissoit si bien sont partie de son herbier, composé d'environ dix mille especes de plantes, desséchées par lui-même, & classées suivant le systeme de *Tournefort*.

Aucune ſcience ne lui étoit étrangere. J'ai reconnu, dans nos fréquentes converſations, que c'étoit par modeſtie qu'il diſoit n'avoir qu'une légere teinture de Phyſique & de Mathématique. J'ai ſouvent diſcuté avec lui les points les plus difficiles de la Phyſique ſyſtématique, & il m'a ſouvent aidé à réſoudre des problemes très-compliqués d'Algebre & de Géométrie. Il eut la complaiſance d'examiner avec attention mon fameux probleme ſur le *poids abſolu des montagnes*, & il m'aſſura que je pouvois avec confiance en faire paroître la ſolution : c'eſt-là ce qui m'a engagé à la mettre à la ſuite de mon article *Montagne*.

Séguier étoit excellent Aſtronome-Obſervateur ; la preuve en eſt conſignée dans les ſavans mémoires de l'Académie Royale des Sciences de Paris, dont il étoit correſpondant. Il ſe trouva à Vienne, à l'obſervatoire Impérial, lors de l'éclipſe de 1734. Le Prince *Eugene*, frappé de la préciſion & de la ſagacité qu'il manifeſta dans le cours de l'obſervation, le pria d'accepter le téleſcope dont il venoit de ſe ſervir ſi utilement ; c'eſt le même qu'il a laiſſé à l'Académie.

Cet amas immenſe de connoiſſances étoit rehauſſé dans *Séguier* par l'éclat de toutes les vertus morales & chrétiennes ; & l'on peut aſſurer qu'il a encore plus honoré la Religion par l'éminence de ſa ſainteté, qu'il n'a honoré les lettres par la profondeur de ſa ſcience. Grande leçon pour les ſavans qui ne cherchent pas la véritable gloire dans la pureté des mœurs & dans la défenſe de la Religion.

Autrefois la Société Royale de Londres dérogea à ſes ſtatuts en faveur du ſavant *Newton* qu'elle nomma ſon Préſident perpétuel, quoique cette dignité ſoit annuelle dans cette compagnie littéraire. L'Académie, à la mort de M. *de Bec-de-Lievre*, Evêque de Nîmes, ſon Protecteur, déféra ce titre, d'une voix unanime & par acclamation à *Séguier*, quoiqu'il ne fût qu'un ſimple particulier. De pareilles diſtinctions ne tirent jamais à conſéquence. La Société Royale de Londres n'a eu qu'un *Newton*, & l'Académie Royale de Nîmes qu'un *Séguier*. Elle ne jouit pas long-tems de ſa douce préſence. Quelques mois après ſon élection, il lui fut enlevé par une attaque d'apoplexie ſéreuſe, dont il mourut preſque ſur le coup le premier Septembre 1784 ; à l'âge de 81 ans. Elle n'a été consolée de cette perte, que lorsqu'elle a vu à sa tête M. *de Balore*, Evêque de Nîmes, Prélat dont les qualités éminentes font presque oublier la dignité de la place qu'il occupe.

Remarque. Bien des personnes m'accuseront sans doute d'être entré dans des détails qui n'ont pas même un rapport indirect avec la science qui fait la matiere de cet ouvrage. L'on aura raison. J'espere cependant qu'on pardonnera facilement ces écarts à un Auteur, confrere de *Séguier*, son compatriote & son ami particulier. D'ailleurs lorsque je composai cet article, je venois d'entendre les excellens éloges prononcés par M. l'Abbé *d'Esponchés* & par M. *Vincens* le fils aîné, à la séance publique extraordinaire que tint l'Académie, à l'Hôtel de-ville, quelques mois après la mort de son Protecteur. J'aurois voulu ne rien omettre des belles choses que j'avois entendues. Trop heureux si cet article pouvoit avoir quelque ressemblance avec les modeles sur lesquels il a été calqué. Je le regarderois alors comme bien supérieur à tous ceux dont ce Dictionnaire est composé.

SEL. Le Sel, *dit M. Pluche dans l'entretien 24 du tom. 3 du spectacle de la nature*, est un élément dur & inflexible dont les plus petites parties ont plusieurs côtés taillés à pans ou à facettes, les extrémités terminées en pointe. Il se trouve dans l'assemblage de tous les corps, & il semble même destiné à en faire l'assemblage. Ses petites lames sont probablement destinées à soutenir de leurs angles, ou de leurs pointes, les feuilles des autres élémens. Elles sont comme autant de petites chevilles qui entrent de part & d'autre dans les pores des autres corps & qui les unissent étroitement. Les plus petites parties de notre sel semblent toutes taillées à 8 angles, & à 6 faces comme un dé. M. Pluche conclut de-là que les parties élémentaires du sel ont été ainsi taillées par le Créateur dès le commencement du monde.

Les principaux sels sont le *marin* & le *gemme*. Le premier se tire des eaux de la mer en la maniere suivante. On prépare des marais salans, c'est-à-dire, de grands parcs bien glaisés & bien battus, sur lesquels, pendant l'été & lorsque le tems est le moins à la pluie, on laisse entrer par une vanne une certaine quantité d'eau de mer. Au bout de

2 à 3 jours, le Soleil fait évaporer presque toute l'eau du marais. Le sel que l'eau raréfiée abandonne, s'abaisse peu-à-peu, se serre & s'épaissit. De ces pointes rapprochées, il se forme une espece de voûte de cristal. On la casse avec des râteaux, avec lesquels on retire ensuite tous les morceaux de sel. On les égoutte, & on les fait sécher pour les mettre ensuite en grains.

Le sel gemme se tire de la terre dans le sein de laquelle on le trouve en masse, comme dans une espece de mine. On ne sait pas s'il y a été créé dès le commencement du monde, ou s'il y a été déposé par les eaux du déluge. Ce qui paroît vraisemblable, c'est que les puits salans ne contiennent que des eaux, qui, en roulant sur ces masses, en détachent & en amenent un grand nombre de particules.

Ces deux especes de sel, & ceux dont nous allons dire deux mots à la fin de cet article, ont deux parties ; l'une se nomme acide & l'autre alkaline. La partie acide est un amas d'aiguilles ou de lames à facettes, toujours aiguës, souvent tranchantes, mais si fines & si légeres qu'elles flottent communément dans l'air & dans les liqueurs : la partie alkaline n'est autre chose qu'une matiere criblée d'une infinité de pores & destinée à réunir les acides.

Les autres sels moins communs sont le salpêtre, l'alun, le vitriol, le sel armoniac ou ammoniac & le sel de tartre. Le salpêtre se trouve attaché aux voûtes des caves & de celliers, dans les masures & dans tous les lieux abandonnés, mais surtout dans ceux où les urines des animaux ont séjourné.

L'alun est un sel en masse naturellement cristallisé avec un peu de terre, ou avec d'autres matieres. Cherchez *Alun*.

Le vitriol est un sel auquel se sont mêlées plusieurs parties métalliques. Cherchez *Vitriol*.

Le sel ammoniac se tire de la suie formée dans les cheminées où l'on fait brûler les excrémens des animaux.

Enfin le sel de tartre est fixé & cristallisé en croûte autour des tonneaux.

SÉNEQUE, *célebre Philosophe de l'antiquité, naquit à Cordoue, vers l'an 13 de Jesus-Christ* ; comme il n'a presque composé que des traités de morale, nous ne parlerons pas de ses ouvrages. Ceux qui prétendent que la découverte de la circulation du sang, n'est pas une découverte moderne, assurent que ce point physico-anatomique n'a pas été inconnu à Séneque. Ils apportent en preuve de leur assertion, le genre de mort qu'il choisit. Voici le fait. Séneque avoit été Précepteur de l'Empereur Néron. La conduite réglée du maître devint dans la suite la censure muette des désordres du Disciple. Il fut condamné à mort; & l'unique grace que lui fit l'Empereur, ce fut de lui laisser choisir le supplice par où il devoit terminer sa vie. Séneque se fit ouvrir les quatre veines. Cette mort arriva l'an 65 de J. C. Malebranche regarde l'imagination de Séneque comme sujette aux plus grands écarts. Ses mouvemens impétueux, *dit-il*, l'emportent souvent dans des pays qui lui sont inconnus, dans lesquels cependant il marche avec la même assurance, que s'il savoit où il est, & où il va. Pourvu qu'il fasse de grands pas, des pas figurés & dans une juste cadence, il s'imagine qu'il avance beaucoup; mais il ressemble à ceux qui dansent, qui finissent toujours où ils ont commencé. Il faut bien distinguer la force & la beauté des paroles, de la force & de l'évidence des raisons. Il y a sans doute beaucoup de force, & quelque beauté dans les paroles de Séneque; mais il y a très-peu de force & d'évidence dans ses raisons. Il donne par la force de son imagination un certain tour à ses paroles, qui touche, qui agite & qui persuade par impression; mais il ne leur donne pas cette netteté & cette lumiere pure qui éclaire & qui persuade par évidence. Il convainc, parce qu'il émeut, & parce qu'il plaît; mais je ne crois pas qu'il lui arrive de persuader ceux qui le peuvent lire de sang froid, qui prennent garde à la surprise, & qui ont coutume de ne se rendre qu'à la clarté & à l'évidence des raisons. En un mot pourvu qu'il parle & qu'il parle bien, il se met peu en peine de ce qu'il dit; comme si on pouvoit bien parler sans savoir ce qu'on dit: ainsi il persuade, sans que l'on sache souvent, ni de quoi, ni comment on est persuadé; comme si on devoit jamais se laisser persuader de quelque chose, sans la concevoir distinctement, & les preuves qui la démontrent. *Recherche de la vérité*, *liv.* 3, *pag.* 307 *& suivantes.*

SENNERT, (Daniel) *naquit à Breslaw le* 25 *Novembre* 1572. Il professa & il pratiqua la Médecine à Wirtemberg avec un succès prodigieux. Ses ouvrages imprimés à Lyon en 6 volumes *in-folio*, nous prouvent qu'il fut un des plus grands Chimistes de son siecle. Il mourut de la peste, le 21 Juillet 1637, à l'âge de 65 ans.

SENS. Il y a trois sens internes & cinq externes. Les sens internes sont la mémoire, l'imagination & le sens commun : les sens externes sont le tact, le goût, l'odorat, l'ouïe & la vue. Nous avons parlé fort au long des uns & des autres dans leurs articles relatifs.

SÉVE. La séve contient des particules aqueuses, huileuses, sulfureuses, nitreuses, salines, &c. mises en mouvement par la chaleur bénigne qui regne dans le sein de la terre ; elles entrent dans les plantes pour leur servir de nourriture. Voyez l'article des *Plantes*.

SGRAVESANDE, (Guillaume Jacques de) Membre de la Société Royale de Londres, & célebre Professeur d'Astronomie & de Mathématique à Leyde, naquit à Bois-le-Duc en 1688. Son mérite distingué lui attira l'estime & l'amitié de Newton, dont il s'est déclaré le partisan le plus zélé dans tous les ouvrages qu'il a donnés au public. Le plus complet, le plus savant & le plus considérable, est sans contredit celui qui a pour titre : *Physices elementa mathematica experimentis confirmata, sive introductio ad Philosophiam Newtonianam* ; il est en 2 gros volumes *in*-4°. Ce recueil n'en seroit que plus précieux, si l'Auteur ne s'y déclaroit pas en cent occasions Newtonien fanatique. Je comprens sous ce terme tous ceux qui, non contens d'adopter les vérités que Newton a étayées sur les démonstrations les plus lumineuses, s'avisent encore d'ériger en principes incontestables des pensées que Newton n'a jetté sur le papier, que comme des doutes sur la fin de son optique. Telles sont les loix de répulsion ; celles de l'attraction plus qu'en raison inverse des carrés dans les petites distances, &c. Qu'on lise le chapitre cinquieme du livre premier de la partie premiere de l'ouvrage dont nous parlons ; l'on verra qu'il n'est rien d'outré dans cette critique. Nous avons encore de Sgravesande un cours d'algebre très-estimé ; un commentaire de l'arithmétique universelle de Newton ; une Introduction à la Philosophie, la Métaphysique & la Logique ; & quelques harangues sur des sujets très-relevés, tous analogues à la Philosophie, à la Physique & aux Mathématiques. Toutes ces productions sont marquées au coin de l'immortalité. Ce grand homme mourut à Leyde le 28 Février 1742.

SIGNES. Sur la surface du Zodiaque se trouvent 12 amas d'étoiles auxquels on a donné les noms de *Belier*, *Taureau*, *Gemeaux*, *Cancer*, *Lion*, *Vierge*, *Balance*, *Scorpion*, *Sagittaire*, *Capricorne*; *Verseau* & *Poissons*. Vous trouverez l'origine de ces dénominations dans l'article du *Zodiaque*. Ce sont ces 12 amas d'étoiles auxquels les Astronomes ont donné le nom de *signes*.

SIMPSON, (Thomas) naquit à Bosworth dans la Province de Leicester le 20 Août 1710 (vieux style.) La pauvreté de ses parens, & l'ennui que lui causoit le métier d'ouvrier en soie qu'on commençoit à lui faire apprendre, l'engagerent à se mettre sous la conduite d'un aventurier qui se disoit Astrologue & faiseur d'horoscopes. C'est une faute qu'on lui pardonnera sans peine; il n'avoit pas encore neuf ans, lorsqu'il la fit. A l'âge de 10 ans, il en sut beaucoup plus que son maître, puisqu'il résolut le probleme d'astrologie qui consiste à trouver les maisons célestes. Ce probleme s'exprime ainsi en termes astronomiques : *Connoissant la hauteur du pôle & le point culminant de l'écliptique, trouver sur l'ecliptique un autre point qui jusqu'à ce moment ait décrit les deux tiers de son arc diurne, ou un autre portion quelconque de cet arc diurne, ou de l'angle horaire formé au pôle de la terre par le méridien & par le cercle horaire qui passe par l'autre point de l'écliptique*. Quelque bonheur qu'eût le jeune Simpson dans l'astrologie judiciaire, il dédaigna cependant bientôt un métier si méprisable; aussi résolut-il d'y renoncer, dès qu'il fut en âge de connoître qu'il ne pouvoit l'exercer, ni en honneur, ni en conscience. Ce fut environ à l'âge de 20 ans qu'il fit ce sacrifice. Dès-lors il s'adonna entierement à la véritable étude des mathématiques. On assure qu'il n'avoit que 22 ans, lorsqu'il eut fini son traité des *Fluxions*. Ce traité a eu deux éditions; celle de 1750 est supérieure à celle de 1737. Celle-ci, cependant, toute imparfaite qu'elle est, suppose un très-grand Mathématicien; aussi procura-t-elle à son auteur une place dans la Société Royale de Londres. En l'année 1743, M. Simpson fut nommé Professeur de Mathématique, à l'école Militaire de Wolwich. Pendant les 13 ans qu'il occupa ce poste, il a écrit sur l'abérration des étoiles; sur le probleme de Képler; sur les mouvemens des projectiles dans les milieux résistans ; sur les vibrations des pendules; sur la figure de la terre, déduite des loix de l'hydrostatique; sur l'attraction des corps sphéroïdiques; sur la hauteur des marées; sur les arcs du méridien dans le sphéroïde applati; sur la courbe décrite par les rayons de lumiere, en traversant l'atmosphere; sur le mouvement de l'ombre d'un corps projecté sur l'horizon; sur la descente des graves, affectée par la rotation de la terre ; sur la longueur des jours, eu égard à l'excentricité de la terre; sur la différence qu'il y a dans le calcul des cometes, entre une parabole & une ellipse; sur le milieu que les Astronomes ont coutume de prendre entre plusieurs observations; sur la théorie de la Lune & le mouvement de son apogée; enfin sur la précession des équinoxes, matiere très-difficile; & que M. Simpson a traitée avec plus d'exactitude que le grand Newton. Il mourut à Bosworth, sa patrie, d'une maladie de langueur le 1 Mai 1760.

SINUS. Le sinus se divise en sinus droit, sinus verse & sinus total. Le sinus droit d'un arc, ou d'un angle mesuré par cet arc, n'est autre chose que la perpendiculaire tirée d'une des extrémités de cet arc sur le diametre qui passe par l'autre extrémité.

Le sinus verse d'un arc est la partie du diametre interceptée entre l'arc & son sinus droit.

Le sinus total n'est autre chose que le sinus du quart du cercle, c'est-à-dire, le rayon. Voyez cette matiere rapprochée de ses principes dans l'article de la *Trigonométrie*.

SIPHON. Un siphon est un tube recourbé dont une branche est plus courte que l'autre. L'on plonge la branche la plus courte dans le vase que l'on veut vuider; l'on tire tout l'air qui étoit renfermé dans le siphon, & alors la même force qui fait élever l'eau jusqu'à la hauteur de 32 pieds dans les pompes aspirantes, fait monter la liqueur jusqu'au point où se trouve la communication entre les deux branches du siphon. La liqueur arrivée à ce point de communication, tombe par sa gravité dans la branche la plus longue; & sort par le robinet ordinaire. Il n'est pas difficile de comprendre que ce mécanisme dépend de l'action de l'air extérieur sur la surface du liquide contenu dans le vase que l'on vuide, comme nous l'avons expliqué, non-seulement dans tout l'article de l'*air*, mais encore dans le corollaire second de la troisieme partie de l'hydrostatique.

SISTOLE. Cherchez *Systole.*

SLOANE, (Hans) *Membre des Académies des Sciences de Paris, de celles de Berlin & de Pétersbourg, Président de la Société Royale de Londres & du Collége des Médecins de la même Ville, naquit à Killiléah en Irlande, le* 16 *Avril* 1660. Il s'adonna à la Botanique & à l'Histoire Naturelle, & il fit de très-grands progrès dans ces parties intéressantes de la Physique. Les voyages ne furent pas epargnés; il parcourut pour se former, presque le monde entier. Fixé ensuite à Londres où il eut le bonheur de mériter la confiance du Roi & de la famille Royale dont il étoit médecin, il publia un ouvrage intitulé : *Catalogus plantarum quæ in insula jamaica sponté proveniunt & prodromi historiæ naturalis pars prima.* C'est comme l'avant-coureur d'un ouvrage qu'il publia quelques années après en 2 volumes *in-folio* sur son voyage à la Jamaïque. Pour faire connoître en deux mots lè mérite de M. Sloane, nous ferons remarquer qu'à la mort du fameux Newton, la Société Royale de Londres le choisit pour son président, place qu'il occupa pendant 13 ans. Il mourut le 11 Janvier 1753 à l'âge de 93 ans. Il souhaitoit extrêmement que son riche cabinet ne fût pas dissipé à sa mort; & il ne vouloit pas non plus priver ses enfans d'une partie si considérable de son héritage. Dans cette vue il le laissa par son testament pour le bien public, mais en exigeant qu'on en payât à sa famille vingt mille livres sterlings, c'est-à-dire, environ quatre cent cinquante mille livres de notre monnoie : somme qui paye à peine la valeur intrinséque des médailles d'or & d'argent, des morceaux de mines & de pierreries qui s'y rencontrent. A ce cabinet est jointe la bibliothéque la plus complete de l'Europe en livres de Physique & de Médecine; elle contient environ cinquante mille volumes, dont 347 sont d'estampes colorées avec soin, 3516 manuscrits & une infinité de livres rares & curieux. Ceux qui ont le bonheur de parcourir ce cabinet, ont pour guide un catalogue en 38 volumes *in-folio* & 8 *in*-4°. où M. Sloane a fait une courte description de chaque piece & a renvoyé aux différents auteurs qui en ont traité. Le Parlement d'Angleterre a accepté le legs de M. Sloane, & en a rempli les conditions.

SOIF. La salive est composée d'acides qui exerçant leur actions sur les houpes nerveuses dont le gosier est tapissé, excitent en nous la sensation de la soif.

SOLEIL. Nous ne perdrons pas le tems à faire des conjectures sur la nature du Soleil. Nous le regardons comme un globe de feu fluide, ou presque fluide. 1°. C'est un globe, puisque vu de loin, il nous paroît un cercle. 2°. C'est un globe de feu, puisqu'il éclaire & qu'il échauffe. 3°. C'est un globe fluide ou presque fluide, puisque ses taches ne sont pas permanentes.

Tout ce que nous avons eu à dire de plus intéressant sur le Soleil, nous l'avons fait entrer dans les articles de *Copernic*, du *centre de gravitation*, de l'*atmosphere solaire*, des *éclipses*, de la *lumiere*, &c. Lisez la question troisieme de notre article *Lune*; vous serez convaincu que le Soleil nous éclaire environ trois cent mille fois plus, que la Lune dans son plein.

SOLIDE. Les Géometres nomment *solide* ou *corps* toute grandeur dont on considere les trois dimensions, c'est-à-dire, la longueur, la largeur & la profondeur. Lorsqu'on demande, par exemple, combien un magasin peut contenir de marchandises, le magasin est pris pour un solide; parce que plus il sera long, large, & profond, plus aussi il contiendra de marchandises. La troisieme partie de notre géométrie pratique est toute destinée à la mesure des solides.

SOLSTICE. Le premier degré du *Cancer*, & le premier degré du *Capricorne* sont les deux points des solstices, parce que le Soleil arrivé à quelqu'un de ces deux points, paroît s'arrêter pour revenir vers l'équateur, comme nous l'avons remarqué dans l'article de la *Sphere*.

SOMMATION des suites. C'est une opération par laquelle on réduit à une seule expression tous les termes d'une suite donnée. Nous avons parlé dans l'article *progression*, de la sommation des suites finies; il nous reste à parler dans celui-ci de la sommation des suites infinies. Nous allons le faire dans les propositions suivantes, & les corollaires que nous en déduirons.

Proposition 1. Lorsqu'on a plusieurs termes consécutifs de de la ſuite des nombres naturels 1, 2, 3, 4, &c. le carré du dernier de ces termes eſt égal au carré du premier, plus 2 fois la ſomme des termes qui précedent le dernier, plus autant d'unités, qu'il y a de termes qui précedent le dernier.

En effet le carré de 4 eſt égal au carré de 1, plus 2 fois la ſomme des nombres 1, 2, 3, plus 3 unités; puiſque $16 = 1 + 12 + 3$; donc, &c.

Propoſition 2. Lorſqu'on a pluſieurs termes conſécutifs de la ſuite des nombres naturels 1, 2, 3, 4, &c. le cube du dernier de ces termes eſt égal au cube du premier, plus trois fois la ſomme des carrés des termes qui précedent le dernier, plus trois fois la ſomme de ces mêmes termes, plus autant d'unités, qu'il y a de termes qui précedent le dernier.

En effet le cube de 4 eſt égal au cube de 1, plus trois fois la ſomme des carrés des nombres 1, 2, 3, plus 3 fois la ſomme de ces mêmes nombres, plus 3 unités; puiſque $64 = 1 + 42 + 18 + 3$; donc, &c.

Corollaire 1. Puiſque les termes conſécutifs de la ſuite des nombres naturels, different toujours d'une unité, il eſt clair que ſi l'on en prend quelques-uns, comme 1, 2, 3, 4, &c. l'on aura $4 = 3 + 1$; $3 = 2 + 1$; $2 = 1 + 1$. Si l'on nomme donc a le premier, x le dernier terme, & S la ſomme des termes de cette ſuite; l'on aura $x - a$ pour le nombre des termes qui précedent le dernier; S^2 pour la ſomme des carrés de tous les termes de la ſuite; S^3 pour la ſomme de tous leurs cubes: $S - x$ pour la ſomme de tous les termes qui précedent le dernier; $S^2 - x^2$ pour la ſomme de tous leurs carrés; $S^3 - x^3$ pour la ſomme de tous leurs cubes, &c.

Corollaire 2. Pour exprimer algébriquement la propoſition 1, l'on dira $x^2 = a^2 + 2S - 2x + x - a = a^2 - a + 2S - x$; donc $S = \frac{1}{2}x^2 + \frac{1}{2}x - \frac{1}{2}a^2 + \frac{1}{2}a$; donc en ſuppoſant $a = 0$, ou $= 1$, l'on aura $S = \frac{1}{2}x^2 + \frac{1}{2}x$; donc en ſuppoſant x infini, l'on aura $S = \frac{1}{2}x^2$, parce que $\frac{1}{2}x$ devient nul à côté de $\frac{1}{2}x^2$.

Corollaire 3. Pour exprimer algébriquement la propoſition ſeconde, l'on dira $x^3 = a^3 + 3S^2 - 3x^2 + 3S = 3x + x - a$; donc $x = a^3 - a + 3S^2 - 3x^2 + 3S - 2x$; donc en ſuppoſant $a = 0$, ou $= 1$, l'on aura $x^3 = 3S^2 - 3x^2 + 3S - 2x$; donc S^2

$= \frac{1}{3} x^3 + x^2 + \frac{2}{3} x - S$; mais (*corollaire* 2.) $S = \frac{1}{2} x^2 + \frac{1}{2} x$; donc $S^2 = \frac{1}{3} x^3 + x^2 - \frac{1}{2} x^2 + \frac{2}{3} x - \frac{1}{2} x$; donc $S^2 = \frac{1}{3} x^3 + \frac{1}{2} x^2 + \frac{1}{6} x$; donc, en ſuppoſant x infini, l'on aura des infinis de différens ordres ; donc $S^2 = \frac{1}{3} x^3$, parce que $\frac{1}{2} x^2 + \frac{1}{6} x$ deviennent nuls à côté de $\frac{1}{3} x^3$; donc $S^2 = \frac{1}{3} x \times x^2$.

Corollaire 4. La ſomme des carrés d'une infinité de termes conſécutifs de la ſuite des nombres naturels eſt le tiers du produit du dernier carré multiplé par leur nombre.

SOMMEIL. La veille & le ſommeil ſont deux états oppoſés ; ainſi puiſque nous ne veillons, que lorſque nous avons beaucoup d'eſprits vitaux qui ſe meuvent librement depuis les organes des ſens extérieurs juſqu'au centre ovale, & depuis le centre ovale juſqu'aux organes des ſens extérieurs : il eſt naturel d'aſſurer que nous devons dormir, lorſqu'il y a évaporation d'eſprits vitaux, ou bien, lorſque quelque humeur vient boucher les conduits qui ſe trouvent au milieu des nerfs qui ſe rendent aux organes des ſens extérieurs. Ces ſortes d'accidens, ou pour parler dans les termes de l'art, ces ſortes d'obſtructions cauſent le ſommeil, lorſqu'elles ſont paſſageres ; & des maladies ſérieuſes, lorſqu'elles ſont permanentes.

Les ſonges que nous avons pendant le ſommeil, ne ſont occaſionnés que par les eſprits vitaux qui vont du centre ovale dans les organes de la mémoire ou de l'imagination dont nous avons parlé dans leurs articles relatifs.

Dans la *mémoire*, les eſprits vitaux remuent des veſtiges plus ou moins profondément imprimés dans la partie cendrée : dans l'imagination les mêmes eſprits vitaux excitent des images plus ou moins profondément gravées dans la partie calleuſe du cerveau.

Enfin tout ce que nous voyons arriver aux *ſomnambules*, ne peut pas avoir une autre cauſe phyſique. En effet ſi ces mêmes eſprits vitaux ſe partagent en deux eſpeces de cohortes, dont l'une dirigeant ſa marche vers l'organe d'une imagination vive, s'occupe à y tracer l'image d'un homme qui ſe promene, va rendre viſite à un ami, parle, chante, crie, &c. & que l'autre cohorte ſe rende dans les nerfs dont le mouvement eſt néceſſaire dans ces ſortes d'opérations ; l'on verra des perſonnes qui pendant le ſommeil, parleront, chanteront, crieront, ſe leveront, ſe promeneront, entreront dans les chambres voiſines, & feront croire aux eſprits foibles, que les hiſtoires des *revenans* ne doivent pas toujours paſſer pour des contes faits à plaiſir.

SON. Ce ſont les expériences les plus ſimples qui nous conduiſent à la découverte des plus grands ſecrets de la nature. On eſt toujours convenu, par exemple, qu'un corps ſonore ne produit le ſon que lorſque ſes parties reçoivent par la percuſſion un certain nombre de vibrations, un mouvement de trémouſſement & de frémiſſement; mais l'on a diſputé long-tems pour ſavoir ſi le ſon étoit cauſé par les vibrations qui ſont reçues dans les parties ſenſibles, ou, par celles qui ſont reçues dans les parties inſenſibles du corps ſonore. M. de la Hire s'étoit declaré pour ce dernier ſentiment; & ce fut pour en démontrer la vérité, qu'il fit l'expérience ſuivante. Il prit des pincettes de fer; il les ſoutint par l'arc ſur le bout de ſon doigt; il ſerra les extrémités des branches l'une contre l'autre vers le bas; il les lâcha ſubitement; les parties ſenſibles des pincettes frémirent, & cependant l'on n'entendit aucun ſon. Il frappa enſuite les branches de ces mêmes pincettes avec un morceau de fer, & l'on entendit un ſon fort clair. Cette expérience ramena tout le monde à un même ſentiment; & depuis lors on convient que le ſon conſiſte dans un mouvement de frémiſſement imprimé aux parties inſenſibles des corps ſonores. Telle eſt en peu de mots la nature du ſon que l'on a regardé de tout tems comme l'unique objet de l'ouïe: mais comment fait-il impreſſion ſur l'organe de ce ſens? Pour rendre raiſon d'un point de phyſique auſſi intéreſſant, je remarque d'abord que l'air eſt un vrai corps ſonore, puiſqu'il rend un ſon très-diſtinct, lorſqu'on le frappe avec un fouet; il rend même un ſon très-varié, lorſqu'on fait réiterer les coups habilement & preſque ſans interruption. Je remarque encore que l'air eſt le milieu qui tranſmet juſqu'à l'organe de l'ouïe, le ſon que rendent les corps ſonores. En effet, placez une clochette dans le récipient de la machine pneumatique; iſolez-la auſſi parfaitement que vous le pourrez, & pompez l'air du récipient; vous aurez beau faire battre le marteau contre les parois de la cloche, vous n'entendrez aucun ſon. Rendez l'air, & le ſon parviendra juſqu'à vos oreilles. Ces différentes expériences une fois ſuppoſées, il est très-facile d'expliquer comment le son fait impression sur l'organe de l'ouïe : commençons par le son direct.

Représentez-vous 15 ou 20 billes d'ivoire égales & contiguës, rangées sur la même ligne droite ; frappez la premiere, vous verrez le mouvement se communiquer, de bille en bille, jusqu'à la derniere qui partira, pour ainsi dire, dans l'instant. Il en arrive à-peu-près de même dans la propagation du son. Toutes les fois qu'un corps sonore, par exemple, une cloche, rend du son, elle reçoit dans ses parties insensibles & sensibles un mouvement de trémoussement & de frémissement ; ce mouvement se communique des parties sensibles de la cloche à l'air extérieur, c'est-à-dire, à l'air qui se trouve entre les corps sonores & le tympan ; de l'air extérieur, il est porté au tympan ; du tympan, à l'air contenu dans la cavité du tympan ; de l'air contenu dans la cavité du tympan, à l'air renfermé dans le labyrinthe & dans le limaçon ; de l'air renfermé dans le labyrinthe & dans le limaçon, il se communique aux houpes des nerfs auditifs que nous regardons avec raison comme l'organe de l'ouïe : est-il rien de plus simple que ce mécanisme ?

Plus nous sommes éloignés d'un corps sonore, & moins nous devons entendre le son qu'il rend ; c'est la conséquence naturelle des principes que nous avons établis jusqu'à présent. Aussi l'expérience nous apprend-t-elle que l'intensité & la force du son diminuent par rapport à nous, à mesure que la distance d'un corps sonore augmente. Mais quel rapport ou quelle raison l'intensité du son suit-elle dans sa diminution ? Est-ce la raison inverse des simples distances, ou bien la raison inverse des carrés des distances ? Si c'est à la premiere de ces deux regles que nous devons nous en tenir, & que je me trouve tantôt à cent, tantôt à deux cent pas du corps sonore ; l'impression que fera le son sur l'organe de mon ouïe, lorsque je suis à deux cent pas du corps sonore, ne sera que la moitié de celle que j'éprouvois, lorsque je n'en étois qu'à cent pas. Mais si le son suit la raison inverse des carrés des distances, alors à deux cent pas d'un corps sonore, j'entendrai un son quatre fois moins fort que celui que j'entendois, lorsque je n'en étois qu'à cent pas. Cette question n'est pas difficile à décider.

En effet il est sûr, 1°. Que le son parvient à nos oreilles par des rayons divergens, qui forme un vrai cône sonore ADE, (*fig.* 13, *pl.* 1.)

Il est sûr, 2°. Que le corps sonore A se trouve au sommet, tandis que l'oreille de celui qui écoute se trouve à la base de ce cône.

Il est sûr, 3°. Que la base du corps sonore contient autant de cercles différens BC & DE, qu'elle contient de couches différentes perpendiculaires à l'axe AM, & paralleles entr'elles.

Il est sûr, 4°. Que les aires des deux cercles sont comme les carrés de leurs diametres, & qu'ainsi le cercle DE qui a deux pieds de diametre, a une aire quadruple de celle du cercle BC qui n'a qu'un pied de diametre. Concluons de tous ces principes que les rayons sonores sont quatre fois moins serrés, & par conséquent quatre fois moins épais à deux pieds du sommet du cône, qu'ils ne l'étoient à un pied; puisque l'aire d'un cercle éloigné de deux pieds du sommet d'un cône est quatre fois plus grande, que l'aire d'un cercle qui n'en est éloigné que d'un pied; donc le son est quatre fois moins intense, & par conséquent quatre fois moins fort à deux pieds, qu'il ne l'est à un pied du sommet du cône sonore; donc le son, dans sa diminution, suit la raison inverse, non pas des simples distances, mais des carrés des distances.

Le son réfléchi garde dans sa propagation les mêmes regles que le son direct, puisque la surface polie & impénétrable qui le renvoie, doit être regardée comme un vrai corps sonore. Cette surface se trouve-t-elle près de nous? Alors le son réfléchi parvient aussi vîte à nos oreilles que le son direct; celui-ci est renforcé par celui-là, & l'organe le plus délicat ne sauroit les distinguer l'un de l'autre.

De ce principe fécond naît comme naturellement l'explication de plusieurs points de Physique qui regardent la théorie de l'ouie. Demande-t-on, par exemple, pourquoi l'on entend plus difficilement un homme, lorsqu'il parle dans une plaine, que lorsqu'il parle dans une chambre bien fermée? l'on répondra que dans une plaine nous ne recevons que des rayons sonores directs, & que dans une chambre nous en recevons en même tems de directs & de réfléchis. La chambre a-t-elle été nouvellement blanchie?

la voix s'y fera beaucoup mieux entendre ; pourquoi ? parce que une ſurface nouvellement blanchie eſt plus polie, & par conſéquent plus propre à renvoyer le ſon, qu'une ſurface raboteuſe.

Demande-t-on encore pourquoi l'on a de la peine à entendre un orateur qui parle dans un lieu tapiſſé ? l'on fera remarquer que les tapiſſeries ne ſont rien moins que propres à renvoyer le ſon. Par la même raiſon plus il y a de monde dans un auditoire, & moins auſſi l'on entend le Prédicateur. Les têtes des Auditeurs ſont moins propres que le pavé de l'Egliſe à renvoyer le ſon à nos oreilles.

Demande-t-on enfin pourquoi le porte-voix, le cor-de-chaſſe & tous les autres inſtrumens ſemblables contribuent à augmenter le ſon d'une maniere ſi prodigieuſe ? L'on doit ſavoir que par leur moyen aucun des rayons ſonores directs ne ſe diſſipe, & qu'il ſe joint à eux une infinité de rayons ſonores réfléchis. C'eſt encore par la réflexion du ſon que l'on explique pourquoi deux hommes placés aux deux foyers d'une chambre, dont les deux murs oppoſés ſont creuſés en forme de parabole, pourquoi, dis-je, ces deux hommes s'entendent l'un l'autre, quoiqu'ils parlent fort bas, quoiqu'ils aient le dos tourné l'un contre l'autre, & quoique ceux qui ſont au milieu de la chambre ne puiſſent pas diſtinguer les paroles qu'ils prononcent. Car ſuivant les loix de la réflexion, tous les rayons ſonores que produit le premier, doivent ſe rendre au foyer où ſe trouve le ſecond, & tous les rayons ſonores que produit le ſecond doivent ſe rendre au foyer où ſe trouve placé le premier.

Telles ſont les loix de la réflexion du ſon, lorſqu'on les corps réfléchiſſans ne ſont pas éloignés de celui qui parle ; mais lorſqu'ils ſe trouvent à une certaine diſtance, alors le ſon réfléchi parvient plus tard à ſes oreilles que le ſon direct ; & c'eſt-là ce qui forme les échos, ſoit ſimples, ſoit poliphones. Le ſon direct n'eſt-il répété qu'une fois ? l'écho eſt ſimple. Le ſon direct eſt-il répété pluſieurs fois l'écho eſt poliphone. Parmi les échos ſimples l'on a raiſon de diſtinguer celui de Wooſtock en Angleterre. L'on prétend qu'il répete juſqu'à 20 ſyllabes de la maniere la plus diſtincte. L'écho que l'on trouve près de Grenoble, ſous le Pont du Drac, eſt un des échos poliphones des plus fameux ; il répete jusqu'à douze fois un mot de deux syllabes. L'on apperçoit d'abord tout le mécanisme de ces sortes d'écho ; ce sont différens échos simples placés à différentes distances les uns des autres, dont l'*ensemble* forme un écho poliphone. Chaque écho simple réfléchit le même son ; le même mot doit donc être répété plusieurs fois. Parmi les échos simples les uns sont plus éloignés de nous que les autres ; nous devons donc entendre le même mot en différens tems.

Mais, *dira-t-on*, comment peut-il se faire que nous entendions en même tems d'une maniere distincte des sons de différente espece, souvent diamétralement opposés entr'eux ; ces sons ne devroient-ils pas se réunir & se confondre, avant que d'arriver à nos oreilles ; réunis & confondus, ne devroient-ils pas exciter en nous les sensations les plus désagréables ? j'avoue ingénument que je ne regarderois pas ceci comme une difficulté, si je ne voyois les plus grands hommes traiter ce point de Physique de la maniere la plus sérieuse. En effet, n'est-il pas sûr qu'il y a une vraie analogie entre la rétine qui tapisse le fond de l'œil, & les houpes nerveuses qui tapissent le labyrinthe & le limaçon ? N'est-il pas encore sûr que les couleurs sont au moins aussi diversifiées que le son ? cela supposé, voici comment je raisonne. Lorsque je demande à un Physicien comment il peut se faire que nous appercevions en même tems, de la maniere la plus distincte, des couleurs de différente espece, souvent diamétralement opposées entre elles ; il me répond sans hésiter que je ne dois pas être surpris, puisque ces couleurs différentes vont frapper différentes parties de la rétine. J'approuve cette réponse & je me rends à une raison aussi physique. Mais les sons de différente espece ne vont-ils pas frapper différentes houpes nerveuses dans le labyrinthe & dans le limaçon, après avoir frappé dans l'air des molécules différentes par leur masse, leur figure, leur degré d'élasticité, &c. (car nous pensons avec M. de Mairan que deux sons spécifiquement différens, agitent des particules d'air spécifiquement différentes ;) pourquoi donc n'entendrions-nous pas sans confusion deux sons produits dans le même instant, dont l'un seroit aigu & l'autre grave ?

Il reste sur la propagation du son une derniere difficulté qu'il ne ſera pas inutile de mettre dans tout ſon jour. La voici en peu de mots : chaque ſon que produit le corps ſonore fait impreſſion ſur deux organes différens c'eſt-à-dire, ſur l'oreille droite & ſur l'oreille gauche ; il paroît donc que nous devrions entendre deux fois le même ſon ; l'expérience nous apprend cependant le contraire ; & lorſque vous ne m'appellez qu'une fois par mon nom, s'il n'y a point d'écho qui répete vos paroles, je n'entends qu'un ſon ſimple & non pas un ſon redoublé ; d'où vient le contraire n'arrive-t-il pas ?

Pour répondre à cette queſtion d'une maniere ſatisfaiſante, rappellons-nous l'analogie qu'il y a entre l'organe de la vue & celui de l'ouïe. Pourquoi, *demande-t-on à un Phyſicien*, l'objet A que je regarde attentivement & avec des yeux bien diſpoſés, ne me paroît-il pas double, quoique ſon image ſoit peinte dans chacune de mes deux rétines ; les rayons de lumiere envoyés par cet objet, *me dit-il*, viennent frapper dans les deux rétines, deux fibres ſympathiques ou homologues, c'eſt-à-dire, deux fibres, qui partent du même point du cerveau, alors l'objet A, ſimple en lui-même, ne doit pas me paroître double, parce que deux impreſſions faites ſur deux fibres ſympathiques ne ſont ſenſiblement qu'une même impreſſion, & déterminent l'Ame à n'appercevoir qu'un objet. J'adopte avec plaiſir une réponſe que tout Phyſicien doit regarder comme une vraie démonſtration, & je l'applique au ſujet que je traite. Les nerfs auditifs ont, auſſi bien que les nerfs optiques, des fibres ſympathiques ou homologues ; c'eſt ſur ces fibres que ſe fait l'impreſſion du ſon dans les deux oreilles ; je ne dois pas donc entendre deux fois le même ſon, quoique l'impreſſion ſe faſſe ſur deux organes différens.

Mais comment l'impreſſion du ſon paſſe-t-elle de l'organe de l'ouïe, juſqu'à l'ame ? le voici. L'ame ſpirituelle anime tout le corps de l'homme, ſans ſe trouver phyſiquement dans chacune de ſes parties. Aſſurer le contraire, ce ſeroit s'expoſer à ne donner pour ſolution aux plus grandes difficultés, que quelques mots barbares, vuides de ſens, & dont les maîtres eux-mêmes n'ont peut-être jamais bien compris la force. C'eſt cette partie du centre ovale d'où partent les nerfs des dix conjugaiſons, que nous devons regarder, avec les plus fameux

Anatomistes ; comme le siége d'où l'ame préside à toutes les opérations d'un corps auquel elle est intimement unie. Ainsi demander comment l'impression du son est portée jusqu'à l'ame, c'est demander comment l'impression que fait le son sur les houpes qui tapissent le labyrinthe & le limaçon, est portée jusqu'à cette partie du cerveau où se trouve l'origine des nerfs auditifs : il est aisé de satisfaire à cette question.

Dans le cerveau se trouvent deux substances, l'une molle & spongieuse, s'appelle *substance cendrée*, l'autre beaucoup plus dure & tirant sur le blanc, se nomme *substance calleuse*. L'une & l'autre sont séparées en différentes couches, & percées d'une infinité de trous qui deviennent toujours plus petits, à mesure qu'ils approchent plus du centre ovale. Une grande partie du sang qui sort du cœur, est portée par les arteres jusques dans la substance soit cendrée, soit calleuse du cerveau. Là les particules les plus subtiles sont séparées des plus grossieres. Celles-ci se rendent dans les veines, & celles-là dans les nerfs au milieu desquels se trouve un canal disposé à les recevoir.

C'est ce fluide infiniment subtil qui forme les esprits vitaux, sans le secours desquels le corps n'est capable d'aucune fonction, & l'ame d'aucune sensation.

Me demande-t-on maintenant comment il peut se faire que l'impression du son passe dans un instant de l'organe de l'ouïe, jusqu'à l'organe du sens commun ? rien n'est plus simple que ce mécanisme. Les esprits vitaux sont rangés dans les canaux disposés à les recevoir, à-peu-près comme les 15 ou 20 billes d'ivoire égales & contiguës, dont nous avons parlé au commencement de cet article. Le son ne peut pas faire impression sur les houpes qui tapissent le limaçon & le labyrinthe, sans mettre en mouvement les esprits vitaux dont elles sont remplies ; ce mouvement se communique des uns aux autres avec une vîtesse inexprimable, & il parvient dans un instant aux esprits qui se trouvent à l'origine des nerfs auditifs ; c'est alors qu'en vertu de l'union intime qu'il y a entre l'esprit & la matiere, l'ame produit un acte capable de lui représenter les objets qui sont impression sur l'organe de son ouïe. C'est cet acte que l'on nomme *sensation*. Le son est-il ou simple, ou varié ; la sensation est agréable : le son au contraire est-il ou confus, ou trop compliqué; ou capable d'endommager l'organe de l'ouïe? la sensation est désagréable. Mais c'est-là un point de Métaphysique qui n'appartient pas au sujet que je traite.

SON ARTICULÉ. C'est la voix humaine que l'on prétend désigner, lorsque l'on parle des sons articulés. La trachée-artere, la glotte, la langue, les dents & les levres, tout cela sert à la former. Des différens petits vaisseaux qui composent les poumons, il sort par l'expiration une assez grande quantité d'air qui va se rendre dans la trachée-artere: ce canal assez grand en lui-même, l'est prodigieusement, si on le compare avec son orifice supérieur que l'on nomme la *glotte*. Tous les Anatomistes nous la dépeignent comme une fente à-peu-près ovale, capable de contraction & de dilatation, & terminée par deux especes de levres auxquelles il est très-facile d'imprimer un mouvement de trémoussement & de frémissement. L'air ne peut pas se rendre de la trachée-artere dans la bouche, sans passer par la glotte, c'est-à-dire, sans passer d'un lieu plus large dans un lieu plus étroit: il acquiert dans ce passage une augmentation de vîtesse; il imprime aux deux levres de la glotte un mouvement de frémissement; il reçoit dans ses parties insensibles ce même mouvement; & il se trouve par-là modifié en *son*. C'est le palais, la langue, les dents & les levres qui le rendent *son articulé*; aussi dit-on communément que la voix humaine est *air* dans la trachée-artere, *son* dans la glotte, & *parole* dans la bouche. Les anciens ont donc eu tort de comparer la trachée-artere avec une flûte, & d'assurer que la trachée produisoit la voix comme le corps de la flûte produit le son. C'est la glotte que l'on doit regarder comme le principal instrument de la voix. D'ailleurs, c'est en recevant l'air que la flûte produit le son, & c'est au contraire en le rendant que la trachée contribue à la formation de la voix. Cette réflexion n'est pas nouvelle; M. Dodart en fit part autrefois à l'Académie des Sciences, & cette célebre compagnie voulut la rendre immortelle, en la faisant insérer dans son histoire en l'année 1700.

Nous ne croyons pas devoir expliquer ici de quelle maniere se forme la parole dans les Pies, les Corbeaux, les Perroquets, en un mot, dans tous les animaux qui ont le talent d'articuler & de parler. Dans eux, comme dans nous, la glotte est le principal instrument de tout ce mécanisme. Elle est encore la cause principale des sons inarticulés que l'air en sortant de nos poumons dans le tems de l'expiration a coutume de produire. Le rire, par exemple, doit son origine à l'air que le diaphragme, en s'élevant & en s'abaissant alternativement, oblige de s'échapper par la glotte à différentes reprises.

SON RELATIF. Tous les sons dont nous avons parlé jusqu'à présent, se nomment *sons absolus*, parce que nous les avons considérés précisément en eux-mêmes, & sans aucun rapport avec d'autres sons de même ou de différente espece. Mais combien de fois ne nous arrive-t-il pas de comparer un son avec un autre? C'est-là ce qu'on appelle *sons relatifs*; c'est-là ce qui forme les différens tons qui ne sont l'objet de la musique, que parce qu'ils sont auparavant l'objet de l'ouïe. C'est du nombre des vibrations que font les corps sonores dans un tems déterminé, que vient la différence des tons. Deux cordes homogenes, par exemple, donnent-elles le même nombre de vibrations en une seconde de tems? elles sont à l'unisson. La premiere donne-t-elle deux vibrations, tandis que la seconde n'en donne qu'une? celle-là sonnera l'octave de celle-ci; elle sonneroit la quinte, si elle faisoit trois vibrations contre deux, &c. Ce sont-là des remarques trop anciennes, pour être ignorées de ceux-là mêmes qui n'ont qu'une teinture bien légere de la musique. L'on sait encore que le nombre des vibrations que donne la corde d'un instrument de musique, dépend de sa longueur, de sa grosseur & de la maniere dont elle est tendue. La corde A & la corde B, par exemple, seront à l'unisson, si avec le même degré de tension, elles ont égale grosseur & égale longueur.

La corde C sonnera l'octave de la corde D, si celle-là avec le même degré de tension & de grosseur, n'a qu'un pied de longueur, tandis que celle-ci en a deux.

De même la corde E sonnera l'octave de la corde F, si la premiere avec le même degré de tension & de longueur n'a qu'une ligne de diametre, tandis que la seconde en a deux.

Toutes ces connoissances, encore une fois, sont presque aussi anciennes que le monde. Mais ce que l'on ne connoiffoit pas précifément, c'eft le degré de tenfion que doit avoir une corde pour fonner l'octave d'une autre. Nous fommes maintenant au fait d'un point auffi intéreffant, & l'expérience que rapporte M. Nollet dans le tome troifieme de fa Phyfique, page 460, prouve évidemment que les vibrations de deux cordes égales en groffeur & en longueur, font en raifon directe des racines carrées des forces qui les tiennent tendues, ou pour parler plus briévement, font en raifon fous-doublée des tenfions. Auffi la corde M fera deux vibrations, tandis que la corde N n'en fera qu'une, & par conféquent la corde M fonnera l'octave de la corde N, fi celle-là eft quatre fois plus tendue que celle-ci.

C'eft fur ces principes qu'eft fondée la divifion des fons en graves & aigus. En effet, l'expérience nous apprend que plus un corps fonore donne de vibrations dans un tems déterminé, plus auffi le fon qu'il rend eft aigu; & par une raifon toute contraire, moins un corps fonore donne de vibrations dans un tems déterminé, plus auffi le fon qu'il rend eft grave. De-là il s'enfuit que la corde A donnera un fon plus grave que la corde B, fi elle eft ou plus longue, ou plus groffe ou moins tendue. Il s'enfuit encore que les fons & les tons ne font en eux-mêmes, ni graves ni aigus; tel fon eft très-grave en telle occafion qui feroit très-aigu dans une autre. La glotte garde les mêmes regles que les inftrumens de mufique, lorfqu'elle produit des fons graves & aigus. En effet, elle s'élargit confidérablement, & elle alonge fon diametre, lorfqu'elle donne un fon grave; elle s'accourcit au contraire, & elle bande fes fibres, lorfquelle donne un fon aigu.

Les principes que nous venons de pofer dans cet article, & ceux que nous avons établis dans l'article de l'*oreille*, nous ferviront à réfoudre les queftions fuivantes.

Premiere Queftion. Pourquoi, fi l'on pince une corde d'un inftrument de mufique, le fon fe communique-t-il à une corde d'un autre inftrument, pourvu qu'elle foit à l'uniffon, c'eft-à-dire, pourvu qu'elle foit également groffe, également longue & également tendue?

Réfolution. La corde pincée met en mouvement certaines molécules d'air, c'eft-à-dire, les feules molécules d'air capables de recevoir, & de tranfmettre le fon qu'elle rend. Ces molécules d'air ainfi agitées mettent en mouvement les seules cordes capables de recevoir le son qu'elles portent. Donc, lorsque l'on pince une corde d'un instrument de musique, le son doit se communiquer à une corde d'un autre instrument, pourvu qu'elle soit à l'unisson, & que l'instrument ne soit pas trop éloigné, & il ne doit pas se communiquer aux autres cordes qui ne sont pas à l'unisson avec la corde pincée.

Seconde Question. Pourquoi parmi les hommes les uns ont-ils plus de goût pour la symphonie que les autres ?

Résolution. Je croirois volontiers que ceux qui ont beaucoup de goût pour l'harmonie, ont les houpes des nerfs auditifs très-nombreuses, très-régulieres, & surtout très-délicates. Les animaux même les plus stupides ne sont pas insensibles aux charmes de l'harmonie. Le P. Regnault nous raconte dans ses *Entretiens physiques* un trait singulier. Un jour, *dit-il*, comme quelqu'un jouoit de la flûte à bec, assis sur le bord d'un ruisseau dans une prairie, un âne qui paissoit à vingt pas, leva la tête, dès qu'il l'entendit, s'approcha de lui, s'arrêta quelque tems à huit ou dix pas, toujours fort attentif; puis il vint si près, qu'il avoit sa tête presque au dessus de celle du joueur. Il l'écouta dans cette situation pendant un demi quart d'heure, uniquement occupé du son de la flûte. Ensuite pour témoigner, à sa maniere, au joueur son plaisir & sa reconnoissance, il lui prit avec les dents son chapeau sur sa tête, & il le porta à neuf ou dix pas, en galopant & en caracolant avec sa délicatesse, & sa légereté accoutumée.

Le même Physicien nous raconte qu'un Musicien célebre tomba dans un délire très-violent, après quelques jours de fievre continue. Le troisieme jour de son délire, je ne sais quel instinct lui fit demander un concert. On lui chanta les *cantates* de M. Bernier. A peine eut-il entendu les premiers accords, que ses yeux furent tranquilles; la sérénité se répandit sur son visage; les convulsions cesserent; le plaisir lui fit verser des larmes. Il fut sans fievre pendant le concert. Mais dès qu'on cessa de chanter, il retomba dans son premier état. Un remede si merveilleux, continué pendant 10 jours, guérit parfaitement le Musicien.

Le trait que raconte le même Physicien, arrivé à Alais en 1708, est pour le moins aussi singulier. Un Maître à danser, après une fievre de 5 à 6 jours ; & une longue léthargie, entra dans un délire furieux & muet. Quelqu'un prit le violon du malade, & lui en joua les airs qui lui étoient les plus familiers. Bientôt le malade se leva sur son séant, avec l'air d'un homme agréablement surpris. Tous les mouvemens de son corps marquerent le plaisir qu'il ressentoit. Au bout d'un quart d'heure il s'assoupit profondément, & une crise qu'il eut pendant le sommeil acheva de le guérir.

Voici enfin un fait qui prouve mieux que tous les autres le pouvoir de l'harmonie. C'est toujours le P. Regnault qui le raconte.

La Tarentule est une espece de grosse Araignée, à 8 yeux & à 8 pattes. Sa morsure est très-venimeuse. Elle est bientôt suivie d'une douleur très-aiguë, & peu d'heures après, d'un engourdissement. Il survient une profonde tristesse & une difficulté de respirer. Le pouls s'affoiblit; la vue se trouble ; on perd la connoissance, le bon sens & le mouvement ; & si l'on manque de secours, on meurt. Le meilleur remede qu'on ait trouvé jusqu'à présent à la morsure de la Tarentule, est l'harmonie. Un joueur d'instrument essaye différens airs. A-t-il rencontré celui dont la modulation convient au malade ? le malade commence à remuer successivement & en cadence, les doigts, les bras, les jambes & le corps. Il se leve augmentant de force & d'activité. Il danse plusieurs heures, plusieurs jours de suite avec une justesse & une agilité surprenante. L'agitation rend plus fluide le sang que le venin de la Tarentule avoit épaissi ; dissipe les obstructions des nerfs, & rend la santé au malade désespéré.

Troisieme Question. Quels sont les sons les plus agréables?

Résolution. Ce sont ceux dont l'ame connoît plus facilement le rapport. La raison qu'on peut en donner, c'est que nous fuyons naturellement la peine.

Quatrieme Question. Comment peut-il arriver que de plusieurs sons qui frappent nos oreilles, l'ame se rende plus attentive à l'un qu'à l'autre ?

Résolution. M. le Monnier répond à cette question d'une maniere très-ingénieuse, dans le tome cinquieme de sa Physique, *pag.* 340. Il prétend que l'ame se rend plus attentive au son avec lequel le tympan de son oreille est comme à l'unisson.

Cinquieme Question. Pourquoi la monotonie endort-elle ?

Résolution. Le sommeil vient d'un défaut de communication entre les organes des sens extérieurs, & le centre ovale. Ce défaut de communication est toujours causé par l'affaissement des nerfs. Or, rien n'est plus propre à produire cet affaissement que la monotonie ; pourquoi ? Parce que l'ame ennuyée par l'uniformité, ne fait aucun effort pour être attentive, & laisse les esprits vitaux dans une espece d'inaction. Comment dans cet état pourroient-ils tendre & animer les nerfs au milieu desquels ils se trouvent ?

Sixieme Question. Quels sont les sons que nous regardons comme désagréables ?

Résolution. Ce sont ceux qui sont ou trop compliqués, ou capables d'endommager l'organe de l'ouïe. La paresse naturelle à tous les hommes, cause le désagrément des premiers. On doit attribuer le désagrément des seconds à l'amour que chacun a de son corps. C'est à cette derniere cause que nous rapportons la peine que nous ressentons, lorsqu'on aiguise une scie en notre présence.

Septieme Question. D'où vient l'efficace du porte-voix ?

Résolution. Le porte-voix inventé par un Anglois nommé *Morland*, doit son efficace à deux causes. La premiere est la réunion des rayons sonores directs, dont les parois de cet instrument empêchent la dissipation. La seconde & la plus considérable, est la réflexion de son occasionnée par les parois du même instrument. L'invention de cet instrument est due au pur hasard. Morland se promenant dans des endroits souterrains, s'apperçut que le son recevoit par la réflexion une augmentation très-considérable de force. Le mécanisme des trompettes & de plusieurs autres instrumens de musique s'explique de la même maniere.

On expliquera avec la même facilité dans notre systeme toutes les questions qu'on peut faire sur le son. Ce systeme est celui de presque tous les Physiciens. M. Privat de Molieres a cru devoir y faire quelques changemens. On pourra les adopter, si on les trouve nécessaires. Voici comment il parle de la formation & de la propagation du son dans la proposition deuxieme de sa vingtieme Leçon, *pag. 436 & suivantes.* L'expérience nous apprend que lorſqu'on laiſſe tomber dans un baſſin plein d'eau, une petite pierre, la chute de ce corps produit ſur la ſurface de l'eau une ſuite non interrompue d'ondes circulaires concentriques qui ſe propagent, & qui parcourent en tems égaux des eſpaces égaux : ces ondes continuent à ſe former & à s'étendre durant autant de tems qu'il eſt néceſſaire, pour que l'équilibre auquel les filets perpendiculaires de l'eau tendent ſans ceſſe, & qui a été rompu par l'impulſion de la pierre, ſe rétabliſſe entierement.

L'expérience apprend encore, que ſi on laiſſe tomber en même-tems dans le même baſſin deux pierres, à quelque diſtance l'une de l'autre; chacune de ces pierres produiſant ſon ondulation : lorſque ces deux ſuites d'ondes viennent à ſe joindre, elles ſe croiſent mutuellement ſans ſe confondre, ni ſans ceſſer d'être circulaires; de ſorte que la propagation de l'une ne met aucun obſtacle à la propagation de l'autre.

Lorſqu'une de ces ſuites d'ondes vient à rencontrer quelque obſtacle, on voit qu'elle ſe réfléchit; que les circonférences ſe replient & viennent vers le centre d'où elles ſont parties dans le même ordre & la même vîteſſe qu'elles vont vers cet obſtacle; ſans que les ondes contraires ſe confondent.

Les corps, *dit M. Privat de Molieres*, étant ébranlés, produiſent par l'élaſticité de leurs parties, des vibrations perpétuelles, qui à leur tour produiſent dans l'air, qui eſt un milieu élaſtique & compreſſible, des ondulations ſemblables aux précédentes, avec cette différence que les ondulations du ſon doivent être ſphériques. Ce ſont ces eſpeces d'ondes produites par les vibrations & le frémiſſement des parties du corps ſonore, qui ſe communiquant aux fibres du nerf qui tapiſſe le fond de nos oreilles, excitent en nous la ſenſation du ſon.

SONGE. C'eſt un acte de la mémoire ou de l'imagination pendant le tems du ſommeil. Cherchez *Sommeil.*

SONORE. On donne cette épithete à tout corps qui peut rendre du ſon. Cherchez *Son.*

SOUDE. Plante dont les cendres entrent dans la compoſition du verre.

SOUFRE. Le ſoufre eſt un mixte inflammable compoſé de feu, d'huile, d'eau & de terre. Dans cette compoſition

tion le feu occupe la premiere place, l'huile la seconde, l'eau la troisieme, & la terre la quatrieme.

SOUMULTIPLE. Un nombre est soumultiple d'un autre, lorsqu'il se trouve exactement dans un autre un certain nombre de fois. 10, *par exemple*, est soumultiple de 100, parce qu'il se trouve exactement 10 fois dans 100.

SOUPAPE. On donne ce nom à des especes de petites portes à ressort, qui empêchent un fluide de rentrer par l'endroit par où il vient de sortir, ou qui l'empêchent de sortir par l'endroit par où il vient d'entrer. Il y a dans la machine pneumatique une *soupape* qui laisse sortir l'air que l'on a introduit dans l'intérieur de la pompe, & qui empêchent l'air extérieur d'entrer dans cette même pompe.

SOURD. On appelle ainsi ceux qui sont incapables d'entendre le *son*. La cause de la surdité est pour l'ordinaire un tympan relâché. Cherchez *Oreille* & *Son*.

Les Arithméticiens appellent nombre sourd, tout nombre dont on ne peut pas extraire exactement la racine.

SOUS-CLAVIERE. On donne ce nom en anatomie à 2 arteres situées sous les clavicules, & à 2 veines qui accompagnent ces deux arteres & qui vont se terminer au tronc de la veine cave descendante. Le chyle se rend dans cette veine par la sous-claviere gauche.

SOUSTRACTION. Opération par laquelle on trouve la différence entre un plus grand nombre & un plus petit. Cherchez *Arithmétique*.

SOUTANGENTE. Ligne qui détermine l'intersection de la tangente avec l'axe. La ligne FA, (*Figure* 10, *Planche* 1,) est la soutangente de la ligne *n* A.

SOUTENDANTE. On appelle ainsi la corde d'un arc. Cherchez *Corde*.

SPATULE *ou* ESPATULE. Instrument dont on se sert pour remuer une matiere qu'on met en fusion.

SPÉCIFIQUE. La gravité spécifique d'un corps dit toujours le poids & le volume de ce corps. Cherchez *Densité*.

SPHÉNOIDE. C'est un des 5 os communs du crâne. Il est situé à la partie inférieure, & un peu antérieure du crâne, & il fait la partie moyenne de sa base. Sa figure est à-peu-près semblable à celle d'une chauve-souris, dont les ailes sont étendues. Cherchez *Crâne*.

SPHERE. La sphere artificielle représentée par la *fig. 14 de la pl.* 1, n'a été construite que pour nous donner une idée du cours des astres. On y distingue un centre, un axe, des pôles, de grands cercles, de petits cercles, des zones, &c. Ce sont-là les premiers élémens de l'astronomie ; les posséder, ce n'est pas une gloire ; les ignorer, c'est un vrai déshonneur.

1°. Le point T également éloigné de la circonférence PNAZ, s'appelle le centre de la sphere; c'est à-peu-près à ce point que les Coperniciens placent le Soleil.

2°. La ligne PTA qui passe par le centre du monde T, & sur laquelle les anciens s'imaginoient que tout le ciel se mouvoit d'orient en occident dans l'espace de 24 heures, est l'axe, ou le principal diametre de la sphere.

3°. Les deux points du ciel auxquels cette ligne va aboutir, sont les deux pôles du monde. Le point P s'appelle *pôle arctique, boréal* ou *septentrional*, parce qu'il n'est pas éloigné de la constellation que les Astronomes appellent la *grande ourse*, & le point A qui lui est directement opposé, s'appelle *pôle antarctique austral* ou *méridional*.

4°. Le *zenith* & le *nadir* sont encore deux points remarquables dans la sphere. Notre *zenith* est le point du ciel perpendiculaire sur notre tête, & notre *nadir* est le point qui lui est directement opposé. Aussi n'y a-t-il que les choses immobiles qui aient un *zenith* & un *nadir* immobiles.

5°. Les cercles qui divisent la sphere en deux parties égales, & qui ont pour centre le centre même du monde, sont de grands cercles, & ceux qui divisent la sphere en deux parties inégales & qui n'ont pas pour centre le centre du monde, sont de petits cercles de la sphere.

6°. Il y a dans la sphere six grands cercles, le méridien, l'équateur, le zodiaque, l'horizon & les deux colures.

7°. Imaginez-vous un cercle qui passe par les pôles du monde P & A, & par le zenith & le nadir de quelque ville, tel qu'est le cercle PNAZ ; ce sera le méridien de cette ville. Ce cercle coupe l'horizon à angles droits c'est-à-dire, sans pencher plus d'un côté que d'un autre,

& il partage la sphere en deux parties égales, l'une *orientale* où tous les astres paroissent se lever, & l'autre occidentale où tous les astres paroissent se coucher. Il y a autant de *méridiens*, qu'il y a de *zeniths* dans le ciel. C'est pour éviter la confusion, que l'on regarde comme le premier méridien celui qui passe par le *zenith* de l'*Isle de Fer*. Il n'est pas nécessaire d'avertir que ce cercle a pris son nom de l'heure de *midi* qu'il indique; tout le monde sait qu'il n'est *midi* pour une ville, que lorsque le Soleil paroît au méridien de cette ville.

8°. Un grand cercle aussi éloigné du pôle du monde, P, que du pôle du monde A, divisant la sphere en deux parties égales, l'une boréale où se trouve le pôle arctique, & l'autre méridionale où se trouve le pôle antarctique, & coupant le méridien à angles droits, se nomme l'*équateur*; il est représenté par la ligne EB. On le nomme ainsi, parce qu'environ le 20 Mars & le 22 Septembre, tems auxquels le soleil paroît le parcourir, le jour est parfaitement égal à la nuit, c'est-à-dire, le Soleil paroît aussi long-tems sur notre horizon, que sous notre horizon.

9°. Le zodiaque représenté par la ligne 1, 2, 3, 4 est un grand cercle qui forme avec l'équateur un angle d'environ 23 degrés 30 minutes. Les deux points où ces deux cercles se coupent, s'appellent *équinoxiaux*; parce que nous n'avons l'équinoxe que lorsque le Soleil paroît dans quelqu'un de ces deux points. La circonférence du zodiaque n'est pas une simple ligne, comme dans les autres cercles, c'est une surface de 16 degrés de largeur; c'est sur cette surface que sont placés 12 amas d'étoiles, si connus sous le nom de *signes*; les 6 signes boréaux sont dans la moitié du zodiaque qui se trouve dans la partie boréale de la sphere; on les appelle les constellations du *Belier*, du *Taureau*, des *Gémeaux*, du *Cancer*, du *Lion* & de la *Vierge*: les 6 signes méridionaux, c'est-à-dire, les constellations de la *Balance*, du *Scorpion*, du *Sagittaire*, du *Capricorne*, du *Verseau* & des *Poissons* occupent la moitié du zodiaque qui s'étend vers le pôle antarctique ou méridional. Enfin la ligne qui divise la largeur du zodiaque en deux parties égales, a le nom d'*écliptique*, parce que, le Soleil ne paroissant jamais hors de cette ligne, ce n'est que là que peuvent se faire les éclipses.

10. L'horizon HORL est un grand cercle qui divise la sphere en deux parties égales, l'une supérieure où se trouve le zenith, l'autre inférieure où se trouve le nadir. L'horison est coupé par l'équateur en deux points dont l'un se nomme l'*orient* & l'autre l'*occident*; il est aussi coupé par le méridien en deux points dont l'un placé du côté du pôle *arctique* s'appelle le *Nord* ou le *Septentrion*, & l'autre placé du côté du pôle *antarctique*, s'appelle le *sud* ou le *midi*. Ce sont-là les quatre points cardinaux de la sphere. Un observateur donne le nom d'*horizon* à un cercle dont il occupe le centre & dont la circonférence s'étend jusqu'aux quatre points cardinaux dont nous venons de parler; mais c'est-là l'*horizon sensible* & non pas l'*horizon vrai* ou *rationnel*.

11. Les deux colures qu'il nous a été impossible de marquer dans une figure plane, sont deux grands cercles presque inutiles dans la sphere. Le colure des équinoxes passe par les pôles du monde & par les deux points équinoxiaux : le colure des solstices coupe à angles droits celui des équinoxes, & passe par les deux points des solstices dont nous parlerons bientôt.

12. On nomme petits cercles de la sphere ceux qui la divisent en deux parties inégales & qui par conséquent n'ont pas pour centre le centre du monde. Les quatre petits cercles de la sphere sont les deux *tropiques* & les deux *polaires*; ils sont tous paralleles à l'*équateur*.

13. Les deux tropiques sont deux petits cercles éloignés de l'équateur d'environ 23 degrés 30 minutes. Celui qui se trouve dans la partie boréale de la sphere passe par la constellation du *Cancer*, & s'appelle le tropique du Cancer; l'autre situé dans la partie méridionale passe par la constellation du *Capricorne* & porte le nom de tropique du capricorne. Le premier est représenté par la ligne 4 & 5 & le second par la ligne 1 & 6.

14. Les 2 points des *solstices* sont marqués sur les deux tropiques, l'un au premier degré du *Cancer* & l'autre au premier degré du *Capricorne*. Lorsque le Soleil est arrivé à quelqu'un de ces deux points, alors il paroît s'arrêter pour revenir vers l'équateur.

15. Les deux *polaires* sont deux petits cercles de la sphere paralleles à l'équateur & éloignés seulement de 23 degrés 30 minutes, l'un du pôle boréal P, & l'autre du

pôle méridional A; le polaire boréal est représenté par la ligne 7 & 8, & le polaire méridional par la ligne 9 & 10.

16. Outre ces quatre paralleles à l'équateur, il y en a une infinité d'autres auxquels on donne ce nom; ce sont tous les cercles que les astres paroissent décrire par leur mouvement journalier autour des pôles du monde; nous ne croyons pas devoir en parler plus au long. Nous ne parlerons pas aussi des cercles de déclinaison & de latitude des étoiles; nous en avons parlé en son lieu. Nous ne parlerons pas enfin des paralleles à l'horizon appellées *almicantarath*, & de tous les cercles que les observateurs font passer par leur zenith & auxquels ils donnent le nom de *verticaux* ou *d'azimuths*; l'on n'en fait pas grand usage en Physique.

17. Les pôles d'un cercle sont deux points éloignés de 90 degrés de chaque partie de la circonférence. Les deux pôles du monde P & A, par exemple, sont les deux pôles de l'équateur EB.

18. On appelle *zone* un espace du ciel renfermé entre deux cercles paralleles de la sphere. Il y a 5 zones, une torride, deux tempérées & deux glaciales. L'espace 4 B 6 renfermé entre les deux tropiques, vous représente la zone torride. La chaleur que l'on éprouve dans les pays qui ont leur zenith dans cette zone, vient sans doute de ce que le Soleil ne paroissant jamais hors des tropiques, ne peut envoyer sur ces terres que des rayons ou réellement ou sensiblement perpendiculaires. La zone torride occupe 47 degrés dans le ciel; elle se divise en deux parties, l'une boréale & l'autre australe; la partie boréale est renfermée entre l'équateur & le tropique du Cancer; la partie australe se trouve entre l'équateur & le tropique du Capricorne.

Il y a deux zones tempérées, l'une boréale renfermée entre le tropique du Cancer 4 & 5, & le *polaire* boréal 8 & 7; l'autre méridionale située entre le tropique du Capricorne 6 & 1, & le *polaire* méridional 10 & 9.

Il y a enfin deux zones glaciales; la boréale est représentée par l'espace du ciel 8 G P, & la méridionale par l'espace du ciel 10 FA. Il n'est pas nécessaire de faire remarquer qu'il se trouve dans l'hémisphere opposé les mêmes zones que dans le nôtre.

19. La situation de l'équateur par rapport à l'horizon détermine la position de la sphere. L'équateur coupe-t-il l'horizon à angles droits, c'est à-dire, sans pencher plus d'un côté que d'un autre ? la position de la sphere est droite. L'équateur coupe-t-il l'horizon à angles inégaux, c'est-à-dire, en penchant plus d'un côté que d'un autre ? la position de la sphere est oblique. Enfin l'équateur est-il confondu avec l'horizon ? la position de la sphere est parallele. Ceux qui ont leur zenith dans l'équateur, ont la sphere droite. Ceux qui ont leur zenith sous l'un des deux pôles, ont la sphere parallele. Ceux enfin qui ont leur zenith entre l'équateur & l'un des deux pôles, ont la sphere oblique.

20. Pour se former une idée plus nette de tout ce que nous avons dit dans cet article, l'on fera bien de jetter un coup d'œil sur une sphere artificielle ; il est impossible de représenter dans une figure plane tous les cercles qu'elle contient.

21. Les Géographes tracent sur le globe terrestre les mêmes cercles que les Astronomes décrivent dans les cieux ; l'équateur terrestre correspond à l'équateur céleste ; le méridien terrestre au méridien céleste, &c.

Il reste encore bien des choses à dire sur la sphere ; nous allons traiter les principales dans les questions suivantes. Nous avertissons le lecteur que s'il veut nous comprendre, il doit avoir sous les yeux une sphere artificielle, & la mettre tantôt dans la position droite ; tantôt dans la position parallele ; tantôt dans la position oblique boréale ; & tantôt dans la position oblique méridionale.

Premiere Question. Quelles sont les principales apparences de la sphere droite ?

Résolution. On peut les réduire à trois. 1°. Ceux qui ont la sphere droite, c'est-à-dire, ceux qui ont leur zenith dans l'équateur céleste, ont tous les jours le Soleil douze heures sur leur horizon, & douze heures sous leur horizon ; parce que leur horizon coupe en deux parties égales tous les cercles que le Soleil parcourt dans l'année.

2°. Ils voient à leur horizon les deux pôles du monde ; pourquoi ? Parce qu'un pôle ne paroît élevé sur l'horizon d'une ville, qu'autant que cette ville a quelque latitude ; mais les villes qui sont sous l'équateur n'ont point de latitude ; donc les peuples qui sont sous l'équateur, voient les deux pôles du monde à leur horizon.

3°. Ils voient successivement toutes les étoiles du ciel; pourquoi ? Parce qu'il n'en est aucune qui ne se leve & qui ne se couche par rapport à eux, puisqu'il n'en est aucune, qui par son mouvement diurne ne parcoure ou l'équateur, ou un cercle parallele à l'équateur.

Seconde Question. Quelles sont les principales apparences de la sphere parallele ?

Résolution. J'en remarque quatre. 1°. Ceux qui ont la sphere parallele, c'est-à-dire, ceux dont le zenith répond à un des pôles du monde, ont six mois le Soleil sur leur horizon, & six mois sous leur horizon. En voici la cause optique ; dans cette position l'équateur étant confondu avec l'horizon, la moitié des cercles que le Soleil parcourt dans l'année, se trouve entierement sur leur horizon, & l'autre moitié sous leur horizon. Aussi ces peuples, s'il y en a quelqu'un dans cette partie du monde, ont-ils six mois de jour & six mois de nuit ; par la nuit on entend, non pas les ténebres; mais l'absence du Soleil.

2°. Par la même raison ces peuples, pendant leurs six mois de Soleil voient cet astre tourner parallelement à leur horizon dans l'espace de vingt-quatre heures.

3°. Par la même raison encore ils ont chaque mois la Lune pendant quinze jours sur leur horizon, & quinze jours sous leur horizon.

4°. Par la même raison enfin ils ne voient jamais que les étoiles qui se trouvent entre l'équateur & le pôle céleste élevé ; les autres sont toujours couchées pour eux ; elles tournent, comme le Soleil & la Lune, parallelement à l'horizon dans l'espace de vingt-quatre heures.

Troisieme Question. Quelles sont les principales apparences de la sphere oblique boréale ?

Résolution. J'en trouve six 1°. Ceux qui ont la sphere oblique boréale, c'est-à-dire, ceux qui voient le pôle boréal élevé sur leur horizon de moins de 90 degrés, n'ont chaque année que deux jours où le Soleil demeure douze heures sur leur horizon, & douze heures sous leur horizon ; c'est le 21 Mars & le 22 Septembre ; jours auxquels cet astre parcourt l'équateur, que leur horizon coupe en deux parties égales. Les autres jours de l'année ils voient le Soleil tantôt plus, tantôt moins de douze heures, parce que les autres cercles qu'il parcourt, sont coupés par l'horizon en deux parties inégales.

2°. Dans la sphere oblique boréale le plus long jour de l'année est le 21 Juin, jour auquel le Soleil parcourt le tropique du *Cancer*; & le jour le plus court est le 21 Décembre jour où le Soleil se trouve dans le tropique du *Capricorne*. Que l'on jette les yeux sur une sphere armillaire, & l'on verra que si le tropique du *Cancer* a dans la position dont nous parlons, plus de parties sur l'horizon que sous l'horizon, le tropique du *Capricorne* est dans un état tout opposé. L'on verra encore que de tous les cercles que parcourt le Soleil, le tropique du *Cancer* est celui qui a le plus de parties, & le tropique du *Capricorne* celui qui en a le moins sur l'horizon; donc dans la sphere oblique boréale le plus long jour de l'année doit être le 21 Juin, & le plus court, le 21 Décembre.

3°. Dans la sphere oblique boréale, les jours doivent croître depuis le 21 Décembre jusqu'au 21 Juin, & ils doivent décroître depuis le 21 Juin jusqu'au 21 Décembre. L'on en voit d'abord la raison. Depuis le 21 Décembre jusqu'au 21 Juin le Soleil va du cercle qui a le moins de parties sur l'horizon à celui qui en a le plus; le contraire arrive depuis le 21 Juin jusqu'au 21 Décembre; donc dans la sphere oblique boréale les jours doivent croître depuis le 21 Décembre jusqu'au 21 Juin, & ils doivent décroître depuis le 21 Juin jusqu'au 21 Décembre.

4°. Dans la sphere oblique boréale, plus le pôle boréal est élevé sur l'horizon, & plus il y a de différence entre le plus grand & le plus petit jour de l'année; pourquoi? Parce que l'élévation du tropique du *Cancer* sur l'horizon suit toujours l'élévation du pôle boréal, & l'abaissement du tropique du *Capricorne* sous l'horizon suit toujours l'élévation du tropique du *Cancer* sur le même horizon.

5°. Il y a certains jours dans la sphere oblique boréale où le Soleil demeure vingt-quatre heures sur l'horizon, & certains autres où il demeure vingt-quatre heures sous l'horizon. Ceux, par exemple, dont l'élévation du pôle boréal est de 66 degrés 32 minutes, ont tout le tropique du *Cancer* ſur leur horizon, & tout le tropique du *Capricorne* ſous leur horizon ; ceux dont l'élévation du pôle boréal eſt encore plus grande, ont ſur leur horizon pluſieurs des cercles que parcourt le Soleil dans l'année, & ils en ont pluſieurs ſous leur horizon ; donc il y a certains jours dans la ſphere oblique boréale où le Soleil demeure vingt-quatre heures ſur l'horizon, & certains autres où il demeure vingt-quatre heures ſous l'horizon.

6°. Dans la ſphere oblique boréale, certaines étoiles ne ſe couchent jamais, & certaines étoiles ne ſe levent jamais. Les premieres ſont celles dont la diſtance au pôle élevé eſt moindre que la hauteur de ce pôle. Les ſecondes ſont celles qui ſont moins éloignées du pôle abaiſſé, que ce pôle ne l'eſt de l'horizon. Nous voyons toujours ſur l'horizon d'Avignon, les étoiles qui ſont à moins de 43 degrés, 57 minutes, 25 ſecondes du pôle boréal, & nous n'y voyons jamais celles qui ſont à moins de 43 degrés 57 minutes, 25 ſecondes du pôle méridional.

Quatrieme Queſtion. Quelles ſont les principales apparences de la ſphere oblique méridionale ?

Réſolution. J'en trouve ſix 1°. Ceux qui ont la ſphere oblique méridionale, c'eſt-à-dire, ceux qui voient le pôle méridional élevé ſur leur horizon de moins de 90 degrés, ont, le 21 Mars & le 22 Septembre, douze heures le Soleil ſur leur horizon & douze heures ſous leur horizon. La raiſon pour la ſphere oblique méridionale eſt la même que pour la ſphere oblique boréale.

2°. Dans la ſphere oblique méridionale, le plus long jour de l'année eſt le 21 Décembre, & le jour le plus court eſt le 21 Juin, parce que dans cette poſition il faut dire du tropique du *Capricorne* ce que nous avons dit plus haut du tropique du *Cancer.*

3°. Par la même raiſon optique les jours dans la ſphere oblique méridionale doivent croître depuis le 21 Juin juſqu'au 21 Décembre, & ils doivent décroître depuis le 21 Décembre juſqu'au 21 de Juin.

4°. Dans la ſphere oblique méridionale, plus le pôle méridional eſt élevé ſur l'horizon, & plus il y a de différence entre le plus grand & le plus petit jour de l'année. Vous en trouverez la raiſon dans la *queſtion précédente*, n°. 4, ſi vous appliquez au pôle méridional & au tropique du *Capricorne* ce que nous avons dit du pôle boréal & du tropique du *Cancer*.

5°. En ſuivant la même méthode vous trouverez qu'il y a certains jours dans la ſphere oblique méridionale où le Soleil demeure vingt-quatre heures ſur l'horizon, & certains autres où il demeure vingt-quatre heures ſous l'horizon.

6°. Dans la ſphere oblique méridionale certaines étoiles paroiſſent toujours, & certaines autres ne paroiſſent jamais ſur l'horizon. Voyez-en la cauſe optique dans la *queſtion précédente*, n°. 6.

Cinquieme queſtion. Qu'entend-on par *climat d'heure*, & combien en compte-t-on dans la ſphere ?

Réſolution. Prenez l'eſpace du ciel qui ſe trouve entre l'équateur & le polaire boréal ; diviſez-le en vingt-quatre parties par des cercles paralleles à l'équateur ; l'eſpace contenu entre l'équateur & ſon premier parallele vous donnera le premier climat boréal : l'eſpace contenu entre le premier & le ſecond parallele vous donnera le ſecond climat, & ainſi des autres juſqu'au vingt-quatrieme climat qui ſe trouvera entre le dernier parallele & le polaire boréal. Faites la même opération ſur l'eſpace du ciel qui ſe trouve entre l'équateur & le polaire méridional, & vous aurez encore vingt-quatre climats. On compte donc dans la ſphere 48 climats, dont 24 ſont boréaux & 24 méridionaux. Sous le premier climat ſoit boréal ſoit méridional, le jour le plus long eſt de 12 heures & demie ; ſous le ſecond de 13 heures, & ainſi des autres juſqu'au vingt-quatrieme climat où le jour le plus long eſt de 24 heures. On a donné à ces 48 eſpaces le nom de *climats d'heure* ; on feroit mieux de les appeller *climats de demi-heure*.

Sixieme Queſtion. Qu'entend-on par *climat de mois*, & combien en compte-t-on dans la ſphere ?

Réſolution. Prenez l'eſpace du ciel qui ſe trouve entre le polaire & le pôle boréal ; diviſez-le en ſix parties par des cercles paralleles au polaire ; vous aurez ſix *climats* boréaux dans le premier deſquels le jour le plus long ſera d'un mois, & dans le dernier deſquels le jour le plus long ſera de ſix mois. La même opération faite du côté du pôle méridional, vous donnera ſix *climats* méridionaux. Il y a donc dans la ſphere douze *climats de mois*, ſix boréaux & ſix méridionaux.

Remarque. Les climats d'*heure* & les climats de *mois* n'ont pas la même largeur. La largeur des premiers va en diminuant de l'équateur aux polaires ; celle des ſeconds va en augmentant des polaires au pôle. La différence de latitude de deux lieux dans l'un deſquels le jour le plus long eſt de 12 heures & demie & dans l'autre de 13 heures, vous donnera la largeur du premier climat d'*heure*, &c.

De même la différence de latitude de deux lieux dans l'un deſquels le jour le plus long ſera d'un mois, & dans l'autre de deux mois, vous donnera la largeur du premier climat de *mois*, &c. cherchez *Latitude.* L'on a appris dans cet article à trouver la latitude d'un lieu quelconque.

SPHÉROIDE. C'eſt un ſolide dont les diametres ne ſont pas égaux. La terre, par exemple, eſt une ſphéroïde applati vers les pôles & élevé vers l'équateur, comme nous l'avons démontré en ſon lieu.

SPINOSA. (Benoît) *fils d'un Juif Portugais, naquit à Amſterdam, le* 24 *Novembre* 1632. Il quitta la Synagogue pour recevoir le baptême : mais il ne tarda pas à faire connoître qu'il n'étoit pas plus attaché à la religion Chrétienne qu'il venoit d'embraſſer, qu'à la religion Judaïque, qu'il venoit d'abandonner. Spinoſa étoit un vrai athée ; c'eſt même le premier impie qui ait oſé préſenter l'athéiſme d'une maniere ſyſtématique. Voici ſon hypotheſe. Spinoſa ne reconnoît dans l'univers qu'une ſeule ſubſtance dont l'exiſtence eſt néceſſaire. Il lui donne pour attributs l'étendue & la penſée ; & il veut que tout ce qui exiſte, ne ſoit que des modifications de cette ſubſtance unique. En un mot le Dieu de Spinoſa eſt le monde & chacune de ſes parties. C'eſt un être couvert de figures ; ſujet au mouvement & au repos ; borné dans toutes ſes parties ; principe & ſujet d'une infinité de penſées bonnes, mauvaiſes ; ſages, extravagantes ; chaſtes, impures. Dans cet affreux ſyſteme Dieu s'aime & ſe hait lui-même ; il ſe demande des graces à lui-même, & tantôt il ſe les accorde, tantôt il ſe les refuſe ; il ſe fait du bien, & il ſe perſécute ; il ſe conſerve la vie & il ſe tue ; il ſe mange ; il ſe calomnie ; il ſe place ſur le trône ; il s'envoie sur l'échafaud. Oui, si le systeme de Spinosa avoit la moindre vraisemblance, l'on pourroit dire en voyant un criminel couché sur une roue : *Voilà Dieu modifié en criminel, couché sur Dieu modifié en roue, expirant sous les coups de Dieu modifié en bourreau.* Ce systeme que nous aurions honte de réfuter dans les formes, a paru, même à l'impie Bayle, un systeme insoutenable, un tissu de termes d'une métaphysique incompréhensible, un amas de définitions obscures, de propositions hasardées, de sophismes grossiers, en un mot, un galimatias, dont les dehors pompeux & la marche géométrique n'en imposeront jamais qu'aux esprits foibles. L'auteur de cette monstrueuse hypothese mourut à la Haye le 21 Février 1677, à l'âge de 45 ans.

SPINOSISME. Voyez Spinosa.

STATIONNAIRE. Une planete est stationnaire, lorsqu'elle paroît n'avoir aucun mouvement périodique.

STATIQUE. La statique traite de la descente des corps graves ; elle suppose que cette descente se fait librement ; aussi n'a-t-elle aucun égard à la résistance que l'air oppose aux corps sublunaires qui tombent sur la surface de notre globe. Outre les phénomenes dont nous avons déjà rendu raison dans les articles du *centre de gravité* & de la cause de la *gravité*, cette science nous en offre plusieurs autres dont nous donnerons l'explication, après que nous aurons supposé quelques vérités que tous les Physiciens regardent comme autant d'axiomes incontestables.

Premiere Vérité. Un corps sublunaire ne tombe jamais sur la surface de la terre, sans recevoir une vîtesse que les Physiciens appellent *vîtesse accélératrice.*

Seconde Vérité. Quelque systeme que l'on embrasse sur la cause de la gravité des corps, l'on est obligé de se représenter cette force comme inhérente, & comme communiquant à un corps qui tombe, un degré infiniment petit de vîtesse accélératrice, à chaque instant infiniment petit.

Troisieme Vérité. Un corps qui tombe librement sur la terre, descend avec un mouvement uniformément accéléré, parce qu'à chaque instant infiniment petit de sa chute, il reçoit de la part de la gravité un degré infiniment petit de vîtesse accélératrice.

Quatrieme Vérité. Un corps qui tombe sur la terre, en recevant à chaque instant infiniment petit de sa chute, un degré infiniment petit de vîtesse accélératrice, ne parcourt que la moitié de l'espace qu'il auroit parcouru, s'il avoit eu au commencement de sa chute tous les degrés de vîtesse qu'il a eus à la fin, & qu'il les eût conservé tout le tems sans augmentation ni diminution. Supposons, par exemple, que le corps A tombe pendant trois secondes de tems; il parcourra 135 pieds, comme l'expérience nous l'apprend, & il aura à la fin du premier instant un degré de vîtesse, à la fin du second instant deux degrés, & à la fin du troisieme trois degrés; il est démontré dans tous les élémens de statique, que, si le corps A avoit eu au commencement de sa chute les trois degrés de vîtesse qu'il a eus à la fin, & s'il avoit conservé pendant tout le tems de sa chute ces trois degrés de vîtesse, sans augmentation ni diminution, il auroit parcouru 270 pieds.

Quoique cette *quatrieme vérité* soit aussi incontestable que les trois premieres, le Lecteur cependant ne sera pas fâché d'en trouver ici la démonstration géométrique. Je suppose donc que le corps A, *fig.* 15, *pl.* 1, se meuve pendant cinq instans égaux d'un mouvement uniformément accéléré, de telle sorte qu'à la fin du premier instant représenté par la ligne perpendiculaire AF, il ait une vîtesse exprimée par la ligne horizontale FG; à la fin du second instant représenté par la ligne perpendiculaire FC, il ait une vîtesse exprimée par la ligne horizontale DC; à la fin du troisieme instant représenté par la ligne perpendiculaire CO, il ait une vîtesse exprimée par la ligne horizontale NO; à la fin du quatrieme instant représenté par la ligne perpendiculaire OT; il ait une vîtesse exprimée par la ligne horizontale ST; & à la fin du cinquieme instant représenté par la ligne perpendiculaire TB, il ait une vîtesse exprimée par la ligne horizontale EB. Je dis que si le corps A avoit eu au commencement de son mouvement une vîtesse égale à la vîtesse EB, & qu'il l'eût conservée pendant tout le tems qu'il s'est mu, sans augmentation & sans diminution, c'est-à-dire, si le corps A avoit eu au commencement du premier instant une vîtesse désignée par la ligne AH; au commencement du second, une vîtesse désignée par la ligne FJ; au commencement du troisieme, une vîtesse désignée par la ligne CK; au commencement du quatrieme, une vîtesse désignée par la ligne MO; & au commencement du cinquieme instant, une vîtesse désignée par la ligne RT, je dis que le corps A auroit parcouru un espace double de celui qu'il a parcouru.

Démonstration. Dans le premier *cas* d'un mouvement uniformément accéléré, le corps A auroit parcouru l'aire du triangle ABE; dans le second *cas* d'un mouvement constant & uniforme, il auroit parcouru l'aire du quadrilatere AHEB. Mais nous avons démontré dans l'article qui commence par le mot *géométrie*, que l'aire du quadrilatere AHEB est double de l'aire du triangle ABE; donc si le corps A avoit eu au commencement de son mouvement une vîtesse égale à celle qu'il a eue à la fin, & s'il l'avoit conservée pendant tout le tems de son mouvement sans augmentation, ni diminution, il auroit parcouru un espace double de celui qu'il a parcouru.

Il suit de-là évidemment qu'il y a dans un corps qui tombe une *vîtesse acquise* & une *vîtesse qui s'acquiert.*

Il suit encore qu'un degré de *vîtesse acquise* fait parcourir au corps qui tombe un espace double de celui que fait parcourir au même corps un degré de *vîtesse qui s'acquiert.* Ces vérités une fois supposées, il nous sera facile d'expliquer les cinq phénomenes suivans.

Premier phénomene. L'accélération de la chute des corps graves se fait suivant la progression arithmétique des nombres impairs 1, 3, 5, 7, 9, 11, &c. C'est-à-dire, supposons que le corps A descende pendant trois instans en suivant la ligne AD, *fig.* 16, *pl.* 1. Supposons encore qu'au premier instant de sa chute il ne parcoure qu'un pied; je dis qu'au second instant il en parcourra trois, & qu'au troisieme il en parcourra cinq.

Démonstration. Le corps A pendant le premier instant de sa chute ne parcourt qu'un pied en vertu d'un degré de vîtesse qu'il acquiert peu-à-peu, suivant la supposition que nous avons faite en proposant ce phénomene; donc lorsqu'il sera arrivé au point B, c'est-à-dire, à la fin du premier instant & au commencement du second, il aura deux degrés de vîtesse, l'un *acquis* & l'autre *qu'il acquiert* ; le premier degré de vîtesse lui sera parcourir 2 pieds & le second 1 pied ; donc pendant le second instant de sa chute il parcourra 3 pieds. Lorsque le corps A est arrivé au point C, c'est-à-dire, à la fin du second instant & au commencement du troisieme, il aura trois degrés de vîtesse, deux *acquis* & l'autre qu'il *acquiert* ; les deux premiers degrés lui feront parcourir 4 pieds, & le troisieme 1 pied ; donc pendant le troisieme instant de sa chute il parcourra 5 pieds ; donc l'accélération de la chute des corps graves se fait suivant la progression arithmétique des nombres impairs 1, 3, 5, &c.

Second phénomene. Les espaces parcourus par un corps sublunaire qui tombe librement sur la terre, à commencer du premier instant de sa chute, répondent aux carrés des tems employés à les parcourir, c'est-à-dire, supposons que le corps A tombe pendant 2 instans de suite, je dis que l'espace parcouru au premier instant sera à l'espace parcouru pendant les 2 premiers instans, comme le carré de 1 qui est 1, est au carré de 2 qui est 4, c'est-à-dire, je dis que l'espace parcouru pendant le premier instant sera autant inférieur à l'espace parcouru pendant les 2 premiers instans, que le nombre 1 est inférieur au nombre 4.

Démonstration. Les corps graves qui tombent librement sur la terre doivent parcourir & parcourent en effet 15 pieds pendant la premiere seconde de tems, & 45 pieds pendant la seconde suivante ; donc l'espace parcouru pendant le premier instant est à l'espace parcouru pendant les deux premiers instans, comme 15 est à 60 ; mais 15 est à 60, comme 1 est à 4 ; donc les espaces parcourus par les corps graves, à commencer du premier instant de la chute, répondent aux carrés des tems employés à les parcourir.

Troisieme phénomene. Les degrés de vîtesse acquise sont dans un corps qui tombe sur la terre, en raison directe des tems. Supposons, par exemple, que le corps A tombe pendant deux instans égaux ; la vîtesse qu'il aura acquise à la fin du premier instant sera à la vîtesse qu'il aura acquise à la fin du second instant, comme 1 instant est à 2 instans.

Démonstration. Le corps A à la fin du premier instant de sa chute a un degré de vîtesse acquise, & il en a deux degrés à la fin du second instant. Cela étant, voici le raisonnement qu'on doit faire ; 1 degré de vîtesse : à 2 degrés de vîtesse : : 1 instant : à 2 instans ; donc la vîtesse que le corps A a acquise à la fin du premier instant : à la vîtesse qu'il a acquise à la fin du second : : 1 instant : à 2 instans ; donc les degrés de vîtesse acquise sont dans un corps qui tombe sur la terre, en raison directe des tems.

Quatrieme phénomene. Dans un corps qui tombe, les degrés de vîtesse sont comme les racines carrées des espaces parcourus. Supposons que le corps A ait parcouru 1 pied au premier instant, il en aura parcouru 4 à la fin du second instant ; je dis que la vîtesse qu'il aura acquise à la fin du premier instant sera à la vîtesse qu'il aura acquise à la fin du second instant, comme la racine carrée du nombre 1, est à la racine carrée du nombre 4.

Démonstration. La vîtesse que le corps A a acquise à la fin du premier instant : à la vîtesse qu'il a acquise à la fin du second instant : : 1 : 2, *par la démonstration du troisieme phénomene* ; mais la racine carrée du nombre 1 est 1, & la racine carrée du nombre 4 est 2 ; donc la vîtesse que le corps A a acquise à la fin du premier instant : à la vîtesse qu'il a acquise à la fin du second instant : : la racine carrée du nombre 1 : à la racine carrée du nombre 4 ; c'est-à-dire : : la racine carrée de l'espace parcouru au premier instant : à la racine carrée de l'espace parcouru pendant les deux premiers instans.

Cinquieme phénomene. Dans un corps qui tombe, les tems sont comme les racines carrées des espaces parcourus. Supposons que le corps A tombe pendant deux instans égaux ; je dis que le premier instant, est aux deux premiers instans, comme la racine carrée de l'espace parcouru pendant le premier instant, est à la racine carrée de l'espace parcouru pendant les deux premiers instans.

Démonstration. Les tems sont comme les vîtesses, *par la démonstration du troisieme phénomene* ; mais les vîtesses sont comme les racines carrées des espaces parcourus, *par la démonstration du quatrieme phénomene* ; donc dans un corps qui tombe, les tems sont comme les racines carrées des espaces parcourus.

L'algebre nous fournit des formules très-commodes pour exprimer

exprimer ces phénomenes. Au lieu de dire, par exemple, les espaces parcourus sont comme les carrés des tems employés à les parcourir ; l'on dira $e : E :: tt : TT$. Tout le monde voit que e marque l'espace parcouru pendant la premiere seconde ; E, l'espace parcouru pendant les deux premieres secondes ; tt le carré de la premiere seconde ; TT, le carré des deux premieres secondes.

2°. Au lieu de dire, les degrés de vîtesse acquise sont dans un corps qui tombe, en raison directe des tems ; l'on dit, $u : V :: t : T$. Dans cette proportion, u représente la petite vîtesse ; V, la grande, t, le moindre tems ; T, le tems le plus considérable.

3°. Au lieu de dire que dans un corps qui tombe les degrés de vîtesse sont comme les racines carrées des espaces parcourus, l'on dit, $u : V :: \sqrt{e} : \sqrt{E}$. En effet $u : V :: t : T$. *num.* 2. Donc $uu : VV :: tt : TT$, parce que 4 racines en proportion ont aussi leurs quatre carrés en proportion. Mais, *num.* 1, $tt : TT :: e : E$; donc $uu : VV :: e : E$; donc $u : V :: \sqrt{e} : \sqrt{E}$; parce que 4 carrés en proportion ont leurs racines en raison directe. Donc dans un corps qui tombe les degrés de vîtesse sont comme les racines carrées des espaces parcourus.

On prouvera avec la même facilité que les tems sont comme les racines carrées des espaces parcourus, & que par conséquent on peut dire $t : T :: \sqrt{e} : \sqrt{E}$; parce que les tems sont comme les vîtesses, *num.* 2, & que les vîtesses sont comme les racines carrées des espaces parcourus, *num.* 3. Ces principes vont nous servir à trouver la solution des problemes suivans.

Probleme premier. Connoissant l'espace que parcourt au premier instant un corps qui tombe librement sur la terre, trouver l'espace qu'il parcourra au sixieme instant de sa chute. *Exemple.* Le corps A parcourt 15 pieds pendant la premiere seconde de tems, l'on demande combien il en parcourra pendant la sixieme seconde.

Résolution. Le premier *phénomene* donne la proportion suivante ; $1 : 11 :: 15$: à l'espace que le corps A parcourt pendant la sixieme seconde ; donc ce seront 165 pieds que le corps A parcourra pendant la sixieme seconde.

Probleme second. Connoissant l'espace que parcourt au premier instant un corps qui tombe librement sur la terre, trouver l'espace qu'il parcourra pendant 5 instans égaux. *Exemple.* Le corps A parcourt 15 pieds pendant la premiere seconde de tems, combien en parcourra-t-il pendant 5 secondes?

Résolution. Le second *phénomene* donne la proportion suivante; 1 : 25 :: 15 : à l'espace parcouru par le corps A pendant 5 secondes; donc le corps A parcourra pendant ce tems-là 375 pieds.

Probleme troisieme. Le corps A a un degré de vîtesse acquise à la fin de la premiere seconde, combien en aura-t-il à la fin de la neuvieme seconde?

Résolution. Le troisieme *phénomene* donne la proportion suivante; 1 : 9 :: 1 degré de vitesse acquise : aux degrés de vitesse qu'aura le corps A à la fin de la neuvieme seconde; donc ce corps aura à la fin de la neuvieme seconde 9 degrés de vîtesse acquise.

Probleme quatrieme. Connoissant le rapport qu'il y a entre deux espaces parcourus par un corps qui tombe librement sur la terre, déterminer le rapport qu'il y a entre les vitesses qui les ont fait parcourir. *Exemple.* Le corps B a parcouru à la fin du premier instant 15 pieds, & à la fin du second 60 pieds; l'on demande le rapport qu'il y a entre la vîtesse que ce corps a eue à la fin du premier instant, & celle qu'il a eue à la fin du second.

Résolution. Le quatrieme *phénomene* donne la proportion suivante, la racine carrée de 15 pieds : à la racine carrée de 60 :: la vîtesse que le corps A a eue à la fin du premier instant : à la vîtesse qu'il a eue à la fin du second instant; mais la racine carrée de 15 pieds : à la racine carrée de 60 :: 4 : 8; donc la vîtesse que le corps A a eue à la fin du premier instant n'est que la moitié de celle qu'il a eue à la fin du second.

Probleme cinquieme. Connoissant les espaces parcourus par un corps grave, connoître le tems employé à les parcourir. *Exemple.* Le corps A a parcouru 1500 pieds, combien de secondes a-t-il mis à les parcourir?

Résolution. Le cinquieme *phénomene* donne la proportion suivante; la racine carrée de 15 pieds : à la racine carrée de 1500 :: 1 seconde : au tems que le corps A a mis à parcourir 1500 pieds; mais la racine carrée de 15 : à la racine carrée de 1500 :: 4 : 40; donc 4 : 40 :: 1 : au tems que le corps A a mis à parcourir 1500 pieds ; donc le corps A aura mis 10 secondes à parcourir 1500 pieds.

En parlant de la résistance des *milieux*, nous avons apporté la raison pourquoi ces phénomenes n'arrivent pas tout-à-fait exactement dans la pratique.

STENON, (Nicolas) *naquit à Copenhague le* 10 *Janvier* 1638. On doit le mettre au rang des plus grands Anatomistes de son siecle. Il fut Médecin de Ferdinand II, Grand Duc de Toscane, & Précepteur du petit-fils de ce Prince. Il enseigna ensuite l'anatomie à Copenhague avec tout l'éclat imaginable. Il a beaucoup composé sur différentes parties du corps humain & surtout sur le cerveau. Le discours qu'il fit sur cette premiere cavité du corps dans une assemblée d'anatomistes, est un monument de sa science & de sa modestie. On le trouve dans l'*exposition anatomique* de son petit neveu, le fameux Winslow, *tome* 4, *page* 204 & *suivantes*. M. Stenon mourut à Swerin en Allemagne, le 25 Novembre 1686, à l'âge de 48 ans. Ceux qui ont fait l'histoire complete de ce grand homme ne manquent pas de faire remarquer que né & élevé dans la secte de Luther, il embrassa la religion Catholique en l'année 1669 ; l'état ecclésiastique en 1677 ; qu'il fut sacré Evêque de Titiopolis en Grece par le Pape Innocent XI ; qu'il fut envoyé par le même Souverain Pontife dans l'Electorat de Hanovre avec le titre de Vicaire Apostolique dans tout le Nord, & qu'il mourut à la fleur de son âge dans l'exercice des missions les plus laborieuses. Mais tous ces traits seroient des hors d'œuvre dans un ouvrage comme celui-ci.

STÉGANOGRAPHIE. Science qui apprend à écrire d'une maniere impénétrable. Comme dans tous les tems le secret a été l'ame des affaires, dans tous les tems aussi les hommes de génie ont imaginé des moyens d'écrire les choses importantes d'une maniere cachée & inintelligible pour le commun des hommes ; & ces moyens sont en si grand nombre, que, réunis ensemble, ils forment un corps de science, sous le nom de *Stéganographie*, nom composé de deux mots grecs, dont le premier signifie *impénétrable* & le second *écriture*, comme si vous disiez *écriture impénétrable*. La fin que je me propose dans cet article, est de dévoiler des secrets qui sont plus souvent nuisibles, qu'ils ne sont utiles à la société. Suivons donc la Stéganographie depuis son origine jusqu'à aujourd'hui.

Le premier moyen a été celui des tablettes de bois. On gravoit sur le bois, en caracteres ineffaçables, la chose qu'on vouloit tenir secrete. On enduisoit la tablette d'une couche de cire, & on écrivoit sur la cire les choses du monde les plus indifférentes. Celui qui recevoit la tablette, en enlevoit légerement la cire & se mettoit par-là au fait du mystere qu'on lui vouloit communiquer. *Démarate*, au rapport d'*Hérodote*, employa ce moyen pour apprendre aux Lacédémoniens que *Xerxès* avoit formé le projet de s'emparer de la Grece. Ceux-ci se mirent en état de défense, & *Xerxès* échoua dans son entreprise. *Ovide* fait allusion à cette ruse, lorsqu'il dit:

Et feret occultas pura tabella notas.

Ce moyen ne fut pas long-tems en usage. La chaleur fit souvent fondre la cire dont la tablette étoit enduite. On apperçut des caracteres gravés sur le bois; & le secret qu'on vouloit cacher au porteur même des tablettes, fut plus d'une fois trahi & mis en évidence.

Le second moyen fut celui des souliers. Le même Poëte en fait encore mention en ces termes:

Cùm possit soleâ chartas celare ligatas;
Et victo blandas sub pede ferre notas.

Toute la finesse consistoit à écrire sur un parchemin le secret qu'on vouloit communiquer. On mettoit ce parchemin entre les deux semelles d'un soulier. On remettoit à un domestique pour qui l'on avoit fait les souliers, une lettre qui ne contenoit que des choses indifférentes, & pendant son sommeil, on retiroit le parchemin dont il ignoroit être le porteur. Sous Charles IX, ce stratageme servit à faire rentrer le Velay sous l'obéissance de ce Prince.

Le troisieme moyen fut la transposition des lettres de l'alphabet. On prenoit B pour A, C pour B, D pour C, &c. ce qui formoit des mots inintelligibles pour quiconque n'étoit pas au fait de cette manière d'écrire. L'Empereur *Auguste* passe pour l'inventeur de ce secret; du moins est-il sûr qu'il s'en servit pour donner ses ordres à ses Généraux d'armée. Cette maniere d'écrire est sujette à un grand inconvénient, celui de faire regarder comme suspecte toute lettre écrite de la sorte & comme espion celui qui en est le porteur.

Il en est de même de l'écriture en chiffre qui consiste à désigner par un ou deux chiffres chaque lettre de l'alphabet, & à mettre les chiffres désignés à la place des lettres énonciatives du secret qu'on veut communiquer.

Les oiseaux privés ont été souvent les porteurs des nouvelles les plus intéressantes. *Œlien* raconte, dans son histoire des animaux, qu'un Roi d'Egypte que les uns appellent *Marre* & les autres *Menthe*, avoit une corneille tellement privée & tellement au fait des différentes Villes du Royaume, qu'au premier signe, elle partoit pour aller porter les dépêches du prince dans l'endroit qui lui étoit désigné. Aussi à sa mort le Roi lui accorda-t-il les honneurs de la sépulture & lui fit-il élever un superbe mausolée.

En l'année 1194, lors du siége de *Ptolémaïde* par *Philippe Auguste*, *Saladin* Soudan d'Egypte se servit d'un pigeon privé pour annoncer aux assiégés qu'il étoit sur le point de venir à leur secours avec des troupes & des provisions considérables. L'artifice lui eût réussi, si l'animal épouvanté par les cris des assiégeans, ne fût pas tombé dans le camp au-dessus duquel il étoit obligé de voler.

Famien Strada raconte des faits assez semblables dans son histoire de la guerre Belgique, histoire généralement estimée. Lors du siége de Harlem par les Espagnols, le Prince d'*Orange* encouragea souvent par lettres les habitans de cette Ville, & ses lettres leur étoient portées par des pigeons privés que l'Historien appelle des courriers aériens. Il usa du même stratageme, lors du siége de Leyde en 1575. Ce Prince savoit très-bien l'histoire Romaine. Il y avoit lu que *Decius Brutus*, qui defendoit Modene assiégée par *Antoine*, avoit reçu pendant le siége plusieurs lettres du Consul *Hircius* qui lui avoient été apportées par des pigeons privés.

Les sciences & les arts vont en se perfectionnant. Le moyen dont je parle, sera bientôt mis en usage sans aucune espece d'inconvénient. Une foule de courriers aériens, perchés chacun sur un ballon aérostatique, vont voyager dans les airs avec une vîtesse & à une hauteur prodigieuse, & M. *Mongolfier* va jouer un rôle tres-intéressant dans l'histoire des progrès de la Stéganographie. Les différens voyages aériens dont j'ai parlé à l'article *Aérostat*, prouvent que si la chose est difficile, elle n'est pas du moins impossible, surtout lorsqu'on ne craint pas la dépense, toujours inséparable de ces sortes d'expériences.

L'écriture d'abord invisible, & rendue ensuite visible par des moyens que nous fournit la Physique, a été pendant long-tems & est encore en usage, lorsqu'on veut écrire des choses secretes. Il est bon, il est même nécessaire de dévoiler des secrets dont les gens mal intentionnés pourroient se servir contre le bien de la société. Voici comment on s'y prend. On écrit, en caracteres visibles, une lettre qui ne contient rien d'intéressant. On trempe ensuite une plume neuve dans du lait de figuier, du lait de tithymale ou même du lait ordinaire qu'on vient de traire, & avec cette liqueur on écrit à la fin de la lettre les choses qu'on ne veut communiquer qu'à la personne à qui elle est adressée. Celui qui la reçoit a un nouet rempli de charbons pilés; il passe son nouet sur les lettres invisibles, & par cette opération elles deviennent très-lisibles. *Ovide* parle de cette maniere d'écrire, lorsqu'il dit :

Tuta quoque est, fallitque oculos è lacte recenti
Littera; carbonis polline tinge; leges.

Il en est qui écrivent les choses secretes avec du suc de limon ou d'oignon; d'autres trempent leur plume dans une eau où l'on a fait dissoudre du sel ammoniac. Celui qui reçoit la lettre, l'approche du feu; & lorsque le papier est échauffé, l'écriture, auparavant invisible, se lit avec la plus grande facilité.

Mais la bonne maniere d'écrire les choses secretes, suppose une combinaison fort ingénieuse des chiffres & des lettres de l'alphabet. Voici comment se fait cette combinaison. On fait une espece de carte numéro-alphabétique. Au haut de la carte, en ligne horizontale, on place les 24 lettres de l'alphabet, & chaque lettre dans une case particuliere. Au côté gauche de la carte & en ligne perpendiculaire, on place les lettres du même alphabet, chaque lettre occupant aussi une case particuliere. A chaque lettre de l'alphabet répondent 24 chiffres dont chacun est placé dans sa case, tellement que la carte dont il s'agit, contient 624 cases. Un coup d'œil jetté sur la carte placée à la fin de cet article, vous sera connoître combien simple & ingénieux est cet arrangement.

Celui qui écrit un secret & celui à qui on le communique, ont chacun sous les yeux la carte numéro-alphabétique dont je viens de parler. Le premier écrit sur un papier séparé & d'une maniere laconique le secret qu'il veut communiquer; ce papier doit rester entre ses mains. Il fait ensuite une lettre sur un sujet quelconque; le moins intéressant est toujours le meilleur. Il signe sa lettre, à laquelle il ajoute un *post-scriptum* qui contient autant de lettres que le secret. Ce *post-scriptum* de qui tout dépend, se nomme *mot du guet* ou *signal* en langage stéganographique. Cela fait, il cherche dans l'alphabet horizontal la premiere lettre du signal & dans l'alphabet perpendiculaire la premiere lettre du secret. Il examine quel chiffre dans la carte répond à ces deux lettres; si c'est le chiffre 6, il marque un point sous la sixieme lettre de son épître. Il en vient ensuite à la seconde lettre du signal qu'il cherche dans l'alphabet horisontal, & à la seconde lettre du secret qu'il cherche dans l'alphabet perpendiculaire. Il remarque encore quel chiffre dans la carte répond à ces deux lettres; si c'est le chiffre 10, il marque un point sous la dixieme lettre de son épître, à compter depuis celle qui a été ponctuée. Il fait la même chose pour les autres lettres tant du signal, que du secret; & voilà son opération finie. Il ne lui reste qu'à cacheter sa lettre & à l'envoyer à celui à qui il veut communiquer son secret.

Celui-ci, au fait du mystere, jette d'abord les yeux sur le *post-scriptum* ou le signal. Il en cherche la premiere lettre dans l'alphabet placé au haut de la carte en ligne horizontale. Il en vient ensuite au chiffre désigné par la place qu'occupe dans l'épître la premiere lettre ponctuée. Il le prend dans la carte sous la premiere lettre du signal, & il remarque à quelle lettre de l'alphabet perpendiculaire il répond; cette lettre sera précisément la premiere du secret. Il fait les mêmes opérations sur les autres lettres du signal; & le secret ne lui est dévoilé, que lorsque toutes les opérations sont finies. Elles seront au nombre de trente, quarante ou cinquante, si le signal a trente, quarante ou cinquante lettres. Eclaircissons ceci par un exemple. Je suppose un ami à qui je veuille communiquer le secret suivant: *Partez, votre pere doit faire son testament.* Dans la crainte que ma lettre ne soit décachetée & interceptée par les gens chez qui il demeure, parce qu'il est de leur intérêt d'empêcher son départ, je prends pour sujet de ma lettre le sujet du jour, le sujet à la mode, les ballons aérostatiques de M. *Mongolfier*, & je lui écris à-peu-près en ces termes:

Vous voulez donc, Monsieur, que je vous dise ce que je pense du globe aérostatique construit à Annonay. Je pense d'abord, comme vous, que son élévation dans l'atmosphere ne présente aucune espece de phénomene, à moins que l'on ne donne ce nom au liege qui, du fond des eaux, s'éleve à leur surface; au cerf-volant qui se dérobe à la vue la plus perçante; aux vapeurs et aux exhalaisons qui quittent la terre, pour aller occuper la région moyenne des airs. Un ballon rempli d'air inflammable, s'élevera nécessairement et avec impétuosité jusqu'à ce qu'il nage dans un air environ sept fois moins pesant que celui que nous respirons aux environs de la terre.

Mais quelle utilité retirera-t-on d'une pareille découverte ? Ce n'eſt encore qu'un enfant qui vient de naître, *dit M. Franklin*, que voulez-vous que j'en diſe ? Sans m'écarter de la penſée de ce grand homme, je puis ajouter, Monſieur, que c'eſt un enfant dont on peut faire facilement l'horoſcope, & voici celle que je crois pouvoir haſarder.

L'enfant qui vient de naître, ſera, à coup ſûr, un enfant gâté dont l'éducation coûteuſe ne procurera pas tous les avantages qu'on avoit lieu d'eſpérer pour les ſciences & pour les arts : il n'aimera qu'à folâtrer. Nouvel *Icare*, il lira avec avidité les ouvrages de *Dante*, Phyſicien du 15e. ſiecle qui trouva le ſecret de voler dans les airs à une hauteur prodigieuſe, & qui finit par ſe caſſer la cuiſſe en tombant ſur l'Egliſe de Notre-Dame de Pérouſe. Voilà, Monſieur, ce que je penſe des ballons aéroſtatiques de M. *Mongolſier*.

J'ai l'honneur d'être, &c.

P. S. *Embraſſez tendrement de ma part mon couſin.*

Remarquez d'abord que le *poſt-ſcriptum* qui, comme le ſecret qu'on veut communiquer, contient 36 lettres, ſert de ſignal à celui qui reçoit cette épître dont 36 lettres ſont ponctuées. Que fait-il donc, lorſqu'il l'a reçue ? Il jette les yeux ſur le premier mot du ſignal dont la premiere lettre eſt E qu'il cherche dans l'alphabet horizontal. Il voit enſuite que dans l'épître qu'il vient de recevoir, la dix-neuvieme lettre eſt ponctuée, il cherche 19 ſous E ; & comme 19 répond à P de l'alphabet perpendiculaire, il conclut que P eſt la premiere lettre du ſecret. Il marque P ſur un papier ſéparé. Il fait les mêmes opérations ſur les autres lettres du ſignal, & il trouve dans l'alphabet perpendiculaire 36 lettres qui, jointes enſemble, forment les mots ſuivans : *Partez, votre pere doit faire ſon teſtament.*

Le savant Abbé de Spanheim ; *Jean Tritheme*, l'un des plus grands hommes du 15e. siecle, passe pour l'inventeur de cette maniere d'écrire. *Kircher* la trouva trop compliquée ; il la simplifia. Aussi a-t-on abandonné la méthode de *Tritheme*, pour suivre celle de *Kircher*. La voici en peu de mots.

Sous chaque lettre de l'alphabet, placez un nombre à la maniere suivante, ou à votre fantaisie.

A	B	C	D	E	F	G	H	I	K	L	M	N
6	2	5	3	1	4	10	11	12	9	8	7	13
O	P	Q	R	S	T	V	W	X	Y	Z.		
15	14	16	17	19	18	20	24	22	21	23.		

Cet alphabet ainsi souscrit par des chiffres, est entre les mains de celui qui écrit & de celui à qui on écrit.

Celui qui écrit, met son secret sur un papier séparé qui demeure entre ses mains, & il fait une lettre sur un sujet quelconque. Il prend dans son alphabet la premiere lettre du secret ; supposons que ce soit A. Comme le chiffre 6 se trouve sous A, il marque un point sous la sixieme lettre de son épître. Il fait la même chose pour les autres lettres du secret ; & si le secret contient 20, 30 ou 40 lettres, l'épître aura 20, 30 ou 40 lettres ponctuées ; & dans l'épître les points seront séparés par autant de lettres qu'il y a d'unités dans les chiffres dont l'alphabet est souscrit. Celui qui reçoit la lettre ainsi ponctuée, prend son alphabet ; il examine à quelle lettre répond le premier point. Si la sixieme lettre de l'épître est ponctuée, il conclut que A est la premiere lettre du secret, parce que dans l'alphabet de *Kircher* le chiffre 6 se trouve sous la lettre A.

Il fait la même chose pour les autres points, & il parvient ainsi à rassembler toutes les lettres énonciatives du secret qu'on veut lui communiquer.

Kircher a simplifié la méthode de *Tritheme* ; je vais à mon tour tenter de simplifier celle de *Kircher*, & me passer de tout alphabet & de tout chiffre posé sous chacune de ses lettres. J'écris mon secret sur un papier séparé ; je fais une lettre sur un sujet quelconque, & je ponctue dans cette épître toutes les lettres qui forment les mots énonciatifs du secret que je veux communiquer. Celui qui la reçoit n'a d'autre peine, que celle de rassembler toutes les lettres ponctuées, & d'en former une phrase qui le met au fait du secret qu'on a voulu lui confier.

Je préviens la difficulté qu'on pourroit me faire; difficulté qu'on auroit pu faire à *Tritheme* & à *Kircher*. Une lettre ainsi ponctuée, *me dira-t-on*, inspirera des soupçons; & voilà ce qu'il faut soigneusement éviter dans la Stéganographie.

Elle n'en inspirera aucun, si l'on a soin d'écrire les points en caracteres invisibles. Ils seront rendus visibles par les moyens que nous avons indiqués, moyens qu'on suppose connus de celui à qui l'on écrit.

On peut, si l'on veut, se passer de points, & simplifier d'une autre maniere la méthode de *Kircher*. Cet Auteur, comme vous l'avez vu, met des chiffres sous chaque lettre de l'alphabet; sous A, il met 6; sous B, 2; sous C, 5, &c. Supposons que les trois premieres lettres de mon secret soient A, B, C. J'écris à mon ami & je lui envoie une espece de compte dans lequel je lui dis que telle chose coûtera 6 livres, telle autre 2 livres, telle autre 5 livres. Mon ami jette les yeux sur son alphabet souscrit de chiffres, & il voit que A, B, C, sont les trois premieres lettres du secret que je veux lui communiquer. Dans le compte dont je parle, je mets autant d'articles & autant de prix, qu'il y a de lettres dans mon secret; & je parviens par-là à le lui communiquer d'une maniere qui ne me paroît sujette à aucun inconvénient. Ils sont en grand nombre dans les lettres ponctuées. La moindre inattention de la part de celui qui écrit, fera mal placer quelque point; & un seul point mal placé dérangera tout & rendra le secret incommunicable.

Voilà quelques changemens que j'ai cru devoir faire à la Stéganographie de l'Abbé *Tritheme* & à celle de *Kircher*.

Je serai bien payé de mes peines, si je suis venu à bout d'inspirer de justes craintes aux peres & aux meres, aux maîtres & aux maîtresses, à quiconque en un mot est chargé de l'éducation des jeunes gens, de celle surtout des jeunes Demoiselles. Puisque la Stéganographie a des ressources immenses pour cacher des secrets, qu'il leur importe de découvrir, ils ne doivent remettre à leurs jeunes éleves que les lettres des personnes qu'ils savent être incapables de leur donner aucun mauvais conseil & de favoriser l'intrigue même la moins dangereuse.

STERNUM. On donne ce nom à un assemblage d'os qui forment le devant de la poitrine. Pour bien connoître, *dit M. Dionis*, la substance du Sternum, il faut l'examiner suivant les différens âges. Aux enfans, il est tout cartilagineux, excepté le premier os où s'attachent les clavicules : aux vieillards il est tout osseux : à ceux qui sont entre ces deux âges, on le trouve en partie osseux & en partie cartilagineux. Le Sternum contient pour l'ordinaire trois os, le supérieur, le moyen & l'inférieur. Le supérieur est plus ample & plus épais que les autres; il est fait en forme de petit croissant. Le moyen est plus étroit & plus mince, mais il est plus long que le premier. Le troisieme est encore plus petit que le second, mais il est plus large.

STHAL, (George Ernest) *naquit en Franconie en l'année* 1660. Il se fit un nom parmi les Chimistes de son siecle. Comme aucun de ses ouvrages ne nous est tombé entre les mains & que nous n'aimons pas à parler sur le rapport d'autrui, nous nous contenterons de dire que Sthal a composé sur presque toutes les parties de la chimie, tantôt en Allemand & tantôt en Latin, & que ses ouvrages sont généralement estimés. On ne sait pas l'année de sa mort.

STRABON. *Célebre Philosophe de l'antiquité, & originaire de Gnosse Ville de Crete, naquit à Amasie, environ 60 ans avant la naissance de Jesus-Christ.* Il faisoit grand cas d'Aristote. C'est lui qui nous apprend que les ouvrages de ce Philosophe furent défigurés par les Arabes qui, pour donner une suite à la plupart de ses livres de Physique, suppléerent bien des feuilles que les insectes avoient rongées. Strabon nous a laissé une très-bonne géographie en 17 livres. Ses autres ouvrages ne sont pas parvenus jusqu'à nous. Il mourut environ l'an 25 de Jesus-Christ dans un âge fort avancé.

SWAMMERDAM. (Jean) *natif d'Amsterdam, a été*

un des plus grands Médecins du XVIIe. siecle. Le fameux Boerrhaave en faisoit tant de cas, qu'il écrivit sa vie. Ce trait seul est l'éloge le plus complet que l'on puisse faire de Swammerdam. Il a composé un grand nombre d'ouvrages très-estimés. Les principaux sont un traité sur la respiration & l'usage des poumons, & une histoire générale des insectes.

SUBLUNAIRE. Un corps est sublunaire, lorsqu'il est placé entre la terre & la Lune.

SUC GASTRIQUE. Le suc que les Anatomistes appellent *gastrique*, est un acide violent renfermé dans les glandes parsemées sur la membrane veloutée qui tapisse l'intérieur de l'estomac. Ce suc exerce son action ou sur les alimens pour en faciliter la digestion, ou sur l'estomac lui-même pour exciter en nous le sentiment de l'ame que nous avons coutume d'appeller *faim*.

SUC PANCRÉATIQUE. C'est une humeur insipide & limpide qui a beaucoup d'analogie avec la salive. Elle est séparée du sang par les glandes placées sous l'estomac. Elle se rend dans le *duodenum*, où elle sert à la digestion. Le conduit par où elle se rend dans le duodenum, s'appelle *pancréatique.* Il fut découvert en l'année 1642 par Virsungus, célebre Anatomiste de Padoue. Ce canal est membraneux. Dionis après l'avoir ouvert, y remarqua une cavité dans laquelle on introduit aisément une petite sonde. La facilité avec laquelle la sonde avance, lorsqu'on la pousse dans cette cavité vers le duodenum, & la difficulté qu'on a de la faire entrer en la poussant du côté de la rate, nous font voir que son véritable chemin est d'aller à l'intestin & non pas à la rate. Le canal pancréatique ne vient donc pas de la rate : il vient des rameaux des petites glandes qui composent le pàncréas, de maniere qu'il grossit à mesure que ces rameaux s'unissent ; il est terminé par une petite valvule qui permet la sortie de la liqueur qu'il contient, & qui empêche que le chyle & les autres matieres ne passent des intestins dans ce canal. Il est unique & rarement double ; sa grosseur est comme celle d'une petite plume, quand il est dans son état naturel. L'usage du pancréas n'est pas donc de servir de coussinet au ventricule, ni d'appui aux vaisseaux qui se distribuent dans l'abdomen, mais de séparer & de filtrer par le moyen des glandes dont il est composé, un suc très-acide qui a dans le duodenum les mêmes effets du suc gastrique dans le ventricule.

SUD. *Midi* & *Sud* signifient la même chose.

SUEUR. Humidité qui sort par les pores de la peau. M. Dionis a parlé en très-bon Physicien sur cette matiere. Il nous fait d'abord remarquer que la peau est formée de fibres entrelacées ensemble en forme de filets ; qu'il y a un million de petites glandes situées au-dessous de ces filets ; qu'à chacune de ces glandes, il y vient une petite artere ; qu'il en sort une vénule ; & qu'un vaisseau lymphatique partant de la glande perce ce filet & se termine à la superficie de la peau.

Après cette description anatomique, Dionis ajoute qu'une assez grande quantité de sang étant portée par autant d'arteres qu'il y a de glandes, est rapportée par autant de petites veines, & que passant par les porosités des glandules, il s'en filtre une sérosité, qui sortant par le vaisseau excrétoire, fait la matiere de la sueur. Elle sert dans le tems de la santé à purifier & à rafraîchir le sang ; & dans le tems de la maladie, elle cause des évacuations souvent très-salutaires.

SUITE. C'est un assemblage de termes qui, pris consécutivement, croissent ou décroissent suivant une certaine loi. Dans le premier cas la suite s'appelle *divergente*, & dans le second *convergente*. La suite se divise encore en *finie* & *infinie*. La premiere n'a qu'un certain nombre de termes; telles sont les progressions arithmétiques & géométriques ordinaires, cherchez *progression* ; la seconde est supposée continuée jusqu'à l'infini. L'art de réduire en suites infinies les quantités qu'on ne peut pas décomposer sans reste, est fondé sur les regles même de la division & de l'extraction des racines. Les problemes suivans nous en fourniront des preuves évidentes; leurs solutions servent à démontrer des vérités qu'il n'est pas permis à un Physicien d'ignorer ; puisque ce n'est que par les suites infinies qu'on prouve l'impossibilité de carrer certaines courbes.

Carte Numéro-Alphabétique de Tritheme.

	A	B	C	D	E	F	G	H	I	K	L	M	N	O	P	Q	R	S	T	V	X	Y	Z
A	1	2	3	4	5	6	7	8	9	10	11	12	13	14	15	16	17	18	19	20	21	22	2
B	2	3	4	5	6	7	8	9	10	11	12	13	14	15	16	17	18	19	20	21	22	23	2
C	3	4	5	6	7	8	9	10	11	12	13	14	15	16	17	18	19	20	21	22	23	24	1
D	4	5	6	7	8	9	10	11	12	13	14	15	16	17	18	19	20	21	22	23	24	1	2
E	5	6	7	8	9	10	11	12	13	14	15	16	17	18	19	20	21	22	23	24	1	2	3
F	6	7	8	9	10	11	12	13	14	15	16	17	18	19	20	21	22	23	24	1	2	3	4
G	7	8	9	10	11	12	13	14	15	16	17	18	19	20	21	22	23	24	1	2	3	4	5
H	8	9	10	11	12	13	14	15	16	17	18	19	20	21	22	23	24	1	2	3	4	5	6
I	9	10	11	12	13	14	15	16	17	18	19	20	21	22	23	24	1	2	3	4	5	6	7
K	10	11	12	13	14	15	16	17	18	19	20	21	22	23	24	1	2	3	4	5	6	7	8
L	11	12	13	14	15	16	17	18	19	20	21	22	23	24	1	2	3	4	5	6	7	8	9
M	12	13	14	15	16	17	18	19	20	21	22	23	24	1	2	3	4	5	6	7	8	9	1
N	13	14	15	16	17	18	19	20	21	22	23	24	1	2	3	4	5	6	7	8	9	10	1
O	14	15	16	17	18	19	20	21	22	23	24	1	2	3	4	5	6	7	8	9	10	11	1
P	15	16	17	18	19	20	21	22	23	24	1	2	3	4	5	6	7	8	9	10	11	12	1
Q	16	17	18	19	20	21	22	23	24	1	2	3	4	5	6	7	8	9	10	11	12	13	1
R	17	18	19	20	21	22	23	24	1	2	3	4	5	6	7	8	9	10	11	12	13	14	1
S	18	19	20	21	22	23	24	1	2	3	4	5	6	7	8	9	10	11	12	13	14	15	1
T	19	20	21	22	23	24	1	2	3	4	5	6	7	8	9	10	11	12	13	14	15	16	1
V	20	21	22	23	24	1	2	3	4	5	6	7	8	9	10	11	12	13	14	15	16	17	1
X	21	22	23	24	1	2	3	4	5	6	7	8	9	10	11	12	13	14	15	16	17	18	1
Y	22	23	24	1	2	3	4	5	6	7	8	9	10	11	12	13	14	15	16	17	18	19	2
Z	23	24	1	2	3	4	5	6	7	8	9	10	11	12	13	14	15	16	17	18	19	20	2
W	24	1	2	3	4	5	6	7	8	9	10	11	12	13	14	15	16	17	18	19	20	21	2

Alphabet de KIRCHER.

A	B	C	D	E	F	G	H	I	K	L	M	N	O	P	Q	R	S	T	V	W	X	Y
6	2	5	3	1	4	10	11	12	9	8	7	13	15	14	16	17	19	18	20	24	22	21

PROBLEME I.

Réduire en ſuite infinie par les regles de la diviſion la fraction $\frac{1}{1+xx}$?

Réſolution. La fraction $\frac{1}{1+xx}$ réduite en ſuite infinie devient $1 - x^2 + x^4 - x^6 + x^8$, &c.

Démonſtration. 1°. L'on a diviſé le numérateur 1 par le dénominateur, ou plutôt par le premier terme du dénominateur $1+xx$; le quotient a été le premier terme de la *Suite*, c'eſt-à-dire, 1. L'on a enſuite multiplié, comme dans la diviſion ordinaire, le diviſeur $1+xx$ par le quotient 1. L'on a enfin ſouſtrait le produit $1+xx$ du dividende 1, en diſant, de 1 j'ôte 1, il ne reſte rien; de rien j'ôte $+xx$, il reſte $-xx$; & c'eſt-là en effet le premier reſte que donne la premiere opération.

2°. Pour avoir le ſecond terme de la *ſuite*, l'on a diviſé le premier reſte $-xx$ par le premier terme du diviſeur ordinaire $1+xx$, & l'on a eu $-xx$ pour quotient & pour ſecond terme de la *ſuite*. L'on a multiplié le diviſeur $1+xx$ par le quotient $-xx$, & l'on a eu pour produit $-xx-x^4$. L'on a ſouſtrait ce produit du dividende $-xx$, en diſant, de $-xx$ j'ôte $-xx$, il ne reſte rien; de rien j'ôte $-x^4$, il reſte $+x^4$; & c'eſt-là en effet le ſecond reſte qui va devenir *dividende* dans la troiſieme opération.

3°. La 3e. & la 4e. opérations, ainſi que toutes les autres que l'on peut faire à l'infini, doivent ſe faire comme les deux précédentes; donc la fraction $\frac{1}{1+xx}$ réduite en ſuite infinie, devient $1 - x^2 + x^4 - x^6 + x^8$, &c.

COROLLAIRE I. L'on opérera de la même maniere ſur la fraction algébrique $\frac{a}{b+x}$, & l'on trouvera qu'elle ſe réduit en la ſuite infinie $\frac{a}{b} - \frac{ax}{b^2} + \frac{ax^2}{b^3} - \frac{ax^3}{b^4}$, &c. L'on n'a qu'à diviſer le numérateur a par le premier terme du dénominateur $b+x$, comme l'on a diviſé dans le probleme précédent le numérateur 1 par le premier terme du dénominateur $1 + xx$. Que l'on se rappelle seulement que $\frac{a}{b}$ est le quotient de a divisé par b, & que $-\frac{ax}{b^2}$ est le quotient de $-\frac{ax}{b}$ divisé par b.

COROLLAIRE II. Par les mêmes regles encore la fraction $\frac{aa}{x+b}$ se réduira en la suite infinie $\frac{aa}{x} - \frac{aab}{x^2} + \frac{aabb}{x^3}$, &c.

PROBLEME II.

Réduire en suite infinie par les regles de l'extraction de la racine carrée le radical $\sqrt{aa - xx}$?

Résolution. Le radical $\sqrt{aa - xx}$ devient $a - \frac{xx}{2a} - \frac{x^4}{8a^3} - \frac{x^6}{16a^5}$, &c.

Démonstration 1°. Pour réduire en suite infinie le radical $\sqrt{aa - xx}$, c'est-à-dire, pour tirer autant de racines carrées qu'il est possible d'en tirer du carré imparfait $aa - xx$, l'on a d'abord tiré la racine carrée de aa, & cette racine a est devenue le premier terme de la *suite* qu'il s'agit de former.

2°. L'on a doublé, comme dans l'extraction ordinaire la racine a, & l'on a divisé le premier reste $- xx$ par $2a$; le quotient $-\frac{xx}{2a}$ a été en même tems la seconde racine & le second terme de la *Suite*.

3°. Pour trouver si les racines $a - \frac{xx}{2a}$ forment la racine complete de $aa - xx$, l'on a pris le carré de $a - \frac{xx}{2a}$; ç'a été $aa - \frac{2axx}{2a} + \frac{x^4}{4aa} = aa - xx + \frac{x^4}{4aa}$; & comme ce nouveau carré n'est pas le même que celui qu'on a donné à réduire en suite infinie, l'on a conclu qu'il y avoit encore des opérations à faire.

4°. Il a donc fallu soustraire le carré parfait $aa - xx +$

$+\frac{x^4}{4aa}$ du carré imparfait $aa - xx$; & l'on a eu pour second reste $-\frac{x^4}{4aa}$.

5°. Pour trouver la troisieme racine, ou plutôt le troisieme terme de la *suite* en question, l'on a divisé le second reste $\frac{x^4}{4aa}$ par le double des deux racines trouvées, c'est-à-dire, par $2a - \frac{xx}{a}$; le quotient $-\frac{x^4}{8a^3}$ est devenu le troisieme terme de la *suite*. Il n'est pas nécessaire de faire remarquer qu'il n'y a eu que le premier terme du diviseur $2a - \frac{xx}{a}$ qui ait divisé $-\frac{x^4}{4aa}$.

6°. Pour trouver si les trois racines $a - \frac{xx}{2a} - \frac{x^4}{8a^3}$ peuvent être regardées comme la racine complete de $aa - xx$, l'on a formé le carré de $a - \frac{xx}{2a} - \frac{x^4}{8a^3}$; ç'a été $aa - xx + \frac{x^6}{8a^4} + \frac{x^8}{64a^6}$; & comme ce nouveau carré n'est pas le même que celui qu'on a donné à réduire en *suite* infinie, l'on a soustrait celui-là de celui-ci, & l'on a eu pour troisieme reste $-\frac{x^6}{8a^4} - \frac{x^8}{64a^6}$.

7°. Pour trouver le quatrieme terme de la suite, l'on a divisé le troisieme terme $-\frac{x^6}{8a^4} - \frac{x^8}{64a^6}$, par le double des trois racines trouvées, c'est-à-dire, par $2a - \frac{xx}{a} - \frac{x^4}{4a^3}$; le quotient $-\frac{x^6}{16a^5}$ est devenu le quatrieme terme de la suite ; & ainsi des autres termes à l'infini ; donc par les regles de l'extraction de la racine carrée le radical $\sqrt{aa - xx}$ a été réduit en la suite infinie $a - \frac{xx}{2a} - \frac{x^4}{8a^3} - \frac{x^6}{16a^5}$, &c.

COROLLAIRE I. Par la même méthode le radical

$\sqrt{aa + xx}$ se réduit en la suite infinie $a + \frac{xx}{2a} - \frac{x^4}{8a^3} + \frac{x^6}{16a^5}$, &c.

Corol. II. Par la même méthode encore le radical $\sqrt{aa + bx - xx}$ se réduit en la *suite* infinie $a + \frac{bx}{2a} - \frac{xx}{2a} - \frac{bbxx}{8a^3} - \frac{x^4}{8a^3}$, &c. Si cet article paroît obscur à quelques-uns, l'on pourra consulter notre guide des jeunes Mathématiciens dans l'étude des élémens des mathématiques de M. l'Abbé de la *Caille*, depuis la page 62 jusqu'à la page 78.

PROBLEME III.

Réduire en suite infinie le binome $a \pm b$.

Résolution. Elevez le binome proposé à une puissance quelconque m, vous aurez $(a \pm b)^m = a^m \pm ma^{m-1} b + \frac{m.m-1}{1.2} a^{m-2} b^2 \pm \frac{m.m-1.m-2}{1.2.3} a^{m-3} b^3$, &c.

Explication. L'on n'aura aucune peine à déchiffrer cette formule générale, si l'on prend garde que m signifie 2, lorsque le binome $a \pm b$ est élevé à la seconde puissance; que m signifie 3, lorsque ce binome est élevé à la troisieme puissance, &c. Il faut encore prendre garde que dans cette formule, l'on a mis un *point*, au lieu du signe de la multiplication. Ainsi $\frac{m.m-1}{1.2} = \frac{m \times m-1}{1 \times 2}$.

Démonstration. 1°. Le binome $a \pm b$, élevé à la seconde puissance, donne évidemment l'équation suivante, $(a \pm b)^2 = a^2 \pm 2ab + bb$. Mais dans ce cas notre formule générale donne la même équation. En effet . . . $(a \pm b)^m = (a \pm b)^2$. De même $a^m \pm ma^{m-1} b + \frac{m.m-1}{1.2} a^{m-2} b^2 = a^2 \pm 2a^{2-1} b + \frac{2.2-1}{1.2} a^{2-2} b^2 = a^2 \pm 2ab + bb$, parce que $a^{2-2} = a^0 = 1$. Cherchez *Arithmétique algébrique.*

2°. L'on prouvera avec la même facilité que cette formule générale donne $(a \pm b)^3 = a^3 \pm 3aab + 3abb \pm b^3$; donc elle sert à réduire en suite infinie le binome $a \pm b$.

Remarque. Nous n'avons résolu ce probleme, que pour rendre plus intelligible cette partie du calcul intégral où nous avons réduit en suite infinie le binome dy . . . . . $(1 - yy)^{-\frac{1}{2}}$.

SURFACE. La surface est une grandeur dont on ne considere que la longueur & la largeur. Ainsi lorsqu'on arpente une terre, on la prend pour une surface, parce que plus la terre sera longue & large, plus elle contiendra d'arpens; mais sa profondeur n'augmente, ni ne diminue en aucune maniere son étendue.

La seconde partie de l'article *Géométrie Pratique*, est destinée à la mesure des surfaces. L'on y apprend à mesurer un rectangle, un parallelogramme non rectangle, un triangle rectangle & non rectangle, un polygone régulier, un polygone irrégulier, un cercle, un secteur, une ellipse, la surface d'un cylindre, celle d'un cône parfait, celle d'un cône tronqué, la surface d'une sphere, celle d'un sphéroïde. Toutes les méthodes que nous avons données dans cet important article qui contient tous les principes de l'arpentage, sont étayées des démonstrations les plus géométriques & les plus lumineuses.

SUTURE. C'est une articulation où deux os sont joints ensemble comme par une espece de couture. Il y en a de deux sortes, la vraie & la fausse. La suture vraie est celle de deux os qui sont joints ensemble en forme de deux scies dont les dents s'engagent les unes dans les autres. La suture fausse est celle de deux os articulés ensemble, en forme d'écailles posées les unes sur les autres.

SYLVIUS, (Jacques) *naquit à Lavilly près d'Amiens en l'année* 1478. Il se distingua dans les Mathématiques, dans la Médecine & surtout dans l'Anatomie. L'on se sert des opérations qu'il a faites sur la glande pinéale pour prouver aux Cartésiens qu'on ne peut pas la regarder comme le siége de l'ame de l'homme. Sylvius a trouvé plus d'une fois cette glande pétrifiée dans des sujets morts de toute autre maladie. L'on conclut de-là que cette glande n'est pas absolument nécessaire au corps humain. Sylvius mourut en l'année 1555, à l'âge de 77 ans. Il ne faut pas le confondre avec François Sylvius son frere ; fameux Principal du Collége de Tournay à Paris, qui travailla beaucoup à introduire en France le goût des belles-lettres.

SYMPATHIE. Nous ne prétendons pas rapporter dans cet article les rêveries que les anciens débitoient à l'occasion de certaines qualités qu'ils appelloient *sympathiques* & *antipathiques*. Nous ne parlerons ici que d'une encre que les modernes appellent *encre de sympathie*. Voici le fait.

Expérience. Ayez un livre de la grosseur de quatre doigts: ayez de l'imprégnation de Saturne faite avec le vinaigre distillé : trempez dans cette liqueur une plume neuve avec laquelle vous écrirez quelques mots sur la premiere feuille de votre livre, aucune lettre ne sera visible ; frottez-en la derniere feuille avec un coton imbu d'une liqueur aussi claire que l'eau commune, & faite avec la chaux vive & l'orpiment : laissez même le coton sur l'endroit ; fermez le livre : tournez-le, frappez dessus avec la main 4 ou 5 coups : ensuite mettez-le à la presse pendant un demi-quart d'heure : ouvrez-le après ce tems-là : vous verrez que vos lettres auparavant invisibles paroîtront.

Explication. La liqueur dont est imbu le coton avec lequel on a frotté la derniere feuille du livre, a des corpuscules assez pénétrans, pour traverser tout le livre ; ce sont ces corpuscules qui rendent noire & visible une écriture tracée avec une liqueur claire & invisible. C'est pour faciliter cette pénétration, que l'on frappe sur le livre & qu'on le met à la presse. C'est sans doute pour la même raison qu'on le tourne ; les soufres volatils qui doivent en traverser l'épaisseur & qui tendent naturellement à monter, s'échapperoient sans cette précaution par les pores de la couverture qui touche le coton.

Remarquez que la liqueur dont le coton est imbu, a été faite avec une once de chaux vive, & demi-once d'orpiment. Le tout a été pulvérisé & mis dans un matras avec 5 à 6 onces d'eau commune. Le matras bien bouché & remué de tems en tems, a resté 10 à 12 heures sur un petit feu de sable.

SYSTEME. Ce terme se prend ordinairement pour l'arrangement des astres, & alors il comprend les hypotheses de *Ptolomée*, de *Copernic* & de *Tycho-Brahé* dont nous avons parlé dans leurs articles relatifs. Lorsque l'on prend le mot *systeme* d'une maniere encore plus universelle, on entend communément le cartésianisme ou le newtonianisme; nous avons parlé du premier dans l'article des *tourbillons*, & du second dans tout le cours de cet ouvrage. L'on doit seulement se rappeller que le *vuide imparfait*, la *matiere subtile newtonienne*, & les *loix* de l'*attraction* sont les points les plus importans du systeme de Newton.

Quelque respect que nous ayons pour ce Physicien, nous ferons cependant remarquer que nous avons cru très-souvent dans cet ouvrage devoir nous écarter de ses idées dans des occasions même très-décisives. Voici donc le systeme général que nous avons embrassé.

1°. Nous avons regardé comme des loix générales de la nature toutes les regles de la mécanique. Nous en avons fait le détail dans les articles, *Mécanique. Mouvement. Hydrostatique. Statique. Dureté. Elasticité. Loix générales.*

2°. Nous avons cru devoir faire entrer dans la classe des loix générales de la nature les deux loix de la gravitation mutuelle des corps, telles qu'elles sont expliquées dans l'article de l'*Attraction*.

3°. Nous regardons ces deux loix comme la cause de la gravité ou de la force centripete des corps, jusqu'à ce qu'il soit prouvé qu'il existe une cause immédiate & mécanique de ce phénomene.

4°. Nous ne reconnoissons point de loi d'*attraction* en raison inverse des cubes des distances, contre l'avis de plusieurs Newtoniens qui se servent de cette loi pour expliquer la dureté. Nous croyons avoir expliqué cette qualité des corps d'une maniere très-physique, sans recourir à cette loi imaginaire. Cherchez *Dureté.*

5°. Nous reconnoissons encore moins des loix de *répulsion*, contre l'avis de Newton qui s'en sert pour expliquer les phénomenes de l'élasticité, de la réflexion, de la fluidité, des fermentations, &c. Il nous paroît que nous avons expliqué ces effets d'une maniere assez probable, sans être obligé de multiplier les loix de la nature. Cherchez *Répulsion. Elasticité. Réflexion. Fluidité. Fermentation.*

6°. Nous plaçons les corps célestes dans un vuide relatif, & nous faisons mouvoir autour du Soleil immobile les planetes principales & les cometes en vertu de deux forces, l'une de *projection* constante & uniforme, l'autre centripede en raison inverse des carrés des distances au centre. Les mêmes forces font mouvoir les planetes du second ordre autour de leurs planetes principales. Cherchez *Force. Mouvement. Copernic. Vuide.*

7°. Nous croyons que la lumiere se fait par *émission*, & nous soutenons que ce fluide est composé de sept rayons différemment réfrangibles & différemment réflexibles. C'est par leur différente réfrangibilité & leur différente réflexibilité que nous expliquons tout ce qui a rapport aux couleurs. Cherchez *Couleurs.*

8°. Nous reconnoissons dans la nature un fluide magnétique & un fluide électrique. Ce dernier ne nous paroît pas spécifiquement distingué du feu élémentaire. Cherchez *Aimant. Electricité. Feu.* Nous ne nous étendrons pas davantage sur le systeme de Physique que nous avons embrassé ; nous l'avons expliqué très-au long dans les Préfaces qui sont à la tête du premier volume.

SYSTEME DE LA NATURE. Ouvrage dans lequel, sous le spécieux prétexte de faire connoître les loix du Monde physique & celles du Monde moral, on présente le pur Athéïsme comme le fondement & la base du véritable systeme de l'univers. Cette monstrueuse production parut vers le milieu de l'année 1770, & tout de suite ce livre fut condamné à être brûlé dans presque tous les royaumes de l'Europe, & nommément en France, par arrêt du Parlement de Paris du 18 Août de la même année. L'Auteur, pour empêcher toute recherche & toute poursuite contre lui, fit paroître son ouvrage sous le nom de M. *Mirabeau*, Secrétaire perpétuel & l'un des quarante de l'Académie Françoise, mort à Paris, dix ans auparavant, à l'âge de 86 ans. Mais personne n'a été la dupe de cette méchanceté. Le style du Traducteur de la *Jérusalem délivrée* & du *Roland furieux* n'a aucune ressemblance avec le style de celui qui a imaginé cet inconcevable systeme. D'ailleurs M. *Mirabeau* n'avoit presqu'aucune connoissance en Physique, & j'ajoute, d'après M. *de Buffon*, qu'il n'avoit nul empressement de se faire valoir, nul penchant à parler de soi, nul desir ni apparent, ni caché de se mettre au-dessus des autres, c'est-à-dire, que son caractere étoit diamétralement opposé à celui de l'auteur du *Systeme de la Nature.*

Dans les éditions de notre Dictionnaire faites en 1773 & 1781, nous avons parlé de ce systeme, & nous nous sommes comme engagés avec le Public d'en donner la réfutation directe & suivie. Nous tenons exactement notre parole dans cette édition. Qu'on lise de suite nos articles *Nature*, *Ordre*, *Mouvement*, *Matiere*, *Regnes de la Nature*, *Homme*, *Faculté de sentir*, *Nécessité*, *Mythologie* & *Code de la Nature réparée*, nous sommes assurés qu'on y trouvera, avec cette réfutation, l'idée du véritable Systeme de la Nature, surtout si l'on prend la peine de lire nos articles *Dieu* & *Matérialisme*. Pour prouver à nos Lecteurs qu'il n'étoit rien de plus nécessaire & qu'il n'est rien de plus modéré que notre critique, nous allons leur mettre sous les yeux une très-petite partie des horreurs & des blasphemes que ce *Systeme* contient contre *Dieu*, contre le *Christianisme*, contre les *bonnes Mœurs* & contre les *Souverains*.

Contre Dieu.

» Ce fut dans le sein de l'ignorance, des alarmes & » des calamités, que les hommes ont toujours puisé leur » premiere notion sur la Divinité; & c'est toujours dans » l'atelier de la tristesse, que l'homme malheureux a » façonné le fantôme dont il a fait son Dieu. » *Partie* 2. *chap*. 1. *pag*. 11. *édit. in*-8°.

» L'homme dans son Dieu ne vit & ne verra jamais » qu'un homme; il a beau subtiliser; il a beau étendre » son pouvoir & ses perfections, il n'en fera jamais qu'un » homme gigantesque, exagéré, qu'il rendra chimérique » à force d'entasser sur lui des qualités incompatibles: il » ne verra jamais en Dieu qu'un être de l'espece hu» maine dont il s'efforcera d'agrandir les proportions » au point d'en faire un être totalement inconcevable. » *Partie* 2. *chap*. 2. *pag*. 40.

» Dire que Dieu est un être immatériel, infini, im» mense, inétendu, incompréhensible, &c. C'est com» biner des mots vagues & indéterminés. Voilà cepen» dant les matériaux dont la Théologie se sert pour com» poser le fantôme inexplicable devant lequel elle or» donne au genre humain de tomber à genoux. En » combinant ces mots vagues, on crut avoir fait un

» Dieu ; tandis qu'on ne fit qu'une chimere. » *Partie 2. chap. 3. pag. 58, 59.*

» Un monde où l'homme éprouve tant de maux, ne » peut être soumis à un Dieu parfaitement bon ; un » monde où l'homme éprouve tant de biens, ne peut » être soumis à un Dieu méchant. De-là deux principes » opposés. Ou le même Dieu est alternativement bon & » méchant, ou il faut avouer qu'il ne peut agir autre- » ment ; alors il est inutile de l'adorer & de le prier. » *Partie 2. Chap. 3. pag. 64.*

» Les hommes en tout pays ont adoré des Dieux bi- » zarres, injustes, sanguinaires, implacables, dont ils » n'oserent jamais examiner les droits. Ces Dieux furent » par-tout dissolus, cruels, partiaux. Ils ressemblerent à » ces tyrans effrénés qui se jouent impunément de leurs » sujets malheureux. C'est un Dieu de cet affreux ca- » ractere que, même aujourd'hui l'on nous fait adorer : » le Dieu des Chrétiens, comme ceux des Grecs & des » Romains, nous punit en ce monde & nous punira dans » l'autre, des fautes dont la nature qu'il nous a donnée, » nous a rendus susceptibles. Semblable à un Monarque » enivré de son pouvoir, il fait parade de sa puissance... » & la Théologie nous montre, dans tous les âges, » les mortels punis pour des fautes inévitables & » nécessaires, & comme les jouets infortunés d'un » Dieu tyrannique & méchant. » *Partie 2. chap. 2. pag. 50.*

» Les plus méchans des hommes ont servi de modeles » à Dieu, & le plus injuste des gouvernemens fut le mo- » dele de son administration divine. Malgré sa cruauté » & sa déraison, l'on ne cessa jamais de le dire très-juste » & rempli de sagesse. » *Même page.*

» Il vaudroit mille fois mieux dépendre de la matiere » aveugle, d'une nature privée d'intelligence, du ha- » sard ou du néant, d'un Dieu de priere ou de bois, » que d'un Dieu (l'Auteur parle du Dieu des Chré- » tiens) que l'on suppose tendre des pieges aux hom- » mes, les inviter à pécher, permettre qu'ils commet- » tent des crimes qu'il pourroit empêcher, afin d'avoir » le barbare plaisir de les en punir sans mesure, sans » utilité pour lui-même, sans correction pour eux-mê-

» mes ; sans que leur exemple puisse servir à corriger » les autres. » *Partie* 2. *chap.* 3. *pag.* 77.

L'impie Auteur du *Systeme de la Nature* conclut de ces blasphemes & d'une infinité d'autres que nous avons eu occasion de réfuter dans les articles énoncés ci-dessus, que l'impiété est une accusation vague & imaginaire; que le superstitieux mérite plutôt le nom d'Athée, que le Matérialiste ; qu'enfin l'Athéisme n'est pas un systeme dangereux pour la société.

CONTRE LE CHRISTIANISME.

» La Religion Chrétienne place dans le ciel les plus » inutiles & les plus méchans des hommes... Tels sont » *Constantin*, *St. Cyrille*, *St. Athanase*, *St. Dominique*, » tant d'autres brigands religieux & zélés persécuteurs » que l'Eglise révere. » *Partie* 1. *chap.* 13. *pag.* 271, 272.

» La Religion (Chrétienne) enivre les hommes, dès » l'enfance, de vanité, de fanatisme & de fureur, s'ils » ont une imagination échauffée : si au contraire ils sont » flegmatiques & lâches, elle en fait des hommes inutiles » à la société; s'ils ont de l'activité, elle en fait des frénétiques souvent aussi cruels pour eux-mêmes, qu'in» commodes pour les autres. » *Partie* 1. *chap.* 9. *pag.* 153.

» La Religion (Chrétienne) corrompt les Princes. » Tantôt elle leur dit qu'ils sont des Dieux ; tantôt elle » les transforme en des tyrans. » *Partie* 2. *chap.* 9. *pag.* 278.

» Le dogme insensé d'une vie future empêche les hom» mes de s'occuper de leur vrai bonheur, de songer à » perfectionner leurs institutions, leurs loix, leur mo» rale, leurs sciences... C'est une des erreurs les plus » fatales, dont le genre humain fut infecté. Ce dogme » a plongé les nations dans l'engourdissement & dans » l'indifférence, ou bien il les a précipitées dans un en» thousiasme furieux, qui les a portées à se déchirer » elles-mêmes pour mériter le ciel. » *Partie* 1. *chap.* 13. *pag.* 273, 274.

» La Religion n'est que l'art de semer & de nourrir » dans les ames des mortels des chimeres, des illusions, » des prestiges, des incertitudes, d'où naissent des pas» sions funestes pour eux-mêmes, ainsi que pour les au» tres. » *Partie* 1. *chap.* 17. *pag.* 359.

» L'enthousiaste a des espérances, le superstitieux a » des craintes, un cœur raffermi par la raison ne redoute » pas une mort qui détruira tout sentiment. » *Partie* 1. *chap.* 13. *pag.* 302.

» Mourir, c'est rentrer dans cet état d'insensibilité où » nous étions, avant de naître. » *Partie* 1. *chap.* 13. *pag.* 268.

» Bouchons nos oreilles aux cris inefficaces de la Re- » ligion, qui ne pourra jamais nous faire aimer une » vertu qu'elle rend hideuse & haïssable, & qui nous » rend réellement malheureux en ce monde dans l'attente » des chimeres qu'elle nous promet dans un autre. » *Partie* 1. *chap.* 17. *pag.* 369.

L'auteur du *Systeme de la Nature* est aussi déchaîné contre les bonnes mœurs, que contre le Christianisme & son Auteur.

CONTRE LES BONNES MŒURS.

» L'homme dans tous ses progrès, dans toutes les va- » riations qu'il éprouve, n'agit jamais que d'après les » loix propres à son organisation, & aux matieres dont » la nature l'a composé. » *Partie* 1. *chap.* 1. *pag.* 4.

» Les hommes ressemblent à des nageurs qui sont for- » cés de suivre le courant qui les emporte. » *Partie* 1. *chap.* 11. *pag.* 22[illegible]

» Il est injuste de demander à un homme d'être ver- » tueux, s'il ne peut l'être, sans se rendre malheureux ; » dès que le vice le rend heureux, il doit aimer le vice. » *Partie* 1. *chap.* 9. *pag.* 152.

» Le bonheur n'est que le plaisir continue. » *Partie* 1. *chap.* 15. *pag.* 312.

» La honte ou l'indigence, la perfidie de ses amis, » l'infidélité de sa femme, l'ingratitude de ses enfans, » une passion impossible à satisfaire, le chagrin, le re- » mords, la mélancolie, le désespoir, tout devient pour » l'homme un motif légitime de renoncer à la vie. Un » fer est le seul ami, le seul consolateur qui reste au » malheureux..... lorsque rien ne soutient plus l'amour » de son être, vivre est le plus grand des maux, & mou- » rir est un devoir pour qui veut se soustraire à la vie. » *Partie* 1. *chap.* 14. *pag.* 305, 30[illegible]

» Celui qui se tue, ne fait pas un outrage à la nature.... » Il suit l'impulsion de cette nature, en prenant la seule » voie qu'elle lui laisse pour sortir de ses peines. » *Partie* 1. *chap.* 14. *pag.* 310.

» En vain la loi crie à l'homme de s'abstenir du bien » d'autrui, ses besoins lui crient plus fort qu'il faut vi- » vre aux dépens de la société qui n'a rien fait pour » lui, & qui le condamne à gémir dans l'indigence & » dans la misere : privé souvent du nécessaire, il se » venge par des vols, des larcins, des assassinats...... Il » se permet de nuire à une patrie qui n'est qu'une ma- » râtre pour lui. » *Partie* 1. *chap.* 12. *pag.* 234.

» Si le Souverain de la nature est un être infini & » totalement différent de notre espece, & si l'homme » n'est à ses yeux qu'un ciron ou un peu de boue, il » est clair qu'il ne peut y avoir de rapports moraux entre » des êtres si peu analogues. » *Partie* 2. *chap.* 3. *pag.* 75.

» Les hommes n'ont pas plus de rapport avec Dieu, » que les pierres. » *Même page.* l'auteur du *Systeme de la Nature*, après avoir déclaré la guerre au Roi du ciel, attaque ainsi les Rois de la terre.

Contre les Souverains.

» Tout gouvernement n'empruntant son pouvoir que » de la société, & n'étant établi que pour son bien, il » est évident qu'elle peut révoquer son pouvoir, quand » son intérêt l'exige, changer la forme de son gouver- » nement, étendre ou limiter le pouvoir qu'elle a confié » à ses chefs sur lesquels elle conserve toujours une » autorité suprême. » *Partie* 1. *chap.* 9. *pag.* 142.

» Les chefs qui nuisent à la société perdent le droit de » leur commander. » *Même chap. page* 144.

» Les Souverains méconnoissant la vraie source de » leur pouvoir, ont prétendu le tenir du ciel, n'être » comptables qu'à lui de leurs actions.... en un mot être » des Dieux sur la terre. » *Même chap. pag.* 145.

» La crainte est le seul obstacle que la société puisse » opposer aux passions de son chef.... elle doit limiter » son pouvoir.... parce que le fardeau de l'administra- » tion est trop grand pour être porté par un seul » homme..... que l'étendue de son pouvoir rendra tou- » jours méchant. » *Même chap. pag.* 145, 146.

Voilà, nous le répétons, une très-petite partie des horreurs & des blasphemes que vomit contre *Dieu*, contre le *Christianisme*, contre les *bonnes mœurs* & contre les *Souverains* le séditieux Auteur du *Systeme de la Nature*. Si dans cette monstrueuse production il étoit possible de faire passer, pour autant de hors-d'œuvre, les indignes maximes que nous venons de rapporter, nous aurions encore droit d'en regarder l'Auteur comme le plus odieux & le plus méchant de tous les mortels; mais alors il nous resteroit à examiner si le fond de son systeme mérite d'être admis ou rejetté. Il n'en est pas ainsi; & ce qui doit nous faire frémir, c'est que toutes ces odieuses maximes en sont les conséquences les plus directes & les plus nécessaires. N'avons-nous pas donc été forcés de faire connoître, dans ce Dictionnaire, l'abus qu'il a fait de quelques connoissances superficielles qu'il a dans une science qu'il a voulu bouleverser de fond en comble, & de venger, par une réfutation suivie, les droits de la nature dégradée, de la Religion défigurée, des bonnes mœurs attaquées, de l'autorité méprisée par un Ecrivain sacrilége, la honte du siecle où nous vivons, & l'exécration des siecles à venir?

L'Auteur du Journal des Savans a donc eu raison d'avertir (Mars 1772, pag. 170 & suiv.) que le *Systeme de la Nature* fourmille d'absurdités & de contradictions; ne porte que sur des principes opposés à ceux que dictent la raison & le bon sens; que toutes les parties de ce systeme, assemblées comme malgré elles, se choquent, se heurtent & tendent par un effort mutuel à la destruction du composé monstrueux qu'elles forment.

Ajoutons avec le même Journaliste, que de tous les systemes qu'une imagination déréglée ait pu enfanter, c'est le plus insensé & le moins philosophique. En effet, *dit-il*, le propre du Philosophe, lorsqu'il ne parle qu'en Philosophe, est de ne rien assurer, rien avancer, qu'il ne conçoive par perception ou par sentiment. Or on défie ceux qui se donnent pour défenseurs de ce prétendu Systeme de la Nature, je ne dis pas de prouver, (la chose est impossible) mais même de concevoir la liaison des principes qu'ils entassent, pour servir de base à leur doctrine.

» Si malheureusement la postérité, *dit l'Auteur des*

» *Trois siecles de la Littérature françoise*, devoit juger
» de notre siecle, par l'idée qu'un tel livre est capable
» d'en donner, balanceroit-elle à croire que nous avons
» renchéri sur ce que les siecles barbares peuvent offrir
» de plus monstrueux? Que deviendroit le monde, si
» jamais les dogmes pervers d'une semblable philosophie
» venoient à être réduits en pratique? Une société de
» Philosophes formés à cette école, ne seroit-elle pas
» un vrai pays de Lestrigons, dont il seroit dangereux
» d'approcher? Ces Philosophes eux-mêmes ne se ver-
» roient-ils pas les premieres victimes de leur doctrine
» antropophage, pour peu qu'on s'avisât de s'y con-
» former? Car enfin qu'on parcoure l'histoire des peu-
» ples les plus sauvages; on y trouve au moins quelques
» étincelles d'instinct & de raison, conservées au milieu
» de la barbarie des mœurs & de la férocité du genre
» de vie. Dans le *Systeme de la Nature* tout s'altere, se
» brouille, s'éteint; la nature, en désordre, n'a plus
» rien qui rappelle à elle-même; tout ce qu'elle produit
» dans l'humanité devient sa honte & son ennemi. »

Telle est l'idée générale que tout homme raisonnable doit se former de l'ouvrage sur le *Systeme de la Nature*; tels sont les motifs qui nous ont engagé à exposer & à réfuter, dans les articles énoncés ci-dessus, les principales erreurs de Physique dont il est rempli, sur lesquelles même il est fondé. Dans la composition de ces *articles* qu'il faut nécessairement lire de suite, nous avons discuté les mêmes matieres que l'Auteur que nous attaquons; nous avons suivi, pour l'ordinaire, très-scrupuleusement sa marche; nous nous sommes même fait une loi inviolable de conserver, presque littéralement, tout ce qu'il y a de bon & de supportable dans son livre. Si nous nous sommes comportés de la sorte, c'est moins pour prouver que nous avons eu souvent le secret de tirer *aurum ex stercore Ennii*, que pour convaincre nos Lecteurs que ce n'est pas l'esprit de parti, mais la droite raison qui nous a conduit dans la réfutation de cet ouvrage.

Remarque. Nous n'avons pu & nous n'avons dû, dans ce Dictionnaire, réfuter que la partie physique du *Systeme de la Nature*. L'on en trouvera la réfutation complete dans l'ouvrage que nous avons donné au

Public en 1788. Il est en 2 *vol. in*-12; & il a pour titre: *Le véritable Système de la Nature*, ouvrage où l'on expose les loix du Monde physique & celles du Monde moral d'une maniere conforme à la Raison & à la Révélation. Voici le plan & l'analyse de cet ouvrage. 1°. Dans presque autant de Chapitres, & sous les mêmes titres qu'on trouve dans le nouveau code de nos Athées modernes, nous avons exposé les véritables loix du Monde physique & celles du Monde moral. Chacun de nos Chapitres est suivi d'une Note, & cette Note est pour l'ordinaire une véritable Dissertation physique ou morale; c'est dans ces sortes de Dissertations que nous avons réfuté ce qu'il y a de plus répréhensible dans le *Faux système de la Nature*.

La premiere partie de ce systeme est divisée en dix-sept Chapitres où l'on traite de la *Nature* & de ses *Loix*, de l'*Homme*, de l'*Ame* & de ses *Facultés*, du *Dogme* de l'*Immortalité* & du *Bonheur*. Nous avons discuté les mêmes matieres dans notre ouvrage, & nous avons suivi pour l'ordinaire très-scrupuleusement la marche de l'Auteur que nous réfutons. Voici cependant quelques légers changemens que nous avons cru devoir faire dans l'arrangement des matieres:

Le septieme Chapitre du *Faux Systeme de la Nature* est intitulé de l'*Ame* & du *Systeme de la Spiritualité*: L'Auteur auroit dû l'intituler: Du *Matérialisme*; tout son but est de prouver que l'existence des esprits est une fable & que la matiere est capable de produire la pensée. Pour procéder avec ordre dans une aussi importante discussion, nous n'avons établi la spiritualité de l'Ame raisonnable, qu'après avoir démontré qu'il est *métaphysiquement* impossible que la *Matiere* puisse *penser*, *vouloir* & meme *sentir*.

Dans le *Faux Systeme de la Nature* tout ce qui a rapport au tempérament, aux passions & à la société y est traité, pour ainsi dire, en passant, & dans des Chapitres où l'on parle directement de toute autre chose. Pour nous qui regardons ces trois points comme assez importans, pour en faire la matiere de trois Chapitres différens, nous n'avons fait qu'un Chapitre sur le *Bonheur*, au lieu de trois que l'on trouve sur ce sujet dans l'ouvrage en question.

L'Auteur du *Faux Syſteme de la Nature* n'a établi dans ſon Chapitre XII la néceſſité du *Fataliſme*, que parce qu'il s'eſt imaginé avoir détruit dans ſon Chapitre précédent l'exiſtence de la liberté de l'homme. Pour nous qui ſommes en état de démontrer de la maniere du monde la plus victorieuſe, que l'homme eſt parfaitement libre de faire le bien ou le mal moral, nous n'avons réfuté que dans une *Note* le dogme inſenſé de la fatalité. Voilà toute la différence qu'il y a, dans cette premiere Partie, entre notre marche & celle du prétendu *Mirabeau.*

2°. La ſeconde Partie du *Faux Syſteme de la Nature* eſt encore plus affreuſe que la premiere. C'eſt là que ſe trouve ce tas informe d'abſurdités, de contradictions, de maximes ſéditieuſes, de blaſphemes qui déshonorent le ſiecle où nous vivons; c'eſt-là ſurtout où notre frénétique Auteur s'eſt livré à des accès de rage contre le ſouverain Maître de l'univers & contre ceux qu'il a fait ſur la terre les dépoſitaires de ſon autorité; c'eſt-là qu'après avoir parlé de la *Divinité*, de ſon *Exiſtence* & de ſes *Attributs* de la maniere la plus fauſſe, la plus hardie & la plus impie, il a eu la témérité d'établir un *ſyſteme ſuivi* d'Athéiſme, & d'en tirer un code ſcandaleux qu'il préſente comme l'unique regle de conduite que doive ſuivre une créature raiſonnable. Comme cette ſeconde Partie eſt encore moins en ordre que la premiere, j'ai été obligé de faire de grands changemens dans l'arrangement des matieres.

Dans le Chapitre premier, par exemple, notre Auteur recherche l'origine de nos idées ſur la Divinité, & il renvoie aux Chapitres 4 & 5 l'examen des preuves ſur leſquelles eſt fondée l'exiſtence de l'Etre ſuprême. Cette marche n'eſt pas réguliere. Auſſi, dans notre Chapitre premier, avons-nous établi l'exiſtence de Dieu ſur les démonſtrations les plus lumineuſes & les plus inconteſtables, & dans la *Note* analogue à ce Chapitre avons-nous pulvériſé les objections qu'il propoſe contre cette exiſtence dans les Chapitres 4 & 5.

Son Chapitre ſecond eſt intitulé : *De la Mythologie & de la Théologie.* Nous avons traité ces deux ſujets dans deux Chapitres différens. Le ſecond Chapitre de notre ſeconde Partie eſt donc ſur *l'Origine de la Mythologie*, & la *Note* analogue à ce Chapitre contient la réfutation de tout ce qu'a avancé notre Auteur sur l'origine des Dieux du paganisme. Notre troisieme Chapitre est sur la Théologie, & dans la longue *Note* qui le suit nous nous sommes occupés à réfuter tout ce qu'il dit contre cette science dans ses Chapitres 3, 6, 7, 8, 9 & 10; ces six Chapitres disent dans le fond la même chose sous cent manieres différentes.

Les Chapitres 11, 12 & 13 du *Faux Systeme de la Nature* sont sur l'*Athéisme*. Notre Chapitre 4 & la Note qui le suit, sont sur la même matiere; mais ils n'ont rien de commun que le titre.

Enfin notre dernier Chapitre, comme celui de notre Auteur, contient le *Code de la Nature*. Les préceptes que nous donnons au Lecteur dans celui que nous lui proposons comme la regle de ses mœurs & de sa conduite, sont fondés sur les Principes les plus vrais, les plus raisonnables & les plus religieux; bien différens par-là même de ceux que n'a pas honte d'admettre le prétendu *Mirabeau* : ce sont les principes les plus faux, les plus déraisonnables, les plus impies & les plus séditieux.

Tel est le plan de notre ouvrage sur le véritable Systeme de la Nature.

OBSERVATION INTÉRESSANTE.

Ce n'est pas seulement dans les livres Orthodoxes qu'on parle du *Systeme de la Nature*, à-peu-près comme nous venons de le faire dans cet *article*; c'est encore dans les ouvrages les plus dangereux, qu'on en donne une pareille idée. Ecoutons M. *de Voltaire*, & sachons lui gré de ce qu'il a écrit, dans ses *questions sur l'Encyclopédie* à l'article *Dieu*, pag. 201 & *suivantes* de la *quatrieme partie*, contre l'auteur du *Systeme de la Nature*.

Pour le fond des choses, *dit-il*, il faut s'en défier très-souvent en Physique & en Morale. Il s'agit ici de l'interêt du genre humain. Examinons donc si sa doctrine est vraie & utile.

L'ordre & le désordre n'existent point, &c. premiere partie, pag. 60.

Quoi! en Physique un enfant né aveugle ou privé de

de ſes jambes ; un monſtre n'eſt pas contraire à la nature de l'eſpece ? N'eſt-ce pas la régularité ordinaire de la nature qui fait l'ordre, & l'irrégularité, qui fait le déſordre ? &c.

L'aſſaſſinat de ſon ami, de ſon frere, n'eſt-il pas un déſordre horrible en morale ? Ce crime a ſa cauſe dans des paſſions, mais le fait eſt exécrable ; la cauſe eſt fatale ; ce déſordre fait frémir.

L'expérience prouve que les matieres que nous regardons comme inertes & mortes prennent de l'action, de l'intelligence, de la vie, quand elles ſont combinées d'une certaine façon. Pag. 69.

C'eſt-là préciſément la difficulté. Comment un germe parvient-il à la vie ? L'Auteur & le Lecteur n'en ſavent rien. Dès-là les deux volumes du *ſyſteme*, ne ſont-ils pas des rêves ?

Il faudroit définir la vie, & c'eſt ce que j'eſtime impoſſible. Pag. 78.

Cette définition n'eſt-elle pas très-aiſée, très-commune ? La vie n'eſt-elle pas organiſation avec ſentiment ? Mais de ſavoir ſi vous tenez ces deux propriétés du mouvement ſeul de la matiere, c'eſt ce dont il eſt impoſſible de donner une preuve : & ſi on ne peut le prouver, pourquoi l'affirmer ? Pourquoi dire tout haut ; *je ſais*, quand on ſe dit tout bas, *j'ignore*.

L'on demandera ce que c'eſt que l'homme, &c. Pag. 80.

Cet article n'eſt pas aſſurément plus clair que les plus obſcurs de *Spinoſa*, & bien des Lecteurs s'indigneront de ce ton ſi déciſif que l'on prend ſans rien expliquer.

La matiere eſt éternelle & néceſſaire, mais ſes formes & ſes combinaiſons ſont paſſageres & contingentes, &c. Pag. 82.

Il eſt difficile de comprendre comment, la matiere étant néceſſaire, & aucun être libre n'exiſtant, ſelon l'Auteur, il y auroit quelque choſe de contingent. On entend par contingence ce qui peut être & n'être pas. Mais tout devant être d'une néceſſité abſolue, toute maniere d'être qu'il appelle ici mal à propos *contingent*, eſt d'une néceſſité auſſi abſolue que l'être même. C'eſt-là où l'on ſe trouve encore plongé dans un labyrinthe où l'on ne voit point d'iſſue.

Lorſqu'on oſe aſſurer qu'il n'y a point de Dieu ; que la matiere agit par elle-même par une néceſſité éternelle ;

il faut le démontrer comme une proposition d'*Euclide*; sans quoi vous n'appuyez votre systeme que sur un peut-être. Quel fondement pour la chose qui intéresse le plus le genre humain !

Si l'homme, d'après sa nature, est forcé d'aimer son bien-être, il est forcé d'en aimer les moyens. Il seroit inutile, & peut-être injuste de demander à un homme d'être vertueux, s'il ne peut l'être, sans se rendre malheureux. Dès que le vice le rend heureux, il doit aimer le vice. P. 152.

Cette maxime est encore plus exécrable en Morale, que les autres ne sont fausses en Physique. Quand il seroit vrai qu'un homme ne pourroit être vertueux sans souffrir, il faudroit l'encourager à l'être. La proposition de l'Auteur seroit visiblement la ruine de la société. D'ailleurs, comment saura-t-il qu'on ne peut être heureux, sans avoir des vices ? N'est-il pas au contraire prouvé par l'expérience, que la satisfaction de les avoir domptés est cent fois plus grande, que le plaisir d'y avoir succombé ; plaisir toujours empoisonné, plaisir qui mene au malheur. On acquiert, en domptant ses vices, la tranquillité, le témoignage consolant de sa conscience ; on perd, en s'y livrant, son repos, sa santé ; on risque tout. L'Auteur lui-même en cent endroits veut qu'on sacrifie tout à la vertu. Qu'est-ce donc qu'un systeme rempli de ces contradictions ?

Ceux qui rejettent avec tant de raison les idées innées, auroient dû sentir que cette intelligence ineffable que l'on place au gouvernail du monde, & dont nos sens ne peuvent constater ni l'existence ni les qualités, est un être de raison. Pag. 167.

En vérité, de ce que nous n'avons point d'idées innées, comment s'ensuit-il qu'il n'y a point de Dieu ? Cette conséquence n'est-elle pas absurde ? Y a-t-il quelque contradiction à dire que Dieu nous donne des idées par nos sens ? N'est-il pas au contraire de la plus grande évidence que, s'il est un Etre Tout-puissant dont nous tenons la vie, nous lui devons nos idées & nos sens, comme tout le reste ? Il faudroit avoir prouvé auparavant que Dieu n'existe pas ; & c'est ce que l'Auteur n'a point fait. *Ajoutons*, ce que personne ne fera jamais.

M. *de Voltaire* en vient ensuite au fondement du livre, à l'erreur étonnante sur laquelle il a élevé son systeme.

En humectant de la farine avec de l'eau, & en renfermant ce mélange, on trouve au bout de quelque tems à l'aide du microscope, qu'il a produit des êtres organisés dont on croyoit la farine & l'eau incapables. C'est ainsi que la nature inanimée peut passer à la vie, qui n'est elle-même qu'un assemblage de mouvemens. Premiere partie, pag. 23.

Quand cette sottise inouie seroit vraie, je ne vois pas, à raisonner rigoureusement, qu'elle prouvât qu'il n'y a point de Dieu; car il se pourroit très-bien qu'il y eût un Etre suprême, intelligent & puissant, qui ayant formé le soleil & tous les astres, daigna former aussi des animalcules sans germe. Il n'y a point là de contradiction dans les termes. Il faudroit chercher ailleurs une preuve démonstrative que Dieu n'existe pas, & c'est ce qu'assurément personne n'a trouvé ni ne trouvera.

L'Auteur traite avec mépris les causes finales, parce que c'est un argument rebattu. Mais cet argument si méprisé est de *Ciceron* & de *Newton*. Il pourroit par cela seul faire entrer les Athées en quelque défiance d'eux-mêmes. Le nombre est assez grand des sages qui, en observant le cours des astres, & l'art prodigieux qui regne dans la structure des animaux & des végétaux reconnoissent une main puissante qui opere ces continuelles merveilles.

L'Auteur prétend que la matiere aveugle & sans choix produit des animaux intelligens. Produire sans intelligence des êtres qui en ont, cela est-il concevable? Ce systeme est-il appuyé sur la moindre vraisemblance? Une opinion si contradictoire exigeroit des preuves aussi étonnantes qu'elle-même. L'Auteur n'en donne aucune; il ne prouve jamais rien, & il affirme tout ce qu'il avance. Quel chaos, quelle confusion, mais quelle témerité!

Spinosa du moins avouoit une intelligence agissante dans ce grand *Tout*, qui constituoit la nature; il y avoit de la Philosophie. Mais je suis forcé de dire que je n'en trouve aucune dans le nouveau systeme.

La matiere est étendue, solide, gravitante, divisible; j'ai tout cela aussi-bien que cette pierre. Mais a-t-on jamais vu une pierre sentante & pensante ? Si je suis étendu, solide, divisible, je le dois à la matiere. Mais j'ai sensations & pensées ; à qui le dois-je ? Ce n'est pas à de l'eau, à de la fange ; il est vraisemblable que c'est à quelque chose de plus puissant que moi. C'est à la combinaison seule des élémens, me dites-vous. Prouvez-le moi donc, faites-moi donc voir nettement qu'une cause intelligente ne peut m'avoir donné l'intelligence. Voilà où vous êtes réduit.

L'Auteur demande où réside Dieu ; & de ce que personne, sans être infini, ne peut dire où il réside, il conclut qu'il n'existe pas. Cela n'est pas philosophique. Car de ce que nous ne pouvons dire où est la cause d'un effet, nous ne devons pas conclure qu'il n'y a point de cause. Si vous n'aviez jamais vu de canonnier, & que vous vissiez l'effet d'une batterie de canon, vous ne devriez pas dire, elle agit toute seule par sa propre vertu ? Ne tient-il donc qu'à dire, il n'y a point de Dieu, pour qu'on vous en croie sur votre parole ?

Enfin sa grande objection est dans les malheurs & dans les crimes du genre humain. Objection ancienne, objection commune, à laquelle on ne trouve de réponse que dans l'espérance d'une vie meilleure. Et quelle est encore cette espérance ? Nous n'en pouvons avoir aucune certitude par la raison. Mais j'ose dire que quand il est prouvé qu'un vaste édifice, construit avec le plus grand art, est bâti par un Architecte quel qu'il soit, nous devons croire à cet Architecte. *Ainsi parle M. de Voltaire.*

Qu'on ne conclue pas de-là cependant que le recueil de ses *questions sur l'Encyclopédie* forme un bon ouvrage ; ce seroit le plus dangereux, le plus mauvais qui ait encore paru, si le *Systeme de la Nature* n'avoit jamais vu le jour ; nous l'avons prouvé dans l'ouvrage dont nous avons fait l'analyse. M. *de Voltaire* ne pense que trop souvent comme l'Auteur qu'il vient de réfuter ; je n'en rapporterai ici qu'un seul exemple.

L'Auteur du *Systeme de la Nature* a dit en parlant de la liberté de l'homme : » la volonté est une modifi-
» cation dans le cerveau, par laquelle il est disposé à
» l'action, ou préparé à mettre en jeu les organes qu'il
» peut mouvoir. Cette volonté est nécessairement déter-
» minée par la qualité bonne ou mauvaise, agréable ou

» désagréable de l'objet ou du motif qui agit sur nos » sens, ou dont l'idée nous reste & nous est fournie » par la mémoire. En conséquence, nous agissons nécessairement, notre action est une suite de l'impulsion » que nous avons reçue de ce motif, de cet objet ou » de cette idée qui ont modifié notre cerveau ou disposé notre volonté ; lorsque nous n'agissons point, » c'est qu'il survient quelque nouvelle cause, quelque » nouveau motif, quelque nouvelle idée qui modifie » notre cerveau d'une maniere différente, qui lui donne » une nouvelle impulsion, une nouvelle volonté, d'après » laquelle ou elle agit, ou son action est suspendue. » *Partie premiere*, *pag*. 189.

Ecoutons maintenant M. *de Voltaire*, écrivant sur la même matiere : » De tout ce qu'on a écrit en France » sur la liberté, le petit dialogue suivant est ce qui m'a » paru le plus net.

» A. Voilà une batterie de canons qui tire à nos oreil» les ; avez-vous la liberté de l'entendre ou de ne l'en» tendre pas ?

» B. Sans doute, je ne peux pas m'empêcher de l'entendre.

» A. Voulez-vous que ce canon emporte votre tête, » & celles de votre femme & de votre fille qui se pro» menent avec vous ?

B. Quelle proposition me faites-vous-là ? Je ne peux » pas, tant que je suis de sens rassis, vouloir chose pa» reille, cela m'est impossible.

» A. Bon ; vous entendez nécessairement ce canon, » & vous voulez nécessairement ne pas mourir, vous & » votre famille d'un coup de canon à la promenade ; » vous n'avez ni le pouvoir de ne pas entendre, ni le » pouvoir de vouloir rester ici.

» B. Cela est clair.

» A. Vous avez en conséquence fait une trentaine de » pas, pour être à l'abri du canon ; vous avez eu le » pouvoir de marcher avec moi ce peu de pas ?

» B. Cela est encore très-clair.

» A. Et si vous aviez été paralytique, vous n'auriez » pu éviter d'être exposé à cette batterie ; vous n'au» riez pas eu le pouvoir d'être où vous êtes ; vous au» riez nécessairement entendu & reçu un coup de ca» non ; & vous seriez mort nécessairement ?

» B. Rien n'est plus véritable.

» A. En quoi consiste donc votre liberté, si ce n'est » dans le pouvoir que votre individu a exercé de faire » ce que votre volonté exigeoit d'une nécessité absolue ?

» B. Vous m'embarrassez ; la liberté n'est donc autre » chose que le pouvoir de faire ce que je veux ?

» A. Réfléchissez-y, & voyez si sa liberté peut être » entendue autrement ?

» B. En ce cas, mon chien de chasse est aussi libre » que moi ; il a nécessairement la volonté de courir » quand il voit un lievre, & le pouvoir de courir, » s'il n'a pas mal aux jambes. Je n'ai donc rien au-dessus » de mon chien ; vous me réduisez à l'état des bêtes ?

» A. Voilà les pauvres sophismes des pauvres sophis- » tes qui vous ont instruit. Vous voilà bien malade » d'être libre, comme votre chien ! Ne mangez-vous » pas, ne dormez-vous pas comme lui ? Voudriez-vous » avoir l'odorat autrement que par le nez ? Pourquoi » voudriez-vous avoir la liberté autrement que votre » chien ?

» B. Mais j'ai une ame qui raisonne beaucoup, & » mon chien ne raisonne guere. Il n'a presque que » des idées simples, & moi j'ai mille idées métaphy- » siques.

» A. Eh bien, vous êtes mille fois plus libre que lui ; » c'est-à-dire, vous avez mille fois plus de pouvoir de » penser que lui, mais vous n'êtes pas libre autrement » que lui. » *Septieme partie, pag. 224.*

Il y a, *dans les questions sur l'Encyclopédie*, d'aussi belles choses sur la Physique, que sur la Morale ; aussi n'avons-nous pas cru devoir accorder à leur Auteur, dans ce Dictionnaire, une place parmi les Physiciens que la mort nous a enlevés. Nous lui avons assigné celle qu'il mérite à tant de titres dans notre ouvrage sur le véritable Systeme de la Nature.

SYSTOLE. Le mouvement de systole est un mouvement de contraction, comme nous l'avons expliqué dans l'article du *Cœur*. Nous avons tâché d'apporter la cause physique, non-seulement du mouvement de *Systole*, mais celle encore du mouvement de *Diastole*.

T

TABAC. C'eſt une plante qui nous eſt venue de l'Iſle de Tabaco, dans l'Amérique ſeptentrionale; on la cultive maintenant dans toute l'Europe. La tige du tabac eſt aſſez haute ; elle a quelquefois un pouce de diametre, moins pour l'ordinaire ; elle eſt velue, remplie de moelle blanche ; ſa feuille eſt auſſi grande que celle de l'Enule campane, & à-peu-près de la même figure ; elle eſt un peu velue ; ſa fleur eſt longue, de couleur purpurine; ſa ſemence eſt petite & rougeâtre ; ſa racine eſt fibreuſe, blanche & d'un goût fort âcre ; toute la plante a une odeur forte ; elle croît dans les terres graſſes & aérées ; elle contient de l'huile en partie exaltée, & beaucoup de ſel fort âcre. Le tabac pris en fumée ou par les narines décharge fort le cerveau. L'on ſuppoſe qu'on en prend modérément; M. Lémeri nous aſſure que l'on s'expoſe, en en prenant trop, à avoir des accidens d'apoplexie.

TACHES. Les Aſtronomes ont découvert des taches non-ſeulement dans les Planetes, mais encore dans le Soleil. La nature des premieres ne les embarraſſe pas; ils conviennent tous que ce ſont des parties de la ſurface de la planete moins capables de renvoyer la lumiere, comme ſeroient des mers, des forêts, &c. Ainſi parle M. l'Abbé de la Caille dans ſes élémens d'Aſtronomie, pag. 41. En effet, *continue-t-il*, il eſt facile de concevoir que la terre vue de loin, doit paroître couverte de taches diſpoſées de la même façon que les parties du monde ſont deſſinées ſur le globe terreſtre ; que les mers abſorbant preſque toute la lumiere, doivent paroître comme de grandes plages obſcures ; les petites iſles ou rochers nus qui y ſont, comme des points brillans ; les grands continens, comme de grands eſpaces clairs, parſemés de lieux obſcurs, & de points plus lumineux que les autres. Car les terres cultivées, entrecoupées de lacs & couvertes de forêts, doivent réfléchir peu de lumiere ; & les terres blanches, les montagnes élevées, arides & preſque toujours couvertes de neige, doivent en réfléchir beaucoup. D'ailleurs, quand on conſidere la lune avec une bonne lunette de 12 à 15 pieds, on y distingue facilement des fonds & des montagnes ; ce qui fait juger avec beaucoup de vraisemblance, que les Planetes sont des lieux habités, ou du moins habitables comme la terre.

Pour les taches du Soleil, on est obligé d'avouer qu'on n'en connoît pas encore la nature. M. de la Hire soupçonne dans l'hypothese qu'il proposa en l'année 1686, & que l'on trouve dans le tome 10e. des Mémoires de l'Académie des Sciences, *pag.* 708, que le Soleil, composé d'une matiere fluide & lumineuse, renferme dans son sein des corps d'une autre matiere solide, fort irréguliere, qui nagent dans la substance même de cet astre.

Quoi qu'il en soit de la nature de ces sortes de taches ; il est sûr qu'elles nous ont démontré que le Soleil & les planetes ont un mouvement de rotation sur leur axe. Celui du Soleil se fait en 25 jours & demi d'Occident en Orient, comme le remarqua en 1611 le Pere Scheiner, Jesuite, lorsqu'il eut fait la découverte des taches de cet astre.

Voici l'histoire de cette belle observation ; elle est tirée du chapitre second, du livre premier de l'ouvrage que cet Astronome donna au public en 1630, & qu'il intitula : *Rosa ursina sive Sol ex admirando Facularum & Macularum suarum phœnomeno varius, nec non circà centrum suum mobilis ostensus.* J'enseignois, dit-il, les Mathématiques dans la célebre Université d'Ingolstad, & lorsque le tems me le permettoit, je m'occupois à observer le Soleil, en prenant toutes les précautions nécessaires, pour que l'éclat de sa lumiere ne m'incommodât pas. Au mois de Mars de l'année 1611, je montai à la Tour de notre Eglise, & j'observai sur le Disque du Soleil des taches de différente grandeur, de différente figure, & en assez grand nombre. La même observation repétée au mois d'Octobre de la même année, me donna le même phénomene. J'aurois dû faire plusieurs autres observations, avant que de parler à personne de ma découverte ; mais je ne gardai pas assez bien le secret, & j'ai couru risque de ne passer 19 ans après, que pour un Plagiaire. La défense que j'avois de mes Supérieurs de donner au public aucun écrit sur cette matiere, de peur d'être obligé de me rétracter dans la suite, après avoir avancé des choses contraires aux assertions de la saine Philosophie ; a donné le tems à plusieurs personnes d'écrire avant moi sur les taches du Soleil, *Sed cùm res hæc non tantùm nova & difficilis, verùm etiam Philosophicis opinionibus in multis dissentanea animadverteretur ; ne quid præproperè aut inconsultò, ab aliquo tunc in eâdem Academiâ Professore in lucem emitteretur, cujus deindè retractatio difficilis atque indecora eveniret ; censuerunt Superiores mei procedendum esse cautè & pedetentim, donec & phænomenum, ipsâ aliorum quoque experientiâ accedente, corroboraretur, neque à tritis Philosophorum semitis, sine evidentiâ contrariâ recedendum.*

Une pareille défense ne découragea pas le P. Scheiner. Il fit pendant plusieurs années des observations sur les taches du Soleil ; il rassembla toutes ses observations, il les compara les unes d'avec les autres ; il inventa des formules pour déterminer les taches du Soleil ; & il en trouva certaines égales à l'Europe ; d'autres égales à l'Asie ; quelques-unes plus grandes que l'Afrique ; quelques-unes enfin beaucoup plus grandes que la terre. L'on trouve toutes ces belles choses dans le livre que nous avons déjà cité, & qu'il eut enfin permission de donner au public en l'année 1626. L'impression de cet ouvrage ne fut finie que 4 ans après.

TACQUET, (André) *naquit à Anvers en l'année 1611.* A l'âge de 18 ans, il entra dans la Compagnie de Jesus qui le regarda toujours comme un des plus grands Mathématiciens qu'elle eût élevé dans son sein. Sa Géométrie, ses livres d'Optique, son Astronomie & plusieurs autres traités dont on trouvera la liste à la fin de cet éloge, forment un recueil des plus savans & des plus précieux. Dans son Astronomie le P. Tacquet paroît avoir examiné avec beaucoup de soin les loix de la saine Physique. Ce fut après cet examen qu'il avança, *pag.* 323 & *suivantes*, 1°. Que dans l'hypothese de Copernic on explique beaucoup mieux & d'une maniere plus simple les phénomenes célestes que dans toute autre hypothese : 2°. Que toutes les prétendues démonstrations qu'on a apportées contre le mouvement de la terre, sont de vrais Paralogismes. Il ne paroît pas si bon Physicien dans l'article des Cometes. Il les regarde comme des taches qui se sont échappées du sein du Soleil. C'est pour cela sans doute, *dit-il*, qu'en l'année 1618 où il parut trois Cometes, l'on n'observa aucune tache sur le disque de cet astre. *Materia porrò ipsa ex quâ Cometarum tam capita quàm caudæ coalescunt, videntur esse quædam solis, & fortè etiam planetarum profluvia. Ex sole enim, quasi è fornace quâdam immensâ, maculas illas notissimas ac faculas ebullire satis arbitror à Scheneiro nostro in* Rosâ Ursinâ *ostensum fuisse: & quidem anno* 1618 *quo tres Cometæ sunt visi, nullæ circà solem maculæ apparuere*, page 340. Il est vrai que le P. Tacquet ne donne cette hypothese que comme une conjecture sur laquelle il craint même de s'être trop étendu. *Sed jam conjecturarum satis. Me tædet mathematicis ratiociniis assuetum conjecturis referendis excutiendisque immorari.* Il mourut à Anvers de Phthisie le 23 Décembre 1660, à l'âge de 49 ans. Il est étonnant que pendant une vie si courte, & avec une santé aussi délabrée que la sienne, il ait composé un si grand nombre de bons ouvrages. En voici la liste.

1°. *Cylindricorum & Annularium libri* 4, *unà cum Dissertatione physico-mathematicâ de circularium volutatione per planum.* in-fol.

2°. *Elementa Geometriæ planæ ac solidæ, quibus accedunt selecta ex Archimede theoremata.* in-8°.

3°. *Arithmeticæ Theoria & Praxis accuratè demonstrata.* in-8°.

4°. *Cylindricorum & Annularium Libri* 5. in-4°.

5°. *Astronomiæ Libri* 8; *Geometriæ practicæ Libri tres; Opticæ Libri tres; Catoptricæ Libri tres. Architecturæ militaris Liber unus.* in folio.

TACT. Sous l'épiderme se trouve une membrane percée d'une infinité de petits trous; cette membrane est appellée par les Anatomistes, la *peau*. Les nerfs du corps se divisent en une infinité de filamens presque insensibles qui traversent les trous de la peau, & qui s'élevent jusqu'à l'épiderme. Ce sont ces extrémités des nerfs faites en forme de petites *houpes*, que Malpighi regarde comme l'organe du tact. Il a raison; les objets sensibles ne peuvent pas faire impression sur le corps, sans agiter les *houpes nerveuses* placées entre l'épiderme & la peau: ces houpes nerveuses ne peuvent pas être remuées, sans que les esprits vitaux contenus dans les nerfs, & sans que les nerfs eux-mêmes qui communiquent avec le *centre ovale*, le vrai siége de l'ame, soient agités: en faut-il davantage pour nous engager à regarder ces *houpes nerveuses* comme l'organe du tact. L'objet de ce sens externe sont les corps durs, mols, élastiques, froids, chauds, &c. Nous en avons parlé dans leurs articles relatifs.

TANGENTE. La tangente d'un cercle est une ligne qui étant prolongée, même des deux côtés, touche le cercle sans le couper. Toute tangente est perpendiculaire à son diametre correspondant. Cherchez *Géométrie*.

TÉLESCOPE. Le Télescope de Newton corrigé par Grégory, est un instrument qui appartient en même-tems à la Catoptrique & à la Dioptrique ; aussi l'appelle-t-on *Télescope cata-dioptrique* ; nous supposons que ceux qui voudront en comprendre le mécanisme, ont présens à l'esprit les principes qui regardent ces deux sciences. Ce Télescope représenté par la *Fig.* 17, de la *Pl.* 1, est composé 1°. D'un gros tuyau DDDD. 2°. Au fond de ce tuyau se trouve placé un grand miroir concave de métal CE, percé au milieu. 3°. Vers l'autre bout du tuyau l'on voit un petit miroir de métal GK mobile, plus concave que le miroir CE, & dont le diametre est un peu plus grand que celui du trou qui est au milieu de ce même miroir CE. 4°. L'on adapte à ce trou un petit tuyau qui porte le verre plan-convexe MN, & le verre convexo-convexe OP, & l'on a un Télescope qui représente les objets éloignés plus gros, plus distincts & dans leur situation naturelle. En voici la preuve.

1°. L'objet AB que l'on regarde avec cet instrument, est vu par le moyen de deux miroirs concaves, & de deux verres dont l'un est plan-convexe, & l'autre convexo-convexe ; donc, suivant tous les principes que nous avons établis dans notre Captotrique & notre Dioptrique, l'objet AB doit paroître plus gros & plus distinct qu'à la vue simple.

2°. Pour comprendre que l'objet AB doit être vu dans sa situation naturelle, examinons quelle est la marche des rayons de lumiere. Comme l'objet AB est supposé fort éloigné, les rayons AE, Ae, & BC, Bc, après s'être croisés avant que d'entrer dans le Télescope, tombent comme paralleles sur le miroir CE ; de la surface de ce miroir ils sont réfléchis au foyer FF, où ils vont se réunir pour peindre l'objet AB renversé ; du foyer FF ces mêmes rayons tombent divergens sur la surface du miroir GK, après s'être croisés en chemin ; de la surface du miroir GK, ils sont réfléchis paralleles sur le verre plan-convexe MN qui les rassemble au foyer ff où ils peignent l'objet AB redressé ; enfin du foyer ff ces mêmes rayons tombent divergens sur le verre convexo-convexe op, d'où ils sortent pour entrer dans l'œil, après avoir perdu une grande partie de leur divergence ; donc le Télescope de Newton, corrigé par Grégory, doit représenter les objets plus gros, plus distincts & dans leur situation naturelle.

REMARQUES.

Remarquez, 1°. Que lorsque nous avons dit, que les rayons AE, Ae, BC, Bc, tomboient comme paralleles sur le miroir CE, nous n'avons pas prétendu dire, que le rayon AE fût parallele au rayon BC; nous avons seulement voulu dire, que dans le Télescope le rayon AE étoit sensiblement parallele au rayon Ae, de même que le rayon BC au rayon Bc.

2°. Qu'avec une tige de métal on peut approcher le petit miroir GK du grand miroir CE ; tourne-t-on la vis en dehors ? on approche le petit miroir du grand ; la tourne-t-on en-dedans ? on l'éloigne.

3°. Que pour voir distinctement les objets qui ne sont pas à une grande distance, il faut éloigner le petit miroir du grand, parce que plus un objet est près d'un miroir concave, & plus tard les rayons qu'il envoie sur la surface de ce miroir sont réunis, après avoir été réfléchis par cette même surface. Je n'en suis pas surpris ; un objet éloigné envoie des rayons de lumiere sensiblement paralleles, & un objet peu éloigné envoie des rayons de lumiere sensiblement divergens ; or des rayons divergens doivent être réunis plus tard que des rayons paralleles ; donc afin que les foyers des deux miroirs puissent tomber à-peu-près au même endroit, il faut éloigner le petit miroir du grand, lorsque l'on veut voir distinctement les objets qui ne sont pas à une grande distance.

4°. Que lorsque les Myopes se servent du Télescope de Newton, ils doivent approcher le petit miroir du grand ; en voici la raison : l'image peinte aux points FF se trouve alors bien au-dessous du foyer du miroir GK : donc suivant les principes que nous avons établis dans notre Catoptrique, les rayons envoyés par cette image doivent diverger, après qu'ils ont été réfléchis par la surface GK ; donc plus on est Myope, & plus on doit approcher le petit miroir du grand ; puisque le défaut du cristallin des Myopes est de rendre trop convergens les rayons de lumiere, comme nous l'avons vu dans l'article qui les regarde. Par une raison contraire les Presbytes doivent éloigner le petit miroir du grand.

5°. Que ceux qui voudroient tenter de construire eux-mêmes un Télescope de Newton, trouveront dans l'Optique de M. l'Abbé de la Caille, *page* 117, une table dans laquelle on détermine les dimensions qu'on peut donner aux parties de ce Télescope pour faire un bon effet. Nous l'avons rapportée dans ce Dictionnaire à l'article qui commence par les mots *lunette cata-dioptrique*.

TEMPÉRAMENT. Etat habituel où se trouvent les solides & les liquides dans le corps humain. Les tempéramens varient en raison des élémens ou matieres qui dominent dans chaque individu, & des différentes combinaisons ou modifications que ces matieres diverses éprouvent dans sa machine. C'est ainsi que chez les uns le sang abonde, la bile dans les autres, le flegme dans quelques-uns, dans quelques autres les humeurs sont trop épaissies. De-là la célebre division des tempéramens en *sanguin*, *bilieux*, *flegmatique* & *mélancolique*.

Les marques d'un tempérament sanguin sont de larges veines bleues, presque continuellement tendues, un teint couleur de rose, des chairs molles, des nerfs souples & flexibles, une grande facilité au mouvement, &c.

Les personnes d'un tempérament bilieux sont maigres ; elles ont la couleur brune, tirant un peu sur le jaune ; leur pouls est grand & prompt, &c.

Un corps blanc & gras, une peau lisse & polie, des veines étroites & profondes annoncent un tempérament flegmatique ou pituiteux.

Enfin un air sombre, une couleur tirant sur le noir, une maigreur excessive, voilà les marques d'un tempérament mélancolique. Les personnes d'un tempérament sanguin doivent s'abstenir de tout ce qui est échauffant & irritant ; elles doivent par conséquent ne boire, ni vin pur, ni liqueurs spiritueuses ; les ragoûts qui contiennent des huiles brûlées, des aromates ou trop de sel leur sont nuisibles ; il en est de même des fruits récens, du pain qui ne seroit pas bien cuit, ou dont ils mangeroient en trop grande quantité, &c. Les mets qui leur conviennent le plus, sont les viandes des animaux qui vivent d'herbes & de graines, les herbes potageres ; leur boisson doit être le vin coupé avec l'eau ; on doit aussi leur conseiller l'exercice à cheval, pris cependant avec beaucoup de modération.

Ce qui est contraire au tempérament sanguin l'est au tempérament bilieux. L'on doit ordonner aux personnes chez qui la bile abonde, d'humecter leur corps, surtout pendant l'été, de ne s'adonner à aucune passion vive, & de ne pas prendre une nourriture trop légere, lorsqu'elles sont obligées de faire de l'exercice. La vie sédentaire leur est très-nuisible, il leur faut de la dissipation, & une occupation pour l'ordinaire fatigante, sans être cependant accablante pour le corps.

La base de la nourriture des personnes flegmatiques doit être le pain cuit deux fois, ou du moins bien fermenté ; le bœuf, le mouton & la volaille ; elles doivent aussi faire usage des plantes dont les sels portent aux urines. Leur boisson ne doit pas être abondante ; elles peuvent de tems en tems boire du vin pur & des liqueurs fermentées. La diete & l'exercice leur sont extrêmement utiles. Il faut leur interdire les jeunes animaux, comme le veau, l'agneau & le cochon de lait ; il en est de même des plantes fraîches & aqueuses, des boissons acides, des alimens aigres, &c.

Pour les mélancoliques ils ont besoin d'introduire dans leur sang tout ce qui peut en pénétrer les parties trop rapprochées, comme le petit lait, le vin blanc léger, la petite biere, le cidre coupé avec l'eau, &c. Le pain bien fermenté, les viandes tirées des animaux qui ne vivent que d'herbes, la jeune volaille doivent faire le fond de leur nourriture, & les herbes potageres, l'assaisonnement. L'exercice à cheval leur convient, & les alimens de dure digestion leur sont très-préjudiciables.

TEMS. Le tems est la durée des choses mesurée par le mouvement apparent du Soleil. Les Astronomes comptent les jours, non pas d'un minuit à l'autre ; mais d'un midi à l'autre, sans les partager en 12 heures du soir & 12 heures du matin. Ils attribuent les 12 heures du matin au jour précédent, & ils disent, par exemple, le 14 *Mai à 20 heures*, au lieu de dire, le 15 *Mai à huit heures du matin*. Ainsi un jour astronomique est l'intervalle du tems qui s'écoule entre l'instant auquel le centre du Soleil est dans le plan du méridien, & l'instant auquel il y est retourné après une révolution entiere. Si la terre n'avoit qu'un mouvement de rotation sur son axe, le jour astronomique ne seroit que de 23 heures, 56 minutes, 4 secondes ; mais il n'en est pas ainsi ; la terre a encore un mouvement périodique d'Occident en Orient dans l'écliptique ; & voilà pourquoi la révolution journaliere du Soleil est plus longue d'environ 4 minutes, que la révolution journaliere d'une étoile fixe ; c'est-à-dire, voilà pourquoi si le soleil se trouve aujourd'hui au méridien avec la premiere étoile de la constellation du *Belier*, cette étoile entrera le lendemain dans le méridien environ 4 minutes plutôt que le Soleil. Ce n'est pas encore tout ; si l'écliptique étoit parallele à l'équateur, & que le mouvement périodique de la terre fût uniforme, tous les jours astronomiques seroient égaux entr'eux ; mais tout le monde sait que l'écliptique forme avec l'équateur un angle d'environ 23 degrés 30 minutes, & que la terre parcourt son orbite avec un mouvement très-peu uniforme, puisqu'elle parcourt dans un jour, tantôt 1 degré, 2 minutes, 6 secondes ; tantôt 59 minutes, 8 secondes ; tantôt 57 minutes, 13 secondes, &c. Aussi les *jours astronomiques* ou *les jours vrais* sont-ils plus longs les uns que les autres. Les Astronomes, pour obvier à cet inconvénient, ont inventé un mouvement *moyen*. Ils imaginent pour cela, dit M. *Maraldi*, comme un second Soleil, lequel commençant & finissant l'année avec le vrai Soleil, & faisant le même nombre de révolutions que lui, iroit d'un mouvement toujours égal ; c'est-à-dire, parcourroit chaque jour d'Occident en Orient dans un cercle parallele à l'équateur, 59 minutes, 8 secondes. Ce second Soleil nous donneroit des jours astronomiques de 24 heures chacun ; & voilà ce que les Astronomes appellent *tems moyen*, ou *jour moyen*, ou *jour* de 24 heures précises. *Le jour astronomique* ou le *tems vrai* est quelquefois plus long que le jour *moyen* de 30 secondes, quelquefois il est plus court de 14 secondes. On trouve dans la plupart des livres d'Astronomie, des tables pour réduire le *tems moyen* au *tems vrai*. Nous supposons que ceux qui ont voulu comprendre cet article, se sont auparavant formé une idée nette de la sphere & du systeme de Copernic.

TEMS APPARENT. Le tems apparent & le tems vrai signifient la même chose en Astronomie.

TENDON. Les Anatomistes donnent le nom de *tendons* à la *tête* & à la *queue* des muscles ; ils ont coutume de les comparer à des especes de cordes qui tiennent les muscles en raison.

TERRE. La terre considérée comme une planete, placée entre Mars & Vénus, présente des phénomenes dont nous avons rendu compte en expliquant l'hypothese de *Copernic* ; aussi nous bornerons-nous dans cet article à déterminer quelle est sa figure. Pour le faire avec ordre, nous poserons auparavant quelques axiomes.

Premier axiome. La force centripete & la force centrifuge, sont deux forces directement opposées ; l'augmentation de celle-ci annonce toujours la diminution de celle-là.

Second axiome. La terre a un mouvement diurne sur son axe ; c'est ce mouvement qui communique à toutes les parties qui la composent, une vraie force centrifuge.

Troisieme axiome. Les parties qui composent l'équateur terrestre ont plus de force centrifuge, que celles qui composent les tropiques ; pourquoi ? parce que les molécules qui composent l'équateur terrestre parcourent tous les jours un plus grand cercle, que les molécules qui se trouvent dans quelqu'un des tropiques. Ce que nous avons dit de l'équateur terrestre par rapport aux tropiques, nous devons le dire des tropiques par rapport aux cercles polaires.

Quatrieme axiome. Les molécules qui forment l'équateur terrestre ont moins de force centripete, & par conséquent moins de gravité que les molécules qui forment les tropiques. De ces principes Newton conclut que la terre doit être un sphéroïde élevé vers son équateur xy,

& applati vers les pôles RS, *figure* 18, *planche* 1. Voici comment il raisonne.

Représentez-vous la terre créée dans un état, non pas de fluidité, mais de mollesse qui ait permis à ses particules de s'arranger, en vertu de leur pesanteur, autour de leur centre commun C. Qu'a-t-il dû nécessairement arriver ? Cette terre supposée immobile a d'abord pris la forme d'une sphere parfaite.

Représentez-vous ensuite cette même terre recevant un mouvement sur son axe, comme en effet elle l'a reçu ; alors les particules qui composent l'équateur terrestre auront eu plus de force centrifuge, que les particules placées près des pôles ; celles-là se seront donc plus éloignées du centre C, que celles-ci, & le globe terrestre, au lieu de représenter une sphere parfaite, aura pris la figure d'un sphéroïde élevé vers son équateur & applati vers ses pôles.

M. l'Abbé Nollet accoutumé à parler aux yeux, rend sensible ce point de Physique par l'expérience suivante ; voici comment il parle dans le tome second de ses leçons physiques, pag. 152. On emplit de paille d'avoine un sac de cuir de mouton, composé de 12 fuseaux semblables aux imprimés dont on couvre les globes qui représentent le ciel ou la terre ; cette espece de sphere flexible est garnie à ses deux pôles de deux morceaux de bois percés qui glissent sur un axe de fer carré, dont les deux extrémités sont arrondies comme deux pivots ; on imprime à ce globe un mouvement de rotation ; ce mouvement lui fait perdre en peu de tems la figure sphérique, pour lui faire prendre celle d'un sphéroïde qui paroît sensiblement applati vers les pôles & élevé à l'équateur.

Les opérations faites au Nord, par MM. de Maupertuis, Clairaut, le Camus, le Monnier, l'Abbé Outhier & Celsius, & celles qui ont été faites au Pérou par MM. Bouguer, de la Condamine & Godin concourent à démontrer que la terre n'a pas d'autre figure que celle que Newton lui a donnée. Si notre globe étoit parfaitement sphérique, *disoient ces savans Mathématiciens*, les degrés du méridien terrestre seroient tous égaux entr'eux, c'est-à-dire, dans quelque pays du monde que se trouvât un observateur, il devroit faire le même chemin sur la terre, pour que l'élévation du pôle changeât d'un degré par rapport à lui. Si la terre au contraire étoit parfaitement plate; quelque chemin que fit un observateur sur le même hémisphere, l'étoile polaire ne lui paroîtroit ni plus ni moins élevée ; donc s'il nous faut faire plus de chemin du côté des pôles, que du côté de l'équateur, pour que l'élévation de l'étoile polaire change d'un degré par rapport à nous ; la terre sera applatie vers les pôles & élevée vers l'équateur. Munis de ces principes, ces illustres voyageurs partirent pour leurs termes respectifs ; & après avoir opéré de la maniere la plus géométrique, ils convinrent qu'il falloit faire environ mille toises de plus du côté des pôles, que du côté de l'équateur, pour que l'élévation de l'étoile polaire changeât d'un degré par rapport à un même observateur. Voilà ce qu'ils veulent dire, lorsqu'ils assurent que le degré du méridien terrestre est plus grand d'environ mille toises du côté des pôles, que du côté de l'équateur. Aussi en concluant que la terre étoit un sphéroïde, ont-ils ajouté que l'axe de la terre RS, ou, le diametre du méridien étoit sensiblement plus petit que le diametre de l'équateur *xy* ; ces deux diametres sont entr'eux comme 178 à 179.

Newton n'a pas été le premier à soupçonner que la terre n'étoit pas parfaitement sphérique. Le Pere de Chales, Jésuite, dans son monde mathématique, imprimé à Lyon en l'année 1674, fait une remarque dont les modernes n'ont pas sans doute manqué de profiter. Voici ce qu'on lit, *tom.* 1, à la fin de la proposition dix-huitieme de sa géographie, *pag.* 583.

Hæc observationum discrepantia aliquibus fecit suspicionem terram non esse perfectè sphæricam, sed sphæroides ellypticum ; itâ ut versùs polos in minorem circulum abiret. Sed opus esset pluribus observationibus ad id persuadendum.

REMARQUE.

Dans la pratique on regarde la terre comme sphérique ; & l'on ne s'expose pas par-là à une erreur bien sensible. Telle a été la méthode de M. Picard & des autres Mathématiciens qui ont voulu connoître la circonférence d'un méridien terrestre ; il ont considéré cette circonférence comme parfaitement circulaire ; & après avoir trouvé qu'un de ses degrés valoit 25 lieues, ils ont dit : si 1 degré contient 25 lieues ; combien en contiendront 360 degrés ? Ils ont trouvé 9000 lieues pour le quatrieme terme de cette proportion, & ils ont conclu de-là que la terre a 9000 lieues de circuit, puiſque la circonférence d'un de ſes grands cercles contient 9000 lieues.

Les mêmes Mathématiciens ont encore conſidéré le méridien terreſtre comme parfaitement circulaire, lorſque, connoiſſant ſa circonférence, ils ont cherché la valeur de ſon diametre. Pour la trouver, ils ont dit ; 22 : 7 :: 9000 lieues : à la valeur du diametre du méridien terreſtre.

Ils ont enſuite multiplié 9000 par 7, & ils ont eu pour produit 63000.

Ils ont enfin diviſé ce produit par 22 ; le quotient 2863 lieues $\frac{14}{22}$ leur a donné la valeur du diametre du globe terreſtre. Auſſi aſſure-t-on pour l'ordinaire que la diſtance de la circonférence au centre de la terre eſt d'environ 1432 lieues.

TÊTE. La tête eſt la partie ſupérieure & en même tems la partie principale de tout le corps humain. Elle contient avec le ſiége de l'ame les organes du ſens commun, de l'imagination, de la mémoire, de la vue, de l'ouïe, de l'odorat & du goût, comme nous l'avons prouvé en ſon lieu.

THALES *naquit à Milet en Ionie environ l'an 640 avant Jeſus-Chriſt.* Ç'a été un des premiers & un des plus grands Aſtronomes de l'antiquité. Il trouva la méthode de prédire les éclipſes ; il fixa les points des ſolſtices ; & il calcula en quelle raiſon eſt le diametre du Soleil au cercle que cet aſtre paroît décrire chaque année autour de la Terre. Ces belles découvertes lui firent tant d'honneur, qu'on lui donna ſans oppoſition le titre de *Sage* ; c'eſt le premier des ſept que la Grece a regardé comme tels. Son occupation ordinaire pendant la nuit étoit de contempler les aſtres. Un ſoir qu'il ſortoit pour ces ſortes d'obſervations, il tomba dans un foſſé ; une vieille femme qui s'en apperçut, lui dit d'un ton moqueur : *comment pourriez-vous connoître ce qui ſe fait dans le ciel ; puiſque vous ne voyez pas même ce qui eſt à vos pieds ?* Le fruit que Thales tira de ſes obſervations, ce fut de regarder comme fabuleuſes toutes les divinités du paganiſme. Auſſi avoit-il coutume de dire que *ce qu'il y a de plus ancien, c'est Dieu; car il est increé; de plus beau, le monde, parce qu'il est l'ouvrage de Dieu; de plus grand, le lieu; de plus vite, l'esprit; de plus fort, la nécessité; de plus sage, le tems.* Il mourut à l'âge d'environ 100 ans. Aucun de ses ouvrages n'est parvenu jusqu'à nous.

THEOREME. Les théoremes sont des vérités purement spéculatives.

THERMOMETRE. Le thermometre est un instrument météorologique destiné à nous indiquer les variations qui arrivent dans l'atmosphere par rapport à la chaleur & au froid. Pour en construire un excellent, prenez un verre dont la boule ait près d'un pouce, & le tube une demi-ligne de diametre dans toute sa longueur qui est d'un pied. Remplissez de mercure la boule & environ le tiers du tuyau; plongez la boule dans un vase plein de glace pilée bien menue, & laissez-l'y jusqu'à ce que la liqueur ait reçu tout le froid qu'elle y peut prendre, c'est-à-dire, jusqu'à ce qu'elle cesse de descendre dans le tube. Après cette premiere opération, transportez la boule du thermometre dans un vase rempli d'eau bouillante, laissez-l'y plongée jusqu'à ce que la liqueur cesse de monter; & lorsque le mercure sera élevé à cette hauteur, fermez hermétiquement l'orifice du thermometre; de telle sorte qu'il n'y ait point d'espace dans le tube qui ne soit rempli de mercure. Préparez ensuite une planche où soit tracée une échelle divisée en des parties géométriquement égales. Faites en sorte que le point de l'échelle où l'on a marqué *zéro* corresponde à l'endroit du tube où la liqueur s'est fixée, lorsque la boule du thermometre étoit plongée dans le vase plein de glace pilée. Enfin divisez en 80 parties, ou, 80 degrés l'espace de l'échelle qui marque la différence qu'il y a entre le mercure plongé dans un vase rempli de glace pilée, & le mercure plongé dans un vase rempli d'eau bouillante, & vous aurez un thermometre construit à la façon de M. Réaumur, dont le mercure s'élevera d'autant plus au-dessus de *zéro*, & descendra d'autant plus au-dessous de *zéro*, que le tems sera plus chaud ou plus froid. L'on en apperçoit d'abord la raison physique; la chaleur dilate, & le froid condense le mercure; donc le mercure du thermometre doit d'autant plus monter au-dessus de *zéro*, que le tems est plus chaud, & il doit d'autant plus descendre au-dessous de *zéro*, que le tems est plus froid.

L'on trouve dans les mémoires de mathématique & de physique rédigés à l'Observatoire de Marseille, *année* 1756, deux méthodes pour la construction du thermometre qui méritent d'avoir ici une place distinguée; elles sont du R. P. Bonaventure Abat, Religieux de l'Observance. J'ai imaginé, *dit-il*, deux manieres de parvenir à la graduation exacte du thermometre; elles sont si simples, que je suis surpris qu'on ne les ait pas trouvées avant moi.

La premiere consiste à placer autour du thermometre une quantité de meches égales en longueur & en épaisseur, faites de la même matiere, & toutes à égale distance de la boule. Cette distance doit être telle, que lorsqu'une seule meche est allumée, elle fasse monter la liqueur d'une très-petite quantité. Ceci peut s'exécuter très-facilement au moyen d'une lampe circulaire dont la circonférence sera garnie d'autant de meches qu'on voudra. On placera au centre la boule du thermometre. On allumera premierement une seule meche, & quand la liqueur sera montée aussi haut qu'elle peut par cette chaleur, on marquera ce point. On allumera une seconde meche, & on marquera de même sur le tuyau le point où cette chaleur aura élevé la liqueur. On en allumera ensuite une troisieme, une quatrieme, &c. en marquant à chacune le point correspondant sur le tuyau. Il est évident que la chaleur est égale dans toutes ces meches; par conséquent si les espaces marqués sur le tuyau sont aussi égaux, ce sera une preuve qu'ils sont dans la même raison, que les quantités de chaleur qui ont agi sur la liqueur. Au contraire si ces espaces sont inégaux, il sera démontré que les dilatations des liqueurs ne suivent pas la raison de la chaleur qui les échauffe. Au surplus, de quelque maniere que les choses arrivent, les degrés de l'échelle d'un thermometre ainsi gradué, égaux ou inégaux, marqueront toujours des degrés égaux de chaleur.

La seconde maniere que je préfere à la premiere, *continue le même Physicien*, doit être pratiquée ainsi. On prendra un vaisseau cylindrique de fer blanc de huit ou dix pouces de large, & d'autant de hauteur. On le remplira d'eau ; l'on y plongera la boule du thermometre, & l'on marquera le point où la liqueur se trouve élevée dans le tuyau. On placera sous le fond du vaisseau, à une distance convenable pour ne donner à l'eau qu'un fort petit degré de chaleur, on placera, dis-je, une petite meche allumée, & lorsque la liqueur du thermometre sera montée aussi haut qu'elle peut en vertu de cette chaleur, on marquera le point où elle s'arrête dans le tuyau. On allumera ensuite une seconde meche égale à la premiere, & à la même distance du fond du vaisseau ; & l'on marquera de la même maniere le point où la liqueur sera montée en vertu de cette seconde chaleur. On fera la même chose à une troisieme, une quatrieme meche, &c. & l'on aura sur le tuyau autant de degrés égaux de chaleur que l'on voudra. On pourra augmenter le nombre des meches, jusqu'à ce qu'elles fassent bouillir l'eau.

Le Pere Abat nous fait remarquer, à la fin de son mémoire, que le tems du plus grand froid est le tems le plus propre à graduer les thermometres suivant l'une des deux manieres qu'il vient de donner. On pourra en effet marquer pour lors un plus grand nombre de degrés égaux de chaleur. L'opération commencera, si l'on veut, depuis le degré du plus grand froid jusqu'à celui de l'eau bouillante.

THESE. On appelle *these* une proposition que l'on avance, & que l'on soutient par des preuves qui ne sont pas démonstratives. La crainte de rendre ce volume trop gros, nous a empêché de mettre ici un projet de *theses de Physique*.

TIMPAN. Le timpan est une membrane dont vous trouverez la description dans l'article de l'*Oreille*.

TONNERRE. Lorsqu'on dresse sur les toits d'un édifice assez élevé une tige de fer isolée sur un support de résine ou de verre, & que l'on attend qu'un nuage qui porte le tonnerre ait passé par-dessus, la tige de fer s'électrise parfaitement, & donne des bluettes très-sensibles. Cette expérience, dont M. *Franklin* est l'inventeur, nous fut annoncée par la gazette de France du 27 Mai 1752 ; elle a depuis été répétée par tous les Physiciens, & tout le monde convient qu'on ne peut la révoquer en doute, sans vouloir porter le pyrrhonisme à son dernier période. Depuis cette fameuse expérience l'on est forcé de reconnoître une vraie analogie entre le tonnerre & l'électricité dont nous avons déjà parlé si au long. En effet seroit-il possible que l'on tirât si facilement des bluettes de cette tige de fer, sans que la matiere électrique fût la même que la matiere du tonnerre ? M. l'Abbé Nollet avoit donc eu raison d'annoncer dans le tome IV de ses leçons de Physique, page 314, imprimé à Paris en l'année 1748, c'est-à-dire, 4 ans avant l'expérience de M. *Franklin*, que l'on seroit enfin forcé d'en venir à l'électricité, pour expliquer le tonnerre d'une maniere vraisemblable. Nous nous faisons gloire de penser comme ce grand Physicien, & voici quelle idée nous croyons devoir nous former de ce terrible météore.

1°. La matiere propre, & s'il m'est permis de parler ainsi, l'*ame* du tonnerre n'est autre chose que la matiere électrique. La preuve en est tirée de l'expérience de M. *Franklin*.

2°. La matiere électrique est un vrai feu, comme nous l'avons prouvé dans l'article de l'*Electricité*.

3°. Le feu électrique est répandu dans toute l'atmosphere terrestre, & il ne se rend jamais plus sensible, que lorsqu'il se joint à des parties inflammables qu'il trouve rassemblées & bien préparées. Il est en cela semblable au feu ordinaire qui ne produit jamais un plus grand embrasement, que lorsqu'il agit sur un bois bien sec & bien disposé.

4°. Il s'éleve du sein de la terre dans la région où se forme le tonnerre, une grande quantité d'exhalaisons sulfureuses, bitumineuses & salines : ce sont ces exhalaisons que je regarde comme les alimens du feu électrique. Que de pareilles exhalaisons s'élevent du sein de la terre dans la région où se forme le tonnerre, je ne crois pas que l'on puisse le révoquer en doute, puisque les tonnerres ne sont jamais plus fréquens, que dans les pays où la terre produit beaucoup d'exhalaisons de cette espece, & puisque dans les endroits où le tonnerre est tombé, l'on sent toujours une odeur de soufre & de bitume.

5°. Parmi les nuages les uns sont électriques, & les autres ne le sont pas. Ceux qui contiennent le tonnerre, sont de la premiere espece. Les vents contraires portent-ils un nuage non électrique contre un nuage électrique ? ce choc donne une infinité de bluettes; les matieres qui servent d'aliment au feu électrique s'enflamment, & le nuage éclate en foudres & en carreaux. N'en soyons pas surpris ; le globe lui-même de la machine électrique éclate en des millions de pieces, lorsqu'il est trop échauffé. Voilà à-peu-près quelle est l'idée que l'on peut se former du tonnerre ; elle me paroît plus conforme aux loix de la saine Physique, que toutes celles qu'on s'en étoit formé, en suivant les principes cartésiens.

Concluons de-là que les éclairs ne sont autre chose qu'une infinité de bluettes qui sortent des nuages électrisés.

Concluons encore que le bruit du tonnerre ne vient que de la rupture du nuage électrisé.

Concluons enfin que les particules nitreuses, huileuses, sulfureuses & bitumineuses sont moins les causes du tonnerre, que les alimens de la matiere électrique. Nous avons remarqué en proposant nos conjectures sur les causes de l'électricité, que la matiere électrique se joignoit à des corps hétérogenes pour agir avec plus de force. Les questions suivantes contiendront les principaux effets du tonnerre.

Premiere Question. Les nuages sont-ils des corps électrisables par frottement, ou par communication ?

Résolution. Les nuages contiennent des parties aqueuses, & des parties sulfureuses, bitumineuses, nitreuses, &c. Celles-ci sont électrisables par frottement, & celles-là par communication.

Seconde Question. Par quel mécanisme les particules sulfureuses, bitumineuses & nitreuses reçoivent-elles les frottemens nécessaires pour passer de l'état de *non électricité* à celui d'*électricité* ?

Résolution. Il arrive très-souvent que des particules sulfureuses, bitumineuses & nitreuses sont élevées dans l'atmosphere terrestre dans un tems où regnent des vents contraires. Ces vents les portent les unes contre les autres ; & ces différens chocs produisent le même effet que produit le frottement sur un globe de verre ou de cire d'Espagne.

Troisieme Question. Quels sont les nuages qui portent le tonnerre, & quels sont ceux qui ne le portent pas ?

Résolution. Les seuls nuages qui se trouvent dant l'état actuel d'électricité, portent le tonnerre dans leur sein. Or puisque les seules particules sulfureuses, bitumineuses & nitreuses, élevées dans l'atmosphere en un tems où regnent des vents contraires, peuvent rendre les nuages électriques ; n'avons-nous pas raison de conclure qu'il y a beaucoup de nuages dans le sein desquels ce terrible météore n'est pas enfermé ?

Quatrieme Question. Pourquoi avons-nous quelquefois des éclairs sans tonnerre, & quelquefois des tonnerres sans éclairs ?

Résolution. Lorsque le choc d'un nuage non électrique contre un nuage électrique, ou d'un nuage moins électrique contre un nuage plus électrique, n'est pas assez fort pour briser l'un & l'autre en des millions de parties, alors nous avons des éclairs sans tonnerre ; lorsque cette rupture se fait, & qu'il se trouve entre notre œil & les nuages brisés, quelqu'autre nuage capable d'absorber la lumiere que donnent les bluettes électriques, nous avons des tonnerres sans éclairs.

Cinquieme Question. Comment peut-on connoître à quelle distance se trouvent les nuages électriques ?

Résolution. Le bruit suit-il immédiatement l'éclair ? Le nuage électrique est proche ; comptez-vous une *seconde* de tems, ou un battement de pouls entre l'éclair & le bruit ? Le nuage électrique est à 173 toises ; en comptez-vous deux ? Il est à 346 ; en comptez-vous quatre ? Il est à 692 toises, &c. Ce calcul est fondé sur la différence qu'il y a entre le mouvement de la lumiere & celui du son ; celle-là parcourt dans une minute environ 4 millions de lieues, & celui-ci ne parcourt dans le même tems que 10380 toises. Voyez-en la démonstration dans les articles de la *Lumiere* & du *Son*.

Sixieme Question. Le son des cloches est-il capable de détourner le nuage qui porte la foudre ?

Résolution. Ce nuage est-il encore éloigné ? Le son des cloches agitant l'air, l'empêchera d'approcher de l'endroit où l'on sonne ; mais se trouve-t-il par malheur ou sur le clocher ou près du clocher ? Alors l'agitation de l'air ne servira qu'à disposer le nuage électrique à s'ouvrir, & la foudre tombera sur la tête du sonneur peu Physicien. Nous lisons dans l'histoire de l'Académie des Sciences, *année* 1719, *pag.* 21, que dans la Basse-Bretagne le 15 Avril 1718 à 4 heures du matin, il fit trois coups de tonnerre qui tomberent sur 24 églises situées entre Landerneau & S. Paul de Léon; c'étoient précisément des églises où l'on sonnoit pour écarter la foudre. Celles où l'on ne sonna pas, furent épargnées.

Septieme Question. Par quel mécanisme certains tonnerres ont-ils fondu la lame d'une épée, sans en endommager le fourreau; & certains autres ont-ils brûlé le fourreau, sans dissoudre l'épée ?

Résolution. Le feu électrique des premiers étoit joint à une exhalaison fort légere, qui n'agissoit que contre les corps qui n'avoient pas des pores assez ouverts pour lui donner un passage libre; le feu électrique des seconds avoit pour aliment une exhalaison plus grossiere, & par-là même aussi incapable de pénétrer à travers les corps dont les pores étoient petits, que propre à altérer ceux dont les pores étoient grands.

Huitieme Question. Ce qu'on appelle *pierre de tonnerre* a-t-il quelque réalité ?

Résolution. La pierre du tonnerre n'a jamais existé que dans l'imagination des Poëtes qui, pour donner plus de force à leurs vers, ont représenté Jupiter lançant ses foudres & ses carreaux sur la tête des mortels. L'air est trop léger, pour pouvoir soutenir un corps aussi pesant que la pierre.

Telle est notre hypothese sur le plus terrible de tous les météores; examinons si les sentimens des autres Physiciens sur la même matiere sont plus conformes aux loix de la saine Physique. Le lecteur en sera le juge; nous les allons rapporter historiquement, en commençant par celui de M. Franklin, avec lequel le nôtre a tant de ressemblance.

SENTIMENT

De M. FRANKLIN sur la cause physique du Tonnerre.

L'explication que nous venons de donner du tonnerre, est un peu différente de celle de M. Franklin. Voici ce qu'il dit de plus intéressant sur cette matiere dans sa 7e. lettre adressée à M. Collinson de la Société Royale de Londres.

1°. L'océan est un composé d'eau, corps non électrique, & de sel, corps originairement électrique.

2°. Les nuages formés des eaux de la mer sont fortement électrisés, & ils retiennent le feu électrique, jusqu'à ce qu'ils aient occasion de le communiquer.

3°. Les tempêtes qui regnent sur la mer, & qui portent les particules d'eau les unes contre les autres, causent des especes de frottemens qui rendent les eaux de la mer, & par conséquent les nuages qui en sont formés, des corps actuellement électriques.

4°. Le Soleil fournit, ou semble fournir le feu commun à toutes les vapeurs qui s'élevent, tant de la terre que de la mer.

5°. Les vapeurs qui ont en elles du feu électrique & du feu commun, sont mieux soutenues que celles qui n'ont que du feu commun. Car lorsque les vapeurs s'élevent dans la région la plus froide au dessus de la terre, le froid, s'il diminue le feu commun, ne diminuera point le feu électrique.

6°. De-là les nuages formés par des vapeurs élevées des eaux fraîches de la terre, des végétaux de la terre humide, &c. déposent leur eau & plus vîte & plus aisément, n'ayant que peu de feu électrique pour repousser les molécules & les tenir séparées ; de sorte que la plus grande partie de l'eau élevée de la terre est abandonnée & retombe sur la terre.

7°. Les nuages formés par les vapeurs élevées de la mer, ayant les deux feux, & surtout une grande quantité de feu électrique, soutiennent fortement leur eau, l'élevent à une grande distance, & étant agitées par les vents peuvent l'amener du milieu de l'océan au milieu du plus vaste continent.

8°. Si ces nuages sont poussés par des vents contre des montagnes, ces montagnes étant moins électrisées les attirent, & dans le contact emportent leur feu électrique ; & comme elles sont froides, elles emportent aussi leur feu commun ; de-là les molécules pressent vers les montagnes, & se pressent l'une l'autre. Si l'air est peu chargé, le nuage tombe seulement en rosée sur le sommet & sur les côtes des montagnes ; il forme des fontaines & descend dans les vallées en petits ruisseaux, qui par leur réunion font les grands courans & les rivieres. S'il est fort chargé, le feu électrique sort tout à la fois d'un nuage entier, & en l'abandonnant il brille comme un éclair & craque avec violence : les particules d'eau se réunissent d'abord faute de ce feu, & tombent en grosses ondées.

9°. Lorsque le sommet des montagnes attire ainsi les nuages & tire le feu électrique du premier nuage qui l'aborde, celui qui suit, lorsqu'il approche du premier nuage actuellement dépouillé de son feu, lui lance le sien, & commence à déposer son eau propre. Le premier nuage lançant de nouveau ce feu dans les montagnes, le troisieme nuage approchant, & tous les autres arrivant successivement, agissent de la même maniere. De-là les déluges de pluie, les tonnerres, les éclairs perpétuels sur la côte orientale des *Andes*. Ces montagnes prodigieusement hautes, interceptent tous les nuages amenés contr'elles de l'Océan atlantique par les vents de mer, & les obligent à déposer leurs eaux qui forment les rivieres immenses des Amazones, de la Plata, &c.

10. Quoiqu'un pays soit uni & sans montagnes qui interceptent les nuages électrisés, il y a cependant encore des moyens pour les obliger à déposer leurs eaux; car si un nuage électrisé, venant de la mer, rencontre dans l'air un nuage élevé de la terre, & par conséquent non électrisé, le premier lancera son feu dans le dernier, & par ce moyen les deux nuages seront contraints de déposer subitement leurs eaux. En effet les particules propres du premier nuage se resserrent, lorsqu'elles perdent leur feu; les particules de l'autre nuage se resserrent aussi en le recevant. Dans l'une & dans l'autre elles ont ainsi la facilité de se réunir en gouttes.... La commotion ou la secousse donnée à l'air contribue aussi à précipiter l'eau, non-seulement de ces deux nuages, mais des autres qui les avoisinent ; de-là les chutes de pluie soudaines immédiatement après la lumiere des éclairs.

11. Lorsqu'un grand nombre de nuages de mer rencontre une quantité de nuages de terre, les étincelles électriques paroissent s'élancer de différens côtés ; & comme les nuages sont agités & mêlés par les vents, ou rapprochés par la force de l'attraction électrique, ils continuent à donner & à recevoir étincelles sur étincelles, jusqu'à ce que le feu électrique soit également répandu dans tous.

12. Quand les nuages électrisés passent sur un pays, les sommets des montagnes & des arbres, les tours éle-

vées, les pyramides, les mâts des vaiſſeaux, les cheminées, &c. comme autant d'éminences & de pointes, attirent le feu électrique, & le nuage entier s'y décharge.

13. La connoiſſance du pouvoir des pointes pourroit être de quelque avantage aux hommes pour préſerver les maiſons, les égliſes, les vaiſſeaux, &c. des coups de la foudre, en nous engageant à fixer perpendiculairement ſur les parties les plus élevées de ces édifices des verges de fer faites en forme d'aiguilles, dorées pour prévenir la rouille, & du pied de ces verges un fil d'archal abaiſſé vers l'extérieur du bâtiment dans la terre, ou autour d'un des haubans d'un vaiſſeau, ou ſur le bord juſqu'à ce qu'il touche l'eau. Ces verges de fer ne tireroient-elles pas probablement le feu électrique en ſilence hors du nuage, avant qu'il vînt aſſez près pour frapper ; & par ce moyen ne pourrions-nous pas être préſervés de tant de déſaſtres ſoudains & effroyables ?

14. Si l'origine que nous avons aſſignée à la foudre, *dit M. Franklin*, eſt la véritable, on doit entendre fort peu de tonnerres en mer, lorſque l'on eſt fort éloigné de la terre. En effet, quelques vieux Capitaines de vaiſſeau que l'on a conſultés ſur cet article, aſſurent que le fait s'accorde parfaitement avec l'hypotheſe. Ils ajoutent qu'en traverſant le vaſte Océan, on n'entend gueres les tonnerres, qu'on ne ſoit arrivé près des côtes dans des endroits où l'on peut ſe ſervir de la ſonde.

SENTIMENT

De DESCARTES *ſur la cauſe phyſique du Tonnerre.*

Deſcartes prétend que les nues ne ſont que des couches de glaçons très-minces & ſoutenues les unes au deſſus des autres. Suivant ce Phyſicien le bruit du tonnerre, lorſqu'il n'y a point d'éclair qui l'accompagne, eſt produit par la chute d'une nue ſur l'autre ou par la ſubite dilatation de l'air enfermé & preſſé entre deux nues qui ſe ſont approchées par les bords. Lorſqu'il y a un éclair, le bruit eſt produit par les mêmes cauſes, & l'éclair par l'inflammation des exhalaiſons nitreuſes, ſulfureuſes, bitumineuſes qui ſe trouvent ou entre les deux nues, ou dans les deux nues qui ſe ſont choquées. Ce ſentiment a été très-bien présenté par M. Pourchot dans le tome troisieme de son cours de Philosophie. *Page 176 & suivantes.*

On a coutume d'apporter contre l'opinion de Descartes les observations suivantes ; elles sont tirées d'une dissertation sur la cause & la nature du tonnerre & des éclairs, composée par le Pere Lozeran Dufesc, Jésuite. Je ne sais pas si un Cartésien auroit de la peine à les expliquer ; mais je sais bien qu'elles sont les suites nécessaires des effets qui doivent arriver dans le systeme que nous avons embrassé.

Premiere Observation. Au sommet des Alpes & des Pyrénées on jouit souvent du ciel le plus serein, tandis qu'on voit sous ses pieds des orages épouvantables qui ravagent les campagnes ; & sur ces hauteurs on a à craindre, non pas la foudre qui peut y tomber, mais celle qui peut y monter, parce que les nues où se forment les orages au dessus de ces hauteurs, lancent très-souvent le tonnerre.

Seconde Observation. Du sommet d'une montagne fort voisine d'Aurillac en Auvergne, l'on voit souvent un brouillard se former sur la Ville, & bientôt y éclater en tonnerres ; de sorte qu'il semble que les rues sont pleines de canons qui tirent sans cesse.

Troisieme Observation. Du sommet de la montagne que l'on nomme le *Pui* de *Dome*, l'on apperçoit souvent une nuée couvrir la plaine immense dans laquelle la vue a coutume de se perdre. Cette nuée est semblable à une mer dont les flots irréguliers se chassent les uns les autres en mille sens différens. Les éclairs qui la sillonnent de tous côtés & le tonnerre qu'on y entend partout retentir, réveillent continuellement l'attention, & présentent aux yeux des observateurs un spectacle des plus beaux.

Quatrieme Observation. Un Physicien se trouva au commencement du mois de Septembre de l'année 1716 vers les trois heures après midi sur la montagne du Cantal dans l'Auvergne. Il apperçut vers le milieu de la montagne un brouillard qui couvroit tout le vallon. Il entra dans la nuée, & il y vit quantité de corps globuleux qui voltigeoient les uns d'un côté, les autres de l'autre. Un de ces globes dont le diametre pouvoit avoir deux pieds, s'ouvrit. Il excita d'abord une grande lumiere ; il causa ensuite un bruit épouvantable ; il infecta l'air assez au loin, & il renversa, ou il brûla tous les endroits sur lesquels il tomba.

Toutes ces observations ne s'accordent gueres, j'en conviens, avec l'idée de certains nuages glacés qui tombent les uns sur les autres, comme le vouloit Descartes; mais elles annoncent évidemment la matiere électrique agissant sur des exhalaisons sulfureuses, bitumineuses, salines, &c.

TOURBILLON. Le tourbillon est formé par une matiere mise en mouvement autour d'un centre commun, & il est composé de *couches* ou d'enveloppes différentes qui vont toujours en diminuant jusqu'au centre. La figure du volume second destinée à donner une idée du systeme de Copernic, vous présente un vrai tourbillon circulaire. Pour traiter cette matiere avec ordre, nous diviserons les tourbillons en *simples* & en *composés*.

TOURBILLONS *simples*. Descartes l'inventeur des *tourbillons simples*, a traité cette question fort au long dans la troisieme partie de ses Principes; nous allons en faire l'abrégé. Cet auteur, après avoir avoué que ce monde a été fait par le Tout-Puissant, comme nous l'apprend l'histoire sainte, ajoute qu'il auroit pu être créé avec tout ce que nous y voyons, en vertu du mouvement de tourbillon imprimé à la matiere; il conclut de-là que l'on peut rendre raison de tous les phénomenes de la nature, si l'on suppose le monde soumis aux loix qui regnent dans celui qu'il va nous fabriquer. Suivons notre nouveau législateur dans sa marche.

Il suppose 1°. que Dieu crée une certaine quantité de matiere & qu'il la divise en parties dures & cubiques, étroitement appliquées l'une contre l'autre, face contre face, de telle sorte qu'il ne s'y trouve aucun interstice, pas même possible; le vuide dans son systeme est aussi impossible que la chimere.

2°. Que Dieu communique à ces particules cubiques, deux mouvemens, l'un autour de leur propre centre, l'autour d'un centre commun. Ces deux suppositions admises, voici comment raisonne Descartes; ces particules primordiales de figure cubique n'ont pas pu recevoir un pareil mouvement, sans avoir leurs angles rompus par le frottement, & sans être transformées en corps sphérique. De ces angles inégalement rompus, est sortie une matiere infiniment déliée, qu'il nomme *matiere subtile*, & qu'il regarde comme le premier élément, comme l'ame de son monde. Les cubes arrondis & métamorphosés en petits globes, lui ont fourni la *matiere globuleuse*, qui va devenir le second élément. Enfin les pieces les plus grossieres, les éclats les plus massifs des angles rompus, lui ont donné une *matiere irréguliere* dont il va faire son troisieme élément. Ces trois élémens confondus, dit Descartes, ne tarderont pas à se séparer. Le troisieme plus massif, doit s'éloigner le plus du centre de son mouvement, pour devenir la matiere des corps opaques; le premier plus délié, doit se ranger autour du centre pour y former un soleil; enfin le second élément supérieur en masse au premier, & inférieur au troisieme, a dû se trouver au milieu pour nous donner le spectacle de la lumiere. Telle est l'idée de Descartes. Quelque ingénieuse quelle soit, il n'est pas difficile d'en comprendre le romanesque; aussi Malebranche, Fontenelle, Privat de Moliere & plusieurs autres Cartésiens, n'ont-ils pas tardé à corriger ce systeme, & à nous le présenter sous une forme capable de faire illusion à des personnes qui ne seroient pas sur leurs gardes. Le voici en peu de mots.

TOURBILLONS COMPOSÉS. Les grands tourbillons qu'admettent les Cartésiens mitigés, sont formés de très-petits tourbillons élastiques; ces petits tourbillons ont deux mouvemens circulaires, l'un autour d'un centre commun, & l'autre autour de leurs centres particuliers: c'est-là ce que l'on nomme *tourbillons composés*, dont nous allons donner la théorie. Voici quelle est à-peu-près l'idée de ceux qui embrassent un pareil systeme.

Ils assurent 1°. que tout est plein dans le monde; ils ne nient pas, il est vrai, comme leur chef Descartes, la possibilité du vuide, mais ils en nient l'existence.

2°. Que Dieu a créé une matiere infiniment déliée & presque infiniment divisée, à laquelle il a imprimé, & dans laquelle il conserve un mouvement de tourbillon.

3°. Que cette matiere subtile ou éthérée, forme un fluide extraordinairement dense, mais dénué de toute gravité.

4°. Que la matiere subtile que Dieu a destiné à se mouvoir autour du Soleil, s'étend jusqu'à plus de trois cent millions de lieues.

5°.

5°. Que le tourbillon solaire peut être regardé comme un *tout* entierement fluide, puisqu'il a plus de six cent millions de lieues de diametre & qu'il ne contient de corps solides, que quelques *planetes* & quelques *cometes*.

6°. Qu'il faut bien distinguer dans le tourbillon *force centrale* & *force centrifuge*; les globules qui composent les circonférences des petits cercles d'une sphere mue en tourbillon, ont, *disent-ils*, non seulement une *force centrifuge*, par laquelle ils tendent à s'éloigner de leur centre particulier, mais encore une *force centrale* par laquelle ils tendent à s'éloigner du centre commun de la sphere; dans le cercle DNMO parallele à l'équateur ARCS, *fig.* 19, *pl.* 1. le globule D, par exemple, a non seulement une *force centrifuge* par laquelle il tend à s'éloigner de son centre particulier E; mais il a encore une *force centrale* par laquelle il tend à s'éloigner du centre commun B; ce globule D, *continue Privat de Moliere*, frappe la superficie de la sphere APCQ, non pas suivant la direction ED qui est oblique; mais suivant la direction BD qui est perpendiculaire à cette même superficie, c'est-à-dire, le globule D frappe la superficie de la sphere APCQ suivant la direction de sa force centrale, & non pas suivant la direction de sa force centrifuge. Ainsi quoique le globule D placé dans le tropique DNMO, ait plus de force centrifuge que le globule A placé dans l'équateur ARCS, ces deux globules cependant ont une égale force centrale, & le tourbillon sphérique APCQ se défend autant du côté des pôles P & Q, que du côté de l'équateur ARCS.

7°. Que dans un tourbillon sphérique le globule I placé à un pied du centre de la sphere, aura une force centrale quadruple de celle qu'il auroit eue, s'il en avoit été éloigné de deux pieds, & ils concluent de-là que les forces centrales sont en raison inverse des carrés des distances; les preuves qu'en apporte Privat de Moliere sont tout-à-fait ingénieuses; elles sont tirées d'une supposition & d'une équation algébrique des plus simples.

8°. Que dans un tourbillon sphérique le globule I placé à un pied du centre de la sphere, aura une vîtesse double de celle qu'il auroit eue, s'il en avoit été éloigné de quatre pieds; & ils concluent de-là que les vîtesses sont en raison inverse des racines carrées des distances.

9°. Que les grands tourbillons, par exemple, le tourbillon solaire est composé, non pas de globules durs; mais de très-petits tourbillons élastiques, qui tournent non seulement autour du Soleil, mais encore autour de leurs centres particuliers.

10°. Que dans les grands tourbillons composés de petits tourbillons la force centrale avec laquelle chaque point tend à s'éloigner du centre de la sphere, est double de celle qu'il auroit eue, si ces grands tourbillons avoient été composés de globules durs.

11°. Que si l'on jette dans la matiere éthérée, un corps dur; quoique ce corps tourbillonne autour de la terre, il n'aura que la moitié de la force centrale d'un égal volume d'éther; ce corps dur sera donc poussé vers le centre de la terre par l'éther qui, en vertu de sa force centrale double, tendra à la circonférence du tourbillon. Voilà, *disent les Cartésiens*, la cause physique de la pesanteur des corps que l'on nomme *graves*.

Cette pesanteur doit être en raison inverse des carrés des distances, puisque la force centrale de l'éther qui en est la cause, est en raison inverse des carrés des distances. Tel est en peu de mots le cartésianisme corrigé; les réflexions que j'ai à faire sur un pareil systeme, seront renfermées dans les questions suivantes.

Je demande 1°. Si l'imagination a moins eu de part à la fabrique des tourbillons composés, qu'à celle des tourbillons simples.

2°. Par quel mécanisme les tourbillons composés ont pu être métamorphosés de circulaires en elliptiques, sans perdre leur équilibre.

3°. Pourquoi les planetes qui sont des corps durs jettés dans la matiere éthérée, ne sont pas précipitées dans le sein du Soleil, à-peu-près comme une pierre est poussée par l'éther sur la surface de la terre.

4°. Comment les tourbillons peuvent faire tourner les planetes sur leur centre.

5°. Comment les tourbillons peuvent faire que Saturne parvienne à son aphélie plutôt & Jupiter plus tard qu'ils ne devroient y parvenir.

6°. Pourquoi dans ces tourbillons non résistans, l'axe de la terre ne garde pas un parfait parallélisme.

7°. Sur quel fondement les Cartésiens avancent que la matiere éthérée n'a point de pesanteur.

8°. Comment une matiere qui n'a point de pesanteur & qui par conséquent n'a point de force centripete, peut être mue elliptiquement ou même circulairement.

9°. Comment avec les tourbillons, l'on peut expliquer tous les phénomenes du flux & du reflux.

10°. Comment les cometes peuvent déplacer toutes les fois qu'elles parcourent la longueur de leur axe, une quantité de matiere éthérée égale à leur masse, sans lui communiquer aucune partie de leur mouvement.

11°. S'il n'y a pas des cometes qui se meuvent périodiquement d'Orient en Occident, & si le tourbillon solaire ne se meut pas d'Occident en Orient.

12°. Comment ces cometes peuvent demeurer les mois entiers dans le tourbillon solaire, sans se précipiter dans le sein du Soleil. Lorsque les Cartésiens nous auront expliqué d'une maniere aussi physique & aussi mécanique que les Newtoniens ces 12 phénomenes, nous examinerons alors lequel des deux systemes mérite la préférence.

REMARQUE.

Les tourbillons dont nous venons de donner la description, & dans lesquels il nous paroît impossible de résoudre les 12 questions que nous venons de proposer, peuvent se nommer *tourbillons molieriens*; je ne crois pas qu'on puisse mieux résoudre ces questions dans l'hypothese des *tourbillons simples fontenelliens.* Voici l'idée qu'on doit s'en former; elle est tirée de la *section* troisieme de la théorie des tourbillons de M. de Fontenelle, *page* 17 & *suivantes.*

Soit, *dit-il*, un corps sphérique solide, qui tourne sur son axe; on lui conçoit nécessairement un cercle du plus grand mouvement, un équateur des deux côtés duquel sont des cercles qui lui sont paralleles & toujours décroissans, jusqu'à devenir enfin deux points qui sont les deux pôles. Chacun des paralleles tourne autour de son centre immobile, & la ligne droite formée de tous ces centres est immobile, & est l'axe du monde. La nécessité de ces idées vient de ce que la sphere est solide; par conséquent toutes ses parties sont liées; elles ne peuvent se mouvoir que toutes ensemble, & selon la même direction.

Cependant on conçoit auffi que fi un point quelconque de la furface fphérique venoit fubitement à fe détacher de tout le corps de la fphere, il continueroit à être en mouvement comme il y étoit auparavant, & décriroit la ligne droite tangente du point où il s'eft trouvé, lorfqu'il s'eft détaché. Or c'eft-là l'effet d'une force centrifuge ; donc il en avoit une avant que de fe détacher, & par conféquent auffi tous les autres points de la fphere.

Puifque l'équateur & tous fes paralleles décroiffans ne font leur révolution que dans le même tems, la vîteffe de l'équateur dont le rayon eft R, fera à celle d'un parallele quelconque dont le rayon fera *r*, comme R eft à *r*; & s'il fe détache de la furface de la fphere deux points, l'un fur l'équateur, l'autre fur le parallele, & qu'ils décrivent tous deux leurs tangentes, le premier aura la vîteffe R, le fecond la vîteffe *r*. Il en fera de même de leurs forces centrifuges ; & voilà pourquoi ces forces décroiffent depuis l'équateur jufqu'aux pôles, & que là elles deviennent infiniment petites.

Venons maintenant, *continue M. de Fontenelle*, à la circulation des fluides, qui mérite notre principale attention, puifque tout notre tourbillon folaire n'eft prefque entierement qu'un grand fluide.

Pofés comme nous fommes fur la terre, qui a certainement une révolution folide en vingt-quatre heures, & par conféquent un équateur, des pôles, &c. bien réels, nous avons obfervé à quel point du ciel étoilé répondoient cet équateur & ces pôles, & nous y en avons imaginé qui fuffent céleftes ; & pour achever la correfpondance célefte au terreftre, nous avons conçu que le tourbillon folaire entier avoit la même circulation que la terre. L'idée étoit bien naturelle, mais on y peut faire plufieurs réflexions.

S'il y avoit des obfervateurs dans les autres planetes qui ont la même circulation que la terre, ils raifonneroient comme nous, & dans chaque planete on donneroit au ciel un équateur, des pôles, & tout ce qui en dépendroit, fort différent de ce qu'on établit ici. On fe tromperoit dans toutes les planetes. Donc l'équateur & les pôles que nous donnons au ciel & à notre tourbillon folaire, ne font que des apparences qui ne font que pour nous, & tout ce qui fe trouvera fondé là-deffus le fera affez peu.

On conçoit bien pourquoi dans la circulation d'un solide, toutes les couches circulaires qui le composent, se meuvent parallelement à l'équateur ; c'est à cause de la liaison des parties.

Mais dans la circulation d'un fluide où cette liaison n'a pas lieu, pourquoi ce parallélisme ? c'est un mouvement singulier; unique entre une infinité d'autres possibles, plus convenables pour la plupart à un fluide très-agité ; un mouvement qui par lui-même se maintient très-difficilement. Où trouvera-t-on le principe qui détermine toute la suite des centres des paralleles à être une ligne constamment immobile dans un pareil fluide au milieu duquel elle se trouve ?

Il est très-certain que nos six planetes se meuvent, non dans des cercles paralleles à un équateur & par conséquent entr'eux, mais dans des cercles qui se coupent tous; ont pour centre le Soleil ; & qui sont ce qu'on appelle de *grands cercles de la sphere :* le tourbillon étant supposé sphérique comme il est ici. Or comment concevra-t-on que ces six grands cercles puissent avoir une circulation si différente de celle de tous ces paralleles dont on formoit le tourbillon ? Ceux-ci sont un nombre infini, & les autres ne sont que six, qui devroient à la fin, ou plutôt très-vîte, se conformer aux plus forts, & en suivre le mouvement. Encore s'il n'y en avoit qu'un ou deux, ou même que tous les six fussent fort proche les uns des autres, on pourroit croire, quoiqu'avec peu d'apparence, qu'ils se défendroient contre l'impression générale du tourbillon, en formant une zone fort étroite, qui auroit d'ailleurs quelque disposition particuliere qu'on tâcheroit d'imaginer. Mais tout au contraire les six grands cercles sont répandus dans toute l'étendue connue du tourbillon, puisque le premier est celui de Mercure, & le dernier celui de Saturne. On peut croire qu'ils rendent un témoignage incontestable de la maniere dont se peut faire une circulation de tourbillon, & que nous n'avons aucun autre témoignage, non pas même le plus foible, en faveur de l'autre circulation.

Voici donc quelle doit être la nouvelle circulation. Figurons-nous une surface sphérique formée d'une infinité de cercles égaux, ayant tous le même centre ; j'appelle cela une couche. Qu'une autre couche formée de cercles égaux entr'eux , mais plus grands ou plus petits que ceux de la premiere, mais ayant tous le même centre que ceux de la premiere, enveloppe immédiatement la premiere ou en soit enveloppée, & toujours ainsi de suite ; il est visible que voilà une sphere entiere formée. Comme il s'agit ici d'une circulation fluide, il faut concevoir que cette sphere est enfermée dans quelque espece d'enveloppe, ou enfin contenue dans ses bornes par quelque cause que ce soit.

Rien n'empêche que tous les cercles qui formeront une couche quelconque de la sphere , ne se meuvent tous ensemble de la même vîtesse & selon la même direction. Quant à ceux de la *couche* immédiatement supérieure ou inférieure , il est bien clair qu'ils peuvent se mouvoir tous ensemble selon la même direction que les premiers. Mais quelle sera leur vîtesse ? s'ils circulent en même-tems que les premiers, ce qui seroit une grande & parfaite uniformité , ils auront plus ou moins de vîtesse qu'eux , puisqu'ils parcourent en même-tems de plus grands ou de plus petits espaces. Hors ce cas du même tems , il semble que pour toutes les autres vîtesses différentes le frottement soit à craindre ; mais il l'étoit également dans l'autre circulation, & au fond le fluide peut être composé de parties si subtiles & si peu liées entr'elles , & d'ailleurs la différence de vîtesse dont il s'agit ici , peut être si petite , que l'inconvénient du frottement disparoîtra. En voilà assez pour croire du moins possible la circulation que je viens de décrire.

Je le répete ; je ne comprens pas comment M. de Fontenelle peut expliquer dans son hypothese les 12 questions proposées dans l'article des *Tourbillons composés*.

TOURMALINE. Pierre singuliere , par le moyen de laquelle on fait des expériences que je ne crois pas encore avoir été expliquées d'une maniere conforme aux loix de la saine Physique. C'est-là ce qui m'a engagé à imaginer un systeme qui paroît me fournir des explications raisonnables. Avant de l'exposer , qu'il me soit permis de faire en peu de mots la Topographie des endroits où elle se trouve. C'est l'isle de Ceylan & le Tirol.

Ceylan est une isle d'environ cent lieues de long sur cinquante de large. Elle est située vis-à-vis le cap de Comorin qui forme la pointe méridionale de la péninſule intérieure de l'Inde. Elle n'en eſt éloignée que de ſeize lieues, & l'on ſuppoſe qu'elle y étoit jointe autrefois ; ſuppoſition dont on ne ſauroit fixer l'époque. Les Hollandois poſſedent preſque toutes les côtes de cette iſle ; & le Roi de Candi eſt maître de l'intérieur du pays. Cette iſle eſt très-agréable & très-fertile ; l'air qu'on y reſpire, eſt très-bon. La meilleure eſpece d'éléphans ſe tire de Ceylan, de même que la meilleure cannelle. Les pierres précieuſes n'y ſont pas rares, & parmi ces pierres précieuſes, la Tourmaline a occupé pendant long-tems un rang très-diſtingué. Cette iſle fut découverte, en 1508, par un Portugais nommé *Lorenzo*. Il aborda au port de *Galle* avec neuf vaiſſeaux. Il y trouva un grand nombre de Mores qui chargeoient de la cannelle & des éléphans pour Cambaye. Saiſis d'effroi à ſon arrivée, ils lui offrirent en préſent quatre cens *bahars* de cannelle ; le bahar peſe trois cens ſoixante de nos livres. *Lorenzo* les accepta avec reconnoiſſance & il ſe retira ; mais avant ſon départ, il planta une croix, avec une inſcription qui marquoit le tems de ſon arrivée. Quelque tems après les Portugais revinrent en force, ils s'établirent ſur les côtes de l'iſle de Ceylan où ils bâtirent des forteresses, d'où ils furent chaſſés vers le milieu du ſiecle dernier. Les Hollandois convinrent, en 1636, par un contrat formel avec le Roi de Candi, de chaſſer les Portugais de ſon iſle, avec la condition expreſſe que les places, les villes & les forteresses qu'ils prendroient ſur les Portugais ſeroient auſſitôt livrées à ce Prince, qui les feroit démolir, & qui payeroit en cannelle, à un prix réglé, les frais & les dépenſes de la guerre. Sur cette convention les Hollandois prirent, en 1638, les forteresses le *Pagode*, près de Trinquemalle, & celle de Batacallor, & ils les remirent fidellement au Roi de Ceylan qui les fit démolir. Enſuite s'étant rendus maîtres de Point de Galle, de Negombo, de Columbo & de Jafnapatan, ils retinrent toutes ces places, en déclarant cependant qu'elles appartenoient au Roi ; qu'ils ne les gardoient que pour lui, dans la crainte que les Portugais ne vinſſent encore s'établir ſur les côtes. Tel eſt l'état actuel de l'iſle de Ceylan.

Pour le Tirol, c'eſt un pays trop connu, pour qu'il ſoit néceſſaire d'en faire ici une exacte deſcription. Tout le monde fait qu'il fait partie des États héréditaires de la maison d'Autriche en Allemagne. Nous remarquerons cependant que c'est un pays montagneux où l'on trouve des mines d'or, d'argent, de cuivre & de fer. Parmi les montagnes du Tirol, le *Greiner* est une des plus élevées; sa cime est couverte en tout tems de neige & de glaçons. C'est sur le *Greiner* qu'on va chercher la Tourmaline; il faut grimper sur la montagne, par les plus horribles chemins, à-peu-près à la hauteur de six mille trois cens pieds, au-dessus du niveau de la mer.

A cette espece de Topographie du pays natal de la Tourmaline, doit succéder naturellement mon systeme sur cette pierre précieuse. Je l'ai exposé assez au long dans un Mémoire particulier qui va me servir d'article. Je le joins ici, tel que je l'ai lu dans une de nos assemblées de l'Académie Royale de Nîmes.

NOUVEAU SYSTEME SUR LA TOURMALINE.

Vous le savez, Messieurs. Un systeme de Physique général ou particulier suppose des principes évidens, des expériences constatées, des regles sûres & un ou différens agens, non pas imaginaires, mais réels qui en soient comme l'ame. Plus les phénomenes sont compliqués, plus aussi le systeme est difficile à bâtir. C'est bien pis encore, lorsque les faits à expliquer, sont opposés les uns aux autres. Alors on détruit d'une part ce qu'on construit de l'autre. C'est-là le cas où je me trouve. La Tourmaline a été jusqu'à présent un mystere en Physique; on la nomme encore le désespoir des Physiciens, & voilà, je l'avoue, ce qui a piqué ma curiosité. Procédons avec ordre dans une matiere si difficile, & avant de proposer mon nouveau systeme, discutons avec soin les questions suivantes:

Qu'est-ce que la Tourmaline?

Quels phénomenes présente-t-elle?

Peut-on les expliquer dans les systemes déjà proposés?

Quel est mon nouveau systeme sur cette pierre intéressante?

Premiere question. Qu'est-ce que la Tourmaline? C'est, Messieurs, une pierre précieuse, transparente, & d'une couleur tirant sur le brun. Sa pesanteur spécifique est triple de celle de l'eau, elle nous vient de l'isle de Ceylan, où on la trouve plus ou moins enfoncée dans le ſable ſur le bord de la mer. Elle n'eſt connue en France que depuis l'année 1717. Dans les commencemens, à peine pouvoit-on ſe la procurer à prix d'argent. On la peſoit, & on la vendoit 10 francs le grain. La Tourmaline de M. *Wilſon* coûta donc douze cens livres ; elle peſoit 120 grains. Le prix en a beaucoup diminué, depuis qu'on a trouvé cette pierre ſur les montagnes du Tirol. Cette découverte ſe fit en 1778 ; nous la devons à M. *Muller*, Conſeiller du département des Mines & des Monnoies, en Tranſilvanie. La Tourmaline du Tirol eſt, comme celle de Ceylan, tranſparente & de couleur brune. Sa forme en général eſt priſmatique. La matrice dans laquelle elle eſt renfermée, eſt, ſuivant *Muller*, la pierre ollaire, ou plutôt la ſtéatite dure, talqueuſe. Miſe en fuſion avec une quantité égale de borax, elle donne un verre tranſparent, d'un brun noir ; & ce verre, jetté dans l'eau forte, ſe change en une ſubſtance gélatineuſe, parfaitement diaphane. Frappée avec l'acier, elle donne un feu très-vif. Fuſible au feu ſans addition, elle ſe change en émail blanc. Polie avec ſoin, elle coupe le verre, preſqu'auſſi bien que peut le faire le diamant. On fait en un mot avec la Tourmaline du Tirol toutes les expériences qu'on fait avec celle de Ceylan ; elles préſentent l'une & l'autre les mêmes phénomenes. Quels ſont-ils ? C'eſt ma ſeconde queſtion,

Seconde queſtion. Quels phénomenes préſente la Tourmaline ? Elle en préſente de bien ſinguliers.

Elle a des pôles bien diſtingués, quoi qu'en diſe le Duc *de Noya Caraffa.* Je l'ai éprouvé moi-même ; j'apprendrai bientôt comment on peut les trouver.

Deux Tourmalines ſuſpendues s'attirent toujours & ne ſe repouſſent jamais. La Tourmaline ne préſente aucun phénomene intéreſſant, lorſqu'elle n'eſt pas frottée ou échauffée. On la frotte contre un drap de laine, aſſez fortement pour qu'elle acquiere une chaleur ſenſible. On l'échauffe tantôt en la tenant avec des pinces pendant quelques minutes dans l'eau bouillante, tantôt en la plaçant ſur un charbon ardent ou ſur un métal échauffé. Dans cet état elle attire & repouſſe les corps légers : ſa vertu ſe communique à travers le papier : elle agit au bout d'un conducteur métallique iſolé.

La Tourmaline ne perd ſon électricité ni par l'approche des pointes ; ni par aucun des moyens ordinaires.

La Tourmaline électrisée est attirée par un tube électrisé, au lieu d'en être repoussée. Voilà, Messieurs, des faits bien constatés. Peut-on les expliquer dans les systemes déjà proposés ? Je vais l'examiner dans ma troisieme question.

Troisieme question. Dans les systemes connus jusqu'à présent, peut-on expliquer les phénomenes que nous présente la Tourmaline ?

Je ne le pense pas, Messieurs. Deux grands Physiciens ont travaillé sur cette matiere, M. *Lemery* & M. *Epin*, Professeur de Physique de l'Académie Impériale de Pétersbourg. M. *Lemery* regarde la Tourmaline comme une pierre magnétique. La preuve qu'il en apporte, est tirée des deux pôles de cette fameuse pierre : leur existence en effet n'est plus révoquée en doute. J'ai enterré plusieurs fois dans la sciure de bois une Tourmaline de Ceylan du poids de 27 grains ; elle étoit brute, c'est-à-dire, dans l'état où on la trouve sur le bord de la mer. J'ai toujours observé que les cendres légeres, la limaille de fer & surtout la sciure de bois s'attachoient plus abondamment & plus fortement à deux endroits de cette pierre, qu'à tous les autres. L'expérience au reste ne m'a bien réussi, que lorsque la Tourmaline a été chauffée sur le charbon ardent. Elle a été beaucoup moins sensible, lorque je l'ai chauffée dans l'eau bouillante.

On fait remarquer à M. *Lemery* que si la Tourmaline est une pierre magnétique, c'est un aimant différent de tous les autres. La pierre d'aimant ordinaire, *lui dit-on*, ne manifeste ses pôles, que lorsqu'elle est enterrée dans la limaille de fer ou d'acier ; la Tourmaline les manifeste non-seulement par ce moyen, mais encore lorsqu'elle est enterrée dans les cendres légeres, dans la sciure de bois, &c.

La Tourmaline ne présente aucun phénomene intéressant, lorsqu'elle n'est pas frottée ou échauffée. La pierre d'aimant n'a jamais besoin d'être frottée ou échauffée, pour manifester sa vertu.

Deux Tourmalines suspendues & échauffées s'attirent toujours & ne se repoussent jamais ; on voit deux pierres d'aimant suspendues, tantôt s'attirer & tantôt se repousser.

Enfin la pierre d'aimant ne donne aucune marque d'électricité, & la Tourmaline en donne sans nombre.

C'est-là, Messieurs, ce qui a engagé M. *Epin* à la regarder comme une pierre électrique. Il veut qu'elle reçoive toujours, par les moyens que nous avons indiqués, deux sortes d'électricité; l'une positive & l'autre négative. L'une, *dit-il*, réside dans l'un de ses côtés, & l'autre dans le côté opposé. Il ajoute que tel côté qui a coutume d'acquérir l'électricité positive n'acquiert quelquefois que la négative, & que celui qui acquiert pour l'ordinaire l'électricité négative acquiert pour lors la positive. Ce cas arrive, suivant M. *Epin*, lorsqu'un des côtés de la Tourmaline est beaucoup plus échauffé que l'autre. Il avoue enfin que souvent les deux côtés de la pierre sont doués de la vertu électique qu'on appelle positive. Assujettissez, *dit-il*, la Tourmaline à un tube de verre; frottez-la ensuite contre un drap, de maniere qu'elle ne s'échauffe pas, en prenant la précaution que, soit pendant le frottement, soit après, le côté non-frotté de la pierre ne soit touché ni par les doigts, ni par aucun corps non électrique, alors les deux côtés de la Tourmaline se trouveront positivement électriques.

Quand même il y auroit deux sortes d'électricité; l'une positive & l'autre négative; je vous le demande, Messieurs, peut-on adopter un systeme qui transforme en autant de regles invariables des variations directement opposées les unes aux autres? Mais non, je ne connois qu'une électricité; la positive ne differe de la négative, que comme une grande chaleur differe d'une chaleur moindre. Je vous l'ai prouvé dans un Mémoire particulier.

D'ailleurs si la Tourmaline est une pierre purement électrique, pourquoi s'électrise-t-elle par le moyen de l'eau bouillante? Pourquoi ne perd-elle pas sa vertu par le moyen des pointes, ni par aucun des moyens ordinaires? Pourquoi enfin a-t-elle des pôles bien distingués? Cherchons donc un systeme dans lequel tout s'explique, d'une maniere conforme aux loix de la saine Physique; c'est-là ma quatrieme question?

Quatrieme Question. Quel est donc mon nouveau systeme sur cette pierre intéressante. Avant de l'exposer; permettez-moi, Messieurs, d'établir une analogie entre l'aimant & l'électricité. Cette analogie n'est plus révoquée en doute; elle est fondée sur la ressemblance qui se trouve entre les expériences magnétiques & les expériences électriques. Entrons ici dans une énumération de faits que je regarde comme le fondement & la base de mon nouveau systeme.

1°. Les corps actuellement électriques tantôt attirent & tantôt repoussent des corps légers. Les attractions & les répulsions ne sont pas moins sensibles dans les corps magnétiques; les pôles de différent nom s'attirent & les pôles du même nom se fuient.

2°. Parmi les corps électriques, les uns le sont par eux-mêmes & les autres par communication. Parmi les corps magnétiques, les pierres d'aimant ont cette vertu par elles-mêmes, & l'acier ne l'a que par communication.

3°. Les corps, dans l'état actuel d'électricité, sont entourés d'une atmosphere dans laquelle certains corps s'électrisent très-facilement. Les aiguilles d'acier s'aimantent, lorsqu'on les laisse pendant quelque tems dans l'atmosphere d'une forte pierre d'aimant.

4°. Un corps électrisé par communication perd communément toute sa vertu par l'attouchement d'un corps qui ne l'est pas. Les barreaux d'acier aimantés, maniés trop souvent & sans précaution, perdent bientôt la vertu qui leur a été communiquée.

5°. Le coup fulminant qu'on donne par le moyen du tableau magique ou de la bouteille de Leyde, M. *Hell* le donne avec des flacons où le fluide magnétique se trouve étonnamment comprimé. Au reste je ne garantis pas ce fait; je ne l'ai appris que par la Gazette salutaire.

6°. Il y a une électricité médicale & il y a un magnétisme médical. Je ne donne pas, à tête baissée dans les rêveries des Mesmériens; je sais cependant, à n'en pouvoir douter, que l'application de l'aimant artificiel sur une dent gâtée appaise, pour un tems, les douleurs les plus aiguës & les plus insupportables.

Voilà donc, Messieurs, l'analogie bien établie entre l'aimant & l'électricité. Mais une analogie n'est pas une identité; aussi les corps magnétiques nous présentent-ils des phénomenes différens de ceux que nous fournissent les corps électriques. Le principal sans doute est l'existence des pôles dans les uns & la non-existence dans les autres. Suspendez sur un pivot une aiguille aimantée ; vous la verrez constamment se tourner vers les deux pôles de la terre. Suspendez en même-tems une aiguille non-aimantée ; communiquez-lui la vertu électrique ; elle ne cherchera pas les mêmes pôles. La Tourmaline même échauffée ne les cherchera pas, quoiqu'elle ait des pôles bien distingués.

Quel est donc le nouveau systeme que je propose, pour expliquer sans peine les contradictions apparentes de la Tourmaline ? Le voici en deux mots : la Tourmaline est une pierre précieuse *magnetico-électrique*. Les expériences déjà rapportées ; la nature de cette pierre sont les fondemens solides, je dirois presque, inébranlables de mon assertion.

Les expériences déjà rapportées. Vous l'avez vu, Messieurs ; les unes appartiennent à l'aimant, les autres à l'électricité ; c'est donc une pierre magnético-électrique.

La nature de cette pierre. Elle est vitrescible ; elle participe donc de la nature du verre ; c'est donc un corps originairement électrique. D'ailleurs toutes les pierres précieuses le sont plus ou moins ; pourquoi & par quelles raisons la Tourmaline seroit-elle exclue de cette regle générale ?

De plus, la Tourmaline est une pierre dont le fer est un des premiers élémens ; elle est très-propre à recevoir dans sa formation & à conserver ensuite la vertu magnétique. Que la Tourmaline soit une pierre ferrugineuse, l'on en sera convaincu par l'expérience suivante ; elle a été faite sous mes yeux par un Physicien qui a en Chimie les connoissances les plus rares.

Il a pris des fragmens de la Tourmaline du Tirol ; il les a réduits en poudre dans un mortier d'agate ; il les a mis en digestion dans de l'acide marin très-pur ; ils n'ont pas été attaqués sensiblement par le dissolvant, à l'aide même d'une douce chaleur. Mais lorsqu'il eut versé sur la liqueur une goutte d'*Alkali Prussien*, il se manifesta sur le champ un bleu de Prusse très-abondant ; ce qui démontre clairement la présence du fer dans cette pierre singuliere. L'expérience est de M. *Vincens*, le fils aîné, notre confrere.

La Tourmaline est donc une pierre *magnético-électrique.*

Voilà tout mon syſteme, la clef des expériences qui paroiſſent oppoſées les unes aux autres, la ſolution de toutes les difficultés qu'on peut faire, enfin le mot d'une énigme qu'on a regardé juſqu'à préſent comme inexplicable. En effet les expériences que nous faiſons avec la Tourmaline ont-elles quelque rapport avec celles qu'on fait par le moyen de la machine électrique, j'aurai recours à la vertu électrique de cette fameuſe pierre ; & j'aurai recours à ſa vertu magnétique, ſi ces expériences ont quelque rapport avec celles qu'on fait par le moyen de l'aimant naturel ou artificiel.

Je préviens, Meſſieurs, l'objection que vous pourrez me faire. Les expériences qu'on fait avec la Tourmaline, *me direz-vous*, ne réuſſiſſent jamais auſſi bien que celles qu'on fait par le moyen de l'aimant & par le moyen de la machine électrique.

Je conviens du fait & je n'en ſuis pas étonné. Toutes les fois qu'on combine enſemble deux ſubſtances différentes, on fait un mélange qui participe des deux ſubſtances, mais qui n'en préſente aucune dans ſon état naturel. Tel eſt le mélange de l'eau avec le vin ; il a moins de force que le vin & plus de force que l'eau. Dans la Tourmaline la vertu magnétique & la vertu électrique ſe trouvent combinées enſemble ; vous n'en devez donc trouver aucune dans ſa perfection. Je crois cependant que dans cette pierre la vertu électrique l'emporte ſur la vertu magnétique ; auſſi fait-on plus par ſon moyen, d'expériences électriques, que d'expériences magnétiques.

Au reſte, Meſſieurs, pour faire des expériences auſſi curieuſes, que déciſives, il faut opérer ſur une Tourmaline du poids à-peu-près de celle de M. *Wilſon* ; elle peſe, comme je l'ai déjà dit, 120 grains. Celle dont je me ſuis ſervi, n'en peſe que vingt-ſept. Les attractions & les répulſions ont cependant été bien ſenſibles ; les pôles bien diſtingués. Mais elle n'a agi que très-imparfaitement à travers le papier, & jamais au bout d'un conducteur métallique iſolé. Je n'ai pas pu répéter les expériences qui demandent deux Tourmalines ; je n'avois en mon pouvoir que celle du curieux cabinet de M. *Rouſtan*, Docteur en Médecine, dont les connoiſſances dans l'Hiſtoire Naturelle ſont ſupérieures. C'eſt lui qui m'a engagé à parler de la Tourmaline que je connoiſſois à peine, & qui a fait avec moi les expériences dont je viens de parler.

Terminons ce Mémoire, Meſſieurs, par un avertiſſement à ceux qui n'auroient pas pu faire avec leurs Tourmalines les expériences dont nous avons rendu compte. Ne les accuſons pas de mal-adreſſe ; on pourroit bien les avoir trompé, en leur vendant une Tourmaline du Bréſil pour une Tourmaline de Ceylan ou pour une Tourmaline du Tirol. Il n'eſt dans le Bréſil aucune véritable Tourmaline ; & c'eſt pour mieux tirer parti d'une pierre aſſez commune verte & tranſparente qui nous vient de ce pays-là, qu'on lui a donné ce beau nom. *Wallerius* a donc eu tort de la déſigner ainſi dans ſon ſyſteme de Minéralogie : *Turmalinus pellucidus, colore virideſcente, interdum ſmaragdino.* La Tourmaline du Bréſil n'eſt dans la réalité qu'une émeraude connue ſous le nom de *Péridot*, c'eſt-à-dire, une émeraude bâtarde, très-tendre, nullement rayonnante & très-peu eſtimée. Sa couleur verte eſt mêlée de jaune légerement bruni.

Tournefort, (Joſeph Pitton de) naquit à Aix en Provence, le 5 Juin 1656. C'eſt ſans contredit le plus grand Botaniſte que la France ait eu. Après avoir parcouru, en herboriſant, la Provence, le Dauphiné, la Savoie, le Languedoc, la Catalogne, les Alpes & les Pyrenées, il fut appellé à Paris en 1683, pour y occuper la chaire de Profeſſeur Royal en Botanique au Jardin-Royal. C'eſt dans ce poſte qu'il a compoſé tous les ouvrages que nous avons de lui. Le premier eſt intitulé : *Elémens de Botanique*, ou, *Méthode pour connoître les plantes.* C'eſt-là un de ces ouvrages dont on ne doit rien citer, parce qu'on ſuppoſe que tout Botaniſte en fait ſon étude principale. Nous nous contenterons de remarquer avec M. de Fontenelle que les *Elémens* de M. de Tournefort ſont faits pour mettre de l'ordre, dans ce nombre prodigieux de plantes, ſemées ſi confuſément ſur la Terre, & même ſous les eaux de la Mer, & pour les diſtribuer en genres & en eſpeces, qui en facilitent la connoiſſance & empêchent que la mémoire des Botaniſtes ne ſoit accablée ſous le poids d'une infinité de noms différens. Ces élémens parurent en 1694.

Quatre ans après, M. de Tournefort publia ſon

Histoire des plantes qui naissent aux environs de Paris ; avec leur usage dans la Médecine.

En 1700, il donna *Institutiones rei Herbariæ.* A la Préface près, qu'on peut regarder comme une très-belle introduction à la Botanique, ce troisieme ouvrage n'est qu'une traduction latine en 3 volumes *in-4°.* de ses *élémens.*

En 1703, il donna son *Corollarium Institutionum rei Herbariæ*; il contient la description de 1556 especes de plantes qu'il avoit apportées de la Grece, de l'Asie, de l'Afrique, & de la Perse qu'il venoit de parcourir en Botaniste. Il avoit, quelques années auparavant, visité toutes les montagnes de l'Espagne & du Portugal. Tant de courses ruinerent sa santé. Il mourut à Paris le 28 Décembre 1708, à l'âge de 52 ans. Il laissa par son testament son magnifique cabinet de curiosités au Roi pour l'usage des Savans. Il avoit été reçu à l'Académie Royale des Sciences en l'année 1691.

TRACHÉE-ARTERE. C'est un canal antérieur qui descend dans la poitrine. Nous en avons parlé dans les articles de la *respiration* & du *son articulé.*

TRANSPARENT. On nomme *corps transparens* des corps homogenes dont les pores droits, nombreux & disposés en tout sens donnent un passage libre à la lumiere. Cherchez *Diaphane.*

TREMBLEMENT DE TERRE. La nature présente de tems en tems les phénomenes les plus terribles. Le vulgaire étonné se contente de craindre & de pâlir ; il laisse aux Physiciens attentifs le soin d'en chercher les causes, & d'examiner par quels ressorts secrets tant de prodiges peuvent s'opérer. L'accident funeste qui renversa, il y a quelques années, une des plus fameuses villes du monde, ouvrit à leurs recherches un champ des plus vastes, & m'engagea à faire part au public dans une des premieres villes (*a*) de ce Royaume de quelques idées qui se présenterent à mon esprit sur un sujet si frappant ; voici en deux mots quelles furent mes conjectures.

1°. Il y a une parfaite analogie entre les tonnerres & les tremblemens de terre.

2°. L'on peut par le moyen de cette analogie expliquer d'une maniere physique non-seulement le renverse-

(*a*) Aix en Provence.

ment

ment de Lisbonne; mais encore tout ce qu'on regarde comme les effets de ce terrible phénomene. C'est-là tout le plan de cette courte dissertation.

Il n'en est pas des tremblemens de terre, comme de la fameuse *dent d'or*, & de tant d'autres questions de Physique qui n'ont d'existence & de réalité, que dans l'imagination de quelques Auteurs; il n'est presque point de siecle où il ne soit arrivé quelque tremblement de terre. Platon, Aristote, Pline & plusieurs autres anciens Ecrivains nous ont laissé la description de ceux dont ils ont été les témoins. Avouons-le cependant, il est peu de siecles aussi féconds que le nôtre en pareils phénomenes; les années (*a*) 1702, (*b*) 1721, (*c*) 1726, & (*d*) 1730, nous en fournissent de toutes les especes dans les différentes parties du monde; enfin le 1 Novembre 1755 sera à jamais mémorable dans l'histoire par un tremblement de terre que l'on soupçonne avec raison avoir été presque général, & qui a porté le trouble & la désolation dans plusieurs villes de l'Europe. L'on sait en effet que Cadix fut ébranlé jusques dans ses fondemens; que Seville fut agitée par les secousses les plus violentes; qu'Arcas fut détruit & qu'une des plus riches villes du monde fut presque entierement renversée. Les tremblemens de terre sont donc des faits bien constatés, & rien n'est plus utile à la société que d'en decouvrir les causes; peut-être, lorsqu'on les connoîtra, pourra-t-on trouver le moyen de prévenir ces funestes accidens : & d'abord y a-t-il quelque analogie entre les tonnerres & les tremblemens de terre? Je ne crois pas que l'on puisse raisonnablement en douter; je suis persuadé qu'il se forme dans les entrailles de la terre des météores à-peu-près semblables à nos tonnerres ordinaires; & je trouve une si grande ressemblance entre les uns & les autres, que je serois presque tenté de diviser le tonnerre en céleste & en terrestre; je ne suis pas l'inventeur d'une si heureuse conjecture; Pline, pour expliquer comment dans la violence d'un tremblement de terre, deux montagnes situées aux environs de Rome ont pu s'entrechoquer plusieurs fois avec

(*a*) En Italie.
(*b*) A Tauris.
(*c*) A Palerme.
(*d*) A Pekin.

un grand fracas, & comment du milieu de ces montagnes il a pu sortir des tourbillons de flamme & de fumée; Pline, dis-je, n'a pas craint de comparer les tremblemens de terre avec les tonnerres ordinaires. Je vais donc développer la pensée de cet auteur, & prouver que les tonnerres & les tremblemens de terre sont produits par les mêmes causes; ce qui m'engage à avancer cette espece de paradoxe, c'est que les effets que produisent l'un & l'autre météore, sont précisément les mêmes; en voici la preuve.

Exciter une flamme très-vive & très-brillante; causer un bruit très-considérable; briser, renverser tout ce qui fait obstacle, & répandre dans son chemin une horrible puanteur: voilà les effets ordinaires du tonnerre, & voilà, comme j'espere de le prouver, les effets ordinaires des tremblemens de terre.

Que les effets des tonnerres considérables se réduisent aux quatre que je viens d'indiquer, l'expérience nous l'apprend tous les jours; si quelqu'un cependant paroissoit en douter, je lui rapporterois un fait des mieux attestés; je l'ai lu dans une lettre écrite au secrétaire de l'Académie Royale de Bourdeaux; on la trouve imprimée à la fin d'une excellente dissertation sur le tonnerre composée par le P. Lorezan du Fesc, de la Compagnie de Jesus, laquelle remporta le prix par le jugement de la même Académie en l'année 1726; voici le fait en deux mots; nous l'avons déjà cité dans l'article du tonnerre. Un observateur des plus clairvoyans se trouva sur la montagne du Cantal; il apperçut vers le milieu de la montagne un brouillard qui couvroit tout le vallon; il entra dans la nue, & il y vit quantité de corps globuleux qui voltigeoient les uns d'un côté, les autres de l'autre; un de ces globes dont le diametre pouvoit avoir deux pieds, s'ouvrit; il excita d'abord une grande lumiere; il causa ensuite un bruit épouvantable; il infecta l'air assez au loin; & il renversa ou il brûla tous les endroits où il tomba. Voilà sans doute les quatre effets du tonnerre bien marqués: il faut maintenant, pour établir notre analogie, rapporter quelques tremblemens de terre qui nous présentent ces quatre effets d'une maniere aussi sensible. Je ne suis pas dans l'embarras. Le tremblement de terre qui arriva à Palerme le 1 Septembre de l'année

1726, va me servir de preuve; on entendit d'abord un bruit épouvantable qui dura près d'un quart-d'heure dans un tems où il n'y avoit ni vent, ni nuage: on vit ensuite deux colonnes de feu sortir de la terre & aller s'enfoncer dans la mer; on éprouva enfin un tremblement qui dura 5 à 6 minutes & qui renversa une partie des maisons de Palerme. Mais pourquoi aller chercher des exemples si loin? Les nouvelles publiques ne nous ont-elles pas appris que, si une partie de Lisbonne a été renversée par le tremblement de terre, l'autre partie a été bien endommagée par le feu que l'on a vu sortir des entrailles de la terre qui ne s'est ouverte qu'avec un bruit & un fracas horribles. Ces mêmes nouvelles ne nous ont-elles pas encore appris que dans l'endroit où existoit auparavant Lisbonne, l'on humoit un air infecté de particules nitreuses, sulfureuses & bitumineuses; ce qui sans doute a été une des causes de la maladie épidémique qui a presque fait autant de ravage à Lisbonne que le tremblement de terre du 1 Novembre? Ce n'est pas la premiere fois que les tremblemens de terre ont eu un pareil effet. Denys d'Halicarnasse en rapporte un qui infecta tellement l'air, qu'il fut suivi d'une espece de peste dans laquelle périt un grand nombre d'hommes & d'animaux. Le tremblement de terre qu'éprouva la Chine le 30 Septembre de l'année 1730, eut un effet aussi sensible. A quatre lieues au Nord de Pekin la terre s'ouvrit, & de cette ouverture il en sortit une fumée, ou pour mieux dire, un brouillard infect. Cette ouverture ne s'est pas fermée; elle fut long-tems couverte d'une eau noire en quelques endroits, jaunâtre en d'autres, & ailleurs noire & rougeâtre. Après de pareilles preuves, je ne crois pas que l'on puisse raisonnablement douter que les tonnerres & les tremblemens de terre n'aient les mêmes effets; si ces deux phénomenes ont précisément les mêmes effets, n'ai-je pas lieu de conclure qu'il se trouve entr'eux une parfaite analogie? rappellons-nous donc les causes du premier rapportées assez au long dans l'article du *tonnerre*, & voyons si par les mêmes principes nous pourrons expliquer les tremblemens de terre d'une maniere vraisemblable. Mais pour mettre de l'ordre & de la clarté dans ce que j'ai à dire, je vais établir auparavant quelques principes: je les réduis à trois.

1°. La matiere électrique, cause féconde des phénomenes les plus surprenans, est répandue par-tout : toujours disposée à se mouvoir & à mettre en mouvement les autres corps, elle est regardée avec plus de raison que la matiere subtile de Descartes, comme l'ame de ce monde. Aussi pouvons-nous assurer sans craindre de nous tromper, qu'il y a dans le sein de la terre une grande quantité de matiere électrique.

2°. La matiere électrique a pour alimens le nitre, le sel, le soufre & le bitume, qui sont dans les entrailles de la terre. Trouve-t-elle une certaine quantité de matieres combustibles bien disposée ? elle l'enflamme, à-peu-près comme une bougie allumée enflamme un bois bien sec & bien préparé.

3°. Il y a dans le sein de la terre des cavités remplies en partie d'eau ou de vapeurs, & en partie d'air ; ce sont ces cavités que l'on peut appeller les réservoirs de la terre. Ces principes une fois établis, voici comment j'explique les tremblemens de terre.

Représentez-vous un pays dans l'intérieur duquel soient creusées des cavités immenses ; allumez au fond de ces cavités par le moyen de la matiere électrique que le mouvement de rotation de la terre joint à tant de causes accidentelles & passageres qui se trouvent dans le sein de notre globe, est capable d'agiter d'une maniere très-violente ; allumez, dis-je, au fond de ces cavités des feux effroyables, dont le soufre & le bitume soient l'aliment ordinaire ; placez par-dessus ces feux des réservoirs spacieux dans lesquels soit renfermée une grande quantité d'eau ou de vapeurs, & remplissez d'air tout l'espace libre qu'il peut y avoir jusqu'à la superficie concave de ces cavernes souterraines ; il est évident que ces réservoirs intérieurs seront comme autant de chaudieres auxquelles les feux souterrains serviront de fournaise. Cela supposé, voici comment je raisonne ; l'eau & l'air échauffés par des feux très-violens doivent nécessairement se raréfier ; ces deux élémens raréfiés emploient toutes leurs forces pour pouvoir occuper un plus grand espace ; leurs forces proportionnées à celles du feu qui les dilate & du ressort dont ils sont doués, sont presque infinies : ils emploient donc des forces presque infinies pour se faire une issue & pour sortir de leurs antres ; est-il étonnant que la terre tremble, qu'elle s'entr'ouvre, & qu'elle vomisse de son sein des feux & des flammes dévorantes ? Telles sont vraisemblablement les causes physiques qui ont occasionné le tremblement de terre de Lisbonne.

Il est facile d'entrer dans tout ce mécanisme, me dira-t-on ; mais si ces gouffres entr'ouverts viennent à se refermer, qu'arrivera-t-il ? les cavités souterraines se rempliront encore, & le même jeu recommencera quelques années après ; l'histoire de Lisbonne nous en fournit des preuves bien sensibles ; aussi vaudroit-il mieux que ces gouffres se changeassent en autant de volcans ; & Lisbonne existeroit encore, s'il y avoit eu auprès de cette ville infortunée quelque montagne semblable au Mont-Vésuvé ou au Mont-Etna. C'est pour cela sans doute que quelques Physiciens comparent ces pays sous lesquels agissent les feux souterrains, à ces remparts sous lesquels on a fait travailler les Mineurs. La mine est-elle éventée ? la poudre allumée s'exhale par l'issue qu'elle trouve libre ; la mine au contraire est-elle bien fermée ? elle fait voler au loin les fortifications dont l'intrépide ennemi vouloit se rendre maître.

De tout cela, concluons d'abord que la mine qui a joué sous la Capitale du Portugal, a dû avoir une grande force, puisqu'on en a ressenti les effets dans presque toute l'Europe. Un pareil phénomene a été comme nécessaire ; les parties qui composent le globe que nous habitons, sont assez étroitement unies les unes avec les autres, pour que l'Europe entiere ait dû se ressentir du bouleversement de Lisbonne ; d'ailleurs un vrai Physicien ne doit pas regarder comme impossible un tremblement de terre général ; la terre n'a pas trois mille lieues de diametre ; il pourroit donc y avoir dans son sein une caverne assez grande pour renfermer des causes capables d'imprimer une secousse sensible à tout notre globe.

Il se présente d'abord une difficulté qu'il est nécessaire d'éclaircir : la voici. Si les tremblemens de terre dépendent d'une caverne souterraine qui contienne les causes physiques que nous venons d'assigner, comment peut-il se faire, dira-t-on, que deux villes assez éloignées l'une de l'autre soient ébranlées, sans que les endroits intermédiaires soient agités d'une maniere aussi violente ; ce fut-là cependant ce qui arriva lors du dernier tremblement de terre. En effet combien de bourgs & de villages situés entre Lisbonne & Seville ne furent pas auſſi maltraités que ces deux Villes ?

Quelque forte que paroiſſe cette difficulté, elle n'eſt pas inſoluble dans le ſyſteme que nous propoſons ; pluſieurs cavernes ſouterraines communiquant par des veines remplies de ſoufre, peuvent être regardées comme une ſeule caverne ; imaginez-vous donc qu'une de ces cavernes ſe trouvoit ſous Lisbonne, & l'autre aux environs de Seville ; ces deux villes ont dû être violemment agitées, ſans que les endroits intermédiaires aient reſſenti des ſecouſſes auſſi fâcheuſes.

L'on pourroit encore dire, en ne mettant qu'une ſeule caverne, que les feux ſouterrains ſe ſont fait plus facilement une iſſue à travers les endroits intermédiaires, parce que la terre n'étoit pas ſi ferme & ſi compacte. Ces deux explications paroiſſent très-phyſiques ; elles ſuivent comme naturellement du ſyſteme que nous propoſons ; les quatre effets ordinaires des tremblemens de terre conſidérables, ne nous coûteront pas plus à expliquer. En effet les feux enflammés doivent 1°. en ſortant du ſein de la terre exciter dans l'atmoſphere une flamme très-vive & très-brillante. 2°. Ces mêmes feux joints aux vapeurs & aux exhalaiſons qui s'échappent avec violence par les ouvertures qu'elles ſe ſont pratiquées, doivent comprimer fortement l'air extérieur ; l'air extérieur comprimé doit par ſon reſſort ſe remettre dans ſon premier état, & c'eſt en s'y remettant qu'il cauſe ces bruits effroyables qui ſont un effet néceſſaire des grands tremblemens de terre, quelquefois même, avant que la terre s'ouvre, l'on entend un bruit ſemblable à un vrai mugiſſement ; je l'attribuerois volontiers à l'air qui fait une infinité de tours, avant que de ſortir de la terre par des ouvertures aſſez peu conſidérables qu'il trouve faites ſur ſa ſurface. Ce qui m'engage à faire cette conjecture, c'eſt que le ſon de l'inſtrument de muſique que l'on nomme ſerpent, ne differe gueres du mugiſſement des animaux, parce que l'air n'en ſort qu'après avoir fait un grand nombre de tours & de détours. 3°. Les grands tremblemens de terre renverſent communément les édifices, parce que les violentes ſecouſſes qu'ils leur donnent, le ſont pencher tantôt d'un côté, tantôt d'un autre, & ſont cauſe par-là même que leur centre de gravité ne correſpond plus à leur baſe.

4°. Les grands tremblemens de terre infectent l'air ; parce qu'il sort du sein de notre globe, des exhalaisons très-propres à causer un pareil effet. Telles sont les suites ordinaires des grands tremblemens de terre ; mais il est certains effets qui, pour être moins communs, n'en sont pas moins réels ; leur explication physique suivra naturellement de notre systeme.

Cherche-t-on, par exemple, pourquoi les Pays maritimes & les Pays montagneux sont plus sujets que les autres aux tremblemens de terre ? La raison en est évidente ; la mer doit fournir aux feux souterrains beaucoup de matieres combustibles, tels que sont le soufre, le bitume, &c. sous les montagnes se trouvent communément des cavernes propres à contenir les causes physiques des tremblemens de terre ; donc les Pays maritimes & les Pays montagneux doivent être plus sujets que les autres à ces accidens funestes.

Cherche t-on encore comment les tremblemens de terre ont donné naissance à de nouvelles Isles ? L'on peut répondre que les feux intérieurs dilatant l'air & les vapeurs souterraines, ont élevé le fond de la mer ; & ce fond est devenu une Isle, lorsqu'il a été plus élevé que la surfaces des eaux ; l'on a vu plus d'une fois un pareil phénomene dans l'Archipel & dans l'Océan Atlantique.

Cherche-t-on enfin pourquoi l'on remarqua dans les eaux de la mer, le jour même du tremblement de terre de Lisbonne, un bouillonnement & une agitation extraordinaire ? L'on peut dire que les tremblemens de terre soulevent le fond & par conséquent les eaux de la mer & des rivieres ; l'on vit autrefois dans une pareille occasion le lit du Tage à sec, & ses eaux répandues dans les campagnes voisines ; & Cadix, le jour même du renversement de Lisbonne, fut sur le point d'être submergé par les flots impétueux qui vinrent se briser contre ses murailles. Ce qu'il y a de sûr, c'est que nous n'avons eu jusqu'à présent aucun tremblement de terre considérable qui n'ait agité les flots de la mer, & qui n'ait été suivi de l'inondation des rivieres : aussi quelques Physiciens conjecturent-ils que l'inondation qui désola plusieurs Provinces sur la fin de l'année 1755, fut un effet du tremblement de terre de Lisbonne.

De tout ce que j'ai dit jusqu'à présent je conclus qu'il

y a une vraie analogie entre les tonnerres & les tremblemens de terre. Demande-t-on maintenant s'il ne se passe rien dans l'atmosphere que l'on puisse regarder comme l'effet de ces terribles secousses ? Je réponds à une pareille question que pendant & après les tremblemens de terre considérables, l'on voit certains phénomenes que l'on doit regarder comme les effets de ces funestes accidens, & qui méritent toute l'attention des Physiciens ; par exemple, lorsque la terre est secouée d'une maniere violente, il se fait une ouverture sur sa surface ; de cette ouverture il sort non-seulement des feux & des exhalaisons, comme nous l'avons déjà remarqué ; mais encore ces feux & ces exhalaisons excitent presque toujours un vent assez violent. Je professois la Philosophie à Aix en Provence, lors du tremblement de terre qui y arriva le 3 Juillet de l'année 1756 sur les 2 heures après minuit, & qui dura 5 à 6 secondes ; voici ce que me raconta une personne digne de foi. » Je me promenois encore au cours, l'air étoit fort » calme, les étoiles brilloient de la lumiere la plus vive, » & il n'y avoit rien dans l'atmosphere qui eût aucune » relation avec les causes ou les effets des tremblemens de » terre, lorsque je m'apperçus que je chancelois sur mes » pieds ; je m'appuyai contre un des arbres du cours, & » j'entendis tout-à-coup un bruit à peu-près semblable à » celui que feroit une maison qui s'écrouleroit à deux pas » de moi ; je vis ensuite briller dans les airs comme deux » globes de feu dont la lumiere se dissipa bientôt ; je m'ap» perçus enfin qu'il s'élevoit un vent très-considérable qui » dura toute la journée ; j'étois presque seul au cours, » lorsque l'accident arriva ; la promenade fut bientôt rem» plie de monde ; la plupart n'étoient encore qu'à demi» habillés, dans la crainte où l'on étoit que la Capitale de » la Provence n'eût le sort de la Capitale du Portugal. »

Demande-t-on encore si l'on ne pourroit pas caractériser les signes qui précedent les tremblemens de terre, de façon à prévoir leur arrivée. Pour satisfaire à cette importante question, j'avertis d'abord qu'il seroit très-imprudent de faire grand fond sur tout ce que débitent à cette occasion quelques Physiciens ; nous lisons, par exemple, dans le Journal des Savans, page 200, année 1682, que lorsque les oiseaux & les autres animaux demeurent comme étonnés & stupides, c'est-là un présage de quelque tremblement de terre ; ce sentiment est appuyé sur une histoire arrivée à Dijon, la veille du tremblement de terre du 12 Mai de l'année 1682 ; l'on assure que le 11, les bergers dans la campagne, aux environs de la ville, ne purent jamais arrêter leurs troupeaux, ni les empêcher de gagner leurs étables dès les 5 heures du soir, quoique dans ce temps-là, ils ne se retirent qu'au Soleil couchant. Je ne crois pas que l'on trouve beaucoup de Physiciens empressés d'adopter un pareil présage. Je ne voudrois pas cependant avancer qu'il n'est aucun signe que l'on puisse regarder comme un présage d'un prochain tremblement de terre ; par exemple, lorsque l'on entend une espece de mugissement dans le sein de la terre ; de même lorsque l'on voit dans un tems serein les eaux s'agiter & s'élever, ou bien, lorsqu'on les voit se troubler & devenir bourbeuses, l'on a raison de craindre quelque tremblement de terre : comme les eaux résistent moins que la terre, il est naturel d'appercevoir plutôt l'action des feux souterrains sur celles-là que sur celle-ci. Les nouvelles publiques nous ont appris combien blanchâtres & bourbeuses étoient devenues les eaux les plus claires de plusieurs fontaines de ce Royaume, le jour que Lisbonne fut renversé.

Demande-t-on enfin si la Physique ne pourroit pas nous fournir quelques moyens efficaces pour prévenir ces funestes accidens, & si les puits profonds & nombreux, creusés par l'avis des Physiciens à Tauris en Perse, ont véritablement contribué à rendre les tremblemens de terre moins fréquens & moins terribles en cette contrée ? Comme le bien commun doit nous porter à examiner avec soin une pareille question, je remarque 1°. que l'unique moyen que l'on puisse prendre pour prévenir les ravages que causent les tremblemens de terre, est celui que l'on prend communément, lorsque l'on veut empêcher qu'une mine bien chargée n'ait son effet ; il faut d'abord deviner où se trouve la caverne souterraine ; il faut ensuite calculer à quelle distance elle est de la surface de la terre ; il faut enfin creuser jusqu'à ce qu'on l'ait éventée, & alors on sera sûr d'avoir délivré le pays d'un fléau si funeste. Je remarque 2°. que le conseil que l'on a donné aux habitans de Tauris, est dans la théorie très-conforme aux loix de la saine Physique ; mais l'est-il dans la pratique ?

C'est ce que je ne saurois assurer ; il faudroit pour cela qu'après le fameux tremblement de terre qui arriva dans cette ville le 26 Avril de l'année 1721, l'on eût calculé à quelle profondeur se trouvoit la caverne souterraine ; alors l'on auroit été sûr que les puits qu'on a creusés, ne sont pas inutiles. Pour moi si je me trouvois jamais dans ce pays-là ; & que je fusse témoin d'un pareil phénomene, j'examinerois surtout si la caverne ne seroit pas sous quelqu'une des montagnes qui bordent la plaine où Tauris est bâti ; & ce seroit au pied de cette montagne que je ferois creuser des puits ; je pousserois même mes observations jusques au Mont-Taurus ; & quelque éloigné qu'il soit de Tauris, je ferois faire plusieurs puits au pied de cette chaîne de montanges ; peut-être de pareils ouvrages garantiroient-ils pour toujours la Perse des tremblemens de terre. Je remarque 3°. que quoique Tauris n'ait éprouvé aucune secousse violente depuis l'année 1721, l'on ne peut pas assurer que les puits que l'on a creusés, l'en aient garanti ; il faut bien des années, avant que la mine souterraine soit de nouveau en état de jouer ; & il se passe communément au moins un siecle entre deux grands tremblemens de terre. J'avoue cependant que la précaution que l'on a prise à Tauris me plaît infiniment ; aussi suis-je persuadé que ceux qui rebâtissent Lisbonne, ne feroient pas mal de creuser des puits aux pieds des 7 montagnes sur lesquelles cette ville est bâtie ; il faudroit faire ces puits fort larges & fort profonds ; ceux avec lesquels on évente les mines, sont le tiers aussi grands qu'elles : les habitans de Lisbonne ne sauroient prendre trop de précautions, pour prévenir un malheur semblable à celui qui leur arriva le Ier. Novembre de l'année 1755.

Ces trois remarques me conduisent naturellement à la solution de deux problemes très-intéressans ; le premier consiste à deviner où se trouve la caverne souterraine qui a occasionné un tremblement de terre ; le second consiste à calculer à quelle distance de la surface de la terre se trouve cette caverne. Le premier probleme ne coûte presque rien à résoudre ; il est probable que la caverne correspond à l'endroit qui a été le plus endommagé par les secousses. Il n'en est pas ainsi du second ; il est physiquement impossible de déterminer exactement quelle est la distance qui se trouve entre la surface de la terre & la caverne souterraine : les *à-peu-près* doivent nous suffire : & dans une matiere aussi obscure, l'on doit se contenter des conjectures qui n'ont rien de contraire aux loix de la saine Physique ; en voici une qui paroît au moins vraisemblable.

Nous lisons dans les mémoires de l'Académie des Sciences *de l'année* 1700, *page* 131 *de l'édition* de Geneve, que M. Lémeri fit un mélange de parties égales de limaille de fer & de soufre pulvérisé ; il réduisit le mélange en pâte avec de l'eau ; il en mit 50 livres dans un pot qu'il enfonça dans la terre à la hauteur d'environ un pied ; & il apperçut, 8 à 9 heures après, que la terre se gonfloit, s'échauffoit, se crevassoit, & qu'il en sortoit non-seulement des vapeurs sulfureuses & chaudes, mais encore des flammes qui élargirent les ouvertures. M. Lémeri remarque que l'on auroit pu enfoncer davantage le pot dans la terre, mais qu'il y auroit eu à craindre que la matiere n'eût pu s'allumer faute d'air. Ce grand Physicien auroit pu encore ajouter que, quand même la matiere se seroit allumée, le ravage qu'elle auroit causé, auroit été moins grand. En effet plus les feux souterrains sont enfoncés dans la terre, & plus la masse qu'ils ont à soulever est considérable ; plus la masse qu'ils ont à soulever est considérable, & plus ils perdent de leurs forces ; plus ils perdent de leurs forces & moins ils occasionnent de ravage ; donc le ravage que fait un tremblement de terre est en raison inverse de la distance qui se trouve entre la caverne souterraine & la surface de la terre ; donc plus le tremblement de terre a été considérable, & moins profondément il faut creuser dans la terre, pour éventer la mine. Telles sont mes conjectures sur les causes physiques des tremblemens de terre : je les donnai comme telles à Aix en Provence en présence d'une nombreuse assemblée, trois semaines après qu'on eut reçu la nouvelle du renversement de Lisbonne ; si elles ont acquis depuis ce tems-là quelques degrés de probabilité, c'est que plusieurs Physiciens ne paroissent pas éloignés de ma maniere de penser, comme il est aisé de s'en convaincre par la lecture de plusieurs pieces dont on trouve l'analyse dans plusieurs feuilles périodiques.

Corollaire. Depuis le Ier. Novembre de l'année 1755 jusqu'au 5 Février 1783, il y a eu à Lisbonne & dans plusieurs autres Villes du monde plusieurs tremblemens de terre, que l'on expliquera par les mêmes principes. Le plus affreux sans contredit est celui dont nous allons rendre compte.

Depuis assez long tems le Mont-Etna étoit tranquille ; le peuple, toujours ignorant, s'en félicitoit, il étoit cependant à la veille du plus grand de tous les malheurs. En effet le 5 du mois de Février 1783, un peu après midi, il y eut à Messine un tremblement de terre si violent, que presque tous les édifices furent ébranlés & un très-grand nombre renversé. Cette premiere secousse dura six minutes entieres ; elle mit en fuite tous les habitans. Comme sur le soir, la terre parut se calmer, on eut l'imprudence de revenir dans la ville. A minuit, une nouvelle secousse, plus forte que la premiere, acheva de tout renverser, sans en excepter les bastions de la citadelle. L'horreur de ce désastre fut augmenté par l'incendie, causée, dit-on, par les feux qui se trouverent allumés dans différentes maisons, & peut-être par les flammes qui sortirent du sein de la terre entr'ouverte, peut-être même par le feu du ciel ; car les éclairs, la foudre, une tempête horrible & les ténebres de la nuit furent pour les Siciliens, ce que sera un jour pour tous les hommes le bouleversement du monde entier, lorsque le Tout-puissant, fatigué des crimes des mortels, fera rentrer l'univers dans le néant.

Il paroît que ce terrible fléau s'est porté avec plus de violence encore dans la Calabre ultérieure. La direction fut du couchant au levant. Le même jour que Messine fut renversée, presque de fond en comble, on y éprouva plus de trente secousses, de midi à minuit, dans un espace de soixante milles de long. Près de trois cens villes, villages ou hameaux, c'est-à-dire, presque tous les lieux habités de la Calabre furent ruinés. La pointe de la tour de *Faro*, ainsi que la ville de *Rizzo* furent englouties dans la mer ; on n'apperçoit plus le terrain qu'elles occupoient. La riviere *Pétracce* qui traversoit la Calabre, disparut ; apparemment que ses eaux allerent se perdre dans quelque abyme nouvellement ouvert. Quel a été le nombre des victimes qui ont péri par ce tremblement de terre ? On l'ignorera toujours, peut-être a-t-il été immense.

La Sicile & la Calabre ont, de tems immémorial, été exposées à des désastres moins considérables, il est vrai, que celui de 1783, mais infiniment fâcheux en eux-mêmes. On compte jusqu'à vingt-trois tremblemens de terre, entre les années 1169 & 1780. Ils sont presque tous racontés par des Historiens contemporains. Les plus terribles ont été ceux de 1169, 1638 & 1693. Dans le premier, il périt vingt mille habitans dans la seule ville de Catane. L'Evêque & quarante Moines, avec un peuple immense, furent écrasés dans l'Eglise par la chute du toit.

Le célebre *Kircher* rapporte, dans son *Monde souterrain*, que le tremblement de terre de 1638 fut annoncé par des bruits souterrains semblables à celui de plusieurs canons, qui portoient la terreur dans l'ame. Il ajoute que les secousses furent si violentes, que personne ne pouvoit se tenir sur ses pieds. Je tournai mes regards, *dit-il*, sur la ville de Sainte-Euphémie, dont je n'étois éloigné que de trois milles; je la vis couverte d'un nuage épais, à la suite duquel il n'y eut qu'un lac, à la place de la ville engloutie.

Le désastre de 1638 n'est presque rien en comparaison de celui qui, en 1693, ravagea toute l'étendue de la Sicile. La premiere secousse arriva le Vendredi 9 Janvier; la seconde, le Dimanche suivant; elle fut effroyable & commune à toute la Sicile. Palerme, Messine, Paterno, Catane, Lantini, Agosta, Syracuse & un grand nombre de bourgs & de villages furent renversés. Messine, *dit Alexandre de Burgos, Evêque de Catane & témoin oculaire*, ressembloit à une forêt dont tous les arbres dépouillés de leur verdure, sont tombés sous la coignée du bucheron. Il y périt cependant peu de personnes. Catane en perdit vingt-trois mille. A Agosta, le feu intérieur de la terre embrasa un magasin à poudre, & l'explosion fit sauter tous les bâtimens, dont les pierres écraserent les malheureux habitans qui, échappés des ruines, cherchoient leur salut dans la fuite.

M. *Chabaud de la Tour*, Lieutenant-Colonel au Corps-Royal du Génie, pense, comme nous avons toujours pensé sur les causes physiques des tremblemens de terre; il le paroît par un Mémoire dont il a enrichi le Journal de Physique, au mois d'Août 1785. Il prétend que ce que fait l'art dans les *pompes à feu*, la nature le fait dans l'intérieur des pays exposés à de pareilles secousses. » Qu'on se rappelle, *dit-il*, les descriptions des vol- » cans, de leurs éruptions, des tremblemens de terre, » des sifflemens & mugissemens qui quelquefois les pré- » cedent ou les accompagnent, les jets d'eau bouillante, » de pierres de différente espece, de soufre & de bi- » tume liquides, les quartiers de rocher lancés à sept » ou huit milles loin de la bouche des volcans, ces » nuages de cendre dérobant la vue du soleil à la terre » & couvrant sa surface d'une couche de plusieurs pieds » d'épaisseur, les torrens de lave portant la désolation » & la mort sur l'étendue qu'ils parcourent, les mers » soulevées & sortant de leurs lits, les rivieres mises » à sec, les montagnes entr'ouvertes ou affaissées, des » isles nouvelles s'élevant au dessus de la surface des » mers, tandis que d'anciennes isles sont abymées dans » leur profondeur, les villes renversées & englouties » avec leurs habitans, ces transsudations du globe cou- » vrant en même-tems de leurs vapeurs une grande par- » tie de sa surface, on ne verra dans ces phénomenes, » tout imposans qu'ils sont, que les effets des machines à » feu naturelles, c'est-à-dire, des masses de combusti- » bles allumés par la fermentation, placés à côté ou à » portée de chaudieres remplies & s'entretenant de l'eau » des mers, des lacs, des fleuves & rivieres, ou même » des pluies & des fontes de neige. » Cherchez *Pompe à feu*.

Il seroit à souhaiter qu'on pût trouver contre les secousses dont notre globe est si souvent agité, des remedes aussi efficaces, que la Physique en a trouvé contre les tonnerres dont le seul bruit nous cause de si grandes frayeurs ; nous aurions alors des *paratremblemens* de terre aussi efficaces que le sont les *Paratonneres* construits selon la méthode de M. l'Abbé *Bertholon*. Pour moi, je n'en connois point de comparable aux puits nombreux & profonds creusés, sous la direction d'un grand Physicien, dans tels & tels endroits des pays sous lesquels l'on est assuré que les feux souterrains agissent. Ce fut-là le conseil que je donnai lors du renversement de Lisbonne. Ceux qui rebâtissent cette ville, *disois-je*, ne feroient pas mal de creuser des puits aux pieds des sept montagnes sur lesquelles cette ville est bâtie ; il faudroit faire ces puits fort larges & fort profonds ; ceux avec lesquels on évente les mines, sont le tiers aussi grands qu'elles. Cet avis se trouve dans toutes les éditions de notre Dictionnaire de Physique. Les habitans de la Sicile & de la Calabre devroient en profiter & ne pas craindre la dépense inséparable de ces sortes d'entreprises.

M. *Chabaud de la Tour*, dans le Mémoire dont nous avons déjà parlé, donne le même avis aux Napolitains. » Il est évident, *dit-il*, que si l'on pouvoit parvenir à » percer plusieurs puits à travers l'épaisseur des terres » comprise entre leur surface & l'intrados des voûtes » des chaudieres ou des galeries de communication, ces » puits seroient des tuyaux d'évacuation par où la va» peur s'échapperoit sans effort & sans dommage : ils » seroient disposés transversalement sur les terres qui » communiquent de Naples au Vésuve, & on pourroit » les faire communiquer entr'eux par des galeries. Si » ces puits & ces galeries coupoient les rameaux de » communication des espaces caverneux où se forme la » vapeur aux cavités au-dessus desquelles ou près des» quelles Naples est bâtie, cette ville seroit infaillible» ment garantie des tremblemens de terre, puisque la » vapeur de l'eau bouillante que l'on peut regarder » comme leur premiere & principale cause, s'échappe» roit par ces soupiraux & auroit sa communication li» bre avec l'atmosphere. *Draper*, dans sa description » des isles de l'Archipel, rapporte, d'après *Strabon*, » que l'isle d'Eubée (aujourd'hui Negrepont) ne cessa » d'être affligée des tremblemens de terre, que lorsqu'on » eut fait des ouvertures dans la campagne de Lalente » au-dessus de la ville de Chalcis (aujourd'hui Negre» pont, ainsi que l'isle.) Si les puits & les galeries ne » pouvoient arriver à une assez grande profondeur pour » couper les rameaux de communication de la vapeur, » on pourroit espérer du moins qu'ils les avoisineroient » par le fond ou par les côtés, de maniere à présenter » à l'effort de la vapeur, des lignes de résistance plus » courtes que celles que lui opposent les épaisseurs des » voûtes des espaces caverneux au-dessus desquels ou » près desquels Naples est bâtie. De tels moyens seroient » sans doute coûteux & difficiles, mais moins encore

» que leur objet ne seroit important, puisqu'il s'agiroit
» du salut de la ville d'Italie la plus belle & la plus peu-
» plée. N'a-t-on pas sous les yeux des puits creusés à
» plus de mille pieds de profondeur & des galeries sou-
» terraines conduites de niveau à cette même distance
» verticale de la surface de la terre, dans des mines
» de charbon, dont, à l'aide de la machine à feu,
» on épuise les eaux qui sans son secours rendroient un
» pareil travail impossible? Les habitans de Naples &
» de ses environs se soumettroient sans doute avec joie
» à une imposition dont le produit ne seroit applicable,
» & appliqué en effet qu'à ce seul objet, & dont on
» pourroit même diminuer le fardeau, en employant
» les eaux que pomperoient les machines à feu, à faire
» tourner différentes especes de moulins & à l'arrosage
» des campagnes. »

Remarque. L'on trouvera à l'article *Feux souterrains* des choses essentiellement liées avec celles que nous venons de traiter. Le Lecteur ne doit pas séparer ces deux articles l'un de l'autre. Cherchez *Feux souterrains.*

Il est encore un tremblement de terre dont l'histoire est assez frappante, pour intéresser nos Lecteurs.

Vers le milieu du mois de Février de l'année 1760, on reçut à Marseille la relation d'un tremblement de terre presque aussi terrible qu'aucun de ceux que nous venons de rapporter. Elle est datée de Tripoli en Syrie. En voici le fond.

Les secousses commencerent à Tripoli le 30 Octobre 1759 à 4 heures du matin; les eaux des bassins verserent, & tout sembloit annoncer un bouleversement général. Elles se firent sentir de la même façon à Burut, qui est à 20 lieues au Sud; mais elles furent plus violentes à l'Attaquire éloigné de 25 lieues au Nord. Elle abattirent plusieurs maisons à Seyde, & quantité de gens furent ensevelis sous les ruines. A Acre la mer franchit ses bornes, & les eaux se répandirent dans les rues, quoique plus hautes de 7 à 8 pieds que le niveau de la mer. La Ville de Saphet fut totalement renversée, & la plus grande partie de ses habitans périt par la chute des maisons. Les secousses furent terribles à Damas; quantité de maisons furent renversées, & il y périt six mille ames. Il y a eu successivement jusqu'au 25 Novembre plusieurs autres

tremblemens

tremblemens de terre qui n'ont pas causé beaucoup de dommage. Nous comptions nos alarmes finies, lorsque ce jour-là sur les 7 heures du soir les secousses recommencerent ici d'une maniere si terrible, que quantité d'édifices s'écroulerent, & que la terre trembloit sous les pieds, pendant qu'on se retiroit à la campagne. Le lendemain sur les 4 heures du matin, il en succéda d'autres qui firent encore plus de fracas, & lorsque le jour fut venu, on en découvrit les tristes effets; les Villages voisins ne présenterent plus qu'un monceau de ruines; notre Ville n'est plus habitable; & nous sommes au milieu des champs. Bulbec qui est à 15 lieues d'ici du côté du Mont-Liban, & un ancien château bâti par les Romains avec des pierres dont 3 suffisoient pour former la voûte d'un grand caveau, ont été entierement renversés. Aujourd'hui 13 Décembre la terre n'a point encore repris sa stabilité; & il est à craindre que toutes les Villes de la Syrie n'éprouvent le sort de Lisbonne.

Ce terrible événement ne doit pas nous surprendre; la contrée qui en a été le théâtre, est en même tems maritime & hérissée de montagnes. L'étendue des pays où l'on a senti les secousses, est de 100 lieues en long, & presqu'autant en large, de sorte que l'aire donne un espace d'environ dix mille lieues carrées, où se trouve la chaîne des montagnes du Liban & de l'Anti-Liban.

TRIANGLE. Le triangle rectiligne est une figure composée de 3 angles & de 3 lignes droites; si ces 3 lignes sont égales, le triangle est équilatéral; s'il y en a deux d'égales, il est isocele; si elles sont toutes inégales, il est scalene. Le triangle se divise aussi en rectangle, obtusangle & acutangle; le premier a un angle droit, le second un angle obtus & le troisieme tous les angles aigus. Nous avons démontré dans l'article de la géométrie pratique, qu'on connoît l'aire d'un triangle en multipliant sa base par la moitié de sa hauteur, ou sa hauteur par la moitié de sa base. Lorsqu'on ne veut connoître que les côtés ou les angles d'un triangle rectiligne, on se sert des principes que nous allons établir dans l'article de la Trigonométrie rectiligne.

Un triangle curviligne est composé de 3 lignes courbes. Nous examinerons dans l'article de la trigonométrie sphérique les qualités communes aux triangles rectilignes &

curvilignes ; & les qualités qui distinguent les uns des autres. Nous verrons ensuite sur quels principes on doit se fonder, lorsqu'on veut résoudre quelque triangle sphérique ; nous opérerons enfin sur les triangles sphériques rectangles & non rectangles.

TRIGONOMÉTRIE *rectiligne*. La Trigonométrie rectiligne n'est pas moins nécessaire, que l'Arithmétique & la Géométrie ; aussi nous proposons-nous de donner les élémens de cette science avec toute l'étendue dont un ouvrage comme celui-ci puisse être susceptible. Nous les diviserons en deux parties. Nous parlerons dans la premiere de la Trigonométrie spéculative, & dans la seconde de la Trigonométrie pratique. Mais avant que d'entrer en matiere, nous donnerons quelques définitions qui contiendront comme les principes sur lesquels toute cette science est fondée.

Premiere définition. La Trigonométrie rectiligne est une science qui apprend à arriver par la connoissance de trois parties d'un triangle rectiligne à la connoissance des trois autres parties de ce même triangle. Connoissez-vous, *par exemple*, les deux côtés AC, AB & l'angle C du triangle ABC, *fig.* 2, *pl.* 2 ; la Trigonométrie vous apprendra à connoître successivement l'angle A, l'angle B, & le côté BC de ce même triangle ABC.

Seconde définition. Le sinus d'un arc, ou, d'un angle mesuré par cet arc est la ligne perpendiculaire, tirée d'une des extrémités de cet arc sur le diametre qui passe par l'autre extrémité. Ainsi la ligne perpendiculaire AD, *fig.* 1, *pl.* 2, est en même-tems sinus droit de l'arc AE, de l'arc AI, de l'angle aigu ACE, & de l'angle obtus ACI.

Troisieme définition. Le sinus verse d'un arc est la partie du diametre interceptée entre l'arc & son sinus droit. Ainsi la ligne ED, *fig.* 1, *pl.* 2, est le sinus verse de l'arc AE, & la ligne DI, le sinus verse de l'arc AI.

Quatrieme définition. Le sinus total est le sinus droit du quart de cercle, ou pour mieux dire, le sinus total est le rayon du cercle. Ainsi HC, *fig.* 1, *pl.* 2, est un sinus total ; il en est de même de EC, CM, CI.

Cinquieme définition. Le complément d'un arc est ce qui manque à cet arc pour valoir 90 degrés ; ce qui lui manque pour valoir 180 degrés, se nomme son supplément.

Ainsi l'arc AH, *fig.* 2, *pl.* 2, est complément; & l'arc AI est supplément de l'arc EA.

Sixieme définition. Le co-sinus d'un arc est le sinus droit du complément de cet arc. La ligne AG, *fig*, 1, *pl.* 2, est en même-tems sinus droit de l'arc AH, & co-sinus de l'arc AE.

Septieme définition. La tangente d'un arc de cercle est une ligne qui touche le cercle à l'une des extrémités de cet arc, & qui est prolongée jusqu'à ce qu'elle rencontre une seconde ligne qui part du centre du cercle, & qui passe par l'autre extrémité de l'arc; cette seconde ligne se nomme la sécante. La ligne EF, *fig.* 1, *pl.* 2, est la tangente de l'arc EA, & la ligne FC sa sécante.

Huitieme définition. La co-tangente & la co-sécante d'un arc sont la tangente & la sécante du complément de cet arc. Ainsi la tangente & la sécante de l'arc AH, seront en même-tems la co-tangente & la co-sécante de l'arc AE.

PREMIERE PARTIE.

De la Trigonométrie Rectiligne Spéculative.

La Trigonométrie spéculative n'est que l'assemblage des principes sur lesquels la Trigonométrie pratique est fondée. Ces Principes sont renfermés dans les propositions suivantes. Nous supposons que ceux qui en liront les démonstrations, auront présens à l'esprit les articles de ce Dictionnaire qui commencent par les mots, *Géométrie*, *Logarithme*.

Premiere proposition. La tangente d'un arc de 45 degrés est égale au rayon du cercle dont cet arc fait partie.

Explication. Je suppose que l'arc AE, *fig.* 1, *pl.* 2; soit un arc de 45 degrés; je dis que sa tangente FE est égale au rayon EC.

Démonstration. Le triangle FEC rectangle en E, *par le corollaire premier de la seconde proposition du troisieme livre de Géométrie*, a son angle C de 45 degrés, puisque l'arc AE qui en est la mesure, est supposé n'avoir qu'un pareil nombre de degrés; donc le troisieme angle F n'aura que 45 degrés, *par le corollaire premier de la proposition cinquieme du Ier. livre de Géométrie*; donc les deux angles F & C du triangle FEC sont égaux; donc ses deux côtés FE & EC le sont aussi, *par le corollaire second de la proposition premiere du premier livre de Géométrie*; mais la ligne FE est la tangente de l'arc AE de 45 degrés, & la ligne EC est le rayon du cercle dont cet arc fait partie; donc la tangente d'un arc de 45 degrés est égale au rayon du cercle dont cet arc fait partie.

Seconde proposition. Dans tout triangle rectiligne les moitiés des côtés sont les sinus droits des angles qui leur sont opposés.

Explication. L'on me donne le triangle rectiligne ABC, *fig.* 2, *pl.* 2, je dis que la moitié du côté AB sera le sinus droit de l'angle C; la moitié du côté BC, le sinus droit de l'angle A; & la moitié du côté AC, le sinus droit de l'angle B. Pour démontrer cette proposition, j'inscris d'abord le triangle ABC dans le cercle O, & du centre O je tire perpendiculairement sur les cordes AB, BC & AC les rayons OF, OE, OI.

Démonstration. 1°. *Par le corollaire second de la proposition premiere du troisieme livre de Géométrie*, les trois côtés du triangle ABC sont divisés en deux parties égales par les rayons perpendiculaires OF, OE, OI.

2°. Par la même raison les trois arcs AFB, BEC, ACI sont divisés par les mêmes rayons en deux parties égales.

3°. *Par la définition du sinus droit*, la ligne AD est le sinus droit de l'arc AF & de l'angle BCA dont cet arc est la mesure, *par le corollaire premier de la proposition troisieme du troisieme livre de Géométrie.*

4°. Par la même raison la ligne BG est le sinus droit de l'arc BE & de l'angle BAC, & la ligne CL est le sinus droit de l'arc CI, & de l'angle CBA.

5°. Nous avons déjà démontré n°. 1, que la ligne AD est la moitié du côté AB opposé à l'angle BCA; que la ligne BG est la moitié du côté BC opposé à l'angle BAC; & que la ligne CL est la moitié du côté CA opposé à l'angle CBA; donc dans tout triangle rectiligne les moitiés des côtés sont les sinus droits des angles qui leur sont opposés.

Corollaire. Les *touts* sont comme leurs *moitiés*; donc l'on aura la proportion suivante; le côté AB : au sinus droit de l'angle BCA :: le côté BC : au sinus droit de l'angle BAC; donc l'on peut assurer en Géométrie que les côtés sont comme les sinus droits des angles qui leur sont opposés.

Troisieme proposition. Si dans un triangle rectangle l'on prend l'hypothénuse pour sinus total, les deux autres côtés seront les sinus droits des angles qui leur sont opposés.

Explication. Si dans le triangle BAC rectangle en A, *fig.* 3, *pl.* 2, l'on prend l'hypothénuse BC pour sinus total; le côté AB sera le sinus droit de l'angle C, & le côté AC le sinus droit de l'angle B. Pour le démontrer, du point B, comme centre, à l'intervalle BC, décrivez l'arc CDF; de même du point C, comme centre, à l'intervalle CB, décrivez l'arc BEH; prolongez enfin le côté BA jusqu'en D, & le côté CA jusqu'en E.

Démonstration. Par la définition du sinus droit, le côté BA est le sinus droit de l'arc BE; mais l'arc BE est la mesure de l'angle C; donc le côté BA est le sinus droit de l'angle C.

L'on prouvera par un raisonnement semblable que le côté AC est le sinus droit de l'arc CD, & de l'angle B; donc si dans un triangle rectangle l'on prend l'hypothénuse pour sinus total, les deux autres côtés seront les sinus droits des angles qui leur sont opposés.

Corollaire. Si dans le triangle ABC, rectangle en B, *fig.* 4, *pl.* 2, l'on prend le côté AB pour sinus total; le côté BC deviendra la tangente, & la base AC la sécante de l'angle A qui se trouvera au centre du cercle dont le côté AB sera le rayon. En effet du point A, comme centre, à l'intervalle AB, décrivez l'arc de cercle BD; il est évident que cet arc aura pour tangente le côté BC & pour sécante l'hypothénuse AC; mais l'arc BD est la mesure de l'angle A; donc l'angle A aura pour tangente le côté BC & pour sécante l'hypothénuse AC: donc si dans un triangle rectangle l'on prend un des côtés pour sinus total, l'autre côté deviendra la tangente de l'angle opposé, & l'hypothénuse deviendra la sécante du même angle.

Quatrieme proposition. Dans tout triangle rectiligne scalene, le plus grand côté : à la somme des deux autres côtés :: leur différence : à la différence des segmens du plus grand côté, fait par la perpendiculaire.

Explication. L'on me donne le triangle ACB, *fig.* 5, *pl.* 2, dont le plus grand côté est AB, le côté moyen CB, & le petit côté AC. 1°. Du point C, comme centre, à l'intervalle CA, je décris le cercle FAEG. 2°. Je continue la ligne BC jusqu'en F, pour avoir le rayon FC égal au rayon CA. 3°. Du centre C je tire la perpendiculaire CD sur le côté AB, pour avoir les deux segmens AD & DB. Je dis que l'on aura la proportion suivante; le plus grand côté AB : à la somme des deux côtés AC & CB : : la différence qu'il y a entre les côtés AC & CB : à la difference qu'il y a entre les segmens AD & DB.

Démonstration, 1°. Puisque la ligne CF est égale à la ligne CA, la ligne BF marquera la somme des côtés AC & CB; & puisque la ligne BG marque la différence qu'il y a entre les lignes FC & CB, la même ligne BG marquera la différence qu'il y a entre les côtés AC & CB.

2°. *Par le corollaire second de la premiere proposition du troisieme livre de Géométrie*, la corde AE est coupée en deux parties égales par la perpendiculaire CD, laquelle continuée de part & d'autre seroit un diametre du cercle FAEG; donc la ligne EB marque la différence qui se trouve entre les segmens AD & DB.

3°. *Par le corollaire quatrieme de la troisieme proposition du sixieme livre de Géométrie*, le rectangle fait sur AB & sur EB est égal au carré d'une tangente que l'on tireroit du point B sur le cercle FAEG. *Par le même corollaire*, le rectangle fait sur FB & BG est égal au carré de la même tangente; donc *par l'axiome second de l'article Géométrie*, le rectangle fait sur AB & sur EB est égal au rectangle fait sur FB & sur BG; donc, *par l'inverse de la proposition fondamentale du cinquieme livre de Géométrie*, l'on a la proportion suivante; AB : FB : : BG : EB; mais AB est le grand côté du triangle scalene ACB; FB représente la somme des deux côtés AC & CB; BG marque la différence de ces deux côtés, & EB donne la différence de deux segmens AD & DB faits sur le grand côté AB par la perpendiculaire CD; donc dans tout triangle scalene le plus grand côté : à la somme des deux autres côtés : : leur différence : à la différence des segmens du plus grand côté faits par la perpendiculaire.

Corollaire premier. Puisque l'on peut dire AB : FB : : BG : EB, l'on aura la valeur de EB en multipliant FB par BG, & en divisant le produit par AB, *par la na-*

ture même de la regle de trois ; donc pour avoir la valeur de la différence qu'il y a entre le ſegment AD & le ſegment DB, l'on doit multiplier la ſomme des côtés AC & CB par leur différence BG ; diviſer le produit par le grand côté AB ; & le *quotient* donnera la différence que l'on cherche.

Corollaire ſecond. AB : FB :: BG : EB ; donc, *convertendo* ; FB : AB :: EB : BG ; donc on aura la valeur de BG en multipliant AB par EB, & en diviſant le produit par FB ; donc pour avoir la valeur de la différence qu'il y a entre les deux côtés AC & CB, l'on doit multiplier le grand côté AB, par la différence EB ; diviſer le produit par la ſomme des deux côtés AC & CB ; & le *quotient* donnera la différence que l'on cherche.

Corollaire troiſieme. Pour avoir la valeur du grand ſegment DB, prenez la moitié de la valeur du côté AB ; ajoutez à cette quantité la moitié de la valeur de la différence EB, & vous aurez ce que vous cherchez. Je ſuppoſe que AB vaille 20 pieds & EB 4 ; j'ajoute la moitié de 20 à la moitié de 4, & je conclus que le grand ſegment DB a 12 pieds de longueur.

Corollaire quatrieme. Pour avoir la valeur du petit ſegment AD, prenez la moitié de la valeur du côté AB, c'eſt-à-dire, 10 ; ôtez de 10 la moitié de la valeur de la différence EB, c'eſt-à-dire 2, & le reſtant 8 vous donnera la valeur du petit ſegment AD.

La vérité des deux derniers corollaires eſt fondée ſur la regle ſuivante : lorſqu'une ſomme quelconque eſt diviſée en deux parties inégales, la plus grande eſt égale à la moitié de la ſomme ; *plus* la moitié de la différence ; & la plus petite eſt égale à la moitié de la ſomme, *moins* la moitié de la différence. En effet, partagez la ſomme 40 en deux parties inégales dont l'une ſoit 30, l'autre 10 ; & leur différence 20 ; vous aurez la plus grande partie en ajoutant la moitié de la ſomme à la moitié de la différence, & vous aurez la plus petite partie, en ôtant la moitié de la différence de la moitié de la ſomme.

Lemme premier. Trouver un angle qui repréſente la ſomme de deux angles oppoſés aux deux côtés d'un triangle ſcalene.

Explication. L'on me donne le triangle ſcalene BAC,

fig 6, *pl.* 2; l'on demande un angle qui représente la somme des deux angles B & C, dont le premier est opposé au côté AC, & le second au côté AB de ce triangle.

Résolution. Continuez le côté CA jusqu'en F, vous aurez l'angle BAF qui seul contiendra autant de degrés, que les deux angles B & C.

Démonstration. L'angle BAF est externe, & les deux angles B & C sont internes; donc, *par la proposition cinquieme du premier livre de Géométrie*, l'angle BAF est égal aux deux angles B & C.

Lemme second. Trouver un angle qui ne soit que la moitié de l'angle BAF.

Explication. L'on demande un angle qui ne soit que la moitié de l'angle BAF. Pour le trouver, 1°. Du point A comme centre, à l'intervalle AB ou AF, décrivez le cercle FBE, *fig.* 6, *pl.* 2; 2°. Tirez les lignes BE & GC paralleles. 3°. Par le point B tirez la ligne FBG.

Résolution. L'angle BEF est la moitié de l'angle BAF.

Démonstration. L'angle BEF est à la circonférence du cercle FBE, & il insiste sur l'arc BF; l'angle BAF est au centre du même cercle, & il insiste sur l'arc BF; donc, *par la proposition troisieme du troisieme livre de Géométrie*, l'angle BEF n'est que la moitié de l'angle BAF.

Corollaire premier. L'angle BAF représente la somme des deux angles B & C, dont l'un est opposé au côté AC & l'autre au côté AB du triangle BAC, *par le lemme premier*; donc l'angle BEF, ou BEA représente la moitié de la somme des deux angles B & C.

Corollaire second. Dans le triangle isocele BAE, l'angle BEA est égal à l'angle ABE, *par le corollaire premier de la proposition premiere du premier livre de Géométrie*; donc l'angle ABE représente la moitié de la somme des deux angles B & C du triangle BAC.

Corollaire troisieme. Les deux lignes BE & GC sont paralleles; donc, *par le corollaire second de la proposition quatrieme du premier livre de Géométrie*, l'angle FCG est égal à l'angle BEF; mais celui-ci représente la moitié de la somme des deux angles B & C du triangle BAC; donc celui-là la représentera aussi.

Corollaire quatrieme. Les deux angles EBC & BCG

ſont alternes ; donc, *par le corollaire quatrieme de la propoſition que nous venons de citer*, ces deux angles ſont égaux.

Corollaire cinquieme. Les deux lignes BE & GC ſont paralleles ; donc, *par le corollaire ſecond de la propoſition quatrieme du premier livre de Géométrie*, l'angle FGC eſt égal à l'angle FBE.

Lemme troiſieme. Trouver un angle qui ſoit la moitié de la différence des deux angles B & C ; dont l'un eſt oppoſé au côté AC, & l'autre au côté AB du triangle ſcalene BAC, *fig. 6. pl.* 2.

Réſolution. L'angle BCG eſt l'angle qu'on demande.

Démonſtration. 1°. L'angle ABE repréſente la moitié de la ſomme des deux angles B & C *par le corollaire ſecond du lemme ſecond* ; il en eſt de même de l'angle FCG, ou ACG, *par le corollaire troiſieme du même lemme.*

2°. Ajoutez à l'angle ABE le petit angle EBC, ou, ſon alterne BCG, vous aurez l'angle B qui eſt le plus grand des deux angles B & C du triangle BAC.

3°. Otez de l'angle ACG, le petit angle BCG, vous aurez l'angle C qui eſt le plus petit des deux angles B & C du triangle BAC ; donc, *par les corollaires troiſieme, & quatrieme de la propoſition quatrieme*, l'angle BCG eſt la moitié de la différence des deux angles B & C.

Corollaire. 1°. La ligne FC repréſente la ſomme des côtés BA & AC. 2°. Le ſegment EC donne la différence de ces côtés. 3°. L'angle FCG marque la moitié de la ſomme des deux angles B & C. 4°. L'angle BCG eſt la moitié de la différence de ces deux angles. Tout cela ſuppoſé, venons à la propoſition pour laquelle nous avons fait tant de préparatifs.

Cinquieme propoſition. Dans tout triangle rectiligne ſcalene la ſomme des deux côtés : à leur différence : : la tangente de la moitié de la ſomme des deux angles oppoſés à ces deux côtés : à la tangente de la moitié de leur différence.

Explication. Dans le triangle ſcalene BAC, *fig.* 6, *pl.* 2, la ſomme des deux côtés AB & AC : à leur différence EC : : la tangente de la moitié de la ſomme des angles B & C : à la tangente de la moitié de leur différence, c'eſt-à-dire, FC : EC : : la tangente de l'angle FCG : à la tangente de l'angle BCG.

Démonstration. 1°. L'angle F B E qui est à la circonférence, & qui insiste sur le demi cercle, est droit, *par le corollaire second de la proposition* 3e. *du* 3e. *livre de Géométrie.* Mais nous avons prouvé dans le corollaire cinquieme du second lemme supérieur, que l'angle F G C est égal à l'angle F B E ; donc l'angle F G C est un angle droit.

2°. *Par le corollaire de la proposition troisieme de cet article*, si dans le triangle rectangle F G C, l'on prend le côté C G pour sinus total, le côté F G sera la tangente de l'angle FCG ; mais l'angle F C G est la moitié de la somme des angles B & C du triangle B A C ; donc le côté F G doit être regardé comme la tangente de la moitié de la somme des angles B & C.

3°. *Par le même corollaire*, dans le triangle rectangle B G C, le côté B G sera la tangente de l'angle B C G, c'est-à-dire, de l'angle qui représente la moitié de la différence des deux angles B & C.

4°. Dans le triangle F G C la ligne B E est parallele au côté G C ; donc *par la proposition seconde du sixieme livre de Géométrie*, l'on aura la proportion suivante ; F E : EC :: FB : B G ; donc, *componendo* ; F C : E C :: F G : B G. Mais F C marque la somme des deux côtés A B & A C du triangle scalene B A C, & le segment E C marque leur différence. De plus F G est la tangente de la moitié de la somme des deux angles B & C du même triangle, & B G est la tangente de la moitié de leur différence ; donc dans tout triangle rectiligne scalene la somme des deux côtés : à leur différence :: la tangente de la moitié de la somme des deux angles opposés à ces deux côtés : à la tangente de la moitié de leur différence.

SECONDE PARTIE.

De la Trigonométrie Rectiligne Pratique.

La trigonométrie rectiligne pratique donne la *résolution* de tous les triangles rectilignes de quelque espece qu'ils soient, rectangles, obtusangles, acutangles. Nous supposons qu'on n'entreprendra pas les opérations suivantes, sans avoir lu auparavant avec attention les articles de ce Dictionnaire qui commencent par les mots, *Arithméti-*

que & *Logarithme.* Ils sont aussi nécessaires pour l'intelligence de cette seconde partie, que l'article, *Géometrie*, l'a été pour l'intelligence de la premiere. Que l'on se rappelle surtout que les quatre nombres 1, 2, 6, 7 sont en proportion arithmétique, & qu'au lieu de dire 1 est à 2, comme 6 est à 7, l'on dit, pour être plus court, 1 . 2 : 6 . 7. Que l'on se rappelle encore que les logarithmes sont en proportion, non pas géométrique, mais arithmétique.

Résolution des triangles rectilignes rectangles. Probleme premier. Connoissant les deux côtés & l'angle droit d'un triangle rectangle, connoître les autres angles.

Explication. L'on me donne le triangle rectangle ABC, *fig.* 4, *pl.* 2; l'on m'avertit que l'angle B est droit; que le côté AB a 20 pieds, & le côté BC 15; l'on demande d'abord la valeur de l'angle A, & ensuite la valeur de l'angle C.

Résolution. Je cherche dans mes tables les logarithmes des côtés que je connois. Le côté AB de 20 pieds a pour logarithme 1, 3010300; & le côté BC de 15 pieds a pour logarithme 1, 1760913.

2°. Je prens AB pour sinus total, & par conséquent son logarithme sera le même que celui de 90 degrés, c'est-à-dire, 10, 0000000.

3°. Je fais la proportion arithmétique suivante 1, 3010300. 1, 1760913 : 10, 0000000. à un quatrieme terme qui me donnera le logarithme de la tangente de l'angle A du triangle ABC; ce quatrieme terme sera 9, 8750613.

4°. Je cherche dans mes tables à quel angle répond le logarithme 9, 8750613; & comme il répond à un angle de 36 degrés, 52 minutes, 10 secondes, je conclus que c'est-là la valeur de l'angle A.

Démonstration. Par le corollaire de la proposition troisieme de la premiere partie, je puis dire; le côté AB : au côté BC : : le sinus total : à la tangente de l'angle A; donc je pourrai dire, le logarithme du côté AB. au logarithme du côté BC : le logarithme du sinus total au logarithme de la tangente de l'angle A; mais c'est ainsi que j'ai raisonné pour résoudre le probleme proposé; donc ce probleme a été bien résolu.

Corollaire. Les trois angles du triangle ABC valent 180 degrés, *par le corollaire premier de la proposition cinquieme du premier livre de Géométrie*; l'angle B vaut 90 degrés, & l'angle A 36 degrés, 52 minutes, 10 secondes; donc l'angle C vaudra 53 degrés, 7 minutes, 50 secondes.

Probleme second. Connoissant les deux côtés d'un triangle rectangle, & l'angle droit compris entre ces deux côtés, connoître l'hypothénuse.

Explication. Dans le triangle rectangle ABC, *fig.* 4, *pl.* 2, je connois l'angle B de 90 degrés, le côté AB de 20 pieds; & le côté BC de 15; l'on demande la valeur de l'hypothénuse AC.

Résolution. 1°. *Par le probleme précédent*, je trouve la valeur des angles A & C.

2°. Je sais par mes tables que le logarithme du sinus de l'angle A est 9, 7781467; celui du côté BC 1, 1760913; & celui du sinus de l'angle B 10, 0000000.

3°. Je fais la proportion arithmétique; 9, 7781467. 1, 1760913 : 10, 0000000. à un quatrieme terme qui sera le logarithme de l'hypothénuse A C.

4°. Je trouve par la méthode ordinaire indiquée dans l'article des *logarithmes*, que ce quatrieme terme est 1, 3979446, *logarithme* du nombre 25, & je conclus que l'hypothénuse AC a 25 pieds de longueur.

Démonstration. Par le corollaire de la proposition seconde de la premiere partie, je puis dire; le sinus de l'angle A : au côté B C :: le sinus de l'angle B : à l'hypothénuse A C; donc je pourrai dire, le logarithme du sinus de l'angle A. au logarithme du côté B C : le logarithme du sinus de l'angle B. au logarithme de l'hypothénuse A C; mais c'est-là précisément ce que j'ai fait dans la résolution de ce probleme; donc ce probleme a été bien résolu.

Probleme troisieme. Connoissant les angles d'un triangle rectangle, & l'un des côtés, trouver l'hypothénuse & l'autre côté.

Explication. Dans le triangle B A C, *fig.* 3, *pl.* 2, je connois l'angle A de 90; l'angle B de 40; l'angle C de 50 degrés; & le côté A B de 30 pieds; l'on demande la valeur de l'hypothénuse CB, & la valeur du côté A C.

Résolution. 1°. Je cherche dans mes tables les logarithmes des quantités que je connois. Le logarithme du sinus de l'angle A est 10, 0000000; le logarithme du sinus de l'angle B, 9, 8080675; le logarithme du sinus de l'angle C, 9 ; 8842540 ; & le logarithme du côté AB, 1, 4771212.

2°. Pour trouver l'hypothénuse CB, je fais la proportion arithmétique suivante ; 9, 8842540 *logarithme du sinus de l'angle C.* 1, 4771212 *logarithme du côté AB* : 10, 0000000 *logarithme du sinus de l'angle A.* à un quatrieme terme qui me donnera le logarithme de l'hypothénuse CB. Ce quatrieme terme sera 1, 5928672 *logarithme de* 39 *pieds*, 1 *pouce* ; donc l'hypothénuse CB du triangle BAC aura 39 pieds 1 pouce de longueur.

3°. Pour trouver le côté AC, je dis ; 9, 8842540 *logarithme du sinus de l'angle C.* 1, 4771212 *logarithme du côté AB* : 9, 8080675 *logarithme du sinus de l'angle B.* à un quatrieme terme qui sera le logarithme du côté AC. Ce quatrieme terme est 1, 4009347 logarithme de 25 pieds, 2 pouces ; donc le côté AC a 25 pieds, 2 pouces de longueur.

Démonstration. Par le corollaire de la proposition deuxieme de la premiere partie, les côtés sont comme les sinus droits des angles qui leur sont opposés ; donc les logarithmes des côtés sont comme les logarithmes des sinus droits des angles qui leur sont opposés ; mais la résolution de ce probleme est fondée sur cette vérité ; donc ce probleme a été bien résolu.

Résolution des triangles rectilignes obtusangles.

Probleme premier. Connoissant les angles d'un triangle obtusangle, & un de ses côtés, trouver l'hypothénuse, & l'autre côté.

Explication. Dans le triangle obtusangle GAC, *fig.* 7, *pl.* 2, je connois l'angle A de 110, l'angle G de 40 ; l'angle C de 30 degrés, & le côté AG de 20 pieds ; l'on me demande la valeur de la base GC, & celle du côté AC.

Résolution. 1°. Je sais par mes tables que le logarithme du sinus de l'angle A est 9, 9729858 ; le logarithme du sinus de l'angle G, 9, 8080675 ; le logarithme du sinus de l'angle C, 9, 6989700 ; & le logarithme du côté AG ; 1, 3010300.

2°. Pour trouver la valeur de la base GC, je dis ; 9, 6989700 *logarithme du sinus de l'angle* C. 1, 3010300 *logarithme du côté AG* : 9, 9729858 *logarithme du sinus de l'angle A.* à un quatrieme nombre qui sera le logarithme de la base GC. Ce quatrieme nombre est 1, 5750458 *lo-*

garithme de 37 pieds, 7 pouces; donc la base G C du triangle G A C a 37 pieds, 7 pouces de longueur.

3°. Pour trouver la valeur du côté A C, je dis; 9, 9729858 *logarithme du sinus de l'angle A.* 1, 5750458 *logarithme de la base* G C : 9, 8080675 *logarithme de l'angle G*, à un quatrieme terme 1, 4101275 *logarithme de 25 pieds, 8 pouces*; donc le côté A C a 25 pieds, 8 pouces de longueur.

Démonstration. Toutes ces opérations sont fondées sur le principe énoncé dans le corollaire de la proposition seconde de la premiere partie; donc ce probleme a été bien résolu.

L'on dira peut-être qu'il est impossible de trouver dans les tables trigonométriques le logarithme du sinus d'un angle de 110 degrés, tel qu'est l'angle *A* du triangle obtusangle G A C; puisque dans ces sortes de tables les angles ne vont que jusqu'à 90 degrés.

Nous avons prévenu cette difficulté en avertissant *dans la seconde définition de la premiere partie*, qu'un arc & un angle ont le même sinus droit, que leur supplément; Prenez donc le logarithme du sinus d'un angle de 70 degrés, & vous aurez le logarithme du sinus d'un angle de 110 degrés. Tout le monde voit qu'un angle de 70 degrés est le supplément d'un angle de 110 degrés, puisqu'il contient ce qui manque à ce dernier pour valoir 180 degrés.

Probleme second. Connoissant deux côtés d'un triangle obtusangle, & un angle opposé à l'un de ces deux côtés, connoître les autres angles.

Explication. Dans le triangle obtusangle GAC, *fig. 7, pl.* 2, l'on suppose que je connois le côté A G de 20 pieds; le côté AC de 25 pieds, 8 pouces, & l'angle G de 40 degrés; l'on me demande, 1°. la valeur de l'angle aigu C. 2°. La valeur de l'angle obtus A.

Résolution. 1°. Par mes tables trigonométriques, le logarithme du côté AC est 1, 4101275; le logarithme du sinus de l'angle G, 9, 8080675; & le logarithme du côté A G, 1, 3010300.

2°. Je fais la proportion arithmétique suivante; 1, 4101275 *logarithme du côté AC.* 9, 8080675 *logarithme du sinus de l'angle G* : 1, 3010300 *logarithme du côté A G*, à un quatrieme terme 9, 6989700 qui sera le logarithme du sinus d'un angle de 30 degrés ; donc l'angle aigu C a 30 degrés.

3°. Dans le triangle GAC l'angle G a 40, & l'angle C 30 degrés ; donc l'angle A en a 110, puisque les trois angles d'un triangle rectiligne ne valent que 180 degrés, *par le corollaire premier de la proposition cinquieme du premier livre de Géométrie.*

Démonstration. Les opérations de ce probleme sont fondées sur le même principe, que les opérations des trois problemes précédens ; donc elles sont bonnes.

Corollaire. Si dans le triangle G A C, *fig.* 7, *pl.* 2, vous connoissiez le côté A G, la base G C & l'angle C, & que vous voulussiez connoître l'angle obtus A ; vous diriez ; le logarithme du côté A G. au logarithme du sinus de l'angle C : le logarithme de la base G C. au logarithme du sinus de l'angle A.

L'on dira peut-être que par cette proportion arithmétique je ne trouverai que le logarithme du sinus d'un angle de 70 degrés.

Je le sais ; mais comme je cherche la valeur d'un angle obtus ; au lieu de prendre un angle de 70 degrés, je prendrai son supplément, c'est-à-dire, un angle de 110 degrés, & par-là j'éviterai toute erreur.

Probleme troisieme. Connoissant les deux côtés d'un triangle obtusangle, & l'angle compris entre ces deux côtés, connoître les autres angles.

Explication. Dans le triangle B A C, *fig.* 6, *pl.* 2, je connois l'angle A de 100 degrés ; le côté A B de 20, & le côté AC de 30 pieds ; l'on demande, 1°. La valeur de l'angle B, 2°. La valeur de l'angle C.

Résolution. 1°. Par mes tables 1, 6989700 est le logarithme du nombre 50, *somme des deux côtés* A B *&* A C ; 1, 0000000 est le logarithme du nombre 10, *différence du côté* A C *au côté* A B ; 9, 9238135 est le logarithme de la tangente d'un angle de 40 degrés, *moitié de la somme des angles* B *&* C.

2°. Je fais la proportion arithmétique suivante ; 1, 6989700 *logarithme de la somme des deux côtés* A B *&* A C ; 1, 0000000 *logarithme de leur différence* : 9, 9238135 *logarithme de la tangente de la moitié de la somme des angles* B *&* C, à un quatrieme terme qui sera le logarithme de la tangente de la moitié de la différence de l'angle B à l'angle C.

3°. Ce quatrieme terme est 9, 2248495 *logarithme de la tangente* d'un angle de 9 degrés, 31 minutes, 35 secondes; donc dans le triangle BAC, l'angle B surpasse l'angle C de 19 degrés, 3 minutes, 10 secondes.

4°. Pour avoir l'angle B j'ajoute à la moitié de la somme des angles B & C la moitié de la différence trouvée, c'est-à-dire, j'ajoute 9 degrés, 31 minutes, 35 secondes à 40 degrés, & je conclus que l'angle B est un angle de 49 degrés, 31 minutes, 35 secondes.

5°. Pour avoir l'angle C, j'ôte de la moitié de la somme des angles B & C la moitié de la différence trouvée, c'est-à-dire, j'ôte 9 degrés, 31 minutes, 35 secondes de 40 degrés, & je conclus que l'angle C a 30 degrés, 28 minutes, 25 secondes.

Démonstration. Toutes les opérations précédentes sont fondées sur les principes établis dans la cinquieme proposition, & dans les corollaires troisieme & quatrieme de la quatrieme proposition de la premiere partie; donc ce probleme a été bien résolu. Cela n'empêchera pas cependant que nous ne répondions aux deux questions suivantes.

Premiere Question. Pourquoi avons-nous assuré que la somme des angles B & C du triangle BAC, dont aucun des deux n'étoit encore connu en particulier, est de 80 degrés?

Résolution. Les trois angles du triangle BAC ne valent que 180 degrés, *par le corollaire premier de la proposition cinquieme du premier livre de Géométrie*; l'angle A en vaut lui seul 100; donc les deux angles B & C en valent ensemble 80.

Seconde Question. Pourquoi avons-nous assuré que l'angle B est plus grand que l'angle C?

Résolution. L'angle B est opposé à un côté de 30, & l'angle C à un côté de 20 pieds; donc l'angle B est plus grand que l'angle C, *par le corollaire quatrieme de la proposition troisieme du premier livre de Géométrie.*

Probleme quatrieme. Connoissant les trois côtés d'un triangle obtusangle, connoître les angles.

Explication. L'on suppose que dans le triangle obtusangle

angle ACB ; *fig.* 5, *pl.* 2, l'on connoît le côté AC de 15, le côté CB de 20, & la base AB de 30 pieds ; l'on demande la valeur 1°. de l'angle A, 2°. de l'angle B, 3°. de l'angle C.

Résolution. 1°. Sur la base AB j'abaisse la perpendiculaire CD qui la divise en deux segmens, l'un petit AD, l'autre grand DB.

2°. Le logarithme de la base AB est 1, 4771212 ; le logarithme du côté CB, 1, 3010306, le logarithme du côté AC, 1, 1760913 ; le logarithme de la somme des deux côtés CB & AC, 1, 5440680 ; le logarithme de la différence du côté BC, 0,6989700.

3°. Pour connoître la différence EB, je dis ; 1, 4771212 *logarithme de la base* AB. 1, 5440680 *logarithme de la somme des deux côtés* AC & CB : 0,6989700 *logarithme de la différence du côté* CB *au côté* AC. à un quatrieme terme qui sera le logarithme de la différence EB.

4°. Ce quatrieme terme est 0, 7659168 *logarithme du nombre*, 5 pieds, 2 pouces ; donc la différence EB a 5 pieds, 2 pouces de longueur.

5°. Pour avoir la valeur du petit segment AD, je prends la moitié de la somme de la base AB, c'est-à-dire, 15 pieds ; j'ôte de cette quantité la moitié de la différence EB, c'est-à-dire, 2 pieds 7 pouces, & je conclus que le petit segment AD a 12 pieds 5 pouces de longueur.

6°. Pour avoir l'angle A du triangle obtusangle ACB, je prends le triangle rectangle ADC, dont je connois l'angle droit D, le côté AC de 15 pieds, & le côté AD de 12 pieds 5 pouces ; & je dis ; 1, 1760913 *logarithme du côté* AC. 10, 0000000 *logarithme du sinus de l'angle D* : 1, 0936654 *logarithme du côté* AD. à un quatrieme terme qui sera le logarithme de l'angle C du triangle rectangle ADC. Ce quatrieme terme est 9, 9175741 *logarithme du sinus d'un angle de* 55 *degrés*, 48 *minutes*, 18 *secondes* ; donc l'angle C du triangle rectangle ADC est un angle de 55 degrés, 48 minutes, 18 secondes ; donc le troisieme angle A du même triangle a 34 degrés, 11 minutes, 42 secondes. Mais l'angle A est commun au triangle rectangle ADC & au triangle obtusangle ACB ; donc l'angle A du triangle obtusangle ACB est connu par cette méthode.

7°. Rien ne me sera plus facile que d'avoir les autres

angles de ce triangle, puisque je connois actuellement tous ses côtés & un de ses angles.

Démonstration. Toutes les opérations que je viens de faire, sont fondées sur la quatrieme proposition de la premiere partie, & sur les corollaires que nous en avons tirés; donc elles sont exactes.

Résolution des triangles rectilignes acutangles. L'on opere sur les triangles rectilignes acutangles, comme sur les triangles rectilignes obtusangles. En voici des exemples.

1°. Connoissant les angles d'un triangle acutangle, & un de ses côtés, trouver l'hypothénuse & l'autre côté.

Résolution. Vous opérerez comme l'on a fait sur le triangle obtusangle G A C, *Probleme premier.*

2°. Connoissant deux côtés d'un triangle acutangle, & un angle opposé à l'un de ces deux côtés, connoître les autres angles.

Résolution. Voyez comme l'on a opéré sur le triangle obtusangle G A C, *Probleme second.*

3°. Connoissant les deux côtés d'un triangle acutangle, & l'angle compris entre ces deux côtés, connoître les autres angles.

Résolution. Les opérations que l'on a faites sur le triangle obtusangle B A C, *Probleme troisieme*, vous serviront de modele.

4°. Connoissant les trois côtés d'un triangle acutangle, connoître les angles.

Résolution. Opérez sur le triangle acutangle B A C, *fig.* 8, *pl.* 2, comme l'on a fait sur le triangle obtusangle A C B, *fig.* 5, *pl.* 2, *Probleme quatrieme.*

Remarque. Si l'on ne connoît que les trois angles d'un triangle rectiligne, l'on ne pourra jamais parvenir à la connoissance du triangle en entier; pourquoi? Parce que deux triangles inégaux peuvent avoir, & ont très-souvent leurs angles égaux.

Récapitulation. La trigonométrie rectiligne est une science qui apprend à arriver par la connoissance de trois parties d'un triangle rectiligne à la connoissance des trois autres parties de ce même triangle. Les trois parties connues doivent être deux côtés & un angle, 2 angles & un côté, 3 côtés; mais 3 angles ne suffisent pas. Les principes sur lesquels cette science est fondée sont les suivans.

La tangente d'un arc de 45 degrés est égale au rayon du cercle dont cet arc fait partie.

Dans tout triangle rectiligne les moitiés des côtés sont les sinus droits des angles qui leur sont opposés ; & par conséquent les côtés sont comme les sinus droits des angles qui leur sont opposés.

Si dans un triangle rectangle l'on prend l'hypothénuse pour sinus total, les deux autres côtés seront les sinus droits des angles qui leur sont opposés.

Si dans un triangle rectangle l'on prend un des côtés pour sinus total, l'autre côté deviendra la tangente de l'angle opposé, & l'hypothénuse deviendra la sécante du même angle.

Dans tout triangle rectiligne scalene le plus grand côté : à la somme des deux autres côtés :: leur différence : à la différence des segmens du plus grand côté, faits par la perpendiculaire.

Dans tout triangle rectiligne scalene la somme des deux côtés : à leur différence :: la tangente de la moitié de la somme des deux angles opposés à ces deux côtés : à la tangente de la moitié de leur différence.

Par ces principes l'on peut résoudre toute sorte de triangles rectilignes rectangles, obtusangles, acutangles, pourvu qu'on connoisse les trois choses marquées au commencement de cette récapitulation. C'est là en effet ce que nous avons exécuté dans notre trigonométrie rectiligne pratique. Venons en maintenant à un article plus long & plus difficile, c'est celui de la trigonométrie sphérique ; ce traité a beaucoup de rapport avec l'astronomie.

TRIGONOMÉTRIE *sphérique*. La trigonométrie sphérique est une science qui apprend à opérer sur les triangles curvilignes, à-peu-près comme la trigonométrie rectiligne apprend à opérer sur les triangles rectilignes. Nous suivrons dans cet article la même méthode que nous avons suivie dans le précédent, c'est-à-dire, nous diviserons notre trigonométrie sphérique en 4 chapitres ; dans le premier, nous donnerons une idée des triangles sphériques ; dans le second, nous poserons nos principes sur lesquels seront fondées les opérations que nous ferons sur les triangles curvilignes ; dans le troisieme nous opérerons sur les triangles curvilignes rectangles ; & dans le quatrieme nous opérerons sur les triangles curvilignes obliquangles.

CHAPITRE PREMIER.

Idée des triangles curvilignes.

1°. UN triangle curviligne est un triangle composé de trois lignes courbes ; tel est le triangle ABC, *fig. 9, pl. 2.*

2°. Les triangles curvilignes ont des qualités qui leur sont communes avec les triangles rectilignes, & des qualités qui les distinguent des triangles rectilignes.

3°. Les qualités qui sont communes aux triangles curvilignes & rectilignes, sont celles-ci ; 1°. Si deux triangles curvilignes ont deux côtés égaux, chacun à chacun, & l'angle compris entre ces deux côtés égal l'un à l'autre, ces deux triangles seront parfaitement égaux entr'eux. 2°. Tout triangle curviligne isocele a les deux angles qui sont sur sa base égaux entr'eux ; & tout triangle curviligne qui a les deux angles sur sa base égaux entr'eux, est isocele. 3°. Si deux triangles curvilignes ont tous leurs côtés égaux, chacun à chacun, ils auront aussi tous leurs angles égaux, chacun à chacun. 4°. Si deux triangles curvilignes ont deux côtés égaux, chacun à chacun, mais si l'angle formé par les deux côtés du premier est plus grand que l'angle formé par les deux côtés du second, le troisieme côté du premier sera plus grand que le troisieme côté du second. 5°. Si dans un triangle curviligne un côté est plus grand qu'un autre, l'angle opposé au plus grand côté sera plus grand que l'angle opposé au côté qui est moindre. 6°. Si dans un triangle curviligne un angle est plus grand qu'un autre, le côté opposé au plus grand angle sera plus grand que le côté opposé à l'angle qui est moindre.

4°. Les qualités qui distinguent les triangles curvilignes d'avec les triangles rectilignes sont celles-ci. 1°. Si on prolonge un côté d'un triangle curviligne, l'angle externe sera égal à l'interne opposé du même côté, quand la somme des deux côtés sera un demi-cercle ; il sera moindre, quand la somme sera plus grande qu'un demi-cercle; & il sera plus grand, quand la somme sera plus petite qu'un demi-cercle. 2°. Dans les triangles isoceles curvilignes les angles sur la base seront droits, si chacun des côtés est un quart de cercle; ils seront obtus, si chacun des côtés est plus grand; & ils seront aigus, si chacun des côtés est moindre qu'un quart de cercle. 3°. Les trois angles d'un triangle curviligne sont ensemble plus grands que deux droits, & moindres que six droits.

5°. Nous ne parlerons pas dans ce Chapitre des qualités communes aux triangles rectilignes & curvilignes; nous les regarderons même comme des axiomes; nous nous bornerons à démontrer les qualités qui distinguent les triangles curvilignes d'avec les triangles rectilignes.

Lemme premier. Deux angles sont égaux, lorsqu'ils sont séparés par un demi-cercle.

Explication. L'on donne les deux cercles ABCD & AECF, *fig.* 10, *pl.* 2, qui se coupent au point A & au point C; je dis que les deux angles BAE & BCE qui sont séparés l'un de l'autre par le demi-cercle ABC, & qui par conséquent sont éloignés l'un de l'autre d'un demi-cercle, sont égaux entr'eux.

Démonstration. Le cercle AECF est autant incliné sur le cercle ABCD du côté du point de section A, que du côté du point de section C; donc l'angle BAE qui marque quelle est au point de section A la situation du cercle AECF sur le cercle ABCD, est égal à l'angle BCE qui marque quelle est au point de section C la situation du cercle AECF sur le cercle ABCD. Comme les figures dont nous parlons sont saillantes, il n'est pas possible de les représenter sur le papier de la même maniere qu'elles sont en réalité; il faut que l'imagination y supplée.

Premiere proposition. Si on prolonge un des côtés d'un triangle curviligne, l'angle externe sera égal à l'interne opposé, quand la somme des deux côtés sera égale au demi-cercle.

Explication. L'on me donne le triangle BAC, *fig.* 9, *pl.* 2, dont on prolonge le côté BC jusqu'en D; je dis que si la somme des deux côtés AB & AC est égale au demi-cercle, l'angle externe ACD sera égal à l'angle interne ABC. Prolongez BA jusqu'en D, de telle sorte que la somme BAD soit un demi-cercle.

Démonstration. 1°. La somme BA & AC vaut un demi-cercle ; la somme BA & AD vaut un demi-cercle ; donc le côté AC est égal au côté AD ; donc le triangle CAD est isocele ; donc les deux angles ACD & ADC placés sur la base CD sont égaux entr'eux.

2°. Les deux angles ADC & ABC éloignés l'un de l'autre, d'un demi cercle sont égaux entr'eux ; *par le Lemme premier* ; donc l'angle externe ACD est égal à l'interne ABC.

Corollaire premier. Si la somme des deux côtés AB & AC, *fig.* 9, *pl.* 2, est plus grande que le demi-cercle, l'angle externe ACD sera plus petit que l'angle interne ABC. Pour le démontrer, continuez BA jusqu'en D, de telle sorte que la somme BAD soit un demi-cercle.

Démonstration. La somme BA & AC est plus grande que le demi-cercle ; la somme BA & AD est égale au demi-cercle ; donc AC est plus grand que AD ; donc l'angle ADC est plus grand que l'angle ACD ; mais l'angle ADC est égal à l'angle ABC ; donc l'angle interne ABC est plus grand que l'angle externe ACD.

Corollaire second. Si la somme des deux côtés AB & AC, *fig.* 9, *pl.* 2, est moindre que le demi-cercle, l'angle externe ACD sera plus grand que l'angle interne ABC ; pour cela continuez BA jusqu'en D, de telle sorte que la somme BAD représente un demi-cercle.

Démonstration. Puisque la somme BA & AC est moindre que le demi-cercle, & que la somme BA & AD vaut le demi-cercle ; donc AD est plus grand que AC ; donc l'angle ACD est plus grand que l'angle ADC, ou que son égal ABC.

Lemme second. Un arc tombant sur un autre, forme deux angles voisins dont la somme vaut deux droits.

Explication. L'on suppose l'arc AC, *fig.* 9, *pl.* 2, tombant obliquement sur l'arc BCD ; je dis que la somme des deux angles BCA & ACD vaut 180 degrés.

Démonstration. Si l'arc AC tomboit perpendiculairement sur l'arc BCD, les deux angles voisins qu'il formeroit feroient droits ; donc leur somme vaudroit 180 ; mais la somme de ces deux angles n'augmente ni ne diminue par la chute oblique de l'arc AC sur l'arc BCD, parce que l'angle obtus ACD a par dessus 90, ce qui manque à l'angle aigu ACB pour valoir 90 degrés ; donc la somme des deux angles BCA & ACD vaut 180 degrés.

Seconde proposition. Dans les triangles isoceles curvilignes les angles sur la base seront droits, si chacun des côtés est un quart de cercle.

Explication. L'on suppose le triangle BAC, *fig.* 9, *pl.* 2, isocele, & ses côtés AB & AC égaux chacun à un quart de cercle; je dis que les deux angles ABC & ACB seront droits. Continuez la base BC en D.

Démonstration. 1°. Puisque la somme des deux côtés AB & AC est égale au demi-cercle, l'angle externe ACD sera égal à l'interne opposé ABC, *par la premiere proposition.*

2°. Puisque l'angle externe ACD est égal à l'interne ABC, donc la somme des deux angles ABC & ACB est égale à la somme des deux angles ACB & ACD; mais la somme des deux angles ACB & ACD vaut 180 degrés, *par le Lemme second*; donc la somme des deux angles ABC & ACB vaut 180 degrés; mais les deux angles ABC & ACB sont égaux, puisque le triangle BAC est isocele; donc chacun de ces deux angles vaut 90 degrés; donc ils sont droits.

Corollaire premier. Si chacun des côtés BA & AC du triangle curviligne isocele BAC est plus grand que le quart de cercle, les deux angles ABC & ACB seront obtus. En effet, *par le Cor.* 1 *de la premiere proposition*, l'angle externe ACD est plus petit que l'interne ABC; donc la somme des deux angles ABC & ACB est plus grande que la somme des deux angles ACB & ACD; mais la somme des deux angles ACB & ACD vaut 180 degrés; donc la somme des deux angles ABC & ACB en vaut plus de 180; mais les deux angles ABC & ACB sont égaux, puisque le triangle BAC est isocele; donc chacun de ces deux angles vaut plus de 90 degrés; donc ils sont obtus.

Corollaire second. Si chacun des côtés BA & AC du triangle curviligne isocele BAC, est plus petit que le quart de cercle, les deux angles ABC & ACB seront aigus. En effet, l'angle externe ACD est plus grand que l'interne opposé ABC *par le Cor.* 2 *de la premiere*; donc la somme des deux angles ABC & ACB est plus petite que la somme des deux angles ACB & ACD;

mais la somme des deux angles ACB & ACD vaut 180 degrés, par le Lemme 1; donc la somme des deux angles ACB & ABC vaut moins de 180 degrés; mais ces deux angles sont égaux entr'eux, puisque le triangle BAC est isocele; donc chacun des deux angles ACB & ABC vaut moins de 90 degrés; donc ils sont aigus.

Troisieme proposition. Les trois angles d'un triangle curviligne sont ensemble plus grands que deux droits.

Explication. Dans le triangle curviligne BAC, *fig.* 11, *pl.* 2; je dis que la somme de ces trois angles vaut plus de 180 degrés; prolongez le côté BC en D.

Démonstration. 1°. Si l'angle externe ACD est égal à l'angle interne ABC, la proposition est démontrée, puisqu'alors les deux angles ABC & ACB vaudront 180 degrés, *par la seconde proposition.*

2°. Si l'angle externe ACD est moindre que l'interne ABC, la proposition est encore déja démontrée, puisqu'alors la somme des deux angles ABC & ACB vaut plus de 180 degrés, *par le Cor.* 1 *de la seconde proposition.*

3°. Si l'angle externe ACD est plus grand que l'interne opposé ABC, je dis que la somme des trois angles du triangle BAC vaut plus de 180 degrés.

Puisque l'angle externe ACD est plus grand que l'interne ABC, faites l'angle ECD égal à l'angle ABC; prolongez BA jusqu'en E, CA jusqu'en F. Tout cela fait, voici comment je raisonne.

Puisque l'angle externe ECD est égal à l'interne ABC, les deux côtés BE & EC valent un demi-cercle, *par la premiere*; donc les deux côtés AE, EC valent moins d'un demi-cercle; donc *par le Cor.* 2 *de la premiere*, l'angle *FAE* est plus grand que l'angle *ACE*; mais l'angle *BAC* est égal à l'angle *FAE*, donc l'angle *BAC* est plus grand que l'angle *ACE*; donc la somme des trois angles internes *B*, *A*, *C* est plus grande que la somme des trois angles *BCA*, *ACE*, *ECD*; mais cette derniere somme vaut 180 degrés, *par le Lemme* 2; donc la somme des trois angles internes *B*, *A*, *C* vaut plus de 180 degrés. *C. q. f. D.*

Corollaire. Les trois angles du triangle curviligne *BAC*, *fig.* 12, *pl.* 2, sont moindres que 6 droits. Pour le démontrer, prolongez le côté *CB* jusqu'en *E*, le côté *BA* jusqu'en *D*, le côté *AC* jusqu'en *F*. Les trois angles internes & les trois angles externes du triangle *BAC* ne valent que 6 droits, par le Lemme; donc les trois angles internes du même triangle valent moins que 6 droits.

CHAPITRE SECOND.

Principes des opérations de la trigonométrie sphérique.

COmme dans le troisieme & le quatrieme chapitres, nous devons opérer sur des triangles sphériques rectangles & non rectangles, nous allons donner des principes dont les premiers nous dirigeront dans les opérations que nous ferons sur les triangles de la premiere espece, & les autres dans les opérations sur les triangles de la seconde espece. Ces principes sont contenus dans les propositions suivantes.

Premiere proposition. Dans tout triangle sphérique rectangle, dont un des côtés est moindre que le quart de cercle, les sinus des angles sont comme les sinus des côtés qui leur sont opposés.

Explication. L'on me donne le triangle sphérique *ABC*, *fig.* 13, *pl.* 2, rectangle en *B*; je dis que le sinus total, ou le sinus de l'angle *B* : au sinus du côté *AC* :: le sinus de l'angle *A* : au sinus du côté *BC*. Pour le démontrer, je continue les arcs *AB* & *AC*, l'un jusqu'en *D*, l'autre jusqu'en *E*, c'est-à-dire, jusqu'à ce que chacun de ces arcs vaille un quart de cercle. 2°. Du point *A* comme pôle, je tire l'arc *DE* qui sera la mesure de l'angle *A*. 3°. Je tire les lignes *FA*, *FB*, *FD*, *FE* qui seront autant de rayons de la sphere à laquelle appartiennent les cercles dont les arcs *AD*, *AE*, &c. font partie; chacune de ces lignes sera un sinus total. 4°. Je tire *CI* perpendiculaire sur *AF*; ce sera le sinus de l'arc *AC*. 5°. Je tire *CH* perpendiculaire sur *FB*; ce sera le sinus de l'arc BC. 6°. Je tire HI, pour avoir le triangle *CHI*. 7°. Je tire *EG* perpendiculaire sur *FD*; ce sera le sinus droit de l'arc *DE*, mesure de l'angle *A*. Je dis que *FE* : *IC* :: *GE* : *CH*; & comme *FE* sinus total, est le sinus de l'angle *B* du triangle *ABC*; *CI*, le sinus du côté *AC*; *GE*, le sinus de l'angle *A*; *CH*, le sinus du côté *BC*;

je dis que dans tout triangle sphérique rectangle dont un côté est moindre qu'un quart de cercle, les sinus des angles sont comme les sinus des côtés qui leur sont opposés. Il faut que dans tout ce traité l'imagination supplée à l'impossibilité qu'il y a de représenter les lignes dans la situation où elles sont réellement.

Démonstration. 1°. L'angle H du triangle *CHI* est droit, parce que les 2 lignes *FB* & *HI* se trouvant dans un même plan, la ligne *CH* ne peut pas être perpendiculaire sur l'une, sans l'être sur l'autre.

2°. L'angle G du triangle *FGE* est droit, parce que *GE* est perpendiculaire sur *FD.* Donc les lignes *CH*, *EG* sont paralleles, parce qu'elles sont perpendiculaires au même plan.

3°. Les lignes FE, *IC* sont aussi paralleles, puisqu'elles sont perpendiculaires à *AF*; donc la ligne *HC* est aussi inclinée sur la ligne *IC*, que la ligne *GE* est inclinée sur la ligne *FE*; sans cela les lignes *HC*, *GE* ne seroient pas paralleles entr'elles. Donc l'angle *C* du triangle rectangle *CHI* est égal à l'angle *E* du triangle rectangle *EGF.* Donc ces deux triangles sont équiangles, *par le corollaire quatrieme de la proposition cinquieme de notre premier livre de géométrie.* Donc *par la proposition troisieme de notre sixieme livre de géométrie*, l'on doit dire, *FE : CI :: GE : CH.* Donc le sinus de l'angle *B :* au sinus du côté *AC ::* le sinus de l'angle *A :* au sinus du côté *BC.*

Seconde proposition. Dans tout triangle sphérique rectangle qui a chacun de ses côtés moindre qu'un quart de cercle, le sinus total est au sinus de l'un des côtés, comme la tangente de l'angle voisin de ce côté, est à la tangente du côté opposé à cet angle.

Explication. Dans le triangle rectangle ABC, *fig.* 14, *pl.* 2, je dis que le sinus total *:* au sinus de l'un des côtés, par exemple, du côté AB *::* la tangente de l'angle A, voisin du côté AB *:* à la tangente du côté BC, opposé à l'angle A. Pour le démontrer, 1°. je continue les côtés AB, AC jusqu'à la valeur, chacun d'un quart de cercle, c'est-à-dire, je continue AB jusqu'en D, & AC jusqu'en E. 2°. Je tire les lignes FA, FB, FC, FD, FE; ce seront autant de rayons de la sphere à laquelle appartiennent les cercles dont les côtés du triangle ABC font partie. 3°. Du point A comme pôle, je décris l'arc DE; ce sera la mesure de l'angle A du triangle ABC. 4°. Du point B, je tire la perpendiculaire BI sur le rayon FA ; ce sera le sinus du côté AB ; 5°. Du même point B je tire la perpendiculaire BL sur le rayon FB ; ce sera la tangente du côté BC. 6°. Je tire la ligne LI, pour avoir le triangle rectiligne IBL. 7°. Du point D je tire la ligne DK perpendiculaire sur le rayon FD ; ce sera la tangente de l'arc DE, & par conséquent de l'angle A mesuré par cet arc. 8°. Je continue FE jusqu'en K, pour avoir le triangle FDK. Je dis que FD, sinus total ou sinus de l'angle droit B du triangle ABC : BI, sinus du côté AB :: DK, tangente de l'arc DE, ou de l'angle A, mesuré par cet arc : BL, tangente du côté BC opposé à l'angle A.

Démonstration. Les deux triangles FDK, IBL, rectangles, l'un en D, l'autre en B, sont équiangles. La preuve en est la même pour eux, que pour les 2 triangles CHI, FGE de la proposition précédente. Donc *par la proposition troisieme de notre sixieme livre de Géométrie*, l'on peut dire, FD : BI :: DK : BL. Donc le sinus total : au sinus du côté AB :: la tangente de l'angle A : à la tangente du côté BC. Donc dans tout triangle sphérique rectangle qui a chacun de ses côtés moindre qu'un quart de cercle, le sinus total : au sinus de l'un des côtés :: la tangente de l'angle voisin de ce côté : à la tangente du côté opposé à cet angle.

Troisieme proposition. Dans tout triangle sphérique non rectangle les sinus des angles sont comme les sinus des côtés qui leur sont opposés.

Explication. Dans le triangle sphérique non rectangle CAB, *fig.* 15, *pl.* 2, le sinus de l'angle A : au sinus du côté BC :: le sinus de l'angle B : au sinus du côté AC. Pour le démontrer, du point A je décris l'arc CD perpendiculaire sur le côté AB, pour avoir deux triangles rectangles ADC, BDC.

Demonstration. 1°. *Par la proposition premiere de ce chapitre*, l'on a dans le triangle rectangle ADC, la proportion suivante, le sinus de l'angle A : au sinus de CD :: le sinus total, ou le sinus de l'angle D : au sinus du côté AC. Donc, *par la propriété de la proportion géométrique*, le produit du sinus de l'angle A multipliant le sinus du côté AC, est égal au produit du sinus total multipliant le sinus du côté CD.

2°. *Par la même proposition*, l'on aura dans le triangle rectangle BDC, la proportion suivante, le sinus de l'angle B : au sinus du côté CD :: le sinus total : au sinus du côté BC. Donc le produit du sinus de l'angle B multipliant le sinus du côté BC, est égal au produit du sinus total multipliant le sinus du côté CD.

3°. Nommons le sinus de l'angle A, *a*; le sinus de l'angle B, *b*; le sinus du côté AC, *c*; le sinus du côté BC, *d*; le sinus total, *s*; le sinus de CD, *x*. Nous aurons *num.* 1. $a \times c = s \times x$. Nous aurons encore *num.* 2. $b \times d = s \times x$. Donc $ac : bd :: sx : sx$.

4°. $sx = sx$. Donc $ac = bd$.

5°. $ac = bd$. Donc en décomposant cette équation, l'on aura $a : b :: d : c$. Donc, *alternando*, $a : d :: b : c$.

6°. *a* représente le sinus de l'angle A du triangle non rectangle ABC; *d* représente le sinus du côté BC; *b*, le sinus de l'angle B; *c*, le sinus du côté AC. Donc dans le triangle non rectangle ABC le sinus de l'Angle A : au sinus du côté BC :: le sinus de l'angle B : au sinus du côté AC. Donc dans tout triangle sphérique non rectangle les sinus des angles sont comme les sinus des côtés qui leur sont opposés.

Quatrieme proposition. Dans tout triangle sphérique non rectangle, les sinus des segmens de la base faits par la perpendiculaire sont entr'eux en raison inverse des tangentes des angles à cette même base.

Explication. Dans le triangle sphérique non rectangle ABC, *fig.* 15, *pl.* 2, dont la base AB est partagée au point D en deux segmens inégaux BD, DA par l'arc perpendiculaire CD; je dis que le sinus du segment BD : au sinus du segment AD :: la tangente de l'angle A : à la tangente de l'angle B.

Démonstration. 1°. *Par la proposition seconde de ce chapitre*, dans le triangle rectangle BDC, l'on a la proportion suivante; le sinus total : au sinus du côté BD :: la tangente de l'angle B : à la tangente du côté CD.

2°. *Par la même proposition*, l'on dira dans le triangle rectangle ADC; le sinus du côté AD : au sinus total :: la tangente du côté CD : à la tangente de l'angle A.

3°. Nommons le sinus total, *s*; le sinus de BD, *a*; la tangente de l'angle B, *b*; la tangente du côté CD, *c*; ce qui donne la proportion suivante, $s : a :: b : c$.

4°. Nommons encore le sinus du côté AD, d; le sinus total, f; la tangente du côté CD, c; la tangente de l'angle A, e; l'on aura la proportion suivante, $d : f :: c : e$. [illegible]

5°. Dans ces deux proportions multiplions antécédens par antécédens, & conséquens par conséquens, l'on aura $df : af :: bc : ce$. Donc $cdef = abcf$. Donc $de = ab$. Donc d [illegible] $e :: b$. Donc le sinus du côté BD : au sinus du côté AD :: la tangente de l'angle A : à la tangente de l'angle B. Donc dans tout triangle sphérique non rectangle les sinus des segmens de la base faits par la perpendiculaire sont en raison inverse des tangentes des angles placés à cette même base.

Cinquieme proposition. Dans tout triangle sphérique non rectangle les sinus complémens des deux angles faits au sommet par la perpendiculaire, sont entr'eux comme les tangentes des complémens des côtés.

Explication. Dans le triangle sphérique non rectangle BAC, *fig.* 16, *pl.* 2, que je divise en deux parties par l'arc perpendiculaire AD; je dis que le sinus du complément de l'angle BAD : au sinus du complément de l'angle DAC :: la tangente du complément du côté AB : à la tangente du complément du côté AC. Pour le démontrer, 1°. je continue AB, AD, AC jusqu'au quart de cercle, c'est-à-dire, jusqu'aux points E, F, G; l'arc BE sera le complément du côté AB; & l'arc CG sera le complément du côté AC. 2°. Du point A comme pôle, je décris le demi-cercle IEFGH; l'arc EF sera la mesure de l'angle BAD, & l'arc IE son complément: de même l'arc FG sera la mesure de l'angle DAC, & l'arc GH son complément. 3°. Je tire le demi-cercle IDH; je dis que le sinus de l'arc EI, complément de l'angle BAD : au sinus de l'arc GH, complément de l'angle DAC :: la tangente de l'arc BE, complément du côté AB : à la tangente de l'arc CG, complément du côté AC.

Démonstration. 1°. *Par la proposition seconde de ce chapitre*, dans le triangle curviligne IEB, rectangle en E, le sinus total ou le sinus de l'angle E : à la tangente de l'angle I, ou de l'arc DF, mesure de cet angle :: le sinus du côté IE, complément de l'angle BAD : à la tangente de l'arc BE, complément du côté AB; & en nommant le sinus total, f; la tangente de l'arc DF, a; le sinus du côté IE, *b*; la tangente du côté BE, *c*; l'on aura *f : a :: b : c*.

2°. *Par la même proportion*, dans le triangle curviligne CGH, rectangle en G, le sinus total, ou le sinus de l'angle G : à la tangente de l'angle H, ou de l'arc DF, mesure de cet angle :: le sinus du côté GH, complément de l'angle DAC : à la tangente de CG; complément du côté AC. Nommons encore le sinus total, *f*; la tangente de l'arc DF, *a*; le sinus du côté GH, *d*; & la tangente du côté CG, *e*; l'on dira *f : a :: d : e*.

3°. L'on a *num.* 1. *f : a :: b : c*.

4°. L'on a *num.* 2. *f : a :: d : e*. Donc l'on aura *b : c :: d : e*. Donc *alternando*, *b : d :: c : e*.

5°. *b* représente le sinus de l'arc IE, complément de l'angle BAD; *d* est le sinus du côté GH, complément de l'angle DAC; *c* est la tangente du côté BE, complément du côté AB; *e* est la tangente de l'arc CG, complément du côté AC. Donc dans tout triangle sphérique non rectangle les sinus complémens des deux angles faits au sommet par la perpendiculaire, sont entr'eux comme les tangentes des complémens des côtés.

Corollaire. On prouvera avec la même facilité que le sinus de l'arc BI : au sinus de l'arc CH :: le sinus de l'arc BE : au sinus de l'arc CG. En effet. 1°. Dans le triangle rectangle BEI, l'on a, *par la proposition premiere de ce chapitre*, la proportion suivante; le sinus total, ou le sinus de l'angle E : au sinus de l'angle I ou de l'arc FD, mesure de cet angle :: le sinus de l'arc BI : au sinus de l'arc BE. Nommons le sinus total, *f*; le sinus de l'arc DF, *a*; le sinus de l'arc BI, *b*; le sinus de l'arc BE, *c*; l'on dira *f : a :: b : c*.

2°. *Par la même proposition*, dans le triangle rectangle CGH, l'on dira; le sinus total, ou le sinus de l'angle G : au sinus de l'angle H, ou de l'arc DF, mesure de cet angle :: le sinus de l'arc CH : au sinus de l'arc CG. Donc en nommant le sinus total, *f*; le sinus de l'arc DF, *a*; le sinus de l'arc CH, *d*; le sinus de l'arc CG, *e*; l'on dira *f : a :: d : e*.

3°. L'on a, *num.* 1. *f : a :: b : c*.

4°. L'on a, *num.* 2. *f : a :: d : e*. Donc *b : c :: d : e*. Donc, *alternando*, *b : d :: c : e*.

5°. *b* représente le sinus de l'arc BI; *d* est le sinus de l'arc CH ; c'est le sinus de l'arc BE ; est le sinus de l'arc CG. Donc le sinus de l'arc BI, complément de BD : au sinus de l'arc CH, complément de DC : : le sinus de l'arc BE, complément de AB : au sinus de l'arc CG, complément de CA. Donc, en général, les sinus complémens des segmens de la base faits par la perpendiculaire, sont entr'eux comme les sinus complémens des côtés.

Sixieme proposition. Dans tout triangle sphérique non rectangle, les sinus des deux angles au sommet, faits par la perpendiculaire, sont proportionnels aux sinus des complémens des deux angles à la base.

Explication. Dans le triangle sphérique non rectangle BAC, *fig.* 17. *pl.* 1, coupé en deux parties par l'arc perpendiculaire AD ; le sinus de l'angle BAD : au sinus de l'angle DAC : : le complément du sinus de l'angle ABD : au complément du sinus de l'angle ACD. Pour le démontrer, je remarque que dans la figure 17 comme dans la précédente, l'arc DF est la mesure de l'angle BIE égal à l'angle KIL, & de l'angle CHG égal à l'angle PHO. Ce que cette figure 17e. a de particulier, c'est que 1°. les triangles KLI & POH sont supposés rectangles, l'un en L, l'autre en O ; 2°. l'arc KI est supposé égal à l'arc EF, mesure de l'angle BAD ; 3°. l'arc PH est supposé égal à l'arc FG, mesure de l'angle DAC ; 4°. l'arc LM est la mesure de l'angle LBM égal à l'angle ABD, & l'arc LK est le complément de l'arc LM, & par conséquent de l'angle ABD ; 5°. l'arc ON est la mesure de l'angle OCN ou de son égal ACD, & l'arc OP est le complément de l'arc ON, & par conséquent de l'angle ACD. Cela supposé, je dis que le sinus de l'arc EF, mesure de l'angle BAD : au sinus de l'arc FG, mesure de l'angle DAC : : le sinus de LK, complément de l'angle ABD : au sinus de OP, complément de l'angle ACD.

Démonstration. 1°. Le triangle KLI est rectangle en L. Donc, *par la proposition premiere de ce chapitre*, l'on a la proportion suivante ; le sinus total : au sinus de l'arc KI ou de son égal EF, mesure de l'angle BAD : : le sinus de l'angle KIL, ou de l'arc DF, mesure de cet angle : au sinus de l'arc LK, complément de l'arc LM, ou de l'angle ABD. Donc, *alternando*, l'on dira, le sinus total : au sinus de l'arc DF : : le sinus de l'arc EF : au sinus de l'arc LK. Nommons le sinus total, *f* ; le sinus de l'arc

DF, *a*; le sinus de l'arc EF, *b*; & le sinus de l'arc LK, *c*; l'on aura *s* : *a* : : *b* : *c*.

2°. Le triangle POH est rectangle en O. Donc, *par la proposition premiere de ce chapitre*, l'on dira, le sinus total : au sinus de l'arc PH, ou de son égal FG, mesure de l'angle DAC : : le sinus de l'angle PHO, ou de l'arc DF, mesure de cet angle : au sinus de l'arc PO, complément de l'arc ON, ou de l'angle DCA. Donc, *alternando*, l'on dira, le sinus total : au sinus de l'arc DF : : le sinus de l'arc FG : au sinus de l'arc PO. Nommons encore le sinus total, *s*; le sinus de l'arc DF, *a*; le sinus de l'arc FG, *d*; & le sinus de l'arc PO, *e*; l'on dira, *s* : *a* : : *d* : *e*.

3°. L'on a, *num.* 1. *s* : *a* : : *b* : *c*.

4°. L'on a, *num.* 2. *s* : *a* : : *d* : *e*. Donc, l'on dira, *b* : *c* : : *d* : *e*. Donc, *alternando*, *b* : *d* : : *c* : *e*. Donc le sinus de l'arc EF, ou de l'angle BAD : au sinus de l'arc FG, ou de l'angle DAC : : le sinus de l'arc LK, complément de l'arc LM, & par conséquent de l'angle ABD : au sinus de l'arc PO, complément de l'arc ON, & par conséquent de l'angle DCA. Donc, en général, dans tout triangle sphérique non rectangle, les sinus des deux angles au sommet, faits par la perpendiculaire, sont proportionnels aux sinus des complémens des deux angles à la base.

Septieme proposition. Dans tout triangle sphérique non rectangle, les sinus complémens des angles faits au sommet par la perpendiculaire sont en raison inverse des tangentes des deux côtés.

Explication. Dans le triangle sphérique BAC, *fig.* 17, *pl.* 2, partagé en deux triangles rectangles par l'arc perpendiculaire AD, le sinus complément de l'angle BAD : au sinus complément de l'angle DAC : : la tangente du côté AC : à la tangente du côté AB.

Démonstration. 1°. Le rayon est moyen proportionnel entre la tangente d'un arc & la tangente du complément de cet arc. En effet, les deux triangles ABH & ACF, *fig.* 18, *pl.* 2, sont équiangles, puisqu'ils ont les angles B & C droits, & qu'à cause des paralleles CF & AB, les angles alternes HAB, CFA sont égaux; donc, *par la proposition troisieme de notre sixieme livre de géométrie*, HB, tangente de l'arc BD : AB, rayon du cercle : : AC, rayon du du cercle : CF, tangente de l'arc CD, complément de l'arc BD. Donc le rayon est moyen proportionnel entre la tangente d'un arc, & la tangente du complément de cet arc.

2°. Les tangentes de deux arcs sont en raison inverse des tangentes de leurs complémens ; c'est-à-dire, BH, tangente de l'arc DB : BG, tangente de l'arc BE : : CI, tangente de l'arc CE, complément de l'arc BE : CF, tangente de l'arc DC, complément de l'arc DB. En voici la preuve ; BH : AB : : AB : CF, parce que le rayon est moyen proportionnel entre la tangente d'un arc & la tangente de l'arc complément, *num.* 1. Donc AB × AB = BH × CF, *par la propriété de la proportion géométrique*. Nommons le rayon AB, *r* ; BH, *a* ; CF, *b* ; l'on aura *rr* = *ab*.

Par la même raison l'on dira CI : AC : : AC : BG. Donc AC × AC = CI × BG. Nommons encore le rayon AC = AB, *r* ; CI, *c* ; BG, *d* ; l'on aura *rr* = *cd*.

rr = *ab*. *rr* = *cd*. Donc *ab* = *cd*. Donc *a* : *d* : : *c* : *b*. Donc BH : BG : : CI : CF. Donc les tangentes de deux arcs sont en raison inverse des tangentes de leurs complémens.

3°. Le sinus du complément de l'angle BAD, *fig.* 17. *pl.* 2 : au sinus du complément de l'angle CAD : : la tangente du complément du côté AB : à la tangente du complément du côté AC, *par la proposition cinquième de ce chapitre*.

4°. La tangente du complément du côté AB : à la tangente du complément du côté AC : : la tangente du côté AC : à la tangente du côté AB, *num.* 2. Donc le sinus du complément de l'angle BAD : au sinus du complément de l'angle CAD : : la tangente du côté AC : à la tangente du côté AB. Donc en général, dans tout triangle sphérique non rectangle les sinus des complémens des angles faits par la perpendiculaire, sont en raison inverse des tangentes des côtés.

CHAPITRE TROISIÈME.

De la résolution des triangles sphériques rectangles.

NOus nous bornerons dans ce chapitre à la résolution de 3 problemes. Dans le premier, nous supposerons que nous connoissons, outre l'angle droit, un second angle & un côté du triangle proposé. Dans le second, on nous donnera deux côtés, outre l'angle droit. Dans le troisieme, on nous donnera tous les angles. Il n'en est pas des triangles sphériques comme des rectilignes ; la connoissance des trois angles d'un triangle sphérique peut facilement nous conduire à la connoissance de ses trois côtés ; ce qui n'arrive jamais dans les triangles rectilignes. Des trois problemes que nous aurons résolus, nous tirerons plusieurs corollaires qui renfermeront à-peu-près tous les cas qu'on peut proposer sur les triangles sphériques rectangles.

Probleme premier. Dans un triangle sphérique rectangle connoissant, outre l'angle droit, un second angle & le côté qui lui est opposé, trouver le côté opposé à l'angle droit.

Explication. L'on me donne le triangle sphérique ABC, *fig.* 13, *pl.* 2, rectangle en B. L'on m'avertit que l'angle A vaut 80 degrés ; le côté BC, 60 ; l'on demande la valeur du côté AC.

Résolution. La valeur du côté AC est de 61 degrés, 34 minutes.

Démonstration. 1°. *Par la proposition premiere de ce chapitre second*, l'on a la proportion suivante ; le sinus de l'angle A : au sinus du côté BC : : le sinus total : au sinus du côté AC. Donc le logarithme du sinus de l'angle A . au logarithme du sinus du côté BC : le logarithme du sinus total . au logarithme du sinus du côté AC. Donc pour avoir le logarithme du sinus du côté AC, il faut ajouter le logarithme du sinus total au logarithme du sinus du côté BC ; ôter de cette somme le logarithme du sinus de l'angle A ; le restant vous donnera ce que vous cherchez.

2°. Le logarithme du sinus total est 10, 0000000, le

logarithme du sinus du côté BC est 9, 9375306; & la somme est de 19,9375306.

3°. Le logarithme du sinus de l'angle A est 9, 9933515, lequel ôté de la somme 19, 9375306 donne pour restant 9,9441791, *logarithme du sinus de 61 degrés*, 34 *minutes*. Donc le côté AC du triangle sphérique ABC est de 61 degrés, 34 minutes.

Corollaire premier. Pour trouver le côté AB, l'on dira, *par la proposition seconde du chapitre second*, la tangente de l'angle A de 80 degrés : à la tangente du côté B C de 60 degrés : : le sinus total : au sinus du côté AB; c'est-à-dire, 10, 7536812, *logarithme de la tangente de* 80 *degrés*. 10, 2385606, *logarithme de la tangente de* 60 *degrés* : 10, 0000000, *logarithme du sinus total. au logarithme du sinus du côté* AB. Pour trouver ce quatrieme logarithme, j'ajoute le second au troisieme terme de la progression arithmétique : j'ôte de la somme 20, 2385606 le premier terme 10, 7536812, le restant 9, 4848794 sera le logarithme du sinus du côté AB. Mais ce logarithme répond à un arc de 17 degrés 47 minutes, & à un arc de 162 degrés 13 minutes. Donc le côté AB du triangle ABC a 17 degrés 47 minutes, s'il est plus petit que le quart de cercle, & 162 degrés 13 minutes, s'il est plus grand.

Corollaire second. Pour connoître l'angle C du triangle ABC, l'on dira, *par la proposition premiere du chapitre second*, le sinus du côté AC : au sinus total : : le sinus du côté AB : au sinus de l'angle C; & en se servant des logarithmes, l'on dira 9, 9441791, *logarithme du sinus du côté* AC. 10, 0000000, *logarithme du sinus total* : 9, 4848794, *logarithme du sinus du côté* AB. au logarithme du sinus de l'angle C. Pour le trouver, joignez 10,0000000 à 9, 4848794; ôtez 9,9441791 de la somme 19,4848794; le restant 9, 5407003 sera le logarithme du sinus de l'angle C. Donc l'angle C sera de 20 degrés 40 minutes, s'il est aigu, & de 159 degrés, 20 minutes, s'il est obtus. Nous n'avons pas manqué de faire remarquer dans l'article précédent que le sinus droit d'un arc & d'un angle étoit en même tems le sinus droit du supplément de cet arc & de cet angle.

Mais, *dira-t-on*, comment pourra-t-on savoir que l'angle cherché est obtus ou aigu ? Je réponds d'abord qu'on le saura par l'état de la question ; je répons ensuite que dans tout triangle sphérique dont vous connoissez un angle droit, vous pouvez assurer sans crainte de vous tromper, que les autres angles sont de même affection que les côtés qui leur sont opposés. Je sais, par exemple, que le triangle ABC, *fig.* 13, *pl.* 2, est rectangle en B, & que les côtés AB & BC sont chacun moindres qu'un quart de cercle ; je conclus que les angles A & C sont chacun des angles aigus. De même dans le triangle ACD, *fig.* 9, *pl.* 2, qu'on suppose rectangle en C, l'angle D sera obtus, si le côté AC est plus grand qu'un quart de cercle ; & l'angle A sera aigu, si le côté CD est plus petit qu'un quart de cercle.

Probleme second. Dans un triangle sphérique rectangle connoissant, outre l'angle droit, les deux côtés qui servent à le former, connoître l'un des deux autres angles.

Explication. L'on me donne le triangle rectangle ABC, *fig.* 14, *pl.* 2, dont l'angle B est droit ; le côté BC de 60, & le côté AB de 80 degrés; l'on demande la valeur d'un des deux angles, par exemple, de l'angle A.

Résolution. L'angle A est un angle de 60 degrés, 23 minutes.

Démonstration. 1°. *Par la proposition seconde du chapitre second*, l'on a la proportion suivante ; le sinus du côté AB : au sinus total : : la tangente du côté BC, à la tangente de l'angle A. Donc l'on dira ; le logarithme du sinus du côté AB . au logarithme du sinus total : le logarithme de la tangente du côté BC . au logarithme de la tangente de l'angle A.

2°. Le logarithme du sinus du côté AB est 9, 9933515; le logarithme du sinus total est 10, 0000000 ; le logarithme de la tangente du côté BC est 10, 2385606.

3°. Pour trouver le logarithme de la tangente de l'angle A, je dis, 9, 9933515 . 10, 0000000 : 10, 2385606 . à un quatrieme terme qui sera le logarithme de la tangente de l'angle A.

4°. Pour trouver ce quatrieme terme, je joins 10, 0000000 à 10, 2385606. De la somme 20, 2385606, j'ôte 9, 9933515, le restant, 10, 2452091 me donnera la tangente de l'angle A.

5°. Dans les tables trigonométriques 10, 2452091 est la tangente d'un angle de 60 degrés, 23 minutes. Donc l'angle A du triangle ABC a 60 degrés 23 minutes.

Corollaire premier. Pour connoître l'angle C du triangle ABC, *fig.* 14, *pl.* 2, l'on dira, *par la proposition premiere du chapitre second*, le logarithme du sinus du côté BC. au logarithme du sinus de l'angle A : le logarithme du sinus du côté AB. au logarithme du sinus de l'angle C.

Corollaire second. Pour trouver le côté AC du triangle ABC, *fig.* 14, *pl.* 2, je dis, *par la proposition premiere du chapitre second*, le logarithme du sinus de l'angle A. au logarithme du sinus du côté BC : le logarithme du sinus total. au logarithme du sinus du côté AC.

Probleme troisieme. Connoissant les trois angles d'un triangle sphérique rectangle, connoître quelqu'un de ses côtés.

Explication. L'on me donne le triangle BDA, *fig.* 16, *pl.* 2, & l'on m'avertit que l'angle D est droit; que l'angle A vaut 60 & l'angle B 85 degrés; l'on demande la valeur de la base AB. Pour la trouver, 1°. je continue AD, AB jusqu'au quart de cercle, c'est-à-dire, jusqu'en F & jusqu'en E. 2°. Du point A, je décris l'arc EF, qui vaudra 60 degrés, ainsi que l'angle A dont il est la mesure. 3°. Je continue FE jusqu'en I, pour avoir le complément de l'arc EF, c'est-à-dire, pour avoir un arc de 30 degrés. 4°. Je continue DB jusqu'en I, pour avoir le triangle rectangle IEB. Dans ce triangle je connois l'angle droit E; l'angle IBE = à l'angle ABD de 85 degrés; le côté IE de 30 degrés.

Résolution. Le côté AB vaut 87 degrés, 6 minutes.

Démonstration. 1°. Pour trouver le côté BE du triangle rectangle IEB, je dis, *par la proposition seconde du chapitre second*, la tangente de l'angle B : à la tangente du côté IE : : le sinus total : au sinus du côté BE. Donc le logarithme de la tangente de l'angle B de 85 degrés. au logarithme de la tangente du côté IE de 30 degrés : le logarithme du sinus total. au logarithme du sinus du côté BE; ce qui me donne l'analogie suivante, 11, 0580482. 9, 7624394 : 10, 0000000. au logarithme du sinus du côté BE.

2°. Cette proportion arithmétique a nécessairement pour quatrieme terme 8, 7033912. Donc le logarithme du sinus du côté BE est 8, 7033912.

3°. Dans les tables trigonométriques ce logarithme répond à deux degrés, 54 minutes. Donc le côté BE est un arc de deux degrés 54 minutes.

4°. Le côté BE est le complément de la base AB. Donc la base AB vaut 87 degrés, 6 minutes.

Corollaire premier. Pour connoître le côté AD du triangle rectangle BDA, je dirai, le sinus total : au sinus du côté AB :: le sinus de l'angle B : au sinus du côté AD.

Corollaire second. Pour connoître le côté BD du même triangle, je dirai, le sinus total : au sinus du côté AB :: le sinus de l'angle A : au sinus du côté BD.

CHAPITRE QUATRIEME.

De la résolution des triangles sphériques non rectangles.

NOUS suivrons dans ce dernier chapitre la même méthode que dans le précédent. Au lieu de proposer un nombre infini de problemes, nous nous arrêterons à ceux dont la solution revient le plus souvent dans la pratique. Nous n'oublierons pas les problemes qu'il est très-difficile de résoudre, celui, par exemple, où l'on parvient à la connoissance des angles par la connoissance des trois côtés connus en même tems.

Probleme premier. Connoissant dans un triangle sphérique non rectangle deux angles & le côté compris entre deux angles, connoître le troisieme angle.

Explication. Dans le triangle non rectangle BAC, *fig.* 16, *pl.* 2, l'on connoît l'angle B de 85 degrés, l'angle A de 80, & le côté AB de 87 degrés 6 minutes; l'on demande la valeur de l'angle C; pour la trouver, je décris l'arc perpendiculaire AD, & j'ai le triangle rectangle ADB dans lequel je connois l'angle droit D, l'angle B & le côté AB. En un mot je trace la figure 16 de la même maniere qu'elle a été tracée pour la proposition cinquieme du chapitre second; ce qui me donne un second triangle IEB, rectangle en E, dans lequel je connois l'angle E droit, l'angle IBE égal à l'angle ABD de 85 degrés, & le côté BE de deux degrés 54 minutes, parce qu'il est complément de l'arc AB de 87 degrés, 6 minutes.

Résolution. L'angle C du triangle non rectangle BAC vaut 85 degrés, 58 minutes.

Démonstration. 1°. *Par la proposition seconde du chapitre second*, le logarithme du sinus total : au logarithme du sinus du côté BE : le logarithme de la tangente de l'angle B . au logarithme de la tangente du côté IE. Donc 10, 0000000 . 8, 7033972 : 11, 2943535 . au logarithme de la tangente du côté IE.

2°. Le quatrieme terme de cette proportion arithmétique doit être 9, 9977447. Donc le logarithme de la tangente du côté IE est 9, 9977447.

3°. Dans les tables trigonométriques ce logarithme répond à 44 degrés, 58 minutes. Donc l'arc IE vaut 44 degrés, 58 minutes.

4°. L'arc IE est complément de l'arc EF. Donc l'arc EF vaut 45 degrés, deux minutes.

5°. L'angle BAD est mesuré par l'arc EF. Donc cet angle vaut 45 degrés 2 minutes.

6°. L'angle DAC vaut 34 degrés, 58 minutes, parce que tout l'angle BAC vaut 80 degrés, & que l'angle BAD en vaut 45 & deux minutes.

7°. *Par la proposition sixieme du chapitre second*, l'on a la proportion suivante; le sinus de l'angle BAD : au sinus de l'angle DAC :: le sinus du complément de l'angle B : au sinus du complément de l'angle C. Donc l'on dira, le logarithme du sinus de l'angle BAD de 45 degrés 2 minutes . au logarithme du sinus de l'angle DAC de 34 degrés, 58 minutes : le logarithme du sinus d'un angle de 5 degrés, complément de l'angle B . au logarithme du sinus du complément de l'angle C. Donc 9, 8497375 . 9, 7582302 : 8, 9402960 . au logarithme du sinus du complément de l'angle C.

8°. Cette proportion arithmétique donne pour quatrieme terme 8, 8487887. Donc le logarithme du sinus du complément de l'angle C est 8, 8487887.

9°. Dans les tables trigonométriques ce logarithme répond à un angle de 4 degrés, 3 minutes. Donc le complément de l'angle C est de 4 degrés, 3 minutes. Donc l'angle C est un angle de 85 degrés, 57 minutes.

Corollaire premier. Pour connoître le côté BC du triangle non rectangle BAC, *fig.* 16, *pl.* 2, l'on fera, *par la proposition premiere du chapitre second*, l'analogie suivante;

le ſinus de l'angle C de 85 degrés, 57 minutes : au ſinus du côté AB de 87 degrés, 6 minutes :: le ſinus de l'angle A de 80 degrés : au ſinus du côté BC.

Corollaire ſecond. Pour connoître le côté AC du même triangle, l'on dira, *par la même propoſition ;* le ſinus de l'angle C : au ſinus du côté AB :: le ſinus de l'angle B : au ſinus du côté AC.

Probleme ſecond. Dans un triangle ſphérique non rectangle, connoiſſant deux angles & un côté oppoſé à l'un de ces deux angles, trouver le troiſieme angle.

Explication. L'on me donne le triangle BAC, *fig.* 16, *pl.* 2, dont on connoît l'angle B, l'angle C, & le côté AC ; l'on demande la valeur de l'angle A : pour la trouver, je tire l'arc AD perpendiculaire ſur le côté BC, afin d'avoir deux triangles rectangles ADC, ADB.

Réſolution. 1°. Dans le triangle rectangle ADC, dont je connois l'angle droit D, l'angle C, & le côté AC, j'ai, *par la propoſition premiere du chapitre ſecond*, l'analogie ſuivante ; le ſinus total : au ſinus du côté AC :: le ſinus de l'angle C : au ſinus du côté AD.

2°. *Par la propoſition ſeconde du chapitre ſecond*, je dirai, la tangente de l'angle C : à la tangente du côté AD :: le ſinus total : au ſinus du côté DC.

3°. *Par la propoſition premiere du chapitre ſecond*, je dirai, le ſinus du côté AC : au ſinus total :: le ſinus du côté DC : au ſinus de l'angle DAC.

4°. *Par la propoſition ſixieme du chapitre ſecond*, je dirai, le ſinus du complément de l'angle C : au ſinus du complément de l'angle B :: le ſinus de l'angle DAC : au ſinus de l'angle BAD.

5°. Je connois la valeur de l'angle DAC, *num.* 3 ; je connois la valeur de l'angle BAD, *num.* 4. Donc je connois tout l'angle BAC. Donc le probleme a été réſolu.

Démonſtration. Les cinq opérations précédentes ſont fondées ſur les propoſitions 1. 2. & 6. du chapitre ſecond. Donc elles ſont ſûres.

Corollaire premier. Pour connoître le côté AB du triangle BAC, *fig.* 16, *pl.* 2, dont je connois tous les angles & le côté AC, je dirai, *par la propoſition premiere du chapitre ſecond*, le ſinus de l'angle B : au ſinus du côté AC :: le ſinus de l'angle C : au ſinus du côté AB.

Corollaire ſecond. Pour connoître le côté BC du même

triangle, je dirai, *par la même propoſition*, le ſinus de l'angle B : au ſinus du côté AC :: le ſinus de l'angle A : au ſinus du côté BC.

Probleme troiſieme. Dans un triangle ſphérique non rectangle, connoiſſant deux côtés & l'angle compris, connoître l'un des deux angles.

Explication. Dans le triangle ſphérique BAC, *fig.* 16, *pl.* 2, je connois le côté BC, le côté AC, & l'angle C; l'on me demande l'angle B; pour le trouver, je tire l'arc perpendiculaire AD.

Réſolution. 1°. Je cherche la valeur du ſegment DC par les méthodes employées dans le probleme précédent.

2°. J'ôte la valeur du ſegment DC de la valeur du côté BC pour avoir le ſegment BD.

3°. *Par la propoſition quatrieme du chapitre ſecond*, l'on a la proportion ſuivante; le ſinus du ſegment BD : au ſinus du ſegment DC :: la tangente de l'angle C : à la tangente de l'angle B.

Démonſtration. Cette réſolution eſt fondée ſur les propoſitions 1. 2. & 4. du chapitre ſecond. Donc elle eſt ſûre.

Corollaire premier. Pour connoître l'angle A du même triangle, je dirai, *par la propoſition premiere du chapitre ſecond*, le ſinus du côté AC : au ſinus de l'angle B :: le ſinus du côté BC : au ſinus de l'angle A.

Corollaire ſecond. Pour connoître le côté AB, je dirai, *par la même propoſition*, le ſinus de l'angle B : au ſinus du côté AC :: le ſinus de l'angle C : au ſinus du côté AB.

Probleme quatrieme. Connoiſſant dans un triangle ſphérique non rectangle les trois côtés, connoître quelqu'un des angles.

Explication. Suppoſons le triangle ſphérique BAD, *fig.* 16, *pl.* 2, non rectangle; & ſuppoſons que l'on connoiſſe les trois côtés AB, AD, BD; l'on demande la valeur de quelqu'un de ſes angles, par exemple, de l'angle A. Pour la trouver, je prolonge les deux côtés AD, AB, juſqu'en F, & juſqu'en E; c'eſt-à-dire, juſqu'au quart de cercle. Du point A comme pôle, je décris l'arc EF, qui ſera la meſure de l'angle A du triangle BAD. Je prolonge EF & DB juſqu'en I. J'ai deux triangles IEB, IFD, rectangles l'un en E, l'autre en F. Dans le premier je connois l'angle droit E, & le côté BE complément du côté AB. Dans le second je connois l'angle droit F, & le côté DF, complément du côté AD.

Résolution. 1°. *Par la proposition premiere du chapitre second*, l'on dira pour le triangle IEB, le sinus total : au sinus de l'angle I :: le sinus du côté BI : au sinus du côté BE.

2°. *Par la même proposition*, l'on dira pour le triangle IFD, le sinus total : au sinus de l'angle I :: le sinus du côté DI : au sinus du côté DF. Donc le sinus du côté DI : au sinus du côté DF :: le sinus du côté BI : au sinus du côté BE.

3°. Nommons le sinus du côté DI, *a*; le sinus du côté DF, *b*; le sinus du côté BI, *c*; le sinus du côté BE, *d*; l'on dira, $a : b :: c : d$.

4°. $a : b :: c : d$. Donc, *alternando*, $a : c :: b : d$. Donc, *componendo*, $a + c : c :: b + d : d$. Donc, *dividendo*, $a - c : c :: b - d : d$.

5°. $a + c : c :: b + d : d$.
6°. $a - c : c :: b - d : d$.

donc

$$a + c : b + d :: c : d.$$
$$a - c : b - d :: c : d.$$

donc

$$a + c : a - c :: b + d : b - d.$$

7°. Cette derniere proportion prouve que le sinus de DI + le sinus de BI : au sinus de DI — le sinus de BI :: le sinus de DF + le sinus de BE : au sinus de DF — le sinus de BE, c'est-à-dire, la somme des sinus des arcs DI & BI : à la différence des mêmes sinus :: la somme des sinus des arcs DF & BE : à la différence des mêmes sinus.

8°. Au lieu de prendre la somme des sinus des arcs DI & BI, & la différence des mêmes sinus; l'on peut prendre la tangente de la moitié de la somme des arcs DI, & BI, & la tangente de la moitié de la différence de ces arcs, comme nous le prouverons bientôt; donc l'on dira, la somme des sinus des arcs DF & BE : à la différence des mêmes sinus :: la tangente de la moitié de la somme des arcs DI & BI : à la tangente de la moitié de leur différence BD. Donc ; *convertendò ;* la différence des sinus des arcs DF & BE : à la somme des mêmes sinus : : la tangente de la moitié de la différence des arcs DI & BI, c'est-à-dire, la tangente de la moitié du côté DB : à la tangente de la moitié de la somme des arcs DI & BI. Ce quatrieme terme sera bientôt connû, puisque les trois premiers le sont *par supposition.*

9°. Si de la moitié de la somme des arcs DI, & BI, vous ôtez la moitié du côté BD, vous aurez la valeur de l'arc BI, *par le corollaire quatrieme de la proposition quatrieme de la premiere partie de la trigonométrie rectiligne.*

10. Dans le triangle rectangle IEB, l'on fera, pour trouver la valeur de l'angle I, l'analogie suivante, le sinus du côté BI : au sinus total : : le sinus du côté BE : au sinus de l'angle I, *par la proposition premiere du chapitre second.*

11. Dans le même triangle, pour avoir la valeur du côté IE, l'on dira, *par la proposition seconde du chapitre second*, la tangente de l'angle I : à la tangente du côté BE : : le sinus total : au sinus du côté IE.

12. Connoissant le côté IE, on connoîtra son complément EF.

13. Connoissant EF, on connoîtra l'angle A du triangle BAD ; puisque l'arc EF mesure cet angle. Donc dans un triangle sphérique non rectangle, connoissant les trois côtés, l'on peut parvenir à la connoissance de quelqu'un de ses angles.

Démonstration. Les opérations précédentes sont fondées sur le cinquieme livre de l'article qui commence par le mot *Géométrie* & sur les propositions premiere & seconde du chapitre second de cet article. Donc elles sont sûres.

Corollaire premier. Pour connoître l'angle D du triangle BAD l'on dira, *par la proposition premiere du chapitre second*, le sinus du côté BD : au sinus de l'angle A : : le sinus du côté AB : au sinus de l'angle D.

Corollaire second. Pour connoître l'angle B du même triangle, l'on dira, *par la même proposition*, le sinus du côté BD : au sinus de l'angle A : : le sinus du côté AD : au sinus de l'angle B.

L'on demande maintenant pourquoi dans le probleme précédent, *num.* 8. au lieu de prendre la somme des sinus des arcs DI & BI & la différence des mêmes sinus, nous avons pris la tangente de la moitié de la somme des arcs DI & BI & la tangente de la moitié de la différence de ces arcs.

La réponse est facile à faire. La somme des sinus de deux arcs : à la différence des mêmes sinus :: la tangente de la moitié de la somme de ces arcs : à la tangente de la moitié de leur différence. Pour comprendre la bonté de cette proportion, il faut jeter les yeux sur la figure 6 de la planche 2, qui nous a servi à démontrer dans la trigonométrie rectiligne que la somme des côtés AB, AC : à leur différence EC :: la tangente de la moitié de la somme des angles B & C : à la tangente de la moitié de leur différence.

1°. Dans le triangle scalene BAC, si l'on prend pour sinus total le diametre d'un cercle circonscrit à ce triangle, l'on pourra prendre le côté BA pour sinus de l'angle C, ou de l'arc qui le mesure, & le côté AC pour sinus de l'angle B ou de l'arc qui le mesure. D'ailleurs puisqu'il est démontré dans la premiere partie de la trigonométrie rectiligne, *proposition seconde*, que la moitié du côté AB est le sinus droit de l'angle C, & la moitié du côté AC le sinus droit de l'angle B; je ne vois pas dans quelle erreur on pourroit tomber en prenant tout le côté AB pour le sinus droit de l'angle C, & tout le côté AC pour le sinus droit de l'angle B.

2°. *Par la proposition cinquieme de la premiere partie de la trigonométrie rectiligne*, l'on a la proportion suivante, AB + AC : EC :: la tangente de la moitié de la somme des angles B & C : à la tangente de la moitié de la différence de ces mêmes angles.

3°. Par la supposition de *num.* 1. AB & AC deviennent les sinus de deux arcs, EC devient leur différence.

4°. Au lieu de prendre la tangente de la moitié de la somme des angles B & C, l'on peut prendre la tangente de la moitié de la somme des arcs qui les mesurent; & au lieu de prendre la tangente de la moitié de la différence de ces angles, on peut prendre la tangente de la moitié de la différence des arcs qui les mesurent.

5°. AB + AC : EC :: la tangente de la moitié de la somme des angles B & C : à la tangente de la moitié de la différence de ces mêmes angles, *num.* 2. Mais AB + AC marquent la somme des sinus de deux arcs, &

EC marque la différence de ces mêmes ſinus ; *num.* 3. De plus l'on peut, *num* 4, au lieu de prendre des angles, prendre les arcs qui les meſurent. Donc ſi l'on peut dire, AB+AC : EC :: la tangente de la moitié de la ſomme des angles B & C : à la tangente de la moitié de la différence de ces mêmes angles ; l'on pourra dire, la ſomme des ſinus de deux arcs : à la différence des mêmes ſinus :: la tangente de la moitié de la ſomme de ces arcs : à la tangente de la moitié de leur différence. Donc dans le probleme précédent, *num.* 8, au lieu de prendre la ſomme des ſinus des arcs DI & BI & la différence des mêmes ſinus, l'on a pu prendre la tangente de la moitié de la ſomme des arcs DI & BI & la tangente de la moitié de la différence de ces arcs.

Remarque. Si le triangle ſphérique non rectangle qu'on vous donne à réſoudre, & dont on connoît tous les côtés, eſt un triangle iſocele ; on le réſoudra facilement en tirant de ſon ſommet un arc perpendiculaire qui diviſera ſa baſe en deux parties égales, & qui partagera tout le triangle non rectangle en deux triangles rectangles. *Exemple.* L'on me donne le triangle ſphérique BAC, *fig.* 17, *pl.* 2, l'on ſuppoſe qu'il eſt non rectangle ; qu'il eſt iſocele, c'eſt-à-dire, que le côté AB eſt égal au côté AC ; & que l'on connoît la valeur de ſes trois côtés ; l'on demande la valeur de quelqu'un de ſes angles, *par exemple*, de l'angle A. Pour la trouver, du ſommet A je tire ſur la baſe BC l'arc perpendiculaire AD qui diviſera la baſe BC en deux parties égales BD, DC, & qui me donnera les deux triangles rectangles BDA & ADC, dans le premier deſquels je connois l'angle droit D, le côté AB & le côté BD, & dans le ſecond deſquels je connois l'angle droit D, le côté AC & le côté DC.

Réſolution. 1°. *Par la propoſition premiere du chapitre ſecond*, l'on a dans le triangle BDA la proportion ſuivante, le ſinus du côté AB : au ſinus total :: le ſinus du côté BD : au ſinus de l'angle BAD.

2°. *Par la même propoſition*, l'on a dans le triangle ADC la proportion ſuivante, le ſinus du côté AC : au ſinus total :: le ſinus du côté DC : au ſinus de l'angle DAC.

3°. L'on connoît l'angle BAD par l'opération de *num.*

1; & l'on connoît l'angle DAC par l'opération de *num.* 2. Donc l'on connoît tout l'angle BAC.

Démonstration. Les opérations précédentes ne supposent que la proposition premiere du chapitre second; donc elles sont sûres.

Corollaire. Cette même proposition servira à trouver les angles B & C du triangle BAC; donc on connoît tous les côtés & l'angle A.

Problemè cinquieme. Dans un triangle sphérique non rectangle, connoissant les trois angles, connoître quelqu'un des côtés.

Explication. Je suppose que je connoisse les trois angles du triangle sphérique non rectangle BAC, *fig.* 16, *pl.* 2; pour connoître la valeur de quelque côté, par exemple, du côté AB, je tire l'arc perpendiculaire AD.

Résolution. 1°. *Par la proposition sixieme du chapitre second*, j'ai la proportion suivante; le sinus du complément de l'angle C : au sinus du complément de l'angle B :: le sinus de l'angle DAC : au sinus de l'angle BAD.

2°. Nommons le sinus du complément de l'angle C, a; le sinus du complément de l'angle B, b; le sinus de l'angle DAC, c; & le sinus de l'angle BAD, d; l'on dira, $a : b :: c : d$.

3°. $a : b :: c : d$. Donc, *componendo*, $a + b : b :: c + d : d$. Donc, *dividendo*, $a - b : b :: c - d : d$.

4°. $a + b : b :: c + d : d$. Donc, *alternando*, $c + b : c + d :: b : d$.

5°: $a - b : d :: c - d : d$. Donc, *alternando*, $a - b : c - d :: b : d$.

6°. Les deux dernieres proportions des *num.* 4 & 5, me donnent cette analogie $a + b : a - b :: c + d : c - d$, c'est-à-dire, la somme des sinus des complémens des deux angles C & B : à la différence des sinus des complémens des mêmes angles :: la somme du sinus de l'angle BAC : à la différence qui se trouve entre le sinus de l'angle BAD & le sinus de l'angle DAC.

7°. Au lieu de prendre la somme du sinus de l'angle BAC, prenons, comme dans le probleme précédent, la tangente de la moitié de la somme de l'angle BAC; & au lieu de prendre la différence qui se trouve entre le sinus de l'angle BAD & le sinus de l'angle DAC, prenons la tangente de la moitié de la différence de ces deux angles ; l'on dira, la somme des sinus des complémens des deux angles C & B : à la différence des sinus des complémens des mêmes angles : : la tangente de la moitié de la somme de l'angle BAC : à la tangente de la moité de la différence de l'angle BAD & de l'angle DAC.

8°. Les trois premiers termes de la proportion supérieure sont connus. Donc le quatrieme le sera facilement.

9°. Ajoutez ce quatrieme terme à la moitié de la somme de l'angle BAC, vous aurez l'angle BAD, *par le corollaire troisieme de la proposition quatrieme de la premiere partie de la trigonométrie rectiligne.*

10. Otez ce quatrieme terme de la moitié de la somme de l'angle BAC, vous aurez l'angle DAC, *par le corollaire quatrieme de la proposition que nous venons de citer.*

11. Maintenant dans le triangle rectangle BDA, l'on connoît tous les angles. Donc l'on connoîtra facilement le côté AB, *par le probleme troisieme du chapitre troisieme.*

12. Le côté AB appartient autant au triangle non rectangle BAC, qu'au triangle rectangle BDA. Donc dans un triangle sphérique non rectangle, l'on peut arriver à la connoissance des côtés par celle des angles.

Démonstration. Cette résolution est fondée sur des propositions déjà démontrées dans cet article, & dans le cinquieme livre de l'article qui commence par le mot *Géométrie.* Donc elle est bonne.

Probleme sixieme. Dans un triangle sphérique non rectangle, connoissant deux côtés & un angle opposé, connoître le troisieme côté.

Explication. Dans le triangle sphérique non rectangle BAC, *fig.* 16, *pl.* 2, l'on connoît le côté AB, le côté AC, & l'angle C opposé au côté AB ; l'on demande la valeur du troisieme côté BC. Pour le trouver, je tire l'arc perpendiculaire AD, & je finis la figure 16e. à l'ordinaire.

Résolution. 1°. *Par la proposition troisieme du chapitre second*, je connois l'angle B par l'analogie suivante ; le sinus du côté AB : au sinus de l'angle C : : le sinus du côté AC : au sinus de l'angle B.

2°. Dans le triangle IEB, rectangle en E, dans lequel e connois *par supposition* l'angle droit E, l'angle B égal à l'angle ABC, & le côté BE, complément du côté AB; je ferai, *par la proposition seconde du chapitre second*, l'analogie suivante, le sinus total : au sinus du côté BE : : la tangente de l'angle B : à la tangente du côté IE.

3°. Connoissant le côté IE, je connois son complément EF.

4°. Connoissant l'arc EF, je connois l'angle BAD que cet arc mesure.

5°. Par le moyen du triangle CGH rectangle en G, je connoîtrai par la même méthode la valeur de FG, & par conséquent de l'angle DAC mesuré par FG.

6°. Dans le triangle non rectangle BAC, l'on connoît maintenant tous les angles & les deux côtés AB, AC; l'on aura la valeur du côté BC en faisant l'analogie suivante fondée sur la proposition premiere du chapitre second; le sinus de l'angle C : au sinus du côté AB : : le sinus de l'angle A : au sinus du côté BC.

Démonstration. Cette résolution est fondée sur les propositions 1, 2, 3 du chapitre second. Donc elle est bonne.

Probleme septieme. Dans un triangle sphérique non rectangle, connoissant 2 angles & le côté compris, trouver quelqu'un des autres côtés.

Explication. Dans le triangle BAC, *fig.* 16, *pl.* 2, sphérique & non rectangle, l'on connoît l'angle C, l'angle A, & le côté AC; l'on demande le côté AB. Du point A je tire l'arc perpendiculaire AD, pour avoir deux triangles rectangles en D, & je tire toutes les autres lignes comme dans les problemes précédens.

Résolution. 1°. Par le moyen du triangle CGH, rectangle en G, dans lequel je connois l'angle droit G, l'angle HCG égal à l'angle DCA, & le côté CG, complément du côté connu AC, je parviendrai facilement à connoître GH, en disant, *par la proposition seconde du chapitre second*, le sinus total : au sinus du côté CG : : la tangente de l'angle C : à la tangente du côté GH.

2°. Connoissant GH, je connois son complément FG.

3°. Connoissant FG, je connois l'angle DAC que l'arc FG mesure.

4°. J'ôte l'angle DAC de l'angle BAC, pour avoir l'angle BAD.

5°. *Par la proposition cinquieme du chapitre second*, pour avoir le côté AB, je dis, le sinus du complément de l'angle

gle DAC : au ſinus du complément de l'angle BAD : : la tangente du complément du côté AC : à la tagente du complément du côté AB.

La démonſtration de ces opérations ſe tire des propoſitions 2 & 5 du chapitre ſecond.

RÉCAPITULATION.

La trigonométrie ſphérique eſt une ſcience qui apprend à réſoudre les triangles curvilignes. Nous l'avons diviſée en quatre chapitres. Nous avons donné dans le premier une idée des triangles curvilignes, & nous n'avons pas manqué de faire remarquer que les trois angles de cette eſpece de triangles ſont toujours enſemble plus grands que deux droits, & moindres que ſix.

Dans le chapitre ſecond nous avons démontré les vérités ſuivantes. 1°. Dans tout triangle ſphérique rectangle dont un des côtés eſt moindre que le quart de cercle, les ſinus des angles ſont comme les ſinus des côtés qui leur ſont oppoſés.

2°. Dans tout triangle ſphérique rectangle qui a chacun de ſes côtés moindre qu'un quart de cercle ; le ſinus total : au ſinus de l'un des côtés : : la tangente de l'angle voiſin de ce côté : à la tangente du côté oppoſé à cet angle.

3°. Dans tout triangle ſphérique non rectangle les ſinus des angles ſont comme les ſinus des côtés qui leur ſont oppoſés.

4°. Dans tout triangle ſphérique non rectangle les ſinus des ſegmens de la baſe faits par la perpendiculaire ſont en raiſon inverſe des tangentes des angles à cette même baſe.

5°. Dans tout triangle ſphérique non rectangle les ſinus complémens des angles au ſommet, faits par la perpendiculaire, ſont entr'eux comme les tangentes des complémens des côtés.

6°. Dans tout triangle ſphérique non rectangle les ſinus complémens des ſegmens de la baſe faits par la perpendiculaire, ſont entr'eux comme les ſinus complémens des côtés.

7°. Dans tout triangle ſphérique non rectangle les ſinus des deux angles au ſommet, faits par la perpendiculaire ; font proportionnels aux finus des complémens des deux angles à la bafe.

8°. Dans tout triangle fphérique non rectangle les finus complémens des angles faits au fommet par la perpendiculaire font en raifon inverfe des tangentes des deux côtés. Ces 8 principes nous ont fervi de guide dans les opérations du troifieme & quatrieme chapitres.

Le troifieme chapitre contient la réfolution des triangles fphériques rectangles. Nous n'avons opéré que fur les problemes principaux ; & par conféquent nous n'avons pas oublié d'arriver à la connoiffance des côtés par la connoiffance des angles. Nous avons outre cela réfolu deux triangles rectangles, dans le premier defquels nous connoiffions avec l'angle droit un fecond angle & le côté oppofé ; & dans le fecond les deux côtés qui fervent à former l'angle droit.

Le quatrieme chapitre contient la réfolution des triangles fphériques non rectangles. L'on y apprendra à arriver à la connoiffance des angles par celle des côtés, & à la connoiffance des côtés par celle des angles. Les autres problemes que nous avons réfolus font les fuivans. Connoiffant dans un triangle fphérique non rectangle deux angles & le côté compris entre les deux angles, connoître le troifieme angle. Connoiffant deux angles & un côté oppofé à l'un de ces deux angles, trouver le troifieme angle. Connoiffant deux côtés & l'angle compris, connoître l'un des deux angles. Connoiffant deux côtés & un angle oppofé, connoître le troifieme côté. Connoiffant deux angles & le côté compris, trouver les autres côtés. Nous avons tiré de la réfolution de ces 7 problemes un très-grand nombre de corollaires qui renferment à-peu-près tous les cas que l'on peut propofer fur les triangles fphériques non rectangles. Ce font là les queftions agitées dans l'un des plus grands & des plus difficiles articles de ce Dictionnaire. Ce qui nous a engagé à le donner avec cette étendue ; c'eft que la trigonométrie fphérique eft auffi néceffaire pour les opérations aftronomiques, que la trigonométrie rectiligne l'eft pour les opérations ordinaires de mathématique.

TROMPE D'EUSTACHE. C'eft un canal long & étroit, qui defcend jufques à la luette, & par lequel l'air extérieur fe rend dans la caiffe du tympan ; comme nous l'avons remarqué dans l'article de l'*Oreille*.

TROPIQUES. Les deux tropiques ſont deux petits cercles dont vous trouverez la deſcription dans l'article de la *Sphere*.

TRUCHET (Jean) *naquit à Lyon en l'année* 1657. A l'âge de 17 ans, il entra dans l'ordre des Carmes, où il prit le nom de *Sébaſtien*; ce n'eſt même que ſous ce nom qu'il eſt connu parmi les Savans. La mécanique eſt la ſcience dans laquelle il s'eſt le plus diſtingué. Son talent marqué pour cette partie des mathématiques ne fut pas long-tems inconnu à Paris où ſes Supérieurs l'avoient envoyé étudier en Philoſophie. Charles II, Roi d'Angleterre, envoya au Roi Louis le Grand deux montres à répétition, les premieres qu'on ait vues en France. Les montres ſe dérangerent, & comme elles ne pouvoient s'ouvrir que par un ſecret que les ouvriers Anglois ne communiquoient à perſonne, & qu'aucun Horloger de Paris ne put deviner, on ſe voyoit obligé de les renvoyer en Angleterre pour qu'on les raccommodât: démarche bien honteuſe à une nation qui n'en connoît aucune qui lui ſoit ſupérieure en aucun genre. Le P. Sébaſtien empêcha cette démarche humiliante. On lui remit les deux montres; il les ouvrit très-facilement, & il les raccommoda à merveille. Ce premier acte public de mécanique lui valut, avec 600 livres de penſion, la protection du fameux Colbert, qui lui ordonna de s'adonner à l'hydraulique. Le P. Sébaſtien y fit les plus grands progrès. Nous lui devons des pompes très-commodes; la plupart des Aqueducs de Verſailles; en un mot preſque tous les grands canaux de communication des rivieres que l'on a conſtruits pendant ſa vie. Les tableaux mouvans; la machine à tranſporter de gros arbres tous entiers, ſans les endommager; & cent autres machines dont les unes ſervent à Lyon pour les Tireurs d'or, les autres à Senlis pour le blanchiſſage des toiles, &c., ſont de l'invention du P. Sébaſtien. Ce rare talent pour la Mécanique lui procura l'honneur de recevoir la viſite du Duc de Lorraine, & celle du Czar Pierre le Grand. Ce dernier, après avoir examiné ſon cabinet avec beaucoup d'attention & une eſpece d'extaſe, demanda à boire; il ordonna enſuite au P. Sébaſtien de boire après lui dans le même verre où il verſa lui-même le vin. Toutes ces diſtinctions ne lui firent pas oublier qu'il étoit Religieux. Il ſe comporta comme tel jusqu'à la fin de sa vie qu'il termina le 5 Février 1729. L'on avoit coutume de dire de lui qu'il étoit aussi *simple que ses machines*. Il avoit été reçu à l'Académie Royale des Sciences de Paris en 1699.

TSCHIRNHAUS, (Ernfroy Walther de) *naquit à Linslinswald dans la Lusace supérieure le* 10 *Avril* 1651. Il s'est appliqué presque toute sa vie à la perfection de la dioptrique, & l'on peut regarder ses découvertes comme presque miraculeuses. C'est le grand inventeur des verres brûlans. Celui qu'il vendit au Duc d'Orléans est convexe des deux côtés ; il est portion de deux spheres dont chacune a 12 pieds de rayon ; il a 3 pieds de diametre ; il pese 160 livres, & la masse de verre dont il le tira, en pesoit 700. Au foyer de ce fameux verre, l'on voit non seulement l'eau bouillir dans le moment ; toute sorte de bois s'enflammer ; les cendres du bois, des herbes, du papier, de la toile, &c. devenir du verre transparent ; les métaux s'y fondre : mais l'on y voit l'or s'y réduire à ses premiers élémens, & s'y changer en un verre léger, cassant & obscurément transparent, après que tout ce qu'il contient de mercure s'est exhalé en fumée. M. Tschirnhaus présenta un miroir de cette espece à l'Empereur Léopold. Ce Prince voulut en reconnoissance lui donner le titre & les prérogatives de *libre Baron ;* celui-ci les refusa, & il n'accepta que le portrait de Sa Majesté Impériale avec une chaîne d'or. Les vrais Philosophes recherchent avec aussi peu d'empressement les honneurs que l'argent. M. Tschirnhaus travailla encore, sur la fin du siecle dernier, un objectif de lunettes qui n'avoit que 32 pieds de foyer ; mais dont le diametre étoit d'un pied du Rhin. Il s'en servoit sans oculaire, le laissant entierement découvert, & il voyoit très-distinctement en plein midi une ville entiere à la distance d'un mille & demi d'Allemagne. Il n'a pas voulu laisser au public la maniere dont il travailloit ses verres. Il n'en fit pas de même pour la porcelaine de Saxe dont il est l'inventeur. Il fit part de son secret à M. Homberg, à condition que de son vivant il n'en feroit nul usage. Le seul ouvrage que nous ayons de M. Tschirnhaus est un traité intitulé *de medicinâ mentis & corporis*, dont on fait cas. C'est-là où il nous apprend qu'il faisoit ses expériences pendant l'été, & qu'il passoit l'hiver à les mettre en ordre, à en tirer les conséquences, & à faire ses recherches de théorie. Pendant cette saison qu'il trouvoit la plus propre à l'étude, il ne faisoit qu'un repas sur le midi, pour l'ordinaire assez frugal. Lorsque la bienséance l'obligeoit d'en user autrement, il mangeoit alternativement des choses opposées, chaudes & froides, salées & douces, acides & ameres. Il se couchoit à neuf heures, il se faisoit éveiller à deux heures après minuit. Il ne travailloit jamais mieux que dans le silence & le repos de la nuit. Il se rendormoit à six heures, mais seulement jusqu'à sept, tems auquel il reprenoit son travail. Il ne craignoit point la fievre, la phthisie, l'hydropisie & la goutte; il croyoit en avoir trouvé les remedes; il ne craignoit que la pierre. Ce fut en effet la maladie dont il mourut le 11 Octobre 1708, à l'âge de 57 ans. Il avoit été reçu à l'Académie Royale des Sciences de Paris en qualité d'associé étranger, en 1682. M. Tschirnhaus aimoit véritablement les sciences. On l'a vu se charger du soin & de la dépense de faire imprimer des livres d'autrui, lorsqu'il les regardoit comme propres au progrès des lettres. On l'a vu tirer des ténebres des gens de génie, & se faire leur compagnon, leur Directeur, leur bienfaiteur. Il est fâcheux que la mort ne lui ait pas permis d'exécuter le plan qu'il avoit formé d'une société de gens de condition & amateurs des Sciences, qui fourniroient à des savans plus appliqués tout ce qui leur seroit nécessaire & pour leurs études & pour eux.

TUBE. Les tubes ou les tuyaux dont nous parlons en Physique, sont ordinairement des cylindres creux de verre, de métal, ou de quelque autre matiere solide.

TUBE CAPILLAIRE. Les tuyaux fort menus, appellés communément *tubes capillaires*, n'ont tout au plus que deux lignes & demie de diametre. L'expérience nous apprend. 1°. Que si dans un gobelet rempli de vif-argent l'on plonge un de ces tubes ouvert des deux côtés, le vif argent s'élevera moins dans le tube que dans le gobelet; elle nous apprend. 2°. Que si ce gobelet étoit rempli de quelque autre liqueur, non seulement cette liqueur s'éleveroit plus dans le tube, que dans le gobelet, mais encore qu'elle s'éleveroit d'autant plus, que le diametre du tube seroit plus petit; elle nous apprend. 3°. Que si l'on enduit d'une légere couche de *suif* les parois intérieures d'un tube capillaire, & qu'on le plonge dans un gobelet rempli de quelque liqueur ; elle ne montera pas plus haut dans le tube que dans le gobelet ; tout le monde voit que de ces trois expériences, la derniere seule est conforme aux loix que nous avons établies dans l'hydrostatique.

Pour rendre raison de ce mécanisme particulier, nous avons recours à deux colonnes d'un fluide très-délié, à-peu-près semblables à celui dont nous avons parlé dans l'article de la *matiere subtile Newtonienne* ; l'une de ces deux colonnes gravite très-facilement sur la surface du liquide contenu dans le gobelet, & l'autre très-difficilement sur la surface du même liquide contenu dans le tube capillaire ; donc les liqueurs ordinaires doivent plus s'élever dans les tubes capillaires, que dans les tubes non capillaires.

Cette cause cependant, pour avoir un effet sensible, exige deux conditions, l'une de la part du tube, & l'autre de la part du liquide. Les parois intérieures des tubes capillaires sont comme hérissées d'éminences qui soutiennent les molécules de la petite colonne du liquide qui s'éleve au dessus du niveau : le liquide lui-même doit avoir de la viscosité ; sans ces deux conditions la cause mécanique que nous avons apportée, n'auroit point d'effet sensible, comme paroissent le prouver la troisieme & la premiere des expériences qui ont été rapportées au commencement de cet article.

Je sais que la plupart des Newtoniens ont recours à l'attraction pour expliquer les phénomenes des tubes capillaires ; ils prétendent que le vif-argent étant plus dense que le verre, ses parties doivent s'attirer plus fortement, qu'elles ne sont attirées par le verre ; & qu'au contraire le verre étant plus dense que les autres liquides, il attire plus leurs molécules, qu'elles ne s'attirent entr'elles ; ils concluent de-là que le mercure doit se tenir plus bas, & les autres liqueurs plus haut que le niveau dans les tubes capillaires : mais comme notre troisieme expérience paroît contredire ce principe, & que nous ne parlons, comme les Newtoniens, que lorsqu'ils s'appuyent sur quelque démonstration incontestable ; nous croyons devoir nous en tenir à la cause mécanique que nous avons indiquée, jusqu'à ce qu'on nous en démontre l'insuffisance.

D'ailleurs ceux qui suivent un pareil systeme, sont

obligés de faire agir l'attraction dans les petites distances en raison inverse des cubes de ces mêmes distances; regle inventée à plaisir, sans aucun fondement, & que l'on ne doit jamais admettre dans un systeme où l'on démontre de la maniere la plus convaincante que l'attraction agit en raison inverse des simples carrés des distances. Voyez ce que nous avons dit sur cette matiere dans l'article de la *Dureté*.

Comme cependant l'attraction prévaut dans plusieurs écoles, même lorsqu'il s'agit d'expliquer les phénomenes des tuyaux capillaires, nous allons mettre sous les yeux du Lecteur ce systeme tel qu'il est présenté par M. Sygorgne dans le chapitre XIVe. de ses *institutions Newtoniennes.* Ce Physicien, après avoir tâché de prouver dans le chapitre XIIIe. du même ouvrage, qu'il existe dans la nature une loi d'attraction en raison inverse des cubes des distances, pose les 22 propositions suivantes.

Proposition premiere. Les particules d'eau s'attirent mutuellement. La rondeur des gouttes de pluie, l'empressement avec lequel deux gouttes d'eau semblent se joindre, dès qu'elles se touchent, en sont des preuves convaincantes.

Proposition seconde. Il y a une semblable attraction entre les particules du vif-argent. Cela est encore évident par la rondeur qu'affectent les gouttes de mercure posées sur une table unie, dont deux s'unissent aussitôt qu'elles viennent à se toucher.

Proposition troisieme. L'eau & le mercure sont pareillement attirés par le verre. Car qu'une goutte d'eau soit placée sur un morceau de bois vernissé, & qu'on en approche par le haut une surface de verre, on verra qu'à l'instant du contact l'eau se portera vers cette surface, & s'y attachera assez fortement. De même que sur une feuille de papier on mette une petite goutte de mercure, & qu'on la touche avec un cristal, en l'élevant doucement, la goutte quitte le papier pour suivre le cristal.

Proposition quatrieme. Le verre attire plus les particules d'eau qu'elles ne s'attirent entr'elles, & le contraire arrive dans le mercure. En effet le verre a plus de densité que l'eau, & l'attraction suit la raison directe des masses attirantes; donc le verre attire plus les particules d'eau, qu'elles ne s'attirent entr'elles. Sur ce principe, le vif-argent étant plus denſe que le verre, ſes parties doivent auſſi s'attirer plus fortement, qu'elles ne le ſont par le verre. M. Sygorgne tire de cette propoſition les deux corollaires ſuivans.

Corollaire premier. C'eſt pour cette raiſon que l'eau mouille le verre, & preſque tous les corps ſur leſquels elle a été répandue, au lieu que le vif-argent ne laiſſe aucune trace après lui.

Corollaire ſecond. C'eſt auſſi pour cette raiſon que l'eau contenue dans un vaſe, affecte toujours une ſurface concave. Car les parties de l'eau étant plus attirées par le verre, qu'elles ne s'attirent elles-mêmes, celles qui ſont près des côtés du vaſe, ſe portent vers ces côtés, & s'y amoncelant, forment néceſſairement une ſurface concave.

Mais les parties du vif-argent s'attirant plus qu'elles ne le ſont par le verre, elles ſont en conſéquence plus attirées vers le milieu, que par les côtés du vaſe; elles ſont donc effort pour ſe retirer d'auprès de ces côtés, & par ce moyen elles forment une ſurface convexe.

Propoſition cinquieme. La force attractive qui eſt entre les particules de l'eau, eſt déterminée, & ne peut ſoutenir qu'une goutte de ce fluide. Cela eſt évident par l'expérience des vapeurs qui reſtant d'abord ſuſpendues ſur les glaces d'une chambre, ſont enſuite obligées de couler le long de ces glaces; c'eſt que leur volume s'augmentant continuellement, la peſanteur de la maſſe entiere ſurpaſſe enfin la force attractive des parties.

Corollaire. Puiſqu'une goutte d'eau ſoutenue par une glace, eſt enfin obligée de tomber quand elle a trop augmenté ſon poids; il s'enſuit que l'attraction du verre ne peut ſoutenir plus d'eau, que l'eau même n'en ſoutient; *le verre ne peut donc élever ou ſoutenir qu'une goutte d'eau.*

Propoſition ſixieme. Cependant la grandeur de la goutte ſoutenue n'eſt pas toujours la même; mais elle eſt plus grande quand la baſe qui la ſoutient eſt plus grande. C'eſt qu'alors il y a plus de parties immédiatement ſoutenues par le verre; ce qui fait que, quoique la goutte ſoit plus groſſe, chaque partie de l'eau n'a pourtant pas un plus grand poids à ſupporter.

Corollaire. Il ſuit de-là que, quoiqu'une goutte ſoit trop groſſe pour être ſoutenue par la ſurface externe d'un tuyau capillaire, elle pourra pourtant l'être, lorsqu'elle sera parvenue à l'extrémité de ce tuyau; elle pourra même être forcée de remonter dans l'intérieur de ce tube, comme l'expérience l'a appris. C'est qu'alors la surface du verre que la goutte touche, est plus grande, & que plus de parties de la goutte sont par ce moyen soutenues & attirées.

Proposition septieme. La force attractive du verre établie & circonstanciée dans les propositions précédentes, doit faire monter l'eau dans les tuyaux capillaires. Car qu'on approche le tuyau de la surface de l'eau, aussitôt le premier anneau de ce tuyau doué d'une plus grande force attractive que les particules de ce fluide, attirera l'eau contiguë; & celle-ci obéissant à la plus forte impression, montera dans le tube à la hauteur de cet anneau. Il en sera de même du second, du troisieme, du quatrieme anneau, dont le tuyau capillaire est composé; donc la force attractive du verre doit faire monter l'eau dans les tuyaux capillaires.

Corollaire. Donc les expériences des tuyaux capillaires doivent réussir aussi bien dans le vuide que dans l'air libre; puisque la même vertu d'attraction subsiste dans ces deux cas.

Mais si dans l'air libre on met le doigt sur le bout supérieur du tuyau, l'eau ne pourra plus s'élever; c'est que l'air intérieur ne trouvant point d'issue, il s'opposera par son poids & son ressort à l'élévation du fluide.

Proposition huitieme. Le rayon d'activité, ou la sphere d'attraction du verre, est fort peu étendue. Car qu'on approche une glace de miroir d'un goutte d'eau, celle-ci ne s'éleve vers celle-là que dans le moment du contact; donc la sphere d'attraction du verre est fort peu étendue.

Corollaire premier. Donc le moindre corps placé entre le verre & l'eau, empêchera celle-ci d'être comprise dans la sphere d'activité du verre, & de se porter vers lui. D'où il suit que si l'on enduit de suif les parois intérieures d'un tuyau capillaire, l'eau n'y pourra plus monter au dessus du niveau. Car l'eau se trouvant exclue de la sphere d'activité du verre par le moyen du suif interposé, elle ne sera plus attirée par le verre; elle ne le sera pas non plus par le suif, parce que celui-ci étant moins dense que l'eau, a aussi moins de force attractive, & n'est par conséquent pas capable de soutenir le poids de l'eau ; ni de rompre la cohésion de ses parties.

Corollaire second. Puisque nous avons vu (*Proposition premiere*) que deux gouttes d'eau, quoique séparées par de petits intervalles, se portent néanmoins l'une vers l'autre, il est clair que le rayon de l'attraction de l'eau est plus long que celui du verre.

Corollaire troisieme. L'eau ne doit pas monter au dessus du niveau dans les larges tubes ; la goutte qu'il faudroit élever alors, surpasse par sa pesanteur la force attractive du verre & la cohésion des parties de l'eau.

Proposition neuvieme. Toute la surface interne des tuyaux capillaires concourt successivement & par parties à l'élévation de l'eau. Supposons en effet toute la surface intérieure du tuyau capillaire divisée en anneaux circulaires d'une grandeur infiniment petite, & que le rayon d'activité dans chacun de ces anneaux ne s'étende pas au delà de leur largeur ; alors l'anneau inférieur attirera l'eau à lui ; cette eau sera ensuite attirée par le second anneau, & montera jusqu'à lui ; par la même raison le petit cylindre d'eau enveloppé par le second anneau, sera attiré en haut par le troisieme ; mais comme il le sera aussi en bas par le premier, on pourroit penser qu'il doit rester attaché au second anneau : cependant si l'on considere que le second anneau tire en haut l'eau contiguë au premier, autant que celui-ci tire en bas l'eau du second, on concevra que ces deux efforts contraires se détruisant, l'attraction du troisieme anneau doit avoir pleinement son effet. En raisonnant de même sur le 4e., 5e., 6e. anneau, &c., l'on verra que l'élévation de l'eau est successivement produite par toute la surface du tuyau.

Proposition dixieme. Quoique toute la surface concave du tuyau capillaire éleve successivement le fluide, il n'y a cependant que l'anneau immédiatement supérieur à la liqueur déjà élevée qui la force de s'élever davantage. Car nous venons de voir que les anneaux inférieurs détruisent mutuellement leurs attractions.

Proposition onzieme. Cet anneau supérieur & contigu à l'eau élevée, doit élever à soi non-seulement la petite surface d'eau qu'il touche, mais encore tout le cylindre d'eau déjà contenu dans le tuyau, parce que les particules d'eau sont adhérentes les unes aux autres.

Corollaire. D'où il suit que l'eau ne cessera de s'élever dans un tube capillaire, que lorsque le poids du cylindre d'eau à soutenir, sera égal à la force attirante du tube.

Proposition douzieme. Le cylindre d'eau élevé dans le tube & parvenu à un état de repos, est soutenu par la force du seul anneau qui lui est immédiatement supérieur. Cela suit de ce qui a été prouvé dans la proposition 9e. dans laquelle l'on a vu que la force des anneaux inférieurs est élidée par celle de leurs voisins.

Proposition treizieme. La force qui éleve & soutient l'eau, n'est pas l'attraction du verre, mais l'excès de son attraction sur celle de l'eau. Car l'attraction qui est entre les particules de l'eau, empêche en quelque sorte la goutte qui s'éleve dans le tube, de se séparer du reste de la masse de l'eau; il faut donc que la force du verre soit premierement employée à rompre cette cohésion, & ce ne sera que par son excès qu'elle fera monter l'eau.

Proposition quatorzieme. La hauteur à laquelle l'eau s'éleve dans les tuyaux capillaires, est en raison inverse des diametres de ces tuyaux, c'est-à-dire, plus le diametre d'un tuyau sera petit, plus l'eau s'y élevera, parce que plus le diametre sera petit, plus le tuyau sera capillaire.

Proposition quinzieme. Si l'eau est suspendue dans un tuyau capillaire à une certaine hauteur, & qu'on vienne à renverser le tube, l'eau descendra. Les deux causes qui occasionneront cet effet, seront l'attraction du verre & la gravité de l'eau.

Proposition seizieme. La quantité d'eau suspendue dans les tuyaux est en raison directe de leurs diametres, & par conséquent plus grande dans les tubes plus larges. Cette proposition n'a pas besoin de preuve.

Proposition dix-septieme. Qu'on enfonce plus ou moins avant le même tuyau dans le même fluide, la liqueur s'élevera toujours à la même hauteur au-dessus du niveau actuel. Car la force attractive de chaque anneau de verre demeurant toujours la même à quelque profondeur qu'on plonge le tuyau, la quantité d'eau qu'elle soutient doit être la même aussi, & par conséquent également élevée au dessus du niveau.

Proposition dix-huitieme. Si l'on approche l'orifice inférieur du tuyau capillaire de la surface d'une eau stagnante, afin qu'il éleve dans son intérieur autant d'eau qu'il en peut soutenir ; & qu'ensuite on l'incline un peu, afin que l'eau attirée se porte vers l'orifice supérieur du tube : si l'on enfonce de nouveau le tube bien avant dans le fluide ; l'on verra l'eau entrer encore dans le tuyau capillaire par son orifice inférieur & se mettre de niveau avec l'eau du vase, tandis que l'eau attirée restera suspendue dans la partie supérieure du même tube. Ce double effet a pour cause l'air qui se trouve entre les deux eaux ; il empêche, surtout par son ressort, l'eau de la partie supérieure du tube de descendre & celle de la partie inférieure de monter plus haut que le niveau.

Proposition dix-neuvieme. Si après avoir enfoncé un tuyau dans l'eau, afin qu'il s'en charge d'une quantité suffisante, on le retire doucement ; on verra baisser l'eau qu'il contient au moment qu'il quitte la surface de l'eau de la cuvette ; mais elle s'élevera aussitôt à la hauteur ordinaire, si on continue d'élever davantage le tube en le retirant tout-à-fait. C'est qu'au moment que le tube s'éleve au dessus de la surface de l'eau de la cuvette, il se forme entre lui & la cuvette un petit amas d'eau, en forme de cône adhérent à la colonne du tuyau, lequel augmentant le poids de la colonne, l'oblige de descendre sensiblement ; mais aussitôt qu'on éleve le tube davantage, on sépare le petit cône d'avec l'eau du tuyau, laquelle se trouvant alors déchargée d'un poids étranger, remonte à sa hauteur ordinaire.

Proposition vingtieme. Les deux tubes capillaires, étant égaux, l'eau s'élevera à la même hauteur dans tous les deux, quoique l'un soit beaucoup plus long que l'autre. Car le rayon de l'activité du verre étant très-court, il n'y a que l'anneau supérieur à l'eau qui l'éleve. Or la force de cet anneau est déterminée ; elle reste constamment la même, quelle que soit la longueur du tube : son effet est donc aussi déterminé, & ne dépend en aucune sorte de la longueur du tube ; donc les diametres de deux tubes capillaires étant égaux, l'eau s'élevera à la même hauteur dans tous les deux, quoique l'un soit beaucoup plus long que l'autre.

Corollaire. Il est faux que Muschembroek ait fait des expériences contraires ; apparemment les diametres de ses tubes n'étoient pas égaux, ou les tubes eux-mêmes n'étoient pas parfaitement cylindriques.

Proposition vingt-unieme. Chaque particule d'eau est attirée par plus de points de l'anneau correspondant, dans un tuyau étroit, que dans un plus large. Car le tuyau étroit ayant plus de courbure, les parties de chacun de ses anneaux sont plus rentrantes, & s'éloignent par conséquent moins de l'extrémité du rayon d'activité. Donc plus de parties concourent à attirer une molécule d'eau placée en cet endroit.

Corollaire. Il suit de-là que l'eau doit s'élever beaucoup plus vîte dans les tuyaux étroits que dans les plus larges; car d'une part il y a moins d'eau à élever dans les petits tuyaux, & de l'autre chaque molécule de l'eau y est plus attirée; la force qui éleve est donc respectivement plus grande, & la résistance moindre : ce qui doit produire une grande vîtesse.

Proposition vingt-deuxieme. Dans les tuyaux coniques droits toute la surface intérieure contribue non seulement à l'élévation de l'eau, comme dans les cylindriques, mais encore à sa suspension; ce qui n'arrive pas dans les cylindriques. Ce qui fait que dans les tuyaux cylindriques il n'y a que l'anneau immédiatement supérieur à l'eau qui la soutienne, c'est, comme nous l'avons vu, que les anneaux inférieurs étant doués d'une égale force absolue & respective, détruisent mutuellement leurs attractions; mais dans les tubes coniques droits la même chose ne doit pas arriver. Les anneaux supérieurs étant plus petits que les inférieurs, ils ont plus de surface, & par conséquent plus de force attractive relativement à l'eau qu'ils ont à élever; tout leur effort n'est pas donc détruit par les anneaux inférieurs, & par conséquent ils sont encore capables de soutenir par cet excès de force agissante une partie de l'eau; d'où il suit que dans ces sortes de tubes toute la surface intérieure contribue à la suspension de l'eau & des autres liqueurs qui y sont contenues.

Voilà le systeme de quelques Newtoniens qui voient partout l'*attraction*, ont arrangé pour expliquer les phénomenes des tubes capillaires. Il faut avouer que Newton n'a donné que trop occasion à ces explications peu mécaniques. Voyez comment il s'exprime dans sa 31e. question d'optique.

Dans cette question l'on trouve bien des expériences par lesquelles on prétend prouver une nouvelle attraction en raiſon inverſe des cubes des diſtances. Mais ſans examiner ici ſi l'on peut, *ſans cercle vicieux*, prouver l'exiſtance d'une loi par certains phénomenes, & expliquer enſuite par le moyen de cette loi ces mêmes phénomenes, je me contenterai de faire remarquer, que ſi l'attraction en raiſon directe des maſſes, & en raiſon inverſe des cubes des diſtances, étoit la cauſe des effets que nous préſente le mécaniſme particulier des tuyaux capillaires, il s'enſuivroit que le mercure devroit s'élever au-deſſus du niveau dans des tubes capillaires d'or. Dans ce cas, en effet, l'or ayant plus de denſité que le mercure, devroit vaincre la force qu'ont les particules de mercure pour s'attirer entr'elles, & les élever à-peu-près comme le tube de verre éleve les particules d'eau. Le P. Gerdil, Barnabite, Profeſſeur de Philoſophie dans l'Univerſité de Turin, nous apprend dans une diſſertation qu'il donna au public en 1754, qu'il fit faire des tuyaux capillaires d'or, de différens diametres, & qu'il ne vit dans aucun le mercure s'élever au-deſſus du niveau. Je voudrois bien pour l'honneur de la nouvelle eſpece d'attraction que l'on veut introduire en Phyſique, que l'on expliquât cette expérience d'une maniere ſatisfaiſante.

Qu'au reſte, ces Newtoniens n'apportent pas avec tant d'emphaſe, en preuve de leur ſyſteme, l'autorité du grand Newton; outre que ce Philoſophe n'eſt pas infaillible, je leur ferai remarquer qu'il ne parle ainſi que dans ſes queſtions d'optique, c'eſt-à-dire, qu'après avoir déclaré formellement, qu'il donne comme des doutes cinquante idées qui lui ont paſſé par l'eſprit; car ſes queſtions n'ont jamais été propoſées comme des aſſertions.

Mais enfin que Newton ait tenu, ou qu'il n'ait pas tenu une eſpece d'attraction en raiſon inverſe des cubes des diſtances, peu nous importe; nous ſommes réſolus de ne l'admettre en Phyſique, que lorſque ſes défenſeurs nous apporteront en ſa faveur une démonſtration auſſi lumineuſe que celle que nous donnons pour l'attraction en raiſon inverſe des ſimples carrés des diſtances: juſqu'alors nous expliquerons les phénomenes des tuyaux capillaires par deux colonnes d'un fluide très-délié, dont l'une gravite très-facilement ſur la ſurface du liquide contenu dans le gobelet, & l'autre très-difficilement ſur la ſurface du même liquide contenu dans le tube. Nous ajouterons que cette cause exige, pour agir, les conditions que nous avons marquées au commencement de cet article ; & dans cette hypothese, aucune des expériences qu'on nous apportera, ne sera capable de nous étonner.

TYCHO-BRAHÉ, *de la noble famille de Brahé Danois, naquit le* 29 *Décembre de l'année* 1546 *à Knuſtrup dans le pays de Schonen, près de Helſinbourg, autrefois ville de Suede.* Dès l'âge de 14 ans, il se sentit pour l'astronomie une passion presque insurmontable. Les succès qu'il eut dans cette science, furent tels que le Roi de Danemarck, Fréderic II, lui donna l'Isle de Huene avec une pension très-considérable. Là il fit bâtir son fameux Château, connu sous le nom d'*Uranibourg*. La plus haute tour de ce château lui servit d'observatoire ; lieu à jamais célebre par la méridienne qu'il y traça, la hauteur du pôle qu'il fixa, la position de 777 étoiles qu'il détermina, le cours de plusieurs cometes qu'il donna, les instrumens astronomiques qu'il y plaça, & dont la valeur étoit au moins de cent mille écus ; lieu surtout à jamais célebre par la visite qu'il y reçut de deux Potentats, Jacques VI, Roi d'Ecosse, & Christiern, Roi de Danemarck. La réputation de Tycho-Brahé étoit telle, que l'immortelKépler, qu'on regarde avec raison comme le pere de l'astronomie, se transporta à Uranibourg, presque en qualité de son éleve. Ce fut cette haute réputation qui fit embrasser par la plupart des savans de ce tems-là le systeme qu'il imagina. Le voici en peu de mots ; il est représenté par la figure 19 de la planche 2. 1°. Tycho-Brahé place au centre du monde la terre T. 2°. Autour de la terre, il fait tourner en un mois d'Occident en Orient la Lune L, & en 12 mois le Soleil S. 3°. Autour du Soleil S seulement il fait tourner d'Occident en Orient, Mercure M en trois mois, & Vénus V en huit. 4°. Autour de la terre T & du Soleil S il fait tourner d'Occident en Orient Mars *m* en deux, Jupiter j en douze, & Saturne ſ en trente années. 5°. Autour de la terre seulement il fait tourner d'Occident en Orient les étoiles dans l'espace d'environ vingt-cinq mille ans. 6°. Outre ce mouvement périodique, Tycho-Brahé donne à tous les astres un mouvement diurne d'Orient en Occident, mouvement qui a été retranché par les Tychoniciens modernes, lesquels sans donner à la terre un mouvement local & périodique, n'ont pas cru pouvoir lui refuser un mouvement sur son axe d'Occident en Orient dans l'espace de 24 heures. Ce systeme, même corrigé, a contre lui tous les argumens que les Coperniciens ont coutume d'apporter pour établir le leur. Le plus terrible sans contredit est celui qu'ils tirent de la seconde loi de Képler. Ils paroissent démontrer que si le Soleil & la Lune tournoient périodiquement autour de la terre immobile, l'un en 12, & l'autre en un mois, il seroit impossible que le Soleil fût éloigné de la terre de plus de cinq cent mille lieues; tandis que les observations astronomiques nous apprennent qu'il en est éloigné d'environ trente millions de lieues. Nous ne rapporterons pas ici cet argument formidable, auquel on ne trouvera peut-être jamais une réponse satisfaisante : nous l'avons mis dans tout son jour dans l'article de Copernic.

La maniere dont Tycho-Brahé est obligé d'expliquer les *directions*, les *stations* & les *rétrogradations* des planetes, prouve presque aussi bien que l'argument tiré de la seconde loi de Képler, la foiblesse de son systeme. Il est obligé de faire parcourir à ces astres l'espece de ligne spirale de la figure 20 de la planche 2. Suivant cet Astronome, une planete paroît *stationnaire*, lorsqu'elle monte de A en B; elle paroît *directe*, lorsqu'elle va de B en C; elle paroît encore *stationnaire*, lorsqu'elle descend de C en D; elle paroît enfin *rétrograde*, lorsqu'elle remonte de D en E. Tout cela seroit vrai. Mais par quel mécanisme les planetes parcourent-elles une pareille ligne spirale? Voilà ce qu'on n'expliquera pas facilement; & voilà ce qui auroit dû empêcher Tycho-Brahé de proposer son systeme céleste d'une maniere aussi pompeuse qu'il le fit; en voici l'annonce. *Nova mundani systematis hypothesis à Tychone nuper adinventa, quâ tum vetus illa Ptolemaïca redundantia & inconcinnitas; tum etiam recens Copernicana in motu terræ physica absurditas excluduntur, omniaque apparentiis cœlestibus aptissimè correspondent.* Les savans écrivent maintenant avec plus de politesse. Tycho-Brahé n'étoit pas seulement Astronome; il étoit encore Chimiste. Les progrès qu'il fit dans cette science lui donnerent occasion de trouver des remedes avec lesquels il opéra les guérisons les plus surprenantes. On a vendu pendant long-tems l'*elixir de Tychon*. Enfin, il étoit Mécanicien;

canicien ; témoins non-seulement plusieurs instrumens astronomiques qu'il dirigea & qu'il travailla ; mais encore les trois nez qu'il se fit d'or, d'argent & de cire, & qu'il substitua à son nez naturel qu'il perdit dans un duel nocturne. Ce grand homme mourut à Prague le 24 Octobre 1601, à l'âge de 55 ans. Ses principaux ouvrages sont *progymnasmata astronomiæ instauratæ. De mundi ætherei recentioribus phœnomenis. Epistolarum astronomicarum liber.*

V

VAILLANT, (Sébastien) *naquit à Viguy, près de Pontoise, le 26 Mai 1669.* Les plantes dont il enrichit le Jardin Royal, & les ouvrages qu'il donna au public, lui ont mérité une place distinguée parmi les Botanistes. Ces ouvrages sont, 1°. Des remarques sur les institutions de botanique de M. de Tournefort ; 2°. Un discours sur la structure des fleurs, & sur l'usage de leurs différentes parties ; 3°. Un livre qui contient par ordre alphabétique les noms & la nature des plantes qui naissent aux environs de Paris ; il est intitulé, *Botanicon Parisiense.* Le fameux Boerrhaave en faisoit tant de cas, qu'il le fit imprimer à Leyde, 5 ans après la mort de son auteur. Les progrès que fit M. Vaillant dans la botanique, lui procurerent en différens tems une chaire de Professeur au Jardin Royal, la charge de garde des drogues du cabinet du Roi, & une place à l'Académie Royale des Sciences de Paris. Il mourut le 26 Mai 1722, à l'âge de 53 ans.

VALVULE. Voyez *Soupape.*

VAPEUR. Les particules les plus déliées de l'eau élevées dans l'atmosphere terrestre par l'action du Soleil, ou par celle des feux souterrains, s'appellent *vapeurs.* Voyez l'article des *météores aqueux.*

VARIATIONS. Ce terme s'applique à l'aiguille aimantée qui décline tantôt plus, tantôt moins de la ligne méridienne ; nous en avons parlé dans l'article de l'*Aimant.*

On nomme encore *variations du barometre*, la différence qu'il y a entre la plus grande & la plus petite élévation du mercure dans le tube de cet instrument météorologique. Les variations qui arrivent dans la pesanteur & le ressort de l'air, en sont la vraie cause physique. Lisez l'article suivant.

On nomme enfin *variations des planetes*, tous les dérangemens qu'on observe dans les mouvemens périodiques de ces astres. C'est la gravitation mutuelle des corps en raison directe des masses, & en raison inverse des carrés des distances qui en est l'unique cause. Nous avons expliqué les variations qui arrivent aux Aphélies de Saturne, de Jupiter & de Mars dans l'article de *Copernic*. Celles qui arrivent à l'axe de la terre, ont été expliquées dans le même article. Enfin, les variations de l'apogée de la Lune & des nœuds de l'orbite lunaire, ont été expliquées très au long dans l'article de la *Lune*.

VARIATIONS DU BAROMETRE. Elles sont indiquées par les différentes hauteurs de la colonne de mercure dans le tube du barometre. Nous supposons, dans cet article, que le Lecteur est parfaitement au fait de cet instrument météorologique. Aussi ne répéterons-nous pas ici ce que nous avons dit, à l'article *Barometre*, dans le corps de l'ouvrage. Sans ces connoissances préliminaires, ce que nous allons dire seroit inintelligible.

Il résulte des observations météorologiques faites, pendant dix années consécutives, par M. *Mourgues de Mont-Redon*, de la Société Royale des Sciences de Montpellier & mon confrere à l'Académie Royale de Nîmes, 1° que, dans ces deux villes, la plus grande élévation du mercure dans le barometre a été à 28 pouces 8 lignes, & la moindre élévation à 27 pouces 1 ligne; ce qui donne pour différence, entre la plus grande & la moindre élévation, 1 pouce 7 lignes. Le barometre n'est cependant monté que deux fois à 28 pouces 8 lignes; il se soutint à cette hauteur, les 26 & 27 Décembre 1778, & le 17 Février 1779; le tems étoit très-beau, fort tempéré pour la saison & le vent du Nord souffloit. Il n'est descendu qu'une seule fois à 27 pouces 1 ligne; ce fut le 12 Février 1776; le tems étoit doux & pluvieux & le vent d'*Est* souffloit.

2°. La différence entre la plus grande & la moindre hauteur du barometre est de 1 pouce 7 lignes; cet instrument météorologique ne varie donc dans ce pays-ci que de 19 lignes.

3°. L'élévation moyenne entre la plus grande & la moindre hauteur du barometre devroit être naturellement de 27 pouces 10 lignes $\frac{1}{2}$; cependant M. *Mourgues* la fixe à 28 pouces $\frac{5}{10}$ de ligne, parce qu'il prend une élévation moyenne entre toutes les obſervations collectives qu'il a faites dans l'eſpace de dix années.

Ici M. *Mourgues* ſe fait une objection dont il donne la ſolution la plus ſatisfaiſante. On eſtime en général, *dit-il*, l'élévation moyenne du barometre à 28 pouces ſur les bords de la mer ; il paroîtra donc ſurprenant de la voir établir ici à une demi-ligne au-deſſus, tandis que les lieux d'obſervation ſont évidemment plus élevés que les bords de la mer. Mais on remarquera auſſi que le climat du bas Languedoc eſt ſi ſerein, l'atmoſphere tellement dépouillée de vapeurs, que le mercure ſe ſoutient dans le barometre bien plus ſouvent au-deſſus, qu'au-deſſous de 28 pouces.

4°. M. *Mourgues* a obſervé que le barometre varioit moins, & que ſes variations étoient moins conſidérables pendant l'été, que dans les autres ſaiſons de l'année. Il a encore obſervé que les tranſitions les plus promptes, les variations les plus grandes ſe font par des tems tempérés.

5°. Les élévations moyennes de chaque mois, calculées ſur dix années d'obſervation, ont donné à M. *Mourgues* pour les mois de

Janvier	27 pouces	11 lignes	$\frac{5}{10}$ de ligne.
Février	28	1	5
Mars	28		
Avril	27	11	9
Mai	28		7
Juin	28	1	1
Juillet	28	1	7
Août	28	1	2
Septembre	28		8
Octobre	28	1	
Novembre	27	11	8
Décembre	28		6

A l'inspection de ce tableau, l'on doit naturellement conclure que la gravité & le ressort de l'air ont plus d'action sur le mercure contenu dans le barometre, pendant l'été, que pendant l'hiver, puisqu'il s'éleve plus dans le tems le plus chaud, que dans le tems le plus froid de l'année. Je pense le contraire & je crois que cet excès d'élévation pendant l'été a plutôt pour cause la dilatation du mercure par la chaleur, qu'une augmentation de pesanteur ou de ressort dans l'air. En effet pourquoi, pendant l'été, le mercure ne seroit-il pas dilaté par la chaleur, & pourquoi, pendant l'hiver, ne seroit-il pas condensé par le froid dans le tube du barometre, comme il est dilaté & condensé dans le tube du thermometre ? Donc l'excès d'elévation du mercure dans le tube du barometre, pendant l'été, a pour cause principale & peut-être unique la dilatation de ce même mercure par la chaleur. Je suis même persuadé que si les variations du barometre ne dépendoient que de la gravité & du ressort de l'air, le mercure s'éleveroit plus haut dans le tube du barometre, pendant l'hiver, que pendant l'été. L'air atmosphérique a beaucoup plus de ressort, dans un tems froid, que dans un tems chaud ; & j'ai toujours regardé le ressort de l'air comme la cause principale de l'ascension du mercure dans le tube du barometre ; j'ai été même l'un des premiers à faire remarquer l'efficacité de cette cause, & à prouver qu'on ne répondroit jamais d'une maniere satisfaisante aux difficultés innombrables que nous présente cet instrument météorologique, lorsqu'on n'auroit recours qu'à la pesanteur de l'air. Cherchez *Barometre* dans le corps de l'ouvrage.

VARIGNON (Pierre) *naquit à Caen en l'année* 1654. C'est un des plus grands Géometres que la France ait produit. Ses théories sur les loix du mouvement, sur les forces centrales, sur la résistance des milieux ; ce qu'il a composé sur le calcul différentiel & intégral, en sont des preuves évidentes. Le premier ouvrage que M. Varignon donna au public, fut un *projet d'une nouvelle Mécanique*. La France connut par ce projet que l'Auteur exécuta dans la suite, le trésor qu'elle possédoit dans son sein : aussi ce premier essai valut-il à M. Varignon deux places, l'une de Géometre à l'Académie Royale des Sciences de Paris, l'autre de Professeur de Mathématiques au

Collége Mazarin. Le Collége Royal voulut partager, quelques années après, l'honneur qu'avoit le Collége Mazarin de posséder un si grand homme ; & M. Varignon occupa en même tems les deux chaires de Mathématiques de ces deux Colléges. En 1690, il fit paroître ses *nouvelles conjectures sur la pesanteur*: nous les avons rapportées dans l'article de la *gravité*. Une mort subite nous enleva ce grand Géometre, le 22 Décembre 1722, à l'âge de 68 ans. Il avoit la santé la plus robuste, qu'il ruina par ses imprudences & par son amour déréglé de l'étude. Le travail de la nuit n'étoit que trop souvent la continuation de celui du jour. Il avoua aux Médecins dans une grande maladie qu'il fit en 1705, que travaillant après souper, suivant sa coutume, il étoit souvent surpris par des cloches qui lui annonçoient deux heures après minuit, & qu'il étoit ravi de se pouvoir dire à lui-même qu'il ne valoit pas la peine de se coucher, pour se relever à quatre heures.

VAUBAN (Sébastien le Prêtre de) *Chevalier, Seigneur de Basoches, Pierre-Pertuis, Pouilli, Cervon, la Chaume, Epiry, le Creuset, & autres lieux, Maréchal de France, Chevalier des Ordres du Roi, Commissaire-général des fortifications, Grand Croix de St. Louis, Gouverneur de la Citadelle de Lille, Membre de l'Académie Royale des Sciences de Paris, naquit à Vauban, dont sa famille possédoit la Seigneurie depuis plus de 250 ans, le 1 Mai 1633.* Il a été dans l'art de fortifier les places par les regles de la Géométrie & de la Physique, je ne dis pas le plus grand homme de son siecle, mais le plus grand homme que le monde ait encore eu ; & qu'il aura peut-être jamais. Nous lui devons les fortifications de Clermont en Lorraine, de Sainte-Menehould, de la citadelle de Lille, du port de Dunkerque, des Villes de Strasbourg, de Casal, d'Ypres, &c. en un mot, il a fait travailler à 300 places anciennes, & en a fait 33 neuves ; il a conduit 53 siéges, & il s'est trouvé à 144 actions de vigueur. M. le Maréchal de Vauban étoit trop bon sujet pour donner au public ce qu'il savoit sur la maniere de fortifier, de défendre & d'attaquer les places. En 1704, il donna au Roi un gros manuscrit qui contenoit tout ce qu'il y a de plus fin & de plus secret dans cet art. Il mourut trois ans après, c'est-à-dire, le 30 Mars 1707, à l'âge de 74 ans moins un mois. L'on nous le dépeint dans son éloge historique comme l'ami des hommes & de la vérité. Son but principal, *dit M. de Fontenelle*, étoit la conservation des soldats. Il leur sacrifioit toujours l'éclat d'une conquête plus prompte, & une gloire assez capable de séduire; & ce qui est encore plus difficile, quelquefois il résistoit en leur faveur, à l'impatience des Généraux, & il s'exposoit aux redoutables discours du courtisan oisif. La prise du vieux Brisach, qu'il força de capituler après 13 jours & demi de tranchée ouverte, ne lui coûta que trois cent hommes. Aussi les soldats lui obéissoient-ils avec un entier dévouement; ils comptoient autant sur la bonté de son cœur, que sur sa capacité. Son plus grand plaisir étoit de secourir les Officiers qui n'étoient pas en état de soutenir le service; & lorsqu'on venoit à le savoir, il disoit qu'il prétendoit leur restituer ce qu'il recevoit de trop des bienfaits du Roi. Il en fut en effet comblé pendant le tems d'une longue vie; mais il eut la gloire de ne laisser en mourant qu'une fortune médiocre. Personne n'a été si souvent que lui, ni avec tant de courage l'introducteur de la vérité; il avoit pour elle une passion presque imprudente, incapable de ménagement. C'étoit, *continue M. de Fontenelle*, un Romain qui sembloit avoir été dérobé aux plus heureux tems de la République.

VÉGÉTATION. Action par laquelle les plantes se nourrissent & croissent. Nous avons discuté très au long cette matiere dans le *corps de l'ouvrage*; puisqu'aux articles *Botanique* & *Plantes*, nous avons répondu aux questions suivantes :

Une plante peut-elle naître sans semence ?

Les plantes digerent-elles les sucs nourriciers ?

Les plantes respirent-elles ?

La séve a-t-elle dans les plantes un mouvement de circulation ?

Quelles sont les maladies des plantes que l'on doit regarder comme curables ?

Quelles sont les maladies des plantes que l'on doit regarder comme incurables ?

Il nous reste encore, pour qu'il ne manque rien à cet important article, à répondre à la question suivante : *Quelle est l'eau la plus propre à la végétation des plantes ?*

L'Académie de Montauban, toujours dirigée par l'amour

du bien public, l'a proposée pour sujet de prix, & elle a couronné le Mémoire de M. l'abbé *Bertholon*, Professeur de Physique expérimentale des Etats généraux de Languedoc & Membre de plusieurs Académies. Ce n'est pas la premiere fois que les Académies les plus célebres ont reconnu la supériorité de ses talens. Il prouve, dans son excellent Mémoire, 1°. que les eaux minérales sont entierement impropres à la végétation. En effet les plantes qui sont dans le voisinage de ces sources, languissent considérablement; souvent même il n'y en a point, parce que les matieres minérales dont elles sont chargées, leur nuisent singulierement. Il en est de même de l'eau de la mer; dès qu'elle a couvert un terrain, toutes les plantes y périssent.

2°. Il résulte des expériences, faites pour la plupart par M. l'abbé *Bertholon*, que parmi les eaux propres à la végétation, on doit établir l'ordre suivant, en commençant par les meilleures: Eaux stagnantes, telles que les eaux de marais, de lacs; les eaux des petites rivieres; les eaux des rivieres ordinaires; celles des petits fleuves; ensuite celles des grands fleuves; les eaux de neige & de grêle fondues; celles de pluie; celles de puits exposées depuis quelque tems au soleil & à l'air; celles des fontaines. Les eaux de glace fondue sont les plus mauvaises de toutes, parce que les eaux hétérogenes se gelent moins & plus tard que celles qui ne le sont pas, & que la gelée est un moyen de dépurer les eaux. *Boile* nous assure que lorsqu'on a fait fondre de la glace de l'eau de mer, on en retire une eau douce.

3°. Les eaux les moins propres à la végétation sont sans contredit les eaux dures & crues qui sont chargées de terre calcaire ou de sélénite. M. *Sage* a vu une orangerie considérable, dont les arbres mouroient tous en peu de tems, parce qu'on employoit, pour les arroser, une eau trop séléniteuse; effet qu'il attribue à l'incrustation que forme, à la longue, cette eau sur la racine des plantes, ce qui les fait languir & périr peu après. Pour rendre l'eau la plus séléniteuse, propre à l'arrosement des végétaux, il suffit d'y mettre des cendres dont l'alkali fixe décompose la sélénite qu'elle contient. Un autre moyen plus simple, & à la portée des cultivateurs, c'est de laisser exposée au soleil cette eau crue &

féléniteufe; la fimple infolation décompofera la félénite au bout d'un certain tems, & rendra ainfi cette eau propre à la végétation.

Au refte les eaux combinées avec la terre calcaire verdiffent le firop violat : mêlées avec la diffolution de mercure par l'efprit de nitre, elles forment un précipité jaune qu'on nomme *turbith* minéral; fi l'on y met un alkali fixe, elles fe troublent & dépofent un précipité blanc terreux. On connoît encore qu'une eau eft crue & féléniteufe, lorfqu'elle ne peut pas diffoudre le favon, & lorfque les légumes ne s'y cuifent qu'avec peine.

4°. M. l'abbé *Bertholon* propofe enfuite un probleme très-intéreffant, dont il donne la folution en Phyficien expérimenté. Ne pourroit-on pas, *dit-il*, donner à toutes les eaux de l'atmofphere, ou de la terre, une préparation qui les rendît encore plus propres à l'entretien de la vie des végétaux, en n'employant qu'un procédé très-fimple?

Le procédé qu'il indique, confifte à laiffer macérer, à laiffer pourrir différentes plantes dans l'eau dont on doit fe fervir pour l'arrofement; & il appuye fon fentiment fur des expériences faites par lui-même. Il a femé des graines de même efpece dans des vafes égaux, remplis de la même terre, à une expofition femblable; les unes étoient arrofées avec de l'eau *végétative*, c'eft-à-dire, avec de l'eau préparée comme l'on vient de dire, & les autres avec de l'eau de riviere; la différence fut toujours très-confidérable; les graines des premiers leverent plutôt & en plus grande abondance; le fœtus végétal fut mieux nourri; elles eurent un accroiffement plus rapide, une vigueur bien fupérieure, une couleur plus foncée & plus brillante, &c. La floraifon & la fructification fuivirent le même rapport.

M. *Bertholon* a fait la même expérience comparative fur la même efpece & fur différentes efpeces de plantes. Bien plus, des plantes qui fouffroient, parce qu'elles étoient dans un terrain trop fablonneux, prirent une force de végétation étonnante, lorfqu'elles furent arrofées quelquefois avec l'eau ainfi préparée.

Je connois, *continue-t-il*, une grande maifon où on n'arrofe les plantes du jardin qu'avec l'eau d'une partie des égoûts de la Ville; & la végétation y eft de la plus grande force : les graines y levent plutôt, les plantes y sont plus belles, d'une meilleure venue, l'accroissement en est plus rapide, le volume de la tige, des branches, des feuilles y est beaucoup plus grand que dans les jardins voisins; tout l'ortolage y est d'une saveur bien supérieure à tous les autres herbages du canton. Il en est de même des fruits divers qu'on y recueille.

Ce n'est pas par hasard, c'est d'après les principes les plus incontestables que M. *Bertholon* a composé son eau *végétative*. En distillant, *dit-il*, une plante odorante au bain-marie avec une chaleur de 80 degrés au thermometre de *Réaumur*, c'est-à-dire, à la chaleur de l'eau bouillante, on obtient de l'eau imprégnée de l'odeur propre au végétal soumis à l'expérience & une huile essentielle qui est de diverses couleurs & dont la pesanteur spécifique est plus ou moins grande que celle de l'eau. Le plus grand nombre des plantes distillées à la cornue au degré moyen supérieur à l'eau bouillante, donne une liqueur d'abord simplement aqueuse, qui devient ensuite acide, & dont l'acidité va toujours en augmentant. Il en sort ensuite une huile de plus en plus épaisse, & enfin on trouve dans la cornue un charbon qui n'est presque qu'une terre pure : aussi la quantité de terre qu'on obtient, est-elle toujours en raison de celle du résidu charbonneux. Si on fait brûler une plante à l'air libre, quoiqu'elle ait perdu dans la combustion les principes qu'elle donne à la distillation, on trouve dans sa cendre une matiere saline qui produit sur la langue une sensation brûlante & lui imprime un goût d'urine. On trouve aussi dans les cendres des végétaux, d'autres sels essentiels, tels que le tartre vitriolé, le sel de *Glauber*, le nitre, le sel marin, &c. M. *Bertholon* conclut avec raison de ces expériences que son eau *végétative* contenant tous les principes que l'analyse chimique retire des plantes, il est de la derniere évidence qu'elle sera de toutes les eaux la plus propre à la végétation.

Nous exhortons tous les Agronomes à se procurer le Mémoire de M. *Bertholon*. Il a été imprimé à Montpellier en 1785.

VEILLER. L'on veille, lorsque l'impression que font les objets sensibles sur les organes de nos sens extérieurs, est portée jusqu'au *centre ovale*, le vrai siége de l'ame.

Cherchez *centre ovale*. C'eſt par le moyen des eſprits vitaux contenus dans les nerfs qui aboutiſſent aux organes de ces ſens, que ſe fait cette impreſſion ; auſſi les regardons-nous comme la cauſe phyſique de la *veille*. Cherchez *Sommeil. Contraria contrariis oppoſita magis eluceſcunt.*

VEINES. Ce ſont des conduits plus grands que les arteres, deſtinés à rapporter le ſang depuis les extrémités du corps juſqu'au cœur ; ce ſont autant de ramifications ou de productions de la *veine-cave*.

VEINE-CAVE. Au côté droit du cœur ſe trouve une groſſe veine que l'on nomme *veine-cave*. Sa partie inférieure ſe nomme *aſcendante*, parce que c'eſt par ce canal que le ſang remonte depuis les extrémités inférieures du corps juſqu'au cœur ; par une raiſon contraire la partie ſupérieure de la *veine-cave* s'appelle *deſcendante*, puiſqu'elle ſert à conduire juſqu'au cœur le ſang qui deſcend des extrémités ſupérieures du corps.

VÉLOCITÉ. Cherchez *Vîteſſe*.

VENT. Le vent eſt une violente agitation dans l'air. Quoiqu'il y ait autant de vents différens qu'il y a de différens points dans l'horizon, nous diſtinguons cependant quatre vents principaux ; ce ſont ceux qui viennent des quatre points cardinaux de la ſphere, je veux dire, le vent du Nord qui vient du côté du pôle arctique, le vent du midi ou du ſud qui vient du côté du pôle antarctique, le vent d'eſt ou d'orient qui vient de la partie orientale, & le vent d'oueſt ou d'occident qui vient de la partie occidentale de la ſphere. A ces quatre vents ajoutez-en 28 autres dont vous trouverez les noms dans la table ſuivante ; vous aurez un catalogue exact de cette eſpece de météore. Parmi ces vents, il y en a de généraux, de provinciaux, de perpétuels, de périodiques, de variables, &c. Les premiers regnent partout, les ſeconds ne ſoufflent que dans certaines provinces, les troiſiemes regnent en tout tems, les quatriemes ne ſe font ſentir que dans certaines ſaiſons, les cinquiemes n'ont rien de fixe pour le tems & pour le lieu. On ne peut faire que des conjectures probables ſur les cauſes phyſiques de ces météores aëriens ; nous allons indiquer les plus vraiſemblables ; nous ſuppoſons que le lecteur s'eſt formé une idée nette de la ſphere.

Premiere cauſe. La raréfaction de l'air occaſionnée par

l'action du Soleil sur l'atmosphere terrestre. En voici la preuve : toutes les fois que le Soleil échauffe une partie considérable de l'atmosphere, il la dilate ; cette partie dilatée occupe un plus grand espace, chasse l'air voisin avec violence, & occasionne en le chassant une forte agitation à laquelle nous donnons le nom de vent.

Seconde cause. Le ressort de l'air. Il est peu de corps, peut-être n'est-il point de corps aussi élastique que l'air que nous respirons. Comme les Physiciens, sans en excepter même les plus grands partisans de Newton, n'admettent pas de grands vides dans l'atmosphere terrestre, l'air ne peut pas être dilaté dans une partie de la terre, par exemple, dans la partie boréale, sans qu'il soit comprimé dans la partie méridionale ; l'air comprimé dans la partie méridionale tâchera par son élasticité de se remettre dans son premier état, & c'est en s'y remettant qu'il deviendra la cause physique de quelque vent.

Troisieme cause. Les feux souterrains. Ces feux dont l'existence nous est constatée par une infinité de faits, font sortir du sein de la terre des vapeurs & des exhalaisons ; ces vapeurs & ces exhalaisons entrent avec impétuosité dans l'atmosphere, & causent dans l'air une agitation toujours accompagnée de quelque vent considérable.

Quatrieme cause. La chute des nuages. Supposons en effet qu'un nuage situé dans la région supérieure de l'atmosphere, devienne plus pesant que le volume d'air auquel il correspond ; qu'arrivera-t-il ? il descendra avec une vîtesse accélérée ; il tombera avec impétuosité sur la terre, & il communiquera à l'air une espece de mouvement de tourbillon qui causera sur la mer les tempêtes les plus terribles, & sur la terre les ravages les plus affreux. Ces causes supposées.

Demande-t-on 1°. Pourquoi non-seulement dans la zone torride en tout tems, mais encore dans les zones tempérées pendant l'été, il regne un vent d'orient au lever, & un vent d'occident au coucher du Soleil ? l'on trouvera la réponse à cette demande dans l'explication de la premiere cause.

Demande-t-on 2°. Pourquoi, lorsque le Soleil se trouve dans la partie méridionale de la sphere, il regne souvent dans ce pays-ci un vent du nord ? la seconde cause va nous fournir l'explication de cet effet. Le Soleil dans ce tems-là dilate l'air de la partie de la sphere où il se trouve; cet air dilaté occupe un plus grand espace, & comprime l'air situé dans la partie boréale; l'air de la partie boréale comprimé se remet dans son premier état; & c'est en s'y remettant qu'il occasionne un vent que nous appellons *bise* ou *vent du nord*.

Par une raison contraire le Soleil situé dans la partie boréale de la sphere doit occasionner un vent du midi. Ces deux vents ne sont pas directs; c'est-à-dire, ne sont pas directement occasionnés par l'action du Soleil sur l'atmosphere terrestre; ils ont pour cause immédiate le ressort de l'air que nous savons être prodigieux.

Remarquez que les vents causés par la compression de l'air vers le tropique du cancer, lorsque le Soleil se trouve dans le tropique du capricorne, & les vents causés par la compression de l'air vers le tropique du capricorne, lorsque le Soleil se trouve dans le tropique du cancer, s'appellent *vents alizés*. Les premiers soufflent entre le nord & l'orient, & les seconds entre l'orient & le midi.

Remarquez encore qu'il ne faut qu'une montagne considérable, pour faire changer de direction au vent, ou pour le rendre plus fort & plus impétueux.

Demande-t-on 3°. D'où viennent les ouragans? la quatrieme cause vous fournira la réponse à cette question.

Demande-t-on 4°. Pourquoi le vent du midi est ordinairement chaud, par rapport à nous? l'on fera remarquer que ce vent en passant par la zone torride se charge de particules ignées. Par la même raison le vent du nord doit être chaud par rapport aux peuples qui se trouvent hors du tropique du capricorne dans la partie méridionale de la sphere.

Demande-t-on 5°. Pourquoi le vent du nord est froid dans ce pays-ci? plusieurs Physiciens répondent que ce vent se charge de particules de nitre, & de glace fort communes dans les plages boréales.

Demande-t-on 6°. Pourquoi certains vents sont humides & certains autres secs? l'on assurera que les vents qui traversent des mers immenses doivent être humides, & que ceux qui ne traversent que des terres seches ou peu arrosées doivent être secs. Voyez l'article suivant.

Ce systeme me paroît beaucoup plus simple que celui

de Privat de Molieres, qui regarde le tourbillon, comme la cause prochaine & immédiate du vent proprement dit. Je sais, *dit-il, dans la proposition seconde de sa leçon troisième*, que la raréfaction de l'air causée par l'action du Soleil, les vapeurs & les exhalaisons qui sortent des cavernes souterraines, &c. contribuent à la formation des vents. Mais je prétends qu'il est impossible de concevoir qu'un vent du nord, par exemple, souffle durant plusieurs jours sur une région, & qu'une si grande quantité d'air puisse s'écouler du nord au sud avec une si grande vitesse, en rasant la superficie de la terre; si l'on ne conçoit en même tems qu'une pareille quantité d'air s'écoule du sud au nord, en passant par la moyenne région de l'air. Car ce mouvement circulaire qui se présente ici si naturellement à l'esprit, & qu'on a si peu considéré dans la détermination de la cause immédiate des vents, ne peut être qu'un vrai tourbillon d'air qui continue de lui-même à circuler, jusqu'à ce qu'il se dissipe entierement, faute des conditions nécessaires à sa conservation. Le tourbillon est donc la forme principale, la cause prochaine de ce que nous nommons *vent*. De-là M. Privat de Molieres tire les conséquences suivantes.

Premiere conséquence. Le vent du nord est un tourbillon d'air d'une grandeur considérable, dont l'axe est parallele à l'horizon, & perpendiculaire au méridien du lieu où il souffle, se mouvant par le bas du nord au sud, & par le haut du sud au nord, & dont le centre étant fort-élevé sur l'horizon se trouve situé entre le Zenith de ce lieu & l'Equateur.

Mais comme le même vent ne souffle pas en même tems dans toutes les régions de la terre, on doit penser que le tourbillon de vent dont nous venons de faire la description, est communément environné de plusieurs autres tourbillons semblables de vents qui soufflent sur d'autres contrées, & qui balancent l'effort continuel que celui-ci fait pour s'étendre de toutes parts.

Seconde conséquence. Si l'axe du tourbillon d'air dont nous venons de parler, poussé par ceux qui l'environnent, & qui soufflent dans les contrées voisines, ou quelqu'autre tourbillon d'air sensible qui se formera entr'eux, par l'éruption de quelque exhalaison ou par l'érection de quelque brouillard, demeurant toujours parallele sur l'horizon, vient à s'incliner sur le plan du méridien du lieu sur lequel il regne en s'éloignant de l'*est*; alors ce même vent de *nord* deviendra *nord-ouest* ou *nord-est*.

Troisieme conséquence. Si ce même tourbillon d'air, au lieu de tourner par en bas du nord au sud, tourne du sud au nord; ce sera alors un vent de midi ou de sud.

Quatrieme conséquence. Si l'axe de ce vent de midi demeurant toujours parallele à l'horizon, vient à s'incliner sur le plan du méridien du lieu, en s'éloignant de l'*est* ou de l'*ouest*; alors ce vent du *sud* deviendra *sud-ouest* ou *sud-est*.

Cinquieme conséquence. Si ce grand tourbillon d'air contient dans son étendue un autre tourbillon plus petit, ce tourbillon subalterne de vent circulant dans l'équateur du grand, augmentera considérablement la force du vent, lorsqu'il viendra raser la superficie de la terre; ou qu'il passera entre deux montagnes; ce qui exprime au naturel ce qu'on appelle *bouffée de vent*.

Sixieme conséquence. Si par hasard quelqu'un de ces tourbillons subalternes en circulant autour du grand tourbillon de vent, rencontre un grand arbre, & qu'il arrive dans ce moment que l'axe du petit tourbillon soit perpendiculaire à l'horizon; ce tourbillon tordra l'arbre, le fendra, le déracinera. Ainsi un ouragan, un vent qui porte le ravage dans les pays qu'il traverse, ne sera autre chose qu'un grand tourbillon d'air qui entraînera un grand nombre de tourbillons subalternes, qui renverseront par leurs mouvemens circulaires tout ce qu'ils rencontreront qui pourra leur faire quelque résistance; mais ces vents se dissiperont bientôt, parce que rien ne résistant à leurs mouvemens circulaires, ces tourbillons accumulés se détruiront d'eux-mêmes en s'agrandissant de plus en plus.

Voilà bien de l'imagination; la nature va d'une maniere plus simple & moins compliquée. Terminons cet article par la table des vents.

TABLE

DES VENTS.

REMARQUE.

Nous avons mis un chiffre à côté de chaque vent. Ces différens chiffres répondent aux différens *numéro* des pages suivantes ; le chiffre 1, par exemple, répond au *numéro* 1°. Le chiffre 17 au *numéro* 17°. &c. l'on trouvera dans chaque *numéro* l'explication d'un vent particulier ; comme ces sortes d'explications ne doivent pas se lire tout de suite, l'on a été obligé d'y faire entrer beaucoup de répétitions.

EXPLICATION

de la table des vents.

1°. LE vent du *nord* vient du côté du pôle boréal.

2°. Le vent du *sud* vient du côté du pôle méridional.

3°. Le vent d'*est* vient du côté de l'orient.

4°. Le vent d'*ouest* vient du côté de l'occident.

Ces quatre vents s'appellent *cardinaux*, parce qu'ils viennent des quatre points *cardinaux* de la sphere.

5°. Le vent *nord-ouest* vient d'un point de l'horizon aussi éloigné du *nord* que du *couchant*.

6°. Le *nord-est* vient d'un point de l'horizon aussi éloigné du *nord* que du *levant*.

7°. Le vent *sud-ouest* vient d'un point de l'horizon aussi éloigné du *midi* que du *couchant*.

8°. Le vent *sud-est* vient d'un point de l'horizon aussi éloigné du *midi* que du *levant*.

Ces quatre vents s'appellent *collatéraux*, parce qu'ils se trouvent chacun précisément entre deux vents *cardinaux*.

9°. Le vent *nord, nord-ouest* vient d'un point de l'horizon aussi éloigné du point d'où souffle le vent du *nord*, que de celui d'où souffle le vent *nord-ouest*.

10. Le vent *ouest*, *nord-ouest* vient d'un point de l'horizon aussi éloigné du point d'où souffle le vent d'*ouest*, que de celui d'où souffle le vent *nord-ouest*.

11. Le vent *ouest*, *sud-ouest* vient d'un point de l'horizon aussi éloigné du point d'où souffle le vent d'*ouest*, que de celui d'où souffle le vent *sud-ouest*.

12.

12. Le vent *ſud*, *ſud-oueſt* vient d'un point de l'horizon auſſi éloigné du point d'où ſouffle le vend du *ſud*, que de celui d'où ſouffle le vent *ſud-oueſt*.

13. Le vent *ſud*, *ſud-eſt* vient d'un point de l'horizon auſſi éloigné du point d'où ſouffle le vent du *ſud*, que de celui d'où ſouffle le vent *ſud-eſt*.

14. Le vent *eſt*, *ſud-eſt* vient d'un point de l'horizon auſſi éloigné du point d'où ſouffle le vent de l'*eſt*, que de celui d'où ſouffle le vent *ſud-eſt*.

15. Le vent *eſt*, *nord-eſt* vient d'un point de l'horizon auſſi éloigné du point d'où ſouffle le vent de l'*eſt*, que de celui d'où ſouffle le vent *nord-eſt*.

16. Le vent *nord*, *nord-eſt* vient d'un point de l'horizon auſſi éloigné du point d'où ſouffle le vent du *nord*, que de celui d'où ſouffle le vent *nord-eſt*.

Ces 8 derniers vents ont un nom composé des noms d'un vent *cardinal* & d'un vent *collatéral*, parce que chacun d'eux ſe trouve auſſi éloigné de celui-ci, que de celui-là.

17. Le vent *nord*, *quart de nord-oueſt* eſt ainſi appellé; parce qu'il ſe trouve entre le vent du *nord* & le vent du *nord-oueſt*; ſon nom commence par *nord*, parce qu'il eſt plus près du point de l'horizon d'où vient le vent du *nord*, que de celui d'où vient le vent du *nord-oueſt*: on a ajouté à ſon nom le mot *quart*, parce que c'eſt le quatrieme vent à compter depuis le *nord oueſt* juſqu'au *nord*.

18. Le vent *nord-oueſt*, *quart de nord* ſe trouve entre le vent de *nord-oueſt*, & le vent du *nord*; ſon nom commence par *nord-oueſt*, parce qu'il ſe trouve à côté du vent de *nord-oueſt*; il a dans ſon nom le mot *quart*, parce que c'eſt le quatrieme vent à compter depuis le *nord* juſqu'au *nord-oueſt*.

19. Le vent *nord-oueſt*, *quart-d'oueſt* eſt ſitué entre le *nord-oueſt*, & l'*oueſt*; ſon nom commence par *nord-oueſt*, parce qu'il eſt plus près du *nord-oueſt* que de l'*oueſt*; il a dans ſon nom le mot *quart*, parce que c'eſt le quatrieme vent à compter depuis l'*oueſt* juſqu'au *nord-oueſt*.

20. Le vent *oueſt*, *quart de nord-oueſt* ſe trouve entre l'*oueſt* & le *nord-oueſt*; ſon nom commence par *oueſt*, parce qu'il eſt plus près de l'*oueſt* que du *nord-oueſt*; comme c'eſt le quatrieme vent à compter depuis le *nord-oueſt*, juſqu'à l'*oueſt*, il a au milieu de ſon nom le mot *quart*.

21. Le vent *oueſt*, *quart de ſud-oueſt* ſe trouve entre l'*oueſt* & le *ſud-oueſt* ; ſon nom commence par *oueſt*, parce qu'il eſt plus près de l'*oueſt* que du *ſud-oueſt* ; le mot *quart* eſt au milieu de ſon nom, parce que c'eſt le quatrieme vent à compter depuis le *ſud-oueſt* juſqu'à l'*oueſt*.

22. Le vent *ſud-oueſt*, *quart d'oueſt* ſe trouve entre le *ſud-oueſt* & l'*oueſt* ; ſon nom commence par *ſud-oueſt*, parce qu'il eſt plus près du *ſud-oueſt* que de l'*oueſt* ; il a le mot *quart* au milieu de ſon nom, parce que c'eſt le quatrieme vent à compter depuis l'*oueſt* juſqu'au *ſud-oueſt*.

23. Le vent *ſud-oueſt*, *quart de ſud* ſe trouve entre le *ſud-oueſt* & le *ſud* ; il eſt plus près du *ſud-oueſt* que du *ſud* ; & voilà pourquoi ſon nom commence par *ſud-oueſt* ; c'eſt le quatrieme vent à compter depuis le *ſud* juſqu'au *ſud-oueſt* ; auſſi a-t-il le mot *quart* au milieu de ſon nom.

24. Le vent *ſud*, *quart de ſud-oueſt* ſe trouve entre le *ſud* & le *ſud-oueſt*. Puiſque ſon nom commence par *ſud*, il eſt plus près du *ſud* que du *ſud-oueſt* ; & puiſqu'il a le mot *quart* au milieu de ſon nom, c'eſt le quatrieme vent à compter depuis le *ſud-oueſt* juſqu'au *ſud*.

25. Le vent *ſud*, *quart de ſud-eſt* ſe trouve entre le vent du *ſud* & le vent du *ſud-eſt* ; comme *ſud* eſt le premier mot de ſon nom, l'on doit conclure qu'il eſt plus près du *ſud* que du *ſud-eſt* ; & comme le mot *quart* ſe trouve au milieu de ſon nom, l'on doit auſſi conclure que c'eſt le quatrieme vent à compter depuis le *ſud-oueſt* juſqu'au *ſud*.

26. Le vent *ſud-eſt*, *quart de ſud* ſe trouve entre le *ſud-eſt* & le *ſud* ; ſon nom commence par *ſud-eſt*, parce qu'il eſt plus près du *ſud-eſt* que du *ſud* ; il a le mot *quart* au milieu de ſon nom, parce que c'eſt le quatrieme vent à compter depuis le *ſud*, juſqu'au *ſud-eſt*.

27. Le vent *ſud-eſt*, *quart d'eſt* ſe trouve entre le *ſud-eſt* & l'*eſt* ; ſon nom commence par *ſud-eſt*, parce qu'il eſt plus près du *ſud-eſt* que de l'*eſt* ; il a le mot *quart* au milieu de ſon nom, parce que c'eſt le quatrieme vent à compter depuis l'*eſt* juſqu'au *ſud-eſt*.

28. Le vent *eſt*, *quart de ſud-eſt* ſe trouve entre l'*eſt* & le *ſud-eſt* ; ſon nom commence par *eſt*, parce qu'il eſt plus près de l'*eſt* que du *ſud-eſt* ; il a le mot *quart* au milieu de ſon nom, parce que c'eſt le quatrieme vent à compter depuis le *ſud-eſt* juſqu'à l'*eſt*.

29. Le vent *est*, *quart de nord-est* se trouve entre l'*est* & le *nord-est*; il est plus près de l'*est* que du *nord-est*; aussi son nom commence-t-il par *est*. C'est le quatrieme vent à compter depuis le *nord-est* jusqu'à l'*est*; aussi a-t-il le mot *quart* au milieu de son nom.

30. Le vent *nord-est*, *quart-d'est* se trouve entre le *nord-est* & l'*est*; son nom commence pat *nord-est*, parce qu'il est plus près du *nord-est*, que de l'*est*; il a le mot *quart* au milieu de son nom, parce que c'est le quatrieme vent à compter depuis l'*est* jusqu'au *nord-est*.

31. Le vent *nord-est*, *quart de nord* se trouve entre le *nord-est* & le *nord*; comme il est plus près du *nord-est* que du *nord*, son nom commence par *nord-est*; & comme c'est le quatrieme vent à compter depuis le *nord* jusqu'au *nord-est*, il a le mot *quart* au milieu de son nom.

32. Le vent *nord*, *quart de nord-est* se trouve entre le *nord* & le *nord-est*; son nom commence par *nord*, parce qu'il est plus près du *nord*, que du *nord-est*: il a le mot *quart* au milieu de son nom, parce que c'est le quatrieme vent à compter depuis le *nord-est* jusqu'au *nord*.

VENT PLUVIEUX & VENT SEC. Nous avions dit jusqu'à présent qu'un vent qui a traversé des mers immenses, doit être pluvieux, & que celui qui a traversé des terres seches ou peu arrosées, doit être sec. Le fait est vrai. Mais pourquoi ce vent pluvieux dépose-t-il ses eaux? Voilà ce que nous ignorions, & voilà ce qu'a expliqué M. *du Carla* en grand Physicien dans deux Mémoires qu'il a insérés dans le Journal de M. l'abbé *Rozier*; le premier est dans le journal de Décembre 1781 & le second dans celui de Janvier 1782; ils sont marqués tous les deux au coin de l'immortalité. En donner ici l'abrégé, c'est rendre un véritable service au public.

M. *du Carla* prétend qu'un vent ne dépose les eaux dont il est saturé, que lorsqu'il est obligé de s'élever & de franchir quelque montagne; & pour le prouver, voici comment il opere.

Il fait d'abord une supposition fort ingénieuse. On n'en connoît cependant toute la beauté, que lorsque de l'état purement hypothétique, il passe à l'état des choses, telles qu'elles sont réellement sur la surface de la terre. M. *du Carla* dresse mentalement, d'un pôle à l'autre &

ſur le plan du méridien, un mur plus élevé que l'extrême région des vapeurs ; ce mur aura donc environ 4400 toiſes de hauteur perpendiculaire. Il fait enſuite venir un vent d'Eſt. Ce vent, *dit-il*, frappera à angles droits la face orientale verticale du mur. L'air qui conſtitue la matiere de ce vent, ne pourra continuer ſon cours vers l'Oueſt, ſans s'élever au-deſſus de ce mur, le franchir & paſſer par cette région dont la froidure & la rareté ne lui permettent de ſoutenir aucune vapeur ; il ſera donc homogene dans cette région élevée. Or il ne peut y être homogene, ſans avoir abandonné, en montant, les parties hétérogenes & ſurtout les parties aqueuſes dont il étoit chargé & qui ſont ordinairement le tiers de ſa maſſe. Ce vent d'Eſt ſera donc pluvieux à l'Orient du mur ; & comme ce mur eſt fort élevé, la partie orientale, tant que ce vent ſoufflera, ſera non-ſeulement arroſée, mais ſouvent inondée.

Ce même vent, après s'être ainſi purifié, deſcendra du haut du mur, pour continuer ſa route vers l'Oueſt. Il reprendra peu-à-peu ſa chaleur & ſa denſité qui lui rendront ſa premiere force aſpirante : ce ſera un menſtrue avide ; il abſorbera tout ce qu'il trouvera d'évaporable, juſqu'à ce qu'il ſoit parfaitement ſaturé, il ſera donc ſec & deſſéchant, dès qu'il aura franchi le mur.

Le phénomene ſeroit le même en ſens contraire, ſi le vent venoit de l'Oueſt ; il s'éleveroit, ſe raréfieroit, ſe refroidiroit, & il dépoſeroit la pluie à l'Oueſt du mur ; enſuite il redeſcendroit, ſe condenſeroit, s'échaufferoit, & il ſeroit parfaitement deſſéchant à l'Eſt.

Si ce mur imaginaire n'avoit que 2000, 1000 ou même 100 toiſes de hauteur ; le vent le franchiroit en s'élevant, ſe raréfiant, ſe refroidiſſant & dépoſant une partie de ſes eaux ; mais il en dépoſeroit d'autant moins, que le mur ſeroit moins élevé ; il ſeroit donc plus ou moins humide en montant, plus ou moins ſec en redeſcendant.

Ce qui n'a été juſqu'à préſent qu'une pure ſuppoſition va devenir une réalité. Les chaînes de montagnes, *dit-il*, ſont de vrais murs plus ou moins élevés, qui ſéparent les pays les uns d'avec les autres. Les vents courant au haſard ſur la ſurface de la terre, arroſent les contrées qu'ils rencontrent, avant de franchir ſes chaînes, &

dessechent celles qu'ils trouvent après ce passage. Il n'est pas donc étonnant que les continens & les grandes isles soient arrosés, d'un côté seulement, par chacun des vents qui leur viennent des mers, & soient desséchés par ces mêmes vents du côté opposé. Il est encore moins étonnant qu'il pleuve bien davantage sur terre, que sur mer; la terre a beaucoup de ces murs qui rendent les vents humides chez elle, au lieu que la mer n'a aucun de ces murs. Les vents ne peuvent faire un pas sur la terre, en venant des mers, sans s'élever, sans se dispo-ser à la pluie; au lieu qu'ils courroient mille ans sur les mers, sans être obligés de s'élever, de se raréfier, de rien déposer par cette cause particuliere. Quelque rares que soient les pluies en pleine mer, elles ont cependant lieu quelquefois; mais c'est par une cause moins puissante & moins générale qui n'a qu'un rapport fort indirect avec la matiere présente.

La pierre de touche de la bonté d'un systeme, ce sont les expériences constatées & réitérées. Parlent-elles en sa faveur? le systeme est recevable. Déposent-elles contre lui? ce n'est plus qu'un roman propre à amuser les enfans, les Dames & les gens oisifs. M. *du Carla* a appuyé le sien sur les faits les plus frappans & les plus décisifs. Considérez, *dit-il*, cette fameuse chaîne de montagnes, la plus élevée qu'on connoisse, & qui forme l'épine des deux Amériques, depuis la pointe du Chili jusqu'aux côtes boréales du Labrador. Vers le Popayan & le Pérou où elle prend le nom de Cordillières, elle a une hauteur perpendiculaire étonnante. La moins élevée des 13 montagnes qui se trouvent dans la Province de Quito, a 2430 toises, & la plus élevée 3220 toises de hauteur perpendiculaire. Cette chaîne s'étend du Nord au Sud. Le vent qui afflue de l'Orient, ne peut la dépasser, sans s'élever, se raréfier, se refroidir, & sans déposer par conséquent les matieres dont il s'est saturé sur la mer Atlantique. Cette sécrétion, aussi permanente que le vent d'Est, entretient à l'Orient des Cordillieres, je ne dis pas des pluies, mais des orages continuels. Ce sont ces dépôts immenses qui font du Maragnon, le plus grand fleuve, le plus grand phénomene de l'univers.

Ce même vent retombe du haut des Cordillieres sur

le Pérou, pour continuer sa route naturelle vers l'Ouest. Il a tout perdu ; il est pur, sec, aspirant, à mesure qu'il descend ; il gobe toutes les vapeurs qu'il trouve sur la plaine du Pérou & sur la mer Pacifique. Aussi le Pérou seroit-il un pays inhabitable, si le vent d'Ouest n'y soufflôit pas de tems en tems ; ce vent, obligé de franchir les Cordillieres, est nécessairement pluvieux pour la plus riche contrée de l'univers : preuve triomphante pour le systeme de M. *du Carla*.

Ce grand Physicien, après avoir promené son Lecteur sur tout le globe de la terre, le ramene dans son pays natal, le Languedoc. Le haut & le bas Languedoc, *dit-il*, sont séparés par une chaîne de montagnes qui va de Cadix à Pekin, & qui a environ sept cens toises de hauteur moyenne. Le vent du Sud la frappe à angle presque droit. Il est pluvieux pour le bas & desséchant pour le haut Languedoc. Et comment ne le seroit-il pas ? Dans le bas Languedoc il monte de la Méditerranée au haut de la chaîne dont je viens de parler ; & de cette chaîne il descend dans les terres basses du haut Languedoc.

A tant de preuves décisives ajoutons un fait que je vois souvent se vérifier sous mes yeux. A Nimes le vent d'Est est pour l'ordinaire pluvieux. Pourquoi ? Parce que depuis la Méditerranée ce vent s'éleve toujours, jusqu'à ce qu'il ait franchi les montagnes habitées par les Cévenols. Il est donc vrai, que si la terre étoit sans montagnes, les pluies seroient aussi rares sur nos continens, qu'elles le sont en pleine mer.

VENTILATEUR. Machine propre à renouveller l'air dans un lieu quelconque où ce renouvellement est utile ou nécessaire. On s'en sert avec succès, depuis environ quarante ans, dans l'hôpital de Winchester, en Angleterre, & l'on assure que depuis lors les maladies y sont moins longues & moins dangereuses ; l'on devroit s'en servir, non-seulement dans tous les hôpitaux, mais encore dans les prisons, dans les mines, dans les salles de spectacle, dans tous les endroits en un mot où l'on est exposé à respirer un air méphitique. Cette machine fut inventée & exécutée pour la premiere fois, en 1741, par M. *Triewald*, Ingénieur du Roi de Suede. Le premier usage qu'il en fit, ce fut de purifier l'air des entreponts les plus bas des vaisseaux ; l'on prétend qu'en une heure de tems, il parvint à y introduire 36172 pieds cubiques d'air nouveau.

Trois ans après, M. *Hales* exécuta un ventilateur beaucoup plus commode que celui de M. *Triewald* ; *facile est inventis addere.* Ceux qui en ont calculé les effets soutiennent que, par le moyen de cette machine, on pourroit, en dix ou douze minutes de tems, renouveller entierement l'air de la Comédie Françoise. Ce renouvellement se fait par le moyen de deux soufflets, à chacun desquels sont adaptées quatre soupapes. Deux soupapes s'ouvrent de dehors en dedans, pour donner entrée à l'air extérieur ; les deux autres s'ouvrent de dedans en dehors, pour procurer à l'air intérieur une libre sortie.

Pour se former une idée, non du ventilateur, mais de ses effets, qu'on se represente une salle dont on veuille renouveller l'air. Ayez deux soufflets égaux, semblables à ceux dont on se sert dans les forges. Faites deux trous à deux murailles de la salle diamétralement opposés, & placez-y les deux soufflets, de maniere que le corps de l'un soit en dehors, & le corps de l'autre en dedans du bâtiment. Faites-les jouer en même tems ; l'air extérieur reçu dans le corps du premier soufflet par sa soupape, sera nécessairement porté dans la salle, & l'air intérieur reçu dans le corps du second par une semblable soupape, sera nécessairement porté hors de la salle. Seroit-il possible que, par ce mécanisme, l'air qu'elle contenoit, ne fût pas renouvellé avec autant de promptitude, que de facilité ?

On se sert encore du ventilateur, lorsqu'on est obligé de faire vuider une fosse d'aisance. Cherchez *Vinaigre* ; nous avons exposé dans cet article tous les dangers inséparables de ces sortes d'opérations.

VENTRE. Les Anatomistes appellent ainsi la cavité qui s'étend depuis le diaphragme jusqu'à l'os pubis. C'est la plus grande des trois principales cavités du corps. On la nomme inférieure, pour la distinguer de la cavité supérieure ou de la tête, & de la cavité moyenne ou de la poitrine. Les parties les plus considérables qu'elle contient, sont le ventricule, le foie, la rate, le pancréas, les intestins & le mésentere dont nous avons parlé dans leurs articles relatifs. Le ventre se divise ordinairement en 2 parties; antérieure & postérieure. L'antérieure est l'abdomen dont nous avons fait la description en son lieu. La partie postérieure s'étend depuis les dernieres côtes jusqu'à l'os sacrum. Ces notions succinctes suffisent à un Physicien.

VENTRICULE. L'on en compte sept dans le corps humain; 1 sous le diaphragme; 2 dans le cœur, 4 dans le cerveau. L'estomac est le ventricule placé sous le diaphragme. Nous ne répéterons pas ce que nous avons dit ailleurs de la nature & des usages de cette partie organique; nous nous contenterons de dire ici que l'estomac du commun des hommes peut contenir trois pintes de vin ou d'eau, mesure de Paris, & trois ou quatre livres de viande.

Les deux ventricules du cœur sont placés l'un à la droite, l'autre à la gauche de sa base. Cherchez *Cœur*.

Enfin les ventricules du cerveau sont au nombre de quatre. Les deux premiers se trouvent assez près de l'origine des nerfs de la premiere conjugaison; le troisieme est un peu plus bas que les deux premiers; il est separé d'eux par la partie du cerveau à laquelle les Anatomistes ont donné le nom de *voûte*; enfin, le quatrieme ventricule se trouve dans le cervelet; il est separé du troisieme par la glande pinéale. Cherchez *Cerveau*.

VÉNUS. Vénus est la seconde des planetes inférieures. Son globe sensiblement sphérique est beaucoup plus gros que celui que nous habitons; voyez de combien dans l'article qui commence par le mot *Satellite de Vénus*. Eloignée du Soleil d'environ 23 millions de lieues dans sa plus grande, & d'environ vingt-deux millions dans sa plus petite distance, elle doit être un peu plus dense que la terre, par la raison que nous avons apportée dans l'article de *Mars*. Vénus a deux mouvemens d'Occident en Orient, l'un de rotation qu'elle acheve en vingt-trois heures vingt minutes, & l'autre périodique qui se fait en deux cent vingt-quatre jours dix-huit heures; ce dernier mouvement est autour du Soleil dans une orbite presque circulaire, inclinée à l'écliptique de trois degrés, vingt-trois minutes, dix secondes. Les nœuds de cette orbite ne sont pas permanens; ils ont un mouvement d'Occident en Orient de trente-quatre secondes par année. Enfin, Vénus a ses phases qui s'expliquent comme celles de Mercure. L'on trouvera dans l'article de *Copernic* l'explication des autres phénomenes qui regardent cette planete.

Nous eumes à Avignon le bonheur d'observer avec un ciel très-ferein le passage de Vénus sur le disque du Soleil, annoncé & calculé autrefois par le fameux Astronome Edmond Halley. Ce phénomene intéressant arriva le matin du sixieme Juin 1761. Le Pere Morand, ancien Professeur de Mathématique, au collége d'Avignon, l'observa avec une lunette de huit pieds avec toute l'exactitude possible. L'immersion commença trop-tôt pour être visible sur notre horizon. Le commencement de l'émersion, c'est-à-dire, le contact intérieur des bords de Vénus & du Soleil, arriva le 6 à 8 heures, 38 minutes, 22 secondes du matin (tems vrai,) ou comme parlent les Astronomes, le 5 à 20 heures, 38 minutes, 22 secondes; & la sortie totale à 8 heures, 56 minutes, 44 secondes, ou le 5 à 20 heures, 56 minutes, 44 secondes : ce qui donne pour la durée de la sortie 18 minutes, 22 secondes. Ce passage fut observé à Paris, & dans les environs par un grand nombre d'excellens Astronomes; savoir, à l'Observatoire Royal, par M. Maraldi; au château de la Meute, par M. de Fouchy, & par M. de Ferner, Professeur d'Astronomie en l'Université d'Upsal; à l'Abbaye Royale de Ste. Genevieve, par M. de Lisle; à Conflans, par M. l'Abbé de la Caille; à l'Observatoire de la Marine, par MM. Libour & Messier; au Palais du Luxembourg, par M. de la Lande. Suivant le dernier de ces Astronomes, la conjonction de Vénus avec le Soleil se fit à 6 heures, 52 minutes (tems vrai;) la latitude apparente de Vénus étant dans ce moment de 9 minutes, 32 secondes, & son nœud ascendant étant placé au 14e. degré, 32 minutes, 15 secondes des Gémeaux. Le commencement de la sortie ou le contact intérieur des bords de Vénus & du Soleil, observé avec une lunette de dix-huit pieds, arriva à 8 heures, 28 minutes, 26 secondes; & la sortie totale à 8 heures, 46 minutes, 50 secondes; ce qui donne 18 minutes, 24 secondes pour la durée de la sortie.

Le même phénomene fut encore observé au Collége de Louis-le-Grand, par les Peres de Merville & Clouet. Selon le Pere de Merville qui se servit d'un Télescope

Newtonien de six pieds, construit par le sieur Paris, Opticien du Roi, l'attouchement intérieur des bords de Vénus & du Soleil se fit à 8 heures 28 minutes, 40 secondes; & l'extérieur à 8 heures, 47 minutes, 4 secondes; ce qui donne encore pour la durée de la sortie 18 minutes, 24 secondes. Le premier de ces contacts fut observé par le Pere Clouet, avec un télescope de trente-deux pouces, à 8 heures, 28 minutes, 26 secondes, & le dernier à 8 heures, quarante-six minutes, 55 secondes; ce qui donne pour la durée de la sortie 18 minutes, vingt-neuf secondes.

Concluons de cette derniere observation que la différence de la longitude qu'il y a entre l'Observatoire du Collége de Louis le Grand, & celui du Collége d'Avignon, est de deux degrés vingt-cinq minutes, c'est-à-dire, qu'Avignon est plus Oriental que Paris de deux degrés, vingt-cinq minutes, puisqu'il est à Avignon 8 heures, 56 minutes, quarante-quatre secondes, lorsqu'il n'est à Paris que 8 heures, quarante-sept minutes, quatre secondes. Cherchez *Longitude*.

VERT. Le vert est la quatrieme des sept couleurs primitives, comme nous l'avons expliqué en proposant le systeme de Newton sur les couleurs.

VERHEYEN, (Philippe) *naquit dans le Village de Verbrouck, d'un pere simple Laboureur, environ l'année* 1648. Il travailla à la terre jusqu'à l'âge de vingt-deux ans; & sans doute qu'il auroit passé sa vie dans cet état, si son Curé qui reconnut dans lui un génie supérieur, ne lui eût appris les premiers élémens de la langue latine, & ne lui eût procuré une place dans le Collége de la Trinité de Louvain. Il fit dans cette Ville ses cours de littérature, & de Philosophie dans tout l'éclat possible. Il devoit y commencer ses études de Théologie, pour embrasser ensuite l'état Ecclésiastique, lorsqu'une inflammation suivie de la gangrene, l'obligea de se faire couper la cuisse. Devenu par cette opération inepte au saint ministere, il tourna ses vues vers la médecine, où il fit des progrès infinis. On lit encore dans les Archives de l'Université de Louvain, que Verheyen subit l'examen qui précede la Licence, de maniere à ravir en extase les Docteurs qui étoient présens; les paroles dont ils se servirent, furent celles-ci: *Mirabiliter omnibus satisfecit.* Verheyen occupa dans la suite dans cette Université les chaires de Professeur en Anatomie & en Chirurgie. Ce fut dans ces postes qu'il eut occasion de composer son bel ouvrage en deux volumes *in-quarto* intitulé : *Corporis humani Anatomia.* Il a fait plusieurs autres ouvrages qui sont moins considérables, mais qui n'en sont pas moins estimés ; tel est en particulier son traité *des fievres.* Il mourut à Louvain le dix-huit Février 1710, à l'âge de soixante-deux ans. Son Historien termine sa vie par les paroles suivantes; elles sont assez remarquables pour trouver ici place. *Unum, amice lector, quod in hoc clarissimo authore meritò mireris, est quòd tam profundæ scientiæ magnam humilitatem & pietatem semper conjunxerit. Demissè enim de se sentiebat, omnes urbanitatis officio præveniebat, sibique tam profundè impresserat illud Ecclesiastici,* vanitas vanitatum, & omnia vanitas ; *tantumque gloriæ hujus sæculi contemptum habebat, ut pro omni testamento nihil aliud reliquerit quàm hoc suum Epitaphium propriâ manu scriptum.* Philippus Verheyen Medicinæ Doctor & Professor, partem suî materialem hic in cœmeterio condi voluit, ne templum dehonestaret, aut nocivis halitibus inficeret.

VERRE. Mettez sur un grand feu un sable fin, & les sels fixes de quelques plantes; ces sels agités par l'action du feu briseront les especes de globules dont le sable est composé; ils y pratiqueront une infinité de pores droits & disposés en tout sens, & ils vous présenteront un composé solide, transparent & fragile auquel nous avons donné le nom de *verre.* Les phénomenes innombrables qu'offrent à des yeux physiciens les verres convexes & concaves, sont expliqués dans l'article de la *Dioptrique.*

Le sel & le sable ordinaire font un verre commun ; le sel & le sable choisi font un verre d'une blancheur parfaite, & d'un très-beau poli, auquel on donne le nom de *glace.* Ce n'est pas seulement à Venise, c'est surtout au Château de St. Gobin à trois lieues de Laon, qu'on coule des glaces de la derniere magnificence. M. Pluche dans le tome troisieme du spectacle de la nature nous apprend quelle est la dextérité des ouvriers dans ce travail périlleux ; voici comment il parle dans son entretien vingt-quatrieme. L'on saisit le pot-à-verre, on l'incline, & on fait couler sur une table le torrent de feu qui s'y jette en moule. Sur cette table sont posées de petites tringles de fer, qui, pouvant être écartées ou rapprochées à volonté, servent à déterminer la juste épaisseur & la largeur qu'on veut donner à la glace. Rien n'est égal au scrupule avec lequel on tient la table & l'ouvroir entier de la derniere propreté. Il ne faudroit qu'une petite poussiere imperceptible pour faire manquer une glace de mille écus. Une particule d'air logée dans cette poussiere, n'a pas plutôt senti ce feu violent, qu'elle se dilate, & forme dans l'épaisseur de la glace une bulle quelquefois fort large, qui la perce ou la défigure. La matiere enflammée étant répandue sur la table, on l'étend également entre les reglets, & on l'amene d'un bout à l'autre à une épaisseur uniforme, en la foulant avec un gros rouleau de fonte qui pose par ses extrémités sur les tringles. L'article important pour la conservation des ouvrages de la verrerie, est de ne point laisser refroidir le dehors du verre, tandis que l'intérieur est encore liquide, ou du moins fort chaud. Quand on tient ce verre auprès d'un feu qu'on diminue insensiblement & par degrés, toutes ses parties se rapprochent également par la dissipation du feu qui se fait également partout : au lieu que si les dehors se durcissent tout d'un coup à l'air froid, tandis que le feu occupe encore le cœur du verre ; quand ce feu viendra à s'échapper par les petits pores du verre, il laissera un vuide qui n'aura aucune force à opposer à la pression de l'air extérieur, & cette pression brisera tout l'ouvrage en un moment.

VERTEBRE. Les vertebres sont de petits os joints ensemble qui aident le corps à se tourner facilement. L'on compte vingt-quatre vertebres dans l'épine du dos ; les sept premieres appartiennent au cou, les douze suivantes à la poitrine, & les cinq dernieres aux reins.

VERTICAL. Perpendiculaire à l'horizon & vertical, sont en Physique deux termes synonymes. Un cercle vertical est un grand cercle de la sphere qui passe par le Zenith & le Nadir, & qui coupe l'horizon en deux points diamétralement opposés. Le premier vertical passe par le Zenith & le Nadir, & coupe l'horizon dans les deux points du vrai Orient & du vrai Occident. L'on entend par vrai Orient & par vrai Occident les deux points où l'horizon est coupé par l'équateur. Cherchez *Sphere*.

Ceux qui ont lu notre article *Cadran méridional vertical*, n'ont pas dû trouver aſſez rigoureuſe la démonſtration ſur laquelle eſt fondée la réſolution du Probleme troiſieme, dans lequel on apprend à trouver l'angle de l'axe avec la ſouſtilaire. Nous avons prévenu leur remarque, en les renvoyant à cet *article*, où nous allons réſoudre ce probleme de la maniere la plus géométrique.

Probleme. Connoiſſant l'élévation du pôle ſur l'horizon, & la déclinaiſon du plan vertical méridional, trouver l'angle de l'axe avec la ſouſtilaire.

Explication. La figure 20 de la planche 1, fait partie d'un cadran méridional vertical déclinant, dans lequel la ligne CM marque la Méridienne ; la ligne HR l'horizontale ; la ligne CA la ſouſtilaire ; la ligne CS l'axe ; le point C le centre ; le point P le pied ; la ligne PF, perpendiculaire ſur CP, la hauteur du ſtyle ; l'angle PCL ou PDL, la déclinaiſon du Plan ; l'angle PCS, l'angle de l'axe CS avec la ſouſtilaire CA ; & l'angle HCL, le complément de l'élévation du pôle ſur l'horizon.

Pour la ligne BD, c'eſt une perpendiculaire qui paſſe par le pied P du ſtyle CS. Nous ne l'avons tirée, que pour avertir le Lecteur que ſi PD = PF ; & ſi DL eſt égale à une ligne que l'on ſuppoſera tirée du ſommet S de l'axe CS au point L de l'horizontale HR, alors le point D ſera néceſſairement le centre diviſeur de cette horizontale ; puiſque le centre diviſeur d'une ligne droite qui repréſente un cercle ſur un Plan, eſt un point auſſi éloigné de cette ligne que le ſommet du ſtyle, pourvu que ce point ſoit pris dans une ligne, tirée du pied du ſtyle, perpendiculairement à la premiere qui repréſente le cercle.

Par la même raiſon le point H n'eſt le centre diviſeur de la méridienne CM, que parce que HL eſt égale à une ligne que l'on ſuppoſera tirée du Sommet S du ſtyle CS au point L, commun à la Méridienne CM & à l'horizontale HR ; l'on aura donc néceſſairement HL = DL.

Réſolution. Le ſinus total : au ſinus du complément de la hauteur du pôle ſur l'horizon :: le ſinus du complément de la déclinaiſon du plan : au ſinus de l'angle de l'axe avec la ſouſtilaire.

Démonſtration. 1°. Dans le triangle HLC, rectangle en L, ſi l'on prend la baſe CH pour ſinus total, le côté HL deviendra le ſinus droit de l'angle HCL qui représente le complément de la hauteur du pôle sur l'horizon ; *par la proposition troisieme de notre Trigonométrie rectiligne.* De même dans le triangle CPF, rectangle en P, si l'on prend la base CF pour sinus total, le côté PF sera le sinus de l'angle PCF, qui représente l'angle de l'axe CS avec la soustilaire CA.

2°. *Par le corollaire de la proposition seconde de notre Trigonométrie rectiligne*, dans le triangle rectangle DPL, l'on a la proportion suivante ; le sinus total : à la base DL :: le sinus de l'angle DLP : au côté DP.

3°. DL a déjà été démontré égal à HL, *sinus du complément de l'élévation du pôle sur l'horizon*, & DP égal à PF, *sinus de l'angle de l'axe avec la soustilaire.* De plus l'angle DLP représente le complément de la déclinaison du Plan, puisque l'angle D marque cette déclinaison ; donc le sinus total : au sinus du complément de la hauteur du pôle sur l'horizon :: le sinus du complément de la déclinaison du Plan : au sinus de l'angle de l'axe avec la soustilaire. C. Q. F. D.

VÉSAL, (André) *naquit à Bruxelles en l'année* 1506. Son livre intitulé : *De humani corporis fabricâ*, l'a fait mettre au nombre des plus grands Anatomistes de son siecle. Ceux qui prétendent qu'Harvey n'est pas l'inventeur de la circulation du sang, assurent que Vésal en avoit parlé avant lui d'une maniere très-précise. Ils n'ont pas tort. Il dit, en effet, au commencement du chapitre second du livre troisieme de l'ouvrage que nous venons de citer, que l'Aorte, capable de dilatation & de contraction, sert à porter le sang dans toutes les parties du corps. Il dit ensuite, dans le chapitre quinzieme du livre sixieme, que le sang se rend de la veine cave dans le ventricule droit du cœur, & du ventricule droit dans les poumons par l'artere pulmonaire. Vésal n'a pas parlé de la sanguification d'une maniere aussi physique. Il assure, *à la fin du chapitre septieme du livre cinquieme*, que le sang se fait aussi bien dans le foie, que le vin dans le tonneau. Ce sentiment est insoutenable ; les Anatomistes conviennent maintenant que le foie est un conglobat de glandes qui séparent la bile du sang. Ce n'est pas donc dans ce viscere que se fait le changement du chyle en sang ; mais plutôt dans le ventricule droit du cœur, de la maniere dont nous l'avons expliqué en son lieu.

Cela n'empêche pas cependant que Vésal n'ait été un très-grand homme, & qu'il n'ait mérité la réputation qu'il se fit en enseignant l'Anatomie à Paris, à Louvain, à Bologne, à Pise & à Padoue. C'est ce qui le fit nommer Médecin de l'Empereur Charles V, & de Philippe II, Roi d'Espagne. Il occupa ce poste brillant jusqu'au tems où arriva l'aventure que nous allons raconter. Vésal, toujours plus avide de nouvelles découvertes anatomiques, voulut faire l'ouverture du corps d'un Gentilhomme Espagnol qu'il décida mort. A peine eut-il ouvert sa poitrine, que le prétendu défunt donna des marques non équivoques de vie. Les parens furieux & indignés de l'imprudente méprise de Vésal, lui intenterent un procès criminel; & peut-être auroit-il été condamné comme un assassin, si le Roi d'Espagne, pour appaiser les intéressés, ne l'eût obligé de faire le pélerinage de la Terre-Sainte. Il le fit; il comptoit se rendre ensuite à Padoue où le Sénat de Venise le rappelloit pour lui redonner la chaire d'Anatomie qu'il avoit autrefois occupée avec tant d'éclat; mais son vaisseau ayant fait naufrage, il fut jetté dans l'Isle de Zante, où il mourut de faim & de misere à l'âge de 58 ans, le 16 Octobre 1564.

VEUE. L'organe de la vue est la rétine, comme nous l'avons prouvé dans l'article de l'*Œil*.

VIEUSSENS (Raymond) *Conseiller Médecin ordinaire du Roi, Membre de l'Académie des Sciences de Paris, & de la Société Royale de Londres, a été un des grands Anatomistes de ce siecle.* Ses deux ouvrages les plus estimés, sont deux traités qu'il donna au Public en 1715, sur la structure & les causes du mouvement naturel du cœur, l'autre sur la structure de l'oreille. Il nous apprend lui-même dans la préface qu'il a mise à la tête du premier de ces traités, que, pour parler avec connoissance de cause, il a ouvert un nombre innombrable de cadavres. Il en ouvrit cinq cent pendant les dix premieres années qu'il fit la fonction de Médecin de l'Hôpital St. Eloi de Montpellier. Le Roi Louis le Grand, pour récompenser ses services & pour l'engager à faire de nouvelles découvertes dans le corps humain, lui donna en 1688 une pension annuelle de 1000 liv. M. Vieussens mourut en 1715 dans un âge fort avancé. Outre les deux ouvrages dont nous avons déjà parlé, il a composé:

1°. *Nevographia universalis.* in-folio.
2°. *Novum vasorum corporis humani systema.* in-8°.
3°. *Traité des liqueurs du corps humain.*
4°. *Lettre sur l'acide du sang.*
5°. *Réponses à trois lettres imprimées à M. Chirac.*

VIF-ARGENT. Le vif-argent dont nous avons parlé dans l'article qui commence par le mot, *mercure*, est le corps le plus fluide que nous connoissions. Peut-être ne seroit-il pas impossible de lui ôter sa fluidité. Voici ce que nous lisons dans la gazette de France du 23 Février 1760. Il fit à Pétersbourg un froid excessif depuis le milieu du mois de Décembre 1759. Le 28 Janvier 1760 le mercure du thermometre descendit, à neuf heures & demie du matin, presque au vingt-huitieme degré au-dessous de la congélation, suivant la division de Réaumur. En 1740, année dont le froid est mémorable, il ne descendit qu'un peu au-delà du vingt-quatrieme.

La rigueur extrême de ce froid occasionna une expérience curieuse que fit le Professeur Braun. Il tenta de pousser le froid artificiel plus loin qu'on n'avoit encore fait. En employant la glace, suivant le procédé connu, il fit descendre le mercure du thermometre jusqu'au deux cent soixantieme degré de la division du sieur Delisle; ce qui revient au cinquante-huitieme au-dessous de la congélation, suivant la division de Réaumur. La neige employée de la même maniere, porta le froid jusqu'au cent vingt-deuxieme degré de cette derniere division; enfin l'esprit de nitre le poussa jusqu'au cent soixante-neuvieme. Le mercure sembla alors avoir perdu sa mobilité; il resta au même point, quoiqu'exposé à l'air libre pendant un quart d'heure. Cela donna lieu de soupçonner que la rigueur du froid lui avoit ôté sa fluidité. La conséquence est assez vraisemblable; cependant il seroit à desirer que le sieur Braun l'eût vérifié en brisant son thermometre.

Cette expérience nous prouve que nous avons eu raison d'assurer dans l'article de la fluidité, que pour trouver la cause physique de cette qualité des corps, il falloit avoir recours à la matiere ignée qui les pénetre, & qui communique à leurs parties insensibles un mouvemet en tout sens.

Les

Les questions suivantes serviront à faire connoître la nature du vif-argent.

Premiere question. Qu'est-ce que le vif-argent.

Résolution. Les Cartésiens ont coutume de nous dire que le vif-argent est un corps composé de parties intégrantes, rondes, polies, glissantes & percées d'un grand nombre de pores de la derniere petitesse. Cette description n'apprend rien; elle ne dit que ce que tout le monde sait. Il me paroît qu'il vaudroit mieux avouer simplement que le vif-argent est un corps indestructible par les agens créés, & dont nous ne connoîtrons jamais les élémens. Qu'on le fixe, qu'on l'amalgame avec un autre métal; qu'on s'imagine l'avoir transmué, l'avoir détruit: après 500 opérations il reparoît liquide, sain & entier, en un mot, toujours le même; aussi un habile Chimiste disoit-il, en badinant, que 100 tortures ne pourroient pas arracher au vif-argent sa confession de mort. Ce que nous pouvons assurer, c'est que la pesanteur spécifique du vif-argent est à celle de l'or, presque comme 3 à 4; ou pour parler plus exactement, comme 14019 est 19636.

Seconde question. Le vif-argent doit-il être mis au nombre des métaux?

Résolution. La ductilité & la malléabilité sont deux propriétés essentielles des métaux. Le vif-argent n'est ni ductile ni malléable. Donc il ne doit pas être mis au nombre des métaux. Aussi les Chimistes les placent-ils dans la classe des demi-métaux.

Troisieme question. Où trouve-t-on le vif-argent?

Résolution. On le trouve dans les mines, comme les métaux ordinaires; elles sont assez fréquentes en Europe, & surtout en Espagne & en Hongrie. Ces mines sont communément sous des montagnes couvertes de plantes & d'arbres très-verts, mais qui ne portent ni fleurs ni fruits. Un brouillard épais qui, aux mois d'Avril & de Mai, ne s'éleve que peu dans les airs, prouve assez bien que l'endroit d'où il vient, pourroit contenir des mines de vif-argent. Les particules dont il est composé sont trop pesantes, pour s'éloigner beaucoup de la terre.

Quatrieme Question. Comment purifie-t-on le vif-argent?

Résolution. On le fait passer par les pores d'une peau de chamois, pour le séparer de la terre avec laquelle il est mêlé, lorsqu'il sort de la mine. Lorsque cette opération ne suffit pas ; on le fait distiller par des cornues de fer dans des récipiens remplis d'eau. Le vif-argent le plus pur est celui qui est révivifié du cinabre. Nous apprendrons bientôt comment se fait cette révivification.

Cinquieme question. Quelle différence y a-t-il entre le vif-argent & le cinabre ?

Résolution. Le vif-argent est composé de particules homogenes qu'on regarde comme physiquement indestructibles ; le cinabre est un composé de vif-argent & de soufre. Il se divise en naturel & en artificiel ; le cinabre naturel est une pierre dure, compacte, pesante, nette, rouge, & brillante ; elle contient beaucoup plus de mercure que de soufre. C'est de la Carinthie que nous vient le meilleur cinabre naturel. Le cinabre artificiel est un mélange de soufre & de vif-argent sublimé. Voici comment se fait cette opération chimique.

On fait fondre sur le feu, dans une terrine non vernissée deux parties de soufre ; on y mêle peu-à-peu sept à huit parties de mercure ; on remue la matiere avec une espatule de fer, & on la tient en fusion, jusqu'à ce qu'il n'y paroisse plus du tout de vif-argent ; on pulvérise alors le mélange, & on le met sublimer dans des pots à feu ouverts & gradués ; l'on a une masse dure, pesante, cristalline, cassante, & d'une couleur très-rouge ; c'est-là ce qu'on appelle *cinabre artificiel.*

Sixieme question. Qu'est-ce, & comment se fait la révivification du cinabre en mercure coulant ?

Résolution. Cette opération est une séparation du mercure d'avec le soufre qui le tient en cinabre. Voici comment on procede.

On prend une livre de cinabre artificiel : on le pulvérise, & on le mêle exactement avec trois livres de chaux vive en poudre : on met le mélange dans une cornue de grès, ou de verre lutée, de laquelle le tiers pour le moins demeure vide : on la place au fourneau de réverbere ; & après y avoir adapté un récipient rempli d'eau, on laisse le tout en repos pendant 24 heures au moins : on donne ensuite le feu par degrés, & sur la fin on le donne très-fort ; le mercure coule goutte à goutte dans le récipient ; il faut 6 à 7 heures, pour que l'opération soit achevée. On jette l'eau du récipient ; on lave le mercure ; on le séche avec de la mie de pain, ou des linges ; & l'on est sûr d'avoir un mercure très-pur. Toutes ces opérations sont tirées de la chimie de Lémeri. Cet Auteur nous apprend qu'on procede pour la révivification du cinabre naturel en mercure coulant, comme pour la révivification du cinabre artificiel, avec cette différence qu'on mêle le cinabre naturel pulvérisé avec un poids égal de sel de tartre.

VIGNE. On donne ce nom à un certain nombre de plantes qui produisent le raisin. M. Pluche n'a pas cru cette matiere étrangere en Physique : voici ce qu'il a dit de plus intéressant sur cette matiere dans l'entretien XIIIe. du Tome II. du Spectacle de la Nature. On ne doit jamais planter la vigne dans des terres franches, & propres à produire du blé. Ces terres ont, à la vérité, des sucs & des sels très-abondans; mais comme elles se durcissent après la pluie, à la moindre chaleur, elles sont impénétrables à l'action de l'air & du Soleil : leurs sucs ne se subtilisent point : ils n'acquierent ni perfection, ni activité ; & la vigne jaunit dans ces terres, ou n'y donne qu'une liqueur revêche & grossiere. Une terre un peu maigre, légere, seche plutôt qu'humide, située en pente, mélangée de petits cailloux, ou de pierres à fusil, est plus propre pour la vigne que le fonds le plus riche, & le plus fertile. Je ne sais si de ces petits cailloux froissés par la culture, il ne se détache pas de certains sels, ou même des particules de feu & de soufre capables de donner au vin une agréable vivacité. Mais en général les terres douces & légeres communiquent plus de finesse & de goût à ce qu'elles produisent, parce que l'action & les influences de l'air qui y pénetre sans peine, y répandent, & développent mieux les volatils & les principes les plus fins de la végétation.

C'est communément de boutures dont on se sert pour planter la vigne. Les boutures sont des jets sans racine qu'on a taillés en hiver sur des ceps de bonne nature, & qu'on conserve en bottes dans le cellier, jusqu'à ce qu'on les mette en œuvre. Sur la fin de Mars, avant que de les planter, on laisse tremper ces bottes huit jours durant dans un fossé bourbeux ; puis on les plante en les couchant un peu de côté. La bouture doit toujours être enterrée par le plus gros bout, où l'on pris la précaution de laisser un pouce ou deux du vieux bois de deux ans.

Souvent on renouvelle une vigne par le moyen des provins. Provigner, c'est coucher de côté les plus beaux jets qu'il faudroit perdre par la taille ; en enterrer le vieux bois dans une petite fosse un peu longue, & ne laisser sortir de terre que le jeune bois. Lorsque la partie qui est coudée a repris racine, ou bien on la laisse attachée au maître cep pour garnir le voisinage, ou bien on la coupe sous les racines, & on leve ce nouveau cep pour le transplanter où l'on a besoin.

La taille doit avoir de la proportion avec la qualité du bois & de la terre qui le nourrit. Si la terre est extrêmement maigre, & le bois un peu foible, on ne laisse que deux à trois boutons sur le jeune bois de l'année, afin que la séve ne travaillant que sur ce petit nombre de boutons, en tire des jets un peu forts. Si la terre est nourrissante, & le cep vigoureux, on laisse sur le jeune bois trois à quatre boutons, pour affoiblir l'action de la séve par ce partage, & pour empêcher qu'elle ne jette trop de nouveau bois.

M. de la Quintinie vouloit qu'on taillât la vigne à la chute des feuilles ; il prétendoit que par ce moyen la séve ne se dissiperoit ni en pleurs, ni en boutons inutiles ; son avis n'a pas été suivi.

Nous ne parlerons pas du labour, & des autres *façons* que l'on donne à la vigne ; cela varie dans les différens endroits.

VIN. Liqueur composée de jus de raisins. Ce sujet doit être discuté avec soin dans cette édition ; c'est peut-être l'article qui avoit été le moins travaillé dans les éditions précédentes. Nous avions seulement fait remarquer que le vin contient trois parties essentielles, l'huile, le sel & le soufre volatil, & nous avions ajouté qu'on divise le vin en deux especes, en vins de liqueur & en vins secs. Les premiers sont ceux où l'huile domine, les seconds, ceux où dominent le sel & le soufre volatil. Les muscats de Rivesalte en Roussillon, de Saint-Laurent en Provence, de Frontignan & de Lunel en Languedoc tiennent le premier rang parmi les vins de liqueur. Les vins de Bourgogne & de Champagne tiennent le même rang parmi les vins secs.

L'art de faire le vin n'a point de moment plus précieux, que celui du *décuvage*. Aussi les Etats généraux de Languedoc souhaiterent-ils que la Société Royale des Sciences de Montpellier proposât, en 1780, pour sujet de prix, la solution de ce probleme intéressant. Cette savante Compagnie le fit en ces termes :

Déterminer par un moyen fixe, simple & à portée de tout cultivateur, le moment auquel le vin en fermentation dans la cuve, aura acquis toute la force & toute la qualité dont il est susceptible.

Elle couronna le Mémoire de M. *Bertholon*; c'est le digne frere de M. l'Abbé *Bertholon*, l'un des plus grands Physiciens de ce siecle. L'Auteur de cet excellent Mémoire a discuté les divers moyens qu'on avoit employé jusqu'alors pour déterminer ce moment.

Le premier moyen auquel on a eu recours, *dit-il*, est la couleur du vin. On met dans un gobelet dont le verre est blanc & peu épais, une petite quantité du vin qu'on fait : on le considere attentivement, en le plaçant au grand jour ou à une forte lumiere; & le degré de couleur, la nuance plus ou moins foncée déterminent l'Agronome expérimenté à tirer son vin de la cuve ou à différer cette opération. Quelques-uns perfectionnent cette méthode, en faisant filtrer par le papier gris le vin qu'on veut éprouver, avant d'examiner l'intensité plus ou moins grande de sa couleur.

M. *Bertholon* remarque que ce moyen n'est ni fixe, ni simple, ni à portée de tout cultivateur. Pourquoi? Parce qu'on ne peut rien établir de sûr, relativement aux couleurs des liqueurs qui éprouvent des mouvemens fermentatifs. Leurs couleurs sont plus ou moins foncées, leurs nuances sont très-variables, surtout selon les climats, les températures, les mélanges divers, les méthodes différentes de faire le vin, & mille autres circonstances qui influent singulierement sur le degré d'intensité des couleurs : en supposant même qu'il existât un point fixe de couleur, connu de quelques personnes expérimentées, comment pourroient-elles le rendre saisissable à celles qui n'auroient aucune ou du moins peu d'expérience?

La seconde pratique usitée est le goût : on boit une petite quantité de la liqueur qu'on éprouve; on la savoure le mieux qu'on peut, en la roulant dans la bouche & sur le palais, afin qu'elle fasse une impression plus marquée sur les papilles nerveuses, & qu'on puisse en conséquence juger de la perfection du vin. Mais combien peu de personnes sont en état de porter, en suivant cette méthode, un jugement sur le vin qui ne soit sujet à aucun inconvénient ! Elle n'est pas donc à portée de tout cultivateur.

Déterminer, par l'odorat, le moment où le vin a acquis sa perfection, c'est une pratique évidemment plus défectueuse que les deux précédentes.

La Société Royale de Montpellier avoue que le Mémoire de Dom *le Gentil*, Prieur de Fontenet, de l'Ordre de Cîteaux, est un traité complet sur la fermentation des vins & sur les moyens de les faire de la meilleure qualité. Elle recommande même à tout cultivateur la lecture fréquente & réfléchie de ce Mémoire. Elle ne lui a cependant accordé que l'*Accessit*, parce que l'Auteur ayant résolu le probleme par le moyen des sensations, la question proposée lui a échappé au moment où il alloit réunir tous les suffrages. Dom *le Gentil* a cru trouver dans le sens du goût *le moyen fixe, simple & à portée de tout cultivateur*, que l'Académie demandoit. La marque déterminée & infaillible, *dit-il*, qui désigne d'une maniere invariable le moment où la fermentation dans la cuve est parvenue au degré précis auquel la plus grande perfection du vin est attachée, le moment avant lequel le vin n'est pas assez fait & après lequel il devient rude, grossier & sent le marc, est le moment même où après plusieurs dégustations successives, dans lesquelles on a senti l'affoiblissement de la saveur sucrée, l'on s'apperçoit de la disparition de cette saveur. La saveur sucrée, après s'être affoiblie par nuances, disparoît subitement; alors son absence est le signal précis, fixe & assuré auquel on doit tirer le vin de la cuve. On perce la cuve, & par le moyen d'un robinet, on tire du vin dans un verre pour en faire la dégustation. Ce robinet doit être placé à moitié de la hauteur de la vendange, avant la fermentation. La premiere dégustation doit se faire, lorsque l'effervescence se rend sensible. Dès qu'on commence à s'appercevoir d'une diminution marquée de la saveur sucrée, & d'une augmentation dans la saveur vineuse; alors il ne faut pas s'éloigner pour long-tems de la cuve; il faut goûter fréquemment, & avoir tous les vaisseaux prêts à recevoir la liqueur ; & si le signal vient à paroître dans la nuit, ne point remettre au jour l'opération du tirage & du transvasement ; cette nuit assure une récompense qui doit faire oublier le besoin du repos. Revenons au Mémoire de M. *Bertholon.*

Il y en a, *dit-il*, qui donnent pour moyen sûr de connoître si le vin n'est pas encore fait ou s'il l'est effectivement, l'absence ou la présence d'une espece d'écume qu'on remarque aux bords d'un verre dans lequel on verse du vin nouveau qu'on a eu soin de faire filtrer auparavant au travers d'un papier gris. Ce moyen est très-incertain, puisque des vins qui ont acquis leur perfection dans la cuve, présentent plusieurs bulles qui forment une écume très-visible.

La chaleur connue par le secours du thermometre, est un moyen très-variable. La chaleur n'est pas toujours la même dans la liqueur fermentante, elle est tantôt plus, tantôt moins forte ; cela dépend des années, des climats, des masses mises en fermentation ; des especes de raisin, de l'âge des vignes, des mélanges & de leurs doses, de l'exposition plus ou moins grande à l'air de l'atmosphère & de plusieurs autres causes dont l'activité est considérable, & dont l'influence & les rapports ne sont pas assez connus.

La durée de la fermentation, ne fournit pas une méthode plus sûre. Le même vin dans différentes années fermente plutôt ou plus tard, plus ou moins de tems, par le concours d'une infinité de causes accidentelles.

Le bruit plus ou moins considérable qui résulte de la fermentation tumultueuse, sa diminution, sa cessation même, sont des regles encore moins propres à faire connoître le moment précis où l'on doit tirer le vin de la cuve. Il n'y a aucune connexion naturelle & nécessaire entre le bruit plus ou moins fort, & le moment précis où le vin a acquis la perfection dont il est susceptible.

C'est ainsi que M. *Bertholon* prouve l'insuffisance des sept moyens employés jusqu'alors, pour saisir le moment du *décuvage.* Pour le déterminer infailliblement & d'une maniere qui, dans tous les pays du monde, soit à portée de tout cultivateur, il remarque que, dès que la fermentation a commencé à s'établir, la liqueur augmente de volume, & le marc s'éleve dans la cuve, au-dessus du liquide. Est-il parvenu à son plus haut point d'élévation ? Il demeure quelque tems stationnaire ; il s'abaisse ensuite progressivement par un mouvement rétrograde. Quel est, parmi ces différens phénomenes, l'instant où le vin doit être tiré de la cuve ?

Est-ce le moment de la plus grande élévation du marc au-dessus de la liqueur ? Non ; pour lors la combinaison des principes qui doivent former le vin, n'est pas encore parfaite ; la couleur du vin n'est pas celle qui lui convient ; ce vin est trop chargé d'air fixe.

L'instant du dernier abaissement du marc est encore moins celui qu'il faut saisir ; le vin alors a trop perdu de ses esprits ; il n'a pas assez de *gaz* ; il est trop plat ; il n'est point du tout généreux.

Il ne faut pas tirer le vin de la cuve, lorsque le marc est stationnaire ; le vin n'est pas fait, il tient encore de la qualité du moût.

Quand faut-il donc l'en tirer ? C'est au moment où le marc, après avoir été stationnaire, commence à baisser ; voilà l'instant précis du *décuvage*, & la parfaite solution de la question intéressante proposée par la Société Royale des Sciences de Montpellier. Aussi le mémoire de M. *Bertholon* fut-il couronné par cette savante Compagnie.

Cette solution est fondée sur une foule d'expériences décisives, faites, les unes par lui-même, les autres par les cultivateurs les plus intelligens des provinces où l'on fait le vin avec succès. Au reste M. *Bertholon* suppose que les raisins qu'on cueille pour faire le vin, sont non-seulement mûrs, mais encore que le degré de maturité est à-peu-près le même. Il suppose aussi qu'on a soin de faire égrapper les raisins, & qu'on en rejette les grains verts ou pourris. Je crois cependant que quelques grappes, mêlées avec le grain, ne sauroient détériorer la qualité du vin. Je crois même que le vin seroit trop délicat, si l'on égrappoit scrupuleusement tous les raisins ; peut-être dans nos provinces méridionales, ne résisteroit-il pas aux chaleurs de l'été, si l'on observoit ce précepte trop à la lettre. Dans cette occasion, comme dans mille autres, il faut éviter le *trop* & le *trop-peu*. Voilà ce qu'il y a de plus intéressant dans un Mémoire, qui peut-être n'est pas assez répandu dans le Public, pour le bien de l'Agriculture.

De la cuve le vin est transporté dans des tonneaux qu'on suppose préparés avec tout le soin possible. Faut-il boucher les tonneaux où l'on vient de déposer le vin, & les rouvrir toutes les fois qu'on les sert; ou bien faut-il les laisser ouverts, tout le tems que dure ce service? Grande question qu'il est nécessaire de discuter.

Lorsque le vin est en fermentation dans la cuve, il s'éleve au-dessus de la liqueur, au-dessus même du marc, un *gaz* dont la nature differe peu de celle de l'air fixe que l'on extrait de la craie par l'acide vitriolique. Cherchez *Airs factices* & *Gaz*. C'est ce gaz qui est le principe conservateur du vin; c'est dans lui que réside essentiellement son parfum. Si vous laissez les tonneaux ouverts; dans le tems que le vin nouveau fermente, le gaz s'exhalera nécessairement; & votre vin, privé de parfum, & de son principe conservateur, ne résistera pas aux chaleurs de l'été.

Mais, *dira-t-on*, si l'on bouche solidement les tonneaux, lorsque le vin qu'ils contiennent, est encore en fermentation, ils creveront infailliblement comme une bombe, en Provence & en Languedoc surtout, où le vin a une force prodigieuse.

Olivier de Serres, l'un des meilleurs Auteurs que nous ayons sur l'Agriculture, avoit prévu cet inconvénient. Aussi, lorsqu'il recommande de bien boucher les tonneaux, dès qu'on y a déposé le vin nouveau, il ajoute qu'il faut avoir l'attention de ne pas les remplir jusqu'au bondon, mais d'y laisser un vuide d'environ deux pouces.

M. *Mourgues*, chargé de rendre compte des Mémoires de M. *Bertholon* & de Dom *le Gentil*, à l'assemblée publique de la Société Royale de Montpellier, assure qu'il a suivi scrupuleusement la méthode d'*Olivier de Serres* sur tous ses tonneaux. Mon vignoble, *dit-il*, est planté sur le caillou, il est exposé au midi, mon vin est fumeux, & cependant aucun de mes tonneaux n'a marqué le moindre effort extraordinaire.

Pour avoir du bon vin, il ne faut pas le laisser longtems dans les tonneaux où on l'a déposé au sortir de la cuve; il faut le transvaser, la premiere fois vers la mi-Décembre, & la seconde fois vers la mi-Février. Il n'est pas nécessaire d'avoir double futaille; quelques tonneaux de relais suffisent pour cette opération ; quelque abondante qu'ait été la récolte, puisque, dès qu'on a vuidé une piece, on en ôte la lie, on la lave bien, & elle sert pour y en transvaser une autre. C'est sur la meilleure, la plus saine Physique qu'est fondée la nécessité du transvasement. Pour s'en convaincre, qu'on examine attentivement comment le moût se change en vin. C'est sans doute par la fermentation tumultueuse. Dans cette espece de combat, toujours accompagné d'ébullition, il se fait une séparation des parties les plus grossieres d'avec les parties les plus déliées du moût. Les premieres s'attachent aux côtés, ou se précipitent au fond du tonneau, pour y former le *tartre* & la *lie* ; les secondes forment ce qu'on appelle le *corps du vin*. La chaleur occasionne-t-elle dans le vin une seconde fermentation ? Alors ce qu'il a de *tartre* & de *lie* se dissout, se mêle avec lui, & ce mélange lui donne de l'aigreur. Il est donc absolument nécessaire de transvaser le vin, surtout lorsqu'on est obligé de transporter les tonneaux d'un lieu à un autre, le trajet ne fût-il que du cellier à la cave. Cette opération au reste ne doit se faire que dans un tems serein & froid, & surtout lorsque la bise souffle.

L'on m'objectera sans doute que, dans le tems du transvasement, il se fait une déperdition considérable de ce *gaz* que j'ai appellé le *Principe conservateur du vin*. J'en conviens ; aussi fait-on brûler du soufre dans les tonneaux où l'on doit transvaser le vin. Cette opération lui rend non-seulement le *gaz* qu'il a perdu par le transvasement, mais encore celui qui s'est exhalé depuis le moment où l'on a mis la vendange à fermenter.

M. *Mourgues* remarque à cette occasion que, le *gaz* du soufre étant vitriolique & minéral, il seroit à souhaiter qu'on se procurât un *gaz* végétal, plus analogue au vin. C'est aux Chimistes à s'occuper d'un objet si digne de leurs recherches. En attendant qu'ils aient fait cette précieuse découverte, on prendra une meche de la longueur du petit doigt, composée de trois à quatre fils de coton ; on la trempera dans du soufre fondu ; on l'attachera à un fil d'archal ; on l'allumera ; on la placera au milieu du tonneau bien lavé ; on bouchera exactement le tonneau ; & on ne l'ouvrira, que lorsque la meche soufrée sera éteinte & consumée ; ce sera alors que le tonneau fera en état, de recevoir le vin qu'on veut transvafer.

Malgré toutes ces précautions, le vin peut avoir ou il peut contracter quelque défaut ; l'on trouvera dans les réponfes aux queftions fuivantes quelques moyens propres à les faire difparoître, ou du moins à les rendre moins fenfibles.

Premiere queftion. Lorfque le vin n'eft pas affez clair, comment peut-on le clarifier ?

Réponfe. Prenez pour chaque tonneau une once de colle de poiffon ; coupez-la par petits morceaux ; & faites-la fondre dans une pinte d'eau-de-vie. Lorfqu'elle fera fondue, paffez-la à travers un linge blanc mouillé, jettez-la dans le tonneau ; agitez-la avec un bâton, fans atteindre jufqu'à la lie, & votre vin fera clarifié.

Il en eft qui, pour clarifier le vin, prennent dix œufs frais, les battent bien dans une pinte d'eau de puits, & jettent cette compofition dans le tonneau : ils l'agitent enfuite avec un bâton, fans atteindre jufqu'à la lie.

Il en eft enfin qui font bouillir deux pintes de lait ; ils en ôtent la crême ; & lorfqu'il eft repofé, ils le verfent dans le tonneau ; ils affurent que, vingt-quatre heures après, le vin eft clarifié.

Seconde queftion. Comment peut-on ôter au vin le goût de moifi.

Réponfe. Prenez des nefles bien mûries fur la paille ; ouvrez-les en quatre ; enfilez-les & faites les tremper dans le vin pendant un mois ; retirez-les enfuite ; elles auront emporté toute la mauvaife odeur du vin.

Troifieme queftion. Comment peut-on donner de la force à un vin foible ?

Réponfe. Agitez le vin avec un bâton fendu en quatre ; verfez-y enfuite une pinte d'eau-de-vie ; & laiffez-le repofer dix jours avant de le boire.

Quatrieme queftion. Comment peut-on corriger un vin qui fent l'aigre ?

Réponfe. Faites bouillir un picotin d'orge dans quatre pintes d'eau, jufqu'à ce qu'il n'en refte que la moitié ; coulez-la à travers un linge ; mettez-la dans le tonneau ; remuez enfuite le vin avec un bâton, fans toucher à la lie ; il aura quelque tems après perdu fon aigreur.

Cinquieme question. Comment peut-on adoucir un vin vert ?

Réponse. Faites bouillir du miel ; passez-le à travers un linge double, & mettez-en deux pintes dans chaque demi-muid ; le vin sera, par ce moyen, infailliblement adouci.

Sixieme question. Comment peut-on rendre sa premiere couleur à un vin blanc qui a jauni ?

Réponse. Prenez du lait de vache ; laissez-le reposer un jour entier ; ôtez-en la crême ; mettez-en deux pintes, mesure de Paris, dans chaque tonneau, en supposant qu'il ne contienne que deux cens quatre-vingt pintes ; remuez le vin avec un bâton fendu en quatre sans toucher à la lie ; mettez ensuite dans le tonneau quatre ou cinq poignées de sable bien clair & bien sec, & un demi-quarteron de sel commun ; bouchez-le exactement & laissez reposer le vin pendant quelques jours ; il reprendra, après ce tems-là, sa premiere couleur.

Si la couleur du vin étoit d'un jaune trop foncé, vous mettriez dans chaque tonneau quatre pintes de lait, au lieu de deux.

J'ai pour garant de la bonté de ces différens secrets l'Auteur de la *nouvelle Maison Rustique*. J'avoue que je n'ai fait aucune de ces expériences ; j'ai droit de supposer qu'il les a faites lui-même ; son ouvrage est assez généralement estimé.

Ce que nous avons dit jusqu'à présent, regarde directement le vin rouge. Le vin blanc se fait bien différemment. On ne le laisse pas cuver. A peine a-t-on cueilli les raisins blancs, qu'on en exprime le moût dans une cuve uniquement destinée à cet usage. Ce moût est déposé tout de suite dans des tonneaux préparés avec soin, dans des tonneaux surtout où l'on n'ait jamais mis du vin rouge. On ne les remplit pas jusqu'au bondon, on y laisse un vuide d'environ deux pouces. On les bouche exactement, & on ne les ouvre que pour les servir avec un vin du même âge & de la même qualité. Ceux qui aiment les vins blancs doux, font bouillir du moût, moins de tems cependant que celui dont on se sert pour faire des confitures, & ils en servent leurs tonneaux ; ils jettent même quelques pintes de ce moût, encore bouillant, dans les tonneaux qui doivent recevoir leur vin blanc, au sortir de la cuve.

Le pressoir dont on se sert pour exprimer le moût qui reste dans les raisins blancs foulés, doit être très-propre ; & il ne doit servir qu'à cet usage ; il en est qui le lavent avec le moût de raisins blancs.

La vendange de ces sortes de raisins doit être faite avec encore plus d'attention, que celle des raisins rouges. Qu'on ne cueille que ceux qui sont bien mûrs, & qu'on en rejette non-seulement tous les grains pourris, mais tous ceux encore qui auroient le moindre défaut. En prenant ces précautions, on fera de l'excellent vin blanc. S'il est doux, il plaira aux malades & aux personnes du sexe ; s'il est sec, il sera du goût des hommes, de ceux surtout qui se portent bien. Qu'il soit doux ou sec, il est meilleur pendant l'hiver que pendant l'été ; il ne résiste même que difficilement, dans nos Provinces méridionales, à la chaleur du climat :

Dulcia languentes morbo, generosa valentes
Vina beant, violenta viros, mollissima matres.
Candida non tolerant longos æstate calores ;
Frigoribus, positâ vix fece, bibuntur.

Ainsi parle *Vaniere* dans le onzieme livre de son Poëme intitulé *Prædium rusticum*, Poëme que bien des connoisseurs préferent aux Georgiques de Virgile. Cet élégant Auteur fait ensuite l'éloge de nos vins muscats qu'il met bien au-dessus de nos vins blancs ordinaires, ceux surtout de Beziers & de Frontignan.

. . . . *ab albis*
Optima sunt quæ vina fluunt Apiana racemis :
Dulcis in ore sapor, vivaxque in pectore virtus.
Non humus hanc omnis feliciter educat uvam
Quæ genus & nomen servet. . . . .
. . . *Favet huic Regio Bliterensis, & orbis*
Jam canit extremus quos Frontiniana racemos
Prela domant : miti Baccho mitissimus aer
Dulciaque arva placent.

Il nous reste pour compléter cet article, à parler du *demi-vin*, boisson économique connue sous le nom de *piquette*. Je la divise en *forte* & en *foible*. Celle-ci n'est gueres que pour les domestiques, celle-là peut servir de boisson aux maîtres. Apprenons en peu de mots comment se font l'une & l'autre.

Avant que de tirer votre vin rouge de la cuve, préparez l'eau qui vous est nécessaire pour votre piquette; & dès qu'il sera tiré, jettez cette eau sur le marc; ne mettez aucun intervalle entre cette opération & le décuvage; sans cette précaution, le marc s'aigriroit, & votre piquette auroit un goût désagréable.

Dès que, par la fermentation, l'eau aura pris la couleur du vin, vous la tirerez & vous la mettrez dans une cuve; vous porterez le marc sous le pressoir; vous mêlerez avec votre piquette le vin que vous en exprimerez, & vous déposerez ce mélange dans des tonneaux qui ne doivent servir qu'à cet usage; c'est à ce mélange que je donne le nom de *piquette forte*.

Lorsqu'après le décuvage du vin rouge, on fait presser le marc, & qu'on fait fermenter l'eau avec le marc pressé, l'on a une boisson assez légere à laquelle je donne le nom de *piquette foible*. On la dépose dans des tonneaux qui ne servent qu'à cet usage, lorsqu'elle a pris la couleur du vin. Que la piquette soit *forte* ou *foible*, il faut la boire pendant l'hiver; elle ne résisteroit pas aux chaleurs de l'été.

Remarque I. Les mots *nesle* & *colle de poisson* sont les deux seuls termes qui, dans cet article, ont besoin de quelque explication; nous allons la donner en peu de mots.

La nesle est le fruit d'un arbre de médiocre grandeur qu'on appelle neslier. Ses branches sont difficiles à rompre. Ses feuilles sont assez semblables à celles du cérisier. Le fruit qu'il porte, est assez semblable à une petite pomme sauvage. Il est presque rond, charnu & terminé par une espece de couronne. On connoît qu'il est mûr, par sa couleur; elle est alors rougeâtre; il a acquis une saveur douce, vineuse & fort agréable; il contient quatre ou cinq osselets pierreux, très-durs.

C'est surtout du grand Esturgeon que l'on tire la colle de poisson. Ce poisson a la peau douce, blanche, sans épines, ni écailles. Il passe tous les ans de la mer dans le Danube où on le prend, en Octobre & en Novembre, en grande quantité. On en pêche qui pesent depuis deux cens jusqu'à quatre cens livres, & qui ont jusqu'à vingt-quatre pieds de longueur.

On prend la peau, les entrailles, l'estomac, les nageoires, la queue & la vessie d'air du grand Esturgeon. On les réduit en bouillie dans de l'eau chaude. On étend cette bouillie ; & lorsqu'elle est seche, on la roule en cordons ; c'est-là ce qu'on nomme *colle de poisson*. C'est *Valmont de Bomare* qui nous a fourni ces détails.

Remarque 2. Comme il eût été dangereux d'induire le Lecteur en erreur dans une matiere aussi importante que celle du vin, nous avons pris la précaution d'insérer dans le *Journal de Nîmes* la plupart des préceptes contenus dans cet article, afin que les Agronomes les attaquassent, s'ils étoient sujets à quelque inconvénient. Leur silence, depuis la publication de ce Journal intéressant, doit passer pour une approbation formelle de ces différens préceptes.

VINAIGRE. Vin qu'on a fait aigrir exprès. Celui dont on s'est servi dans les expériences rapportées dans cet article, c'est celui que vendent les marchands vinaigriers. Ils le font tantôt avec du vin tourné, tantôt avec de la lie de vin qu'ils noient dans une suffisante quantité d'eau. Lorsqu'on s'est servi d'un vinaigre qui provenoit de bon vin, on a eu soin d'y mêler plus ou moins d'eau, en raison de son plus ou moins d'acidité.

Depuis long-tems on savoit que le vinaigre est un excellent préservatif de la peste. De tout tems on a arrosé de vinaigre le pavé d'une chambre où se trouve un malade attaqué d'une fievre putride maligne, & on y a mis du vinaigre en évaporation, pour purifier, je dirois presque neutraliser l'air méphitique que le malade & ceux qui le servent, sont obligés de respirer. Peut-être ces anciennes méthodes ont-elles fait naître à M. *Janin de Combe-Blanche* l'idée de neutraliser, par le moyen du vinaigre, l'air méphitique qui s'exhale des fosses d'aisance, lorsqu'on est obligé de les vuider. A-t-il réussi ? N'a-t-il pas réussi ? Nous allons rapporter, d'une maniere impartiale le *pour* & le *contre* ; nous mettrons par-là le Lecteur en état de prononcer avec connoissance de cause sur la nature d'une découverte qui, sujette à aucun inconvénient, nous conserveroit tant de citoyens obligés pour gagner leur vie de s'adonner à un travail plus dangereux encore, qu'il n'est dégoûtant.

En l'année 1782, M. *Janin* fit imprimer, par ordre du gouvernement, un petit ouvrage intitulé : *l'Anti-méphitique* ou *Moyens de détruire les exhalaisons pernicieuses & mortelles des fosses d'aisance, l'odeur infecte des égouts, celle des hôpitaux, des prisons, des vaisseaux de guerre*, &c. Pénétré de l'étendue immense du service qu'il alloit rendre aux hommes, il se fit un devoir de porter au pied du trône le fruit de son travail, afin que le Gouvernement en fît constater le succès. M. *de Flesseles*, Intendant de Lyon, fut le premier commissaire que nomma Monseigneur le Comte *de Vergennes*, Ministre, dont le mérite est supérieur aux plus grands éloges. M. *Janin* fit en sa présence & celle de plusieurs citoyens distingués par leur rang & leurs connoissances en Physique, un assez grand nombre d'expériences. Voici comment il raconte celles qui m'ont paru les plus décisives & les plus intéressantes.

1°. Ayant versé, *dit-il*, dans une des lunettes des fosses d'aisance de l'hôtel de l'Intendance de Lyon, huit onces de vinaigre ordinaire; dans l'instant l'odeur infecte, qui s'en exhaloit auparavant, a été complétement détruite. La neutralisation a eu lieu pendant huit jours. Il est vrai que j'ai versé la même quantité de vinaigre à deux autres époques, à la distance de vingt-quatre heures l'une de l'autre.

2°. J'ai neutralisé l'air méphitique d'une fosse d'aisance de l'Hôtel de ville de Lyon, en versant dans une des lunettes six onces de vinaigre & environ deux onces d'eau de lavande. Pendant vingt-quatre heures il n'y a point eu d'infection.

3°. Ayant neutralisé par une des lunettes une fosse d'aisance d'une de mes maisons de campagne, située à Lyon, au faubourg du la Guillotiere, en y versant deux pintes de vinaigre, la fosse a été ouverte le lendemain, en présence du Commissaire du Roi, de Monseigneur l'Evêque de Macon & des Citoyens que leur zele pour l'humanité y avoit conduits. La masse des matieres à découvert a été reconnue par ces Messieurs sans aucune odeur

odeur fétide. Deux ouvriers ont puisé avec des seaux la vanne qu'on a versée dans des tinettes. On a transporté ces matieres à découvert à environ cent pas de la maison, sans que personne des assistans en ait été incommodé, pas même aucun des ouvriers. Toutes les fois que la repousse de la vanne a causé quelque mauvaise odeur, j'ai versé une pinte de vinaigre, & dans l'instant l'odorat n'en a pas été affecté.

J'avois fait disposer, à cent pas environ de ma maison, deux tas de litiere de cheval, sur lesquels on versa toutes les matieres provenant de la vuidange. On les entremêla, & il fut reconnu qu'il n'éxista d'autre odeur que celle du fumier ordinaire.

Avec la matiere fécale ainsi neutralisée & répandue sur une terre légere, sur laquelle j'avois fait semer des graines de scorsonnaire, de carotte & d'autre jardinage, le tout sur un seul labour, j'ai obtenu des productions étonnantes par leur volume, leur délicatesse & leur primeur. Avec ce même engrais j'ai eu l'avantage d'avoir en blé dix-sept & demi pour un. Mes prés, qui ont été fumés, ont produit plus du double des récoltes de mes voisins. Mes chevaux l'ont mangé avec appétit. Enfin les arbres à fruit, au pied desquels on en a répandu, ont eu beaucoup plus de fruits, & des fruits infiniment plus beaux & de meilleur goût.

M. *de Flesselles* rendit compte au Ministre du résultat heureux des expériences de M. *Janin*, & d'après son rapport, celui-ci eut ordre de partir pour rendre témoin du succès de sa découverte la Cour & la Ville. Il opéra à Paris sur différentes fosses d'aisance, & nommément sur celles de Monseigneur le Comte *de Vergennes*, des Gardes-Françoises du corps-de-garde du château de Versailles, de l'hôtel des Invalides & de l'hôtel de M. *le Noir*, Lieutenant-général de Police; son vinaigre produisit dans la capitale les mêmes effets qu'à Lyon. M. *Janin* demanda à M. *le Noir* la permission de vider en plein jour une des fosses d'aisance de son hôtel, préparée à sa maniere; d'en charger un grand tombereau; & à découvert, de le faire traverser la ville, accompagné de deux Inspecteurs de la Police. Il obtint facilement ce qu'il demandoit. Il fit placer, au fond du tombereau, de la litiere de cheval; il le fit remplir de matiere fécale,

& il le fit traverser les rues de Paris, à deux heures après midi, sans que personne éprouvât aucune mauvaise odeur. Ainsi parle M. *Janin* dans son *Antiméphitique;* les personnes respectables qu'il a citées comme témoins de la vérité des faits qu'il avançoit, ne l'ont pas accusé d'avoir blessé la vérité. Voici maintenant comment parlent ceux que M. *Janin* regarde comme ses antagonistes.

Le Roi ayant ordonné à l'Académie des Sciences & à la Société de Médecine de faire procéder à l'examen des moyens proposés par M. *Janin*, pour désinfecter les fosses d'aisance & en détruire le méphitisme qui, si souvent, a causé la mort à tant d'ouvriers occupés à les vider, la premiere de ces deux Compagnies nomma à cet effet M. M. le Duc *de la Rochefoucault*, *Macquer*, *le Roy*, *Fougeroux* & *Lavoisier;* & la seconde, M. M. le Duc *de la Rochefoucault*, *Macquer*, l'Abbé *Tessier*, *Hallé* & *de Fourcroy*. Les Commissaires des deux Compagnies nous ont donné le détail de ce qui se passa, en leur présence, dans les expériences faites par M. *Janin*, le 18 & le 23 Mars 1782; & c'est de ce *détail*, imprimé par ordre du Roi, que nous avons tiré ce qu'il y a de plus décisif contre la découverte en question.

Les Commissaires du Roi, pour remplir exactement leur mission, engagerent M. *Janin* à faire ses expériences sur une fosse regardée comme *mauvaise*, c'est-à-dire, capable de causer des exhalaisons méphitiques, toujours pernicieuses, souvent mortelles. La Compagnie du ventilateur leur en indiqua une de cette espece, rue de la Parcheminerie, dans une maison appellée *Hôtel de la Grenade*. On avoit souvent essayé de la vider, & particulierement huit mois auparavant; mais on avoit été obligé de discontinuer, parce que plusieurs ouvriers en avoient été fort incommodés. Les Commissaires s'y rendirent le 23 Mars, avec M. *Laumonier*, Commissaire au Châtelet, M. *Janin*, le sieur *Maille*, Vinaigrier & plusieurs préposés de la Police. M. *Janin* déclara qu'il se chargeoit de la faire vider en employant ses moyens. M. le Commissaire au Châtelet apposa les scellés sur les portes des cabinets d'aisance, afin que M. *Janin* ne pût soupçonner qu'on introduisît rien par les lunettes, qui pût nuire au succès de son expérience.

Des Maçons que M. *Janin* se procura, travaillerent à ouvrir la fosse. A peine fut-elle entr'ouverte, que les Commissaires de l'Académie & de la Société de Médecine y introduisirent une bougie qui brûla très-bien. Des oiseaux & un cochon d'Inde, qu'on y descendit quand la clef en fut enlevée, même après que la matiere en eut été agitée à la surface, n'en parurent pas incommodés. Après ces épreuves, on abandonna la fosse à M. *Janin*, pour en disposer à son gré. D'abord celui-ci fit des mélanges de vinaigre & d'eau, à parties égales. Il les jetta à plusieurs fois dans la fosse & sur les bords. Il plaça dans la cave quatre réchauds remplis de charbon de bois allumé, sur lesquels il y avoit du vinaigre en évaporation au bain-marie.

Tous ces préparatifs durerent jusqu'à une heure après midi, quoiqu'on eût commencé à neuf heures du matin. Alors pour laisser le tems au vinaigre de faire son effet, on se sépara. On eut soin de donner des ordres précis, pour que la fosse & la cave fussent gardées.

Vers les trois heures après midi, on ouvrit la cave. On constata, par les moyens ci-dessus employés, l'état de l'air de la fosse qui ne parut pas avoir changé. M. le Commissaire au Châtelet ayant visité les scellés, qu'il avoit apposé sur les portes des cabinets d'aisance, les trouva intacts. Les fourneaux sur lesquels on avoit mis du vinaigre en évaporation, étoient éteints; on les ralluma. M. *Janin* en fit mettre un dans la chambre de la maison au-dessus de la cave, afin d'empêcher un enfant malade d'être incommodé de l'odeur de la vidange. On ne sentoit alors dans toute la cave que le vinaigre. Mais M. M. *Fougeroux* & *Hallé* ayant fait agiter la matiere dans la fosse, il s'en dégagea une odeur de foie de soufre. Cependant des oiseaux qu'on y a descendu, en ont été tirés bien portans, après y être restés cinq minutes. M. *Janin* fit apporter sur les bords de la fosse deux hottées de fumier, qu'il se procura lui-même. A quatre heures, après une nouvelle projection d'un mélange de vinaigre & d'eau, faite par M. *Janin*, on commença à vider la fosse de cette maniere.

Un homme avec un sceau attaché à une corde puisoit dans la fosse la *vanne* qu'un autre versoit dans un vaisseau appellé *Tinette*; on avoit soin, suivant les ordres de M. *Janin*, de mettre au fond de la tinette un lit de fumier, un autre lit au milieu, & un pour recouvrir le tout. C'étoit encore par son ordre que des ouvriers scelloient en outre avec du plâtre les couvercles des tinettes ainsi préparées. Pendant qu'on vidoit la fosse, le sieur *Maille*, Vinaigrier, placé sur le bord, y jettoit de tems en tems un peu du mélange de vinaigre & d'eau. Ce n'étoit qu'en approchant de la fosse qu'on sentoit une odeur distincte de foie de soufre; car dans la cave il y avoit une odeur mixte, dans laquelle dominoit celle du vinaigre en évaporation.

La vingtieme tinette étant enlevée, & peu d'instans après qu'on eut jetté dans la fosse du papier allumé, qui y avoit bien brûlé, l'ouvrier, qui d'en haut puisoit la vanne, laissa échapper son seau. Il descendit au moyen d'une échelle pour le retirer. Il y parvint à l'aide d'un bâton armé d'un crochet. Lorsqu'il fut remonté, il ne se plaignit pas d'avoir été incommodé.

M. *Janin* content de son opération, dit en présence de M. M. *Fougeroux* & *Hallé*, de M. le Commissaire au Châtelet & de plusieurs autres personnes que *la fosse ne changeroit pas de nature, qu'il la tenoit & qu'il le signeroit, si on le vouloit.* Cependant l'odeur générale de la cave, quoique celle du vinaigre y dominât, piquoit les yeux, le nez & le visage de plusieurs assistans. Ils avoient tous la figure plus ou moins allumée, & quelques-uns éprouvoient de la gêne & du mal-aise.

Lorsque la vingt-septieme tinette fut remplie, un second ouvrier laissa aussi tomber son seau dans la fosse, & se disposa à y descendre pour le ramasser. Des personnes prudentes conseillerent de le lier; mais la rapidité avec laquelle l'ouvrier descendit, rendit le conseil inutile. À peine eut-il descendu quelques échelons, qu'il chancela & tomba dans la fosse. A ce moment, M. *Janin* avoit employé vingt pintes de vinaigre, savoir dix en projection & dix en évaporation.

Un de ses camarades s'offrit aussitôt pour y descendre. On l'attacha avec la corde que les Commissaires de l'Académie & de la Société de Médecine avoient fait préparer. A peine fut-il sous la voûte de la fosse, qu'on s'apperçut qu'il étoit frappé d'asphyxie. On le retira avec beaucoup de peine: il étoit sans pouls, sans respiration

& ſans mouvement apparent. Il fut porté dans la rue, où M. l'Abbé *Teſſier* le ſuivit pour lui donner ſes ſoins. Il fut aſſez heureux pour le rappeller à la vie au bout d'environ vingt minutes : auſſitôt on envoya chercher les ouvriers du ventilateur, pour donner du ſecours. Avant qu'ils arrivaſſent, un des camarades des deux précédens, après avoir été lié, deſcendit à ſon tour dans la foſſe. Mais il perdit connoiſſance, avant que ſa tête fût ſous la voute. On le remonta & il ne tarda pas à ſe remettre.

Enfin un quatrieme homme, ouvrier du ventilateur, & nommé *Verel*, le Cadet, ſe préſenta. On le deſcendit avec la corde, & en répandant ſur lui du vinaigre. Bientôt il fallut le remonter, parce qu'il ſe ſentoit incommodé. S'étant remis, il voulut deſcendre une ſeconde fois, & il parvint à retirer celui qui étoit tombé dans la foſſe. Mais ce dernier qui y avoit ſéjourné quelque tems, ne put être rappellé à la vie, malgré tous les ſoins qu'on lui donna.

Après qu'on eut procuré à ces malheureux tous les ſecours néceſſaires, MM. *le Roy* & l'Abbé *Teſſier* deſcendirent dans la cave pour conſtater l'état de l'air de la foſſe. Ils y introduiſirent juſqu'à la matiere une bougie allumée qui brûla très-bien. Un cochon d'Inde, après cinq minutes, en fut retiré bien portant. MM. *Fougeroux*, l'Abbé *Teſſier*, *Hallé*, *Laumonier* Commiſſaire au Châtelet, un éleve de M. *de Fourcroy*, un domeſtique de M. *Fougeroux*, la femme du locataire de l'hôtel de la Grenade, tous ont été très-incommodés & ont éprouvé plus ou moins long-tems & plus ou moins fortement une partie des ſymptômes occaſionnés par les vapeurs dangereuſes des foſſes d'aiſance. Quelques-uns même eurent bien de la peine à ſe rétablir.

Les Commiſſaires de la Société de Médecine qui, par ſa conſtitution, ne doit jamais ceſſer d'être en activité, autoriſés par leur Compagnie, & de l'agrément de MM. les Commiſſaires de l'Académie Royale des Sciences, pour lors en vacances, s'empreſſerent d'inſtruire Sa Majeſté de ce qui s'étoit paſſé dans les expériences auxquelles elle leur avoit ordonné d'être préſens.

Voilà ce qu'il y a de plus déciſif contre la découverte de M. *Janin* dans le *détail* ſigné par MM. le Duc *de la Rochefoucault*, *Macquer*, l'Abbé *Teffier*, *Hallé* & *de Fourcroy*, Commiffaires de la Société Royale de Médecine. MM. *le Roy* & *Fougeroux*, Commiffaires de l'Académie Royale des Sciences, ne le fignerent que comme témoins, parce que l'Académie étoit en vacances. M. *Lavoifier*, Commiffaire de l'Académie pour le même objet, figna tous les procès-verbaux; mais il ne put figner le détail, parce qu'il fut forcé de faire un voyage qui l'empêcha de fe trouver à la féance où on fit la lecture de cet *Expofé*.

En conféquence de ce *détail*, la Société Royale de Médecine a fait mettre dans le quatrieme volume de fon hiftoire ce qui fuit: (ces expériences dans lefquelles un des ouvriers a péri, n'ont que trop démontré l'inutilité du moyen employé par le fieur *Janin*, pour définfecter les foffes d'aifance. Ce moyen eft la projection d'une quantité plus ou moins grande de vinaigre. Ce rapport fait & figné par les Commiffaires de l'Académie & par ceux de la Société, comme témoins, détruifit l'efpece de vogue que les procédés du fieur *Janin* avoient acquife. Le Public, toujours fi facile à tromper, avoit été féduit, par des expériences mal faites & par des affertions hafardées; & on étoit venu à bout de l'induire en erreur dans une matiere où la plus légere attention auroit fuffi pour l'éclairer.) pag. 254.

M. *Janin* n'a pas laiffé fans réponfe les écrits où l'on fait regarder fa découverte tantôt comme infuffifante & tantôt comme dangereufe. Il a fait paroître à cette occafion un très-grand nombre de brochures juftificatives. Comme elles ont toutes été imprimées *légalement*, nous allons en rapporter les lambeaux qui nous ont le plus frappé. Ce n'eft pas par l'effet du méphitifme, *dit-il*, c'eft par accident qu'un homme s'eft noyé dans la foffe de l'hôtel de la Grenade. Il avoit à peine defcendu quelques échelons, qu'il entendit plufieurs perfonnes crier à la fois: *Liez, liez cet homme, liez-le donc, il y a du danger, le plus grand danger dans cette foffe.* Ces cris redoublés glacerent d'effroi tous les fpectateurs. Quelle impreffion fatale ne dûrent-ils pas faire fur cette pauvre victime, dans un moment qu'il defcend une échelle avec rapidité, dans un moment qu'il defcend pour la premiere fois de fa vie dans une foffe! Car c'étoit un balayeur de rues. La couleur noire du liquide, l'obſcurité de la foſſe, tout augmenta dans ce cruel inſtant la frayeur que des cris imprudens venoient de lui cauſer. Dans une ſi triſte ſituation, un homme perché ſur une échelle chargée de gadoues, conſéquemment très-gliſſante, qui a ſous ſes pieds un grand volume de liquide, que va-t-il devenir ? Il va être à coup sûr la proie de la mort.

On préſume bien qu'après la chute fatale de ce pauvre homme, le tumulte augmenta dans la cave ; c'eſt dans cet inſtant qu'un ami, un camarade du mort, balayeur de rues, comme lui, s'offrit à deſcendre pour le pêcher. Parvenu dans la foſſe, le liquide noirâtre & ſon volume immenſe ne lui permit pas de diſtinguer ſon ami ; il le crut perdu à jamais ; environné des ombres de la mort, on eut l'imprudence de faire retentir à ſes oreilles les cris redoublés & continus de prendre garde à lui ; la frayeur opéra ſur ſes ſens ce qu'elle autoit opéré ſur tout autre ; mais ſa ſyncope fut de peu de durée.

Un troiſieme balayeur de rues deſcend à ſon tour dans cette foſſe ; la crainte qu'on lui inſpira le fit remonter, mais moins effrayé que les autres, il ne tarda pas à ſe remettre.

Enfin un quatrieme, l'un des ouvriers du ventilateur, deſcendit dans la foſſe. Alors on garda le ſilence ; il y ſéjourna long-tems, parce que le liquide opaque l'empêchoit de diſtinguer l'homme noyé. A l'aide d'un bâton armé d'un crochet, il tâtonna au fond de la foſſe près d'un quart-d'heure, avant que de pouvoir rencontrer le noyé & le ſaiſir ; enfin il l'accrocha, le ramena au-deſſus du liquide, le ſaiſit de l'autre main, le lia avec une corde & le tira du fond du gouffre. De bonne foi, a-t-il pu faire tout ce travail, ſans agiter violemment cette matiere liquide ? L'homme effrayé, en s'y noyant, a-t-il pu y tomber, ſans l'agiter encore plus fortement ? Le poids de ſon corps & ſon volume n'a-t-il pas fait remonter le fond à la ſurface ? Ce qui devoit en augmenter les émanations & le danger, ſi le vinaigre n'y avoit pas remédié. Pourquoi donc celui qui a pêché le noyé & qui l'a retiré du gouffre, en eſt-il ſorti plein de vie & de ſanté ? Si la vapeur avoit été meurtriere, quel auroit été le ſort de cet ouvrier, par le laps du tems qu'il y a séjourné ? Il n'y est pas mort ; donc la vapeur n'étoit pas meurtriere ; donc l'air de cette fosse étoit respirable.

Et comment ne l'auroit-il pas été, *continue M. Janin* ? Après que le vinaigre, mêlé de parties égales d'eau, fut versé dans la fosse, mes Commissaires n'éprouverent-ils pas l'état de l'air, en y descendant nombre de fois pendant la vidange, même après qu'on eut retiré l'homme noyé, *des oiseaux, un cochon d'Inde, du papier allumé, des bougies allumées, & cela, jusques sur la surface de la matiere ?* Qu'a-t-il résulté de ces différentes épreuves ? *Les lumieres ont bien brûlé : les animaux ont été retirés bien portans.* Presque chaque page du *détail* atteste le succès non-interrompu de ces diverses expériences. Que faut-il de plus en Physique pour prouver démonstrativement que l'air de la fosse étoit exempt de méphitisme & que le vinaigre l'avoit entierement détruit? Mes Commissaires ont interrogé la simple nature, qui ne ment jamais : & malgré un témoignage qu'eux-mêmes ont invoqué, & dont ils ont publié la certitude dans tous leurs ouvrages, on profite d'un accident étranger au méphitisme, on saisit le fatal moment où un pauvre ouvrier tombe & se noie dans cette fosse, presque pleine d'un liquide noirâtre, pour publier que le vinaigre ne remedie point au méphitisme. Quelle justice !

M. *Janin* prétend avoir répondu par-là à quelques-unes des imputations que lui fait la Société Royale de Médecine dans le quatrieme volume de son histoire. Il paroît affecté vivement de ce qu'on l'accuse d'*avoir voulu séduire par des expériences mal faites un Public toujours si facile à tromper.*

Qu'il est glorieux & flatteur pour moi, *dit-il*, de compter dans *ce Public si facile à tromper*, M. le Maréchal Duc *de Biron* qui, par ma méthode a désinfecté l'Hôpital, les Casernes & les dépôts des Gardes-Françoises ; le savant Duc *de la Rochefoucault* ; Nosseigneurs les *Evêques de Macon & de Comminge ;* MM. *de Flesselles & le Noir* Conseillers d'Etat ; MM. le Marquis *de Juigné*, le Baron d'*Espagnac*, le Marquis *de Sausai* & un très-grand nombre de savans. Ajoutons-y *M. le Comte de Vergennes.* Que *MM. Cornette & Delassonne* le fils se rappellent l'instant où ce grand Ministre leur dit, dans le caveau même où se faisoit la vuidange d'une fosse qui, depuis 35 ans n'avoit pas été vuidée : *Messieurs, quoique mon nez n'appartienne pas à un Chimiste, il est bon, & je vous assure que je ne sens rien. Qu'on me donne une chaise & un livre, je vais demeurer ici pendant six heures, sans être incommodé.*

On est donc forcé de convenir que le vinaigre détruit l'odeur fétide ; mais on prétend que cet acide augmente le méphitisme. Celui-ci, *dit-on*, est dangereux à respirer, & non pas l'odeur fétide. M. *Janin* n'a pas laissé cette objection sans réponse. Il assure que soutenir que la puanteur & le méphitisme sont des vapeurs différentes, c'est avancer un paradoxe aussi révoltant, que de dire que l'eau stagnante remedie au méphitisme. Voici comment il le prouve. Consultez, *dit-il*, le Catéchisme de M. *Gardane* sur les asphyxies, imprimé en 1781, vous y lirez : *l'infection & le resserrement de la gorge, que l'on éprouve en passant auprès des tonneaux des vuidangeurs, prouvent suffisamment la présence d'une mofette.* Pag. 45. Rappellez-vous ce que l'Académie de Châlon-sur-Marne fit imprimer, en 1780. *La mauvaise odeur des latrines*, dit cette savante Compagnie, *dont on n'a pu encore se garantir dans aucun Hôpital, quelque dépense qu'on ait faite pour cela, celle des sueurs des malades & des matieres purulentes, toutes ces matieres impures, en surchargeant l'air de substances âcres & alkalescentes, deviennent la source d'une quantité de maladies putrides & malignes qui font périr des légions de malades.*

Examinez enfin ce que pensoit, en 1780, la Société Royale de Médecine de Paris sur le vinaigre. Consultée par son Exc. le grand Maître de Malte, sur les précautions qu'il conviendroit de prendre, lors de la démolition des caveaux destinés aux sépultures ; *on commencera*, dit-elle, *à faire au caveau une ouverture peu considérable ; l'ouvrier aura sur sa bouche & au-dessous du nez un linge imbibé de fort vinaigre ; d'autres ouvriers, en prenant les mêmes précautions, fermeront l'ouverture avec un linge imbibé de vinaigre..... ceux qui descendront les premiers dans les caveaux auront sur le nez & sur la bouche un mouchoir imbibé de vinaigre..... s'il y a des corps ou des ossemens à exhumer, les ouvriers auront toujours une éponge imbibée de vinaigre sous le nez. Afin d'éviter l'odeur qui pourroit s'élever dans le tems des fouilles, les habitans des maisons voisines, seront invités à les parfumer avec du vinaigre.... ceux des ouvriers qui travailleront à la démolition du caveau dans lequel on a déposé les corps des pestiférés, on les désinfectera, c'est-à-dire, qu'on les forcera à se laver tout le corps avec de l'eau vinaigrée. Ces précautions prévièndront tout danger.*

Il est donc certain, *conclut M. Janin*, que le vinaigre est une égide invincible contre les vapeurs putrides. Il est certain qu'un homme qui le respire, peut avec sécurité pénétrer jusques dans le foyer du méphitisme. Enfin il est certain que cet acide a la puissance de rappeller à la vie ceux que cette vapeur meurtriere a frappés de mort.

M. *Janin* auroit pu apporter en preuve de cette derniere assertion le sentiment de l'Académie Royale des Sciences de Paris. Après le funeste accident arrivé à Narbonne en 1779, où sept personnes occupées à vuider une fosse d'aisance, furent suffoquées par les vapeurs malignes qui s'en exhalerent, cette célebre Compagnie fut consultée sur ce malheureux événement. Elle nomma pour Commissaires Messieurs *Morand*, *Portal*, & *Vicq d'Azir*, & elle les chargea d'indiquer les moyens de rappeller à la vie les personnes suffoquées par ces sortes d'airs méphitiques. Le vinaigre, celui surtout des quatre voleurs, est un des moyens indiqués par ces habiles Physiciens. Ils ne conseillent pas seulement de le pousser sous le nez des personnes asphyxiées; ils veulent encore que lorsque la déglutition pourra s'exécuter, même foiblement, on leur introduise dans la bouche quelques cueillerées d'eau fraîche, à laquelle on aura ajouté du vinaigre; ils ordonnent enfin de faire des frictions sur tout leur corps avec un morceau de flanelle imbibé de vinaigre, lorsque les mouvemens vitaux commencent à renaître.

Sur la fin du mois de Septembre 1785, il arriva à Nîmes un accident aussi funeste que celui de Narbonne. Les trois premiers vuidangeurs qui descendirent dans la fosse d'aisance de M. *R**** furent asphyxiés & tomberent dans la *vanne*, où on ne peut pas dire qu'ils se soient noyés, puisqu'elle n'avoit pas trois pieds de profondeur; on avoit cependant pris la précaution d'ouvrir cette fosse douze heures avant qu'on y descendît. Il faut que la vapeur qui s'en exhala, fût bien maligne, puisque les secours les mieux indiqués par les maîtres de l'art, ne purent les rappeller à la vie, quoiqu'il n'y eût ni plaies, ni fractures à l'extérieur de leur corps. On employa cependant la piqûre à tous les vaisseaux de la tête, l'air frais, les frictions seches au col & sur la poitrine, le cautere à la plante des pieds, l'insufflation des vapeurs âcres & stimulantes dans la bouche, de même que l'introduction forcée des substances spiritueuses & volatiles dans l'estomac.

Ce triste événement fut suivi d'une ordonnance municipale qui, pour prévenir de pareils malheurs, enjoignit d'employer en pareilles circonstances la méthode de M. *Janin*. Peu de tems après, l'on fut obligé de faire vuider la fosse d'aisance de la Maison d'éducation confiée aux Dames de l'Instruction Chrétienne. On se conforma exactement à l'Ordonnance dont nous venons de parler, & l'opération se fit sans aucune espece d'inconvénient.

Cependant un citoyen d'un mérite distingué, qui s'est particulierement occupé des *gaz* & des phénomenes que la Chimie moderne a découverts sur cette importante matiere, crut devoir mettre sous les yeux de l'Administration municipale quelques remarques sur l'insuffisance & même le danger de l'emploi du vinaigre, pour détruire le méphitisme des fosses d'aisance. Nous avons promis de dire le *pour* & le *contre*; nous allons donc transcrire mot par mot le Mémoire de ce digne Patriote. Il est daté du premier Octobre 1785.

» Lorsque MM. les Magistrats chargés de veiller à » la sureté publique, ont ordonné l'usage de l'acide vé» gétal pour la vuidange des latrines, ils n'ont pas connu » sans doute les malheureux événemens occasionnés par » la confiance de M. *Janin* pour son procédé, ni les » expériences répétées par ordre du Gouvernement, par » l'Académie des Sciences & par la Société Royale de » Médecine, expériences qui ont prouvé jusqu'à l'évi» dence l'inutilité du nouvel antiméphitique, & qui » sont venues à l'appui d'une théorie qui l'avoit déjà » démontré.

» En effet la décomposition des matieres contenues

» dans les fosses d'aisance & les nouvelles récompositions » qui s'y operent, produisent divers effluves aériformes, connus sous le nom de *gaz*, & qui sont d'autant plus précieux pour l'économie animale, qu'ils » se trouvent mêlés avec une moindre quantité d'air » respirable. Les gaz des latrines connus jusqu'à présent, » sont :

» 1°. Le gaz méphitique ou air fixe,

» 2°. Le gaz inflammable,

» 3°. Le gaz hépatique,

» 4°. Le gaz alkalin volatil,

» 5°. Le gaz putride.

» Pour vuidanger les fosses avec sécurité, il faudroit » neutraliser ces différens gaz, ou les chasser, pour les » remplacer par de l'air atmosphérique. Si le vinaigre » pouvoit opérer cette neutralisation générale, la découverte de M. *Janin* seroit un des plus beaux présens » faits à l'humanité; mais l'acide végétal, comme tous » les autres acides, versé dans les latrines, n'agit que » sur les matieres alkalines qui peuvent s'y rencontrer, » & par conséquent ne neutralise que le *gaz alkalin volatil*. Ce *gaz alkalin* étant précisément le moins abondant & peut-être le moins dangereux de tous ceux » que fournissent les fosses d'aisance, les avantages du » vinaigre, comme l'a enseigné M. *Macquer* il y a plus » de 12 ans, se bornent donc à détruire seulement la » partie de l'odeur due à l'*alkali volatil*; il pallie le danger, il ne l'anéantit pas.

» Il y a plus, si le vinaigre n'est pas employé convenablement & dans de justes proportions difficiles à » saisir, il peut augmenter les inconvéniens, en décomposant le foie de soufre, toujours très-abondant » dans les latrines, & en dégageant par-là une très grande quantité de *gaz hépatique infect*, bien autrement dangereux que l'*alkali volatil*, & sur lequel » l'acide végétal n'a aucune action. C'est ce même *gaz* » qui noircit l'argent & les dorures, & le visage des » femmes qui usent de blanc.

» Le vinaigre ne peut rien non plus sur le *gaz acide* » *méphitique* ou *air fixe*; mais l'eau le dissout & la chaux » vive le neutralise complétement. Comme ce *gaz* est infiniment plus abondant dans les fosses que les autres,

» & que ses effets sont bien plus meurtriers, on em-
» ploie avec succès le *lait de chaux* & l'*eau pure* à très-
» grandes doses. Cependant, quoique plus avantageux
» que celui du vinaigre, ce procédé sans effet sur les
» autres *gaz*, est par cela même insuffisant.

» Si le danger des latrines n'étoit dû qu'aux *alkalis*,
» il seroit bien plus utile & bien moins coûteux de se
» servir, au lieu d'acide végétal, de la volatilisation de
» l'acide marin par le procédé si connu de M. *Morveau*.
» Mais comme il faut agir à la fois sur ces deux *gaz*,
» sur le gaz inflammable & sur le gaz putride que la
» Chimie n'a pas encore enseigné à neutraliser, du moins
» par des procédés faciles & usuels, on n'a encore em-
» ployé avec efficacité générale que l'usage du feu.

» On établit sur le siége un petit fourneau d'une forme
» appropriée, avec quelques charbons allumés. Bientôt
» l'air intérieur de la fosse se trouvant raréfié, laisse un
» libre accès à l'air extérieur qui chasse les effluves mé-
» phitiques, & permet aux vuidangeurs de travailler
» avec sécurité. Ce procédé a encore l'avantage de dé-
» truire la mauvaise odeur. J'ai des fourneaux propres
» à répéter cette expérience ; je les offre à l'Administra-
» tion, & je desire vivement qu'elle veuille s'assurer
» par elle-même de l'efficacité de cette méthode. »

L'Auteur de ce savant Mémoire, pour prouver que parmi les fluides que fournissent les matieres en décomposition dans les fosses d'aisance, il en est qui sont susceptibles d'inflammation ou de détonation, lorsqu'ils sont mêlés avec de l'air atmosphérique, rapporte l'accident arrivé à Nîmes, le 31 Janvier 1786. Dans les latrines d'une maison habitée par un assez grand nombre de personnes, il se fit, à 9 heures & demie du soir, une explosion si bruyante & accompagnée d'une telle commotion, que les locataires des trois étages crurent qu'un tremblement de terre, accompagné de tonnerres, avoit fait écrouler une partie du bâtiment. La clef de la fosse, qui est une pierre fort épaisse, d'environ trois pieds en carré, solidement scellée & maçonnée, chargée encore d'une grande caisse de poteries de plomb & d'étain, & de plusieurs lingots ou ustensiles de ces métaux, fut soulevée avec violence, brisée en plusieurs pieces, & sa charge dispersée au loin.

Cet événement, inséré dans le *Journal de Nîmes*, n°. VI, fut suivi, dans le même Journal, de différens Ecrits *pour* & *contre* la méthode de M. *Janin*. Le Journaliste propose dans sa feuille, *n°. XI*, l'expérience suivante, comme propre à mettre fin à toute dispute.

Il s'agit de savoir, *dit-il*, si le méphitisme des fosses d'aisance est ou n'est point neutralisé par le vinaigre. Pour découvrir cette vérité, on cherchera une fosse bien méphitique, & l'on y descendra un oiseau renfermé dans une petite cage. Si, après l'avoir laissé quelque tems dans la fosse, il est asphyxié, la fosse est très-certainement méphitique. Alors on injectera une suffisante quantité de vinaigre : apres cette opération, on descendra un autre oiseau dans la fosse, & l'on observera de le laisser autant de tems que le premier, dans l'atmosphere méphitique. S'il n'est point asphyxié, M. *Janin* a raison; s'il l'est, M. *Janin* a tort. L'on suppose que, dans l'un & l'autre cas, on aura répété plusieurs fois l'expérience avec toutes les précautions possibles.

Si, pour ôter le méphitisme des fosses d'aisance, l'on veut employer la chaux éteinte ou la chaux delayée dans une suffisante quantité d'eau, l'on ne fera rien que de conforme au procédé de M. *Janin*. Lisez son *Anti-méphitique* pag. 49, 50, 59, 66 & son *Supplément à l'Anti-méphitique*. J'ai rapporté de la maniere la plus impartiale ce qu'on a écrit de mieux & de plus fort pour & contre la découverte de M. *Janin*. Lecteur, jugez maintenant. *Non nostrûm est tantas componere lites*.

Remarque. Dans la lecture de cet article, les mots *Ventilateur*, *Asphyxie* & *Neutralisation* pourroient n'être pas compris par ceux qui ne sont pas au fait de la Mécanique & de la Chimie ; nous allons les leur expliquer, ou leur indiquer les articles de ce *Dictionnaire* qu'ils pourront consulter.

1°. Le ventilateur est une machine propre à substituer un air salubre à un air méphitique. Cherchez *ventilateur*; vous trouverez dans cet article quel est l'inventeur de cette utile machine ; en quel tems elle a été construite ; comment & par qui elle a été perfectionnée ; quels sont ses effets ; comment enfin il faut la faire jouer, pour les obtenir avec autant de promptitude, que de facilité.

Quelque tems après que le ventilateur eut été connu

en France ; on imagina que cette machine feroit propre à prévenir les accidens funeftes auxquels ne font que trop fouvent expofés les ouvriers employés à la vuidange des foffes d'aifance. Cette idée étoit trop conforme aux loix de la faine Phyfique, pour ne pas la mettre à exécution. Il fe forma a Paris, une Compagnie connue fous le nom de *Compagnie du Ventilateur* ; elle obtint du Gouvernement des priviléges proportionnés aux fervices qu'elle fe propofoit de rendre au Public. Depuis lors on n'a pas entendu dire qu'à Paris il foit arrivé aucun accident aux ouvriers qui travaillent fous les ordres de cette Compagnie. On commence par faire l'ouverture de la foffe ; on fait enfuite jouer le ventilateur ; dans très-peu de tems, l'air méphitique qu'elle contenoit, en eft chaffé, & un air falubre y eft introduit. Ce n'eft qu'après cette opération, qu'on livre la foffe aux vuidangeurs qui travaillent alors avec fécurité.

2°. L'afphyxie eft une privation fubite de pouls, de la refpiration, du fentiment & du mouvement. L'homme afphyxié eft dans un état de mort apparente ; & cet état feroit bientôt fuivi d'une mort réelle, fi l'on tardoit de fecourir le malade. Nous avons indiqué les fecours les plus efficaces à l'article *Afphyxie*.

3°. Pour fe former une idée nette de l'opération connue en Chimie fous le nom de *Neutralifation*, on lira avec attention les articles de ce *Dictionnaire* qui commencent par les mots *Acide* & *Alkali*. On conclura de ce que nous avons dit dans ces articles qu'il y a *neutralifation*, lorfqu'il y a jonction des acides avec les alkalis. Le fel neutre, par exemple, eft un mixte compofé de fels acides & de fels alkalis. De la jonction des acides avec les alkalis, il fe forme tantôt un mixte bienfaifant, & tantôt un mixte dangereux. Pour l'ordinaire cependant une pareille jonction a d'affez bons effets. Auffi les Médecins ordonnent-ils les acides dans les maladies caufées par les alkalis, & les alkalis dans celles qui font caufées par les acides.

4°. Les ouvrages que nous avons lus pour la compofition de cet article, font les fuivans :

L'Antiméphitique, imprimé par ordre du Gouvernement.

Nouvelles expériences qui confirment celles qui ont été annoncées dans l'Antiméphitique.

Lettre sur l'Antiméphitique à un Médecin de l'Université d'Aix en Provence.

Observation faite à la Société Royale de Médecine de Paris.

L'homme noyé dans la fosse a-t-il péri par le méphitisme ?

Preuves que l'homme s'est noyé dans la fosse & que le méphitisme n'a pas causé sa mort.

Cinq lettres à M. *Cadet*, Membre de l'Académie Royale des Sciences, Commissaire des objets de salubrité.

Tous ces ouvrages sont de M. Janin, *Seigneur de Combe-Blanche, Médecin oculiste de S. A. S. Mgr. le Duc* de Modene *& son Pensionnaire ; Professeur Honoraire de l'Université de Modene, de la Société Royale de Médecine de Paris ; des Académies de Dijon, de Montpellier & de Villefranche ; Membre du Collége Royal de Chirurgie de la ville de Lyon*, &c.

Détail de ce qui s'est passé dans les expériences faites par M. *Janin* le 18 & le 23 Mars 1782, en présence des Commissaires réunis de l'Académie Royale des Sciences & de la Société Royale de Médecine de Paris, imprimé par ordre du Roi.

Un Mémoire, manuscrit, adressé à Messieurs de l'Administration municipale de Nîmes, par M. *Vincens* le fils, l'un des vingt-six de l'Académie Royale de la même ville.

Le Journal de Nîmes, année 1786.

OBSERVATION INTÉRESSANTE.

M. *Beudon*, Chirurgien au grand Andely, a prouvé par l'expérience la mieux circonstanciée que le vinaigre est un excellent remede contre la *rage*. M. *Guillaume Buchan*, Docteur du Collége Royal d'Edimbourg a eu connoissance de cette expérience, & il l'a insérée dans sa *Médecine domestique* écrite en Anglois, & nouvellement traduite en François, par M. *Duplanil*, Docteur en Médecine de la Faculté de Montpellier, & Médecin honoraire

noraire de Son Altesse Royale Monseigneur Comte d'*Artois*. Voici l'abrégé de ce qu'on lit, *tom.* 3, *pag.* 503 & *suivantes*.

Le 5 Juillet 1777, M. *Beudon* alla voir un malade à quelques lieues d'Andely. Tous les gens de la maison étoient dans l'allarme. Un chien de la basse-cour, fort & vigoureux, avoit été mordu quelque tems auparavant par un chien enragé. On le croyoit préservé de la *rage*, parce qu'on avoit eu soin de lui faire manger une omelette préparée avec l'*écaille d'huitre*. Mais le jour même de l'arrivée de M. *Beudon*, ce chien entra tout à coup dans un accès de *rage*; se jetta sur une truie, qui devoit mettre bas trois semaines après; la maltraita beaucoup; lui fit une plaie considérable à la cuisse; puis attaqua un petit chien, qui étoit dans la maison, le blessa au cou, lui déchira la moitié de l'oreille, & il se sauva.

Le maître de la maison ordonna de tuer le petit chien & la truie; mais M. *Beudon* le pria de les faire enfermer, pour faire sur eux quelques épreuves : ce qui lui fut accordé, à condition que personne ne l'aideroit dans son traitement.

M. *Beudon* fit enfermer la truie dans une étable, & il perça un trou au plancher, pour pouvoir l'examiner tous les jours. Il lui fit donner à manger. Pendant cinq jours, l'animal mangea à-peu-près comme à son ordinaire; mais le sixieme, il étoit debout, la tête baissée sur la nourriture. Il fut dans cette situation, sans rien prendre, pendant trois jours. Le dixieme, il eut un accès de fureur terrible; ses yeux étoient étincelans, il avoit l'écume à la gueule; il erroit çà & là dans l'étable, & il se jettoit de tems en tems sur un morceau de bois. L'accès dura sept heures, ensuite l'animal devint calme, & se coucha.

Ce fut l'instant que saisit M. *Beudon* pour employer son *remede*. Il fit descendre dans l'étable, au moyen du trou qu'il avoit pratiqué, une chaudiere dans laquelle il avoit fait chauffer quatre pots de fort *vinaigre*. Il fit ensuite boucher tous les trous de l'étable pour empêcher toute communication de l'air extérieur. Au bout d'une heure, il vit l'animal debout boire avec une avidité étonnante le *vinaigre* qui étoit dans la chaudiere.

Il fit mettre dans son auge du *son*, humecté de vinaigre : le lendemain on ne trouva plus rien dans l'auge. On continua de lui humecter son manger avec le *vinaigre*; & on lui donna une boisson faite à parties égales d'eau & de *vinaigre*, & un peu de farine d'orge : ce qui fut pratiqué, jusqu'à ce que cette truie eût mis bas ses petits.

Alors M. *Beudon* lui fit donner, les premiers jours, de la farine d'orge, humectée, à parties égales, d'eau & de vinaigre, le tout *édulcoré* d'un peu de miel. Il fit garder la mere & les petits, ainsi enfermés pendant un mois ; & voyant qu'il n'étoit pas survenu d'accès à la mere, & que les petits paroissoient se bien porter, il les fit sortir dans un clos où ils étoient seuls ; il cessa aussi tout traitement. On leur donna la même nourriture qu'aux autres animaux de leur espece. La mere éleva ses petits, qui furent vendus dans le tems.

Le petit chien qui avoit été mordu, & qui avoit, comme on l'a dit, une plaie au cou & une à l'oreille, fut attaché dans un cabinet. M. *Beudon* pansa les plaies avec du *vinaigre*, dans lequel il avoit fait fondre du sel. Il continua les pansemens de la même maniere jusqu'à parfaite guérison. Tous les jours il fut exposé à la vapeur du *vinaigre* mis dans une chaudiere, & enfermée avec lui dans le cabinet. Sa nourriture étoit de la soupe faite avec du beurre, du pain, & parties égales d'eau & de *vinaigre* ; sa boisson étoit du *vinaigre* qu'on lui faisoit avaler. Le traitement fut ainsi continué pendant un mois, & ce chien n'eut aucun accès.

Le gros chien qui avoit causé tout ce désastre, & après lequel on avoit couru, lors de son accès, sans avoir pu le joindre, revint à sa loge deux jours après. On l'attacha à la chaîne. Lorsqu'il fut attaché, M. *Beudon* fit clorre sa loge ; il lui fit donner de la soupe & de l'eau ; il en mangea peu pendant quatre jours, & il fut ensuite quarante-huit heures, sans manger ; il étoit tantôt couché, tantôt debout ; il avoit la gueule entr'ouverte ; ses yeux étoient étincelans ; sa respiration gênée. Le septieme jour, on le trouva le matin occupé à mordre sa chaîne & les pierres de sa loge. Il étoit baigné de sueur; sa gueule étoit pleine d'une écume sanguinolente ; il fut dans cet état pendant trente-six heures, & au bout de ce tems, il se coucha fort tranquille & étendu dans toute sa longueur.

M. *Beudon* profita de ce calme, pour faire mettre dans sa loge une chaudiere pleine de *vinaigre* presque bouillant. La loge fut entourée d'une grosse toile qui empêchoit l'entrée de l'air extérieur. Cet appareil resta ainsi pendant une heure; alors on ôta la toile, & on apperçut le chien assis; & se léchant les pattes de devant, qui étoient, ou douloureuses, ou écorchées, par les efforts qu'il avoit fait pour se gratter. M. *Beudon* lui fit donner de la soupe très-claire, faite avec du beurre, du pain & du *vinaigre* chaud. Il mangea peu d'abord, & il se remit à lécher ses pattes; puis il retourna manger le reste de sa soupe.

Pendant un mois ce traitement fut suivi avec exactitude: les bains de *vapeurs* furent aussi administrés chaque jour, & il ne survint aucun nouvel accès. La truie a eu une portée depuis sa guérison.; & le petit chien n'a point eu d'attaque.

La conclusion que je tire de ces différentes cures; c'est que le venin qui produit la *rage*, doit être composé de parties *alkalines*; le vinaigre, composé de parties *acides*, les neutralise, & la guérison la plus parfaite est l'effet nécessaire de cette *neutralisation*. Il est fâcheux que M. *Beudon* n'ait pas eu occasion de traiter des hommes attaqués de cette cruelle maladie; je suis persuadé qu'il auroit eu, par sa méthode, des succès aussi brillans.

Ce que nous venons de dire, ne doit pas empêcher de se servir des remedes indiqués dans nos articles *Hydrophobie* & *Rage*. L'humanité regardera toujours comme ses bienfaiteurs les personnes qui découvrent quelque nouveau moyen de guérir une maladie qui dégrade notre nature. On n'a vu que trop de gens assez inhumains; aussitôt que la maladie a été déclarée, pour abandonner les personnes *enragées* à leur malheureux sort; ou les faire saigner des quatre membres; ou les étouffer entre des matelas, des lits de plume, &c. Cette conduite barbare mérite sans contredit le châtiment le plus sévere. Nous espérons que ce que nous avons dit dans nos articles *Hydrophobie* & *Rage*; & ce que nous venons de dire dans celui-ci, ne fera pas regarder la *rage* comme un mal incurable, & bannira pour toujours de la terre toute pratique, aussi inhumaine, que criminelle.

Je ne suis pas étonné des guérisons opérées par le moyen du *vinaigre*. J'ai fait remarquer, dans le *corps de mon ouvrage* que le *vinaigre* est un très-bon fondant, qui divise & atténue le sang & les humeurs par la propriété qu'il a de se distribuer partout, & de pénétrer les extrémités les plus fines de tous les vaisseaux, même les plus reculés.

C'est-là le sentiment du célebre *Boerrhaave*, consigné dans ses Elémens de Chimie, l'un des plus beaux ouvrages qui ait été mis au jour sur cette importante matiere. Ce grand homme appuye son sentiment d'une expérience bien simple & bien facile à faire. Versez, *dit-il*, du vinaigre chaud sur du sang ; non-seulement vous l'empêcherez de se figer, mais encore vous le rendrez plus fluide. *Boerrhaave* conclut de cette expérience que le *vinaigre* est un excellent remede dans les maladies convulsives, hypocondriaques, histériques, & surtout dans les maladies aiguës & inflammatoires ; il n'en est aucun qui détruise aussi infailliblement les coagulations. Ce médecin incomparable, l'Hypocrate de notre siecle, avoue qu'il ne connoît point de sudorifique plus sûr, que le vinaigre pris pur, ou affoibli par l'eau.

Qu'on ne le prenne cependant qu'en cas de maladie, & qu'on n'en fasse jamais un usage immodéré, l'on deviendroit bientôt maigre, pâle, & défait.

Il en est au reste de ce remede, comme de tous les autres ; on ne doit jamais s'en servir que de l'avis & sous la direction d'un médecin expérimenté, & il faut toujours observer exactement le régime qui sera prescrit. Sans cette sage précaution les meilleurs remedes ont souvent les effets les plus pernicieux ; & loin de guérir la maladie, ils la rendent plus grave, quelquefois même incurable.

VINCENT, (Grégoire de St.) *naquit à Bruges en l'année* 1584. Il entra dans la Compagnie de Jesus à l'âge de 20 ans ; ses supérieurs qui lui reconnurent un vrai génie pour les mathématiques, le confierent au fameux Clavius de la même Compagnie pour quelques années, & lui firent ensuite enseigner les mathématiques. Il se fit un si grand nom parmi les savans ; que l'Empereur Ferdinand II voulut l'avoir à Prague, où il demeura en effet quelques années, & que le Roi d'Espagne Philippe IV lui confia le Prince Jean d'Autriche son fils pour lui enseigner les mathématiques. Son ouvrage intitulé *opus geometricum quadraturæ circuli, & sectionum coni decem libris comprehensum*, prouve qu'il étoit digne de ce choix. Grégoire de Saint Vincent étoit aussi saint que savant. Il convertit à la religion Catholique le Maréchal de Ranzau, & il fit dans l'armée de Flandres qu'il suivit pendant une campagne, des biens infinis. Il mourut d'apoplexie à Gand, le 27 Janvier 1667, à l'âge de 83 ans. On lui trouva deux ouvrages qu'on fit imprimer après sa mort. *Opus geometricum posthumum ad mesolabium per rationum proportionalium novas proprietates*, est le titre du premier. Le second est intitulé : *theoremata mathematica scientiæ staticæ de ductu ponderum per planitiem rectâ & obliquâ horizontem decussantem.*

VIOLET. La couleur violette est la septieme des sept couleurs primitives. Elle a pour cause celui des sept rayons de lumiere qui a le plus de réflexibilité & le plus de réfrangibilité. Le rayon violet est le plus réflexible de tous, parce que les particules qui le composent, sont plus rondes & plus polies que celles qui composent les six autres rayons. Ce même rayon est aussi le plus réfrangible, parce qu'il a moins de masse. En effet si le rayon violet a moins de masse qu'aucun des six autres rayons, il a moins de force qu'eux ; s'il a moins de force, la cause de la réfraction, quelle qu'elle soit, doit avoir moins de peine à faire quitter à ce rayon la ligne qu'il parcourt, qu'elle n'en a à faire changer de direction aux autres ; donc si le rayon violet a moins de force qu'aucun des six autres rayons, il doit avoir plus de réfrangibilité qu'eux. Voyez ce point de Physique rapproché de ses principes dans l'article des *Couleurs*.

VIPERE. La vipere est une espece de serpent qui sort vivant du ventre de la mere. La description que nous en allons faire, est tirée de celle que l'on trouve dans la *partie seconde du tome troisieme des Mémoires de l'Académie des Sciences.*

1°. Les viperes ordinaires ont deux pieds de long, & un bon pouce de grosseur vers le milieu du corps. Leur tête, qui est plate, a en tout un pouce de long ; & vers son sommet elle est de 7 à 8 lignes de large ; puis diminuant peu-à-peu, sa largeur n'est plus que de 4 à 5 lignes vers les yeux, & de deux lignes seulement vers le bout du museau. Elle a deux lignes & demie d'épaisseur. Son col considéré dans son commencement, est de la grosseur du petit doigt dans les mâles, & un peu plus gros dans les femelles. La queue de ceux-là a environ quatre travers de doigt de long, & celle des femelles n'en a que trois. Elles finissent toutes les deux en pointe. Ni l'une ni l'autre ne piquent, & elles n'ont aussi aucun venin.

2°. Toute vipere a la peau marquetée. Mais le fond de la couleur y est assez différent ; car il est tantôt blanchâtre, tantôt gris, tantôt jaune, & tantôt tanné. Ce fond est toujours semé de taches noires, ou du moins beaucoup plus obscures que le reste. Il y en a aussi sur la tête, & deux surtout en forme de cornes qui prennent leur naissance entre les deux yeux. A l'opposite du milieu de ces deux cornes se présente une tache de la grandeur d'une petite lentille, ayant la figure d'un fer de pique ; c'est celle-là qui est comme la premiere & la principale de toutes ces taches, & qui semble les guider le long de l'épine du dos. La peau de la vipere est entierement couverte d'écailles, dont les plus grandes sont de couleur d'acier ; elle en change deux fois chaque année.

3°. Les yeux de la vipere sont fort vifs, & leur regard est fort fixe & fort hardi. Ils ont leurs nerfs, leurs muscles, leurs veines, leurs arteres, leur prunelle, leur cristallin, leur uvée, leur cornée, leurs paupieres, & leurs autres parties assez conformes à celles des yeux des autres animaux.

4°. La vipere a aux côtés des mâchoires, deux dents dures, courbées, creuses, fendues comme une plume à écrire, & quelquefois fourchues, mais toujours fort longues en comparaison de plusieurs autres qui sont autour.

5°. La langue de la vipere a un pouce & demi de long ; elle est composée de deux corps charnus, ronds, & finissans en pointes fort subtiles. Ces pointes, quoique souvent dardées, ne piquent pas, & ne font mal à personne. Elles servent principalement aux viperes à attraper de petits animaux qu'elles veulent dévorer. Cette description suffira, non pas à un Anatomiste, mais à un Physicien qui ne cherche qu'à savoir distinguer une vipere d'avec un serpent ordinaire. Les questions suivantes seront plus agréables & plus utiles; un Physicien ne doit pas en ignorer la solution.

Premiere question. La vipere peut-elle vivre un été entier sans manger?

Résolution. M. Lémeri l'assure dans son *Cours de Chimie*, *pag.* 661; la raison qu'il en apporte, est que les pores de la peau de la vipere étant fort resserrés, ses esprits ne se dissipent que très-peu.

Le Docteur Mead en donne une autre raison qui paroît pour le moins aussi vraisemblable. Les viperes, *dit-il*, digerent très-lentement; elles avalent tout entier, & sans mâcher les différens animaux qui leur servent de nourriture, tels que les grenouilles, les lézards, les crapauds, les taupes, les rats; leur estomac & leur œsophage étant donc remplis de toutes ces matieres, il faut beaucoup de tems pour qu'elles se fondent & se réduisent en une bouillie propre à nourrir l'animal.

Deuxieme question. En quoi consiste le venin de la vipere?

Résolution. M. Lémeri prétend que ce venin ne consiste que dans une affluence de sels volatils acides, que l'animal pousse avec violence en mordant; que ces sels s'étant insinués dans les veines & dans les arteres, font assez de coagulation dans le sang pour empêcher la circulation & le cours des esprits. Ce qui rend ce sentiment probable, c'est que les plus puissans remedes qu'on puisse apporter contre le venin des viperes, sont ceux qui détruisent les acides, & qui dissolvent la coagulation du sang; comme les sels volatils alkalis, tirés des animaux.

Troisieme question. Que doit-on faire, lorsqu'on a été mordu par une vipere?

Résolution. Le fait suivant tiré du *tome dixieme des Mémoires de l'Académie des Sciences*, servira de réponse à cette question. M. Charas dans une assemblée de l'Académie Royale des Sciences, mania onze viperes l'une après l'autre, pour faire voir la structure de leurs dents & de leurs mâchoires, & pour faire diverses épreuves de leur venin ſur différens animaux ; la douzieme qu'il tenoit avec des pincettes, par le milieu du corps, ſe redreſſant & levant ſa tête, le mordit à la main gauche, au-deſſus du doigt du milieu, entre la premiere & la ſeconde articulation.

M. Charas, pour atirer le venin au-dehors, ſuça la plaie, d'où il ſortoit un peu de ſang ſéreux : mais la fadeur du ſuc jaune & de la ſanie que la vipere avoit laiſſé ſur la bleſſure, lui ayant donné du dégoût, il retira bientôt ſon doigt de la bouche, & il ſe contenta de le preſſer avec ſa main, afin d'en faire ſortir le ſang. Enſuite il le lia avec une ficelle dont il fit pluſieurs tours aſſez ſerrés, environ un pouce au-deſſus de la bleſſure près de la premiere articulation du doigt, pour empêcher que le venin ne gagnât la main, & ne pénétrât dans l'habitude du corps. Après qu'il eut lié ſon doigt, il dit qu'il n'y avoit plus rien à craindre. Il vouloit continuer les expériences qu'il avoit commencées ; mais la compagnie ne le voulut pas permettre, & l'obligea à retourner chez lui. Il ne ſentit aucune foibleſſe en s'en retournant, ni aucune altération de ſa ſanté : néanmoins quand il fut arrivé chez lui, il fit une ſeconde ligature au-deſſous du poignet ; & pour prévenir les accidens, il réſolut de faire quelques remedes. Il ſe mit donc au lit ſur les 6 heures du ſoir, environ 2 heures après avoir été mordu ; & il prit dans un verre de vin le poids de 24 grains de ſel volatil de vipere. Sur les 8 heures du ſoir il prit un bouillon chaud, fait avec des jaunes d'œuf & de la muſcade ; ce qui commença à le faire ſuer ; & 2 heures après ayant pris encore 24 grains de ſel de vipere, il eut une ſueur univerſelle.

Cependant la ligature du doigt & la contre-ligature du poignet lui cauſoient beaucoup de douleur : ſa main en étoit devenue fort rouge, & elle étoit enflée conſidérablement. C'eſt pourquoi croyant que la ſueur avoit emporté le venin, il ne fit point difficulté d'ôter les ligatures ſur les dix heures du ſoir. La douleur ceſſa auſſitôt ; la rougeur & l'enflure de la main commencerent à diminuer, & il dormit tranquillement le reſte de la nuit.

Le lendemain à ſon reveil il ſe trouva en très-bonne ſanté, & il auroit pu ſortir dès ce jour-là ; mais pour une plus grande précaution, il garda la chambre trois jours. Il ne lui survint aucun accident; ni à sa main, ni au doigt mordu; seulement l'endroit du doigt où avoit été la ligature, demeura rouge l'espace de trois jours, durant lesquels quelques peaux s'en séparerent sans aucune incommodité.

M. Lémeri veut que si la partie mordue ne peut pas être liée, on écrase la tête de la vipere, & qu'on l'applique sur la plaie; ou bien qu'on fasse rougir au feu un couteau, ou un autre morceau de fer plat, & qu'on l'approche bien près de la plaie, pour l'y souffrir le plus qu'on pourra; ou bien enfin qu'on fasse brûler sur la plaie un peu de poudre à canon. Tous ces remedes topiques appliqués sur le champ, peuvent ouvrir les pores de la plaie, & en faire sortir les esprits envenimés qui y étoient entrés.

VIS. Les pressoirs, les étaux & cent instrumens semblables qu'on a tous les jours sous les yeux, sont autant de *vis*. L'on a dû remarquer que tandis que la *puissance* qui se sert de la *vis* pour serrer quelque chose, décrit une circonférence considérable, la résistance ne parcourt qu'un espace très-petit, c'est-à-dire, ne descend que d'un *pas de vis;* aussi a-t-on dû conclure, suivant les principes que nous avons établis dans notre mécanique, que cette machine étoit très-propre à augmenter la force de la puissance qui s'en sert. Cherchez *Mécanique.*

VISAGE. C'est la partie antérieure de la tête; elle comprend le front, les yeux, le nez, les joues, la bouche & le menton. De tout tems les Physiciens ont tâché de connoître l'intérieur de l'homme par l'extérieur, & surtout par son visage; ils ont regardé une laideur extrême comme une marque d'esprit; ils ont même prétendu que le Poëte parla en Physicien, lorsqu'il dit, *ingenio formæ damna rependo meæ.* Suivant eux les timides & les paresseux ont le visage blanc, grand & long: les coleres l'ont enflammé: ceux qui aiment l'étude l'ont maigre, &c. Channevelle a ramassé les raisons qu'ils apportent, *tom.* 9, de son Cours de Philosophie, *pag.* 615 & *suivantes*, elles ne sont pas toujours démonstratives. Nous y renvoyons le Lecteur.

VISCOSITÉ. Un fluide a de la viscosité, lorsque ses molécules ont de l'adhésion entre elles. L'huile, par exemple, a beaucoup de viscosité.

VISIBILITÉ. Qualité qui rend les corps visibles. Il y a des corps lumineux & des corps éclairés. La visibilité des premiers vient de la propriété qu'ils ont d'envoyer de leur sein le fluide lumineux ; celle des seconds vient du pouvoir qu'ils ont de réfléchir ce même fluide.

VISION. Action par laquelle l'ame apperçoit les objets qui font impression sur l'organe de la vue. Cherchez *voir*, *œil*, *optique*.

VITESSE. Les Physiciens définissent la vîtesse d'un mobile la correspondance qu'il a à certains lieux dans un tems donné. Quoi qu'il en soit de cette définition, il est sûr que la vîtesse a rapport à l'espace parcouru, & au tems employé à le parcourir. Supposons, par exemple, que le corps A parcoure vingt lieues dans deux heures, & le corps B cent lieues dans quatre heures, l'on doit assurer que la vîtesse du corps A est à celle du corps B, comme 10 qui est le quotient de 20 divisé par 2, est à 25 qui est le quotient de 100 divisé par 4. L'on a donc raison d'avancer en Physique que l'on connoît la vîtesse d'un mobile, lorsque l'on divise l'espace parcouru par le tems qu'il a employé à le parcourir. Nous reprendrons cette matiere.

De-là concluons 1°. que deux corps qui parcourent le même espace en différens tems, ont leur vîtesse en raison inverse des tems. Supposons en effet que 12 lieues soient parcourues en trois heures par le corps A, & en six heures par le corps B ; il est évident que le corps A aura quatre degrés, & le corps B deux degrés de vîtesse ; donc la vîtesse du corps A est à la vîtesse du corps B, comme quatre est à deux ; mais quatre est à deux, comme six heures sont à trois heures ; donc la vîtesse du corps A est à la vîtesse du corps B, comme six heures sont à trois heures ; mais six heures représentent le tems que le corps B a mis à parcourir douze lieues, & trois heures représentent le tems que le corps A a mis à parcourir les mêmes douze lieues ; donc la vîtesse du corps A est à la vîtesse du corps B, comme le tems que le corps B a mis à parcourir douze lieues, est au tems que le corps A a mis à parcourir les mêmes douze lieues ; donc deux corps qui parcourent le même espace en différens tems, ont leur vîtesse en raison inverse des tems.

Concluons 2°. que deux corps qui parcourent différens espaces dans un même tems, ont leur vîtesse en raison directe des espaces parcourus. Supposons, par exemple, que le corps A parcoure douze lieues, & le corps B vingt-quatre lieues dans deux heures, le premier aura 6, & le second 12 de vîtesse ; donc j'aurai la proportion suivante ; la vîtesse du corps A est à celle du corps B, comme 6 est à 12 ; mais 6 est à 12, comme 12 lieues sont à 24 lieues ; donc la vîtesse du corps A est à la vîtesse du corps B, comme douze lieues sont à vingt-quatre lieues ; mais douze lieues représentent l'espace parcouru par le corps A, & vingt-quatre lieues l'espace parcouru par le corps B ; donc la vîtesse du corps A est à la vîtesse du corps B, comme l'espace parcouru par le corps A est à l'espace parcouru par le corps B ; donc deux corps qui parcourent différens espaces dans un même tems, ont leur vîtesse en raison directe des espaces parcourus.

Il n'est pas nécessaire de faire remarquer que ceux qui n'auront pas présens à l'esprit les articles de ce Dictionnaire qui commencent par les mots *raison* & *proportion*, trouveront ces deux corollaires fort obscurs.

Il faut avouer cependant que, dès qu'on a quelques notions d'algebre, l'on aime à voir exprimer analytiquement tout ce que nous venons de dire. Comme nous supposons donc que ceux qui lisent cet ouvrage, ont parcouru les articles de ce Dictionnaire qui commencent par les mots, *Arithmétique algébrique. Arithmétique algébrique appliquée à l'analyse* ; nous ne nous ferons pas une peine de nommer la plus grande des deux vîtesses V ; la plus petite, *u* ; le plus grand des deux espaces, E ; le plus petit, *e* ; le plus long des deux tems, T ; le plus court, *t*.

Proposition. Deux corps qui parcourent des espaces inégaux dans des tems inégaux, ont leurs vîtesses comme les espaces parcourus divisés par les tems employés à les parcourir.

Explication. L'on me donne le globe A & le globe B ; & l'on m'assure que le globe A parcourt quarante-huit lieues dans huit heures, & le globe B douze lieues dans 6 heures ; je dis que la vîtesse du globe A : à la vîtesse du globe B :: $\frac{48}{8}$: $\frac{12}{6}$, c'est-à-dire :: 6 : 2. Je nomme la vîtesse du globe A, V ; la vîtesse du globe B, *u* ; quarante-huit lieues, E ; douze lieues, *e* ; huit heures, T ; six heures, *t*.

Démonstration. 1°. La vîtesse du globe A $= V = \frac{E}{T}$, par tout ce que nous avons dit au commencement de cet article.

2°. La vîtesse du globe B $= u = \frac{e}{t}$.

3°. $V = \frac{E}{T}$. $u = \frac{e}{t}$. Donc $V : u :: \frac{E}{T} : \frac{e}{t}$.

4°. $\frac{E}{T} = \frac{48}{8} = 6$.

5°. $\frac{e}{t} = \frac{12}{6} = 2$. Donc $V : u :: 6 : 2$.

Corollaire premier. $TVe = tuE$. En voici la démonstration.

$$V : u :: \frac{E}{T} : \frac{e}{t}.$$

$$\frac{Ve}{t} = \frac{uE}{T}.$$

$$TVe = tuE.$$

Explication. $V : u :: \frac{E}{T} : \frac{e}{t}$ *par la proposition précédente*; donc, par la propriété de la proportion géométrique, $\frac{Ve}{t} = \frac{uE}{T}$. Donc, en multipliant ces fractions en croix, suivant la méthode expliquée dans l'article, *arithmétique algébrique appliquée à l'analyse*, l'on aura $TVe = tuE$.

Corollaire second. $TVe = tuE$. Donc, en supposant $T = t$, l'on aura $Ve = uE$.

2°. $Ve = uE$. Donc, en décomposant cette équation, l'on aura $V : u :: E : e$. Donc deux corps qui parcourent différens espaces dans des tems égaux, ont leurs vîtesses en raison directe des espaces parcourus.

Corollaire troisieme. 1°. TVe = tuE. Donc en supposant E = e, l'on aura TV = tu.

2°. TV = tu. Donc, en décomposant cette équation, l'on aura V : u :: t : T, c'est-à-dire, deux corps qui parcourent le même espace en différens temps, ont leur vîtesse en raison inverse des tems.

Corollaire quatrieme. 1°. TVe = tuE. Donc en supposant, V = u, l'on aura Te = tE.

2°. Te = tE. Donc, en décomposant cette équation, l'on dira T : t :: E : e, c'est-à-dire, lorsque deux corps ont une égale vîtesse, les espaces parcourus sont en raison directe des tems employés à les parcourir.

Il reste sur la vîtesse une infinité d'autres problemes à résoudre; l'on trouvera la solution des principaux dans l'article du *mouvement*. C'est-là où nous avons démontré que deux corps qui ont des forces égales & des masses inégales, ont leurs masses en raison inverse de leurs vîtesses, &c.

VITESSE *absolue*. C'est la vîtesse d'un corps considérée en elle-même, c'est-à-dire, considérée sans aucun rapport avec la vîtesse d'un autre corps.

VITESSE *relative*. C'est la vîtesse d'un corps comparée avec celle d'un autre corps. Dans la proposition précédente, & dans les quatre corollaires que nous en avons tiré, nous avons parlé de la vîtesse relative.

VITESSE *actuelle*. C'est la vîtesse d'un corps qui parcourt actuellement un tel espace dans un tel tems.

VITESSE *dispositive*. C'est la vîtesse d'un corps qui tend à parcourir tel espace dans un tel tems, mais qu'un empêchement retient dans l'état de repos. Un globe, par exemple, suspendu par une corde, a une vîtesse dispositive, parce qu'il tend à parcourir, en vertu de sa gravité, 15 pieds au premier instant, 45 pieds au second, 75 pieds au troisieme, & ainsi de suite en proportion arithmétique des nombres impairs 1, 3, 5, 7, &c., comme nous l'avons démontré dans l'article de la *statique*. De même, le corps A d'une livre, éloigné de deux pieds du point d'appui d'un lévier de la premiere espece, a une vîtesse dispositive double de celle du corps B de deux livres, éloigné d'un pied du point d'appui du même lévier;

parce que le corps A tend à parcourir un espace double de celui que tend à parcourir le corps B, comme nous l'avons démontré dans l'article de la *mécanique*. La vîtesse dispositive se mesure par l'espace que le corps tend à parcourir, divisé par le tems qu'il emploiroit à le parcourir.

VITRIOL. Les Physiciens regardent le vitriol comme une espece de sel auquel se sont mêlées plusieurs particules métalliques. On trouve le vitriol, quelquefois au fond, quelquefois à côté des mines de métal. L'expérience suivante est assez curieuse pour trouver place dans cet article.

Expérience. Faites fondre dans l'eau un peu de vitriol blanc artificiel; c'est-à-dire, un peu de vitriol vert calciné en blancheur, & écrivez avec cette dissolution; l'écriture ne paroîtra pas. Frottez cette écriture avec un peu de coton imbu de décoction de noix de galle, elle paroîtra. Ayez un second morceau de coton imbu d'esprit de vitriol, & passez-le sur les caracteres que vous avez rendu sensibles, ils disparoîtront. Enfin frottez-les avec un troisieme morceau de coton imbu d'huile de tartre faite par défaillance; ils reparoîtront, mais d'une couleur jaunâtre.

Explication. 1°. La dissolution de vitriol blanc, & l'infusion de noix de galle donnent du noir, comme nous l'avons expliqué dans l'article des *couleurs*; donc l'écriture faite avec la dissolution de vitriol blanc, doit paroître, lorsqu'on la frotte avec un coton imbu de décoction de noix de galle.

2°. L'esprit de vitriol est un acide qui dissout la coagulation faite par le mélange de la dissolution de vitriol avec la décoction de noix de galle; donc les caracteres que l'on avoit d'abord rendu sensibles, doivent disparoître lorsqu'on les frotte avec un coton imbu d'esprit de vitriol.

3°. L'huile de tartre est un alkali qui rompt la force de l'esprit de vitriol; donc, lorsqu'on frotte les caracteres redevenus invisibles avec un coton imbu d'huile de tartre, il doit y avoir encore coagulation entre la dissolution de vitriol, & la décoction de noix de galle; donc les caracteres doivent paroître une seconde fois. Ils doivent cependant avoir une couleur jaunâtre, parce que l'huile de tartre est jaune.

VIVIANI, (Vincent) *éleve du fameux Galilée, pre-*

mier Mathématicien de Ferdinand II, Grand Duc de Florence; associé étranger de l'Académie Royale des Sciences de Paris; naquit à Florence le 5 Avril 1622 d'une Famille noble. Dès l'âge de 16 ans il s'adonna à la Géométrie dans laquelle il fit des progrès infinis. Le projet qu'il forma de nous restituer les cinq livres d'Aristée qui se sont perdus, de mettre en ordre & sous un nouveau jour le cinquieme livre d'Apollonius, & de résoudre tous les problemes proposés aux Géometres par Claude Commiers, marque un vrai génie pour les Mathématiques. L'exécution de ce projet lui acquit l'estime de tous les Savans, & lui valut une pension de Louis le Grand. Viviani mourut le 22 Septembre 1703, dans sa 82e. année. Ses principaux ouvrages sont :

1°. *De maximis & minimis geometrica divinatio in quintum conicorum Apollonii Pergœi*, in-folio.

2°. *La science des proportions*, in-4°.

3°. *Enodatio problematum universis geometris propositorum à Claudio Commiers*, in-4°.

4°. *De locis solidis Aristæi senioris, opus conicum*, in-folio.

VOIR. Notre œil fait en forme de verre lenticulaire, réunit tous les rayons de lumiere qui partent du même point d'un objet; ces différens rayons frappent la rétine qui se trouve placée précisément au foyer de l'œil, & dessinent l'image à leur point de réunion. Cet ébranlement est porté par le nerf optique jusqu'au *centre ovale* que nous regardons comme le vrai siége de l'ame; & c'est alors que cette substance spirituelle intimement unie à notre corps, produit la sensation à laquelle nous avons donné le nom de *vision*. Voyez cette matiere traitée fort au long dans l'article de l'*Œil*.

VOIX. La formation de la voix est une chose très-physique. En voici le mécanisme. Tout homme qui parle, chasse de sa poitrine une certaine quantité d'air. Cet air se rend des poumons dans la trachée-artere; & de la trachée-artere dans la bouche, en passant par la glotte. Dans ce dernier passage, l'air qui a été obligé d'aller d'un lieu plus large dans un lieu plus étroit, a acquis une augmentation de vîtesse; a imprimé aux deux levres de la glotte un mouvement de frémissement; a reçu dans ses parties insensibles ce même mouvement ; & il s'est trouvé par-là modifié en *son*.

C'est le palais, la langue, les dents & les levres qui le rendent *son articulé*. Aussi dit-on communément que la voix humaine est *air* dans la trachée-artere, *son* dans la glotte, & *parole* dans la bouche. Voyez cette matiere rapprochée de ses principes dans l'article du *son* considéré en général, & dans celui du *son articulé* considéré en particulier. Ceux qui se plaisent à faire des conjectures en Physique, prétendent connoître le caractere d'un homme par sa voix. Ils disent qu'une voix ferme est la marque d'un caractere hardi & décidé ; une voix aiguë dénote un homme timide, &c. Voyez comment parle Channevelle dans le tome 9e. de son cours de Philosophie, *pag.* 631.

VOLCAN. Les Physiciens ont donné le nom de *volcans* aux éruptions du Mont-Vésuve, du Mont-Etna, & à celles de quelques autres montagnes situées dans différens pays du monde. M. Lémeri ne doute pas qu'on ne doive ces embrasemens aux particules de fer & de soufre qui fermentent dans le sein de ces montagnes de la maniere la plus violente. L'éruption du Vésuve arrivée au mois de Mai de l'année 1737, est presque une démonstration de son sentiment. Voici ce que M. de Montealégre, Secrétaire d'Etat du Roi de Naples, écrivoit à M. le Cardinal de Polignac. La montagne vomissoit par plusieurs bouches de gros torrens de matieres métalliques fondues & ardentes, qui se répandoient dans la campagne, & s'alloient jeter dans la mer. Le cours d'un de ces fleuves étoit de six à sept milles depuis sa source jusqu'à la mer, sa largeur de cinquante à soixante pas, sa profondeur de vingt-cinq à trente palmes, & dans certains fonds ou vallées de cent vingt. La matiere qui rouloit, semblable à l'écume qui sort du fourneau d'une forge, étoit composée de sel commun, de nitre, de fer, de soufre, de sel ammoniac, & d'une matiere extrêmement corrosive, comme le déclara le Chimiste du Roi de Naples.

Il n'y a peut être jamais eu d'éruption semblable à celle du 8 Août 1779. Les éruptions ordinaires commencerent le 3 & durerent jusqu'au 7. Le 8 au matin, la lave avoit cessé, mais le feu du cratere (c'est-là le nom qu'on donne à la bouche du Vésuve) annonçoit une grande fermentation intérieure. A l'entrée de la nuit, la bouche lança de de grosses pierres enflammées, qui rouloient du haut de la montagne jusqu'en bas; on entendoit une rumeur sourde qui annonçoit une terrible éruption. En effet, à une heure de nuit, il s'élança dans l'air une fumée noire, à laquelle le feu succéda; le sommet de la montagne s'ouvrit du côté de *Somma*; la bouche devint immense; & il s'en éleva une colonne de matiere fluide, de fumée & de pierres enflammées; ce qui forma une gerbe de feu de dix-huit mille pieds d'élévation. En un instant la montagne ne parut plus qu'un globe enflammé. Des foudres coupoient dans tous les sens la gerbe de feu & la colonne de fumée. Des pierres grosses comme des tonneaux, quoiqu'elles ne s'élevassent pas à beaucoup près autant que les autres, étoient vingt-cinq secondes à retomber dans la vallée de *Somma*, qui en paroissoit toute comblée. Cette terrible éruption dura vingt minutes. *Ottojano* écrasé & à demi-brûlé; la plaine de *Cacis-bella* devenue un amas de pierres & de cendres; des hommes tués; d'autres blessés, voilà une partie des tristes effets de l'éruption du 8 Août 1779. Ce terrible phénomene nous donne occasion de répondre aux deux questions suivantes.

Premiere question. Est-il possible que la gerbe de feu dont on vient de parler, ait pu avoir dix-huit mille pieds d'élévation?

Réponse. La chose est comme démontrée. La gerbe dont il s'agit, avoit une base de plus de six mille pieds de diametre, puisqu'elle s'étendoit depuis le sommet du Vésuve jusqu'au haut de la *Somma*. Les Physiciens du Royaume de Naples, attentifs à observer ce phénomene, nous assurent que la hauteur de la gerbe étoit au moins triple du diametre de sa base; donc cette gerbe a eu au moins dix-huit mille pieds d'élévation.

Seconde question. A quelle hauteur se sont élevées dans l'atmosphere terrestre les pierres qui ont été vingt secondes à retomber dans la vallée de *Somma*?

Réponse. Pour résoudre ce probleme, il ne faut que se rappeller que les corps graves qui tombent librement sur la Terre, parcourent 15 pieds pendant la premiere seconde de tems, & que les espaces parcourus répondent aux carrés des tems employés à les parcourir. Cherchez *Statique*. Ces deux Principes supposés, voici comment je procede.

La pierre A a été 25 secondes à retomber dans la vallée de *Somma* ; donc je dois dire, l'espace qu'a parcouru la pierre A pendant la premiere seconde : à l'espace qu'elle a parcouru pendant 25 secondes :: le carré de 1 = 1 : au carré de 25 = 625 ; donc 1 : 625 :: 15 pieds : à l'espace parcouru pendant 25 secondes = 9375 pieds, hauteur à laquelle la pierre A s'est élevée au-dessus de la vallée de *Somma*.

L'air, au reste, devoit être dans ce tems-là si raréfié, qu'on peut, sans erreur sensible, n'avoir aucun égard à la résistance de ce fluide, lors de la chute de la pierre.

VOLER. Les oiseaux volent facilement, parce qu'ils sont relativement plus légers que le volume d'air auquel ils répondent. C'est en dilatant leur poitrine, & en étendant leurs ailes, qu'ils acquierent une légereté spécifique si considérable. Voyez cette matiere rapprochée de ses principes dans l'article *Hydrostatique*.

VOYAGE AÉRIEN. Ces sortes de voyages rarement utiles, quelquefois agréables, souvent dangereux, toujours téméraires se font par le moyen des globes aérostatiques. Nous avons rendu compte, dans les articles *Aérostât* & *Navigation aérienne* ; de tous les voyages faits dans les airs depuis la découverte de Messieurs *Montgolfier* jusqu'au 6 Octobre 1785. Nous étions persuadés que tant de mauvais succès, mettroient fin à ces sortes d'expériences ; mais puisque nous nous sommes malheureusement trompés, nous allons continuer notre Journal, sans nous permettre aucune espece de réflexions. Nous en avons assez fait aux articles *Aérostat* & *Navigation aérienne* auxquels celui-ci n'est qu'une espece de Supplément ; nous y renvoyons le Lecteur.

L'on écrit de Francfort que M. *Blanchard* voulant réparer le mauvais succès de la premiere expérience qu'il fit dans cette ville, s'éleva seul, le 6 Octobre 1785, dans le ballon avec lequel il avoit franchi le pas de Calais. On ne dit pas à quelle hauteur il monta ; on assure seulement que, dans quarante-huit minutes, il parcourut environ sept lieues dans les airs. De retour à Francfort, il reçut des honneurs dont auroit été flatté un Général d'armée qui auroit sauvé l'Etat, par la victoire la plus signalée. Lorsqu'il entra dans le carrosse qui devoit le conduire au spectacle, les admirateurs de l'art aérosttastique dételerent les chevaux, se mirent à leur place & le traînerent en triomphe jusqu'à la porte de la salle où l'on devoit couronner son buste. Je me suis interdit toute réflexion; je voudrois bien que mes Lecteurs suivissent mon exemple.

M. *Blanchard* n'eut pas le même succès dans son seizieme voyage aérien; il le fit à Gand, le 26 Novembre 1785, en présence d'une multitude innombrable. Tout autre auroit éprouvé le sort du malheureux *Pilastre de Rosier.* Après s'être élevé à la hauteur de trente-deux mille pieds, son ballon s'enfla si prodigieusement, qu'il fut sur le point de crever. Il eut beau ouvrir la soupape, le ballon demeura tendu. Que fit M. *Blanchard?* Il fit des crevasses au pôle inférieur de son ballon; il coupa les cordons de sa nacelle, la laissa tomber & il s'attacha à son ballon qui, pour descendre du haut des nues, lui servit de parachute.

Les deux voyages aériens d'un Italien appellé *Lunardy* ont eu le même succès que ceux de M. *Blanchard;* le premier a été heureux & le second malheureux. Le 14 Octobre 1785, il partit d'Edimbourg, en Ecosse, sur les trois heures après midi, & à quatre heures, vingt-cinq minutes, il descendit sur la côte de Frise, l'une des Provinces-Unies, entre Durie & Cérès, c'est-à-dire, que dans une heure & demie, il parcourut par la route des airs un espace de dix-huit milles par mer & de dix par terre. La moindre variation dans les vents l'auroit poussé dans la mer d'Allemagne; aussi ce voyage a-t-il été regardé comme plus hardi, que celui de M. *Blanchard*, lorsqu'il se détermina à franchir le pas de Calais.

Le 20 Décembre suivant, *Lunardy* voulut tenter un second voyage aérien. Il s'éleva d'Edimbourg & il prit sa direction vers la mer. Par bonheur, il avoit eu la précaution de se munir d'un scaphandre & de se placer dans une gondole entourée & garnie de vessies remplies d'air. Quelque tems après, on le vit, à l'aide d'un télescope, tomber dans la mer, dans les environs de Gullennefs. L'aéronaute s'enfonça dans l'eau jusqu'à la ceinture. Quelques bateaux coururent à son secours, & ils l'atteignirent, trois quarts-d'heure après sa chute.

Un pareil accident étoit arrivé, dans la province de Suffolk, en Angleterre, le 11 Octobre 1785, au Doteur *Routh*, à M. *Davy* & à Madame *Hyne*. Ils s'éleverent de la petite ville de Bécles. A peine furent-ils dans les airs, que le vent changea. Ils furent portés vers la mer; ils y furent bientôt précipités, & ils y auroient péri, sans un bâtiment Hollandois qui se trouva à portée de les secourir.

Ce sera apparemment ici le dernier voyage aérien dont nous serons obligés de rende compte. Il faut espérer que tant de malheurs rendront les hommes plus sages & plus circonspects. Comme cependant nous pourrions encore nous tromper, nous invitons les aéronautes à ne monter jamais sur un ballon aérostatique, sans se munir d'un parachute. L'on trouvera la description de cette utile machine à l'article *Parachute*. On en fait de différente maniere. Plusieurs Physiciens ont eu la complaisance de nous envoyer la description de ceux dont ils se disent les inventeurs. Nous nous sommes faits un devoir de donner leurs Mémoires, tels qu'ils nous ont été remis, & une loi de ne pas faire connoître quel est celui auquel nous donnerions la préférence. Il ne nous appartient pas de juger nos maîtres, encore moins de décider quel est celui qui, le premier, a eu l'idée des parachutes. Je l'ai eue moi-même par hasard longtems avant l'invention des globes aérostatiques, à l'occasion d'un accident dont j'ai été témoin, & que j'ai raconté jusques dans ses moindres circonstances. Peut-être en est-il des parachutes, comme des Pompes à feu, dont l'idée est venue, presqu'en même tems, à différens Physiciens dans différens pays du monde. Cherchez *Pompe à feu*.

Nous nous sommes trompés. Au mois d'Avril 1786, M. *Blanchard* a fait un dix-septieme voyage dans les airs qui a été plutôt heureux que malheureux. Il s'est élevé à 18060 pieds, & il est descendu entre Amiens & Abbeville, après avoir fait trente-deux lieues en une heure & demie. Le voyage du sieur *Tétu*, entrepris le 18 Juin suivant, ne présente aucune circonstance assez intéressante, pour en entretenir nos Lecteurs.

VUE. C'est l'un des cinq sens extérieurs. Nous en avons expliqué la nature & les différentes propriétés *dans le corps de l'ouvrage*, aux articles *Œil* & *Optique*. L'on trouvera dans ces articles l'énumération intéressante de ce grand nombre d'illusions auxquelles nous sommes nécessairement exposés, lorsque nous ne nous servons que de la vue, pour juger de la situation, de la grandeur, de la figure & de la distance des objets. Nous n'avons pas cru devoir suivre le sentiment de plusieurs Physiciens d'un mérite distingué qui prétendent que la maniere dont les objets se peignent sur la rétine, devroit nous les faire appercevoir dans une situation renversée. Le premier défaut du sens de la vue, *dit M. de Buffon*, est de représenter tous les objets renversés : les enfans, avant que de s'être assurés par le toucher de la position des choses & de celle de leur propre corps, voient en bas ce qui est en haut, & en haut tout ce qui est en bas; ils prennent donc par les yeux une fausse idée de la position des objets. *Histoire Naturelle*, *édit.* in-4°. *tom.* 3. *pag.* 307.

Que les objets extérieurs se peignent sur la rétine dans une situation renversée, la chose est évidente, puisque les rayons de lumiere, partis des extrémités d'un objet quelconque, ne peuvent arriver à la rétine, qu'après s'être croisés dans la prunelle. Mais qu'on conclue de-là que nous devrions naturellement voir les objets extérieurs dans une situation renversée, voilà ce que je regarde comme une fausse conséquence. J'assure même, sans craindre de me tromper, que nous ne voyons les objets dans leur situation naturelle, que parce que leur image est peinte sur la rétine dans une situation renversée; pourquoi ? parce que l'ame nécessitée à rapporter l'objet au bout de la ligne droite qui passe par le centre de l'œil, doit transporter en haut ce qui sur la rétine est peint en bas, en bas ce qui est peint en haut, à droite ce qui est peint à gauche, & à gauche ce qui est peint à droite. Cherchez *Œil* dans le corps de l'ouvrage.

Plusieurs Physiciens prétendent encore que nous devrions voir tous les objets doubles, par la raison que dans chaque œil il se forme une image du même objet. Un second défaut & qui doit induire les enfans dans une autre espece d'erreur, *dit encore M. de Buffon*, c'est qu'ils voient d'abord tous les objets doubles, parce que dans chaque œil il se forme une image du même objet; ce ne peut être que par l'expérience du toucher qu'ils acquierent la connoiſſance néceſſaire pour rectifier cette erreur, & qu'ils apprennent en effet à juger ſimples, les objets qui leur paroiſſent doubles; cette erreur de la vue, auſſi bien que la premiere, eſt dans la ſuite ſi bien rectifiée par la vérité du toucher, que quoique nous voyions en effet tous les objets doubles & renverſés, nous nous imaginons cependant les voir réellement ſimples & droits, & que nous nous perſuadons que cette ſenſation par laquelle nous voyons les objets ſimples & droits, qui n'eſt qu'un jugement de notre ame occaſionné par le toucher, eſt une appréhenſion réelle produite par le ſens de la vue: ſi nous étions privé du toucher, les yeux nous tromperoient donc non-ſeulement ſur la poſition, mais encore ſur le nombre des objets. *Même tome, pag.* 307 & 308.

Ce n'eſt pas ainſi que j'explique, j'ajoute même, ce n'eſt pas ainſi qu'il faut expliquer pourquoi un objet, ſimple en lui-même, ne nous paroît pas double, quoique ſon image ſoit peinte en même tems dans chacun de nos yeux. Il ne faut qu'avoir une légere teinture de la conſtruction de l'œil, pour expliquer ce fait de la maniere la plus ſatisfaiſante. Lorſque nous voulons voir diſtinctement un objet, nous diſpoſons tellement nos yeux, que les rayons de lumiere, partis de cet objet, viennent frapper dans les deux rétines deux fibres ſympathiques ou homologues, c'eſt-à-dire, deux fibres qui partent du même point du cerveau; or deux impreſſions faites ſur deux pareilles fibres ne font ſenſiblement qu'une même impreſſion, & déterminent l'ame à n'appercevoir qu'un objet. Pourquoi les gens ivres, les hommes tranſportés de rage & de colere voient-ils ordinairement double? Qu'on regarde leurs yeux; l'on s'appercevra ſans peine qu'ils ſont tellement dérangés, qu'il eſt bien difficile que l'impreſſion des rayons, partis des objets, ſe faſſe ſur des fibres homologues. Il en eſt de la vue comme de l'ouie. Quoique ſon organe ſoit double, il ne s'enſuit pas cependant que nous devions entendre deux fois un ton ſimple & unique. Les deux impreſſions que fait ce ſon ſur les deux oreilles, ſont reçues ſur des fibres ſympathiques des nerfs auditifs, & par conſéquent elles doivent être regardées comme une ſeule & même impreſſion. Si la choſe n'étoit pas ainſi, le ſort des borgnes, des sourds d'une oreille seroit préférable à celui des personnes qui ont leurs deux yeux & leurs deux oreilles dans l'état le plus sain. Cherchez *Œil* dans le corps de l'ouvrage.

M. *Chefelden*, fameux Chirurgien de Londres, fit, d'abord sur un œil, l'opération de la cataracte à un jeune homme de treize ans, aveugle de naissance, & il réussit à lui donner le sens de la vue. Il lui fit la même opération sur l'autre œil plus d'un an après la premiere, & elle réussit également. Cet enfant ne vit pas les objets doubles, lorsqu'on lui eut procuré l'usage de son second œil. Ce fait est consigné dans les transactions philosophiques & dans l'histoire naturelle de M. *de Buffon*, *tom.* 3, *pag.* 317 & 318; comment peut-on avancer après une pareille démonstration physique, que nous devrions voir tous les objets doubles, par la raison que dans chaque œil il se forme une image du même objet ?

UVÉE. C'est une membrane qui se trouve sous la cornée. Vous en trouverez la description & l'usage dans l'article de l'*œil*.

VUIDE. Les Newtoniens distinguent deux sortes de vuide, l'un absolu & parfait, l'autre relatif & imparfait. Le premier n'admet aucune espece de corps, de quelque nature qu'il puisse être; tel est le vuide que tout homme raisonnable doit reconnoître avant la création de l'Univers. Le second n'exclut pas un fluide infiniment rare & infiniment délié, à-peu-près semblable à celui que nous appellons la lumiere. Les Newtoniens n'ont jamais regardé le vuide absolu comme impossible & chimérique; on ne leur entendra jamais dire, comme aux Cartésiens, que Dieu ne puisse pas anéantir tous les corps qui se trouvent renfermés entre quatre murailles, sans que ces murailles s'approchent comme nécessairement, pour ne laisser aucun espace vuide entr'elles; ils comprennent trop bien le peu de solidité, je dirois presque l'impiété d'une pareille réponse. Ils se contentent cependant d'admettre dans les espaces célestes un vuide imparfait & purement relatif. Quelques-uns parmi eux n'ont pas craint d'assurer que la lumiere est un fluide si rare, que toute celle qui se trouve entre Saturne & le Soleil ne contient pas autant de matiere réelle, qu'un pied cubique d'air. Quoi qu'il en soit de cette assertion que l'on ne peut regarder que comme une conjecture assez mal fondée, il est évident 1°. Que le fluide qui reste dans le récipient de la machine pneumatique, lorsque l'expérience du barometre réussit le mieux, est un corps infiniment rare, si on le compare avec l'air grossier que nous respirons; puisque nous voyons tous les jours que dans le récipient ainsi purgé d'air, une plume tombe aussi vîte que les corps les plus pesans que nous connoissions sur la terre; il est évident 2°. que le fluide qui se trouve dans les espaces célestes, est un corps pour le moins aussi rare, que le fluide qui reste dans le récipient purgé d'air; donc les corps célestes se meuvent dans un fluide infiniment rare par rapport à eux; donc ils se meuvent dans un vuide relatif. Voilà l'idée que l'on doit se former du vuide Newtonien. Contient-il rien de contraire aux loix de la saine Physique? Comme le parti que l'on prend sur le plein ou sur le vuide, décide du systeme que l'on embrasse en Physique; nous croyons devoir avancer les propositions suivantes.

Premiere proposition. L'on ne peut pas admettre dans les espaces célestes un vuide parfait & absolu.

Démonstration. Il y a dans les espaces célestes, au moins de la lumiere; donc l'on ne peut pas admettre dans ces espaces un vuide parfait & absolu.

Seconde proposition. Newton n'a jamais admis dans les espaces célestes un vuide parfait & absolu.

Démonstration. Newton admet dans les espaces célestes des vapeurs & de la lumiere. Voici en effet comment il parle à la fin de la section 7e. du livre second des principes de la Philosophie naturelle. *Propterea spatia cœlestia per quæ globi planetarum & cometarum in omnes partes liberrimè, & sine omni diminutione sensibili perpetuò moventur, fluido omni corporeo destituuntur, si fortè vapores longè tenuissimos & trajectos lucis radios excipias.* Cela constaté, voici comment je raisonne: le vuide parfait suppose l'absence de tout corps. Mais Newton n'a jamais supposé dans les espaces célestes l'absence de tout corps, même fluide; donc Newton n'a jamais supposé le vuide parfait dans les espaces célestes.

Troisieme proposition. Le plein parfait n'existe pas dans les espaces célestes.

Démonstration. Les cometes se meuvent dans les espaces célestes, suivant toute sorte de directions, sans perdre leur mouvement ; & sans se précipiter après un certain nombre de siecles dans le sein de l'astre autour duquel elles se meuvent ; donc les cometes ne déplacent pas toutes les fois qu'elles parcourent la longueur de leur axe, une quantité sensible de matiere fluide ; donc elles se meuvent dans un fluide très-rare ; donc le plein parfait n'existe pas dans les espaces célestes.

Quatrieme proposition. Il existe dans les espaces célestes un vuide imparfait.

Démonstration. Il n'existe dans les espaces célestes ni un vuide parfait, *par la premiere proposition*, ni un plein parfait, *par la troisieme* ; donc il existe dans les espaces célestes un vuide imparfait.

Cinquieme proposition. Le fluide qui existe dans les espaces célestes, est un fluide d'une rareté incompréhensible.

Démonstration. Depuis le commencement du monde, les cometes traversent ce fluide dans tous les sens, sans rien perdre sensiblement de leur vîtesse ; donc le fluide qui existe dans les espaces célestes, est d'une rareté incompréhensible. Cherchez *matiere subtile Newtonienne.*

Sixieme proposition. L'air que nous respirons, est infiniment plus dense que le fluide qui se trouve dans les espaces célestes.

Démonstration. Les corps terrestres, les boulets de canon, les balles, par exemple, perdent bientôt toute leur vîtesse par la résistance de l'air qu'il faut diviser & pousser en avant : les corps célestes au contraire, ne perdent rien de leur vîtesse dans le fluide qu'ils traversent ; donc l'air que nous respirons, est infiniment plus dense que le fluide qui se trouve dans les espaces célestes.

Septieme proposition. L'on ne peut pas admettre le plein parfait dans l'atmosphere terrestre, même aux environs de la terre.

Démonstration. S'il existoit un plein parfait dans l'atmosphere terrestre, un pied cubique d'air contiendroit autant de matiere qu'un pied cubique d'or, puisqu'aucun de ces deux corps n'admettroit aucun vuide. Donc les corps terrestres solides ne pourroient pas parcourir dans notre atmosphere la longueur de leur axe, sans perdre une partie très-sensible de leur vîtesse ; voyez-en la preuve dans l'article qui commence par le mot *Milieu*. Mais l'expérience nous apprend que les corps solides les plus denses parcourent dans l'atmosphere terrestre plusieurs fois la longueur de leur axe, sans rien perdre sensiblement de leur vîtesse ; donc l'on ne peut pas admettre le plein parfait dans l'atmosphere terrestre, même aux environs de la terre. Voilà en deux mots le fond de notre systeme sur le vuide ; les difficultés qu'on nous oppose, ne sont pas capables de nous faire changer de sentiment ; nous allons répondre aux principales.

Les Cartésiens nous objectent, 1°. Que la matiere n'étant pas distinguée de l'étendue ; & que l'esprit appercevant de l'étendue dans l'espace que nous appellons vuide, il n'est aucun point dans l'univers, où nous n'appercevions de la matiere, & qu'il n'est par conséquent aucun point que nous puissions regarder comme vuide.

Mais quand même il seroit prouvé que la matiere n'est pas distinguée de l'étendue actuelle & physique, ce qui n'est rien moins que probable, s'ensuivroit-il de là que la matiere ne fût pas distinguée de l'étendue idéale & intellectuelle ? j'avoue que je ne vois pas la légitimité de cette conséquence. Que signifie donc cette façon de parler, *le vuide a de l'étendue* ? elle signifie seulement que le vuide est un espace dans lequel on peut placer un corps réellement & physiquement étendu. Le vuide a 2 pieds de longueur, lorsqu'on peut y placer un corps de deux pieds de long ; il en auroit 4, s'il pouvoit recevoir un corps long de 4 pieds. Il en est de l'espace comme de la bourse ; on dit une riche bourse, lorsqu'elle renferme des richesses considérables ; l'on dit aussi un grand espace lorsqu'on peut y faire entrer une grande quantité de matiere. Mais si l'on se moque d'un homme qui confond les louis avec la bourse ; que doit-on faire d'un Physicien qui ne distingue pas le corps contenu d'avec l'espace qui le contient ?

D'ailleurs, l'argument des Cartésiens ne va à rien moins qu'à prouver que la matiere est infinie & incréée ; infinie, puisque notre esprit ne met point de bornes à l'étendue qu'il imagine ; increée, puisque nous appercevons de l'étendue dans le lieu qu'occupe le monde que nous habitons.

On nous objecte, 2°. Que deux corps séparés par un vuide d'une lieue, se toucheroient nécessairement, puisqu'il n'y auroit entr'eux rien d'intermédiaire.

C'est-là ce qu'on peut appeller une chicane pédantesque. Deux corps se touchent, lorsqu'il ne peut y avoir entr'eux aucun corps intermédiaire. Dans l'hypothese que l'on vient de faire, il n'y auroit rien d'intermédiaire entre les deux corps dont on parle ; mais on pourroit placer entr'eux une infinité d'autres corps.

On nous objecte, 3°. Que le Soleil étant fluide & ayant un mouvement sur son axe, ses parties devroient s'échapper par la tangente, si cet astre étoit placé dans le vuide.

Si l'on remarquoit que les Newtoniens reconnoissent une vraie force centripete vers le centre du Soleil, dans chacune des parties qui composent cet astre, l'on ne seroit pas tenté de proposer sérieusement une pareille objection. Cherchez *Attraction*.

On nous objecte 4°. Que la lumiere se trouvant dans tous les points du Ciel, l'on doit regarder les espaces célestes comme absolument & parfaitement pleins.

La réponse à cette difficulté se présente à quiconque sait distinguer les points sensibles d'avec les points réels. La lumiere se trouve, il est vrai, dans tous les espaces sensibles, mais non pas dans tous les espaces réels que comprend la sphere d'activité du Soleil. Il en est du fluide lumineux, comme du fluide odoriférant. On dit tous les jours qu'une chambre est remplie de l'odeur d'une rose, sans prétendre avancer par-là que les corpuscules émanés du sein de cette fleur, se trouvent dans tous les points réels de l'aire de cette chambre.

On nous objecte, 5°. Que les cometes & les planetes devroient enfin perdre leur mouvement dans le fluide Newtonien, puisqu'elles déplacent une quantité réelle de matiere. On avoue, il est vrai, que ce phénomene arriveroit plus tard dans le vuide imparfait, que dans le plein absolu. Mais peu importe dans le fond ; ce systeme ne sera pas plus recevable que celui de Descartes, s'il est vrai, qu'en vertu de la résistance qu'oppose le fluide Newtonien, les astres doivent un jour se précipiter dans le sein du Soleil.

Les Newtoniens avouent que le fluide qui se trouve dans

les espaces célestes, oppose aux astres qui le traversent, une espece de résistance ; mais c'est une résistance infiniment petite : or une résistance infiniment petite devroit être répétée un nombre infini de fois, pour occasionner une résistance sensible. Ce ne sera donc qu'après un nombre infini de jours que l'on pourra s'appercevoir de quelque dérangement causé dans le mouvement des astres par la résistance du fluide Newtonien. Il se passera bien des millions d'années, avant que nous puissions faire une pareille observation ; le monde ne durera pas assez pour cela. Si la mer n'avoit dû perdre chaque jour qu'une goutte d'eau, il se seroit passé des milliards & des milliards d'années, avant qu'on eût pu remarquer quelque diminution dans l'océan. La perte d'une goutte d'eau est infiniment plus sensible par rapport à la mer, que la perte de vîtesse occasionnée chaque jour par la résistance du fluide Newtonien, n'est sensible par rapport au mouvement des corps célestes. Nous regardons le fluide céleste comme infiniment rare. Cherchez *matiere subtile Newtonienne.*

Pour comprendre combien peu nous nous écartons des idées de Newton, on n'a qu'à lire la plus grande partie de sa vingt-unieme question d'optique.

WALLIS (Jean) *naquit à Asford dans le Kent en Angleterre, en l'année* 1616. Le monde savant n'oubliera jamais qu'on lui doit en grande partie l'établissement de la Société Royale de Londres, dont il fut un des premiers membres. Il oubliera encore moins qu'il a été comme l'inventeur du calcul infinitésimal. C'est dans son *arithmétique des infinis* qu'il en donna les premiers élémens. Wallis, *dit M. de Fontenelle, dans la préface qu'il a mise à la tête de sa géométrie de l'infini*, plus hardi que Cavalerius, soit par le génie de sa nation, soit parce qu'il venoit après l'Italien, dont la méthode commençoit à s'établir, produit dans tout son ouvrage, sans marquer aucune crainte, sans user de précautions, des séries ou suites infinies de nombres, & détermine les rapports de leur somme, d'où dépendent non seulement des rapports de plans & de solides que Cavalerius avoit donnés, mais encore des quadratures & des rectifications de courbes qui n'entroient pas dans la théorie de Cavalerius. Wallis, pour tout dire, en un mot, a commencé où Cavalerius avoit fini. L'ouvrage dont nous venons de parler, n'est pas le seul qu'il ait donné au public. Son Arithmétique & ses sections coniques sont très-estimées. Wallis aimoit véritablement les sciences. Ce fut pour en procurer l'avancement, qu'il donna au public les éditions des ouvrages d'Archimede, de l'harmonie de Ptolomée, du traité de la distance du Soleil & de la Lune par Aristarque de Samos; ce fut dans les mêmes vues qu'il fit des commentaires sur l'harmonie de Porphyre. Ce grand homme mourut à Oxford, le 28 Octobre 1703, à l'âge de 87 ans. Il avoit enseigné pendant long-tems les mathématiques dans cette ville avec un concours prodigieux de monde.

WILLIS, (Thomas) *Professeur de Philosophie naturelle à Oxford, & l'un des premiers Membres de la Société Royale de Londres, naquit à Greatbedwin dans le Comté de Wilt, le* 6 *Février* 1622. L'Angleterre le regarde avec raison comme un des plus grands Médecins qu'elle ait nourri dans son sein. Le recueil de ses œuvres en 2 volumes *in*-4°. lui a mérité cette haute réputation, non-seulement dans son pays, mais encore dans tout le monde savant. On seroit surpris de nous voir donner ici l'abrégé de ce précieux recueil; la plupart des matieres qui y sont contenues, sont tout-à-fait éloignées de notre profession. Mais ce qu'on ne sauroit trouver mauvais, c'est que nous rapportions le sentiment de Willis sur la glande pinéale, la cause physique des mouvemens du cœur, & la cause physique de la rougeur du sang; ces points appartiennent pour le moins autant à la Physique qu'à la Médecine.

1°. Willis n'a pas pensé, comme Descartes, que la glande pinéale fût le siége d'où l'ame présidât aux opérations dans lesquelles le corps entre comme pur instrument & pure condition: il l'a regardée comme destinée à séparer d'avec le sang ce qu'on appelle *humeurs séreuses*, *tom.* 1, *pag.* 311.

2°. Willis regarde le cours des esprits vitaux dans les nerfs qui aboutissent au cœur, comme la cause principale des mouvemens de ce viscere. Il apporte en preuve de son assertion l'expérience qu'il fit sur un chien vivant, dont il lia les 2 troncs des nerfs qui forment la *paire vague*. Voyez comment il parle, *tom.* 1. *pag.* 368.

3°. Willis assure que notre sang doit sa couleur rouge aux particules de nitre que nous recevons par la respiration, *tom.* 1, *pag.* 668; il mourut le 21 Novembre 1675, dans sa cinquante-quatrieme année.

WINSLOW, (Jacques Benigne) *Médecin de la Faculté de Paris, Membre de l'Académie Royale des Sciences de la même ville, & de la Société Royale de Berlin, naquit à Odensée dans le Danemarck, le 2 Avril* 1669. On peut demander absolument si quelqu'un a connu le corps humain aussi-bien que lui; mais je doute qu'on puisse demander, si quelqu'un en a eu une connoissance plus parfaite. Son ouvrage en 4 volumes *in*-12, intitulé *Exposition anatomique de la structure du corps humain*, entre dans des détails infinis. Il est divisé en 10 traités; les deux premiers sont sur les os; le troisieme sur les muscles; le quatrieme sur les arteres; le cinquieme sur les veines; le sixieme sur les nerfs; le septieme & le huitieme sur le bas ventre; le neuvieme sur la poitrine; & le dixieme sur la tête. Nous avouons avec reconnoissance, que ce qu'il y a de mieux dans les articles physico-anatomiques de ce Dictionnaire, a été tiré de l'ouvrage de M. Winslow. Comme cet Auteur n'est pas entré dans les causes physiques des mouvemens des différentes parties, dont il fait l'énumération, & que son livre est entre les mains de tout le monde, nous ne croyons pas devoir en rendre un compte plus exact; il est des ouvrages assez généralement estimés, pour n'avoir besoin d'aucun panégyriste; celui de M. Winslow est de ce nombre. Ce savant anatomiste mourut à Paris, le 3 Avril 1760, dans les sentimens les plus chrétiens & les plus religieux. Il avoit été converti du Luthéranisme à la Religion Catholique par le grand Bossuet.

WOLF (Christiern) *naquit à Breslaw, dans la Silésie en l'année* 1679. Il a excellé dans la Physique, & dans les mathématiques. Outre son grand ouvrage en 5 volumes *in*-4°. dont nous parlerons bientôt, il donna en 1693 une dissertation intitulée *de Philosophiâ practicâ universali*; cet écrit lui mérita l'honneur d'être associé au travail de ceux qui formoient le précieux recueil qui a pour titre *Acta Eruditorum*. En 1706 il publia son *Aérométrie*, ouvrage fort estimé, & dans lequel l'auteur paroît aussi grand Physicien que Mathématicien. En 1709 il donna une dissertation sur le froid; cette piece lui valut une place à la Société Royale de Londres. En 1711 il fit paroître ses tables des sinus & des tangentes. En 1723 nous eumes ses essais de Physique expérimentale. En 1724 il publia ce qu'il appelle *horæ successivæ.* Tous ces ouvrages très-précieux en eux-mêmes disparoissent, pour ainsi dire, mis en parallele avec son cours de Mathématique. Il a prétendu (& il a parfaitement bien rempli son projet) qu'un homme sans aucune idée de géométrie, & sans autre maître que son livre, pût devenir Mathématicien. Il lui présente dans le premier tome les élémens d'arithmétique, de géométrie, de trigonométrie & d'analyse ordinaire & sublime. Le second tome contient la mécanique générale & particuliere, l'aréométrie, & l'hydraulique. L'optique, la catoptrique, la dioptrique, & l'astronomie forment son troisieme volume. Il donne dans le quatrieme les élémens de l'hydrographie, de la chronologie, de la gnomonique, & de l'architecture militaire & civile. Ce que le cinquieme contient de principal, est l'histoire des Mathématiciens qui ont paru jusqu'à lui. Wolf a la bonne-foi d'avouer que les Peres Schott & de Chales Jesuites, ont fait paroître chacun un cours de mathématique, dont on doit faire grand cas. Il dit même qu'il n'a rien paru en ce genre qui vaille le cours du P. de Chales, *cursuum mathematicorum qui hactenùs lucem publicam adspexerunt, absolutissimus est.* Tom. 5, pag. 6. Si Wolf a rendu justice aux autres, on n'a pas manqué de la lui rendre à lui-même. L'Empereur le créa Baron ; le Roi de Prusse le nomma Chancelier de l'Université de Hall; le Landgrawe de Hesse-Cassel lui donna la chaire de mathématique de Marbourg, où il attira un nombre prodigieux d'écoliers. L'Académie Royale des Sciences de Paris voulut l'avoir pour associé ; l'institut de Bologne lui envoya des lettres d'aggrégation, &c. Ce grand homme mourut en 1754, à l'âge de 75 ans.

WOODWARD (Jean) *naquit en Angleterre en 1665.* Il professa pendant long-tems la médecine avec beaucoup de succès dans le Collége de Gresham ; & il se distingua non-seulement parmi les médecins, mais encore parmi les Philosophes de son siecle. Ceux qui ont lu ses ouvrages, & surtout celui qu'il a intitulé, *Essai touchant l'Histoire naturelle de la Terre*, assurent qu'ils contiennent beaucoup de bonnes choses. Nous n'avons jamais eu occasion d'en juger par nous-mêmes. Woodward aimoit véritablement les sciences; ce fut pour en procurer l'avancement qu'il fonda une chaire dans l'Université de Cambridge. Nous ignorons le tems & le lieu où mourut ce savant.

WORMIUS. Il y a eu en Danemarck plusieurs grands Médecins de ce nom. Le premier s'appelloit Olaus; le second Guillaume; le troisieme Olaus. Le premier naquit en Jutlande le 13 Mai 1588. Après avoir parcouru une grande partie de l'Europe, & enseigné avec distinction à Copenhague la Médecine & la Physique, il fut fait Médecin du Roi Christiern V. Il mourut Recteur de l'Académie de Copenhague, le 7 Septembre 1654, à l'âge de 66 ans. Il laissa un très-beau cabinet de Physique, dont son fils Guillaume Wormius donna la description. Ce même Guillaume Wormius se distingua dans la médecine & dans la physique expérimentale; & il mourut en l'année 1704, à l'âge de 71 ans. Son fils (Olaus) suivit la même carriere que son pere, & avec le même succès. Il ne lui survécut que quatre ans, étant mort le 28 Avril 1708, à l'âge de 41 ans. Il nous a laissé deux ouvrages; l'un *de Glossopetris*; l'autre, *de viribus medicamentorum specificis.* La regle que nous nous sommes faite de ne pas parler des ouvrages que nous n'avons pas vus, nous empêche de rendre compte de celui-ci.

WREN (Christophe) *naquit en Angleterre, le* 20 *Octobre* 1632. L'on prétend qu'à l'âge de 16 ans il savoit à fond l'astronomie, la gnomonique, la mécanique & la statique. Ce qu'il y a de vrai, c'est qu'à l'âge de 23 ans, il enseigna avec éclat la premiere de ces 4 sciences à Londres. Trois ans après il accepta la chaire d'Astronomie d'Oxford. L'architecture est la partie dans laquelle Wren s'est le plus distingué. C'est à lui que l'Angleterre doit le théâtre d'Oxford, les Eglises de St. Paul & de St. Etienne de Londres, le Palais de Hamptoncourt, le Collége de Chelsea, l'hôpital de Greenvich, & plusieurs autres magnifiques édifices qui rendront sa mémoire immortelle. Il mourut à Londres, le 25 Février 1723, à l'âge de 91 ans.

X

X

XÉNOCRATE *naquit à Calcédoine, environ l'an 404 avant Jesus-Christ.* Il a occupé une place distinguée parmi les Philosophes de la Grece. Aucun des ouvrages qu'il a composés, n'est parvenu jusqu'à nous. On ne nous a conservé que ses sentences; voici les principales. Lorsque quelqu'un se présentoit pour être son Disciple, il lui demandoit s'il savoit les mathématiques, & lorsqu'il trouvoit qu'il n'avoit fait aucun progrès dans cette science, il le renvoyoit, en lui disant qu'il *n'avoit pas la clef de la Philosophie.* Alexandre le grand lui envoya 50 talens, comme une marque non équivoque de l'estime qu'il faisoit de lui. Il invita à souper les députés de ce Prince, & il ne leur fit servir que son repas ordinaire. Lorsque le lendemain ceux-ci voulurent lui compter la somme considérable dont ils étoient chargés, il la refusa avec cette sentence : *le souper d'hier n'a-t-il pas dû vous faire comprendre que je n'ai pas besoin d'argent?* C'est de lui que nous tenons cette belle maxime : *on se repent souvent d'avoir trop parlé, mais jamais de s'être tu.* Xénocrate entendoit mieux la *morale que la physique.* S'il eût eu les premiers principes de cette science, il n'auroit pas regardé le Ciel & les sept planetes comme huit Dieux. Il mourut à l'âge d'environ 90 ans.

XÉNOPHANES *naquit à Colophon, suivant les uns, environ l'an 469, & suivant les autres, environ l'an 540, avant Jesus-Christ.* La Grece l'a mis au nombre de ses Philosophes. Ce ne sont pas assurément ses principes philosophiques qui lui ont mérité cette place; l'on assure que Spinosa a tiré de lui son systeme abominable sur la divinité. Les dogmes de Xénophanes parurent si impies à ses compatriotes, qu'il fut banni de sa patrie, presque d'un commun consentement. C'est un des premiers qui ait regardé la Lune habitée. Son disciple le plus illustre a été Parménides à qui sans doute il avoit appris que la premiere génération des hommes vient du Soleil. Xénophanes étoit assez extravagant pour imaginer un pareil systeme; & Parménides assez fou pour le débiter. Sa morale paroissoit meilleure que sa physique. Il répondit à quelqu'un qui l'accusoit d'être poltron : *oui, je le suis extrêmement, lorsqu'il s'agit de faire des actions honteuses.* Il mourut à l'âge d'environ 100 ans dans une extrême pauvreté, dont il ne supportoit pas les rigueurs avec patience. Le mépris qu'il faisoit du grand Homere, empêcha Hiéron, roi de Syracuse, de le secourir : *Je suis si pauvre*, disoit-il à ce Prince, *que je n'ai pas le moyen d'entretenir deux serviteurs. Eh comment*, lui répondit Hiéron, *Homere que tu reprens & que tu blâmes ordinairement, tout mort qu'il est en nourrit plus de dix mille.*

XENOPHON, fils de Grillus, naquit à Enchia, village du territoire d'Athenes, environ l'an 450 avant la naissance du Messie. Les Législateurs le regardent avec raison comme un grand politique; il leur a appris que la science du gouvernement ne consiste pas à prendre les hommes tels qu'ils sont, mais à les former tels qu'on veut qu'ils soient ; c'est dans sa *Cyropédie* qu'il leur offre les vues les plus neuves, les plus simples, les plus importantes sur l'éducation nationale. Ceux qui ont écrit sur l'art militaire, ne se contentent pas de parler de *Xénophon* comme d'un Capitaine brave & courageux; ils ajoutent qu'il n'en avoit point existé & qu'il en existera peu qui aient été aussi fertiles en expédiens que lui. Ils en trouvent la preuve dans l'ouvrage qu'il a intitulé : *la retraite des dix mille.* Après la mort de *Cyrus* le jeune, tué dans la bataille qu'il livra à son frere *Artaxercès*, les Grecs qui étoient venus à son secours, sous la conduite de *Xénophon*, demanderent à retourner dans leur patrie, quoiqu'ils en fussent éloignés de cinq cent lieues; ils étoient au nombre de dix mille. *Xénophon* loua leur courage & le généreux mépris qu'ils faisoient des établissemens avantageux qu'on leur offroit en Perse. Il se mit à leur tête, & il les ramena en Grece, à travers les pays les plus affreux, & après avoir remporté autant de victoires, qu'il trouva de peuples différens sur sa route. Les Rhéteurs louent la pureté & l'élégance de son style; ils disent que les graces même conduisoient sa plume; ils ajoutent qu'on avoit eu raison de le surnommer l'*Abeille grecque*, la *Muse Athénienne.* Pour nous qui, dans un ouvrage de Physique, ne pouvons pas considérer *Xénophon* sous ces différens rapports, nous nous bornerons à faire valoir les raisons qui ont engagé *Diogene Laerce* à lui donner une place distinguée parmi les anciens Philosophes, les sages de l'ancienne Grece ; il en est peu qui aient été décorés de ce nom à plus juste titre que lui.

La nature avoit doué *Xénophon* de ses dons les plus précieux. Sa taille étoit riche & bien proportionnée, son air doux & modeste, la candeur étoit peinte sur sa physionomie. Ces avantages extérieurs frapperent *Socrate* tout Philosophe qu'il étoit, la premiere fois qu'il le vit ; il résolut d'en faire son disciple. Ce fut dans une petite rue que *Socrate* le rencontra ; il lui en barra le passage avec son bâton, & il lui adressa ces paroles : *Enseignez-moi où se vendent les denrées nécessaires à la vie. C'est au marché*, lui répondit le jeune *Xénophon*, *je vous y conduirai, si vous le jugez à propos.* A cette premiere question en succéda une seconde de la part du Philosophe. *Enseignez-moi où se forment les hommes à la vertu. Je n'en sais rien*, lui répondit le jeune homme. *Et quoi*, repartit *Socrate*, *vous savez où l'on trouve les choses nécessaires au corps, & vous ne savez pas où l'on trouve les choses nécessaires à l'ame ? suivez-moi, & venez l'apprendre.* *Xénophon* le suivit, & il ne tarda pas à se faire un nom parmi les disciples de ce grand Maître. Parmi ce grand nombre de personnes qui fréquentoient l'école de *Socrate*, se trouvoit alors le *divin Platon* ; il régna bientôt entre ces deux fameux éleves une rivalité qui ne contribua pas peu dans la suite à la perfection de leurs ouvrages. *Xénophon* a été le premier qui se soit occupé à écrire l'histoire des Philosophes & l'exposition de leurs dogmes, ouvrage qui fut dans la suite d'un grand secours à *Diogene Laerce*, lorsqu'il en composa un plus complet sur le même sujet. Nous avons de lui différens autres ouvrages dont les principaux sont : l'*Histoire des Grecs* ; l'*Education de Cyrus* ou la *Cyropédie* ; l'*Art de monter à cheval* & *les devoirs d'un Général de cavalerie* ; le *Gouvernement d'Athenes & de Lacédémone* ; l'*Apologie de Socrate* ; *différens Commentaires* ; un Traité sur le *choix & les qualités des semences*, &c.

Après avoir mené pendant long-tems une vie fort glorieuse & fort occupée, il se retira à Scyllonte, ville d'Elide, pour se soustraire à la fureur de ses ennemis,

& pour y passer le reste de ses jours dans les doux loisirs des Muses ; ce fut là qu'il composa la plupart des ouvrages dont nous venons de parler ; ce fut encore là qu'il apprit la mort de son fils *Grillus* qui fut tué à la bataille de Mantinée, après avoir porté le coup mortel au célebre *Épaminondas*, Général des Thébains. *Xénophon* offroit pour lors un sacrifice. A cette nouvelle, il ôta la couronne de fleurs qu'il avoit sur la tête ; mais il la reprit, dès qu'il eut appris que son fils avoit fait pendant l'action des prodiges de valeur ; il continua son sacrifice, en disant, *je savois bien que mon fils étoit mortel.* Il mourut lui-même quelque tems après à l'âge de quatre-vingt-dix ans. On croit que ce fut à Corinthe qu'il termina sa longue & glorieuse carriere ; du moins le paroît-il par l'épitaphe suivante qu'on dit avoir été gravée sur son tombeau :

Xénophon, *parce que Cyrus te reçoit dans son amitié, les Athéniens soupçonneux te bannissent de leur ville ; mais la bienfaisante Corinthe t'ouvre un asile dans son sein, où tu sais vivre heureux.*

XERCHIAM. C'est l'animal musqué des Chinois ; on le nomme quelquefois *Xé* ou *Sé* ; il est fort commun dans les Provinces de Xensi & de Chiamsi. M. *de Buffon* (*Histoire naturelle, tom. XII, édit. in-4°. p.* 361 *& suiv.*) avoue qu'il n'a jamais vu cet animal ; il rapporte ce qu'en ont dit la plupart des Naturalistes, & il ajoute qu'on ne peut gueres faire fond que sur ce qu'en a écrit *Grew* qui en a fait une description fort exacte d'après la dépouille de cet animal qui de son tems, étoit conservée dans le Cabinet de la Société de Londres, & qu'il avoit sous les yeux, lorsqu'il composoit l'ouvrage qu'il fit paroître en 1681. Le xerchiam, *dit Grew*, est un animal qui a, du bout du nez jusqu'à la queue, environ trois pieds de longueur ; la tête en a cinq à six pouces & le cou sept à huit. Le front a trois pouces de largeur ; le bout du nez n'en a pas tout-à-fait un, il est pointu & semblable à celui d'un lévrier ; ses oreilles ressemblent à celles d'un lapin, elles sont droites & elles ont environ trois pouces de hauteur ; la queue est droite aussi & n'a pas plus de deux pouces de longueur ; les jambes de devant ont environ treize à quatorze pouces de hauteur ; cet animal est du nombre des pieds fourchus, le pied est fendu profondément, armé en avant de deux cornes ou sabots de plus d'un pouce de long, & en arriere de deux autres presqu'aussi grands; les pieds de derriere manquoient au sujet que je décris ici. Les poils de la tête & des jambes n'étoient longs que d'un demi-pouce & étoient assez fins; sous le ventre ils étoient un peu plus gros & longs d'un pouce & demi; sur le dos & le reste du corps, ils avoient trois pouces de longueur, & ils étoient trois ou quatre fois plus gros que des soies de cochon, c'est-à-dire, plus gros que dans aucun autre animal. Ces poils étoient marqués alternativement de brun & de blanc depuis la racine jusqu'à l'extrémité; ils étoient bruns sur la tête & sur les jambes, blanchâtres sur le ventre & sous la queue, ondés, c'est-à-dire, un peu frisés sur la croupe & le ventre, plus doux au toucher que dans la plupart des autres animaux. Ils sont aussi extrêmement légers & d'une texture très-peu compacte. De chaque côté de la mâchoire inférieure & un peu au-dessous des coins de la bouche, il y a un petit toupet de poils d'environ trois quarts de pouce de long, durs, roides, d'égale grandeur & assez semblables à des soies de cochon.

La bourse qui renferme le musc, a environ trois pouces de longueur sur deux de largeur; elle est proéminente au-dessus de la peau du ventre, d'environ un pouce & demi. L'animal a vingt-six dents, seize dans la mâchoire inférieure, dont huit incisives devant, & quatre molaires derriere, & de chaque côté autant de molaires dans la mâchoire supérieure; & à un pouce & demi de distance de l'extrémité du nez, il y a de chaque côté, dans cette même mâchoire supérieure, une défense ou dent canine d'environ deux pouces & demi de long, courbée en arriere & en bas & se terminant en pointe; ces défenses ne sont pas rondes, mais aplaties; elles sont larges d'un demi-pouce, peu épaisses & tranchantes en arriere, en sorte qu'elles ressemblent assez à une petite faucille. Le xerchiam n'a point de cornes sur la tête; aussi *Linné* le regarde-t-il comme une espece de cerf sans cornes.

Quelqu'exacte que soit cette description, traduite de l'Anglois par M. *de Buffon*, le Lecteur ne sera pas content de la maniere dont *Grew* parle des dents du xerchiam.

Il assure qu'il en a seize dans la mâchoire inférieure, & il ne fait mention que de huit incisives devant & de quatre molaires derriere. Ou la traduction est mal faite, ou *Grew* a voulu dire que les huit dents incisives qu'on voit par devant, étoient suivies de quatre dents molaires à droite & de quatre dents molaires à gauche.

Tous les Naturalistes conviennent que le musc se forme dans une espece de poche ou tumeur qui est près du nombril de l'animal. Cette tumeur ne se remplit de musc, que dans le tems du *rut*; dans les autres tems, la quantité de cette humeur est moindre & l'odeur plus foible. Le seul mâle produit le bon musc; la femelle a bien la même poche près du nombril; mais l'humeur qui s'y filtre, n'a pas la même odeur.

Ce seroit ici le lieu d'examiner quelle est l'essence ou la matière même du musc. Sa substance pure, *dit M. de Buffon*, est peut-être aussi peu connue que la nature de l'animal qui le produit; cette drogue est toujours altérée & mêlée avec du sang ou d'autres drogues par ceux qui la vendent; les Chinois n'en augmentent pas seulement le volume par ce mélange, ils cherchent encore à en augmenter le poids en y incorporant du plomb bien trituré. Le musc le plus pur & le plus recherché par les Chinois, est celui que l'animal laisse couler sur des pierres ou des troncs d'arbres contre lesquels il se frotte, lorsque cette matiere devient irritante ou trop abondante dans la poche où elle se forme; le musc qui se trouve dans la poche même, est rarement aussi bon, parce qu'il n'est pas encore mûr, ou bien parce que ce n'est que dans la saison du *rut* qu'il acquiert toute sa force & toute son odeur, & que dans cette même saison l'animal cherche à se débarrasser de cette matiere trop exaltée qui lui cause alors des picotemens & des démangeaisons. *Chardin* & *Tavernier* ont tous deux bien décrit les moyens dont les Orientaux se servent pour falsifier le musc. Il faut nécessairement que les marchands en augmentent la quantité bien au-delà de ce qu'on pourroit imaginer, puisque, dans une seule année, *Tavernier* en acheta seize cent soixante & treize poches; ce qui suppose un nombre égal d'animaux auxquels cette poche auroit été enlevée. Mais comme le xerchiam est timide, qu'il entend de fort loin, & qu'il s'enfuit, dès qu'on approche de lui, on n'a jamais pu venir à bout d'en faire un animal domestique; son espece est confinée à quelques Provinces de l'Orient; il est impossible de supposer qu'elle est assez nombreuse pour produire une aussi grande quantité de cette matiere, & l'on ne peut pas douter que la plupart de ces prétendues poches ne soient de petits sacs artificiels faits de la peau même des autres parties du corps de l'animal, & remplis de son sang, mêlé avec une très-petite quantité de vrai musc. En effet cette odeur est peut-être la plus forte de toutes les odeurs connues; il n'en faut qu'une très-petite dose pour parfumer une grande quantité de matiere; l'odeur se porte à une grande distance; la plus petite particule suffit pour se faire sentir dans un espace considérable; & le parfum même est si durable & si fixe, qu'au bout de plusieurs années, il semble n'avoir pas perdu beaucoup de son activité. *Buffon, Hist. nat. à l'endroit déjà cité.*

La plupart des voyageurs assurent que lorsqu'on coupe le petit sac où est le musc, il en sort une odeur si forte, qu'il faut que le chasseur ait la bouche & le nez bien bouchés d'un linge en plusieurs doubles; & que souvent, malgré cette précaution, la force de l'odeur le fait saigner avec tant de violence qu'il en meurt.

Le Roi de Dantan craignant que cette marchandise falsifiée ne décriât le commerce de ses Etats, ordonna que les poches qui contiennent le musc, ne seroient point cousues, mais qu'elles seroient apportées ouvertes à Boutan, qui est le lieu de sa résidence, pour y être visitées & scellées de son sceau. Les seize cent soixante & treize poches que j'achetai dans un de mes voyages, *dit Tavernier*, étoient ainsi scellées, & elles contenoient quatre cent cinquante-deux onces de musc; elles étoient cependant toutes falsifiées. Nonobstant toutes les précautions du Roi de Dantan, les paysans les ouvrent subtilement, & ils y mettent de petits morceaux de plomb: ce que les Marchands tolerent, parce que le plomb ne gâte pas le musc.

Il y a différens moyens de connoître si une poche est falsifiée ou non. 1°. La main; ceux qui vont acheter le musc, savent par expérience combien doit peser une poche non altérée; ils prennent à la main celle qu'on leur présente, & si le poids est trop fort, ils concluent que le musc qu'elle renferme, est mélangé de plomb trituré. 2°. Le goût; ils ne manquent jamais de mettre à la bouche quelques petits grains qu'ils tirent des poches qu'on leur présente à acheter. 3°. Ils prennent un fil trempé dans du suc d'ail, & ils le tirent au travers de la poche avec une aiguille. Si l'odeur d'ail se perd, le musc est bon; si le fil la conserve, le musc a été altéré. Ce dernier moyen est le plus simple & le plus infaillible de tous.

Terminons l'histoire du xerchiam par la maniere dont se fait la chasse de cet animal. On ne commence à le trouver, *dit Tavernier*, qu'environ le cinquante-sixieme degré; mais au soixantieme, il y en a en grande quantité, le pays étant rempli de forêts: il est vrai qu'aux mois de Février & Mars, après que ces animaux ont souffert la faim dans le pays où ils sont, à cause des neiges qui tombent en quantité jusqu'à dix ou douze pieds de haut, ils viennent vers le midi, jusqu'au quarante-quatrieme ou quarante-cinquieme degré, pour manger du blé ou du riz nouveau; & c'est en ce tems-là que les paysans les attendent au passage avec des pieges qu'ils leur tendent & les tuent à coups de fleches & de bâtons; quelques-uns d'eux m'ont assuré qu'ils sont si maigres & si languissans à cause de la faim qu'ils ont soufferte, que beaucoup se laissent prendre à la course. Il faut qu'il y ait une prodigieuse quantité de ces animaux, chacun d'eux n'ayant qu'une poche, & la plus grosse qui n'est ordinairement que comme un œuf de poule, ne pouvant fournir une demi-once de musc, il faut quelquefois trois ou quatre de ces poches pour en faire une once.

M. *de Buffon* n'a pas eu donc droit de soupçonner que les seize cens soixante & treize poches que *Tavernier* dit avoir achetées, dans une seule année, fussent de petits sacs artificiels faits de la peau des autres parties du corps du xerchiam; la maniere dont se fait la chasse de cet animal, rend la chose très-possible.

Jean-Baptiste Tavernier au reste est un des plus fameux voyageurs du seizieme siecle. Il naquit à Paris en 1605. Son pere, natif d'Anvers, étoit à Paris le plus fameux Marchand de cartes géographiques. La vue de ces cartes alluma dans le jeune *Tavernier* la passion pour les voyages.

A l'âge de 22 ans, il avoit parcouru presque toute l'Europe. Il fit six voyages en Turquie, en Perse & aux Indes, par toutes les routes possibles, dans l'espace de quarante ans. Il amassa de très-grands biens par le commerce qu'il fit en pierreries, en musc, &c. Au retour de son sixieme voyage des Indes, il fut ennobli par *Louis XIV*; & ce fut alors qu'il acheta la Baronnie d'Aubonne, située au pays de Vaud, près du lac de Geneve, dans le canton de Berne. Il la vendit dans la suite au fils aîné du grand *du Quesne*, tant pour payer ses dettes, que pour faire les préparatifs d'un septieme voyage qu'il entreprit à l'âge de 83 ans. L'inconduite ou plutôt la malversation d'un de ses neveux qui dirigeoit, dans le Levant, une cargaison de deux cens vingt-deux mille livres d'achat en France, engagea *Tavernier* à entreprendre ce septieme voyage où il termina sa glorieuse carriere, à l'âge de 84 ans. Cette mort arriva à Moscou, au mois de Juillet de l'année 1689. Ce n'a pas été le premier, & ce ne sera pas le dernier oncle à qui des neveux causent des inquiétudes réelles.

M. *Valmont de Bomare*, à l'article *Xé des Chinois*, fait en peu de mots la description de cet animal; il avoue qu'on en tire le musc le plus parfait, & il renvoie à l'article *Gazelle* pour en examiner la nature & la maniere dont on se le procure. Il dit ensuite dans ce dernier article: on assure qu'on retire le musc d'une espece de gazelle des Indes. Voici la maniere cruelle dont on l'obtient, au rapport d'un témoin oculaire. On frappe la gazelle ou l'animal du musc à coups de bâton, jusqu'à ce qu'il se forme sur son corps des bosses ou des contusions où le sang se ramasse. On lie ensuite la peau dans les endroits où le sang extravasé l'a faite élever; & on serre tellement le nœud, que le sang qui est renfermé dans ces especes de poche n'en peut plus sortir: on laisse sécher ces poches sur l'animal, jusqu'à ce qu'elles tombent d'elles-mêmes. C'est-là qu'on trouve ce sang parfumé, qui s'est converti en musc au bout d'un mois. D'autres disent qu'auprès du nombril de l'animal du musc, est une espece de petite poche qui contient la substance appellée *musc*. Cette poche a près de trois pouces de long sur deux pouces de large, & elle s'éleve au-dessus du ventre d'environ un pouce. Elle est garnie de poils extérieurement, & intérieurement d'une pellicule qui renferme le musc & qui est garnie de glandes, qui, selon les apparences, servent à faire la secrétion. Chaque poche pese depuis deux jusqu'à quatre gros.

Personne ne sait plus de cas que moi des ouvrages de M. *Valmont de Bomare*. Ce grand Philosophe naturaliste me permettra bien cependant de lui faire faire les deux remarques suivantes :

1°. La narration du prétendu témoin oculaire qui raconte comment on retire le musc d'une espece de gazelle des Indes, est une fable dénuée de tout fondement, & diamétralement opposée aux principes de la saine Physique. Le musc n'a jamais été un sang extravasé ; il est même détérioré, lorsqu'on le mêle avec le sang du xerchiam ; ce qui n'arrive que trop souvent, comme nous avons eu occasion de le faire remarquer.

2°. Il est impossible de faire entrer le xerchiam dans la classe des gazelles. M. *de Buffon* en compte jusqu'à douze especes : 1°. la gazelle commune ; 2°. le kevel ; 3°. la corine ; 4°. le tzeiran ; 5°. le koba ou grande vache brune ; 6°. le kob ou petite vache brune ; 7°. l'algazel ou gazelle d'Égypte ; 8°. le pasan ou la prétendue gazelle du Bezoard ; 9°. le nanguer ou dama des anciens ; 10°. l'antilope ; 11°. le lidmée ; 12°. l'antilope des Indes.

Le xerchiam ne peut être rapporté à aucune de ces douze especes. En effet le xerchiam n'a point de cornes ; toutes les gazelles en ont : le xerchiam ne peut jamais devenir animal domestique, les gazelles le deviennent très facilement : le xerchiam habite les pays froids, les gazelles sont très-communes dans les pays chauds, dans le Sénégal en particulier : enfin le xerchiam produit le musc, aucune gazelle n'en a jamais produit un grain. Voyez ce point d'histoire naturelle traité de main de Maître par M. *de Buffon*, Tom. XII de l'édition *in*-4°. d'abord entre les *pages* 201 & 268 ; ensuite entre les *pages* 361 & 374.

M. *Valmont de Bomare* auroit eu plus de droit d'appeller le xerchiam une espece de civette, que de le nommer une espece de gazelle ; elle produit en effet un excellent musc : aussi, pour qu'il ne manque rien à cet article, allons-nous rapporter ce qu'il y de mieux dans son article *Civette* & *Zibet*.

La plupart des Naturalistes, *dit-il*, ont cru qu'il n'y avoit qu'une espece d'animal qui fournît le parfum qu'on appelle *civette*. Nous avons vu, ainsi que M. *de Buffon*, deux especes d'animaux qui ont cette propriété, la *civette* & le *zibet*.

L'animal que nous appellons *civette* est originaire d'Afrique & se nomme *kastor* dans la Guinée. Le zibet est vraisemblablement la civette de l'Asie, des Indes orientales & de l'Arabie. Il differe de la civette, en ce qu'il a le corps plus allongé, le museau plus délié, la queue plus longue & mieux marquée de taches & d'anneaux, le poil plus court, plus mollet, point de criniere sur le cou, ni le long de l'epine du dos, point de noir au-dessous des yeux, ni sur les joues; caracteres particuliers & très-remarquables de la civette.

La *civette* & le *zibet* sont deux animaux propres aux climats chauds de l'ancien continent : ceux que l'on trouve en Amérique y ont été transportés; car ces animaux, sensibles au froid, n'ont pu passer d'un continent à un autre par les terres du Nord.

La *civette* & le *zibet* mâles ne peuvent se distinguer à l'extérieur de la civette & du *zibet* femelles. Ces deux animaux ont, l'un & l'autre, au-dessous de l'anus, une espece de poche dont l'ouverture est d'environ deux pouces; sa capacité est assez grande pour contenir un petit œuf de poule; cette poche se remplit d'une liqueur odorante à laquelle on a donné le nom de *civette*.

La *civette* & le *zibet*, quoiqu'originaires & natifs des climats les plus chauds de l'Afrique & de l'Asie, peuvent cependant vivre dans les pays tempérés, & même froids, pourvu qu'on les défende avec soin des injures de l'air, & qu'on leur donne des alimens succulens & choisis : ces animaux ne multiplient pas dans les pays tempérés, encore moins dans les pays froids.

On nourrit un assez grand nombre de *civettes* & de *zibets* en Hollande, où leur parfum est une assez grande branche de commerce. Pour recueillir ce parfum, les Hollandois mettent l'animal dans une cage étroite où il ne peut se tourner; ils ouvrent la cage par le bout, tirent l'animal par la queue, le contraignent à demeurer dans cette situation, en mettant un bâton à travers les barreaux de la cage, au moyen duquel ils lui gênent les jambes de derriere ; ensuite ils font entrer une petite cuiller dans le sac qui contient le parfum ; ils raclent avec soin les parois intérieures de ce sac, & ils mettent la matiere qu'ils en tirent dans un vase qu'ils couvrent aussitôt. Cette opération se répete deux à trois fois par semaine. La quantité de l'humeur odorante dépend beaucoup de la qualité de la nourriture & de l'appétit de l'animal ; il en rend d'autant plus, qu'il est mieux & plus délicatement nourri : en général on peut en tirer à chaque fois environ deux dragmes. De la chair crue & hachée, des œufs, du riz, de petits animaux, des oiseaux, de la jeune volaille, & surtout du poisson, sont les mets qu'il faut lui offrir, & varier de maniere à entretenir sa santé & exciter son appétit ; il lui faut très-peu d'eau, & cependant il urine fréquemment.

Le parfum de ces animaux est si fort, qu'il se communique à toutes les parties de leur corps & que leur poil en est imbu. Si on les échauffe en les irritant, l'odeur s'exalte encore davantage ; & si on les tourmente, jusqu'à les faire suer, on recueille la sueur qui est aussi très-parfumée, & qui sert à falsifier le parfum, ou du moins à en augmenter le volume.

Nous ne parlerons pas ici de la *genette*, animal un peu plus grand que la *fouine*, mais qui lui ressemble beaucoup tant par la forme du corps, que par le naturel & les habitudes. La *genette*, il est vrai, a, comme la *civette* & le *zibet*, un sac dans lequel se filtre une espece de parfum ; mais ce parfum est foible, & il perd bientôt son odeur.

Le meilleur de tous les parfums est celui du *xerchiam* ; le parfum moyen celui de la *civette* & du *zibet* ; le plus mauvais est celui de la *genette*.

Y

YEUX. C'est le double organe de la vue. Il est peu de matieres que nous ayons traité avec autant de soin que celle-ci. Lisez dans le *corps de l'Ouvrage* les articles *Œil*, *Optique*, *Catoptrique*, *Dioptrique*, & *Vue*. Depuis quelques années on a tenté de guérir les maladies des yeux par le moyen de l'Electricité. Est-ce ici un remede universel dans toutes ces sortes de maladies, ou bien, ne convient-il qu'à telle & telle maladie des yeux ? Voilà ce que nous allons examiner maintenant. Il est peu de matieres qui soient aussi directement de notre ressort que celle-ci ; & voilà pourquoi nous donnerons à cet important article toute l'étendue dont il est susceptible ; nous invitons nos Lecteurs à parcourir auparavant l'article de ce Dictionnaire qui a pour titre *Electricité médicale*, & à lire avec toute l'attention possible les pages 62, 63, 64 & 65 de cet article qui, dans le fond, n'en fait qu'un avec celui-ci. Commençons par l'*ophtalmie*, & examinons s'il convient d'administrer l'electricité aux personnes qui en sont attaquées.

Les paupieres sont revêtues intérieurement d'une membrane qui va se terminer au bord de la cornée transparente ; elle est aussi attachée au bord de l'orbite ; on la regarde comme une suite du péricrane. Cette membrane commune au globe & aux paupieres, est connue sous le nom de *conjonctive*.

L'ophtalmie est une inflammation ou rougeur de la conjonctive, quelquefois avec chaleur ardente & écoulement de larmes, quelquefois sans l'un & l'autre. Il arrive aussi que cette inflammation s'étend sur toutes les parties du globe de l'œil, & sur celles qui l'environnent. Parmi les ophtalmies, les unes sont dangereuses & les autres ne le sont pas. M. *de St. Yves*, Chirurgien de Saint-Côme, dans son excellent traité sur les maladies des yeux, en compte 14 especes.

1°. L'ophtalmie seche ; c'est celle qui cause une rougeur dans l'œil, sans larmoiement, ni matiere purulente ; dans cette maladie, il n'y a ni enflure à la paupiere, ni douleur dans l'œil, ni dans la tête.

2°. L'ophtalmie humide ; c'est celle qui est occasionnée par une abondance de lymphe lacrymale, qui passant continuellement sur le globe de l'œil, l'irrite par son acrimonie, l'enflamme aussi bien que la partie intérieure des paupieres qui en deviennent enflées. Elle ulcere assez souvent la cornée transparente. Cette maladie est accompagnée de douleurs dans l'œil avec élancement, surtout lorsque le malade veut voir le jour.

3°. L'ophtalmie qui cause une démangeaison dans l'œil ; avec un suintement d'une humeur épaisse & glaireuse qui colle les paupieres pendant la nuit.

4°. L'ophtalmie dans laquelle la conjonctive est rouge & les paupieres sont pleines d'une chassie en forme de farine écailleuse, dont une partie se répand sur le globe de l'œil.

5°. L'ophtalmie qui ne cause une rougeur, que du côté des angles de l'œil.

6°. L'ophtalmie où il paroît un bourgeon de la grosseur d'une lentille à l'extrémité de la conjonctive.

7°. L'ophtalmie où la conjonctive est rouge avec de petits abcès, situés en partie sur la cornée transparente & en partie sur la conjonctive.

8°. L'ophtalmie érésipélateuse ; c'est celle qui vient d'une érésipele, qui rougit la conjonctive, enfle les paupieres & cause de grandes douleurs à l'œil & dans la tête.

9°. L'ophtalmie appellée *chémosis* ; dans cette maladie la conjonctive devient si considérablement enflée, que son épaisseur égale celle d'un travers de doigt ; ce qui fait paroître la cornée transparente comme dans un enfoncement. Cette inflammation est accompagnée de très-grandes douleurs dans la tête & dans l'œil, de pesanteur au-dessus de l'orbite, d'insomnie, de fievre, de battemens, &c.

10°. L'ophtalmie causée par la débauche ; elle a les mêmes apparences que la précédente, avec la différence que dans celle-ci la conjonctive enflée paroît dure & charnue. Elle commence par une abondance de matiere blanchâtre, tirant sur le jaune, qui suinte continuellement par l'œil.

11°. L'ophtalmie de la choroïde ; c'est une maladie dans laquelle les parties intérieures du globe de l'œil sont enflammées, savoir, la choroïde conjointement avec l'uvée. Dans cette maladie, la conjonctive n'est que légerement enflammée. Il y a un larmoiement & de la difficulté à supporter la lumiere, joints à des douleurs vives vers le sommet de la tête & les tempes ; la prunelle se trouve rétrécie.

L'uvée au reste se trouve sous la cornée. Opaque de sa nature, elle a au milieu une petite ouverture circulaire, nommée la *prunelle*. La partie de l'uvée qui s'enfonce dans le globe de l'œil, a le nom de choroïde; elle est très-noire & très-opaque.

12°. La douzieme espece d'ophtalmie est causée par des ordures & autres choses semblables, qui entrent dans les yeux, & y causent une ophtalmie plus ou moins considérable, suivant leurs volumes & leurs inégalités.

13°. L'ophtalmie causée par des coups reçus à l'œil, est différente selon la force du coup, & suivant la figure de la chose qui a frappé l'œil.

14°. L'ophtalmie causée par la rupture des vaisseaux qui rampent sur la conjonctive; dans cette maladie l'œil devient très-rouge, sans néanmoins que le malade ressente aucune douleur, ni aucune peine à souffrir la lumiere.

M. *de St. Yves* pense que, de ces 14 especes d'ophtalmie, celles qui sont décrites n°. 9, 10 & 11, sont les plus dangereuses; viennent ensuite les ophtalmies décrites n°. 2, 8 & 13; les autres n'annoncent aucune espece de danger. Faut-il, dans ces sortes de maladies, employer l'électricité, comme remede? Voilà ce que nous allons examiner.

M. *Mauduyt* dont nous avons fait connoître le mérite & les services importans qu'il rend à l'humanité, dans l'article de ce Dictionnaire qui a pour titre *Electricité médicale*, raconte ce qui suit dans un Mémoire qu'il lut à la Société Royale de Médecine de Paris, le second Décembre 1783, lequel Mémoire est inséré dans l'histoire de cette Compagnie pour les années 1780 & 1781, *pag.* 260 *& suiv.* de la partie du volume qui contient les Mémoires des associés.

Une demoiselle âgée de 16 ans, d'une forte constitution, attaquée depuis 18 mois d'une ophtalmie qu'on avoit combattue sans succès par beaucoup de remedes, me fut adressée, *dit M. Mauduyt*, par feu notre confrere M. *Lorry*. M. *Hallé* & moi, nous constatâmes l'état de la malade, & nous suivîmes ensemble son traitement. Les paupieres étoient gonflées, lourdes; la malade ne pouvoit les entr'ouvrir le matin, que quelques heures après s'être levée: elle ne distinguoit pas alors les objets. Sa vue s'éclaircissoit sur la fin de la matinée; elle entr'ouvroit les yeux, & voyoit assez pour se conduire le reste du jour, & retomboit dans l'état précédent le lendemain. Les yeux étoient rouges, ternes & les membranes en assez mauvais état.

La malade isolée fut électrisée en présentant successivement à chaque œil une pointe de bois qui terminé l'instrument dont nous donnerons bientôt la description ; derriere la tête étoit, à un pouce de distance, dans le point opposé à celui où répondoit la pointe de bois, une pointe de métal non-isolée ; le fluide électrique avoit son cours de la pointe de bois à l'œil, & de l'œil, à travers le cerveau, à la pointe de métal qui le transmettoit au réservoir commun.

L'effet sensible sur l'œil étoit un vent doux, si agréable à la malade, qu'à peine l'avoit-elle senti sur un œil, qu'elle desiroit qu'on passât à l'autre pour y éprouver le même bien-être. C'étoit le matin qu'elle étoit électrisée. A peine étoit-elle montée sur l'isoloir, qu'elle ouvroit assez aisément ses paupieres, pesantes & incapables de mouvement l'instant d'auparavant ; elle distinguoit les objets, comme elle n'avoit coutume de le faire les autres jours que trois ou quatre heures plus tard, & plusieurs fois elles les a distingués plus nettement. Cependant le souffle électrique augmentoit la rougeur des yeux & faisoit abondamment couler les larmes ; mais ces effets étoient dissipés fort peu de tems après la fin de l'électrisation, au lieu que la légereté acquise des paupieres & la netteté plus grande de la vision se conservoient ordinairement jusqu'à la fin de la journée.

Quant au gonflement des paupieres, il étoit sensiblement diminué ; le globe de l'œil plus net, paroissoit moins opaque, & ses membranes moins infiltrées.

Ces effets étoient le fruit de quinze séances prises négligemment, & en laissant sans motif des intervalles de deux, quelquefois de trois jours entre chacune.

Ces mêmes effets, qui étoient au moins d'un augure heureux, nous faisoient desirer, à M. *Hallé* & à moi, de continuer le traitement ; mais malgré notre encouragement & les conseils de M. *Lorry*, la mere de la malade, & la malade elle-même, intimidées par des craintes chimériques qu'on leur suggéra sur les effets de l'électricité, abandonnerent le traitement.

La méthode dont il vient d'être question, me paroît donc

donc une de celles dont on a raisonnablement le plus à attendre, & dont je desire de voir vérifier le fait, ou par ma propre expérience, ou par celle d'autrui.

Un homme âgé de 36 ans, d'une constitution robuste devint aveugle en fort peu de tems, par l'effet d'une violente ophtalmie. Tous les remedes furent sans effet.

Deux mois après cet accident, le malade ne pouvoit ouvrir les yeux : si on soulevoit ses paupieres, en le plaçant en face du jour, il ne voyoit qu'un globe de feu, & il souffroit de très-vives douleurs d'une tempe à l'autre; il en sentoit aussi quelquefois derriere la tête.

M. *Partington* eut recours à l'électricité. Dès le troisieme jour l'inflammation fut sensiblement diminuée, & elle fut entierement dissipée au bout de quinze. Cependant la prunelle étoit contractée. On continua l'électricité pendant cinq semaines tous les jours; la prunelle se dilata graduellement; les douleurs cesserent, & le malade fut guéri.

On employa pour ce traitement les pointes de bois & celles de métal. Ce fait est rapporté dans le Mémoire déjà cité, *pag.* 368. Mais quel est l'instrument qui porte ces sortes de pointes, & comment s'en sert-on ? Voilà ce qu'il est nécessaire d'examiner.

L'instrument dont il s'agit est composé d'un manche de verre, creusé à sa partie supérieure, auquel on adapte une tige de fil de laiton, courbée & pointue à son extrémité. Un morceau de bois arrondi, terminé en pointe, long d'un pouce à un pouce & demi, est engagé par sa base qui est percée, avec la pointe du fil de laiton, qui y entre un peu de force. Une petite chaîne de métal est attachée d'un bout à l'anneau du conducteur de la machine électrique, & de l'autre au fil de laiton de l'instrument qu'on vient de décrire. On présentera la pointe de cet instrument à la partie qu'on veut soumettre au courant électrique, à la distance d'un à deux pouces; car l'intervalle doit être déterminé par la force du courant, par la nature du mal, la sensibilité de la partie & celle du malade. Il sortira nécessairement de la pointe de bois un courant électrique qui stimulera doucement la partie électrisée, & y fera en même-tems éprouver une chaleur agréable.

Remarquez que le bois tendre est plus propre à faire

de ces ſortes de pointes, que le bois dur. Celui qu'on y emploie ne doit être ni entierement ſec, ni tout-à-fait vert : le premier fournit un courant trop foible, & le ſecond un courant trop fort.

Quelque douce que ſoit la maniere d'électriſer, en employant une pointe de bois, elle a quelquefois trop d'activité. Que fait-on alors? On retire la pointe de bois pour ne communiquer le courant électrique que par le moyen de la pointe de métal qui ſoutenoit le morceau de bois arrondi terminé en pointe. Le ſeul effet ſenſible du courant électrique, communiqué par le moyen de la pointe de métal, ſera un vent doux qui, par ſon contact, ne bleſſera & n'irritera pas les parties les plus ſenſibles.

Si quelqu'un avoit eu quelque peine à ſe former une idée nette de l'inſtrument que nous venons de décrire, il feroit monter ſur le tabouret électrique le Phyſicien électriſant; il le feroit communiquer par une chaîne de métal avec le conducteur de la machine; il lui donneroit à la main une pointe de bois ou de métal; & ce Phyſicien opéreroit ſur le malade à la maniere de M. *Mauduyt*.

Concluons que l'électricité eſt un excellent remede dans les ophtalmies. Je voudrois cependant qu'on ne l'appliquât qu'aux ophtalmies dangereuſes; les autres ſe guériſſent par les remedes les plus ſimples. Venons-en à la goutte-ſereine.

La goutte-ſereine ſe diviſe en parfaite & imparfaite. La premiere produit un aveuglement total; la ſeconde laiſſe un crépuſcule de vue. L'une & l'autre proviennent de la paralyſie des nerfs optiques. Toutes les fibres nerveuſes dont ils ſont compoſés, en ſont-elles attaquées? La goutte-ſereine eſt parfaite, l'aveuglement eſt total. N'y a-t-il qu'une certaine quantité de ces fibres dans l'état de paralyſie? Le malade voit les objets plus ou moins parfaitement, ſuivant le nombre des fibres obſtruées; car, *dit M. de St. Yves*, la goutte-ſereine a pour cauſe une apoplexie légere dont l'humeur, au lieu de ſe jeter ſur les nerſs des autres parties du corps, ſe porte ſeulement ſur les nerfs viſuels qu'elle obſtrue & rend par-là même paralytiques. Ce grand Anatomiſte nous fait remarquer que cette cruelle maladie commence ordinaifement par des douleurs profondes dans la tête, qui ne finissent que lorsque la goutte-sereine est formée. Il ajoute qu'il est arrivé cependant à bien des personnes de se trouver aveuglés tout d'un coup, sans avoir ressenti aucune douleur. Dans plusieurs autres la douleur a accompagné la maladie qui se formoit peu-à-peu; de sorte que la vue périt insensiblement, en diminuant de jour en jour. L'auteur du Dictionnaire de Santé, à l'article *Yeux*, déclare que la goutte-sereine est un mal incurable. Non-seulement il ne prescrit aucun remede pour cette maladie; il assure même qu'il est dangereux d'en faire, dans la crainte d'irriter le mal, & d'attirer des accidens plus grands sur la partie affligée. Puisque dans cette occasion la Médecine nous refuse son ministere, ayons recours à l'électricité; elle a toujours fait des merveilles dans les paralysies parfaites & imparfaites, invétérées & non invétérées. Cherchez dans ce Dictionnaire l'article *Electricité médicale*. Voici donc comment vous opérerez. D'abord vous vous servirez de la pointe de bois ou de métal, comme vous l'avez fait dans le cas de l'*ophtalmie*. Après avoir ainsi électrisé votre malade pendant quelques jours, vous les soumettrez aux commotions légeres; vous pourrez en donner cinq à six de suite, mais vous les donnerez de la partie postérieure & inférieure de la tête, au front, très-peu au-dessus de l'œil. Ce sont-là des *commotions partielles*; nous avons appris, dans notre article *Electricité médicale* à les donner facilement & sans risque. Lisez la page 65 de cet article.

M. *Mauduyt* rapporte, dans le Mémoire déjà cité, *pag.* 315, que M. *Hay*, célebre Chirurgien, a souvent guéri, par l'électricité, la goutte-sereine; il a fait la plupart de ces cures à l'hôpital d'Edimbourg. *Westleius* en a guéri par ce moyen une dont la date étoit de 14 ans. M. *Floyer*, fameux Chirurgien, dans une lettre au Docteur *Bent*, cite deux cas dans lesquels il a guéri la goutte-sereine par l'électricité. Aussi M. *Wilkinson* assure-t-il, dans l'ouvrage dont M. *Mauduyt* a cru devoir faire l'abrégé dans son *Mémoire*, qu'il ne faut pas hésiter de soumettre ces sortes de malades au traitement électrique. *Electricitas hoc in morbo optimè cessit.*

M. *Mauduyt* avoue n'avoir pas été heureux dans le traitement des malades attaqués d'une goutte-sereine;

mais il attribue ses mauvais succès à l'ignorance où il étoit des nouveaux procédés des Physiciens électrisans; il parle même de la cure faite par M. *de Saussure* dont nous avons parlé nous-même dans l'article *Electricité médicale*, *pag.* 62. L'électricité est donc peut-être l'unique remede capable de guérir une goutte-sereine. Faisons maintenant la description de la fistule lacrymale, & voyons, si cette maladie peut se guérir par le remede dont il s'agit.

Les cartilages des paupieres, par leur union, forment nécessairement deux angles. L'union de ces cartilages du côté du nez, se nomme le grand angle; celle du côté des tempes se nomme le petit angle.

Au dessus de l'œil, assez près du petit angle, est située une glande qu'on nomme *lacrymale*. Elle filtre une eau qui sert à humecter le globe de l'œil, & qui se rend dans une cavité que l'on nomme *sac lacrymal*. C'est de cette cavité que la compression des muscles, occasionnée par la douleur, la joie, le rire, &c. fait sortir une humeur que nous appellons *larmes*. Cela supposé, écoutons M. *de St. Yves*.

La fistule lacrymale est une ulcération du sac lacrymal, accompagnée quelquefois de celle de la peau qui le recouvre ou de l'altération des os qui l'environnent; & souvent sans que la peau ni les os voisins en soient altérés. De-là la division des fistules lacrymales en *ouvertes* & *borgnes*. Dans la premiere espece, la peau est ulcérée; dans la seconde, elle ne l'est pas.

Dans cette maladie, il survient de tems en tems une inflammation au grand angle, qui se communique quelquefois à tout l'œil. Cette inflammation arrive, lorsque l'humeur qui cause la fistule, devenant plus âcre & maligne, irrite l'œil, en regorgeant par les points lacrymaux.

Ces fistules jettent plus de matiere en certains tems, qu'en certains autres. Ces accidens varient, selon que le sang se trouve plus ou moins vicié.

Cette maladie a été jusqu'à présent peu traitée par l'électricité, & j'avoue que je ne fais pas grand fond sur ce remede. Cependant M. M. *Cavallo* & *Wilkinson* sont d'un sentiment contraire. Le premier assure que l'Electricité, administrée par une personne très-exercée, a guéri une fiſtule lacrymale, ſans que la ſuppreſſion de l'écoulement ait produit aucun mal dans la ſuite. Le traitement conſiſta à ſe ſervir de la *pointe de bois*, & à tirer enſuite de petites étincelles de la partie affectée, une fois par jour pendant 3 ou 4 minutes.

M. *Wilkinſon* dit que M. *Lovett* a guéri une fiſtule lacrymale par le traitement électrique. La maniere laconique dont ces Meſſieurs parlent de ces cures, prouve qu'ils ne font pas plus de fond que moi ſur l'électricité, dans les cas des fiſtules lacrymales. Voyons ſi on peut l'employer contre la cataracte, & décrivons cette maladie, d'après M. *de St. Yves*; on ne ſauroit avoir un meilleur guide.

La cataracte n'eſt pas une membrane formée dans l'humeur aqueuſe; c'eſt une altération du criſtallin, lequel de tranſparent qu'il eſt naturellement, devient opaque; ce qui empêche les rayons de lumiere d'arriver juſqu'à la rétine & d'y peindre les objets qui les ont envoyé ou qui les ont réfléchi.

Lorſque la cataracte commence, elle eſt ſi profonde, qu'à peine on peut l'appercevoir.

Trois ou quatre mois après, les malades ſe plaignent d'une diminution de la vue. En examinant leurs yeux, les Maîtres de l'art y apperçoivent une blancheur fort enfoncée, ſans que l'humeur aqueuſe ſe trouve trouble, ni épaiſſe. En obſervant de tems en tems les yeux du malade, on remarque que le criſtallin s'avance vers la prunelle, & la vue diminue de plus en plus, juſqu'à ce que la cataracte ait atteint la prunelle; elle la ferme alors comme une eſpece de rideau, qui étant tiré devant une fenêtre, laiſſe encore un certain jour dans la chambre, mais au travers duquel on ne ſauroit diſtinguer les objets.

Cette maladie n'a pas encore été ſoumiſe au traitement électrique, & je ne crois pas qu'il faille l'y ſoumettre, lorſque la cataracte eſt formée; mais je regarde l'électricité, communiquée par les *pointes de bois* ou de *métal*, comme un remede infaillible, lorſqu'elle eſt dans ſes premiers commencemens. Je ne ſuis ni Chirurgien, ni Médecin, mais je ſuis Phyſicien, & voici comment je parlerai à quiconque attaquera mon aſſertion.

N'eſt-il pas vrai que l'humeur criſtalline, placée entre

l'humeur aqueuse, & l'humeur vitrée, est un corps à demi-fluide ?

N'est-il pas vrai que la cataracte est un épaississement du cristallin & que cet épaississement le depouille de la demi-fluidité qu'il a naturellement ?

N'est-il pas vrai que la matiere électrique est un vrai feu ? Il est impossible de ne pas en convenir, lorsqu'on la voit enflammer l'esprit de vin, rallumer une chandelle, &c.

N'est-il pas vrai que plus un corps fluide ou à demi-fluide acquiert de feu électrique, plus sa fluidité augmente ? Et si quelqu'un le révoque en doute, je lui mettrois sous les yeux l'expérience suivante que j'ai faite mille fois :

Ayez les vases A & B remplis du même fluide, par exemple, remplis d'eau ; électrisez l'eau contenue dans le vase A, & n'électrisez pas celle qui est contenue dans le vase B ; mettez dans chacun de ces vases un siphon égal, dont la plus longue branche soit terminée par un tube capillaire ; ôtez l'air renfermé dans ces deux siphons ; l'eau électrisée vous donnera un jet continuel, & l'eau non-électrisée ne coulera que goutte à goutte ; encore y aura-t-il un intervalle très-sensible entre une goutte & une autre ; donc plus un corps fluide ou à demi-fluide acquiert de feu électrique, plus sa fluidité augmente ; donc le feu électrique, introduit dans un cristallin menacé de cataracte, empêchera son épaississement & lui conservera sa demi-fluidité.

Si la cataracte est formée, n'ayez pas recours à l'électricité ; mettez-vous entre les mains d'une habile Oculiste qui, après les préparations accoutumées, opere suivant les regles de l'art.

Il arrive quelquefois que l'humeur vitrée devient opaque & que cette opacité cause la cécité parfaite ; ce cas est infiniment rare, j'en conviens ; aussi cette maladie est-elle appellée *morbus rarus & insolitus*. M. *Wilkinson* a connu un homme qui en avoit été atteint, & il assure qu'il fut parfaitement guéri par l'électricité ; apparemment qu'on employa les *pointes de bois* ou de *métal*, & qu'on n'attendit pas que le mal fût sans remede.

Quelquefois la paupiere supérieure devient paralytique, & cela en deux manieres; dans l'une, elle reste toujours abaissée, sans pouvoir se relever; dans l'autre, elle demeure toujours relevée, sans pouvoir s'abaisser. C'est ici une paralysie particuliere de ses muscles. Dans le premier cas, c'est le *releveur* qui est attaqué; dans le second, c'est l'*orbiculaire* ou l'*abaisseur*. Cette paralysie est ou parfaite ou imparfaite. Elle est parfaite, quand la paupiere est sans aucun mouvement; elle est imparfaite, quand elle a encore quelque mouvement, & cette derniere a plusieurs degrés qui ne different que du plus au moins. Ainsi parle M. *de M. de St. Yves*.

Il est évident que cette maladie peut être guérie par l'électricité; les *commotions électriques partielles* doivent être mises en usage, plus souvent encore que dans le cas de la goutte-sereine.

Telles sont les maladies où l'on peut, je dirois presque, l'on doit se servir de l'électricité comme remede; dans les autres maladies des yeux, je la crois inutile, quelquefois même préjudiciable; je soumets cependant volontiers mon jugement à celui des Médecins qui sont au fait de l'électricité; de ceux surtout qui ont soumis un grand nombre de malades aux différens traitemens électriques.

YVRAIE. Cherchez *Zizanie*; vous trouverez dans cet article des choses intéressantes, peut-être neuves, sur la semence de cette plante.

YVRESSE. C'est l'état de ceux qui ont bu trop de vin, ou de telle autre liqueur dont les fumées montent jusqu'au cerveau, & sont capables de l'offusquer. M. Baron, commentateur de la chimie de M. Lémeri, pense que lorsqu'on boit trop de vin, cette liqueur s'introduit en substance dans la masse du sang, s'y mêle intimement avec elle, & lui communique une qualité irritante, par laquelle tous les organes de la circulation sont secoués & ébranlés si fortement, & si irrégulierement, qu'ils sont déterminés à se contracter plus fréquemment & avec plus de vivacité que dans l'état naturel, d'où s'ensuit un désordre dans toute la machine, & une véritable fievre qui dure jusqu'à ce que le liquide étranger qui excitoit tous ces troubles, ait été chassé & entraîné hors des routes de la circulation, à travers les différens organes secrétoires & excrétoires. C'est alors que le sang étant purifié de l'alliage pernicieux qui altéroit sa douceur ; les tuniques de ses vaisseaux n'éprouvent plus de sa part qu'un contact doux & léger qui rétablit le calme par degrés & provoque le sommeil.

M. Lémeri prétend que dans l'yvresse l'on ne s'endort, que parce que la pituite ayant été liquéfiée ou par les esprits du vin ou par le phlegme qu'ils ont enlevé avec eux, elle se glisse dans les petits conduits du cerveau, elle retarde la circulation des esprits vitaux en les agglutinant ; car de même, *dit-il*, que l'agitation des esprits dans le cerveau produit la veille, ainsi leur repos ou leur condensation produit le sommeil.

Z

ZABARELLA (Jacques) *naquit à Padoue le* 5 *Septembre* 1533. L'on assure qu'il avoit très-bien lu les ouvrages d'Aristote dont il nous a laissé des Commentaires ; & comme la Philosophie Péripatéticienne étoit alors en vogue, Zabarella se fit un grand nom parmi les savans de son tems. Il enseigna pendant 23 ans la Philosophie à Padoue avec tant d'éclat, que Sigismond, Roi de Pologne, lui fit faire les offres les plus flatteuses pour l'attirer dans son Royaume. Il les refusa, & il mourut dans sa patrie au mois d'Octobre de l'année 1589, à l'âge de 56 ans. On l'accuse de s'être adonné à l'astrologie judiciaire ; cette accusation prouve qu'il avoit quelque teinture de mathématique & surtout d'astronomie.

ZACCHIAS (Paul) *naquit à Rome en* 1584. Son mérite l'éleva à la charge de Médecin du Pape Innocent X. Il mourut à Rome en 1659, à l'âge de 75 ans. Comme aucun de ses ouvrages ne nous est tombé entre les mains, nous n'en rapporterons que les titres.

1°. *Quæstiones medico-legales.*

2°. *La vie quadragésimale.*

3°. *Traité sur les maladies hypocondriaques.*

ZEMBLE. Le phénomene arrivé dans ce pays a fait trop de bruit en Physique, pour le passer entierement sous silence ; nous allons le rapporter & l'expliquer en peu de mots, lorsque nous aurons fait la description de la contrée qui en a été le théâtre. La nouvelle Zemble est un grand pays situé dans l'océan septentrional au nord de la province de Petzora en Moscovie, dont il n'est séparé que par le détroit de Weigats. Il s'étend du midi au nord depuis le septantieme jusqu'au septante-cinquieme degré de latitude. Ce pays est habité par des hommes de petite taille, basanés, & vêtus de peaux de veaux marins, ou de celles de pingoins, grands oiseaux dont les plumes leur servent d'ornemens. Leur unique occupation est la chasse & la pêche ; & le Soleil & la Lune sont les Dieux qu'ils adorent. Nous lisons dans le grand Dictionnaire de Géographie que le Pilote Hollandois, nommé Hemskerke, doubla le Cap septentrional de la nouvelle Zemble, l'année 1595, en cherchant par le nord un chemin pour arriver à la Chine. Les glaces ayant arrêté son vaisseau, il fut obligé de passer l'hiver avec son équipage sur la côte orientale dans une cabane qu'il y fit bâtir avec des planches. Quoique cette cabane fût enterrée dans la neige peu de tems après, & qu'on y fit sans cesse du feu, le froid y étoit si rude, que le plancher demeuroit toujours couvert d'une croute de glace, de l'épaisseur d'un travers de doigt. Ces voyageurs ne virent dans ce pays que des renards blancs qu'ils mangeoient, quand ils pouvoient les attraper dans leurs pieges, des loups & des ours de même couleur. Ces ours étoient d'une grosseur extraordinaire, & ils dévorerent trois matelots. Ces mêmes voyageurs éprouverent sur cette côte (& c'est ici la circonstance la plus intéressante pour nous) une nuit qui dura environ trois mois, le Soleil n'ayant point paru sur leur horizon depuis le 4 de Novembre jusqu'au premier jour du mois de Février. Toutes ces particularités n'ont rien de surprenant. Il n'en est pas ainsi du fait que nous allons rapporter ; il est raconté dans les Mémoires de l'Académie des Sciences, *tom.* 10e. *année* 1693, pag. 236. Les Hollandois ont vu une fois sur l'horizon dans la nouvelle Zemble le Soleil quatorze jours plutôt qu'il ne devoit paroître selon les principes d'astronomie. Cette célebre observation embarrassa beaucoup les Physiciens ; les uns vouloient que les Hollandois en prenant la hauteur du pôle se fussent trompés ; les autres s'imaginoient que le lieu où les Hollandois avoient débarqué étoit une Isle flottante qui avoit avancé de soixante lieues du nord vers le sud, depuis qu'ils eurent pris la hauteur du pôle ; quelques-uns enfin soutenoient que ce n'étoit-là qu'une illusion optique causée vraisemblablement par quelque *parélie* qui faisoit confondre l'image du Soleil avec le vrai Soleil. Tel étoit le sentiment de M. Cassini, auquel nous n'avons aucune peine d'adhérer, puisque le Soleil ne parut bien clair à ces mêmes Hollandois, que le 19 Février, lorsqu'à midi il étoit élevé de trois degrés sur l'horizon.

M. Cassini rapporte à cette occasion le fameux parélie du 31 Janvier de l'année 1693. Ce grand Astronome apperçut à 7 heures, & presque 38 minutes du matin vers l'endroit où le Soleil doit se lever dans ce tems-là, l'image du disque entier de cet astre, d'où s'élevoient des rayons perpendiculaires à l'horizon qui alloient finir en pointe à la hauteur de dix degrés. Quelques momens après parut le bord supérieur du véritable Soleil, aussi brillant qu'il l'est ordinairement dans le tems le plus serein. Peu de tems après, le véritable Soleil s'étant caché presqu'entier dans les nuages, M. Cassini vit au-dessous un troisieme Soleil de la même grandeur, de la même figure, & dans la même ligne verticale que le premier. Ces deux faux Soleils disparurent sur les sept heures, 58 minutes.

On avoit observé presque le même phénomene dans le golfe de *Grimaud* en Provence, le 13 septembre 1686. Cherchez *parélies*, vous y trouverez l'explication de ces sortes d'illusions optiques.

ZÉNITH. C'est le point du Ciel perpendiculaire sur notre tête. Il n'est que les choses immobiles qui aient toujours le même Zénith.

ZÉNON. Fondateur de la secte des Stoïciens, fils de *Mnasée*, naquit à Citium, petite ville de l'isle de Chypre, vers l'an 362 avant la naissance du Messie. Il s'adonna au commerce jusqu'à l'âge de trente ans. Il venoit de négocier de la pourpre en Phénicie, & il retournoit dans sa patrie avec cette précieuse marchandise, lorsqu'une affreuse tempête lui fit faire naufrage près du Pirée. Denué de tout, il se rendit à Athenes. Le hasard le conduisit chez un Libraire. Il demanda un livre dont la lecture pût lui faire oublier ses malheurs. On lui présenta les *Commentaires de Xénophon*. Il les lut avec avidité. Où sont donc ces mortels, *s'écria-t-il*, qui menent une vie si heureuse ? Le Philosophe *Cratès* passa par hasard ; suivez cet homme, *lui dit le Libraire*, vous trouverez surement à son école le bonheur après lequel vous paroissez soupirer. Il suivit ce conseil & dès ce moment il devint le disciple de *Cratès*. Il connut bientôt tout le prix & toute l'utilité de la Philosophie ; aussi avoit-il coutume de dire que jamais navigation n'avoit été aussi heureuse que la sienne, puisque le naufrage qu'il avoit essuyé, l'avoit conduit à l'étude de la véritable sagesse. Il prit successivement les leçons de *Cratès*, de *Stilphon* & de *Xénocrate*. Parvenu à-peu-près à l'âge de cinquante ans, il ouvrit une école de Philosophie ; il choisit le *Portique* pour y donner ses leçons ; de toutes parts on vint l'entendre, & jusqu'à sa mort on le regarda comme un oracle. *Antigone*, Roi de Macédoine, vint à Athenes pour se procurer cette satisfaction. De retour dans son Royaume, il écrivit à *Zénon* en ces termes :

Le Roi Antigone au Philosophe Zénon, salut.

Du côté de la fortune & de la gloire, je crois que la vie que je mene vaut mieux que la vôtre ; mais je ne doute pas que je ne vous sois inférieur, si je considere l'usage que vous faites de la raison, les lumieres que vous avez acquises, & le vrai bonheur dont vous jouissez. Ces raisons m'engagent à vous prier de vous rendre auprès de moi, & je me flatte que vous ne ferez point de difficulté de consentir à ma demande. Levez donc tous les obstacles qui pourroient vous empêcher de lier commerce avec moi. Considérez surtout que non-seulement vous deviendrez mon maître, mais que vous serez en même-tems celui de tous les Macédoniens, mes sujets. En instruisant leur Roi, en le portant à la vertu, vous leur donnerez en ma personne un modele à suivre pour se conduire selon l'équité & la raison, puisque tel est celui qui commande, tels sont ordinairement ceux qui obéissent.

Diogéne Laerce qui nous a transmis cette superbe lettre, nous a transmis aussi la réponse de *Zénon* à ce Prince. Elle est en ces termes :

Zénon au Roi Antigone, salut.

Je reconnois avec plaisir l'empressement que vous avez de vous instruire & d'acquérir de solides connoissances qui vous soient utiles, sans vous borner à une science vulgaire dont l'étude n'est propre qu'à dérégler les mœurs. Celui qui s'adonne à la Philosophie, qui a soin d'éviter cette volupté si commune, si capable d'émousser l'esprit de la jeunesse, ennoblit ses sentimens, je ne dis pas par inclination naturelle, mais par principe. Au reste quand un heureux naturel est soutenu par l'exercice, & fortifié par une bonne instruction, il ne tarde pas à se faire une parfaite notion de la vertu. Pour moi qui succombe à la foiblesse du corps, fruit d'une vieillesse de quatre-vingt ans, je crois pouvoir me dispenser de me rendre auprès de votre personne. Souffrez donc que je substitue à ma place quelques-uns de mes compagnons d'étude, qui ne me sont point inférieurs en dons de l'esprit, & qui me surpassent pour la vigueur du corps. Si vous les fréquentez, j'ose me promettre que vous ne manquerez d'aucun des secours qui peuvent vous rendre parfaitement heureux.

Zénon envoya en effet à *Antigone Persée* & *Philonide* qui devinrent bientôt ses plus chers favoris. Il enseigna encore la Philosophie à Athenes pendant dix-huit ans, & il mourut dans cette ville, à l'âge de 98 ans, de la maniere dont nous aurons occasion de le dire, en rendant compte de sa morale. Quelques jours après sa mort, le Sénat s'assembla, & il porta le décret suivant.

» Comme *Zénon*, fils de *Mnasée*, Citien de naissance, » a employé plusieurs années à cultiver la Philosophie; » qu'il s'est montré homme de bien dans toutes les autres choses auxquelles il s'est adonné; qu'il a exhorté » à la vertu & à la sagesse les jeunes gens qui venoient » prendre ses instructions, & qu'il a excité tout le » monde à bien faire par l'exemple de sa propre vie, » toujours conforme à sa doctrine; le peuple a jugé, » sous de favorables auspices, devoir récompenser *Zénon Citien*, fils de *Mnasée*, & le couronner avec justice d'une couronne d'or, pour sa vertu & sa sagesse.

» De plus il a été résolu de lui élever un mausolée » public dans la place *céramique*, cinq hommes d'Athenes étant désignés, avec ordre de fabriquer la couronne & de construire le mausolée. Le présent décret » sera couché par l'Ecrivain sur deux colonnes, dont » une sera dressée dans l'*Académie* & l'autre dans le » *Lycée*. Les dépenses se feront par l'Administrateur des » deniers publics, afin que tout le monde sache que les » Athéniens honorent les gens de bien, autant pendant » leur vie, qu'après leur mort. »

On grava sur le mausolée différentes épitaphes, & entre autres celle-ci.

Ci gît Zénon qui fit les délices de Citium sa patrie. Il est monté dans l'Olympe, non en mettant le mont Ossa sur le mont Pélion; car ses travaux ne sont pas les effets de la vertu d'Hercule; la sagesse seule lui a servi de guide dans la route qui mene sans détour au Ciel.

On lui rendit dans sa patrie à-peu-près les mêmes honneurs. *Zénon* a composé un très-grand nombre d'ouvrages. Les principaux ont pour titres : De l'*Univers*; de la *Nature de l'homme*; de la *Vue*; des *Passions*; des *Inclinations*; du *Devoir*; de la *Loi*; *Traité de la République*; de la *Vie conforme à la nature*; des *Signes*; des *Sentimens de Pythagore*; des *Préceptes généraux*; l'*Art des argumens & des solutions*; de la *Morale de Cratès*; de la *Diction*; de la *Lecture des Poëtes*; *cinq questions sur Homere*; de l'*Erudition grecque*. L'on trouvera ce qu'il y a de mieux dans ces différens ouvrages dans le précis que nous allons faire de la Philosophie Stoïcienne; elle est presque toute tirée des écrits de *Zénon*. Nous sommes fâchés d'être obligés de parler de la *Logique* & de la *Morale* des Stoïciens; nous sentons que nous nous écartons de notre sujet; mais nous aimons mieux commettre cette faute légere, que de présenter le tableau imparfait d'une Philosophie qui a fait tant de bruit en son tems.

La secte des Stoïciens a pour base la Philosophie; ils la divisent d'après leur maître *Zénon*, en Logique, Morale & Physique; ils la comparent tantôt à un animal, dont ils disent que les os & les nerfs sont la *Logique*, les chairs la *Morale* & l'ame la *Physique*; tantôt à un champ fertile dont ils prennent figurément la haye pour la *Logique*, les fruits pour la *Morale* & la terre ou les arbres pour la *Physique*; tantôt enfin à une ville entourée de bonnes murailles & sagement gouvernée, sans donner la préférence à aucune des trois parties.

La plupart des Stoïciens prétendent que la Logique renferme la Rhétorique & la Dialectique. Ils appellent la premiere l'*art de bien dire & de persuader*, & la seconde la *méthode de raisonner* ou la *science de connoitre le vrai & le faux*. Ils assignent à la Rhétorique trois parties, qui consistent à délibérer, à juger & à démontrer. Ils y distinguent l'invention, l'expression, l'arrangement & l'action; & ils partagent un discours oratoire en exorde, narration, réfutation & conclusion. Les ornemens du discours sont l'hellénisme; l'évidence, la brièveté, la convenance & la grace. L'hellénisme est une diction exempte de fautes, conçue en termes non vulgaires. L'évidence est une expression qui exprime clairement la pensée. La brièveté est une maniere de parler qui n'embrasse que ce qui est nécessaire à l'intelligence d'une chose. La convenance est une expression qui n'est propre qu'à la chose dont on parle. La grace du discours consiste à éviter les termes impropres, & surtout les barbarismes & les solécismes.

La dialectique est, suivant les Stoïciens, une science absolument nécessaire; elle comprend, *disent-ils*, la vertu en général & tous ses degrés en particulier; la circonspection à éviter les fautes, & à savoir quand il faut acquiescer ou ne pas acquiescer à quelque chose; l'attention à suspendre son jugement, dans la crainte de prendre le vraisemblable pour le vrai; la résistance à la conviction, pour n'être pas embarrassé par les argumens contraires; l'eloignement pour la fausseté & l'assujettissement de l'esprit à la saine raison. Ils définissent la science tantôt une compréhension certaine, tantôt une disposition à ne pas s'écarter de la raison dans l'exercice de l'imagination. Ils soutiennent que le sage ne sauroit faire un bon usage de sa raison sans le secours de la dialectique; que c'est elle qui nous apprend à démêler le vrai d'avec le faux, à discerner le vraisemblable & à développer ce qui est ambigu; que sans elle, nous ne saurions proposer de solides questions, faire des réponses raisonnables; qu'en un mot ce n'est qu'à l'aide de la dialectique que le sage peut se faire un fond de sagacité, de finesse d'esprit & de droiture dans le raisonnement.

Après cette espece d'exorde, les Stoïciens traitent des différentes parties de la Logique, à-peu-près comme l'avoit fait *Aristote*, dans les écrits duquel ils paroissent l'avoir puisée.

Dans la partie morale de leur Philosophie, les Stoïciens traitent des *penchans*, des *biens* & des *maux*, des *passions*, de la *vertu*, de la *fin qu'on doit se proposer*, des *choses qui méritent notre estime*, des *actions* & des *devoirs*. L'on trouve dans cette morale différentes maximes, les unes *bonnes*, les autres *mauvaises*, quelques-unes *risibles*. En voici la preuve.

Je loue *Zénon*, lorsqu'il érige en Principes de morale les maximes suivantes :

La nature nous a donné deux oreilles & une seule bouche, pour nous apprendre qu'il faut plus souvent écouter que parler.

Le corps, les jouissances, la gloire, les dignités sont des choses hors de nous ; elles ne peuvent donc que nuire à notre bonheur, si nous nous y attachons.

Une partie de la véritable science consiste à se faire un devoir d'ignorer les choses qui ne doivent pas être sues.

Un ami est un autre nous-même.

Peu de chose donne la perfection à un ouvrage, quoique la perfection ne soit pas peu de chose.

Ceux qui parlent bien & vivent mal ressemblent à la monnoie d'Alexandrie, qui est belle, mais composée de faux métal.

On peut être heureux au milieu même des tourmens les plus affreux & malgré les disgraces de la fortune.

Je blâme infiniment *Zénon*, lorsque je le vois adopter les maximes suivantes :

Tous les péchés sont égaux ; ils sont aussi griefs les uns que les autres. Pour prouver cette assertion aussi fausse que ridicule, *Zénon* se sert de la comparaison suivante : celui qui n'est éloigné que d'une stade de Canope, n'est pas plus dans Canope que celui qui en est à cent stades de distance ; de même celui qui peche plus & celui qui peche moins, sont aussi peu l'un que l'autre dans le chemin du devoir.

Les vertus sont tellement unies les unes avec les autres,

que celui qui en a une les a toutes, & que celui qui ne les a pas toutes, n'en a aucune.

Le sage peut s'ôter la vie, lorsqu'il souffre de trop grandes douleurs, qu'il perd quelque membre, ou qu'il contracte des maladies incurables. On assure que *Zénon* mit en pratique cette indigne maxime, à l'âge de quatre-vingt-dix-huit ans. S'étant laissé tomber au sortir du *portique*, il crut que la mort l'appelloit. *Me voilà*, dit-il froidement, *je suis prêt à te suivre.* Il rentra dans sa maison & il s'y laissa mourir de faim.

Il n'est rien de honteux dans les choses naturelles. De cette maxime, destructive des bonnes mœurs, *Zénon* tiroit la nécessité qu'il y avoit d'introduire la communauté des femmes. Par ce moyen, *disoit-il*, l'on bannira la jalousie que cause l'adultere, & nous aimerons tous les enfans, comme si nous en étions les peres. Raison humaine, voilà tes sages. Dans quels écarts ne donnes-tu pas, lorsque tu veux te conduire par tes foibles lumieres!

Nous sommes tous soumis à une destinée inévitable. Son valet qu'il châtioit pour un larcin, s'excusoit en lui disant qu'il étoit destiné à dérober. *Tu l'es aussi à être battu*, lui répondit *Zénon*, en continuant à le frapper.

Je trouve dans la Morale de *Zénon* des maximes risibles. En voici quelques-unes:

Les Philosophes sont les seuls propres aux emplois de Magistrature.

Les Philosophes sont sans passions; ils ne commettent aucune faute.

Les Philosophes sont sans orgueil; la gloire & le déshonneur leur sont indifférens. En voilà assez, pour donner à nos Lecteurs une idée de la morale des Stoïciens. Venons-en à leur maniere de traiter la Physique; cette partie de leur Philosophie est de notre ressort; aussi n'omettrons-nous rien de ce qui pourra faire connoître quel étoit l'état de cette science, du tems de *Zénon.*

Le systeme de Physique que suivent les Stoïciens, est divisé en trois parties. La premiere a pour objet le Monde; la seconde les Elémens, & la troisieme les Causes. La Terre immobile occupe le centre du Monde; elle est entourée d'eau & d'air. Ils imaginent dans le Ciel cinq cercles paralleles; le premier est le cercle arc-

tique

tique qu'on voit toujours ; le second, le tropique d'été ; le troisieme, le cercle équinoxial ; le quatrieme, le tropique d'hiver ; le cinquieme, le cercle antarctique, qu'on n'apperçoit pas. Ils regardent le zodiaque comme un cercle oblique qui coupe les cercles paralleles. Ils divisent la Terre en cinq zones ; la premiere est la zone septentrionale, au-delà du cercle arctique, zone inhabitable à cause du froid qui y regne ; la seconde est la zone septentrionale tempérée ; la troisieme est la zone torride, ainsi nommée à cause de la chaleur qu'on y éprouve ; la quatrieme est la zone australe tempérée ; la cinquieme enfin est la zone australe, au-delà du cercle antarctique, zone que le froid rend aussi inhabitable que la zone septentrionale.

Pour ce qui regarde les Astres, les Stoïciens disent que les étoiles fixes sont emportées circulairement avec le ciel, & que les étoiles errantes ou les planetes ont un mouvement particulier qui leur est propre. Le Soleil, suivant eux, fait sa route obliquement dans le zodiaque & la lune a pareillement une route pleine de détours. Le Soleil est un globe de feu, plus grand que celui de la Terre, puisqu'il l'éclaire en tout sens & qu'il répand sa lumiere dans toute l'étendue du Ciel. Ils concluent encore de l'ombre que forme la Terre en forme de cône, que le Soleil la surpasse en grandeur. Ils ne pensent pas que la Lune tire sa lumiere d'elle-même ; ils pensent au contraire qu'elle lui vient du Soleil, puisque celui-ci s'éclipse, lorsqu'il est en conjonction avec la Lune ; & qu'il reparoît lorsque la conjonction est finie. La Lune s'éclipse, lorsqu'elle tombe dans l'ombre de la Terre ; & voilà pourquoi ces sortes d'éclipses n'arrivent, que lorsque la Lune est pleine & qu'elle est en opposition avec le Soleil.

Les Stoïciens définissent l'*élément* ce qui entre le premier dans la composition d'une chose, & le dernier dans sa résolution. Ils disent que Dieu créa premierement quatre élémens ; le feu, l'eau, l'air & la terre, & que ces quatre élémens constituent une substance sans qualités, qui est la matiere. Ils établissent deux principes dans l'univers, l'un *agent* & l'autre *patient*. Le principe *patient* est la matiere ; le principe *agent* est la raison qui agit sur la matiere, c'est-à-dire, Dieu qui étant éternel a créé toutes les choses que le monde contient. Ils veulent que le monde soit environné extérieurement d'un vide infini & incorporel. Ils appellent *incorporel* tout espace qui pouvant être occupé par des corps, ne l'est point. Ils entendent par *corps* ou *solide* tout ce qui a les trois dimensions en longueur, largeur & profondeur. La *superficie* est composée des extrémités des corps ; elle n'a que la longueur & la largeur, sans profondeur. La ligne est l'extrémité de la superficie, ou une longueur sans largeur & profondeur. Le point est l'extrémité de la ligne, sans longueur, largeur & profondeur ; il forme la plus petite marque qu'il y ait. Quant à l'intérieur du monde, il ne renferme aucun vide ; tout y est nécessairement uni ensemble par le rapport & l'harmonie que les choses célestes ont avec les choses terrestres. Ils croient aussi que le monde est corruptible, puisqu'il a été produit ; & voici comment ils expliquent sa formation. Après, *disent-ils*, que la matiere eut été convertie de feu en eau, par le moyen de l'air, la partie la plus grossiere s'étant arrêtée & fixée, forma la terre ; la moins grossiere se changea en air ; la plus subtile produisit le feu ; & de leur mélange provinrent ensuite les plantes, les animaux & les autres genres.

Dans le Traité des *Causes*, les Stoïciens, d'après *Zénon*, répondent, tantôt bien & tantôt mal, aux questions suivantes :

Comment se fait la vision & surtout la vision distincte ?

Quelle est la cause du phénomene que forme un objet vû dans le miroir ?

Pourquoi l'hiver est-il froid, l'été chaud, le printems & l'automne tempérés ?

Quelle est la cause des vents, quelle est celle de l'ouragan ?

Comment se forment les nuées, la pluie, la grêle & la neige ?

Quelle est la cause physique de l'arc-en-ciel ?

D'où viennent les cercles qui se forment autour du soleil & de la lune ?

Comment se forment l'éclair, le tonnerre & la foudre ?

Quelle est la cause physique des tremblemens de terre ?

Quelle idée faut-il se former des cometes, dans quelque état qu'elles paroissent, avec une queue; avec une barbe, avec une espece de chevelure ?

Les étoiles volantes sont-elles de véritables ou de fausses étoiles ?

Quelle est la cause du son, & comment parvient-il jusqu'à l'organe de l'ouie ?

En quoi consiste le sommeil, & comment est-il produit ?

Comment une plante produit-elle sa semence, & comment cette semence produit-elle une plante semblable ?

Pourquoi le feu est-il chaud, l'eau humide; l'air froid & la terre seche ?

Les Stoïciens répondoient à ces différentes questions, à-peu-près comme on y répondoit, il n'y a pas encore cent ans, dans les plus fameuses écoles de l'Europe. Telle est l'idée qu'il faut se former du Stoïcisme, quant à la Logique, la Morale & la Physique. Je ne suis pas étonné que cette secte ait eu de la réputation; elle la méritoit à bien des égards.

Remarque premiere. Le fond de cet article est tiré de *Diogene Laerce*, Historien Grec qui vivoit sous l'Empereur *Alexandre Sévere.* Il nous a laissé, en dix livres, les vies des anciens Philosophes. Cet ouvrage a été assez bien traduit en françois par *J. H. Schneider.* Ce qu'il dit sur *Zénon*, occupe cent pages de son second volume. La lecture n'en est pas soutenable, moins par la faute du Traducteur, que par celle de l'Auteur. Nous souhaitons qu'on ne parle pas ainsi d'un article qui en est comme l'abrégé; nous avons fait notre possible pour éviter ce reproche.

Remarque 2. Nous avions fait une faute dans notre Dictionnaire de Physique, à l'article *Zénon.* Dans une demi-page que contient cet article, nous avions parlé avec assez d'indifférence, je dirois presque avec assez de mépris, des trois Philosophes qui ont porté ce nom. On nous a fait appercevoir que nous avions eu tort de parler avec autant de légereté de *Zénon de Citium*, que nous l'avions fait de *Zénon d'Elée* & de *Zénon de Sidon*; on nous a invité à lire *Diogene Laerce* qui ne parle pas des deux derniers, & qui donne au premier les justes éloges qu'il mérite; nous avons lu cet historien: nous avons reconnu notre faute, & nous croyons l'avoir réparée dans cette neuvieme édition.

Pour *Zénon* d'*Elée* & *Zénon de Sidon*, nous n'en parlerons pas ; ils ne méritent aucune place parmi les Physiciens.

ZÉPHIR. Le vent d'Occident, dès qu'il n'est pas fort, prend le nom de zéphir.

ZIEGLER, (*Jacques*) natif de Landau en Baviere, se distingua parmi les Philosophes & les Mathématiciens du XVIe. siecle. Nous n'avons eu occasion de lire aucun de ses Ouvrages. Il mourut en l'année 1549.

ZIZANIE. C'est la plante connue sous le nom d'*Yvraie*. On lui a donné ce nom, parce que le pain qu'on fait d'un blé mêlé d'yvraie, porte à l'assoupissement, enivre même quelquefois ceux qui ont l'imprudence d'en manger. Bien des personnes s'imaginent que l'yvraie vient d'une graine particuliere qui se trouve ou avec le blé, ou dans la terre qu'on ensemence. *Malpighi* est de ce sentiment ; M. *Valmont de Bomare* n'en paroît pas éloigné. C'est, *dit-il*, une espece de *Gramen* qui croît dans les champs avec le blé & l'orge ; ses racines sont fibrées & poussent des tiges ou tuyaux de trois ou quatre pieds, semblables à ceux du blé, ayant quatre ou cinq nœuds ; de chacun desquels naît une feuille longue, étroite, verte, grasse, cannelée, enveloppant la tige par sa base ; ses sommités portent des épis longs d'un pied & d'une figure particuliere, car ils sont divisés en plusieurs parties rangées alternativement, de maniere que chacune paroît un petit épi ou paquet composé de quelques étamines qui sortent du fond d'un calice écailleux. A ces fleurs succedent des graines plus menues que celles du blé, peu farineuses & de couleur rougeâtre, tirant sur le noir.

J'adopte la description que fait de cette plante M. *Valmont de Bomare* ; mais je n'ai garde de la prendre pour une espece de *Gramen* ou pour une mauvaise herbe qui croît dans les champs avec le blé & l'orge. L'yvraie n'a pas d'autre graine que le blé & l'orge qu'on a ensemencé & que de grandes pluies ont putréfié dans le sein de la terre. J'ai fait, pour établir ce sentiment, des recherches immenses ; le Lecteur ne sera pas fâché que je lui en rende compte.

Pline que M. *de Buffon* regarde comme l'un des plus grands Philosophes naturalistes que le monde ait produit, assure que l'yvraie ne naît dans un champ, que lorsque le grain ensemencé a contracté quelque maladie dans le sein de la terre. *Nascitur & herba alba, panico similis, occupans arva, pecori quoque mortifera; nam lolium... inter frugum morbos potiùs quàm inter ipsius terræ pestes numeraverim.* Livre dix-huitieme, §. XLIV, ℣. 2.

Triunfetti, célebre Botaniste, écrivit contre *Malpighi*, son contemporain, & il soutint que la transmutation du blé en yvraie étoit possible & très-commune. Il appuya son sentiment de l'autorité de *Pline* & de celle de *Bacon*.

Nous lisons dans la *nouvelle Maison rustique*, ouvrage fort estimé, que l'yvraie s'engendre de grains de froment & d'orge semés dans des lieux trop humides, ou que de trop grandes pluies putréfient & corrompent. Il y a long-tems, *dit l'Auteur*, qu'on a remarqué que ce changement n'arrive que dans les années pluvieuses, principalement quand c'est dans le mois de Mai qu'il pleut trop; parce que, comme c'est alors que le grain se forme dans les épis, la grande humidité qui survient, le saisit & le change en yvraie. Par la même raison cela est plus fréquent dans les terres fortes & humides, que dans les légeres; il est même rare que cet accident arrive dans les pierreuses, parce qu'il n'arrive presque jamais qu'elles aient assez d'humidité pour pervertir le grain. Par la raison contraire, quand une année est seche, & principalement quand la sécheresse dure tout le mois de Mai, il arrive communément que le mauvais grain en rapporte de bon: l'yvraie qui aura été semée dans une pareille année, se convertira en bon froment; & cela plutôt dans un fond sec, léger ou pierreux, que dans une terre forte & humide, parce que la sécheresse du fonds & de l'année, ayant chassé l'humidité & purifié la masse du grain qui étoit bon dans son principe, il agit & se multiplie comme auparavant. C'est une expérience que j'ai faite bien de fois, & la chose ne manque point d'arriver, lorsque le fonds & l'année y sont propres. *La nouvelle Maison rustique, en 2 vol.* in-4°. *tom.* 1. *pag.* 466 & 467.

Je comprends maintenant que les habitans de Bellegarde, bourg du diocese de Nîmes, donnerent un très-bon conseil à un de mes amis qui ayant semé un très-bon grain dans une terre où les eaux séjournerent jusques vers le milieu du mois de Mai, ne recueillit que de l'yvraie. Semez, *lui dit-on*, cette yvraie dans un fonds sec, léger & pierreux ; elle vous donnera un très-beau blé. Il ne suivit pas leur avis, parce qu'il n'étoit pas agronome.

Nous lisons enfin ce qui suit dans le *Dictionnaire du cultivateur* : L'yvraie est produite par la putréfaction du froment & de l'orge, laquelle est causée par les grandes pluies. Ainsi les terres fortes & humides sont plus sujettes à avoir de l'yvraie que les autres : mais dans les années où le mois de Mai est sec, il arrive souvent que le mauvais grain se convertit en bon. L'yvraie n'est pas cependant un grain entierement inutile ; on s'en sert pour nourrir en partie la volaille ; on en met dans la composition de la biere, pour la rendre plus forte. Qu'on en mette cependant en petite quantité ; le *trop* enivreroit. Une plante d'yvraie appliquée extérieurement, est détersive, résolutive & résiste à la pourriture. *Pline* assure que la farine d'yvraie, mêlée avec le vinaigre, guérit les dartres vives ; il conseille de changer très-souvent cette espece d'emplâtre, si l'on veut qu'il procure une prompte guérison. Cette même farine, mêlée avec le miel & le vinaigre, est un excellent remede contre la goutte. Rapportons ici les propres paroles de cet Auteur. *Quin & ipsæ frugum pestes in aliquo sunt usu. Infelix dictum est à Virgilio lolium. Hoc tamen molitum, ex aceto coctum, impositumque, sanat impetigines, celeriùs, quò sæpius mutatum est. Medetur & podagris . . . curatio hæc à cæteris differt. Aceti sextario uno dilui mellis uncias duas justum est : ita temperatis sextariis tribus, decocta farina lolii sextariis duobus usque ad crassitudinem, calidumque ipsum imponi dolentibus membris.* Liv. 22, §. LXXVII.

Virgile a eu donc tort de regarder l'yvraie comme une herbe aussi étrangere au froment & aussi pernicieuse que la folle avoine. De mauvaises herbes, *dit-il*, l'yvraie, l'avoine stérile, s'élevent comme une forêt, au milieu d'un champ couvert de froment.

Interque nitentia culta
Infelix lolium & steriles dominantur avenæ.
Georg. lib. 1. Carm. 153 & 154.

ZODIAQUE. Le Zodiaque est un grand cercle dont

nous avons parlé dans l'article de la sphere *numéro* 9. Nous n'avons pas manqué de faire remarquer que les constellations du *belier*, du *taureau*, des *chevreaux* auxquels ont succédé celles des *gémeaux*, de l'*écrevisse*, du *lion*, de la *vierge*, de la *balance*, du *scorpion*, du *sagittaire*, du *capricorne*, ou de la *chevre sauvage*, du *verseau* & des *poissons* en occupent la circonférence. Tous ces différens noms ne sont que des symboles ; ils servent à caractériser, de mois en mois, ce qui arrive sur la terre dans les divers déplacemens du Soleil le long de l'année. Les trois premiers signes, par exemple, portent les noms des trois animaux dont il paroît successivement de nouvelles troupes, tout le tems du printems. Si on a mis deux chevreaux, au lieu d'un, parmi les signes printaniers, c'est parce que la chevre produit communément deux petits plutôt qu'un, & a reçu, pour suffire à leur nourriture, une abondance de lait proportionné à sa fécondité.

L'écrevisse est un animal qui marche à reculons & obliquement; de même le Soleil parvenu au signe qui porte ce nom, commence à rétrograder & à descendre obliquement.

La furie du lion peut assez bien marquer celle du Soleil, lorsqu'il abandonne l'écrevisse.

La vierge qui paroît à la suite du lion, portant une poignée d'épis, exprime fort naturellement la coupe des moissons qu'on acheve alors de mettre bas.

L'on a prétendu marquer l'égalité des jours & des nuits qu'amene le Soleil parvenu à l'équinoxe, en donnant aux étoiles sous lesquelles il se trouve alors, le nom de la balance.

Les maladies d'automne, fors de la retraite du Soleil, ont été caractérisées par le scorpion qui traîne après lui son dard & son venin.

La chasse que les anciens donnoient aux bêtes féroces à la chute des feuilles, ne pouvoit être mieux marquée que par un homme armé d'une fleche, appellé le *sagittaire*.

La méthode de paître de la chevre est de monter toujours, & de gagner les hauteurs tout en broutant ; de même le Soleil arrivé au signe qui porte ce nom, commence à quitter le point le plus bas de sa course, pour revenir au plus élevé.

Le verseau a un rapport sensible aux pluies d'hiver.

Les poissons liés ou pris au filet, marquent la pêche qui est excellente aux approches du printems. Telle est l'explication que donne des douze signes du zodiaque M. Pluche dans son premier volume de l'histoire du Ciel. Cet auteur nous assure que c'est de *Macrobe*, l'un des plus savans hommes de l'antiquité, qu'il a tiré toutes ces particularités.

ZONE. On appelle *zone* un espace du Ciel renfermé entre deux cercles de la sphere. Il y a cinq zones, une torride, deux tempérées & deux glaciales. La zone torride est renfermée entre les deux tropiques. La zone tempérée boréale se trouve entre le tropique du *cancer* & le *polaire* boréal; & la zone tempérée méridionale est située entre le tropique du *capricorne* & le *polaire* méridional. La zone glaciale boréale est placée entre le *polaire* & le *pôle* boréal, & la zone glaciale méridionale entre le *polaire* & le *pôle* méridional. Consultez l'article de la *sphere*, *numéro* 18, où ce point est traité assez au long.

ZONE LUMINEUSE *de l'aurore boréale*. Il paroît quelquefois avec l'aurore boréale comme un grand arc-en-ciel, mais un peu plus étroit que l'arc-en-ciel ordinaire. Celui du 27 Février 1750 étoit très-uniforme dans toute sa longueur, blanchâtre, teint par ses bords d'une espece de couleur de rose, & d'un vert céladon pâle. C'est-là le phénomene que l'on nomme *zone lumineuse*. Celle qui accompagna l'aurore boréale du 24 Août de la même année, étoit encore faite en forme d'arc, mais c'étoit un arc très-régulier, très-vivement coloré & très-bien terminé. L'arc-en-ciel ordinaire ne l'est qu'imparfaitement, en comparaison de celui-ci. Son sommet s'écartoit de deux ou trois degrés du zénith vers le sud. Sa largeur étoit, comme le 27 Février, d'environ deux degrés, & partout exactement la même. Semblable à un ruban liséré de jaune vers le nord & d'un beau couleur de feu vers le sud, il s'étendoit ainsi uniformément à droite & à gauche, & ces deux couleurs en se dégradant insensiblement vers son milieu, & selon sa longueur, s'y perdoient dans une lumiere blanchâtre. Le 26 du même mois, il y eut encore un arc lumineux joint à l'aurore boréale. Il étoit plus méridional d'un ou deux degrés, moins brillant par ses couleurs & en général fort blanchâtre, plus large & moins tranché; il ne se montra que pendant 5 à 6 minutes. M. de Mairan dans les ouvrages de qui nous avons pris la description de ce phénomene, assure que la matiere de tous ces arcs est absolument la même que celle des aurores boréales, dont nous avons parlé très-au long en son lieu.

ZOROASTRE *a été un des premiers Philosophes qui ait paru dans le monde : quelques Auteurs le font plus ancien qu'Abraham. Il admettoit deux souverains principes l'un du bien, l'autre du mal ; & il ajoutoit qu'il ne falloit rendre des adorations qu'au premier. Ce fut dans les écrits de ce Philosophe que* Manès, *héréſiarque du troiſieme ſiecle, puiſa ſes dogmes impies. La mémoire de* Zoroastre *est encore en grande vénération parmi les Perses.*

Voilà ce que nous avons dit de *Zoroastre* dans le *corps de l'Ouvrage.* Quelques personnes nous ont conseillé de donner plus d'étendue à cet article, & elles nous ont assuré que nous trouverions des choses intéressantes sur cet ancien Philosophe dans la collection complete de Œuvres de M. *Diderot*, à l'article *Philosophie des Perses*, *tom.* 1. entre les *pages* 485 & 501. La lecture de cet article & de plusieurs autres de cette collection, nous a confirmé dans l'idée où nous étions que personne n'a mieux peint le caractere de *Diderot*, que l'Auteur des *Trois siecles de la littérature françoise* ; aussi invitons-nous tout Lecteur, ami du vrai, à lire avec attention l'article *Diderot* de ce Dictionnaire. Cependant ne fût-ce que pour prouver que nous n'avons pas eu tort de parler de *Zoroastre* d'une maniere laconique dans le *corps de notre Ouvrage*, nous allons faire l'abrégé de ce que dit *Diderot* sur la *Philosophie des Perses*, dont il avoue que *Zoroastre* a donné les préceptes.

1°. *Zoroastre* est-il un nom de secte, ou bien un nom d'homme ? Voilà ce que *Diderot* met d'abord en probleme. Il embrasse cependant la seconde de ces deux opinions, puisqu'il examine s'il est Chinois, Indien, Perse, Médo-perse ou Mede ; & qu'il le fait naître dans l'Aderbijan, province de la Médie. Il le suit dans ses différens voyages ; il raconte sérieusement une foule d'événemens qui lui sont arrivés, ou dont il a été la cause, & il finit sa dissertation par avouer que ce qu'il vient de dire, pourroit bien n'être qu'un tas de fables, inventées par les Arabes.

Il avoit d'abord dit : *Il faut entendre toutes les puérilités merveilleuses que les Arabes racontent de la naissance & des premieres années de* Zoroastre. *Au reste elles sont dans le génie des orientaux, & du caractere de celles dont tous les peuples de la terre ont défiguré l'histoire des fondateurs du culte religieux qu'il avoit embrassé. Si ces fondateurs n'avoient été que des hommes ordinaires, de quel droit eût-on exigé de leurs semblables un respect aveugle pour leurs opinions ?*

Ce n'est pas ici le lieu de faire connoître quel a été le but de *Diderot*, en parlant d'une maniere si générale, non-seulement dans cet opuscule, mais encore dans mille autres endroits de ses ouvrages ; nous ne manquerons pas de le faire dans la nouvelle édition que nous préparons de notre *Dictionnaire Philosopho-Théologique* ; il y occupera, parmi les Philosophes modernes, la place qu'il mérite ; nous n'avons pas cru devoir lui en donner une, dans ce Dictionnaire, parmi les Physiciens que la mort nous a enlevés.

2°. *Diderot* rend compte des livres attribués à *Zoroastre*, dont le principal est le *Zend* ou le *Zendavesta*. Il est, *dit-il*, divisé en deux parties ; l'une comprend la liturgie ou les cérémonies à observer dans le culte du feu, l'autre prescrit les devoirs de l'homme en général, & ceux de l'homme religieux en particulier. Il est écrit en langue & en caracteres Perses. Il est renfermé dans les temples ; il n'est pas permis de le communiquer aux étrangers ; & tous les jours de fêtes, les Prêtres en lisent quelques pages au peuple. *Diderot* pense cependant que le *Zend* n'est pas un ouvrage de *Zoroastre*, puisqu'on y trouve des Pseaumes de *David* ; la narration de l'origine du monde, d'après *Moyse* ; celle du déluge universel, & qu'on y parle d'*Abraham*, de *Joseph* & de *Salomon*.

3°. *Diderot* en vient ensuite aux prétendus oracles de *Zoroastre*. Il convient qu'ils ne sont pas de lui, & qu'ils ne font pas grand honneur à celui qui les a fabriqués. Il dit qu'il les exposera dans la langue latine, parce qu'il est presqu'impossible de les rendre dans la nôtre. Contentons-nous, pour ne pas ennuyer le Lecteur, d'en rapporter un seul. *Unitas dualitatem genus ; dyas enim apud eam sedet, & intellectuali luce fulgurat, indè trinitas, & hæc trinitas in toto mundo lucet & gubernat omnia.*

A la suite de ce galimathias qui n'est ni françois, ni latin, ni d'aucune langue, on profere le blaspheme suivant : *on croiroit, en lisant ce passage, entendre le commencement de l'Evangile selon* St. Jean.

Qui est-ce qui parle de la sorte? Est-ce l'abominable Auteur du *Systeme de la Nature?* Je n'en serois pas étonné; ce que je sais, c'est que c'est *Diderot* (*tom.* 1, *pag.* 499.) & qu'il n'est qu'un impie sans goût qui ait pu s'exprimer ainsi. Tous les hommes de génie conviennent qu'il n'est rien de plus frappant, rien de plus relevé, rien de plus sublime que le commencement de l'Evangile selon *St. Jean.* C'est en lisant le commencement de cet Evangile, que *Jean Jacques Rousseau* s'est écrié :

Je vous avoue que la majesté des Ecritures m'étonne. Voyez les livres des Philosophes avec toute leur pompe; qu'ils sont petits près de cela! Se peut-il qu'un livre à la fois si sublime & si simple, soit l'ouvrage des hommes! Emile, tom. 3, *pag.* 165, *lettre pag.* 108. En voilà assez pour le présent; nous reprendrons cette matiere dans la nouvelle édition de notre Dictionnaire *Philosopho-Théologique*, & nous vengerons la Religion sainte que nous avons le bonheur de professer, des sarcasmes indécens de ce chef des Philosophes modernes.

4°. *Diderot* prétend que le systeme philosophique de *Zoroastre* est fondé sur les principes suivans :

Il ne se fait rien de rien; il y a donc un premier principe, infini, éternel, de qui tout ce qui a été, & tout ce qui est, est émané.

Cette émanation a été très-parfaite & très-pure. Il faut la regarder comme la cause du mouvement, de la chaleur & de la vie.

Le feu intellectuel, très-parfait, très-pur, dont le soleil est le symbole, est le principe de cette émanation.

Tous les êtres sont sortis de ce feu, les matériels & les immatériels. Il est absolu, nécessaire, infini; il se meut lui-même; il meut & il anime tout ce qui est.

La matiere & l'esprit étant deux natures diamétralement opposées, il est donc émané du feu originel & divin deux principes subordonnés, ennemis l'un de l'autre, l'esprit & la matiere, *Orosmade* & *Arimane*; le premier eſt la cauſe de toute perfection; le ſecond eſt la cauſe de tous les maux.

Il eſt encore onze articles dans l'expoſition du ſyſteme de *Zoroaſtre*; nous nous garderons bien de les rapporter; ils ſont auſſi ridicules & auſſi inintelligibles que ſes *oracles*; auſſi *Diderot* penſe-t-il que ce ſyſteme n'eſt parvenu juſqu'à nous, qu'après avoir paſſé entre les mains des Pythagoriciens, des Stoïciens & des Platoniciens; il prétend reconnoître, dans le ſyſteme qu'il vient d'expoſer, le ton & les idées de ces trois Ecoles.

5°. Après nous avoir rendu compte de la doctrine de *Zoroaſtre*, *Diderot* nous rend compte de ſa morale; elle conſiſte dans les préceptes ſuivans:

Vous recommanderez la chaſteté, l'honnêteté, le mépris des voluptés corporelles, du faſte, de la vengeance, des injures.

Vous défendrez le vol.

Vous réfléchirez ſouvent, & vous craindrez toujours de vous tromper.

Vous conſulterez la Providence dans toutes vos actions.

Vous fuirez le mal & vous embraſſerez le bien.

Vous commencerez le jour par tourner vos penſées vers l'Etre ſuprême; vous l'aimerez, vous l'honorerez, vous le ſervirez.

Vous regarderez le ſoleil, lorſque vous prierez l'Etre ſuprême pendant le jour, & vous regarderez la lune, lorſque vous vous adreſſerez à lui pendant la nuit.

Diderot remarque qu'il n'y a rien dans ces principes qui ne ſoit conforme au ſentiment de tous les peuples, & qui appartienne plus à la morale de *Zoroaſtre*, qu'à celle des autres Philoſophes de l'antiquité. Plût au ciel qu'elle dirigeât la conduite de nos prétendus eſprits forts; ils deviendroient bientôt les Apôtres d'une Religion qu'ils voudroient anéantir. Mais leurs efforts ſeront impuiſſans, & les portes de l'enfer ne prévaudront jamais contre elle. C'eſt la promeſſe de Jeſus-Chriſt à ſon Egliſe, *portæ inferi non prævalebunt adversùs eam.*

6°. *Diderot* regarde *Zoroaſtre* comme le reſtaurateur; d'autres le regardent comme le fondateur du *Magianiſme*.

Les *Mages*, dans l'Orient, étoient les Prêtres, les Théologiens, les Philoſophes de la Nation; on avoit pour eux un respect infini; les têtes couronnées joignirent souvent le titre de *Souverain* à celui de *Mage*; tel fut en particulier *Hystaspe*, pere de *Darius*. *Zoroastre* leur marqua leurs principaux devoirs dans les leçons suivantes:

Vous ne changerez ni le culte, ni les prieres.

Vous ne vous emparerez point du bien d'autrui.

Vous aurez horreur du mensonge, & vous inspirerez cette horreur à tout le monde.

Vous ne laisserez entrer dans votre cœur aucun desir impur; dans votre esprit aucune pensée perverse.

Vous oublierez les injures.

Vous instruirez les peuples.

Vous exercerez les œuvres de miséricorde; c'est le plus noble emploi que vous puissiez faire de votre bien.

Vous reprendrez fortement les méchans, & vous n'aurez aucune indulgence pour eux.

Vous fréquenterez sans cesse les temples, & votre demeure n'en sera pas éloignée, afin que vous puissiez y entrer sans être apperçu.

Vous présiderez aux mariages.

Vous méditerez le *Zendavesta*: ce sera votre loi, vous n'en reconnoîtrez point d'autre; & que le ciel vous punisse éternellement, si vous souffrez qu'on la corrompe.

Conclusion. Ce que nous venons de rapporter n°. 6, est l'unique chose que nous puissions ajouter à l'histoire que nous avons faite de *Zoroastre* dans le *corps de l'ouvrage*; tout le reste, de l'aveu même de *Diderot*, ne mérite aucune croyance, ou n'appartient pas plus à *Zoroastre*, qu'aux autres Philosophes de l'antiquité. Ce que contient le n°. 1, est un tas de fables, inventées par les Arabes. Le *Zendavesta* est un livre supposé; *Diderot* en rapporte la supposition au tems d'*Eusebe*. Les *oracles* de *Zoroastre* ont été fabriqués par des personnes qui ont voulu rendre ce Philosophe aussi ridicule que méprisable. Son systeme de Philosophie ne lui appartient pas plus, qu'à *Pythagore*, à *Zénon* & à *Platon*. Enfin sa morale est celle de tous les Philosophes de l'antiquité. Nous ne prétendons ni adopter, ni contredire cette opinion. Nous voulons seulement faire appercevoir que ce qui a été écrit sur la *Philosophie des Perses* ne peut pas être d'un grand ufage à quiconque voudra faire l'hiftoire du Philofophe *Zoroaftre*.

ZWINGER. Il y a eu un très-grand nombre de favans de ce nom. Nous ne parlerons que de ceux dont les ouvrages ont quelque relation avec la Phyfique. Le premier s'appelloit Théodore. Il naquit à Bâle en 1534. Il enfeigna dans cette ville la Médecine avec fuccès ; & il nous donna la premiere édition de l'ouvrage qui a pour titre : *Theatrum vitæ humanæ*. Il mourut en l'année 1588, à l'âge de 54 ans.

Jacques Zwinger fon fils fe diftingua, comme fon pere, dans la Médecine, & s'occupa à augmenter & à polir le *Theatrum vitæ humanæ*. Il mourut en 1610.

Théodore Zwinger, arriere-petit-fils de Jacques, a enfeigné de nos jours la Médecine & la Phyfique à Bâle avec beaucoup de fuccès. Il mourut en 1724.

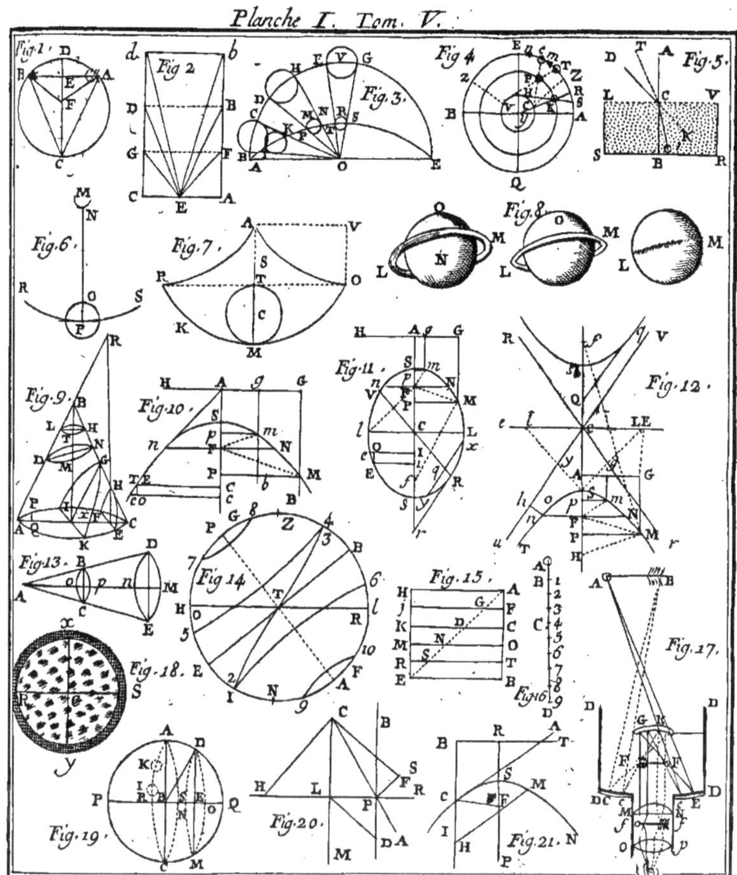
Planche I. Tom. V.
Fig. 1.
Fig 2
Fig. 3.
Fig 4
Fig. 5.
Fig. 6.
Fig. 7.
Fig. 8.
Fig. 9.
Fig. 10.
Fig. 11.
Fig. 12.
Fig. 13.
Fig 14
Fig. 15.
Fig. 16
Fig. 17.
Fig. 18.
Fig. 19.
Fig. 20.
Fig. 21.

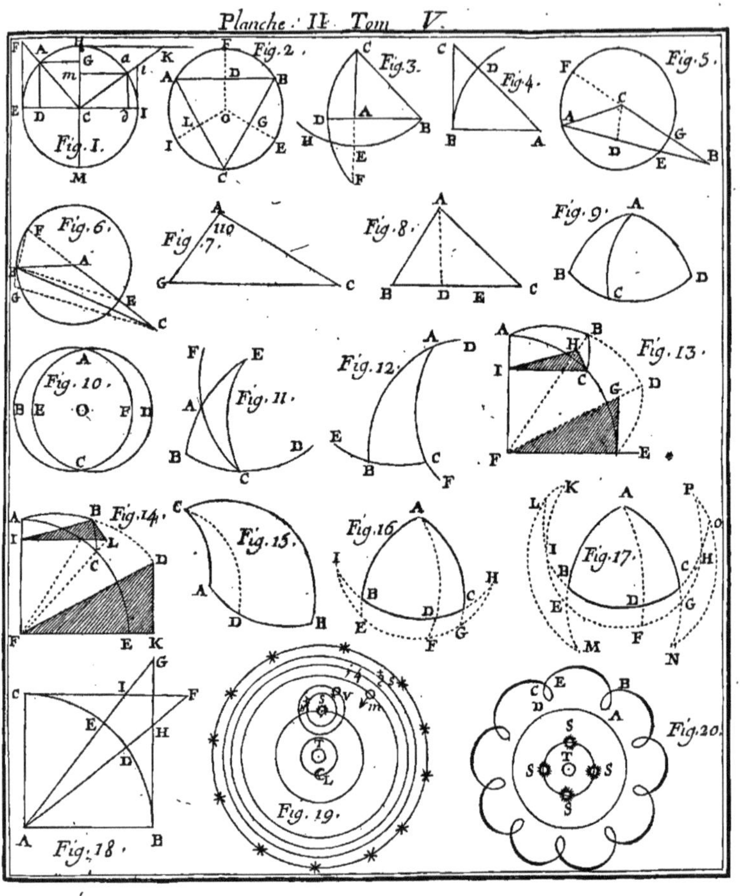
Planche . II Tom V.
Fig. I.
Fig. 2.
Fig. 3.
Fig. 4.
Fig. 5.
Fig. 6.
Fig. 7.
Fig. 8.
Fig. 9.
Fig. 10.
Fig. 11.
Fig. 12.
Fig. 13.
Fig. 14.
Fig. 15.
Fig. 16
Fig. 17.
Fig. 18.
Fig. 19.
Fig. 20.

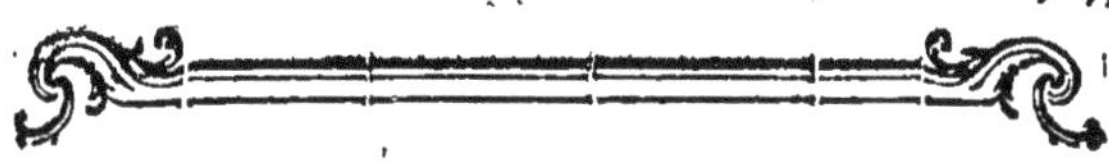

SUPPLÉMENT.

LE Supplément qui va terminer ce cinquieme Volume, sera tout-à-fait semblable à ceux qui terminent les trois précédens. Il contiendra, comme les autres, des Tables qui n'ont pas pu trouver place dans le corps de l'Ouvrage, parce que ce sont des Tables à consulter, & non pas à lire. L'on y trouvera aussi la Dissertation que nous avons annoncée à l'article *Phlogistique*.

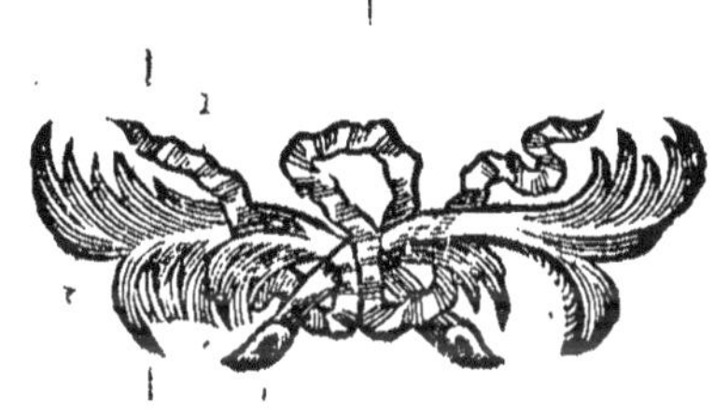

TABLE

Des Réfractions de la Lumiere par M. de la Caille.

Hauteur.	Réfractions.			Hauteur.	Réfractions.		
Degrés.	*Minutes.*	*Secondes.*	10e. de *Second.*	*Degrés.*	*Minutes.*	*Secondes.*	10e. de *Seconde*
0	33	45	0	31	1	50	0
1	23	7	0	32	1	45	8
2	17	8	0	33	1	41	8
3	15	2	0	34	1	38	1
4	10	48	0	35	1	34	6
5	9	2	0	36	1	31	2
6	8	42	0	37	1	28	0
7	7	41	0	38	1	24	9
8	6	51	0	39	1	21	9
9	6	10	0	40	1	19	0
10	5	37	0	41	1	16	3
11	5	9	0	42	1	13	7
12	4	45	0	43	1	11	2
13	4	24	0	44	1	8	8
14	4	5	0	45	1	6	5
15	3	49	0	46	1	4	3
16	3	35	0	47	1	2	1
17	3	23	0	48	1	0	0
18	3	12	0	49	0	57	9
19	3	3	0	50	0	55	8
20	2	54	7	51	0	53	8
21	2	47	0	52	0	51	9
22	2	39	8	53	0	50	1
23	2	33	0	54	0	48	3
24	2	26	6	55	0	46	6
25	2	20	5	56	0	44	9
26	2	14	7	57	0	43	2
27	2	9	2	58	0	41	6
28	2	4	0	59	0	40	0
29	1	59	1	60	0	38	4
30	1	54	4	61	0	36	9

Hauteur.	Réfractions.			Hauteur.	Réfractions.		
Degrés.	Minutes.	Secondes.	10e. de Second.	Degrés	Minutes.	Secondes.	10e. de Second.
62	0	35	4	77	0	15	4
63	0	33	9	78	0	14	1
64	0	32	4	79	0	12	9
65	0	31	0	80	0	11	7
66	0	29	6	81	0	10	5
67	0	28	2	82	0	9	3
68	0	26	8	83	0	8	2
69	0	25	5	84	0	7	0
70	0	24	2	85	0	5	8
71	0	22	9	86	0	4	6
72	0	21	6	87	0	3	5
73	0	20	3	88	0	2	3
74	0	19	1	89	0	1	1
75	0	17	8	90	0	0	0
76	0	16	6				

AVERTISSEMENT.

M. l'Abbé de la *Caille* nous apprend que lorſqu'il a conſtruit ſa table des réfractions de la lumiere, le barometre étoit alors à Paris à 28 pouces de hauteur, & le thermometre de M. de *Réaumur* à 10 degrés au-deſſus de o, c'eſt-à-dire, à 10 degrés au-deſſus du point de la congélation. Sa table ne ſeroit pas donc exacte hors de Paris; elle ne le ſeroit pas même dans cette ville, lorſque le barometre & le thermometre ne ſeroient pas à la hauteur dont nous venons de parler. Ce ſeroit-là ſans doute un très-grand inconvénient. M. l'Abbé de la *Caille* l'a ſenti, & il n'a pas manqué d'y obvier. Il a obſervé qu'un pouce d'augmentation dans la hauteur du barometre produit une vingt-ſeptieme partie de la réfraction marquée dans ſa table; dix degrés d'abaiſſement dans le thermometre produiſent le même effet. Sur ces principes il eſt facile de rendre univerſelle ſa table des réfractions. L'on conſultera pour cet effet les quatre tables ſuivantes, dont nous aurons ſoin de donner l'explication & d'apprendre les uſages.

TABLE I. ôtez

Hauteur du Barometre en pouces & lignes.

Hauteur du Thermometre de Réaumur.	27.4	27.6	27.8	27.10	28.0
26	12	13	14	15	17
25	13	14	15	16	18
24	13	14	16	17	19
23	14	15	17	18	21
22	15	16	18	20	23
21	15	17	19	22	25
20	16	18	20	24	27
19	17	20	22	26	30
18	19	22	24	28	34
17	20	23	26	31	39
16	22	25	30	35	45
15	24	28	33	41	55
14	26	31	38	48	68
13	29	35	45	58	90
12	32	40	53	75	135
11	36	46	65	103	270
10	42	54	85	167	0
9	50	70	123	435	
8	61	95	227	0	
7	79	147	0		
6	111	323			
5	189	0			
4	0				

TABLE II. ajoutez

Hauteur du Barometre en pouces & lignes.

Hauteur du Thermometre de Réaumur.	27.4	27.6	27.8	27.10	28.0
9					270
8					135
7				196	90
6			333	114	68
5			149	80	55
4		233	96	62	45
3	476	125	71	50	39
2	172	86	56	42	34
1	105	65	46	37	30
0	76	52	40	33	27
1	59	43	35	29	25
2	48	37	31	26	23
3	41	32	28	24	21
4	36	29	25	22	19
5	32	27	23	20	18
6	28	25	22	19	17

TABLE III. ôtez

Hauteur du Barometre en pouces & lignes.

Hauteur du Thermometre de Réaumur.	28.0	28.2	28.4	28.6	28.8
26	17	19	22	25	28
25	18	20	23	27	37
24	19	22	25	29	39
23	21	24	28	32	41
22	23	26	31	37	48
21	25	29	35	43	59
20	27	33	40	52	76
19	30	37	46	65	105
18	34	42	56	86	172
17	39	50	71	125	476
16	45	62	96	233	0
15	55	80	149	0	
14	68	114	333		
13	90	196	0		
12	135	0			
11	270				
10	0				

TABLE IV. ajoutez

Hauteur du Barometre en pouces & lignes.

Hauteur du Thermometre de Réaumur.	28.0	28.2	28.4	28.6	28.8
15					189
14				323	111
13				147	79
12			227	95	61
11		435	123	70	50
10		167	85	54	42
9	270	103	65	46	36
8	135	75	53	40	32
7	0	58	45	35	29
6	68	48	38	31	26
5	55	41	33	28	24
4	45	35	30	25	22
3	39	31	26	23	20
2	34	28	24	22	19
1	30	26	22	20	17
0	27	24	20	18	16
1	25	22	19	17	15
2	23	20	18	16	15
3	21	18	17	15	14
4	19	17	16	14	13
5	18	16	15	14	13
6	17	15	14	13	12

EXPLICATION

DES TABLES PRÉCÉDENTES.

LA premiere Table contient ce qu'il faudra ôter de la réfraction marquée par M. l'Abbé de la Caille, lorsque le barometre variera depuis 27 pouces 4 lignes, jusqu'à 28 pouces de hauteur, & le thermometre depuis le 26e. jusqu'au 4e. degrés au dessus du point de la congélation. Le Soleil, à 18 degrés de hauteur sur l'horizon, a 3 minutes, 12 secondes de réfraction ou 192 secondes. Si le barometre est alors à 28 pouces de hauteur, & le thermometre à 10 degrés au dessus du point de la congélation, je n'ai rien à changer; aussi ma premiere Table me donne-t-elle 0. Mais si le barometre est à 27 pouces, 8 lignes, & le thermometre à 24 degrés au dessus du point de la congélation, je trouve qu'il faut ôter 16, c'est-à-dire, $\frac{1}{16}$; car les quatre Tables précédentes ne contiennent que des dénominateurs de différentes fractions qui ont le chiffre 1 pour numérateur. Je divise donc 192 par 16, & le quotient 14 m'apprend que la réfraction du Soleil n'est alors que de 2 minutes, 58 secondes.

La seconde Table contient ce qu'il faudra ajouter à la réfraction marquée par M. l'Abbé de la Caille, lorsque le barometre variera depuis 27 pouces 4 lignes, jusqu'à 28 pouces de hauteur, & le thermometre depuis le 9e. degré de hauteur au dessus du point de la congélation jusqu'au 6e. degré au dessous du même point.

Exemple. Le Soleil, à 31 degrés de hauteur, a 110 secondes de réfraction. Si le barometre est alors à 28 pouces, & le thermometre à 5 degrés au dessus du point de la congélation, la seconde Table me donnera $\frac{1}{55}$ d'augmentation; je conclus que le Soleil a alors 112 secondes de réfraction.

La troisieme Table contient ce qu'il faudra ôter de la réfraction marquée par M. l'Abbé de la Caille, lorsque le barometre variera depuis 28 pouces jusqu'à 28 pouces 8 lignes, & le thermometre depuis le 26e. jusqu'au 10e. degré au dessus du point de la congélation.

Exemple. Le Soleil, à 48 degrés de hauteur, a 60 secondes de réfraction. Si le barometre est alors à 28 pouces 2 lignes, & le thermometre à 25 degrés au dessus du point de la congélation, la troisieme Table me donne $\frac{1}{20}$; je conclus que le Soleil n'a alors que 57 secondes de réfraction.

Enfin la quatrieme Table contient ce qu'il faudra ajouter à la réfraction marquée par M. l'Abbé de la Caille, lorsque le barometre variera depuis 28 pouces jusquà 28 pouces 8 lignes, & le thermometre depuis 15 pouces au dessus du point de la congélation jusqu'à 6 pouces au dessous du même point.

Exemple. Le Soleil, à 59 degrés de hauteur, a 40 secondes de réfraction. Si le barometre est alors à 28 pouces 2 lignes, & le thermometre à 2 degrés au dessous du point de la congélation, la quatrieme Table me donne $\frac{1}{20}$ d'augmentation; & je donne moi-même au Soleil 42 secondes de réfraction.

M. l'Abbé de la Caille nous avertit que lorsque ce qu'il faut ôter ou ajouter, est moindre qu'un $\frac{1}{100}$, on peut le négliger, & mettre la réfraction, telle qu'elle est dans sa Table.

J'ajoute, d'après M. de Lalande, que ce que nous venons de dire sur les quatre Tables de M. de la Caille, ne peut gueres s'appliquer à des hauteurs de l'Astre plus petites que 6 degrés, à cause des vents, des vapeurs, des nuages & des fumées qui se trouvent aux environs de la Terre.

SOMMAIRE

Des Questions les plus intéressantes contenues dans le cinquieme Volume du Dictionnaire de Physique. Voici l'Analyse de ces Questions.

P

LEs articles les plus intéressans contenus sous cette partie de la lettre P qui commence ce cinquieme Volume, sont les articles *Progression Arithmétique*, *Progression Géométrique*, *Proportion Aritmétique*, *Proportion Géométrique & Proportionnelle.*

PROGRESSION ARITHMÉTIQUE.

Nous avons d'abord donné les quatre regles des progressions arithmétiques, sans avoir recours aux formules algébriques; & nous avons tiré de ces quatre regles la solution des problemes suivans.

1°. Connoissant le premier terme, la différence & le nombre des termes, trouver le dernier terme & la somme de tous les termes.

2°. Connoissant le premier, le dernier & le nombre des termes, connoître la différence.

3°. Connoissant le premier terme, le dernier & la différence, trouver le nombre des termes.

4°. Connoissant les trois derniers termes d'une progression arithmétique de quatre termes, trouver le premier.

5°. Connoissant le nombre des termes, la différence & la somme, trouver le premier & le dernier termes.

6°. Connoissant le premier terme, la différence & la somme, trouver le dernier terme & le nombre des termes.

Comme l'algebre est actuellement en usage en Physique, nous avons exprimé par des formules algébriques les quatre regles des progressions arithmétiques, & nous

nous sommes servi de ces formules pour résoudre quantité de problemes dans le goût de ceux que nous venons de citer.

PROGRESSION GÉOMÉTRIQUE.

Nous avons suivi dans cet article la même marche que dans le précédent. Nous avons donné sans le secours de l'algebre, les cinq regles des progressions géométriques, & nous avons résolu par leur moyen les problemes suivans.

1°. Connoissant le premier, le second, & le nombre des termes, trouver le dernier terme & la somme des termes.

2°. Connoissant le premier, le dernier termes & l'*exposant* d'une progression géométrique décroissante, trouver la somme des termes.

3°. Connoissant le premier & le second termes d'une progression géométrique décroissante à l'infini, trouver la somme des termes qui suivent le premier & la somme de tous les termes de la progression.

4°. Connoissant le premier & le dernier termes d'une progression géométrique, trouver les trois termes intermédiaires.

Ceux qui aiment l'algebre, trouveront les cinq regles des progressions géométriques exprimées analytiquement, & les problemes les plus intéressans résolus par la même voie.

PROPORTION ARITHMÉTIQUE.

Qu'est-ce que la proportion arithmétique ? Quelle est, dans une proportion arithmétique, la somme des extrêmes comparée avec celle des moyennes ? Comment se fait la regle de proportion arithmétique ; voilà les questions résolues dans cet article.

PROPORTION GÉOMÉTRIQUE.

L'on apprendra dans cet article quelle est la nature de la proportion géométrique ; & comment se fait la regle de proportion. Cette matiere a déjà été traitée dans l'article de l'arithmétique.

PROPORTIONNELLE.

Nous avons appris dans cet article à trouver à deux quantités données une, deux, un nombre quelconque de moyennes proportionnelles.

Q

Cette lettre ne contient qu'un article intéressant, c'est celui qui commence par le mot *Quadrature*. Après avoir parlé de la quadrature du cercle, nous avons cherché par le calcul infinitésimal la quadrature d'un espace parabolique, elliptique, hyperbolique, & nous avons tiré de tous ces problemes des corollaires qui contiennent des vérités de la derniere importance.

R

Les mots *Rage*, *Raison*, *Réflexion*, *Réfraction*, *Regnes de la Nature* & *Répulsion* sont les quatre articles intéressans de la lettre *R*.

RAGE.

C'est ici la continuation de l'article *Hydrophobie*. Comme on ne sauroit indiquer trop de remedes capables de guérir cette affreuse maladie, nous avons cru devoir insérer, dans cet article, la nouvelle méthode curative qui a eu les plus grands succès entre les mains de M. *le Roux*. Ce grand Chirurgien divise la rage en deux especes, en rage spontanée ou de cause interne, & en rage communiquée ou de cause externe. Il regarde la premiere comme incurable ; il donne cependant des remedes propres, sinon à guérir, du moins à diminuer le mal, & à en rendre les accès moins effrayans. Pour la rage communiquée par la morsure d'un animal enragé, il est comme assuré de la guérir, si on l'appelle à tems, & si le malade n'est pas ennuyé de la longueur du traitement. Par cette méthode, M. *le Roux* a préservé de la rage sept personnes en 1780, & deux en 1782. La Société Royale de Médecine de Paris l'a adoptée, en couronnant son Autenr, & en la faisant paroître dans la seconde partie de ses Mémoires pour l'année 1783.

Comme cet article sera plutôt lu par des Physiciens,

que par des Médecins & des Chirurgiens, nous l'avons terminé par l'explication de quelques termes qui appartiennent plutôt à la Chirurgie, qu'à la Physique. L'on trouvera à la fin de l'article *Vinaigre* une autre nouvelle méthode curative de la rage communiquée par la morsure d'un animal enragé.

RAISON.

L'on apprendra dans cet article la différence qu'il y a entre *Raison double*, *triple* &c. & *Raison sous-double*, *sous-triple* &c.; entre *Raison directe* & *Raison inverse*, entre *Raison directe des carrés*, *des cubes*, &c. & *Raison inverse des carrés*, *des cubes*, &c.

RÉFLEXION.

Après avoir donné une idée de la réflexion, nous avons prouvé les trois propositions suivantes.

1°. Un corps élastique qui tombe sur un plan non élastique, est réfléchi en vertu de son élasticité.

2°. Un corps dur non élastique qui tombe sur un plan élastique, est réfléchi en vertu de l'élasticité du plan.

3°. Un corps élastique qui tombe sur un plan élastique, est réfléchi en vertu de son élasticité & en vertu de celle du plan.

Nous avons ensuite rapporté les sentimens de Newton & de M. l'Abbé Nollet sur la cause physique de la réflexion.

RÉFRACTION.

Nous avons divisé cet article en deux parties. La réfraction astronomique est la matiere de la premiere partie; la seconde partie traite de la réfraction des corps solides. En parlant de la réfraction astronomique, nous avons commencé par établir les trois loix suivantes.

Un rayon de lumiere passant perpendiculairement d'un milieu dans un autre, ne souffre aucune réfraction.

Un rayon de lumiere passant obliquement d'un milieu plus rare dans un milieu plus dense, se réfracte en s'approchant de la perpendiculaire.

Un rayon de lumiere passant obliquement d'un milieu

plus dense dans un milieu plus rare, se réfracte en s'éloignant de la perpendiculaire.

Nous avons ensuite cherché la cause de ces loix ; & il nous a paru qu'elles étoient une dépendance de la loi générale de l'attraction en raison directe des masses.

Nous avons enfin rapporté les pensées de Descartes & celles de M. le Monnier sur la cause d'un des plus difficiles phénomenes que l'on puisse présenter à un Physicien.

Pour ce qui regarde la réfraction des corps solides, nous avons examiné pourquoi elle se fait en raison inverse de celle de la lumiere.

REGNES DE LA NATURE.

Il n'est point d'ouvrage, quelque mauvais qu'il soit, où l'on ne trouve quelque bonne chose. L'Auteur du *Systeme de la Nature* a tracé le tableau général des *trois Regnes*, *animal*, *végétal* & *minéral*. Comme ce tableau est fait de main de maître & qu'il ne dit dans cette occasion que des choses très-conformes aux loix de la nature, nous nous sommes faits un devoir de le copier presque littéralement ; par-là nous prouverons à nos Lecteurs que nous avons eu droit de le réfuter dans plusieurs articles de ce Dictionnaire, & que la raison & la religion ont toujours dirigé notre plume dans la critique que nous avons faite de cet ouvrage abominable.

A ce tableau général des *trois regnes* de la nature succedent des détails intéressans sur chaque *regne* en particulier. Quiconque les lira avec attention, sera en état de ranger un cabinet d'Histoire Naturelle, & de distribuer les trois *regnes* par classes, par genres, par especes & par variétés.

RÉPULSION.

Il n'existe dans la nature aucune loi de répulsion ; & les expériences qu'on apporte en preuve, ne doivent engager aucun Physicien à en admettre : voilà ce que nous avons prouvé dans cet article.

S

Cette lettre contient dix articles dont il est nécessaire que nous donnions l'abrégé ; ils commencent par les mots

Sang, Satellites, Sections coniques, Sommation, Son, Sphere, Statique, Stéganographie, Syſteme & Syſteme de la Nature.

SANG.

Qu'eſt-ce que le ſang ? Comment & pourquoi circule-t-il dans le corps ? Comment peut-il circuler dans les enfans qui ſont renfermés dans le ſein de leur mere ? Combien de fois chaque heure toute la maſſe du ſang paſſe-t-elle par le cœur de l'homme ? Telles ſont les queſtions diſcutées dans cet article.

SATELLITE.

Nous avons donné l'hiſtoire des quatre Satellites de Jupiter, des cinq Satellites de Saturne, & du Satellite de Vénus découvert le 3 de Mai 1761. Nous avons eſſayé, par le moyen de ce dernier Satellite, de connoître la maſſe de cette derniere planete.

SECTIONS CONIQUES.

Après avoir cherché l'origine des ſections coniques, & donné les notions communes & propres aux trois plus fameuſes de ces ſections, nous avons réſolu le probleme qui conſiſte à trouver une équation commune à l'ellipſe, à l'hyperbole & à la parabole. Cette équation eſt une véritable formule que nous avons appliquée d'abord à l'ellipſe, enſuite à l'hyperbole & enfin à la parabole. Nous avons encore tiré de cette formule toutes les propriétés de ces trois eſpeces de courbes.

SOMMATION.

Nous avons appris dans cet article à réduire à une ſeule expreſſion tous les termes d'une ſuite infinie donnée ; nous avons ſurtout démontré que la ſomme des carrés d'une infinité de termes conſécutifs de la ſuite des nombres naturels eſt le tiers du produit du dernier carré muliplié par leur nombre.

SON.

Après avoir parlé des ſons direct, réfléchi, articulé & relatif, nous avons répondu à un très-grand nombre de questions analogues à ces différens points de Physique.

SPHERE.

L'on trouvera dans cet article tout ce qui a rapport à la sphere droite, parallele & oblique ; aux climats d'heure ; aux climats de mois, &c.

STATIQUE.

Cet article contient les principes sur lesquels la statique est fondée, & l'explication des phénomenes que présente l'accélération des graves.

STÉGANOGRAPHIE.

Les différens moyens qu'on a imaginé pour écrire les choses importantes d'une maniere cachée & inintelligible pour le commun des hommes, ont été réunis ensemble, & on en a formé une espece de science, connue sous le nom de *Stéganographie*. Nous avons examiné ces moyens, ceux surtout qui ont un rapport direct avec la Physique & les Mathématiques ; & nous avons fait connoître ce qu'ils ont de bon & ce qu'ils ont de mauvais. Ces moyens sont :

1°. Des tablettes de bois, enduites d'une couche de cire.

2°. Un parchemin mis, à l'insu du porteur, entre les deux semelles d'un soulier.

3°. La transposition des lettres de l'alphabet.

4°. L'écriture en chiffre.

5°. Les oiseaux privés & les ballons aërostatiques.

6°. L'écriture, d'abord invisible & rendue ensuite visible par des moyens que nous fournit la Physique.

7°. La combinaison des chiffres & des lettres de l'alphabet. Cette combinaison se fait par le moyen d'une carte *numero-alphabétique* que l'on trouvera à la fin de cet article. Cette maniere d'écrire a été inventée par l'Abbé *Tritheme* dans le quinzieme siecle.

8°. Les corrections que *Kircher* a faites à la méthode de *Tritheme*.

9°. Les corrections que nous avons faites aux méthodes de *Kircher* & de *Tritheme*.

SUITE.

Nous avons appris à réduire en suites infinies, par les regles de la division & de l'extraction des racines, les quantités qu'on ne peut pas décomposer sans reste.

SYSTEME.

Nous avons exposé dans cet article notre systeme général de Physique.

SYSTEME DE LA NATURE.

L'ouvrage qui a pour titre *Systeme de la Nature ou les Loix du monde physique & celles du monde moral*, est la production la plus monstrueuse qui ait paru & qui paroîtra jamais, quelque durée que puisse avoir ce monde, quelque méchans que puissent être ses habitans. C'est ainsi que nous nous exprimons au commencement de cet article, & pour prouver que nous avons eu droit de parler de la sorte, nous avons transcrit littéralement vingt-sept propositions tirées de cet ouvrage, & elles ne contiennent qu'une très-petite partie des horreurs & des blasphemes que vomit son séditieux Auteur contre *Dieu*, contre le *Christianisme*, contre les *bonnes Mœurs* & contre les *Souverains*. Nous avons annoncé *en titre* que nous donnerions dans ce *Supplément* la réfutation de la partie physique du *Systeme de la Nature*; c'est ici que nous indiquons les articles où se trouve cette réfutation; ce sont les articles *Nature*, *Ordre*, *Mouvement*, *Matiere*, *Homme*, *Faculté de sentir*, *Necessité*, *Mythologie* & *Code de la nature réparée*. Ces articles doivent être lus de suite & presque sans interruption.

Nous avons plus fait, nous avons tracé, dans cet article, le plan d'un ouvrage qui présentera la réfutation complete du *Systeme de la Nature*, plan que nous avons rempli en 1788.

Ce n'est pas feu M. *Mirabeau*, secrétaire perpétuel & l'un des Quarante de l'Académie Françoise, qui a composé l'ouvrage dont il s'agit; nous l'avons comme démontré; son véritable Auteur, pour empêcher toute recherche & toute poursuite contre lui, a assuré dans sa Préface, contre toute vraisemblance, qu'on avoit trouvé cet ouvrage en manuscrit parmi les papiers de M. *Mirabeau.*

Au reste pour prouver que notre réfutation ne contient rien de trop fort, nous avons rapporté ce qu'ont écrit contre le *Systeme de la Nature* l'Auteur du journal des savans, l'Auteur des trois siecles de la littérature françoise, & même M. de *Voltaire* dans ses *questions sur l'Encyclopédie.*

Nous avons renvoyé, pour la réfutation totale de cette monstrueuse production, à l'ouvrage que nous venons de donner au Public sous le titre de *Véritable Systeme de la Nature.* Nous croyons y avoir exposé les loix du Monde physique & celles du Monde moral, d'une maniere conforme à la raison & à la révélation. Il est en deux volumes *in* 12.

T

Les grands articles de la lettre *T* commencent par les mots *Télescope, Terre, Thermometre, Tonnerre, tourbillons, Tourmaline, Tremblemens de terre, Trigonométrie rectiligne, Trigonométrie sphérique, Tube capillaire & Tycho-Brahé.*

TÉLESCOPE.

Nous avons donné la description & l'explication du télescope de Newton corrigé par Grégory.

TERRE.

Nous avons démontré que la terre est un sphéroïde applati vers les pôles & élevé vers l'équateur.

THERMOMETRE.

Nous avons parlé de la construction & des usages de cet instrument météorologique.

TONNERRE.

Après avoir exposé notre systeme sur le tonnerre, nous avons répondu aux questions analogues à ce terrible météore.

Nous avons terminé cet article par l'exposition du systeme de Franklin que nous avons contre-distingué de celui

lui que nous avons embrassé, & par la réfutation de l'hypothese de Descartes sur le même météore.

TOURBILLONS.

Nous avons attaqué dans cet article, d'abord les tourbillons cartésiens; ensuite les tourbillons moliériens; enfin les tourbillons fontenelliens.

TOURMALINE.

Pierre précieuse par le moyen de laquelle on fait des expériences, souvent opposées entre elles; & voilà pourquoi on l'a regardée jusqu'à présent comme le désespoir des Physiciens. En effet la tourmaline a, comme la pierre d'aimant, des pôles bien distingués; & cependant deux tourmalines suspendues s'attirent toujours & ne se repoussent jamais. La tourmaline s'électrise par frottement & par plusieurs autres moyens; & cependant elle ne perd son électricité ni par l'approche des pointes, ni par aucun des moyens ordinaires, &c. Mécontent des systemes qu'on a imaginé pour expliquer des phénomenes aussi singuliers, j'en ai fait un qui me fournit des explications assez raisonnables. Les questions que je traite dans cet article, se réduisent donc aux quatre suivantes:

Premiere question. Qu'est-ce que la Tourmaline?

Seconde Question. Quels phénomenes présente la Tourmaline?

Troisieme question. Peut-on expliquer ces phénomenes, d'une maniere conforme aux loix de la saine Physique, dans les systemes qu'on a imaginé jusqu'à présent?

Quatrieme question. Quel est mon nouveau systeme sur cette pierre intéressante?

L'on trouvera en peu de mots, au commencement de cet article, la topographie des endroits où se trouve la Tourmaline; vers le milieu, une analogie entre l'aimant & l'électricité, établie d'après les expériences les plus incontestables; sur la fin, un avis important à ceux qui veulent se procurer des Tourmalines.

TREMBLEMENT DE TERRE.

Nous avons établi une analogie entre les tonnerres & les tremblemens de terre, & par le moyen de cette analogie nous avons expliqué tout ce qu'on regarde comme les effets de ce terrible phénomene.

TRIGONOMÉTRIE RECTILIGNE.

Nous avons établi les principes sur lesquels la trigonométrie rectiligne est fondée, & par ces principes nous avons résolu les triangles rectilignes, rectangles, obtusangles & acutangles.

TRIGONOMÉTRIE SPHÉRIQUE.

Après avoir donné une idée des triangles curvilignes; & après avoir posé les principes nécessaires pour la résolution de ces triangles, nous avons opéré trigonométriquement, d'abord sur un très-grand nombre de triangles curvilignes rectangles; & ensuite sur un très-grand nombre de triangles curvilignes non rectangles.

Lorsqu'on aura occasion de se servir de la *figure* 14 de la *planche* 2, l'on n'oubliera pas de tirer mentalement un arc de *D* en *E*.

TUBE CAPILLAIRE.

Nous avons expliqué ce phénomene intéressant d'une maniere mécanique, & sans avoir recours à une attraction que l'on est obligé de faire agir en raison inverse des cubes des distances.

TYCHO-BRAHÉ.

Nous avons exposé & réfuté le systeme astronomique de ce Physicien.

V

Le articles contenus sous la lettre V qui demandent une analyse, sont les suivans; *Variations du Barometre*; *Végétation*, *Vent*, *Vent pluvieux & Vent sec*, *Ventilateur*; *Vin*, *Vinaigre*, *Vitesse*, *Volcan*, *Voyage aérien*, *Vue* & *Vuide*.

VARIATIONS DU BAROMETRE.

C'eſt encore ici la continuation d'un article traité fort au long dans toutes les éditions de notre Dictionnaire. Le réſultat des obſervations météorologiques faites pendant dix années conſécutives, fixe exactement, pour ce pays-ci, la plus grande & la moindre élévation du barometre; la différence entre ces deux hauteurs, & l'élévation moyenne de cet inſtrument dont la Phyſique a retiré de ſi grands avantages. Nous avons expliqué, d'une maniere qui nous eſt propre, pourquoi le mercure, contenu dans le barometre, s'éleve plus dans le tems le plus chaud, que dans le tems le plus froid de l'année.

VÉGÉTATION.

Quoique cette matiere ait été traitée fort au long dans le *corps de l'Ouvrage*, aux articles *Botanique* & *Plantes*, nous avons cependant cru devoir déterminer, quelle eſt l'eau la plus propre à la végétation des plantes. Les belles choſes que nous avons dites, nous les avons tirées d'une excellente diſſertation de M. l'Abbé *Bertholon*, couronnée par l'Académie de Montauban. Ce grand Phyſicien entre dans le plus grand détail ſur les eaux les plus propres & les moins propres à la végétation; il confirme ce qu'il avance par les expériences les plus déciſives faites, pour la plupart, par lui-même; il apprend enfin à donner à toutes les eaux de l'atmoſphere, ou de la terre une préparation qui les rend encore plus propres à l'entretien de la vie des végétaux, en n'employant que le plus ſimple de tous les procédés.

VENT.

Cet article contient les cauſes, les effets, & la table des vents. Il contient encore l'expoſition du ſyſteme de Deſcartes & de celui de Privat de Molieres ſur ce météore.

VENT PLUVIEUX ET VENT SEC.

M. *Ducarla* eſt le premier qui ait traité cette matiere en grand Phyſicien; auſſi avons-nous adopté ſon ſyſtême sur les causes physiques qui rendent le même vent, tantôt pluvieux pour certains pays, & tantôt sec pour certains autres. Il prétend qu'un vent ne dépose les eaux dont il est saturé, que lorsqu'il est obligé de s'élever & de franchir quelque montagne ; & il le prouve de maniere à ne laisser aucun doute dans l'esprit de tout homme ami du vrai. Dans ce systeme, on n'a aucune peine à répondre aux questions suivantes :

Pourquoi pleut-il si rarement en pleine mer, & pourquoi les pluies sont-elles si communes dans les continens & dans les grandes isles ?

Pourquoi le vent d'Est entretient-il, à l'Orient des Cordillieres, des pluies, des orages continuels, & pourquoi ce même vent est-il sec sur la plaine du Pérou, & sur la mer pacifique ?

Pourquoi le vent du Sud est il pluvieux pour le bas, & desséchant pour le haut Languedoc ?

Pourquoi, à Nîmes & dans ses environs, le vent d'Est est-il pour l'ordinaire pluvieux ?

Il me paroît bien difficile de répondre, d'une maniere satisfaisante, à ces quatre questions dans tout autre systeme que celui de M. *Ducarla.*

VENTILATEUR.

En lisant cet article, on se formera facilement une idée assez nette de la machine connue sous le nom de *Ventilateur* ; on apprendra en quel tems & par qui elle a été inventée, en quel tems & par qui elle a été perfectionnée ; l'on se convaincra enfin qu'il est nécessaire de faire jouer une pareille machine dans tous les endroits où l'on est exposé à respirer un air méphitique. Des expériences sans nombre déposent en sa faveur ; nous avons rapporté celles qui nous ont paru les plus décisives & les mieux constatées.

VIN.

Après avoir fixé le moment du *décuvage*, c'est-à-dire, le moment auquel le vin en fermentation a acquis dans la cuve toute la force & toute la qualité dont il est susceptible, après avoir examiné s'il faut boucher les tonneaux où l'on vient de déposer le vin & les rouvrir toutes les fois qu'on les sert, ou bien s'il faut les laisser ouverts tout le tems que dure ce service ; après avoir prouvé que, pour avoir du bon vin, il ne faut pas le laisser long-tems dans les tonneaux où on l'a déposé au sortir de la cuve, avec quelque soin que ces tonneaux aient été préparés; enfin après avoir dit en quel tems & de quelle maniere doit se faire ce transvasement, nous avons répondu aux questions suivantes :

Premiere question. Lorsque le vin n'est pas assez clair, comment peut-on le clarifier ?

Seconde question. Comment peut-on ôter au vin le goût de moisi ?

Troisieme question. Comment peut-on donner de la force à un vin foible ?

Quatrieme question. Comment peut-on corriger un vin qui sent l'aigre ?

Cinquieme question. Comment peut-on adoucir un vin vert?

Sixieme question. Comment peut-on rendre sa premiere couleur à un vin blanc qui a jauni ?

Septieme question. Comment faut-il faire le vin blanc, & que faut-il faire pour en avoir de l'excellent ?

Nous avons terminé cette dissertation par quelques préceptes sur la boisson économique, connue sous le nom de *piquette*, & par l'explication de quelques termes qui, dans cet article, ne sont pas à la portée de toute sorte de Lecteurs.

VINAIGRE.

Cet article, l'un des plus considérables de cet Ouvrage, a pour objet la découverte de M. *Janin de Combeblanche* sur les moyens de détruire, *avec le vinaigre*, les exhalaisons pernicieuses & mortelles des fosses d'aisance, l'odeur infecte des égouts, celle des hôpitaux, des prisons, des vaisseaux de guerre, &c. Cette découverte a eu, comme toutes les autres, ses panégyristes & ses adversaires. Nous avons rapporté, d'une manière impartiale, le *pour* & le *contre*; & voici la marche que nous avons suivie, pour mettre nos lecteurs en état de prononcer, avec connoissance de cause, dans une affaire qui me paroît de la plus grande importance, puisqu'elle intéresse le bien de l'humanité.

1°. Ce qu'il y a de mieux en faveur de la découverte de M. *Janin*, se trouve dans l'*Antiméphitique*, brochure imprimée par ordre du Gouvernement, en 1782. Nous avons fait l'abrégé de ce petit ouvrage, & nous espérons que l'Auteur sera content de notre analyse.

2°. Le Roi ordonna à l'Académie des Sciences & à la Société de Médecine de Paris de faire procéder à l'examen des moyens proposés par M. *Janin*, pour désinfecter les fosses d'aisance & en détruire le méphitisme. Les Commissaires des deux Compagnies nous ont donné le détail de ce qui se passa en leur présence, dans les expériences faites par M. *Janin* le 18 & le 23 Mars 1782. Ce *détail*, imprimé par ordre du Roi, contient ce qu'il y a de plus décisif contre la découverte en question. Nous avons fait l'abrégé de cette brochure ; & nous espérons que les Commissaires ne seront pas mécontens de notre travail.

3°. Nous avons rapporté contre la découverte de M. *Janin* ce qui est inséré dans le quatrieme volume de l'histoire de la Société Royale de Médecine de Paris.

4°. Comme M. *Janin* n'a pas laissé sans réponse les écrits où l'on fait regarder sa découverte tantôt comme insuffisante & tantôt comme dangereuse, & qu'il a fait paroître à cette occasion un très-grand nombre de brochures justificatives *légalement* imprimées ; nous en avons rapporté les lambeaux qui nous ont le plus frappé ; nous n'avons pas oublié celle où il prétend prouver que ce n'est pas par l'effet du méphitisme, mais par un pur accident, qu'un homme s'est noyé dans la fosse de l'hôtel de la Grenade.

5°. Nous avons raconté un accident arrivé à Nîmes sous nos yeux à trois vidangeurs, sur la fin du mois de Septembre 1785, accident suivi d'une ordonnance municipale qui, pour prévenir de pareils malheurs, enjoignit d'employer en pareilles circonstances la méthode de M. *Janin*.

6°. Nous avons transcrit un mémoire manuscrit qu'un citoyen d'un mérite distingué crût devoir mettre sous les yeux de l'administration municipale, sur l'insuffisance & même le danger de l'emploi du vinaigre, pour détruire le méphitisme des fosses d'aisance.

7°. Nous avons indiqué une expérience qui paroît devoir mettre fin à toute dispute.

8°. Nous avons expliqué, à la fin de cet article, certains termes qui auroient pu n'être pas compris par ceux qui ne sont pas au fait de la Médecine & de la Chimie.

9°. Nous avons fait l'énumération des ouvrages que nous avons pris la peine de lire, pour composer notre article *Vinaigre*; ils sont au nombre de quatorze.

10°. Nous avons terminé ce grand article par une observation intéressante. Il suit évidemment de cette observation que le vinaigre est un excellent remede contre la *rage*. Nous devons cette précieuse découverte à M. *Beudon*, Chirurgien au grand Andely.

VITESSE.

L'on trouvera dans cet article la résolution des principaux problemes sur la vitesse des corps en mouvement.

VOLCAN.

Cet article contient la solution de plusieurs questions intéressantes, analogues à la fameuse éruption du 8 Août 1779.

VOYAGE AÉRIEN.

C'est ici la continuation des articles *Aérostat* & *Navigation aérienne*. Nous avons rendu compte des voyages aériens qu'on a eu la témérité d'entreprendre depuis l'impression de ces deux articles. Ils sont au nombre de sept. Trois ont été faits par M. *Blanchard*; ce sont ses voyages quinzieme, seizieme & dix-septieme. Un Italien appellé *Lunardy* en a fait deux; le premier a été assez heureux, le second a été très-malheureux. Celui du Docteur *Routh* a été aussi malheureux que le second de *Lunardy*. Celui enfin du sieur *Tétu* n'a été ni heureux ni malheureux. Nous avons donné, dans cet article, quelques avis aux aéronautes, au cas qu'il y ait encore des gens assez imprudens, pour faire des expériences aussi périlleuses.

VUE.

Nous avons réfuté dans cet article le sentiment de M. *de Buffon* qui prétend que les enfans, quelque tems après leur naissance, voient les objets doubles & dans

Mm iv

une situation renversée. Nous n'avions pas discuté assez au long ces deux points de Physique dans le corps de l'ouvrage, à l'article *Optique*.

VUIDE.

Après avoir attaqué le vuide & le plein parfaits, nous avons prouvé qu'il existe dans les espaces célestes un vuide imparfait dans lequel se meuvent les planetes & les cometes.

X

L'article *Xénophon* est purement historique; il n'est pas donc susceptible d'analyse. Il n'en est pas ainsi de l'article Xerchiam; il en demande une assez circonstanciée.

XERCHIAM.

C'est l'animal d'où l'on tire le meilleur musc. Nous avons d'abord fait, dans cet article, d'après les meilleurs Naturalistes, la description exacte de cet animal intéressant. A cette description a succédé une espece de dissertation sur le musc que nous retirons du Xerchiam. Nous en avons examiné la nature; nous avons appris où & comment il se forme; nous avons donné des regles sures pour connoître s'il est, ou s'il n'est pas falsifié; nous avons enfin terminé notre dissertation par la maniere dont se fait la chasse de cet animal, & par l'éloge historique de *Jean-Baptiste Tavernier* qui nous a fourni ce qu'il y a de plus curieux dans cet article.

Comme le Xerchiam n'est pas l'unique animal qui produise le musc, nous avons dû naturellement parler de la *civette*, du *zibet* & de la *genette*. Aussi avons-nous comparé le musc que l'on retire de ces animaux avec celui que nous fournit le Xerchiam; & nous n'avons pas eu beaucoup de peine à prouver que celui-ci est supérieur à celui-là.

Y

Il ne se trouve sous cette lettre que l'article *Yeux* dont nous allons faire l'analyse.

YEUX.

Nous avons examiné, dans cet article, si l'on doit soumettre les maladies des yeux au traitement électrique. Nous avons prouvé par les expériences les plus décisives & les raisonnemens les plus convaincans que l'électricité est un excellent remede dans six especes d'ophtalmies; les huit autres especes se guérissent par des remedes plus simples. Nous avons encore prouvé que l'électricité est peut-être l'unique remede capable de guérir la goutte-sereine, & d'empêcher la formation de la cataracte. Pour la fistule lacrymale, nous ne croyons pas qu'elle puisse être d'un grand secours dans cette cruelle maladie. On peut l'employer dans la maladie des yeux qu'on appelle *morbus rarus & insolitus*; & on ne doit jamais manquer de le faire, lorsque la paupiere supérieure devient paralytique.

Nous n'avons pas manqué d'apprendre, dans cet important article, comment, dans ces sortes de maladies, il faut administrer l'électricité, & quels sont les instrumens dont il faut se servir dans ces occasions critiques.

Z.

Les trois articles contenus sous cette lettre demandent nécessairement une analyse; ce sont les articles *Zénon*, *Zizanie* & *Zoroastre*.

ZÉNON.

L'on trouvera dans cet article, après l'éloge historique de *Zénon*, l'abrégé de la Philosophie de la secte Stoïcienne dont ce Philosophe a été le fondateur. Nous avons critiqué ce qu'il y a de mauvais, & nous avons loué ce qu'il y a de bon dans ce corps de science. Nous n'avons parlé de la *Logique* & de la *Morale* des Stoïciens, que pour présenter à nos Lecteurs le tableau parfait d'une Philosophie qui a fait tant de bruit en son tems.

ZIZANIE.

C'est la plante connue sous le nom d'*yvraie*. Nous avons démontré, contre le sentiment de plusieurs célebres Botaniſtes, que l'yvraie n'a pas d'autre graine que le blé & l'orge qu'on a enſemencé, & que de grandes pluies ont putréfié dans le ſein de la terre. Cette même yvraie ſemée, l'année d'après, avec les précautions requiſes, produit un très-beau blé ou un très-bel orge.

ZOROASTRE.

Nous n'avons remanié l'article *Zoroaſtre*, inſéré dans le *corps de l'Ouvrage*, que pour faire l'abrégé, & en même-tems la critique de ce qu'a écrit *Diderot* dans la collection de ſes *œuvres*, à l'article *Philoſophie des Perſes*, dont il avoue que *Zoroaſtre* a été le fondateur.

REMARQUE.

La neuvième édition de ce Dictionnaire ne contient que ce qui eſt renfermé dans l'édition de cet ouvrage faite en 1781, & dans le Supplément imprimé en 1787. Auſſi n'avons-nous eu beſoin d'aucune nouvelle approbation pour l'édition préſente.

FIN.

APPROBATION.

J'AI lu, par ordre de Monseigneur le Garde des Sceaux, un Ouvrage intitulé *Dictionnaire de Physique*. Les articles que l'Auteur vient d'y ajouter, me paroissent fort intéressans, & je n'y ai rien trouvé qui puisse en empêcher l'impression. A Nîmes ce 11 Septembre 1780.

BONNECARRERE.

APPROBATION.

J'AI lu, par ordre de Monseigneur le Garde des Sceaux, les Additions que M. l'Abbé *Paulian* a faites à son Dictionnaire de Physique; elles répondent à sa réputation de l'Auteur & au succès de son Ouvrage. Ce qui les rend infiniment intéressantes, c'est qu'elles contiennent une réfutation solide de la partie physique du *Systême de la Nature*. L'auteur n'a fait entrer dans cette réfutation que les points de *Métaphysique* & de *Morale* absolument nécessaires pour pulvériser cet indigne *Systême*. Je n'y ai rien trouvé qui doive en empêcher l'impression. A Nîmes ce 2 Juin 1786.

ROUSTAN.

PRIVILÉGE GÉNÉRAL.

LOUIS, par la grace de Dieu, Roi de France & de Navarre : A nos Amés & féaux Conseillers, les Gens tenant nos Cours de Parlemens, Maîtres des Requêtes ordinaires de notre Hôtel, Grand-Conseil, Prévôt de Paris, Baillifs, Sénéchaux, leurs Lieutenans Civils & autres nos Justiciers qu'il appartiendra : SALUT. Notre amé le sieur Abbé PAULIAN, Nous a fait exposer qu'il desireroit faire imprimer & donner au Public un Ouvrage de sa composition intitulé : *Dictionnaire de Physique, avec des Additions*, s'il nous plaisoit lui accorder nos Lettres de Privilége à ce nécessaires. A CES CAUSES, voulant favorablement traiter l'Exposant, Nous lui avons permis & permettons de faire imprimer ledit Ouvrage autant de fois que bon lui semblera, & de le vendre, faire vendre par tout notre Royaume. Voulons qu'il jouisse de l'effet du présent Privilége, pour lui & ses hoirs à perpétuité, pourvu qu'il ne le rétrocede à personne ; & si cependant il jugeoit à propos d'en faire une cession, l'acte qui la contiendra sera enregistré en la Chambre Syndicale de Paris, à peine de nullité tant du Privilége que de la Cession ; & alors par le fait seul de la Cession enregistrée, la durée du présent Privilége sera réduite à celle de la vie de l'Exposant, ou à celle de dix années, à compter de ce jour, si l'Exposant décede avant l'expiration desdites dix années. Le tout conformément aux articles IV & V de l'Arrêt du Conseil du 30 Août 1777, portant réglement sur la durée des Priviléges en Librairie. Faisons défenses à tous Imprimeurs, Libraires & autres personnes de quelque qualité & condition qu'elles soient, d'en introduire d'impression étrangere dans aucun lieu de notre obéissance ; comme aussi d'imprimer ou faire imprimer, vendre, faire vendre, débiter ni contrefaire ledit Ouvrage sous quelque prétexte que ce puisse être sans la permission expresse & par écrit dudit Exposant, ou de celui qui le représentera, à peine de saisie & de confiscation des Exemplaires contrefaits, de 6000 liv. d'amende, qui ne pourra être modérée, pour la premiere fois, de pareille amende & de déchéance d'état en cas de récidive, & de tous dépens, dommages & intérêts, conformément à l'Arrêt du Conseil du 30 Août 1777 concernant les contrefaçons. A la charge que ces Présentes seront enregistrées tout au long sur le Registre de la Communauté des Libraires & Imprimeurs de Paris dans 3 mois de la date d'icelles ; que l'impression dudit Ouvrage sera faite dans notre Royaume & non ailleurs, en beau papier & beau caractere, conformément aux Réglemens de la Librairie ; à peine de déchéance du présent Privilége. Qu'avant de l'exposer en vente, le manuscrit qui aura servi de copie à l'impression dudit Ouvrage, sera remis dans le même état où l'approbation y aura été donnée ès mains de notre très-cher & féal Chevalier, Garde des Sceaux de France le sieur HUE DE MIROMESNIL ; qu'il en sera ensuite remis deux Exemplaires dans notre Bibliothéque publique, un dans celle de notre Château du Louvre, un dans celle de notre très-cher & féal Chevalier Chancelier de France le sieur DE MAUPEOU, & un dans celle dudit sieur HUE DE MIROMESNIL ; le tout à peine de nullité des présentes : du contenu desquelles vous mandons & enjoignons de faire jouir ledit Exposant & ses hoirs pleinement & paisiblement, sans souffrir qu'il leur soit fait aucun trouble ou empêchement. Voulons que la copie des Présentes, qui sera imprimée tout au long au commencement ou à la fin dudit Ouvrage, soit tenue pour dûment signifiée, & qu'aux copies collationnées par l'un de nos amés & féaux Conseillers-Secrétaires, foi soit ajoutée comme à l'original. Commandons au premier notre Huissier ou Sergent sur ce requis de faire pour l'exécution d'icelles tous actes requis & nécessaires, sans demander autre permission, & nonobstant clameur de Haro, Charte Normande & Lettres à ce contraires. CAR tel est notre plaisir. DONNÉ à Paris le dix-neuvieme jour d'Octobre l'an de grace mil sept cent quatre-vingt, & de notre regne le septieme. Par le Roi en son Conseil.

Signé, LE BEGUE.

Je soussigné, cede le présent Privilége à MM. Gaude, *pere & fils & Compagnie, suivant le traité fait entre nous. A Nîmes ce 30 Octobre 1780.* Signé, PAULIAN, *prêtre.*

Regiſtré sur le Regiſtre XXI *de la Chambre Royale & Syndicale des Libraires & Imprimeurs de Paris,* N°. 2039, *fol.* 391, *conformément aux diſpoſitions énoncées dans le présent Privilége, & à la charge de remettre à ladite Chambre les huit Exemplaires preſcrits par l'article* CVIII *du Réglement de* 1723. *A Paris ce* 21 *Octobre* 1780. *Signé*, LE CLERC, *Syndic.*

Regiſtré le présent Privilége, & la Ceſſion d'icelui, ſur le Regiſtre de la Chambre Syndicale de Nîmes. A Nîmes le 15 *Novembre* 1780. *Signé*, GAUDE, *fils, Syndic.*

Fautes à corriger dans le Tome V.

PAGE 55, *ligne* derniere, 16 *lisez* 10.
83, *l.* 2, $n - 2$ *lisez* $n - 1$.
95, *l.* 38, $-$ *lisez* $=$.
156, *l.* 17, 127194 *lisez* 207194.
170, *l.* 17, actes *lisez* axes.
174, *l.* 9, *ab lisez ap.*
177, *l.* 6 & 12, *pl.* 3 *lisez pl.* 1, $x : y :: x : p$ *lisez*
$x : y :: y : p$.
193, *l.* 40, $=$ *lisez* $-$, x *lisez* x^3.
194, *l.* 9, multiplé *lisez* multiplié.
225, *l.* 20 : : E *lisez* : : *e* : E.
242, *l.* 1, $=$ *lisez* $-$.
246, *l.* 2, centripede *lisez* centripete.
248, *l.* 35, priere *lisez* pierre.
267, *l.* 31, vieux *lisez* deux.
287, *lig.* 37, l'autour *lisez* l'autre autour.
346, *lig.* 32, Fig. 14. *Tirez mentalement un arc du point* D *au point* E.
350, *lig.* 3, proportion *lisez* proposition.
366, *lig.* 28, $c + b$ lisez $a + b$.
381, *lig.* 35, de quelques *lisez* que quelques.
410, *lig.* 32, dans *lisez* avec.
518, *lig.* 30, *crastitudinem* lisez *crassitudinem.*

www.ingramcontent.com/pod-product-compliance
Ingram Content Group UK Ltd.
Pitfield, Milton Keynes, MK11 3LW, UK
UKHW020307200726
13857UKWH00001B/105